Grundlagen Automatisierung

Berthold Heinrich · Petra Linke ·
Michael Glöckler

Grundlagen Automatisierung

Erfassen – Steuern – Regeln

3., überarbeitete und erweiterte Auflage

Berthold Heinrich
Herne, Deutschland

Petra Linke
Westsächsische Hochschule Zwickau
Zwickau, Deutschland

Michael Glöckler
Hochschule Augsburg
Augsburg, Deutschland

ISBN 978-3-658-27322-4 ISBN 978-3-658-27323-1 (eBook)
https://doi.org/10.1007/978-3-658-27323-1

Die Deutsche Nationalbibliothek verzeichnet diese Publikation in der Deutschen Nationalbibliografie; detaillierte bibliografische Daten sind im Internet über http://dnb.d-nb.de abrufbar.

Springer Vieweg

Verantwortlich im Verlag: Thomas Zipsner

Springer Vieweg ist ein Imprint der eingetragenen Gesellschaft Springer Fachmedien Wiesbaden GmbH und ist ein Teil von Springer Nature.
Die Anschrift der Gesellschaft ist: Abraham-Lincoln-Str. 46, 65189 Wiesbaden, Germany

Vorwort

Das vorliegende Lehrbuch gibt eine praxisnahe Einführung in die Automatisierungstechnik und deren wichtigsten Teilgebiete: die Mess- bzw. Sensortechnik, sowie die Steuerungs- und Regelungstechnik. Es richtet sich an Schülerinnen und Schüler der Fachschulen für Technik ebenso wie an Studierende technischer Fachrichtungen wie Maschinenbau, Elektrotechnik und Mechatronik.

Das Kapitel 1 behandelt die Grundlagen der Automatisierung und liefert damit einen Gesamtüberblick über die behandelte Thematik. In den folgenden Kapiteln 2 bis 4 werden die Bereiche Mess- und Sensortechnik, Regelungstechnik und Steuerungstechnik vertieft. Dort finden Sie auch am Ende **Literaturangaben**. Im Kapitel 5 werden Details zu einem Funktionsbaustein zur Ansteuerung von Aktoren vorgestellt.

Als methodisches Konzept dient eine konkrete **Fertigungsanlage** als Lernträger, anhand derer Aspekte der Sensorik, der Steuerung und der Regelung vorgestellt werden. In bewährter Weise wurde in vielen Bereichen auf den Einsatz höherer Mathematik verzichtet, da sie für den Adressatenkreis nicht immer zur Verfügung steht. Abstrakte Zusammenhänge werden mit relativ einfachen Mitteln allgemeinverständlich dargestellt. Zu Beginn eines Kapitels sind die dort verwendetet Abkürzungen zur besseren Lesbarkeit des Textes tabellarisch aufgeführt. Gegen Ende erfolgt ein Rückgriff auf die Lernanlage. Hier wird nun mithilfe des vorgestellten Wissens eine mögliche Lösung für ein Teilproblem vorgestellt.

Als weiteres methodisches Hilfsmittel finden Sie

- **Beispiele**, in denen das gerade Gelesene angewandt wird,
- (neu in dieser Auflage) **Übungsaufgaben**, in denen Inhalte von (Teil-)Kapiteln vorausgesetzt werden und deren Lösungen in Kapitel 6 aufgenommen sind,
- **Fragen zur Selbstkontrolle**, die in größeren Abständen zur Rekapitulation und zur Prüfung des Verständnisses aufgenommen wurden. Die Lösung der Fragen zur Selbstkontrolle finden Sie im Netz unter www.springervieweg.de beim Buch, in der rechten Spalte unter der Rubrik „Zusätzliche Informationen".

Die Benutzung der englischen Fachsprache wird für moderne Technologien immer wichtiger. Deshalb haben wir dazu Hilfen angeboten. Im Anhang werden wichtige Begriffe mit ihren englischen Übersetzungen aufgeführt. Dieses **Glossar** enthält auch die Definitionen für wichtige Begriffe und kann als Nachschlageinstrument dienen.

Das Autorenteam bedankt sich bei allen aufmerksamen Leserinnen und Lesern der vorigen Auflagen. Weiterhin geht der Dank an die Mitarbeiterinnen und Mitarbeiter des Springer Vieweg Verlags – insbesondere an Herrn Thomas Zipsner und Frau Imke Zander – für die immer engagierte Hilfe. Der Dank geht auch an die Studierenden, die uns bei der Erstellung des Bildmaterials unterstützten.

Wiesbaden
Oktober 2019

Petra Linke
Michael Glöckler
Berthold Heinrich

Inhaltsverzeichnis

1 Grundlagen zur Automatisierung

Ein umfassendes Buch über Automatisierung zu schreiben, ist ein schwieriges Unterfangen. Daher haben sich die Autoren auf einen kleinen Bereich, die Fertigungsautomatisierung, konzentriert. Die Automatisierungstechnik weist jedoch in allen Bereichen so viele Ähnlichkeiten auf, dass das Erlernte problemlos übertragbar ist. Doch wir müssen gleich zu Beginn gestehen, dass auch dieser ausgewählte Bereich nicht allumfassend behandelt werden kann – es würde den Inhalt des Buches sprengen. Des Weiteren haben unsere Recherchen und praktischen Erfahrungen gezeigt, dass viele Begrifflichkeiten unterschiedlich verwendet werden. Daher beginnt dieses Buch mit einer Begriffsbestimmung unsererseits und einer Eingrenzung des Buchinhaltes, mit dem Versuch, den existierenden Normen nicht zu widersprechen.

1.1 Begriffsklärung

Tab. 1.1 enthält die in dem Kapitel Grundlagen zur Automatisierung enthaltenen Abkürzungen.

Tab. 1.1 Abkürzungen

AS	Aktor – Sensor
BDE	Betriebsdatenerfassung
CAD	Computer Aided Design (rechnergestützte Konstruktion)
CAM	Computer Aided Manufacturing (rechnergestützte Fertigung)
CAP	Computer Aided Planning (rechnergestützte Planung)
CAQ	Computer Aided Quality Assurance (rechnergestützte Qualitätssicherung)
CIM	Computer Integrated Manufacturing (computerintegrierte Produktion)
CPS	Cyber-Physical System (cyber physisches System)
DNC	Direct Numeric Control (direkte numerische Steuerung)

B. Heinrich et al., *Grundlagen Automatisierung*, https://doi.org/10.1007/978-3-658-27323-1_1

Tab. 1.1 (Fortsetzung)

ERP	Enterprise Resource Planning (optimale Planung der Ressourcen)
FMS	Flexible Manufacturing System (flexibles Fertigungssystem)
HMI	Human Machine Interface (Mensch-Maschine-Schnittstelle)
LAN	Local Area Network (lokales Netzwerk)
MES	Manufacturing Execution System (Fertigungsmanagementsystem)
MDE	Maschinendatenerfassung
NC	Numeric Control (numerische Steuerung)
PC	Personalcomputer
PLC	Product Lifecycle Management (Produktlebenszyklus Managament)
PPS	Produktionsplanung und -steuerung
SCADA	Supervisory Control and Data Acquisition (übergeordnete Überwachung und Steuerung technischer Prozesse)
SPS	Speicherprogrammierbare Steuerung
WLAN	Wireless Local Area Network (drahtloses lokales Netzwerk)

1.1.1 Automatisch – Automatisierung

Wenn man im Alltag davon spricht, dass etwas automatisch abläuft, kann man sich sicher sein, dass in diesen Ablauf nicht eingegriffen werden muss. So verhält es sich auch im technischen Umfeld. Das Elektrotechnische Wörterbuch DIN IEC 60050-351 [1] definiert den Begriff „selbsttätig/automatisch": *einen Prozess oder eine Einrichtung bezeichnend, der oder die unter festgelegten Bedingungen ohne menschliches Eingreifen abläuft oder arbeitet.*

Denken wir wieder an unser persönliches Leben, so fallen uns viele Prozesse ein, die ohne unser Eingreifen laufen:

- Kundenspezifische Werbung nach einer Bestellung im Internet,
- Öffnen der Parkhausschranke nach Betätigen eines Knopfes,
- Stabilisierung einer Spannung von 230 V mit 50 Hz an einer Steckdose,
- Fahren des Autos mit einer konstanten Geschwindigkeit nach Betätigung des Tempomats.

Es könnten noch viele Dinge genannt werden denen gemein ist, dass sie ohne weiteres Eingreifen vonstatten gehen. Sie haben aber auch die Gemeinsamkeit, dass Menschen die Realisierung planten und umsetzten. Den hierbei einzusetzenden Mitteln und Methoden widmet sich das Lehrgebiet der Automatisierung bzw. der Automatisierungstechnik. Anhand der Beispiele wird gleichfalls die Bandbreite der Automatisierung ersichtlich, es werden z. B. Informationen initiiert (Internet) „*... Personen, die dieses Produkt kauften, interessierten sich auch hierfür ...*", Anlagen in Betrieb gesetzt (Schranke) oder sogar komplexe Netze von Stromerzeugern sowie Stromverbrauchern so betrieben, dass die

Spannung für den Endnutzer stets im erforderlichen Rahmen konstant bleibt. Es ist daher sicher verständlich, dass in einem praxisorientierten Buch Einschränkungen getroffen werden müssen, wobei die theoretischen Betrachtungen allgemeingültig sind.

1.1.2 Fertigung – Fertigungsautomatisierung

Unter dem Begriff Fertigung schließt man alle Verfahren ein, die die Erzeugung von Sachgütern und Energie bewirken. Er umfasst damit alle Bearbeitungs- und Montagevorgänge nach DIN 8580 [2] und die damit in Zusammenhang stehenden Nebentätigkeiten. Es läuft ein Prozess ab, bei dem ein Material bzw. Produkt unter Zuhilfenahme von Energie und Informationen eine Umwandlung erfährt (siehe Abb. 1.1).

Sollen diese Prozesse entsprechend der Automatisierung ohne menschliches Eingreifen ablaufen, so ergibt sich für die Fertigungsautomatisierung der automatisierte Fertigungsprozess entsprechend Abb. 1.2.

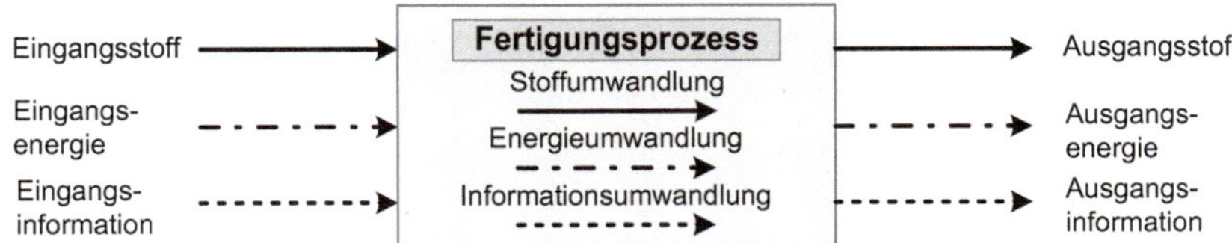

Abb. 1.1 Fertigung

Abb. 1.2 Automatisierte Fertigung

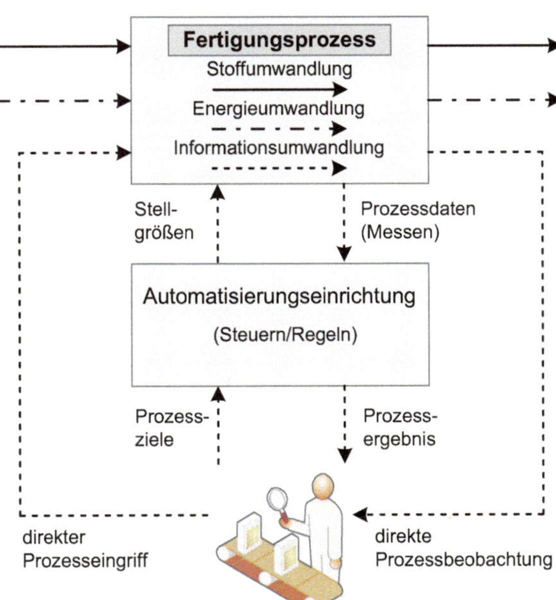

Das Bild der automatisierten Fertigung veranschaulicht, dass die Automatisierung durch die Informationsrückkopplung zwischen Fertigungsprozess bzw. Fertigungseinrichtung und Automatisierungseinrichtung gekennzeichnet ist. Dieses Buch vermittelt die Grundlagen zum Verständnis der internen Abläufe in einem automatisierten Fertigungssystem und stellt die Methoden zur Realisierung von Automatisierungsmaßnahmen und einsetzbare Mittel, wie z. B. Sensoren vor.

1.2 Automatisierungspyramide

Um die Bereiche der industriellen Automatisierung zu veranschaulichen, wird in der Literatur häufig die Darstellung einer Automatisierungspyramide herangezogen. Die Automatisierungspyramide entsprechend Abb. 1.3 spiegelt die Ebenen in einem Unternehmen wider. In der heutigen Zeit ist der wirtschaftliche Erfolg eines Unternehmens u. a. abhängig von seiner Fähigkeit, schnell auf Kundenwünsche und Veränderungen am Markt zu reagieren. Ein Baustein ist die effektive Gestaltung der Kommunikation im Unternehmen.

Betrachtet man die Hierarchieebenen genauer, so wird ersichtlich, dass Kommunikationsaufgaben sehr vielschichtig sind und stark in ihren Anforderungen an die Geschwindigkeit der Datenübertragung und an die Datenmenge differieren. Man unterscheidet die folgenden Hierarchieebenen:

- **Unternehmensleitebene:** In dieser Ebene laufen alle Prozesse ab, die dem Unternehmen das Überleben am Markt sichern. Es werden Aufgaben wie: Marktanalyse, Unternehmensführung, strategische Personal-, Investitions- und Produktionsplanung

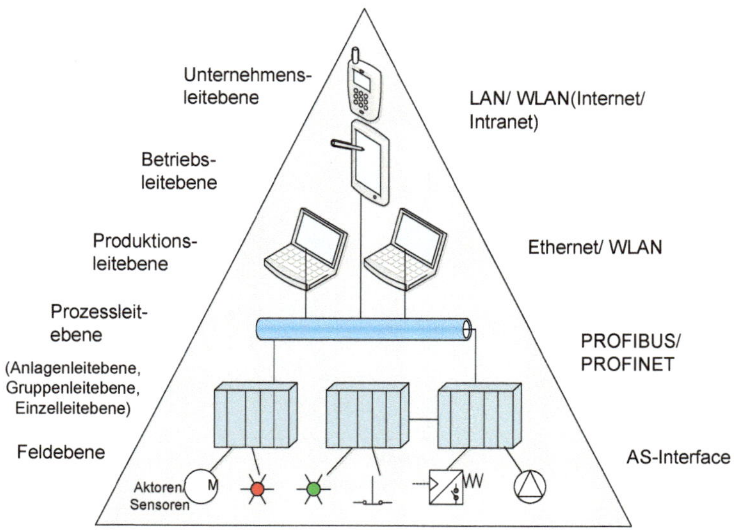

Abb. 1.3 Automatisierungspyramide

realisiert. Unterstützend können Systeme wie das Enterprise Resource Planning (ERP) oder SAP- Softwareprodukte wirken.

- **Betriebsleitebene:** Diese Ebene beinhaltet z. B. Prozesse der Verwaltung und Bearbeitung von Lieferaufträgen, der Produktionsplanung, der Terminüberwachung sowie der Kostenanalyse, Prozesse, die den täglichen Betrieb des Unternehmens absichern. Auch hierfür existieren Softwarelösungen wie z. B. das Manufacturing Execution System (MES).
- **Produktionsleitebene:** In dieser Ebene wird die kurzfristige Produktionsplanung, wie z. B. die Einsatzplanung von Maschinen und Anlagen sowie des Personals sichergestellt. Softwarelösungen hierfür sind sogenannte Supervisory Control and Data Acquisition (SCADA)-Systeme.
- **Prozessleitebene:** Sie kann je nach Anlagengröße noch einmal in weitere Ebenen, von der Anlagen- über die Gruppen- bis hin zur Einzelleitebene, untergliedert werden. Diese steuern und regeln die Produktionsprozesse und deren Überwachung und können gleichfalls eine Verbindung der einzelnen Fertigungszellen realisieren. Da die Prozesse innerhalb eines Fertigungsbereiches (Zelle) ablaufen, wird diese Ebene aus Sicht der Fertigungseinrichtungen auch Zellebene genannt.
- **Feldebene:** In der Feldebene befinden sich die Aktoren und Sensoren sowie Anzeigegeräte. Hier werden die Daten erfasst sowie aufbereitet und es erfolgen die Reaktionen entsprechend der ausgewerteten Informationen. Sie verbinden den Prozess mit den übergeordneten Steuerungen. Zur Anbindung an die übergeordneten Systeme müssen die Datenmengen mit kurzen Reaktionszeiten übertragen werden.

In den oberen Ebenen arbeiten komplexe Rechnersysteme in Netzen mit großer Ausdehnung und vielen Teilnehmern. Es werden große Datenmengen verarbeitet, die Verarbeitungszeiten (Reaktionszeiten) sind dabei nicht von entscheidender Bedeutung. In den unteren Ebenen sind die Netzausdehnung und die Teilnehmerzahlen eher gering. Es müssen kleine Datenmengen mit hoher Geschwindigkeit verarbeitet werden, es entstehen Echtzeitanforderungen. Die Ausführungen in diesem Buch beziehen sich vorrangig auf die Bereiche der Prozessleitebene sowie der Feldebene.

1.3 Wirtschaftliche Grundlagen

Seit dem Beginn der technischen Produktion haben die Menschen den Wunsch nach einer effektiveren Gestaltung der Produktionsprozesse (Rationalisierung). Die moderne Entwicklung beginnt im 19. Jahrhundert in Amerika und England. Die Einführung der Arbeitsteilung (Taylorsches Prinzip) führte erstmalig zu einem sprunghaften Anstieg der Produktivität. Der amerikanische Ingenieur Taylor hatte durch Versuche festgestellt, dass die Aufteilung der Produktion eines Gutes in Einzelschritte, die dann jeweils durch einen Arbeiter ausgeführt wurden, die Produktivität erheblich steigert. In einem zweiten Schritt folgte die Mechanisierung, d. h. der Ersatz der menschlichen Arbeitskraft durch

Maschinenkraft. Schon relativ früh wurden dann die ersten einfacheren Fertigungsabläufe automatisiert. Maschinen führten Tätigkeiten im Produktionsprozess mit Hilfe von Steuerungen und Regeleinrichtungen selbstständig durch, der Mensch beschränkte sich auf das Einrichten und Überwachen der Maschinen. Die Entwicklung hat, bis zur heute geforderten flexiblen Automatisierung, immer die gleichen folgenden Ziele im Auge:

- Erhöhung der Produktivität,
- Verkürzung der Fertigungszeiten,
- Erleichterung der menschlichen Arbeit,
- Senkung der Kosten,
- Erhöhung der Qualität.

Dass diese Entwicklung auch negative Folgen hat, sollte nicht verschwiegen werden. Die Gewichtung (Prioritäten) dieser Ziele hat sich im Spannungsfeld zwischen Markt und Kundenwünschen auf der einen Seite und Unternehmen und Produktionsmöglichkeiten auf der anderen Seite ständig verschoben. Die moderne Produktions- und Automatisierungstechnik begann etwa mit der Einführung der Fließbandfertigung durch Henry Ford. Bis 1960 standen die Erhöhung der Produktivität und die Kostensenkung im Vordergrund dieser Entwicklung.

Die schnelle Reaktion auf die sich permanent ändernden Kundenwünsche, die Kurzlebigkeit der Produkte und der Wunsch mit einer hohen Produktvielfalt den Kunden zum Kauf anzuregen, stehen inzwischen im Vordergrund der Überlegungen. Weg vom Massenvertrieb, hin zur Massenindividualisierung, ist die neue Devise. Diese Ansprüche, die sich in der heutigen, schnelllebigen Zeit ständig verändern, stellen neue Anforderungen an die Natur- und Technikwissenschaften. Gefordert ist ein permanenter Prozess der Umgestaltung und Weiterentwicklung in der Maschinentechnik, Steuer- und Regelungstechnik, Antriebstechnik, Informationstechnik, Technischen Kommunikation und Organisationstechnik.

Etwa zwischen 1980 und 1990 begann eine Phase der Hochautomatisierung. CIM, die rechnerintegrierte Produktion (Computer Integrated Manufacturing), schien die Lösung für alle Probleme der produzierenden Unternehmen zu sein (siehe Abb. 1.4). Die erhofften Produktionssteigerungen blieben jedoch oft aus oder wurden zu teuer erkauft. Die CIM-Idee war falsch verstanden worden: überzogene Automatisierung um jeden Preis kann nicht zum Ziel führen. Vielmehr ist eine feinfühlige, flexible Automatisierung gefordert, die sich problemlos an immer neue Bedingungen anpassen lässt. Dabei sind immer, gleichwertig zu den technischen Überlegungen, die Kosten/Nutzen-Relationen zu beachten. Heutige Techniker müssen mit der gleichen Leidenschaft Kosten senken, mit der sie nach technischer Perfektion streben. Die Grundfrage lautet also immer:

- Wieviel Automatisierung brauchen wir? Was bringt das?
- Können wir das Problem kostengünstiger lösen? Was kostet das?

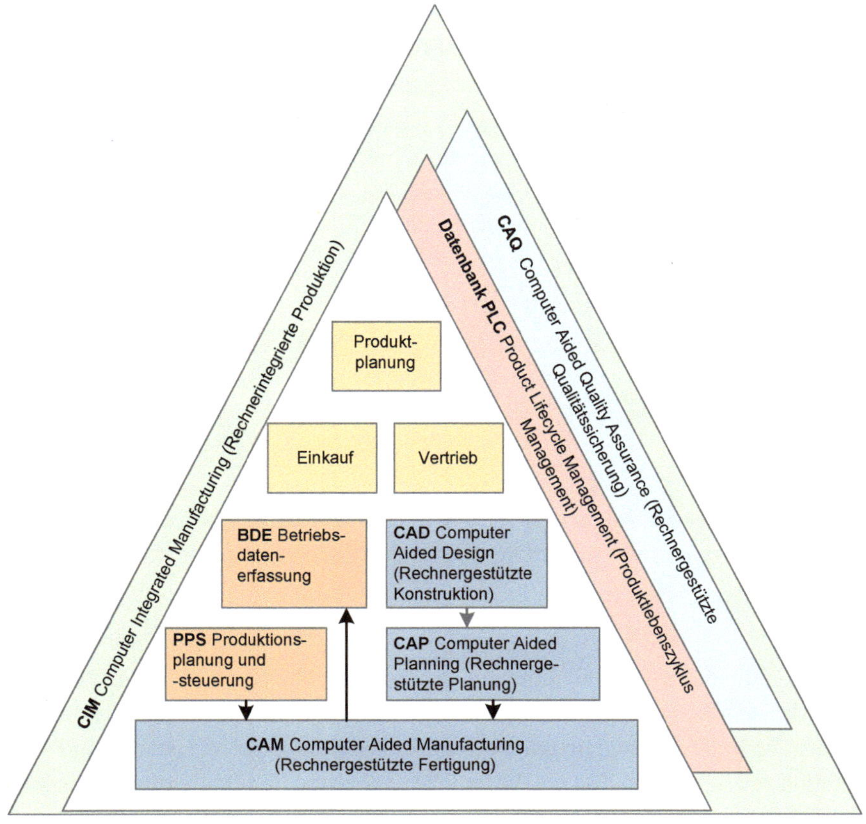

Abb. 1.4 CIM: Module und Strukturen im Unternehmen

Seit der Hannover-Messe 2011 verbreitet sich in Deutschland der Begriff der Industrie 4.0. Die Umsetzung dieser Idee wird bereits als vierte industrielle Revolution bezeichnet. Ziel ist es, die Informationsprozesse immer weiter zu verknüpfen, so dass mit Hilfe von Verfahren der Selbstoptimierung, Selbstkonfiguration, Selbstdiagnose, d. h. dem Einsatz lernender Systeme die Produktion intelligenter wird. Ziel soll es sein, sehr individuelle Kundenwünsche optimal zu realisieren und die Systeme und Prozesse so zu gestalten, dass sie sich selbstständig den Anforderungen effektiv anpassen können. Technologische Grundlagen hierfür sollen die cyber-physischen Systeme (CPS) und das Internet der Dinge sein. Beleuchtet man diese Technologien genauer, so stellt man fest, dass diese bereits zum Teil existieren: *CPS umfassen eingebettete Systeme, Produktions-, Logistik-, Engineering-, Koordinations- und Managementprozesse sowie Internetdienste, die mittels Sensoren unmittelbar physikalische Daten erfassen und mittels Aktoren auf physikalische Vorgänge einwirken, mittels digitaler Netze untereinander verbunden sind, weltweit verfügbare Daten und Dienste nutzen und über multimodale Mensch-Maschine-Schnittstellen verfügen.* [3] In unserem betrachteten Bereich sind das Sensoren, die Informationen auf-

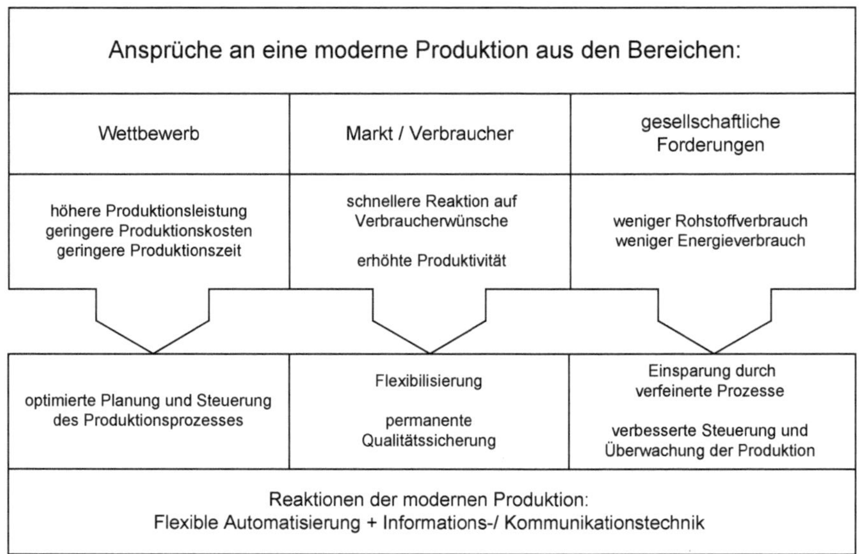

Abb. 1.5 Ansprüche an eine moderne Produktion

nehmen, Automatisierungseinrichtungen, die diese verarbeiten und Aktoren, die Prozesse stellen. Mit dem Internet der Dinge gehen wir alltäglich um. Neu ist das intelligente Verbinden dieser Technologien, um eine höhere Qualität in der Vernetzung und der Kommunikation zu erreichen und so die Ansprüche an die moderne Produktion (siehe Abb. 1.5) noch effektiver umzusetzen.

Für die Fertigungsautomatisierung bedeutet das, Fertigungsanlagen zu entwickeln, die sich hoch dynamisch an die jeweiligen Produktionserfordernisse anpassen können und Informationen per Internet abfragen und anbieten. Die Grundlagen, die mit diesem Buch vermittelt werden, stellen somit auch eine Basis dar, die Abläufe in den unteren Ebenen der Automatisierungspyramide zu verstehen, welche auch für die Industrie 4.0 erforderlich sind.

1.4 Grundkonzepte moderner Fertigung

Ausgangspunkt der Fertigungsautomatisierung war die Mechanisierung (*Unterstützung der menschlichen Arbeitskraft durch den Einsatz von Maschinen. Der Arbeitsvorgang wird ganzheitlich vom Menschen geleistet; Maschinen haben lediglich die Aufgabe der Übersetzung (z. B. Drehmoment, Drehzahl oder Kraft) und der Werkzeughaltung.*) (siehe Abb. 1.6) [4] und Automatisierung einzelner Fertigungseinrichtungen. Mechanische Einzweck-Automaten (z. B. Drehautomaten) und NC-Werkzeugmaschinen sind typische Vertreter dieser Entwicklungsstufe. In anderen Bereichen der Unternehmen wurde zu dieser Zeit ähnlich automatisiert, EDV-Systeme (speziell für die Buchhaltung ausgelegt) und

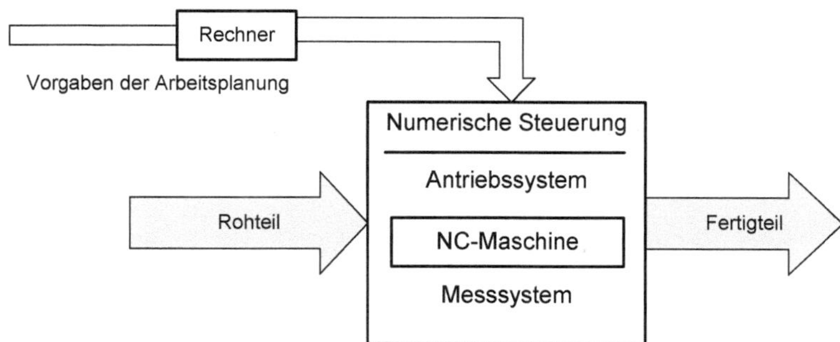

Abb. 1.6 DNC, die Grundlage der flexiblen Automation

Schreibautomaten (elektronische Schreibmaschinen) für den Schriftverkehr sind zwei typische Beispiele.

Ergänzt man eine NC-Maschine (NC = numeric control) durch einen Rechneranschluss zur Programmierung und zum Programmwechsel (DNC = direct numeric control), so ergibt sich bereits die Basiseinheit einer flexiblen Automation.

Erweitert man diese Basiseinheit durch zusätzliche Automatisierungseinrichtungen, so entstehen mit zunehmendem Automatisierungsgrad: Bearbeitungszentren, Flexible-Fertigungszellen und Flexible-Fertigungssysteme. Die zusätzlichen Automatisierungseinrichtungen dienen der Optimierung und Sicherung des Fertigungsprozesses durch:

- mechanisches Zubehör (Mehrspindelköpfe, Winkelköpfe zur Bearbeitung zusätzlicher Flächen, Kühlmittelzuführung durch die Werkzeuge),
- Automatisierungszubehör (automatische Versorgung der Maschinen mit Werkzeugen und Werkzeugdaten, zentrale Werkzeugspeicher mit Einstellung und Datenerfassung, Umrüst- und Spannstationen außerhalb des Bearbeitungsbereiches, Transportsysteme),
- automatische Überwachungssysteme (Standzeitüberwachung mit automatischem Wechsel auf mehrfach vorhandene Werkzeuge, Werkzeugbruchkontrolle, automatisches Messen von Toleranzen mit Korrekturwert-Rückführung, Maschinenzustandsüberwachung (z. B. Kontrolle von Lagervorspannungen)),
- erweiterte Programmfunktionen der Informationstechnik und technischen Kommunikation (WLAN-Anbindung, Ferndiagnose).

Entstanden ist die flexible Automation als Antwort auf wirtschaftliche Notwendigkeiten. Ihre Entwicklung stützt sich besonders auf die rasanten Fortschritte der Informations- und Kommunikationstechnologien. Die technischen Mittel zur Erfassung, Speicherung, Verarbeitung und Übertragung von Daten, sowie deren Nutzung zur Gestaltung und Kontrolle technischer Prozesse, haben die Arbeitsmittel und Methoden der automatischen Produktion revolutioniert und werden es noch weiter tun (siehe Industrie 4.0).

Definition flexible Automation	Aufgabe flexible Automation
Frei programmierbare (flexible) Verkettung numerisch gesteuerter Maschinen und Fertigungseinrichtungen mit Hilfe der Informations- und Kommunikationstechnik	Unterschiedliche Werkstücke, in beliebiger Reihenfolge und wechselnden, auch kleinen Losgrößen, wirtschaftlich zu fertigen.

Abb. 1.7 zeigt die Grundstruktur der flexiblen Automation. Sie ist zum einen gekennzeichnet durch die bedienerfreie Realisierung des Fertigungsprozesses sowie zum anderen durch die Kommunikation mit der übergeordneten Automatisierungsebene.

Nach oben, in Richtung auf die Unternehmensführung, lässt sich die flexible Automation entsprechend der CIM-Idee durch Module der Auftragseingangs- und Verkaufsplanung, Terminüberwachung, Fertigungsplanung, Auftragsverfolgung, Kalkulation und Entwicklung/Konstruktion ergänzen.

Was macht nun ein Fertigungssystem flexibel? Als erstes ist die Umrüst-Flexibilität zu nennen, d. h., es können unterschiedliche Bearbeitungsvorgänge an verschiedenen Werkstücken ohne manuelle Eingriffe durchgeführt werden. Unterschiedliche Losgrößen können verkaufsgerecht oder weiterverarbeitungsgerecht hergestellt werden. Auf Veränderungen der Schwerpunkte in der Produktion oder konstruktive Änderungen kann kurz-

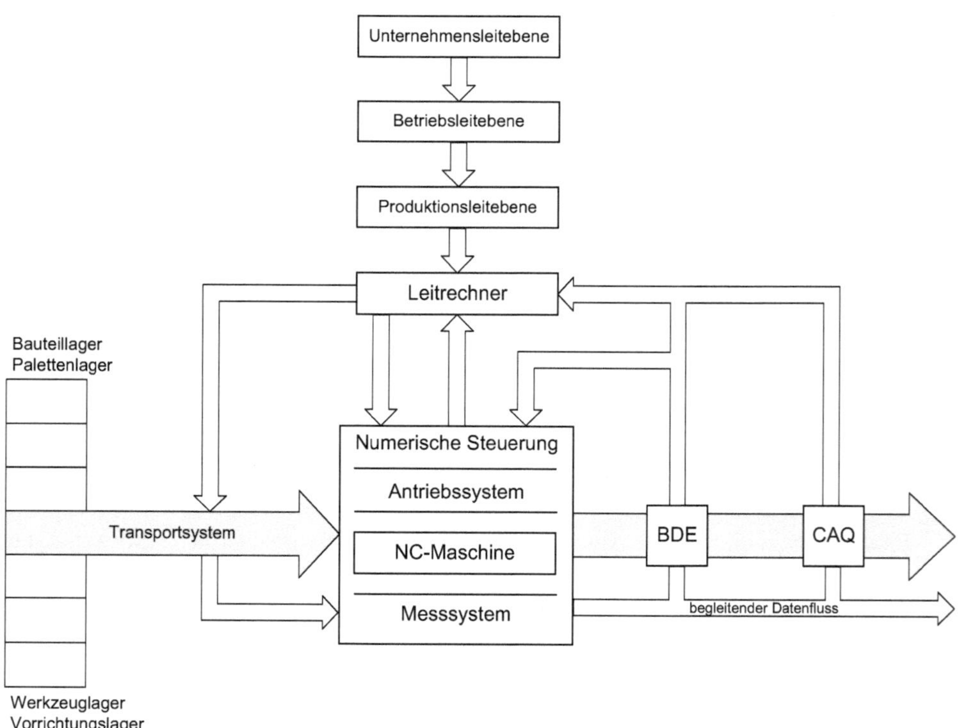

Abb. 1.7 Grundstruktur der flexiblen Automation

fristig reagiert werden. Den zweiten Gesichtspunkt bildet die Umbau- oder Langzeit-Flexibilität. Sie bezieht sich auf die Möglichkeit, die Anlage oder zumindest Teile davon ohne größeren Aufwand für veränderte Aufgaben einzusetzen.

An dieser Stelle setzt der Gedanke der Industrie 4.0 an. Durch verbesserte automatisierte Kommunikation und Fertigungsanlagen, die modular aufgebaut und in der Lage sind, schnell an neue Anforderungen angepasst zu werden oder sich sogar selbst anpassen, soll das Einsatzfeld der flexiblen Fertigungskonzepte vergrößert werden. Es besteht der Wunsch, die Produktivität von Transferstraßen und die Flexibilität von Einzelmaschinen zu erreichen, so dass auch kleine Stückzahlen, die sich durch immer individuellere Kundenwünsche ergeben, kostengünstig und schnell bei sehr guter Qualität produziert werden können (siehe Abb. 1.8).

Unterschiedliche technisch wirtschaftliche Bedingungen führen notwendigerweise zu unterschiedlichen Fertigungskonzepten. CNC-Maschinen arbeiten in der Einzel- oder Serienfertigung mit personalintensivem Betrieb. Bearbeitungszentren sind NC-Maschinen, die mehrere unterschiedliche Bearbeitungsverfahren beherrschen und bei kleinen bis mittleren Losgrößen eingesetzt werden. Sie verfügen zum Teil über Werkzeugspeicher und wechselbare Spannpaletten. Spannpaletten erlauben das Spannen und Entspannen der Werkstücke parallel zur Bearbeitungszeit. Je nach Automatisierungsgrad des Bearbeitungszentrums ergibt sich ein verringerter Personaleinsatz mit Mehrmaschinen-Bedienung. Flexible Fertigungszellen bearbeiten ein begrenztes Teilespektrum mittlerer Losgröße zumeist mit ein bis zwei Bearbeitungsmaschinen. Flexible Fertigungssysteme (FMS) schließen das Spektrum nach oben ab. Typische Merkmale flexibler Fertigungssysteme sind:

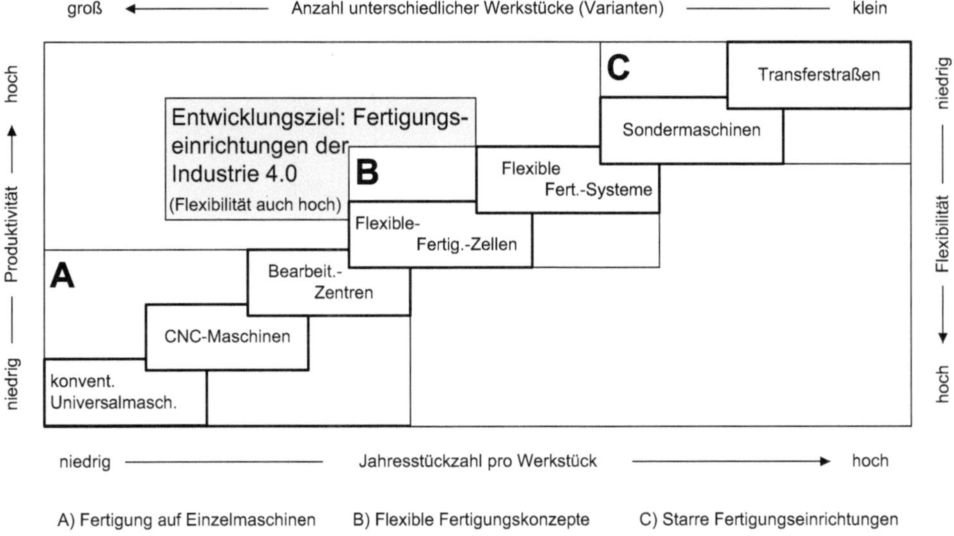

Abb. 1.8 Einsatzbereiche und Merkmale verschiedener Fertigungskonzepte

- ein ausreichender Vorrat an Werkstücken, um für eine bestimmte Zeit einen personalarmen Betrieb zu gewährleisten,
- ungetaktete, losgrößenunabhängige Fertigung,
- sich gegenseitig ergänzende und eventuell ersetzende Maschinen,
- ein automatischer Werkstücktransport,
- eine automatische Werkzeugversorgung mit entsprechendem Werkzeugvorrat,
- eine automatische Bereitstellung der Programme,
- eine automatische Reinigung der Anlage z. B. von Spänen,
- personalarme Fertigung.

Diese Merkmale führen zu immer wiederkehrenden Komponenten im Aufbau der flexiblen Automatisierunssysteme: ein Umstand, der das Analysieren der Systemstrukturen, das Erlernen der zum Umgang mit solchen Systemen notwendigen Kenntnisse und das Projektieren, Konstruieren und in Betrieb nehmen ähnlicher Anlagen sehr erleichtert.

Abb. 1.9 zeigt ein komplexes flexibles Fertigungssystem. Eine Analyse zeigt die typischen Systemstrukturen und Komponenten (siehe Tab. 1.2 und Abb. 1.10).

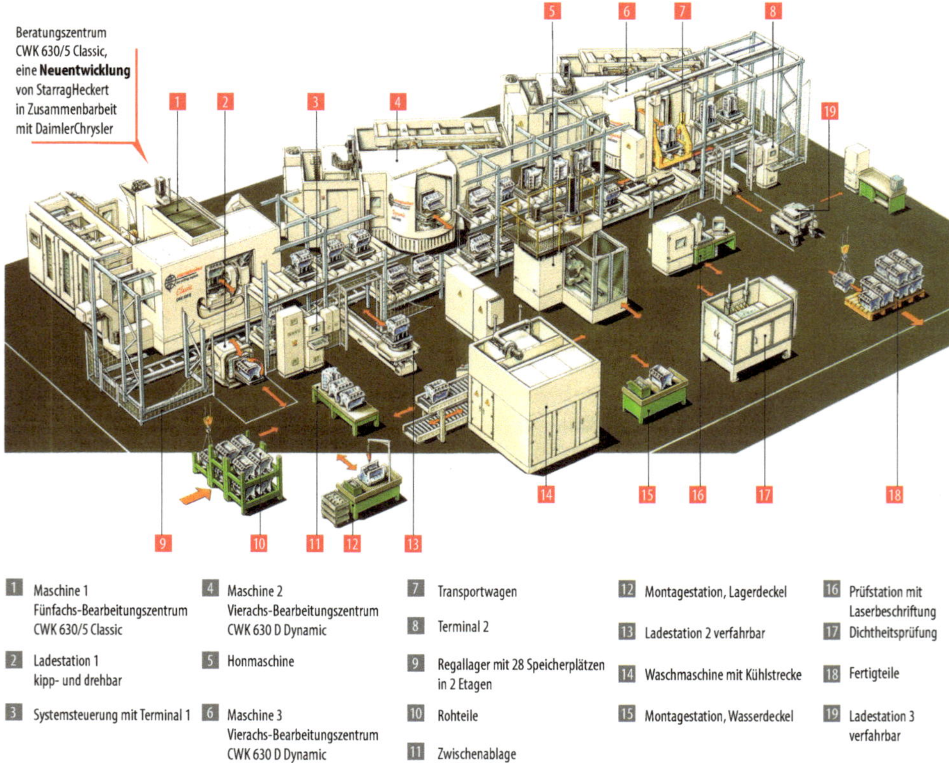

Abb. 1.9 Flexibles Fertigungssystem der Firma Heckert GmbH zur Fertigung von Kurbelwellengehäusen

Tab. 1.2 Komponenten eines Flexiblen Fertigungssystems

Materialflusssysteme	Schienengebundene Transportwagen, Paletten-umlaufsysteme, Transportbänder
Handhabungssysteme	Einlegegeräte, Roboter
Rüst-und Spannsysteme	Automatische Spannvorrichtungen, Spannpaletten, Palettenwechsler
Fertigungssysteme	CNC-Bearbeitungszentren, automatische Montagestationen, Reinigungsstationen
Werkzeugsysteme	Werkzeugspeicher, Werkzeugwechsler, Einstellung und Codierung, Werkzeugüberwachung, Werkzeugdatenbereitstellung
Steuer- und Regelungssysteme	Numerische/speicherprogammierbare Steuerungen, Regeleinrichtungen, PCs
Informations- und Kommunikationssysteme	Rechner, Netzwerke, Bussysteme
Leitsysteme	Leitrechner, Netzwerke, PPS-Programme
Systeme zur Maschinendaten- und Betriebsdatenerfassung (MDE, BDE)	Sensoren, Codiersysteme
Qualitätssicherungssysteme	BDE, MDE plus entsprechende Programme
Versorgungs- und Entsorgungssysteme	Spänebeseitigung, Abfallentsorgung, Recycling

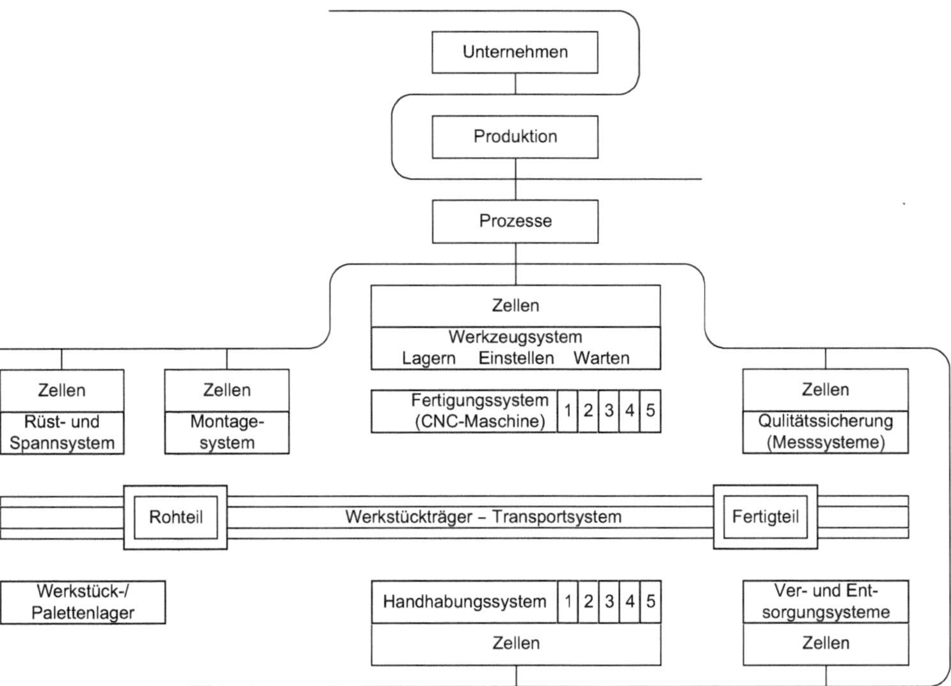

Abb. 1.10 Typische maschinentechnische Struktur eines flexiblen Fertigungssystems

So sind zum Beispiel die Fünf- bzw. Vierachs-Bearbeitungszentren (Nr. 1 und 4) Fertigungszellen. Rüst- und Spannsysteme sind die Ladestationen (Nr. 2, 13 und 19) sowie die Vorrichtungen, auf die die Werkstücke zur Fertigung befestigt werden. Zwischen den Stationen befindet sich das Transportsystem, welches auch einen Transportwagen (Nr. 7) enthält. Montagesysteme sind die Stationen mit den Nummern 12 (Montage Lagerdeckel) und 15 (Montage Wasserdeckel). Als Zellen zur Qualitätssicherung dienen die Prüfstation (Nr. 16) und die Station zur Dichtheitsprüfung (Nr. 17). Werkstücklager, die sowohl zur Werkstückbereitstellung als auch als Zwischenlager oder Fertigteillager fungieren, findet man an den Nummern 10, 11 und 18. Die gesamte Anlage kann über die Bedienstationen (Nr. 3 und 8) gesteuert werden. Hierüber wird auch die Verbindung zu den übergeordneten Systemen, wie z. B. Maschinen- und Betriebsdatenerfassung realisiert. Die Nummern beziehen sich auf Abb. 1.9.

Grundlagen der Leittechnik Entsprechend der Definition im Elektrotechnischen Wörterbuch DIN IEC 60050-351 [1] werden unter dem Begriff „Leiten“ alle *zweckmäßigen Maßnahmen an oder in einem Prozess* verstanden, *um vorgegebene Ziele zu erreichen.* Laufen diese Maßnahmen automatisch ab, versteht man darunter die Automatisierung bzw. Automatisierungstechnik. Daher ist es erforderlich, auf den Begriff der Leittechnik intensiver einzugehen.

Der Begriff der Prozessleittechnik entstand um 1980 bei der Bayer AG in Deutschland als Teil der innerbetrieblichen Organisation. Er wird heute angewandt für die ganzheitliche Betrachtung von Aspekten der:

- Mess-, Steuer- und Regelungstechnik,
- Informationstechnik/Informatik und Kommunikationstechnik,
- systematischen Ordnung von Produktionsprozessen,
- Strategien, Methoden und Werkzeuge zum Erstellen und Betreiben von Leitsystemen.

Die Prozessleittechnik steht also als Mittler zwischen dem technischen Prozess und dem Menschen, der diesen Prozess beobachtet und bedient. Auf Grund der Vielfalt der

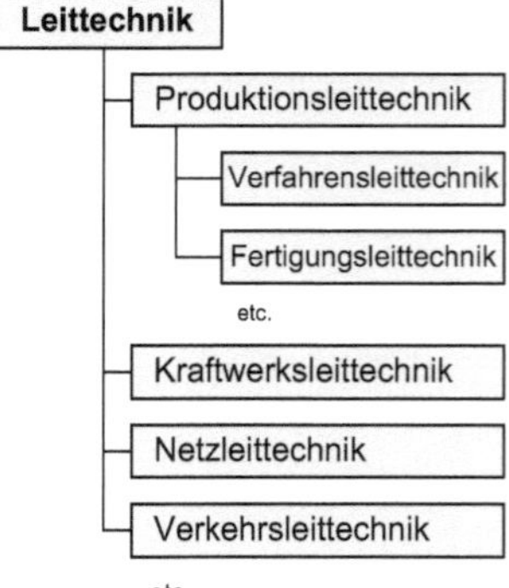

Abb. 1.11 Anwendungsbereiche der Leittechnik

technischen Prozesse hat sich in der Leittechnik eine Reihe spezieller Bezeichnungen entwickelt (siehe Abb. 1.11). Der Begriff Produktionsleittechnik wird insbesondere im Zusammenhang mit den Mitteln und Methoden des Produktionsmanagements und der Logistik gesehen, während der Begriff Prozessleittechnik sich auf die eigentlichen fertigungs- oder verfahrenstechnischen Prozesse bezieht und entsprechend der Automatisierungspyramide (Abb. 1.3) dem Zusammenwirken von Prozessleit- und Feldebene gleichzusetzen ist. Bezieht es sich auf die in diesem Buch betrachteten Fertigungsprozesse, so kann von Fertigungsleittechnik gesprochen werden.

Wichtige Grundfunktionen der Leittechnik treten in allen Anwendungsbereichen, wenn auch mit unterschiedlicher Gewichtung, immer wieder auf. Aus diesen Grundfunktionen bildet sich die Struktur der Prozessleittechnik (siehe Abb. 1.12).

▶ **Hinweis** Im Glossar am Ende des Buches findet man eine Auflistung wichtiger Grundbegriffe der Automatisierungstechnik.

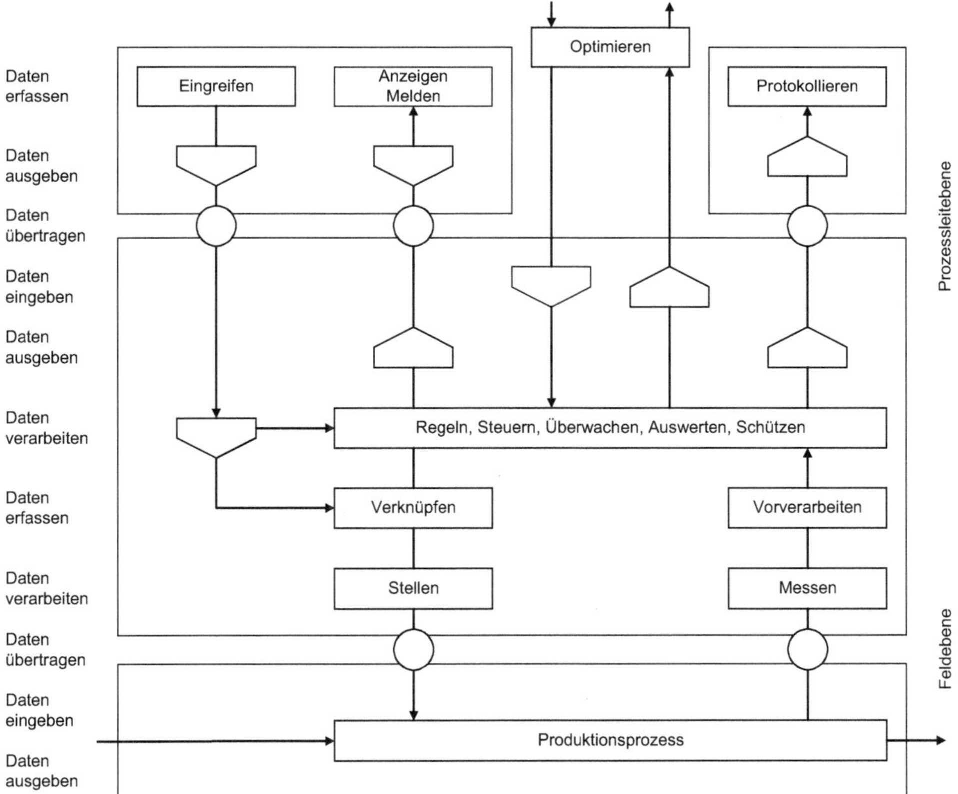

Abb. 1.12 Grundfunktionen und Strukturen der Prozessleittechnik

Bei der Handhabung großer, komplexer Systeme bilden hierarchische Strukturen eine besondere Rolle. Von einem hierarchischen System spricht man, wenn das System aus einzelnen Teilsystemen aufgebaut ist, mit unterschiedlichen Prioritäten oder Rechten für die über- bzw. untergeordneten Teilsysteme. Die übergeordneten Teilsysteme sind von der Funktionserfüllung der untergeordneten Teilsysteme abhängig. Der Informationsaustausch findet innerhalb der Teilsysteme (Ebenen) und zwischen den Ebenen statt. Mit aufsteigender Hierarchieebene steigen das Verständnis und die Verantwortung für das Gesamtsystem, seine Ziele und Funktionen. Nach unten steigen die Detailkenntnisse über den Prozess.

Das Problem komplexer Entscheidungssituationen ist es, dass unter realen Bedingungen nur ein begrenzter Zeitraum für die Entscheidungsfindung zur Verfügung steht. Wird eine Entscheidung nicht innerhalb dieses Zeitraumes getroffen, so ist mit Fehlfunktionen zu rechnen. Andererseits wird für das Treffen einer fundierten Entscheidung häufig mehr Zeit benötigt (um Informationen einzuholen, um Berechnungen anzustellen usw.), als dieser Entscheidungszeitraum zulässt. Die hierarchische Zerlegung in Teilsysteme zerlegt auch die Entscheidungssituationen in kleine, in kürzerer Zeit bearbeitbare Entscheidungen, die anschließend wieder in einen Gesamtzusammenhang gestellt und koordiniert werden.

Obwohl die Lösungen von industriellen Automatisierungsaufgaben mit hierarchisch strukturierten Systemen zunächst oft einen höheren Aufwand erfordern, gibt es eine Reihe von Gründen, die für eine solche Vorgehensweise sprechen:

- Die mit zunehmendem Automationsgrad immer größer werdende Menge an Informationen wird nicht in allen Ebenen im gleichen Maße benötigt. Diese Informationsmenge kann nur beherrscht werden, wenn sie zu höheren Ebenen hin verdichtet wird.
- Die Anforderungen an die Verfügbarkeit/Zuverlässigkeit der Funktionen sind in den verschiedenen Ebenen unterschiedlich. Sie nehmen von unten nach oben ab. Die mit der erhöhten Verfügbarkeit wachsenden Kosten können so auf die notwendigen Funktionen beschränkt werden.
- Die Autarkie der einzelnen Teilsysteme gewährleistet, dass bei Störungen eines Teilsystems nicht die Gesamtfunktion ausfällt.
- Autarke Teilsysteme ermöglichen eine problemlose, stufenweise Realisierung und Inbetriebnahme, weil integrationsfähige Komponenten/Teilsysteme verwendet werden. Damit wird der gesamte Errichtungs- und Inbetriebnahmeprozess erheblich erleichtert, in bestimmten Fällen überhaupt erst möglich (wenn z. B. ein komplexes Projekt schrittweise in Betrieb genommen werden soll).
- Eine stufenweise Realisierung erhöht auch die Durchsetzbarkeit im Unternehmen, weil die Kosten über einen längeren Zeitraum verteilt werden und das Projektrisiko verringert werden kann.
- Autarke Teilsysteme und stufenweise Realisierbarkeit erhöhen die Flexibilität der Anlage bei der aktuellen und späteren Nutzung.

- Jede Funktionsebene stellt eigene Anforderungen an die Hard- und Software. Die Aufgaben der Feldebene und der Prozessleitebene fordern z. B. echtzeitfähige Systeme und Standardsoftware (z. B. modulare Funktionsbausteine) für die prozessleittechnischen Grundfunktionen. Für die Aufgaben der Produktions-, Betriebs- und Unternehmensleitebene ist jedoch Software mit anderen Merkmalen (z. B. Datenbankcharakter) erforderlich.

Unterschiedliche Untersuchungen der bestehenden bzw. von Fachleuten für notwendig erachteten funktionalen Untergliederung des gesamten Komplexes der Produktionsleitung ergaben hierarchische Strukturen mit vier bis sechs Ebenen: Abb. 1.13 zeigt eine mögliche Untergliederung in vier Ebenen.

Dabei sind den Ebenen Aufgaben zugeordnet, wie in Tab. 1.3 dargestellt.

Ergänzt um die Unternehmensleitfunktionen (z. B. Marktanalyse, strategische Planung, Leitung des Finanzwesens und des Personalwesens usw.) ergibt sich die in Abb. 1.14 dargestellte funktionale Gliederung eines Betriebsleitsystems.

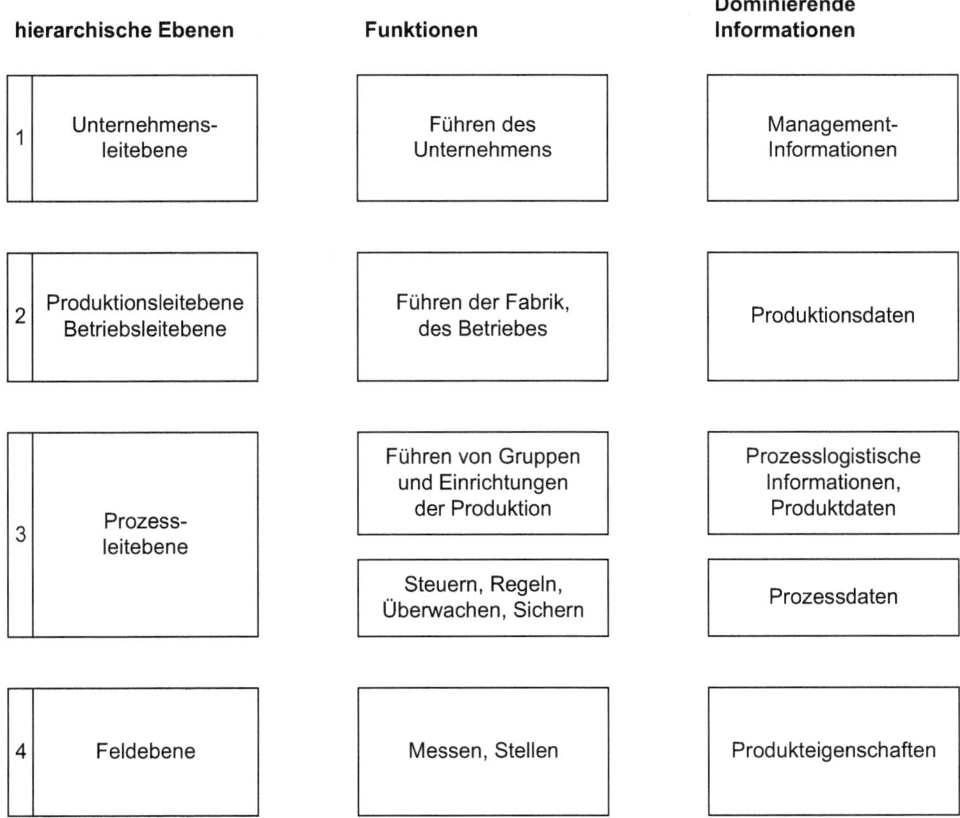

Abb. 1.13 Vier-Ebenen-Modell eines Unternehmens

Tab. 1.3 Funktionen innerhalb der Ebenen

Betriebsleitebene	Verwaltung und Bearbeitung von Lieferaufträgen Produktionsplanung Bilanzrechnungen Langzeitspeicherung von Daten Statistische Auswertungen Bestandsführung Kostenanalysen Planung des Personaleinsatzes Terminüberwachung Angemessene Mensch-Maschine-Kommunikation
Produktionsleitebene	Kurzfristige Produktionsplanung Beschaffung von Werkstoffen und Zukaufteilen Qualitätskontrolle Bestandsführung Terminüberwachung Langzeitsicherung/-archivierung von Daten Mengenabrechnungen Überwachung von Wartungsintervallen Kostenanalysen Prüfaufträge Angemessene Mensch-Maschine-Kommunikation
Prozessleitebene (höherwertige Funktionen)	Erweiterte Protokollierung/Archivierung Koordinierende Funktionen (im Falle von Störungen bzw. Umstellungen) Komplexe Regelungen Optimierung Aufgabenangemessene Mensch-Maschine-Kommunikation
Prozessleitebene (Grundfunktionen)	Regeln Steuern Überwachen Auswerten/Aufzeichnen/Protokollieren Schützen Eingreifen Daten erfassen/Daten eingeben/Daten ausgeben Daten übertragen Daten verarbeiten Aufgabenangemessene Mensch-Maschine-Kommunikation
Feldebene	Messen Stellen Anzeigen (vor Ort) Bedienen (vor Ort) Daten erfassen Daten ausgeben Hilfsenergieversorgung für Messumformer und Stellglieder Übertragung von Mess- und Stellsignalen

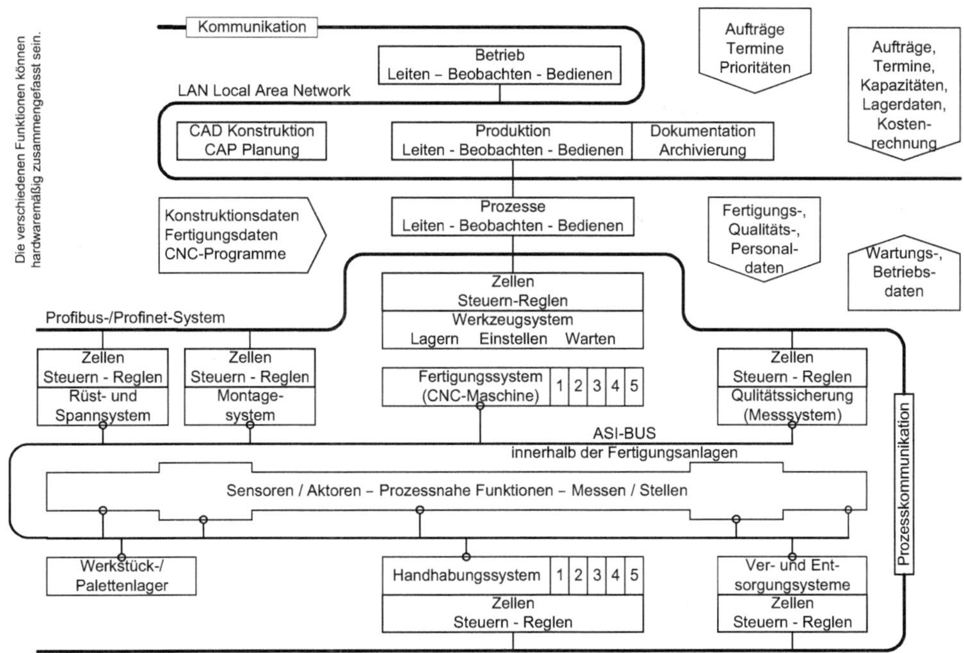

Abb. 1.14 Funktionale Struktur und Teilsysteme eines Betriebsleitsystems

Zukünftige Entwicklungen der Leitsysteme werden eine zunehmende Offenheit (Kommunikationsfähigkeit) der Teilsysteme in allen Richtungen über standardisierte Schnittstellen, wie z. B. TCP/IP, gewährleisten. Die Rechner in den Leitebenen werden verstärkt mit den betrieblichen Rechnern kommunizieren. Die Systeme der Leitebenen treten dabei gegenüber anderen Datennutzern als Server auf.

Es gibt in etwa vier grundsätzliche Systemkonzepte in der Leittechnik. Bei der **PC-stand-alone-Lösung** wird der PC lediglich um Anschlussbaugruppen für die Ein- und Ausgabe der Prozessdaten erweitert. Meist sind diese Erweiterungsbaugruppen auch mit einem eigenen Prozessor ausgestattet, sodass echtzeitnahe Aufgaben wie Messwerterfassung und -regelung erledigt werden können. Die Bedienung erfolgt mit dem PC. Für Aufgaben mit geringen Zuverlässigkeitsanforderungen stellt diese Lösung eine kostengünstige Variante dar.

Beim **Kleinleitsystem auf Kompaktreglerbasis** werden meist zur Datenkommunikation taugliche Kompaktregler mit einem PC verbunden. Hierdurch wird eine komfortable Bedienung ermöglicht. Die Selbstständigkeit der Regler führt zu einer höheren Betriebssicherheit.

Bei den **Prozessleitsystemen auf SPS-Basis** werden leistungsfähige PCs über ein Bussystem mit einer oder mehreren speicherprogrammierbaren Steuerungen (SPS) verbunden. In der SPS werden die Überwachungs-, Regelungs- oder auch Steuerungsaufgaben realisiert. Es können Systeme mit einer sehr großen Anzahl von Steuer- und Regelstellen gebildet werden.

Große Prozessleitsysteme repräsentieren die schon klassische Entwicklungslinie der verteilten Prozessleitsysteme. Speziell für den besonderen Einsatzfall entwickelt, kombinieren sie Leitrechner, Netzwerke, SPSen, Bussysteme und prozessnahe Komponenten in der Feldebene.

Im Normalbetrieb bestehen bei allen vier Konzepten keine sehr großen Unterschiede hinsichtlich Funktionalität und Bedienungskomfort. Die Differenzen werden in der Hauptsache bei Systemänderungen und Störungen sichtbar. Nur die großen Prozessleitsysteme lassen Änderungen und Reparaturen während des Betriebes zu. Damit ist eine Rund-um-die-Uhr-Funktion der Automatisierungseinrichtung sichergestellt. Hierfür sorgen Redundanzkonzepte die gleichzeitig eine hohe Zuverlässigkeit gewährleisten.

Die Gewährleistung einer hohen Zuverlässigkeit war bei der Entwicklung der Prozessleittechnik ein besonderer Schwerpunkt. Auf keinen Fall sollte die Kontrolle über gefährliche Prozesse verloren gehen. Da es für Automatisierungseinrichtungen keine 100%ige Zuverlässigkeit gibt, muss die geforderte Zuverlässigkeit durch besondere Maßnahmen gesichert werden.

- Durch **Modularisierung** des Systems ist zu erreichen, dass der Ausfall einer Komponente nur einen überschaubar kleinen Bereich der Produktionsanlage betrifft.
- Durch **Redundanzen** wird erreicht, dass der Ausfall einzelner Komponenten völlig ohne negative Auswirkungen bleibt. Redundanzen werden z. B. durch unterbrechungsfreie Stromversorgungen (Pufferbatterien), Reservekomponenten die im Normalbetrieb nicht arbeiten oder die Umverteilung von Arbeiten auf andere Komponenten erreicht.
- Vorsorgliche **Instandhaltung** und Selbstdiagnose der Komponenten bilden einen weiteren Zuverlässigkeitsfaktor.

Zur Selbstkontrolle

1. Analysieren Sie z. B. in Ihrem Unternehmen oder mithilfe von Informationsmaterial entsprechender Hersteller die Strukturen verschiedener Fertigungssysteme und stellen Sie diese Strukturen grafisch dar.
2. Untersuchen Sie die Zusammenhänge zwischen den erkannten Strukturen und den Fertigungsmengen der Bauteile bzw. Bauteilvarianten.
3. Skizzieren Sie zu einem Beispiel aus Aufgabe 1 die funktionale Struktur des Betriebsleitsystems (Abb. 1.14).

1.5 Von der Aufgabe zur Lösung, konzipieren einer Fertigungsanlage

Im Abschn. 1.4 wurde darauf hingewiesen, dass in Abhängigkeit von der Variantenvielfalt und den Fertigungsstückzahlen in den Firmen unterschiedliche Fertigungskonzepte zum Einsatz kommen. Aus Sicht der in diesem Buch behandelten Schwerpunkte Sensorik – Regelung – Steuerung treten in jeder dieser Anlagen ähnliche Aufgabenstellungen auf. Um die Einführung in die Automatisierungstechnik interessant und praxisnah zu gestalten, haben sich die Autoren dieses Fachbuches einen neuen Weg ausgedacht. Anhand einer konkreten Fertigungsaufgabe aus dem Alltag werden in kurzer Form alle notwendigen Arbeitsschritte besprochen, um aus der Aufgabenstellung das Fertigungskonzept zu entwickeln. Die dabei gewonnenen Kenntnisse sollen ein Lernraster bilden, in dem Sie die Detailkenntnisse aus den weiteren Kapiteln Schritt für Schritt und entsprechend Ihren beruflichen Anforderungen zu einem Gesamtbild zusammenstellen können. Da zum besseren Verständnis ein sehr einfaches Produkt gewählt wurde, sind nur wenige Fertigungsschritte vorhanden, wodurch z. B. ein flexibler Werkzeugwechsel fehlt, der bei komplexeren Anlagen fester Bestandteil ist. Vergleicht man aber die im Folgenden herausgearbeitete Beispielanlage mit einem Flexiblen Fertigungssystem, so findet man die Struktur eines Flexiblen Fertigungssystems (siehe Abb. 1.10) auch in ihr wieder. Im Flexiblen Fertigungssystem sind enthalten:

- Fertigungssystem bzw. Fertigungszelle (CNC-Maschinen – Bartfräseinheit),
- Fertigungssystem bzw. Montagezelle (Montage Wasserdeckel – Hüllenaufpresseinheit),
- Ver- und Entsorgungssysteme (Werkstücklager, Ladestationen – Zuführeinheit),
- Qualitätssicherungssystem (Dichtheitsprüfung – Endkontrolleinheit),
- Materialflusssystem bzw. Werkstückträger-Transportsystem sowie
- Rüst- und Spannsystem (Werkstückträger).

Neben diesen den eigentlichen Fertigungsprozess absichernden Systemen ist für die Automatisierung noch die Automatisierungseinrichtung mit ihren Systemen (siehe auch Tab. 1.2) notwendig.

Folgend wird die Grobstruktur der Fertigungsanlage erarbeitet. Der Abschn. 4.4.3 stellt die konzipierte Anlage im Detail in ihrer Arbeitsweise vor.

Das Produkt Als Produkt wurde ein Schlüssel (siehe Abb. 1.15) für ein Stiftschloss mit einseitigem Profil gewählt. Zusätzlich soll zur besseren Handhabung der Schlüssel mit einer Kunststoffkappe versehen werden. Dem Fertigungsprozess zugeführt wird ein Schlüsselrohling, der bereits die äußere Kontur, das Längsprofil und die Bohrung enthält. Die zu planende Schlüsselfertigungsanlage soll vollautomatisch arbeiten. Der Schlüsselbart sowie die Kennzeichnung sind zu fertigen, wobei drei unterschiedliche Rohlinge zum Einsatz kommen. Der gefertigte und mit einer Kappe versehene Schlüssel wird einer Endkontrolle zugeführt und nicht korrekt hergestellte Schlüssel werden ausgeschleust.

Aus der Aufgabenstellung ergeben sich die Arbeitsschritte zur Schlüsselfertigung (Abb. 1.16).

Neben der Art der Fertigungsaufgaben werden häufig auch Angaben zu Fertigungszeiten, Stückzahlen, Platzverhältnissen usw. gemacht. Es ist dringend zu empfehlen, alle An-

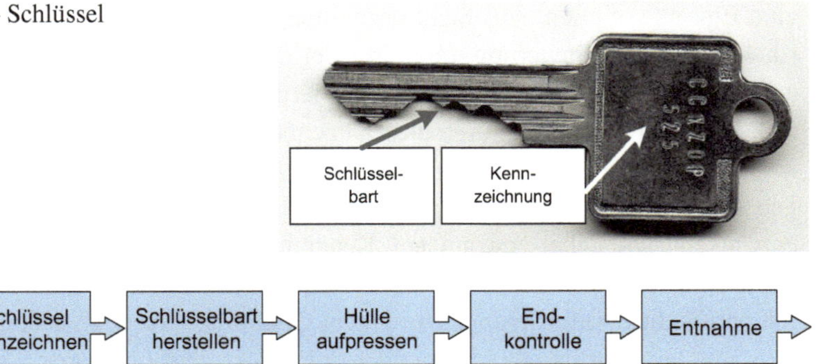

Abb. 1.15 Produkt – Schlüssel für Stiftschloss

Schlüssel zuführen → Schlüssel kennzeichnen → Schlüsselbart herstellen → Hülle aufpressen → End-kontrolle → Entnahme →

Abb. 1.16 Arbeitsschritte zur Schlüsselfertigung

forderungen an das geplante Fertigungssystem in einer Anforderungsliste festzuhalten und diese Informationen intensiv mit dem Auftraggeber zu besprechen. Die Anforderungen müssen entsprechend ihrer Wichtigkeit z. B. als Forderung oder Wunsch gekennzeichnet werden und möglichst abrechenbare Werte enthalten. Solche Angaben, wie z. B. „geringer Ausschuss" sollten vermieden werden, stattdessen könnte eine Angabe: „Ausschussquote 2 %" lauten. Während des ganzen Planungsprozesses ist diese Liste laufend zu aktualisieren. Eine von dem Kunden endgültig bestätigte Liste lässt sich nicht mehr ändern und die Forderungen sind durch den Auftragnehmer zu erfüllen. Bei Nichterfüllung muss der Auftragnehmer mit finanziellen Einbußen rechnen bzw. so lange Nachbesserungen leisten bis die Forderungen eingehalten werden.

► **Merke** Während der Planungsphase lassen sich Anpassungen bzw. Änderungen noch kostengünstig durchführen, Änderungen nach Fertigstellung der Anlage werden teuer.

Einige Kriterien, die in eine solche Liste aufgenommen werden sollten:

- Flächen-/Raumbedarf
- Einsatzdauer und Taktzeiten
- Kostenrahmen
- gewünschte Ausbaufähigkeit, Flexibilität
- Wunsch nach bestimmten Komponenten z. B. weil diese schon eingesetzt werden
- Zeitpunkt der gewünschten Einsatzbereitschaft
- Einbindung in vorhandene Anlagen/Systeme
- Ziele der Anlage: Produktivität, Qualität
- Funktionen/Aufgaben
- Automatisierungsgrad

Voraussetzungen für eine erfolgreiche Automatisierung Häufig soll mit der Automatisierungstechnik die Produktivität/Produktionsgeschwindigkeit gesteigert werden. Aber bedenken Sie: Nur die Beschleunigung eines wohldurchdachten Prozesses ist sinnvoll, die Automatisierung einer chaotischen Fertigung/Montage führt zwangsläufig zu erheblichen Problemen. Also vorab einige wichtige Fragen:

- Ist das Produkt bzw. seine Konstruktion automatisierungsgerecht?
- Ist der Herstellungs- bzw. Montageprozess automatisierungsgerecht?

Stellen Sie alles „das war schon immer so" und „das hat doch bisher bestens funktioniert" in Frage. Vereinfachen Sie also, gestalten Sie um und gehen Sie neue Wege; erst wenn Sie das Gefühl haben, jetzt könnte man auch ohne Automatisierungstechnik optimale Ergebnisse erreichen, ist das Ziel erreicht. Es ist nicht selten, dass das zu fertigende Produkt aufgrund des Automatisierungswunsches umkonstruiert werden muss.

Der wirtschaftliche Automatisierungsgrad Die technische Produktion arbeitet auch heute noch für und mit Menschen und wird von Menschen geplant. Die richtige Aufgabenteilung zwischen Mensch und Maschine, das Nutzen der Kenntnisse der Mitarbeiter und deren Wohlbefinden in „ihrer Produktion" tragen nicht nur zur Humanisierung der Arbeit bei, sie sind auch ein sehr wichtiger wirtschaftlicher Faktor. Anzustreben bzw. zu beachten ist also Folgendes:

- automatisieren nur das, was sinnvoll ist, nicht weil es technisch möglich ist (Nutzen/Kosten),
- ein vernünftiges Verhältnis von menschlicher Arbeit und Maschinenarbeit,
- kleine, überschaubare Einheiten bilden,
- mit zunehmender Komplexität der technischen Strukturen wächst der Aufwand stärker als die Systemwirksamkeit.

Die ersten Schritte zur Lösung Die Gliederung eines Gesamtsystems in Teil-/Subsysteme führt zu einer besseren Übersicht über die Funktionen und Zusammenhänge in der Anlage und damit zu besseren und schnelleren Lösungen. Auf Grund ihrer beruflichen Erfahrung werden Sie erkennen, wie die Aufgabenstellung in einer konventionellen Fertigung gelöst würde.

Man braucht jemanden, der ... (Funktion)	Teilsystem	Analog Komponente eines FMS
den Rohling heranschafft.	Zuführeinheit	Ver- und Entsorgungssystem
den Schlüssel tranportiert.	Transporteinheit	Materialflusssystem
den Schlüssel kennzeichnet.	Kennzeichnungseinheit	Fertigungssystem
den Bart fertigt.	Bartfräseinheit, Bartpoliereinheit	Fertigungssystem
die Kappe montiert.	Hüllenaufpresseinheit	Fertigungssystem
die Ausschussteile aussortiert (Qualitätssicherung).	Endkontrolleinheit	Qualitätssicherungssystem
die Fertigteile entnimmt.	Abtransport Gutteil	Ver- und Entsorgungssystem
die Ausschussteile entnimmt.	Abtransport Ausschuss	Ver- und Entsorgungssystem
das „Sagen" hat, also einen Chef.	Prozessleitsystem oder Werker über Panel	Leitsystem
das Weitergeben von Informationen ermöglicht.	Automatisierungseinrichtung mit BUS System sowie Sensoren und Aktoren	Steuer- und Regelungssystem, Informations- und Kommunikationssystem, Systeme zur Datenerfassung

So weit ist die automatisierte Fertigung gar nicht von der konventionellen Fertigung entfernt, eine Grobstruktur erleichtert die weitere Arbeit (siehe Abb. 1.17).

Nun muss sicher nicht für jede Funktion ein Mitarbeiter (Arbeitsstation) bereitgestellt werden. Weitere Überlegungen und Analysen des Arbeitsumfanges sind also notwendig. Bei der endgültigen Aufteilung der Arbeitsstationen ist zu beachten:

- Die Stationen sollen gleichmäßig ausgelastet sein, es dürfen keine Engpässe entstehen.
- Besonders teure Komponenten (z. B. Roboter) sollen gut ausgelastet sein.

Neben den die Anlage betreffenden oben genannten Zielsetzungen dürfen Hauptziele eines jeden Unternehmens nicht aus dem Auge gelassen werden. Solche sind:

- Sicherung des wirtschaftlichen Agierens des Unternehmens,
- Umweltgerechte Gestaltung der Prozesse,
- Gewährleistung ergonomischer Arbeitsbedingungen,
- Installation einer hohen Flexibilität bezüglich der Änderung von Umfeldbedingungen.

Aus all den genannten Überlegungen hat sich das Konzept für die Fertigungsanlage ergeben (Abb. 1.18). Zum besseren Verständnis wird im Weiteren der allgemeine Fertigungsablauf erläutert.

Der Gesamtanlage werden über die drei Trichterspeicher (Zwischenlager 1; Schüttgutlager) die Schlüsselrohlinge als Schüttgut zugeführt. In der Zuführeinheit sind drei weitere Speicher integriert, in denen sich die Schlüssel schon mit einer festen Orientierung befinden. Über eine Rutsche, die gleichzeitig die Positionierungsaufgaben erfüllt, erfolgt bei

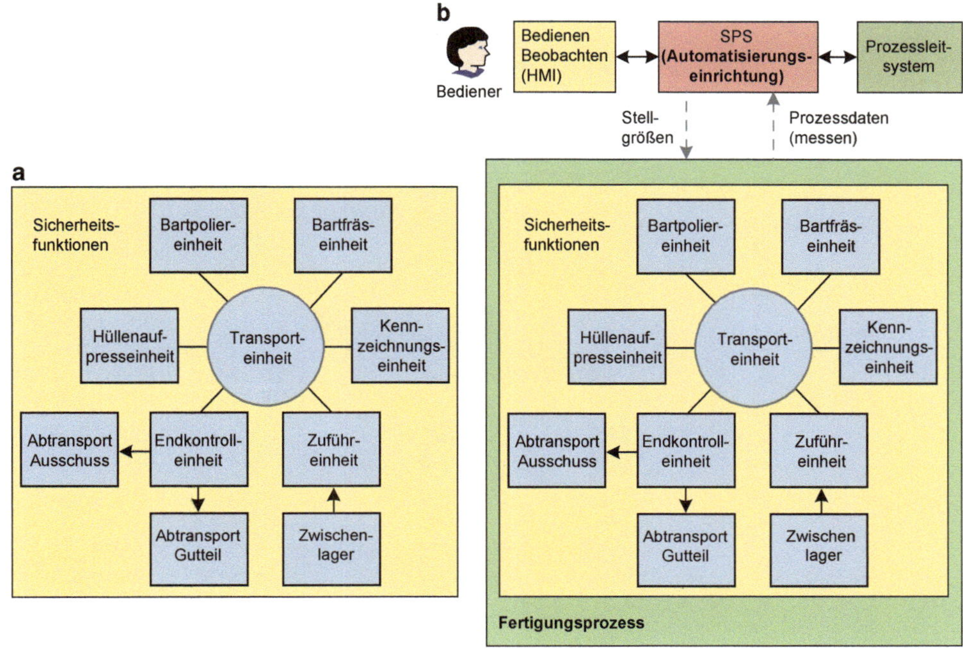

Abb. 1.17 Grobstruktur der Fertigungsanlage (Lernanlage) ohne und mit Automatisierungseinrichtung

Bedarf (Unterschreitung bestimmter Füllstand im Zwischenlager 2) die Zuführung der Schlüsselrohlinge aus dem Zwischenlager 1. Wird die Herstellung eines Schlüssels durch den Bediener oder das Leitsystem veranlasst, wird der entsprechende Rohling aus dem Zwischenlager 2 zur Übergabestelle für die Transporteinheit geschleust. In Abhängigkeit von der genauen Lage des Schlüssels (Bartposition links oder rechts) erfolgt die Übernahme durch die Transporteinheit. Diese fährt die einzelnen Stationen an. Zuerst kommt die Kennzeichnungseinheit. Es muss darauf geachtet werden, dass der Schlüssel richtig gespannt ist, die Kennzeichnung auch zum geforderten Schlüsselbart passt und diese an der vorgegebenen Stelle angebracht wird. Ist der Fertigungsprozess beendet, wird der Schlüssel wieder der Transporteinheit übergeben und zur nächsten Station geleitet. Da es ein Rundtakttisch ist, wird erst nach Ende des Prozesses mit der höchsten Taktzeit weiter getaktet. Daher sollten alle Prozesse möglichst gleich lang dauern. Die nächste Station ist die Bartfräseinheit. Hier gelten die gleichen Forderungen wie für die Kennzeichnungseinheit. In den weiteren Stationen bleibt der Schlüssel jeweils durch den Greifer der Transporteinheit gespannt. Im nächsten Takt wird der Bart poliert und danach die Kappe aufgepresst. In der Endkontrolleinheit erfolgt die Qualitätsprüfung des Schlüssels. Ist der Schlüssel in Ordnung, wird er dem Förderband (Abtransport Gutteil) übergeben. Ist das nicht der Fall, wird er in ein Ausschussbehälter (Abtransport Ausschuss) fallen gelassen. Für den automatischen Ablauf der Fertigung sind weitere Hilfs- und Nebenprozesse, wie

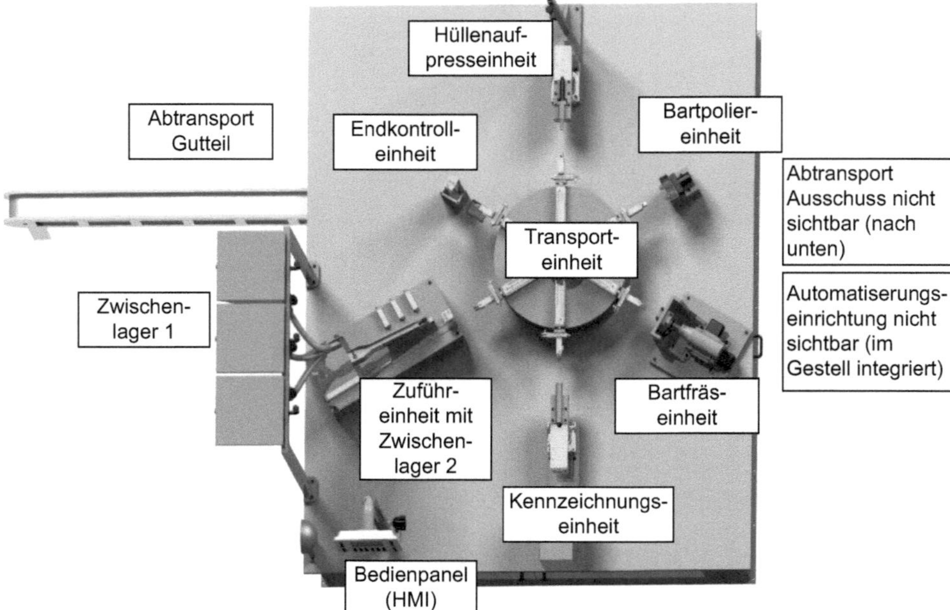

Abb. 1.18 Konzept der Schlüsselfertigungsanlage

z. B. Positionskontrolle, Kontrolle Erreichen Endposition etc. notwendig. Diese werden im Abschn. 4.4.3 näher beschrieben.

Übungsaufgabe 1

Suchen Sie in Ihrem persönlichen Umfeld nach automatisierten Systemen und Prozessen, überlegen Sie, ob diese geregelt oder gesteuert sind und warum sich für die jeweilige Art der Automatisierung entschieden wurde.

Übungsaufgabe 2

Fertigungsaufgabe

Ein ca. 0,5 mm dicker Litzenkupferdraht, der auf eine Rolle gewickelt ist, muss zu einem ca. 45 mm langen Drahtstück verarbeitet werden. An das eine Ende des Drahtstückes soll eine gleichfalls auf einer Rolle (Rollenband) angelieferte Klemme befestigt werden. Das andere Ende wird nach dem Verdrillen der Einzeldrähte verzinnt (siehe nachfolgende Abbildung). Zwanzig Stück des Endproduktes sind abschließend manuell in einer Tüte zu verpacken.

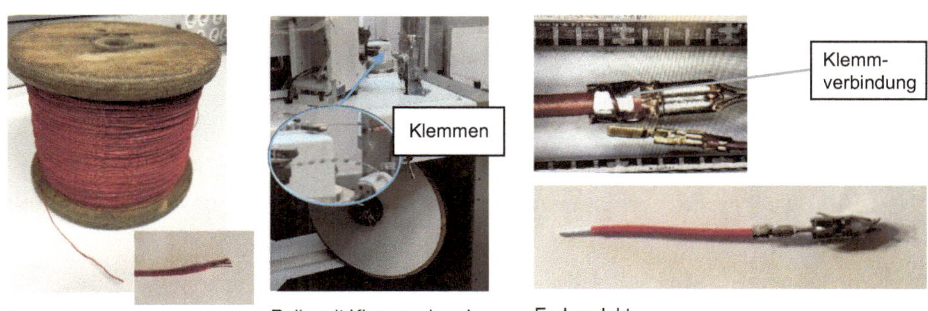

Halbzeug und Endprodukt

Erstellen Sie analog zur folgenden Abbildung (Schlüsselfertigung) eine Abfolge der notwendigen Arbeitsschritte für die Fertigung des Drahtes.

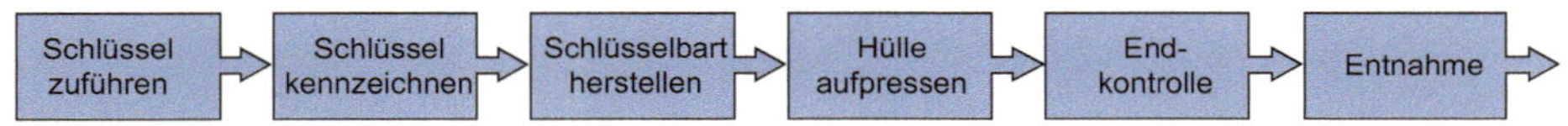

Arbeitsschritte Schlüsselfertigung

Übungsaufgabe 3

Entwerfen Sie eine mögliche Fertigungsanlage für die Drahtfertigung. Wählen Sie hierbei die Arbeitsschrittfolge entsprechend folgender Abbildung als Grundlage.

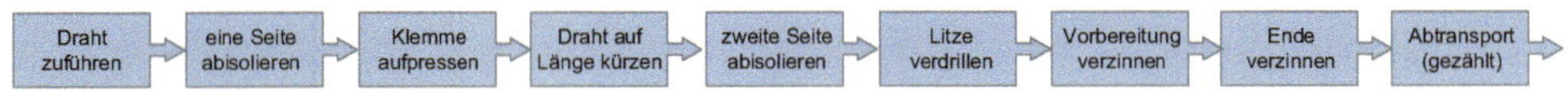

Arbeitsschrittfolge Drahtfertigung

Übungsaufgabe 4

Die Montage von Kugelschreibern wird in der Regel noch manuell durchgeführt. Betrachten Sie die folgende Abbildung und überdenken Sie, welche Transport-, Positionier- und Montageschritte für die Automatisierung erforderlich sind, wenn alle Teile außer der Mine in einem ungeordneten Zustand als Schüttgut zugeführt werden (analog den Schlüsselrohlingen). Weiterhin ist zu beachten, dass sowohl die vordere als auch die hintere Kappe (Drücker) aufgeschraubt werden. Alle Teile außer der hinteren Kappe müssen von links gefügt werden.

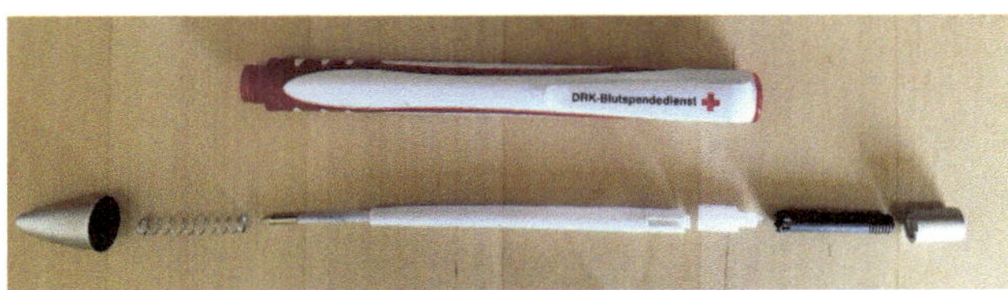

Bauteile Kugelschreiber

Zur Selbstkontrolle

1. Was müssen Sie hinsichtlich des Produktes bezüglich automatischer Fertigung/ Montage beachten?
2. Warum hat der Konstrukteur eines Produktes eine besondere Kostenverantwortung?
3. Ist die menschenleere Montagehalle das höchste Ziel einer modernen Fertigung?

1.6 Was bietet dieses Buch?

Wie in den vorangegangenen Kapiteln erläutert, wird nur ein kleiner Bereich der Automatisierung intensiv beleuchtet. Es werden jedoch auch Grundlagen vermittelt, die allgemeingültig sind, z. B. Aufbau eines Regelkreises. Abb. 1.19 veranschaulicht die Einordnung des Buchinhaltes in die bisherigen Ausführungen sowie die Aufteilung in die einzelnen Hauptkapitel.

Die Sensorik wird durch den technischen Fortschritt leicht unübersichtlich. Deshalb wird hier versucht, durch häufige Übersichten den Überblick zu liefern. Deshalb werden auch zunächst die physikalischen Grundlagen vorgestellt, die vielen Sensoren zugrunde liegen. Dabei ist ein wichtiger Aspekt, wie beliebige physikalische in elektrische Größen umgewandelt werden können, denn das ist die Form, die in der Automatisierungstechnik nahezu ausschließlich verwandt wird. Danach werden Erfassungsmethoden für einige der häufig gebrauchten elektrischen Größen vorgestellt. Im zweiten Teil dieses Kapitels werden exemplarisch einige Sensoren etwas ausführlicher erläutert.

Regelungen werden dann eingesetzt, wenn eine laufende und selbstständige Anpassung an einen veränderlichen Prozess oder die Kompensation von Störgrößen erforderlich ist. Dies erfordert die laufende Erfassung veränderlicher Größen durch Messen und die

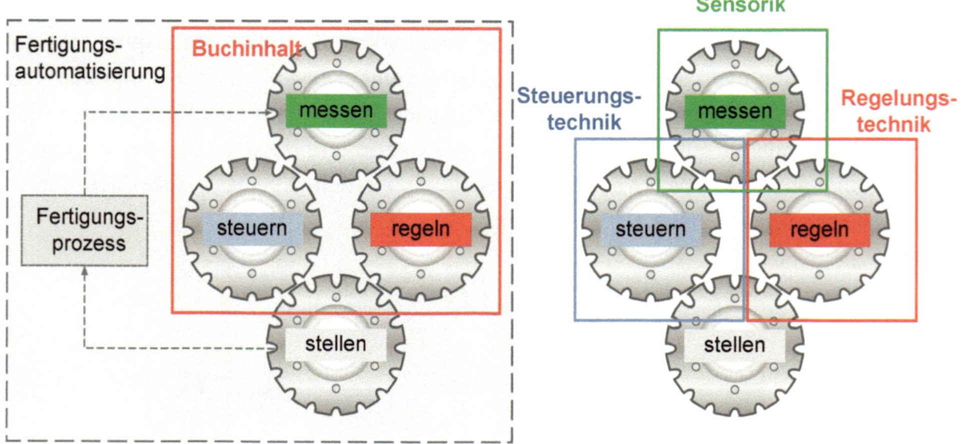

Abb. 1.19 Buchinhalt

laufende Ausgabe entsprechender Steuergrößen im Sinne der Regelungsaufgabe. Die Regelungstechnik hat daher sowohl Schnittstellen zur Mess- und Sensortechnik, als auch zur Steuerungstechnik. Im Rahmen eines Kapitels werden zuerst die Grundlagen der Regelungstechnik sowie die einzelnen Elemente von Regelungen behandelt. Anschließend wird auf das Zusammenwirken der einzelnen Elemente eingegangen und in die Thematik der Reglereinstellung eingeführt. Den Abschluss bildet die Einstellung bzw. Optimierung der Regelkreise elektrischer Antriebe, wie sie heute in vielen Maschinen und Anlagen zu finden sind.

Der Steuerungstechnik kann man sich aus unterschiedlichen Bereichen nähern. Daher wird zu Beginn eine Klassifizierung vorgenommen, an Hand der in die Steuerungstechnik eingeführt wird. Einen großen Umfang in der Steuerungstechnik nimmt die Verarbeitung binärer Daten ein. Das grundlegende Verständnis dieser Vorgänge wird über die Vermittlung von Grundlagen der Schaltalgebra und von wichtigen, binäre Signale verarbeitende, Funktionen gelegt. Da verbindungsprogrammierte Steuerungen durchaus noch ihre Berechtigung haben, wird in einem Kapitel genauer darauf eingegangen. Der großen Verbreitung von Speicherprogrammierbaren Steuerungen (SPS) trägt auch dieses Buch Rechnung. Es erfolgt eine Vorstellung des Aufbaus und der Arbeitsweise einer SPS sowie deren Auswahl anhand der Lernanlage. Punktuell werden Programmabläufe für die Lernanlage aufgeführt. Da die Maschinensicherheit eine große Bedeutung besitzt, wird dieser abschließend ein Kapitel gewidmet.

Überschneidungen, die sich zwangsläufig an den Schnittstellen ergeben, wurden den vorderen Kapiteln zugeordnet. So werden z. B. die Signale im Kapitel Sensorik beschrieben, im Kapitel Steuerungstechnik und Regelungstechnik werden diese aufgegriffen.

Literatur

Literatur und Normen

1. DIN IEC 60050-351: 2014-09 Internationales Elektrotechnisches Wörterbuch – Teil 351: Leittechnik
2. DIN 8580 Fertigungsverfahren
3. Abschlussbericht des Arbeitskreises Industrie 4.0 vom April 2013
4. http://wirtschaftslexikon.gabler.de/Definition/mechanisierung.html#definition. Zugegriffen: 09.01.2014

Weiterführende Literatur

Lunze, J.: Automatisierungstechnik. Oldenbourg Wissenschaftsverlag GmbH, München (2003)

2 Sensorik

Sensoren sind die Sinne einer Steuerungs- oder Regelungseinheit. Sie stellen nachgeordneten Baugruppen erfassend oder messend Informationen – in der Regel in Form von elektrischen Signalen – über Veränderungen in technischen Systemen zur Verfügung. Hauptaufgabe der Sensorik ist es also, diese Informationen in elektrische Signale umzuwandeln. In diesem Kapitel werden demzufolge zunächst einige Prinzipien für diese Umwandlung dargestellt. Anschließend werden einige für die Automatisierungstechnik typische Sensoren erläutert und Überlegungen für ihren Einsatz exemplarisch beschrieben.

2.1 Grundlagen

In Tab. 2.1 sind die hier verwendeten Abkürzungen aufgelistet.

Tab. 2.1 Formelzeichen und Abkürzungen (Grundeinheiten in Klammern)

A_{H}	Hallkoeffizient
T_{AB}	Abtastzeit (sample time) (s)
ε_0	Permittivität des Vakuums, Elektrische Feldkonstante $\varepsilon_0 = 8{,}854 \cdot 10^{-12} \frac{\mathrm{A\,s}}{\mathrm{V\,m}}$
ε_{r}	Relative Permittivität
λ	Wellenlänge (m)
μ_0	Magnetische Feldkonstante $\mu_0 = 4\pi \cdot 10^{-7} \frac{\mathrm{V\,s}}{\mathrm{A\,m}}$
ϑ	Temperatur (in °C)
ρ	Dichte $\left(\frac{\mathrm{kg}}{\mathrm{m}^3}\right)$, spezifischer Widerstand $(\Omega \cdot \mathrm{m})$)
Φ	Magnetischer Fluss (Wb)
A	Temperaturkoeffizient
a	Beschleunigung $(\frac{\mathrm{m}}{\mathrm{s}^2})$, Temperaturkoeffizient (1/K)
B	Magnetische Flussdichte (T), Temperaturkoeffizient (K)

B. Heinrich et al., *Grundlagen Automatisierung*, https://doi.org/10.1007/978-3-658-27323-1_2

Tab. 2.1 (Fortsetzung)

C	Kapazität (F)
d	Abstand (m)
F	Kraft (N)
g	Fallbeschleunigung auf der Erde $g = 9{,}81\,\frac{\text{m}}{\text{s}^2}$
I	Elektrische Stromstärke (A)
L	Induktivität (H)
l	Länge (m)
m	Masse (kg)
N	Windungszahl
p	Druck (Pa)
P	Leistung (W)
Q	Elektrische Ladung (C)
R	Elektrischer Widerstand (Ω)
t	Zeit (s)
T	Temperatur (in K)
U	Elektrische Spannung (V)
v	Geschwindigkeit (m/s)
W	Arbeit (J)

2.1.1 Sensorik als Teil der Automatisierungstechnik

Die *Sensorik* ist in der Technik ein Teilgebiet der Messtechnik. Es ist die wissenschaftliche Disziplin, die sich mit der Entwicklung und Anwendung von Sensoren zur Erfassung und Messung von Veränderungen in technischen Systemen beschäftigt (Abb. 2.1).

Die Sensorik behandelt technische Systeme, die – in der Regel nichtelektrische – Messgrößen in elektrische Signale umwandeln. Meist werden die Signale dann außerdem aus Standardisierungsgründen in Einheitssignale gewandelt. Diese Systeme werden zunehmend über Feldbusse mit anderen zur Steuerung, Regelung oder Automatisierung von Prozessen verbunden.

Sensoren sind die Sinnesorgane in der Technik (Abb. 2.2). Der Mensch hat u. a. Sensoren für Licht (Auge), Druck (Haut, Ohr), Temperatur (Haut), Schmerzen und chemische Substanzen (Zunge, Nase). Weitere befinden sich im Körperinneren (Gleichgewichtssinn, Sinne zur Messung des pH-Wertes im Blut, der Muskelspannung und -länge, der Gelenkstellung usw.). Diese Sinne reagieren auf die Umwelt und regen Nervenbahnen an, die

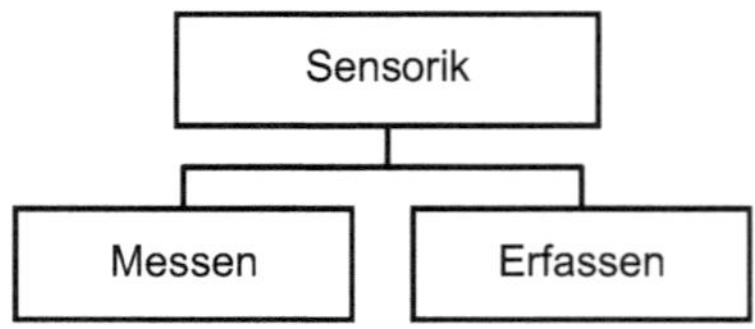

Abb. 2.1 Grobgliederung der Sensorik

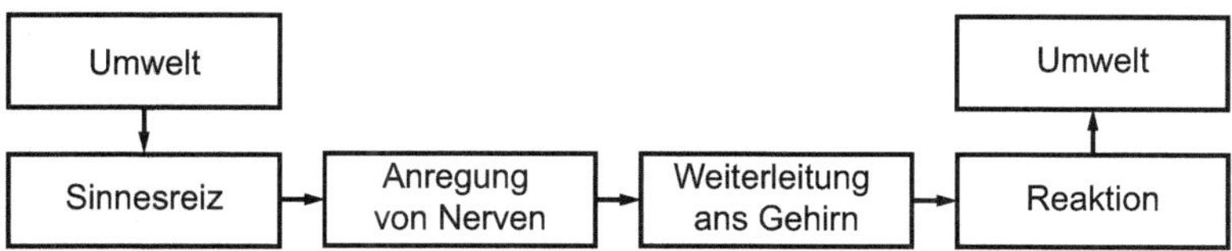

Abb. 2.2 Sinne als Sensoren

diese Signale an das Gehirn weitergeben. Dieses reagiert oft automatisch darauf, z. B. in dem es Muskeln sich anspannen oder den Blutdruck steigen lässt.

So wie das Auge Licht empfängt und an das Gehirn weiterleitet, dienen Sensoren in der Technik dazu, physikalische Größen aus der Umwelt an das technische System weiterzuleiten. Wenn in Fertigungsprozessen der bedienende und überwachende Mensch weitgehend ersetzt werden soll, müssen die Kenngrößen des zu automatisierenden Prozesses durch Sensoren messtechnisch erfasst und aufbereitet werden.

Beispiel

Ein Bunkerabzugsband (s. Abb. 2.3) wird von einem Vibrationsförderer beladen. Die Förderleistung soll konstant gehalten werden. Aufgabe der Sensorik ist es nun, den aktuellen Wert der Leistung zu erfassen. Dies kann z. B. durch eine Bandwaage, die unter dem Förderband eingebaut wird, gelöst werden. Diese misst die Masse m an einer Stelle. Ein zweiter Sensor erfasst die Drehzahl der Transportrollen. Durch die Auswertelektronik kann dann die Bandgeschwindigkeit v ermittelt werden und mithilfe der Formel

$$P = \frac{W}{t} = \frac{F \cdot s}{t} = F \cdot v = m \cdot g \cdot v$$

die Leistung berechnet werden. Nachfolgende Baugruppen können dann durch die Steuerung der Materialzufuhr Einfluss auf die Förderleistung nehmen.

Beispiel

In modernen Dieselmotoren wird für eine effektive Motorsteuerung die Drehlage der Nockenwelle erfasst. Diese wird über Gebernocken (s. Abb. 2.4) am Umfang der Geberscheibe ermöglicht. Bei der Fertigung muss nun sichergestellt werden, dass die Gebernocken im Toleranzbereich von 0,5 mm bis 2,5 mm liegen.

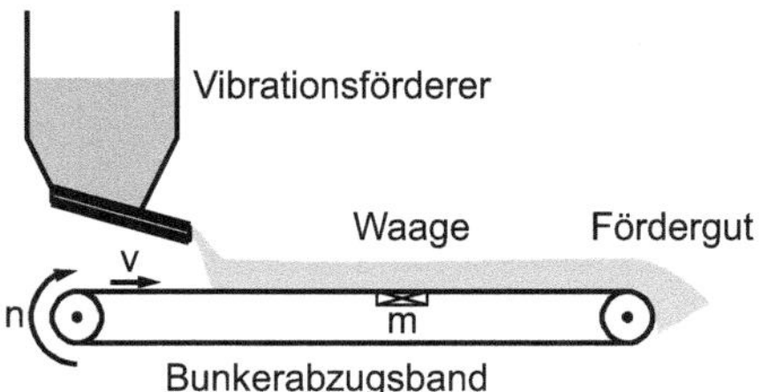

Abb. 2.3 Bunkerabzugsband

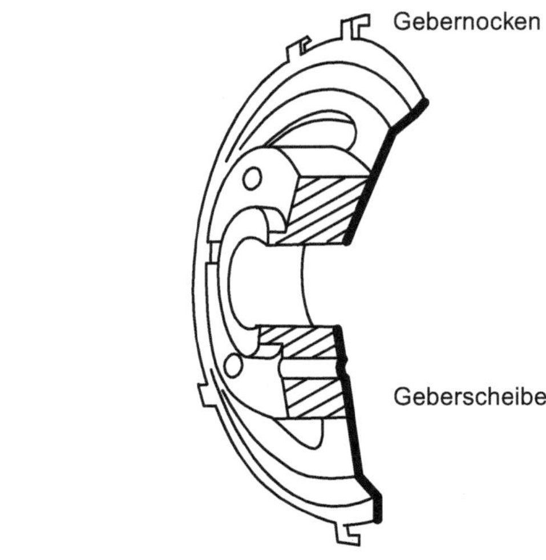

Abb. 2.4 Gebernocken an der Geberscheibe

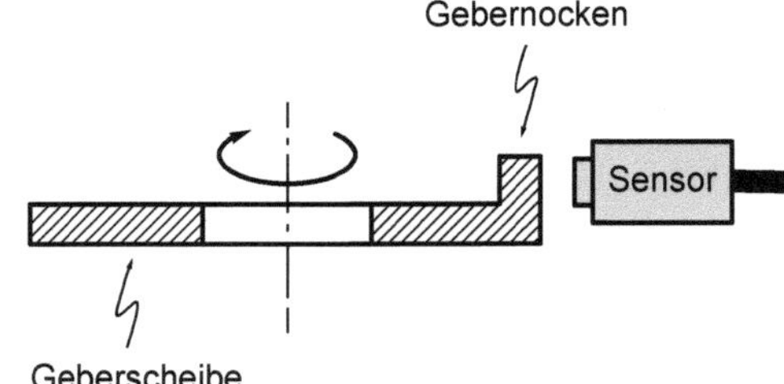

Abb. 2.5 Prüfung der Gebernocken

Die Sensorik muss nun diese Nocken erfassen (s. Abb. 2.5). Da der Nocken aus Metall ist, bietet sich hier das Induktionsprinzip an. Durch ein bewegtes Metallteil wird ein magnetisches Feld verändert. Auf diese Weise lassen sich Bruchteile von Millimetern erfassen. Die Funktion ist allerdings nur gegeben, wenn sich das zu prüfende Objekt bewegt. Aus diesem Grund wird die Geberscheibe in Rotation versetzt. An dem außen angebrachten Sensor werden die Gebernocken vorbeigeführt.

Die nachfolgende Elektronik muss dann dafür sorgen, dass Gebernocken, die nicht im Toleranzbereich liegen, angezeigt werden und die betroffene Geberscheibe aussortiert wird.

Beispiel

In unserer Lernanlage zur Schlüsselfertigung muss der Füllstand des Schlüsselrohlingsbehälters (s. Abb. 2.6) überwacht werden, damit immer gewährleistet ist, dass Rohlinge nachfolgen. Als Sensoren bieten sich hier Lichtschranken an. Sollte der Füllstand zu niedrig sein, wird der Lichtstrahl der Lichtschranke ungehindert von einem an der Trichterwand befestigten Reflektor zurück reflektiert. Die nachfolgende Elektronik muss jetzt entweder dafür sorgen, dass ein Vorratsbehälter nachgeführt wird oder ein Signal auslösen, dass ein Angestellter den Behälter wieder füllt.

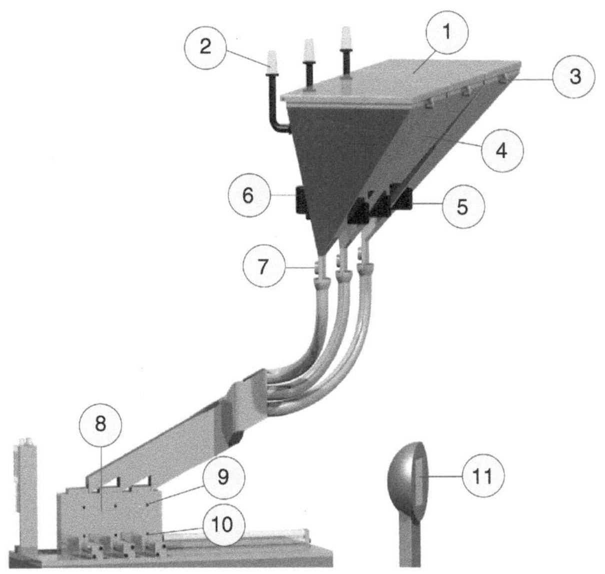

Abb. 2.6 Schlüsselzubringer

Die Beispiele zeigen einige Einsatzbereiche von Sensoren. In diesem Kapitel geht es darum, die Grundlagen der Sensorik darzustellen. Aufgrund der Vielzahl von Lösungen und der rasanten Neu- und Weiterentwicklung werden nur einige für die Automatisierungstechnik typische und wichtige Sensoren erläutert. Für detailliertere Informationen wird auf die Literatur und Herstellerseiten verwiesen.

2.1.2 Begriffe

2.1.2.1 Information und Daten

Sensoren liefern Daten an die Prozesse in der Automatisierung. Deshalb folgt hier zunächst eine Erläuterung dieser Begriffe.

Daten Laut ISO IEC 2382-1 (1993) [7] sind *Daten* in der Informationstechnik eine wieder interpretierbare Darstellung von Informationen in formalistischer Art, geeignet zur Kommunikation, Interpretation und Verarbeitung. Ihr Inhalt wird meist in Zeichen kodiert, deren Aufbau strengen Regeln (der sog. Syntax) folgt.

Information werden aus Daten gewonnen, indem sie in einem Bedeutungszusammenhang interpretiert werden (der sog. Semantik).

Beispiel

Die Ziffernfolge 134256 kann in Abhängigkeit des Kontextes als Telefonnummer, Kontonummer oder als Einwohnerzahl eine Stadt interpretiert werden.

Die Speicherung von Daten für die weitere Verarbeitung geschieht auf unterschiedlichen Datenspeichern – in der Regel in binärer Form. Daten werden bei der Speicherung meistens zu Gruppen zusammengefasst:

- 8 bit zu 1 Byte,
- Datenfeld,
- Datensatz,
- Dokument,
- Ordner,
- Datenbank.

Beispiele für Daten

- Die von einer Uhr angezeigte Zeit,
- Die von einer Waage angezeigte Masse,
- Inhalt einer Festplatte,
- Telefonnummer,
- Inhalt eines Lexikons.

2.1.2.2 Signal

► **Signal** Ein *Signal* ist die Darstellung einer Information. Es ist eine physikalische Größe, bei der ein oder mehrere Parameter (sog. Informationsparameter) Information über eine oder mehrere variable Größen tragen.

Beispiel

Ein Messsignal kann beispielsweise in Form einer sinusförmigen Spannung mit der Gleichung

$$u\,(t) = u_0 \cdot \sin(\omega t + \varphi_0)$$

vorliegen. Der Verlauf des Signals ist also von der Amplitude u_0, der Kreisfrequenz ω und dem Phasenwinkel φ abhängig. Je nach Problemstellung können die Informationsparameter Amplitude, Kreisfrequenz oder Phasenwinkel ausgewertet werden.

► **Analoge Signale** Kontinuierlich veränderliche physikalische Größen, z. B. Temperatur oder Druck liefern *analoge Signale* (s. Abb. 2.7).

Analoge Signale können innerhalb gewisser Grenzen jeden beliebigen Wert annehmen. Bei analogen Signalen ist dem kontinuierlichen Werteverlauf des Informationsparameters Punkt für Punkt unterschiedliche Information zugeordnet. Aus Abb. 2.7 ist ersichtlich, dass zu jedem beliebigen Zeitpunkt dem Informationsparameter Druck (p) ein Wert (eine Information) zugeordnet werden kann.

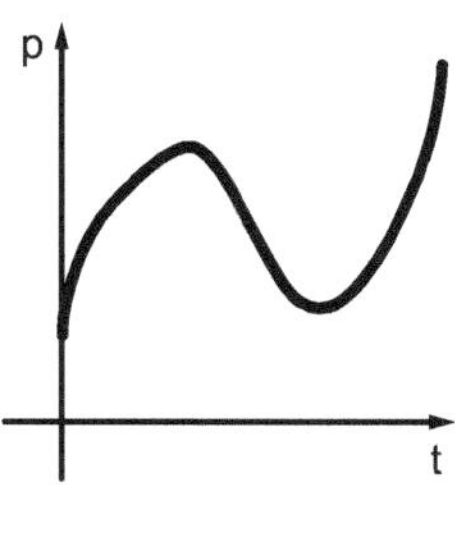

Abb. 2.7 Analoges Signal

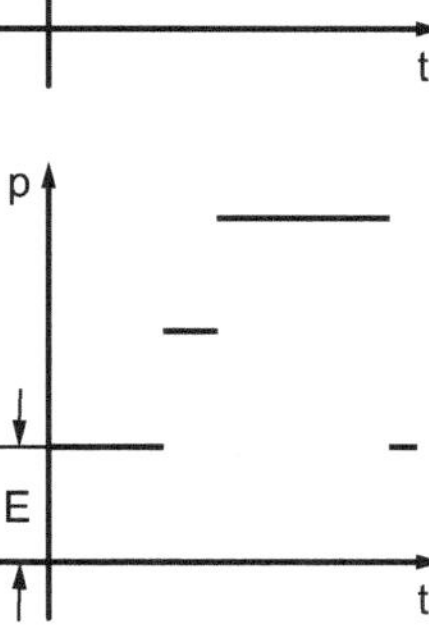

Abb. 2.8 Digitales Signal

► **Digitale Signale** (s. Abb. 2.8) sind diskrete Signale, deren Informationsparameter innerhalb bestimmter Grenzen nur eine endliche Zahl von Wertebereichen annehmen kann.

Der Wertebereich des Informationsparameters ist ein ganzzahliges Vielfaches der kleinsten Einheit (E).

Werden Informationen von analogen Signalen in digital arbeitenden Systemen genutzt, dann muss die analoge Darstellung der Information durch Analog-Digital-Wandler (A/D-Wandler) in eine digitale Darstellung gebracht werden. Der Analog-Digital-Wandler liefert eine dem digitalen Wert proportionale physikalische Größe, die umso genauer ist, je besser das Auflösungsvermögen des Wandlers ist.

► **Binäre Signale** Signale, die nur zwei Informationszustände darstellen können, werden *binäre Signale* genannt (s. Abb. 2.9).

Ein Binärsignal ist ein Signal mit nur zwei Werten des Informationsparameters.

Wertebereiche eines binären Signals können sein: Druck EIN/Druck AUS, Ventil geöffnet/Ventil geschlossen oder Strom fließt/Strom fließt nicht. In der Mathematik und in der Steuerungstechnik werden diese beiden Zustände durch 0 und 1 beschrieben.

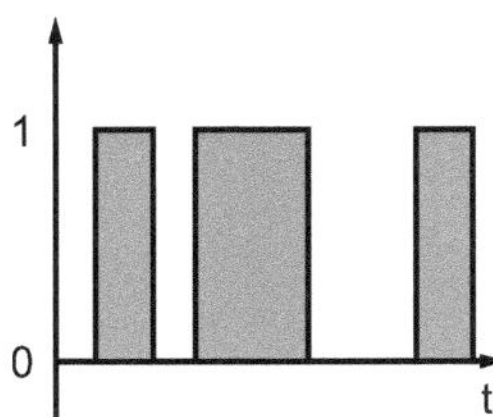

Abb. 2.9 Binäres Signal

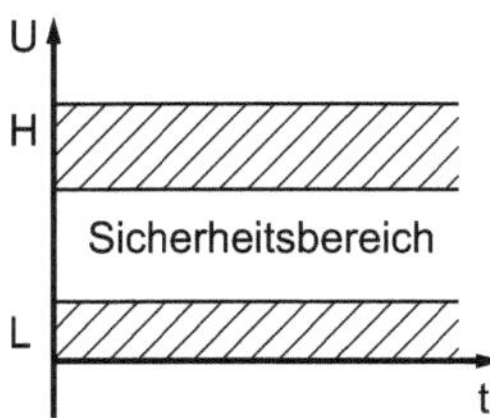

Abb. 2.10 Signalpegel binärer Signale

In der Praxis wird den logischen Zuständen (0, 1) des Informationsparameters ein entsprechender Signalpegel (H, L) zugeordnet. Zwischen dem oberen und dem unteren Bereich des Signalpegels muss ein Sicherheitsbereich (s. Abb. 2.10) liegen.

Ein typisches Beispiel für die Umwandlung eines analogen Signals in eine Abfolge binärer elektrischer Signale liefert Tab. 2.2.

Tab. 2.2 Umwandlung eines Analogsignals in eine Abfolge binärer elektrischer Signale

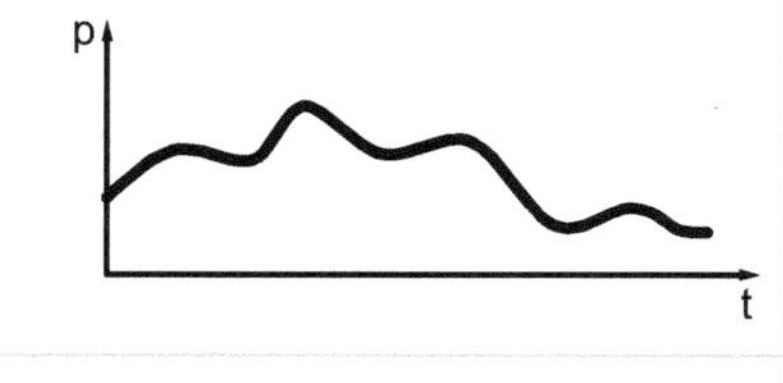	Die Lautstärke einer akustischen Schwingung soll erfasst werden. Sie kann als Druck gemessen werden.
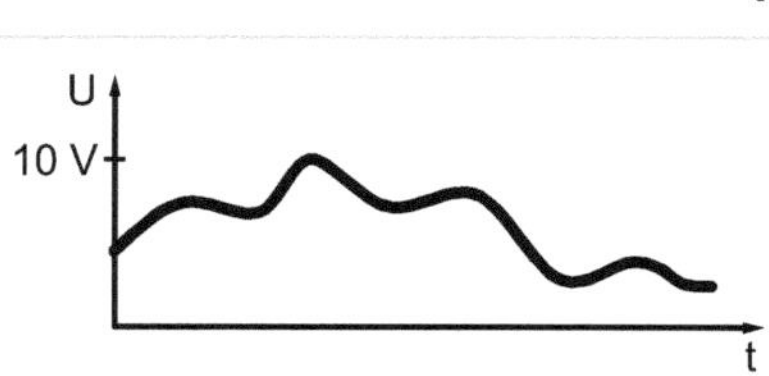	Durch einen Sensor wird es in ein analoges elektrisches Signal gewandelt. Dabei kann es auch verstärkt oder in ein normiertes Signal – hier in eine Spannung zwischen 0 und 10 V – umgewandelt werden.
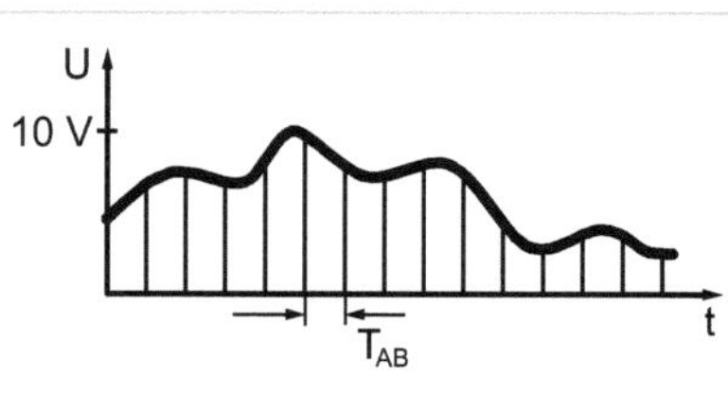	Nun wird zunächst die Zeit quantisiert. Der zeitliche Verlauf wird in äquitemporäre Abschnitte mit der Abtastzeit T_{AB} eingeteilt. Im Audiobereich wird dieser Vorgang auch sampling genannt. Dort ist eine typische Abtastfrequenz 48 kHz. In der Sensorik kommen auch längere Abtastzeiten von sich nur langsam verändernden Größe (z. B. Außentemperatur) vor. Dort kann die Abtastzeit auch Minuten betragen.
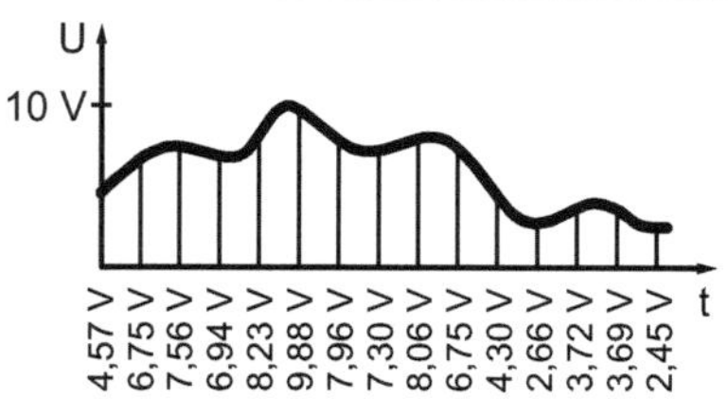	Zu den diskreten Zeiten wird nun die aktuelle Spannung erfasst.

Tab. 2.2 (Fortsetzung)

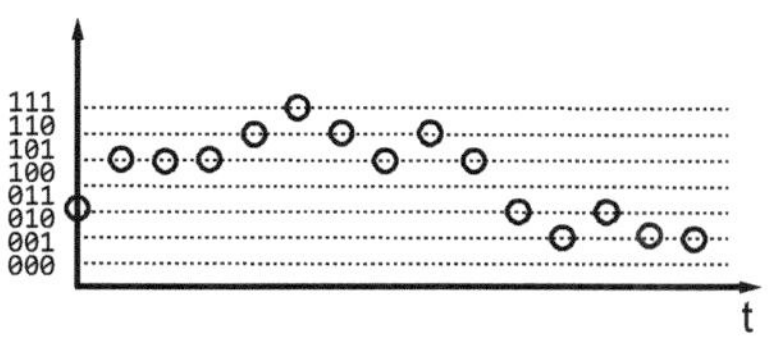

Im nächsten Schritt wird die Amplitude quantisiert. Das Signal ist „diskretisiert". Die Spannungswerte werden einer der Stufen zugeordnet. Die Signalqualität ist umso besser, je mehr Quantisierungsschritte zugelassen werden. Hier im Beispiel ist es sehr grob, nur 3 bit. Im Audiobereich sind 16 bit üblich, d. h., der Spannungsbereich wird in $2^{16} = 65536$ Stufen eingeteilt. In der Sensorik ist das Auflösungsvermögen problemangepasst.

quantisierte Spannung in V	digitalisierter Wert (3 bit)
4,57	011
6,75	101
7,56	101
6,94	101
...	...

Den quantisierten Spannungen werden also digitalisierte Werte zugeordnet.

Diese digitalen Werte können nun als binäres Signal in einer zeitlichen Abfolge gesendet werden.

Tab. 2.3 Bauelemente zur Signalverarbeitung

Eingangssignale		Ausgangssignale	
Berührend	Berührungslos	Stellglieder	Aktoren
Schalter, Taster, Grenztaster, Piezoaufnehmer	Optische, induktive, kapazitive Näherungsschalter	Ventile, Schütze, Leistungstransistor, Leistungsthyristor	Meldeeinrichtungen, Motoren, Zylinder, Beleuchtungsanlagen, Heizelemente

Zum Schluss werden in Tab. 2.3 noch einige typische Bauelemente aufgeführt, die zur Signalverarbeitung eingesetzt werden.

2.1.2.3 Sensor

Zentraler Begriff der Sensorik ist der Begriff des Sensors. Leider wird dieser Begriff sehr vieldeutig gebraucht. Deshalb soll hier zunächst die in diesem Buch verwendete Sichtweise dargestellt werden.

► **Sensor** Ein *Sensor* ist eine in sich abgeschlossene Komponente in einem technischen System, die an ihrem Eingang durch einen geeigneten Messfühler mit der Messgröße in Verbindung steht und diese in ein elektrisches Signal umformt.

Sensoren sind nicht einheitlich aufgebaut. Je nach Aufgabengebiet reichen sie von einfachen Wandlern bis zu sog. Intelligenten Sensoren, die eigene Mikroprozessoren zur

Datenverarbeitung enthalten. Sie besitzen teilweise USB-Schnittstellen, so dass der Messwert erfasst werden kann, wenn er mit einem PC verbunden ist. Trotzdem lassen sich einige Funktionselemente abgrenzen (s. Abb. 2.11), die in wechselnder Zusammensetzung in Sensoren vorkommen.

Das primäre Wandlungselement zwischen der zu erfassenden Größe und der Elektronik ist der *Messfühler* (auch Sensorelement, Elementarsensor, sensitives Element genannt). Er erreicht diese Umformung mittels eines geeigneten physikalischen Prinzips. Einige wichtige physikalische Prinzipien werden weiter unten (Abschn. 2.1.3) erläutert. Wesentliches Ziel des Messumformers ist, ein elektrisches Messsignal zu erzeugen. Dieses Signal ist oft noch nicht für die Weiterverarbeitung geeignet und muss aufbereitet werden. Dieses

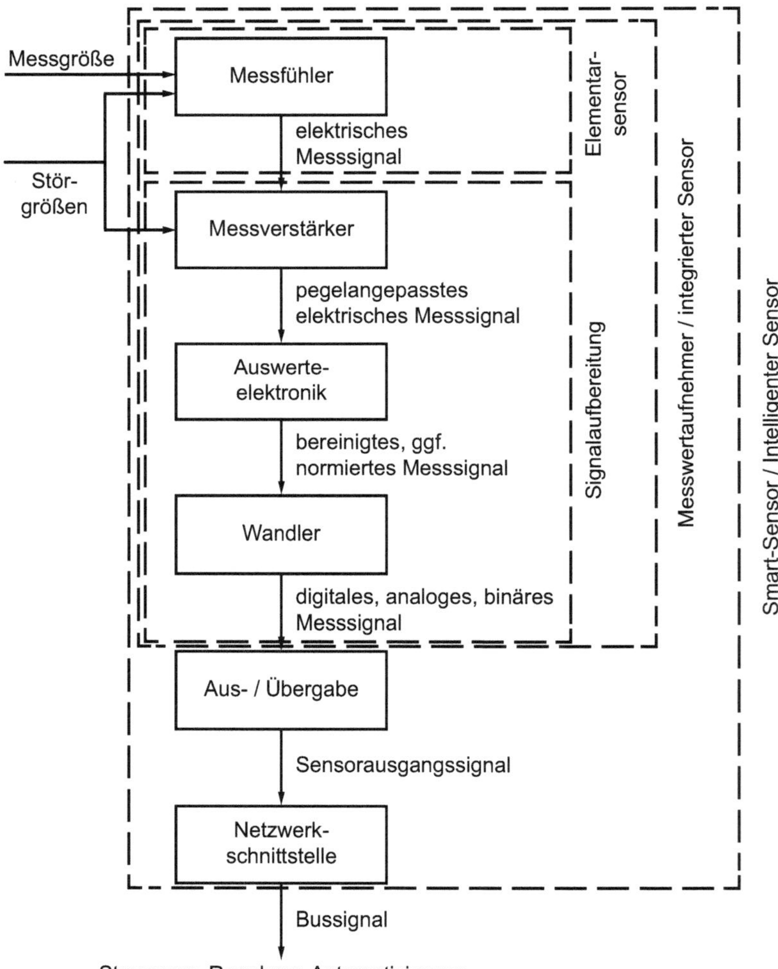

Abb. 2.11 Funktionselemente eines Sensors

erledigt die Funktionsgruppe der *Signalaufbereitung*. Ein *Messverstärker* verstärkt das Signal und bringt es auf einen Pegel, so dass es weiterverarbeitet werden kann. Eine erste *Auswerteelektronik* kann z. B. mathematische Funktionen zur Linearisierung beinhalten, statistische Werkzeuge enthalten oder Funktionen, um Störgrößen zu berücksichtigen. Es wird dann ein bereinigtes Messsignal erzeugt. Heutzutage wird bei Einsatz in Automatisierungssystemen für die Weiterverarbeitung ein *normiertes Messsignal* (nach [1]) benötigt.

- Strom: 0 ... 20 mA oder 4 mA ... 20 mA; letzteres („Stromführender Nullpunkt") wird bevorzugt, da u. a. Drahtbruch überwacht werden kann und der Stromkreis permanent mit Energie versorgt wird.
- Spannung: 0 ... 10 V.

Ein *Wandler* wandelt das Signal je nach Anforderungen der weiterverarbeitenden Baugruppen in ein digitales, analoges oder binäres Messsignal um.

Ein Sensor, der die o. g. Funktionselemente enthält, wird auch Messwertaufnehmer oder intelligenter Sensor genannt. Die Aus- und Übergabegruppe kann z. B. eine Anzeige bedienen oder das Sensorausgangssignal an eine Netzwerkschnittstelle geben, die ein Bussignal erzeugt, welches auf den gerade eingesetzten Bus gegeben wird.

2.1.2.4 Messen

Eine Übersicht über weitere wichtige Begriffe im Zusammenhang mit Messen liefert Tab. 2.4., s. auch Glossar.

Tab. 2.4 Messtechnische Begriffe nach DIN 60050-351 [6] und DIN 1319-1 [2], vgl. auch Glossar

Begriff	Definition
Messen	Experimentelle Ermittlung eines oder mehrerer Werte, die sinnvoll einer Größe zugeordnet werden können
Zählen	Die Messgröße „Anzahl der Elemente" einer Menge ermitteln
Überwachen	Ausgewählte variable Größen fortlaufend daraufhin überprüfen, ob sie sich innerhalb normaler Betriebsgrenzen befinden und, wenn angebracht, die Überschreitung von Toleranzgrenzen zu melden
Justieren	Einstellen oder Abgleichen eines Messgerätes, um systematische Messabweichungen zu beseitigen. Erfordert Eingriff, der das Messgerät bleibend verändert
Eichen	Vom Gesetzgeber vorgeschriebene Prüfung (durch festgelegte Behörden) bestimmter Messgeräte auf Einhaltung von Vorschriften nach dem Eichgesetz
Kalibrieren	Ermitteln des Zusammenhangs zwischen Messwert und dem wahren Wert der Messgröße, erfordert keinen Eingriff, der das Messgerät verändert
Erfassen	Ist ein Vorgang, bei dem durch Messen oder Zählen und etwaige Signalumformungen analoge oder digitale Daten gewonnen werden. Prüfung (Plausibilitätskontrolle) und Aufbereitung (z. B. Filterung) der erfassten Signale können Bestandteile der Datenerfassung sein

Am Beispiel einer mechanischen Armbanduhr sollen die Begriffe „eichen“, „kalibrieren“ und „justieren“ verdeutlicht werden. Der Uhrmacher justiert das Uhrwerk so, dass die Uhr weder schneller noch langsamer als die Zeiteinheit läuft. Der Kunde kalibriert (umgangssprachlich wird dies als „stellen“ bezeichnet) die Uhr so, dass sie zu einem Zeitsignal die entsprechende Uhrzeit anzeigt. Die PTB (Physikalisch technische Bundesanstalt) erzeugt durch eine geeichte Atomuhr das Zeitsignal für z. B. 12 Uhr MEZ. Elektronische Uhren können zusätzlich parametriert werden, indem sie auf verschiedene Zeitzonen eingestellt werden oder von Sommerzeit auf Winterzeit.

Aus den Definitionen folgt, dass der Begriff „Sensorkalibrierung“, der sich eingebürgert hat, im technischen Sinne falsch ist. Es handelt sich um eine Sensorjustierung. Diese hat die Aufgabe, das gemessene Signal von Störgrößen und Nichtlinearitäten zu befreien. Dies geschieht durch technische Maßnahmen oder mathematische Methoden.

► **Messwert** Der *Messwert* ist eine Kombination aus einem Zahlenwert und einer Einheit, die als Ergebnis einer Messung interpretiert werden kann.

So sind Messwerte z. B. 15 V, 13 mg, 55 Stück, 67 ° oder 67 °C.

Analog dazu werden physikalische Größen auch mit Zahlenwert und Einheit beschrieben. Sie erhalten in der Regel zur Benennung auch ein Symbol.

Beispiel

$$\text{Geschwindigkeit} \quad v = 36\frac{\text{m}}{\text{s}}$$

Der Zahlenwert einer physikalischen Größe wird oft durch geschweifte Klammern dargestellt, die Einheit durch eckige.

Beispiel

$$\{v\} = 36, \; [v] = \frac{\text{m}}{\text{s}}$$

► **Messprinzip** Das *Messprinzip* ist die physikalische Grundlage der Messung. Es erlaubt es, anstelle der Messgröße eine andere Größe zu messen, um aus ihrem Wert eindeutig den der Messgröße zu ermitteln. Es beruht auf einem physikalischen Effekt mit bekannter Gesetzmäßigkeit zwischen der Messgröße und der anderen Größe.

Beispiel

Für einen NTC-Widerstand gilt $R(T) = R_\text{B} \cdot e^{B \cdot \left(\frac{1}{T} - \frac{1}{T_\text{B}}\right)}$. Typische Parameter sind $R_\text{B} = 38{,}3\,\text{k}\Omega$, $B = 3980\,\text{K}$ und $T_\text{B} = 300\,\text{K}$. Wenn die zu messende Temperatur T einen Wert von 393 K hat, ergibt sich ein Widerstand von 1,659 kΩ. Die Temperaturmessung wird also auf eine Widerstandsmessung zurückgeführt.

► **Messmethode** Die *Messmethode* ist eine spezielle, vom Messprinzip unabhängige Art des Vorgehens bei der Messung.

Die DIN 1319 führt eine Reihe von Methoden auf, u. a.:

- Vergleichs-Messmethode,
- Substitutions-Messmethode,
- Differenz-Messmethode,
- Kompensations-Messmethode,
- Nullabgleich-Messmethode,
- Ausschlag-Messmethode,
- analoge bzw. digitale Messmethode,
- direkte bzw. indirekte Messmethode.

► **Messverfahren** Das *Messverfahren* ist eine praktische Anwendung eines Messprinzips und einer Messmethode.

Beispiel

Eine Masse lässt sich mit einer Balkenwaage bestimmen. Das Messprinzip ist das Gesetz, dass eine Balkenwaage im Gleichgewicht ist, wenn auf beiden Seite gleiche Massen sind. Die Messmethode ist die Kompensations-Messmethode. Bei dem Messverfahren werden so viele Massestücke aufgelegt, bis die Waage im Gleichgewicht ist.

Abb. 2.12 stellt am Beispiel einer Temperaturmessung die Begriffe in einem Zusammenhang dar.

In Abb. 2.12 soll die Temperatur in einem Wärmeofen gemessen werden. Die Messgröße ist also die Temperatur. Diese Temperatur kann mit unterschiedlichen physikalischen Effekten erfasst werden: durch den Effekt, dass sich Körper bei Erwärmung ausdehnen, durch den Effekt, dass sich die Farbe eines Stoffes mit der Temperatur ändert, durch den Effekt, dass sich der Widerstand eines Drahtes bei Temperaturänderung verändert, usw. Hier wird sich für das Messprinzip Ausdehnung entschieden. Dieses legt dann auch die analoge Messmethode nahe, weil die Expansion kontinuierlich verläuft. Um die Ausdehnung gut beobachten zu können, kann eine Flüssigkeit gewählt werden, die in ein dünnes Röhrchen gegeben wird. Dann wird die Ausdehnung der Flüssigkeit zu einer Längenänderung der Flüssigkeitssäule in dem Röhrchen. Im Messverfahren wird also hier die Längenänderung einer Flüssigkeitssäule beobachtet. Nach diesem Verfahren arbeitet das Thermometer. Dies kann also als Messgerät genutzt werden. Es ist auch bereits durch den Hersteller kalibriert worden und mit einer Skala und Genauigkeitsangabe versehen. Wird dieses Thermometer in den Glühofen gebracht, kann der Messwert an der Skala abgelesen werden.

Neben den obigen Begriffen ist auch die Genauigkeit ein wichtiger Aspekt der Sensorik.

► **Genauigkeit, Präzision und Richtigkeit** Unter *Genauigkeit* wird in der Messtechnik die Kombination von Präzision und Richtigkeit verstanden. Dabei ist die *Präzision* einer Messung das Ausmaß der Übereinstimmung zwischen den Ergebnissen unabhängiger

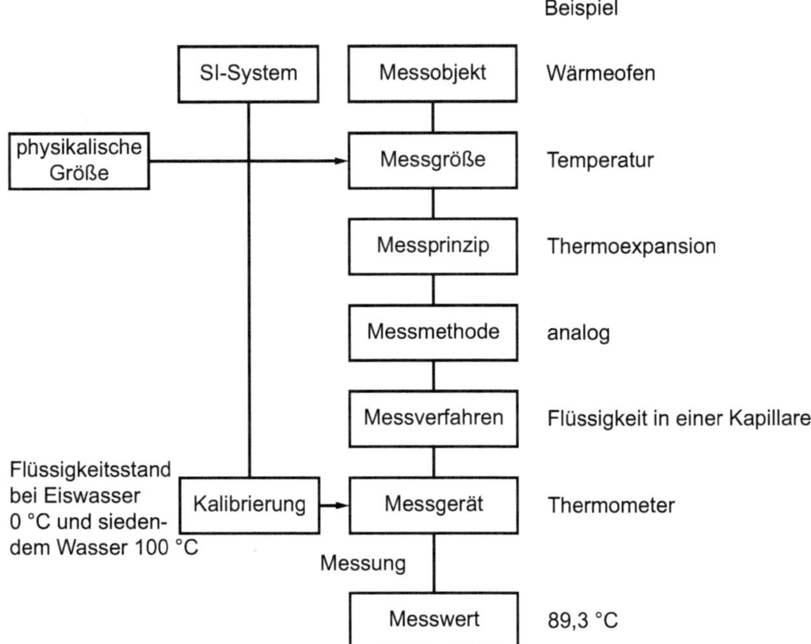

Abb. 2.12 Ablauf einer Messung

Messungen. Die *Richtigkeit* einer Messung ist das Ausmaß der Übereinstimmung des Mittelwerts von Messwerten mit dem wahren Wert der Messgröße.

Diesen Zusammenhang verdeutlicht Abb. 2.13.

Übungsaufgabe 5

Ein Schiff sendet auf hoher See mittels eines Scheinwerfers Morsezeichen aus. Erläutern Sie in diesem Zusammenhang die vorgestellten Begriffe Zeichen, Daten, Information, Signal und Signalparameter. Ordnen Sie in diesen Kontext auch die Begriffe „Code" und „Nachricht" ein.

Übungsaufgabe 6

Ein Mensch will wissen, wie kalt es draußen ist. Er wirft einen Blick auf sein alkoholgefülltes Außenthermometer und sagt: 26 Grad. Erläutern Sie in diesem Zusammenhang die Begriffe Messung, Messprinzip, Messwert, Messmethode, Messverfahren, Kalibrierung, Genauigkeit.

Übungsaufgabe 7

Ein ohmscher Widerstand wird mit der Ausschlagmethode gemessen. Eine Stromquelle liefert den konstanten Strom von 1 mA. Der Spannungsabfall wird mit einem analogen

Abb. 2.13 Zielscheibenmodell

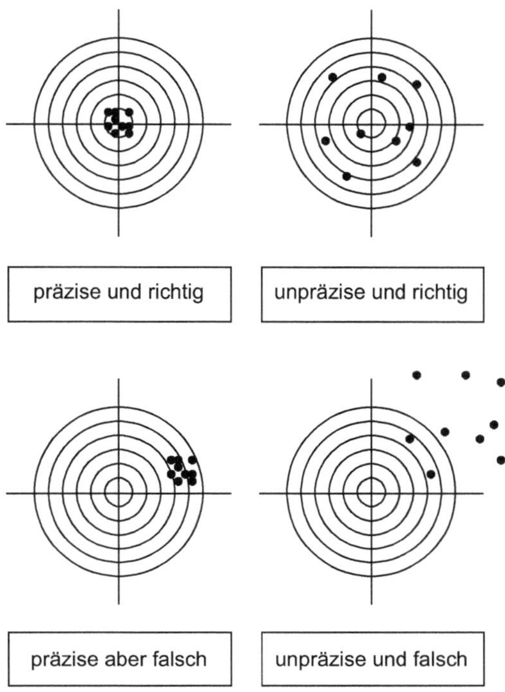

Voltmeter erfasst (Messbereich 5V, Fehlerklasse 2). Als Messwert wird 2,8 V abgelesen.

a) Wie groß ist der Wert des elektrischen Widerstandes?
b) Fehlerklasse 2 bedeutet, dass die Messunsicherheit 2 % vom Messbereich beträgt. Geben Sie auch die Unsicherheit absolut und relativ an, die infolge der Unsicherheit des Voltmeters auftreten.

Zur Selbstkontrolle

1. Was macht das Auge als Sensor?
2. Was ist der Unterschied zwischen Informationen und Daten?
3. Was ist der Unterschied zwischen einem analogen und digitalen Signal? Nennen Sie Beispiele.
4. Was macht ein Analog-Digital-Wandler?
5. Was bedeutet der Begriff Quantisierung?
6. Aus welchen Funktionselementen besteht ein Messwertaufnehmer?
7. Erläutern Sie den Unterschied zwischen justieren, eichen und kalibrieren.
8. Wie wird eine physikalische Größe korrekt dargestellt?
9. Nennen Sie einige Messmethoden.
10. Erläutern Sie den Unterschied zwischen Richtigkeit und Präzision.

2.1.3 Physikalische Effekte zur Sensornutzung

2.1.3.1 SI-System

Als Grundlage von Messungen muss wegen der heute notwendigen Globalisierung eine international gültige Einigung auf Standards bestehen. Nachdem in der Geschichte eine Vielzahl von teilweise nur in einzelnen Städten gültigen Maßeinheiten existierten, wurde 1790 begonnen, ein System von Maßen und Gewichten zu schaffen, auf das sich dann 1875 viele Nationen einigten und das bis heute modifiziert und erweitert existiert: das *SI-System* (**S**ystème **I**nternational d'Unités, internationales Einheitensystem). In ihm werden alle physikalische Größen auf 7 Grundgrößen zurückgeführt (s. Tab. 2.5).

Alle weiteren physikalischen Größen sind aus diesen abgeleitet. Ihre Grundeinheit erhalten sie aus dem physikalischen Gesetz, das ihrer Definition zugrunde liegt. Oft erhalten die abgeleiteten Größen eigene, im SI-System kohärente Einheiten. Aus den abgeleiteten Einheiten können weitere abgeleitet werden. Tab. 2.6 zeigt einige Beispiele. Weitere Beispiele für abgeleitete Einheiten finden sich in Tab. 2.9.

Die begrenzte Anzahl von Buchstaben führt leider dazu, dass verschiedene Inhalte mit demselben Buchstaben bezeichnet werden müssen. So ist „W" sowohl das häufig verwendete Symbol für die Arbeit (von engl.: work) als auch die genormte Abkürzung für die Einheit „Watt". Aus dem Kontext muss sich jeweils ergeben, was gemeint ist.

Die physikalischen Größen müssen große Bereiche abdecken. Sie müssen sowohl Atomdurchmesser als auch Strecken, für die das Licht Jahre benötigt (Lichtjahre), beschreiben. Das führt zu sehr kleinen bzw. sehr großen Zahlenwerten. Die Physik löst das Problem auf zwei Arten: Zum einen werden Zehnerpotenzen verwendet. Statt 1.000.000 kann auch 10^6 geschrieben werden. Zum anderen verwendet sie für bestimmte Zehnerpotenzen Vorsilben als Abkürzungen. Für 0,001 oder 10^{-3} wird sprachlich die Abkürzung „Milli-" verwendet, in Formeln der Buchstabe „m". Tab. 2.7 stellt die gängigen Werte zusammen.

Diese Vorsätze und Zehnerpotenzen werden je nach Bedarf verwendet. In Tab. 2.8 werden Beispiele aufgeführt. In der Mathematik wird oft die Darstellung mit Zehnerpotenzen verwendet, in der Physik werden meist zweckmäßige Einheiten gewählt. In der Technik ist es üblich, dass nur Zehnerpotenzen in Dreierschritten verwandt werden.

Tab. 2.5 Grundgrößen des SI-Systems

Größe	Einheit	Symbol für die Einheit	Definitionsgrundlage
Länge	Meter	m	Lichtgeschwindigkeit und Zeit
Masse	Kilogramm	kg	Prototyp
Zeit	Sekunde	s	Periodendauer einer Strahlung des Nuklids 133 Cs
Stromstärke	Ampere	A	Kraftwirkung zwischen zwei elektrischen Leitern
Stoffmenge	Mol	mol	Anzahl der Atome in 12 g des Nuklids 12 C
Lichtstärke	Candela	cd	Strahlung des schwarzen Körpers
Temperatur	Kelvin	K	Tripelpunkt des Wassers und absoluter Nullpunkt

Tab. 2.6 Beispiele für abgeleitete Einheiten

Größe	Symbol	Bestimmungsgleichung	Einheit
Geschwindigkeit	v	$v = \frac{s}{t}$	$[v] = 1\,\frac{\text{m}}{\text{s}}$
Beschleunigung	a	$a = \frac{s}{t^2}$	$[a] = 1\,\frac{\text{m}}{\text{s}^2}$
Kraft	F	$F = m \cdot a$	$[F] = 1\,\text{kg} \cdot \frac{\text{m}}{\text{s}^2} =: 1\,\text{N}$ (Newton)
Arbeit	W	$W = F \cdot s$	$[W] = 1\,\text{N} \cdot \text{m} =: 1\,\text{J}$ (Joule)
Leistung	P	$P = \frac{W}{t}$	$[P] = 1\,\frac{\text{J}}{\text{s}} =: 1\,\text{W}$ (Watt)

Tab. 2.7 Zehnerpotenzen und Vorsätze

	Name	Symbol	Zahl	Zahlwort	Bsp.
10^{12}	Tera-	T	1.000.000.000.000	Billion	TW
10^{9}	Giga-	G	1.000.000.000	Milliarde	GHz
10^{6}	Mega-	M	1.000.000	Million	MΩ
10^{3}	Kilo-	k	1000	Tausend	kg
10^{2}	Hekto-	h	100	Hundert	hl
10^{1}	Deka-	da	10	Zehn	daN
10^{-1}	Dezi-	d	$0{,}1 = \frac{1}{10}$	Zehntel	dm
10^{-2}	Zenti-	c	$0{,}01 = \frac{1}{100}$	Hundertstel	cm
10^{-3}	Milli-	m	$0{,}001 = \frac{1}{1000}$	Tausendstel	mV
10^{-6}	Mikro-	µ	$0{,}000001 = \frac{1}{1.000.000}$	Millionstel	µA
10^{-9}	Nano-	n	$0{,}000000001 = \frac{1}{1.000.000.000}$	Milliardstel	nF
10^{-12}	Pico-	p	$0{,}000000000001 = \frac{1}{1.000.000.000.000}$	Billionstel	pF

Tab. 2.8 Schreibweisen

Art	Beschreibung	Beispiel
Sprachlich	Verwendung von Zahlworten	Die Spannung beträgt Zweihundertvierunddreißig Millionen Volt
Standard	Ohne Zehnerpotenzen und Vorsätzen	$U = 234.000.000\,\text{V}$
Mathematisch	Mit Zehnerpotenzen, eine Ziffer vor dem Komma	$U = 2{,}34 \cdot 10^8\,\text{V}$
Physikalisch	Mit zweckmäßigen Vorsätzen	$U = 234\,\text{MV} = 0{,}234\,\text{GV}$
Technisch	Mit 1–3 Ziffern vor dem Komma, Zehnerpotenzen in Dreierschritten	$U = 234 \cdot 10^6\,\text{V} = 234\,\text{MV}$

In der Sensorik werden Größen aus der Umwelt in elektrische Größen umgewandelt. Wichtige elektrische Größen und Einheiten sind in Tab. 2.9 aufgeführt.

2.1.3.2 Physikalische Gesetze und Effekte zur Umwandlung

Für die Sensorik sind nun die physikalischen Gesetze und Effekte interessant, die nichtelektrische in elektrische Größen umwandeln lassen. Es gibt mehrere hundert Beziehun-

Tab. 2.9 Wichtige elektrische Größen und Einheiten

Größe	Symbol	Definitionsgleichung	Einheit
Ladung	Q	$Q = I \cdot t$	$[Q] = 1\,\mathrm{A} \cdot \mathrm{s} =: 1\,\mathrm{C}$ (Coulomb)
Spannung	U	$U = \frac{W}{Q}$	$[U] = 1\frac{\mathrm{W}}{\mathrm{C}} =: 1\,\mathrm{V}$ (Volt)
Widerstand	R	$R = \frac{U}{I}$	$[R] = 1\frac{\mathrm{V}}{\mathrm{A}} =: 1\,\Omega$ (Ohm)
Kapazität	C	$C = \frac{Q}{U}$	$[C] = 1\frac{\mathrm{C}}{\mathrm{V}} =: 1\,\mathrm{F}$ (Farad)
Elektrische Feldstärke	E	$E = \frac{F}{Q}$	
Magnetische Flussdichte	B	$B = \frac{F}{I \cdot s}$	$[B] = 1\frac{\mathrm{N}}{\mathrm{A \cdot m}} =: 1\,\mathrm{T}$ (Tesla)
Magnetischer Fluss	Φ	$\Phi = \int B \mathrm{d}A$	$[\Phi] = 1\,\mathrm{T\,m^2} =: 1\,\mathrm{Wb}$ (Weber)
Induktivität	L	$L = \frac{\Phi \cdot N}{I}$	$[L] = 1\frac{\mathrm{Wb}}{\mathrm{A}} =: 1\,\mathrm{H}$ (Henry)

gen zwischen elektrischen und nichtelektrischen Größen, die alle für die Sensorik genutzt werden können. In Tab. 2.10 werden einige typische Verknüpfungen aufgeführt.

Neben der Umsetzung von nichtelektrischen Größen in elektrische spielen auch innerelektrische Umwandlungen eine große Rolle. Einige häufig benötigte Zusammenhänge zeigt Tab. 2.11.

2.1.3.3 Informationsträger

Daten werden in der Sensorik durch Informationsträger übermittelt. Die wichtigen sollen hier mit ihren Eigenschaften erläutert werden (s. Abb. 2.14).

Elektromagnetische Wellen In der Sensorik werden elektromagnetische Wellen genutzt. Im Folgenden werden einige Eigenschaften elektromagnetischer Wellen und insbesondere von sichtbarem Licht erläutert.

Wellen sind gekennzeichnet durch fünf Parameter: Die Zeit, die Auslenkung, deren Maximum die Amplitude ist, die Wellenlänge, die Periodendauer und die Ausbreitungsgeschwindigkeit (s. Abb. 2.15).

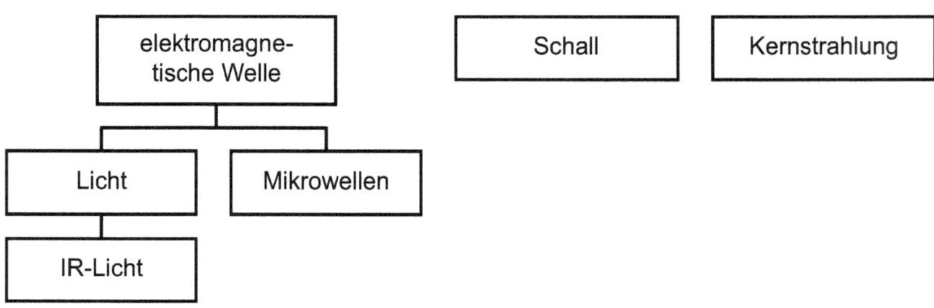

Abb. 2.14 Typische Informationsträger in der Sensorik

Tab. 2.10 Typische Verknüpfung von nichtelektrischen mit elektrischen Größen

Effekt	Gleichung	(Typische) Konstante	Bemerkung
Piezoelektrischer Effekt	$\Delta Q = k \cdot F$	Piezoelektrischer Koeffizient, z. B. $k = 2{,}3 \cdot \frac{\text{pC}}{\text{N}}$ für Quarz	Verformung durch äußere Drücke oder Kräfte erzeugt in bestimmten Kristallen eine Spannung.
Piezoresistiver Effekt	$\frac{\Delta R}{R} = k \frac{\Delta l}{l}$	k-Faktor, z. B. $k = 2{,}05$ für Konstantan	Wird ein elektrischer Leiter durch äußere Kräfte gedehnt, steigt sein Widerstand, wird er gestaucht, sinkt er.
Lorentz-Effekt (Lorentz-Kraft)	$\vec{F} = I \cdot (\vec{l} \times \vec{B})$		Wirkt auf einen stromdurchflossenen Leiter ein Magnetfeld, so wirkt auf die Elektronen eine Kraft (die zu einer Widerstandsänderung führt).
Seebeck-Effekt	$U_{\text{AB}} = U_{\text{A}} - U_{\text{B}}$	Thermospannungen U_{A} bzw. U_{B} gegenüber Platin bei Kontaktstellen von 0 °C und 100 °C, z. B. Konstantan: −3,2 mV Nickel: −1,9 mV Eisen: 1,9 mV	In einem Stromkreis, bei dem die Leiterbahnen aus verschiedenen Materialien bestehen, entsteht eine Spannung, wenn die Kontaktstellen unterschiedliche Temperatur aufweisen.
Fotoelektrischer Effekt			Bei Lichteinstrahlung wird in einem Halbleiter die elektrische Leitfähigkeit, die proportional zur Lichtstärke ist, erhöht.
Thermowiderstands-Effekt			
a) bei Metallen	$R = R_0(1 + a(T - T_0)$	Temperaturkoeffizient a, z. B. $a = 3{,}98 \cdot \frac{10^{-3}}{\text{K}}$ für Pt 100 bei 20 °C	Der Widerstand eines Leiters ändert sich mit dessen Temperatur.
b) bei Thermistoren	$R = R_{\text{N}} \cdot e^{A(T - T_{\text{N}})}$	R_{N} Nennwiderstand bei Nenntemperatur T_{N}, Temperaturkoeffizient A z. B. $A = 16\,\%/\text{K}$ bei Keramik	Bei PTC-Widerständen (sog. Kaltleitern) steigt der Widerstand mit der Temperatur.
	$R = R_{\text{N}} \cdot e^{B\left(\frac{1}{T} - \frac{1}{T_{\text{N}}}\right)}$	R_{N} Nennwiderstand bei Nenntemperatur T_{N}, Temperaturkoeffizient B z. B. $B = 4200\,\text{K}$ bei Keramik	Bei NTC-Widerständen (sog. Heißleitern) sinkt der Widerstand mit der Temperatur.

Tab. 2.11 Innerelektrische Zusammenhänge

Gauß-Effekt	$R = R_0(1 + \mu^2 B^2)$	Teilchenbeweglichkeit μ (materialabhängig)	Wirkt senkrecht zu einer Strombahn in einem flächigen Leiter oder Halbleiter ein homogenes Magnetfeld (B), so verlagert sich die Strombahn, was sich durch eine Erhöhung des Widerstands (R, R_0) bemerkbar macht.
Ohmsches Gesetz	$U = R \cdot I$	$R = \varrho \frac{l}{A}$, spezifischer Widerstand $\varrho = 1{,}78 \cdot 10^{-2} \frac{\Omega \cdot \text{mm}^2}{\text{m}}$	Der Strom ist proportional zur Spannung (gilt nur für bestimmte Materialien und in einem eingeschränkten Temperaturbereich).
Hall-Effekt	$U = A_{\text{H}} \frac{B \cdot I}{d}$	Hallkoeffizient, z. B. bei Silizium $A_{\text{H}} = 10^8$	Wenn quer zur Verbindungslinie zweier räumlicher Punkte im Abstand d eines Leiters ein Strom I fließt und senkrecht zu beiden Richtungen ein homogenes Magnetfeld B auf den Leiter wirkt, entsteht eine Spannung U zwischen den beiden Punkten.
Induktionsgesetz	$U_{\text{ind}} = -\frac{\text{d}\Phi}{\text{d}t}$		Jede zeitliche Änderung des magnetischen Flusses durch eine Fläche induziert eine Spannung.
Kapazitiver Effekt	$C = \varepsilon_0 \varepsilon_{\text{r}} \frac{A}{d}$	Relative Permittivität, z. B. für Polyester $\varepsilon_{\text{r}} = 3{,}3$	Die Kapazität eine Plattenkondensators wird durch den Plattenabstand d, die aktive Fläche A und über das Dielektrikum mit der relativen Permittivität ε_{r} beeinflusst.

Ein von der Periodendauer T abgeleiteter Begriff ist die Frequenz f. Es gilt: $f = \frac{1}{T}$. Die Ausbreitungsgeschwindigkeit c ist für Licht im Vakuum $c = 2{,}998 \cdot 10^5\ \frac{\text{km}}{\text{s}}$, für Schall in Luft $c = 343\ \frac{\text{m}}{\text{s}}$ bei 20 °C und Normaldruck.

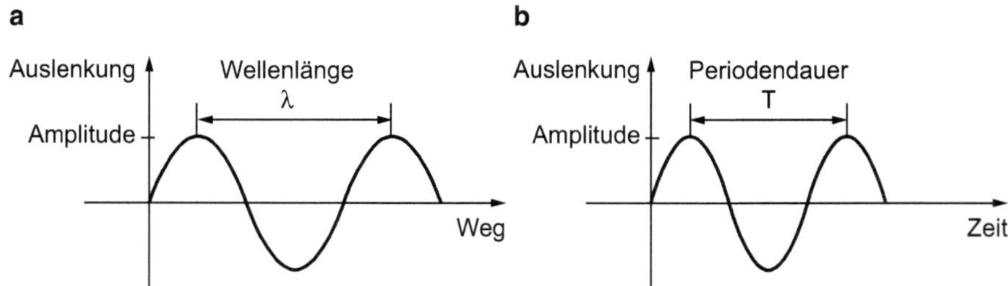

Abb. 2.15 Zusammenhang zwischen Wellenparametern

Zwischen den Größen Frequenz, Wellenlänge und Ausbreitungsgeschwindigkeit gilt die Beziehung

$$\lambda \cdot f = c.$$

In Abb. 2.16 wir der große Bereich der elektromagnetischen Wellen dargestellt.

Sichtbares Licht nimmt nur einen sehr geringen Bereich im ganzen Spektrum (s. Abb. 2.16) ein. Die Wellenlänge liegt um 600 nm und die Frequenz um 300 THz. Infrarotes Licht liegt um 1 THz, die Mikrowellen liegen im Zentimeterbereich.

Einige Eigenschaften von elektromagnetischen Wellen Elektromagnetische Wellen werden je nach Frequenz unterschiedlich von Materialien abgeschirmt (s. Tab. 2.12). Vom sichtbaren Licht wissen wir das aufgrund unserer Erfahrung. Glas und einige Kunststoffe sind für sichtbares Licht durchsichtig. Ultraviolettes Licht wird aber schon durch Fensterglas nicht durchgelassen bzw. in seiner Intensität stark reduziert.

Licht als elektromagnetische Welle Das sichtbare Licht ist ein häufig gebrauchter Informationsträger, der sogar wegen der immer stärker eingesetzten Lichtwellenleiter an Bedeutung gewinnt.

Licht bereitet sich geradlinig aus. Für viele Einsatzbedürfnisse muss es abgelenkt werden. Dies geschieht nach den Gesetzen der geometrischen Optik. Dabei treten zwei Prinzipien auf, das der Reflexion und das der Lichtbrechung.

Trifft ein Lichtstrahl auf eine gut reflektierende Oberfläche (s. Abb. 2.17), so wird er unter dem Winkel, den der einfallende Strahl mit dem Einfallslot bildet, reflektiert. Je besser dabei die spiegelnde Oberfläche ist, desto höher ist der Wirkungsgrad.

Trifft ein Lichtstrahl von Luft auf einen anderen durchsichtigen Körper, so wird das Licht in Abhängigkeit von den optischen Eigenschaften des Materials mehr oder weniger stark zum Einfallslot hin gebrochen (s. Abb. 2.18).

Tab. 2.12 Durchdringungsvermögen Elektromagnetischer Strahlungsarten

Strahlungsart	Frequenz	Wellenlänge	Durchdringung
LW	10^6 Hz	300 m	Durchdringt in geringem Maße nichtmetallische Materialien
KW	10^7 Hz	30 m	
UKW	10^8 Hz	3 m	
Fernsehbereich UHF	10^9 Hz	30 cm	
Mikrowellen und Radar	10^{12} Hz	0,3 nm	
Infrarot (IR)	10^{14} Hz	3 µm	Durchdringt kaum Materialien
Sichtbares Licht	~10^{15} Hz	500 nm	
Ultraviolett (UV)	10^{15} Hz	200 nm	
Röntgenstrahlen	10^{20} Hz	3 pm	Durchdringt in sehr hohem Maße nicht metallische Materialien und beschränkt auch Metalle
Radioaktive Strahlen	10^{21} Hz	0,3 pm	Durchdringt fast alle Stoffe

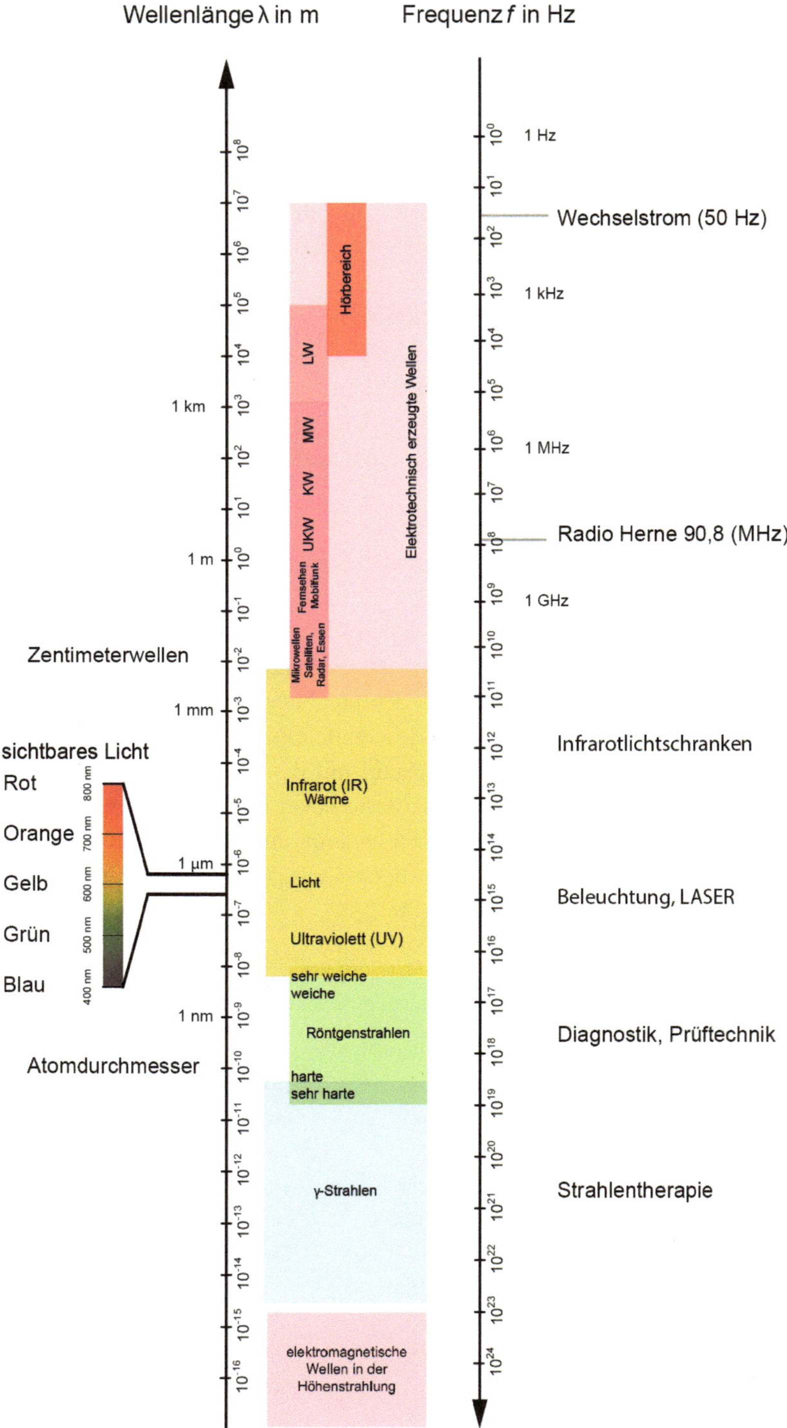

Abb. 2.16 Elektromagnetisches Spektrum

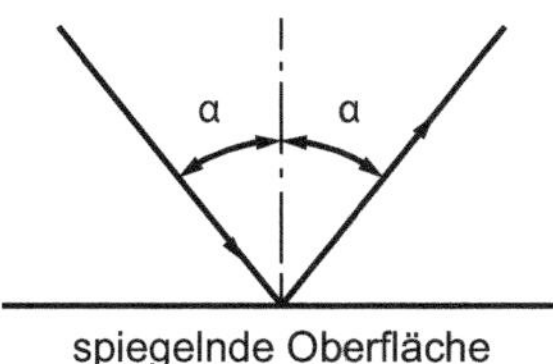

Abb. 2.17 Reflexion des Lichts

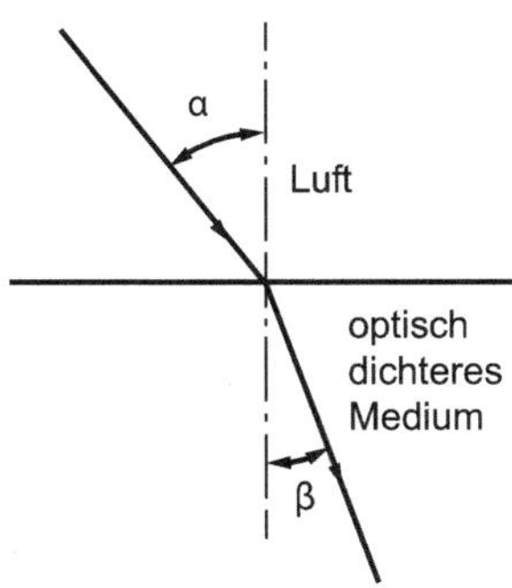

Abb. 2.18 Brechung des Lichts

Beispiel

Fensterglas hat einen Brechungsindex gegenüber Luft von $n = 1{,}49$. Licht soll unter dem Winkel $\alpha = 60°$ auf die Scheibe fallen.

Nach dem Brechungsgesetz $\frac{\sin(\alpha)}{\sin(\beta)} = n$ gilt dann für den Winkel im Glas:

$$\sin(\beta) = \frac{\sin(\alpha)}{n} = \frac{\sin 60}{1{,}49} = 0{,}5812 \Rightarrow \beta = 35{,}5°.$$

Das Licht wird also zum Lot hin gebrochen.

Tritt das Licht aus dem optisch dichteren Material in Luft aus, so kommt es bei von den optischen Eigenschaften des Materials abhängigen mehr oder weniger großen Auftreffwinkel zur *Totalreflexion* (s. Abb. 2.19). Licht tritt aus dem durchsichtigen Körper an dieser Stelle nicht mehr aus. Dies wird bei der Wellenleitertechnik genutzt. Durch diesen Effekt können aber auch – teure – Spiegel durch – billige – Plexiglaskörper ersetzt werden.

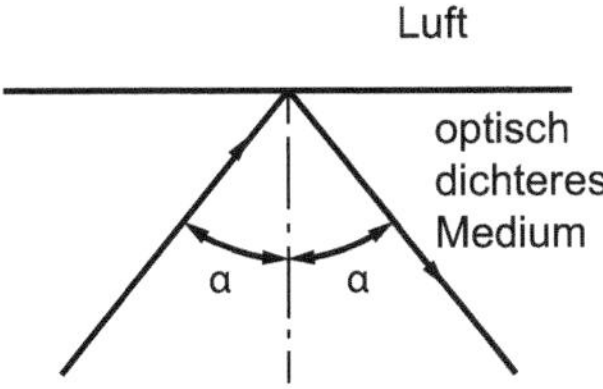

Abb. 2.19 Totalreflexion

Beispiel

Den Grenzwinkel bei Glas mit einem Brechungsindex von $n = 1{,}49$ liegt dann vor, wenn das Licht aus dem Inneren des Glases so auf die Trennfläche fällt, dass der Austrittwinkel 90° wäre.

Es gilt also nach dem Brechungsgesetz

$$\frac{\sin(90)}{\sin(\beta_{gr})} = 1{,}49 \Rightarrow \sin(\beta_{gr}) = \frac{1}{1{,}49} = 0{,}6711 \Rightarrow \beta_{gr} = 42{,}2°.$$

Das heißt, wenn das Licht mit einem Winkel größer als 42,2° auf die Trennfläche fällt, wird es vollständig reflektiert, tritt also nicht aus dem Glaskörper aus.

Dieses Phänomen der Totalreflexion wird auch bei Reflektoren ausgenutzt. Hier ist ein Plexiglaskörper so geformt, dass seine Grenzflächen zur Luft das Licht total reflektieren. Dies geschieht bei den sogenannten Tripelreflektoren (s. Abb. 2.20) in weiten Bereichen sogar unabhängig davon, ob das Licht senkrecht auf den Reflektor trifft oder nicht.

Eine weitere Eigenschaft der Tripelreflektoren ist, dass sie das Licht depolarisieren. Dies bedeutet, das eintreffende, polarisierte Licht schwingt nur in einer Ebene, das zurückgeworfene Licht hingegen schwingt wieder in allen Ebenen.

Die Anwendung des Tripelreflektors in der Praxis:

- Als Katzenauge an Fahrradpedalen, Autos usw.,
- Als Reflektormarken an Begrenzungspfosten, Fahrrädern usw.,
- Als Reflektor bei Lichtschranken.

Trifft ein Lichtstrahl auf eine raue Oberfläche zum Beispiel Papier, Karton, unbehandeltes Metall, Holz usw., so wird er in alle Richtungen diffus zurückgeworfen. Ist das Material schon behandelt, wie zum Beispiel Fotopapier, lackiertes Holz, poliertes Metall usw. weisen diese schon Spiegelcharakter auf.

Schallwellen Auch Schall wird mit unterschiedlichen Frequenzen in der Sensorik (s. Abb. 2.21) eingesetzt. Insbesondere der Ultraschallbereich findet eine häufige Anwendung.

Abb. 2.20 Tripelreflektor

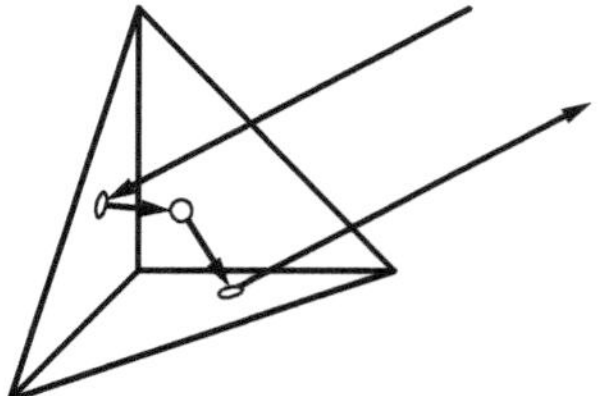

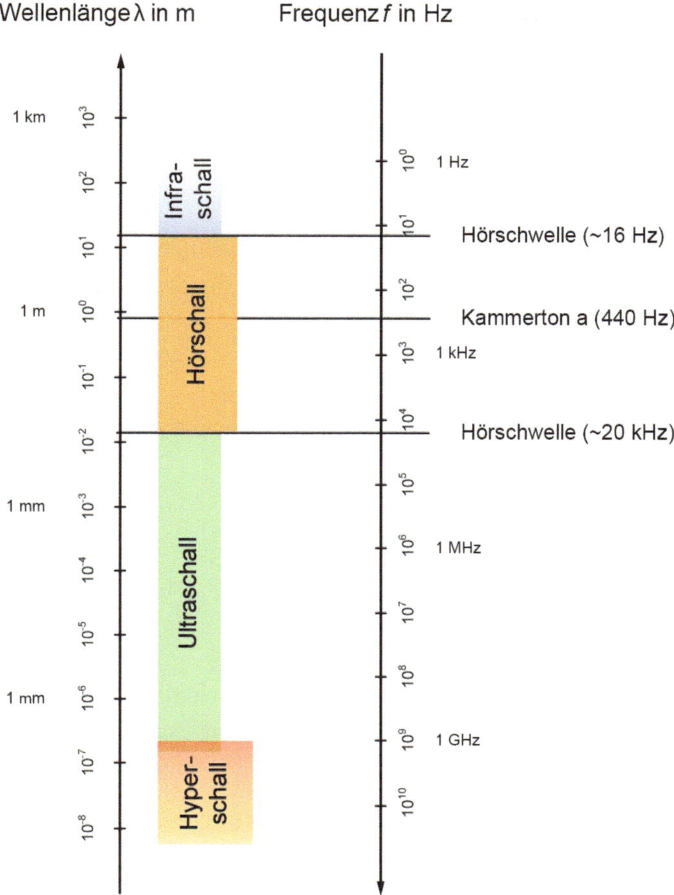

Abb. 2.21 Akustisches Spektrum

Dopplereffekt Der Dopplereffekt (s. Abb. 2.22) ist ein typisches Wellenphänomen. Er tritt deshalb sowohl bei elektromagnetischen als auch bei akustischen Wellen auf. In der Sensorik wird hauptsächlich der akustische Dopplereffekt benutzt.

Abb. 2.22 Dopplereffekt

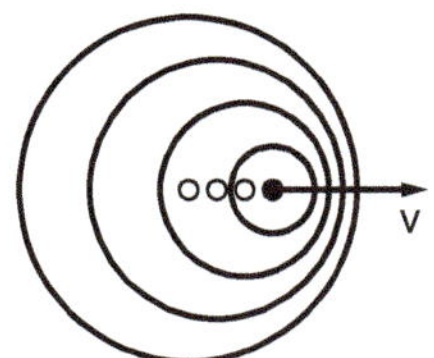

Bewegt sich eine Schallquelle mit einem Ton der Frequenz f_s mit der Geschwindigkeit v in Bezug auf einen sich in Ruhe befindlichen Beobachter, so hört dieser die Frequenz

$$f_b = \frac{f_s}{1 - \frac{v}{c}}. \quad (2.1)$$

c ist dabei die Schallgeschwindigkeit.

Wenn sich die Schallquelle auf den Sensor zubewegt, wird der Ton höher, wenn sie sich entfernt, tiefer. Dies ist auch von einem vorbeifahrenden Martinshorn bekannt.

Beispiel

Ein Objekt sendet ein Ultraschallsignal der Frequenz $f_s = 10\,\text{MHz}$ aus. Der Sensor empfängt $f_b = 11{,}1\,\text{MHz}$. Mit welcher Geschwindigkeit nähert sich das Objekt? (Schallgeschwindigkeit $c = 330\frac{\text{m}}{\text{s}}$)

Nach v umgestellt lautet die Gl. 2.1 $v = (1 - \frac{f_s}{f_b}) \cdot c$

Mit den Werten ergibt sich $v = \left(1 - \frac{1}{1{,}11}\right) \cdot 330\frac{\text{m}}{\text{s}} = 32{,}7\frac{\text{m}}{\text{s}}$

Das Objekt hat also eine Geschwindigkeit von $32{,}7\,\frac{\text{m}}{\text{s}}$ oder etwa $118\,\frac{\text{km}}{\text{h}}$.

Kernstrahlung Einige Atomkerne, sog. Radioisotope, zerfallen spontan und senden dabei Strahlung aus. Diese wird fälschlicherweise oft radioaktive Strahlung genannt. Dies ist aber irreführend, denn die Strahlung ist nicht radioaktiv, sondern der aussendende Kern. Ein besserer Begriff ist *Kernstrahlung* (s. Abb. 2.23).

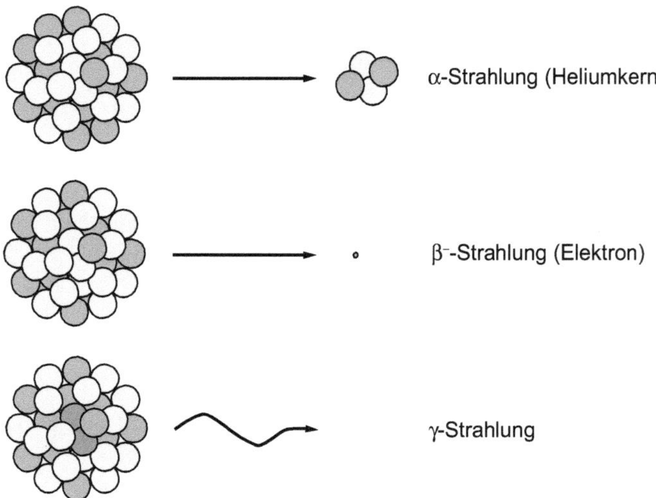

Abb. 2.23 Einige Arten von Kernstrahlung

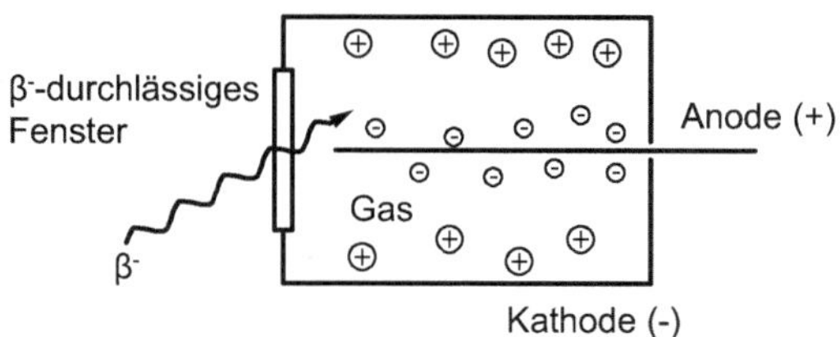

Abb. 2.24 Geiger-Müller-Zähler

Alphastrahlung hat eine Reichweite von einigen Zentimetern und lässt sich bereits durch Papier gut abschirmen. Betastrahlung hat eine maximale Reichweite von 10 bis 30 Meter zur Abschirmung oder Abschwächung reichen hier Materialien von wenigen Millimetern Dicke. Gammastrahlung reicht zwar nur maximal 5 Meter, benötigt aber zur Abschirmung dickere Bleischichten.

Eine der hier benötigten Eigenschaft dieser Strahlung ist, das sie Gase ionisieren kann. Diese werden dadurch elektrisch leitend. Kernstrahlung gehört deshalb zu den ionisierenden Strahlungen.

Die Kernstrahlung kann über die Leitfähigkeit der ionisierenden Strahlung mithilfe eines Geiger-Müller-Zählrohrs (s. Abb. 2.24) gemessen werden.

Dringt ionisierende Betastrahlung in das Zählrohr, spaltet diese Elektronen des sich darin befindlichen Edelgases ab. Wegen der hohen angelegten Spannung wird das Elektron mit großer Beschleunigung zur Anode gezogen. Auf dem Weg dorthin ionisiert es weitere Gasatome und es entsteht eine Kaskade von Elektronen. Das Gas wird für eine kurze Zeit leitend.

Wird das Zählrohr über einen Verstärker an einen Lautsprecher angeschlossen, ist das typische Knacken eines Geigerzählers zu hören.

Interessant an der Kernstrahlung ist, dass wirklich EIN Zerfall, EIN Ereignis detektiert werden kann. Dadurch steht ein sehr trennscharfes Messprinzip zur Verfügung.

Zusammenfassung In der Sensorik werden die vielfältigen geeigneten physikalischen Gesetze und Effekte meist in einer Funktionskette (s. Abb. 2.25) in ein standardisiertes Sensorausgangssignal umgewandelt.

Die zu erfassende Messgröße wird häufig durch den Messfühler mittels eines der vielen physikalischen Gesetze und Effekte in eine elektrische Größe umgewandelt. Diese wird anschließend verstärkt, in einen Strom oder eine Spannung umgewandelt und durch die Auswerteelektronik, die auch die auftretenden Störgrößen einbindet, meist in ein normiertes (Strom- oder Spannungs-) Messsignal umgewandelt. Durch den A/D-Wandler wird dann – ja nach Anforderung – ein digitales oder binäres Sensorausgangssignal erzeugt, das dann an den Prozess zurückgegeben wird.

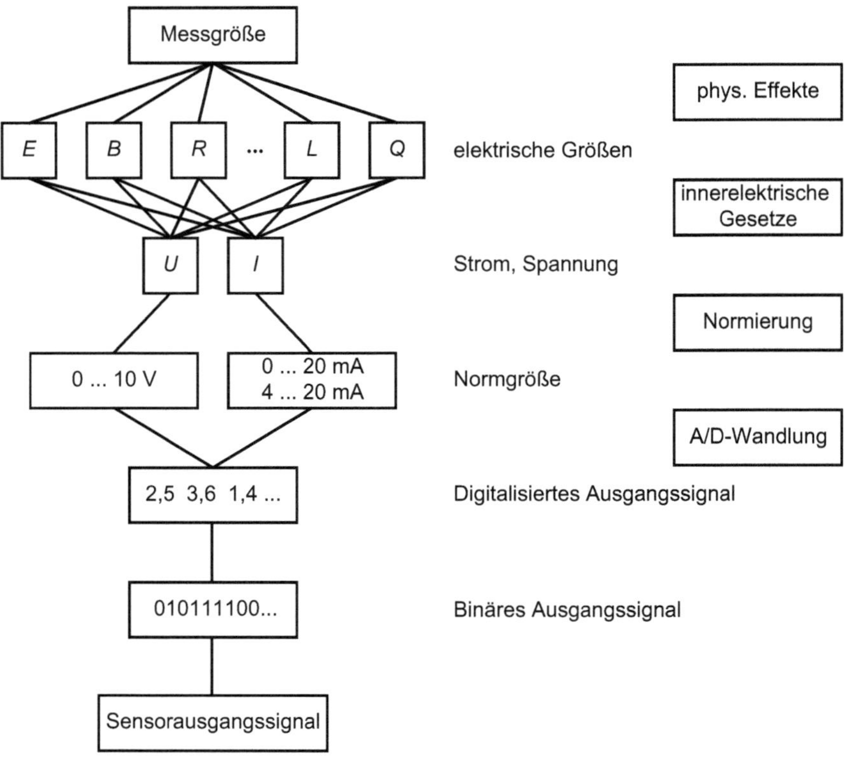

Abb. 2.25 Typische Funktionskette in der Sensorik

Übungsaufgabe 8

„Die Lichtgeschwindigkeit c beträgt etwa dreihunderttausend Kilometer pro Sekunde." Wandeln Sie diese sprachliche Aussage in verschiedene gebräuchliche Schreibweisen um.

Übungsaufgabe 9

Bei einem Heißleiterwiderstand (auch NTC-Widerstand oder Thermistor genannt) sinkt der Widerstand mit der Temperatur nach dem Gesetz

$$R\,(T) = R_{\mathrm{N}} \cdot \mathrm{e}^{B\left(\frac{1}{T} - \frac{1}{T_{\mathrm{N}}}\right)}$$

Dabei ist R_{N} der Nennwiderstand bei der Nenntemperatur T_{N} (gemessen in K). B ist ein für den Widerstand charakteristischer Parameter. In unserem Falle soll gelten $B_{\mathrm{N}} = 4200\,\mathrm{K}$. Der Widerstand des Heißleiterwiderstands beträgt bei Raumtemperatur $R_{20\,^\circ\mathrm{C}} = 10{,}2\,\mathrm{k\Omega}$. Berechnen Sie für die Kennlinie die Widerstandswerte im Temperaturbereich von 10 bis 80 °C (in 10-K-Schritten) und stellen Sie die Kennlinie grafisch dar.

Zur Selbstkontrolle

1. Wie lauten die 7 Grundeinheiten des SI-Systems?
2. Welche Zehnerpotenz gehört zur Vorsilbe Giga, welche zu Nano?
3. Geben Sie die Größe des Erddurchmessers als Zahlwort, in der Standardschreibweise, in der mathematisch, physikalisch und technisch üblichen Schreibweise an.
4. Was versteht man unter dem Seebeck-Effekt?
5. Welchen formelmäßigen Zusammenhang gibt es zwischen der Frequenz, der Wellenlänge und der Ausbreitungsgeschwindigkeit einer Welle?
6. Welche Farbe hat Licht mit einer Wellenlänge von 500 nm?
7. Welcher Reflektor wirft das Licht zur Lichtquelle zurück?
8. Was versteht man unter Infraschall?
9. Erläutern Sie den Dopplereffekt.
10. Welche für die Sensorik wichtige Eigenschaft hat Kernstrahlung?

2.1.4 Grundschaltungen/Messung elektrischer Größen

2.1.4.1 Spannungsmessung

(Gleich-)Spannungen werden in der Automatisierungstechnik nahezu ausschließlich durch elektronische Messgeräte gemessen. In ihnen kommen Verstärkerschaltungen zum Einsatz, die einen gegen unendlich tendierenden Eingangswiderstand besitzen ($10^7\,\Omega \ldots 10^{10}\,\Omega$). Damit wird ein annähernd idealer Spannungsmesser erreicht. Deshalb sollte im Zweifelsfall immer eine Spannungsmessung gegenüber der Strommessung bevorzugt werden.

2.1.4.2 Strommessung

Bei der Strommessung wird ein Spannungsabfall über einen genau bekannten Messwiderstand (sog. Shunt-Widerstand) erzeugt. Wird er geeignet gewählt ($R_S = 1\,\Omega$), kann der Zahlenwert der Spannungsmessung direkt als Wert für den Strom interpretiert werden.

Beispiel

Bei einer Strommessung über einen Shunt-Widerstand von $R_S = 1\,\Omega$ soll die Skala des Spannungsmessers überprüft werden.

Wegen des Ohmschen Gesetzes gilt

$$I = \frac{U}{R_S}.$$

Wird z. B. $U = 5\,\text{V}$ gewählt, ergibt sich $I = \frac{U}{R_S} = \frac{5\,\text{V}}{1\,\Omega} = 5\,\text{A}$, bei $U = 25\,\text{mV}$ wird $I = \frac{U}{R_S} = \frac{25\,\text{mV}}{1\,\Omega} = 25\,\text{mA}$. Die Zahlenwerte von Strom und Spannung stimmen also überein.

2.1.4.3 Widerstandsmessung

Eine Möglichkeit, einen Widerstand zu messen, ist die mittels Strom- und Spannungsmessung über das Ohmsche Gesetz.

Um einen Widerstand mittels Strom- und Spannungsmessung fehlerarm bestimmen zu können, darf kein merklicher Strom im Messkreis (s. Abb. 2.26) fließen. Das kann in der Praxis sichergestellt werden, indem ein Spannungsmessgerät mit einem gegen Unendlich gehenden Innenwiderstand verwendet wird. Dies ist bei den heutigen digitalen Messgeräten meist der Fall.

Nach dem Ohm'schen Gesetz gilt dann

$$R_x = \frac{U}{I}.$$

Ohmsche Widerstände können auch über die sog. Gleichstrombrückenschaltung (s. Abb. 2.27) gemessen werden.

Ist $U_{AB} = 0$, liegt der sog. Abgleichfall vor. Hierbei gilt dann

$$\frac{R_x}{R_1} = \frac{R_v}{R_2}.$$

Damit gilt $R_x = R_v \cdot \frac{R_1}{R_2}$

Um den Abgleich zu erhalten, wird meist der Vergleichswiderstand R_v variabel (Potentiometer) ausgeführt. Durch geeignete Wahl von R_1 und R_2 und auch R_v kann der zu messende Widerstandbereich variiert werden.

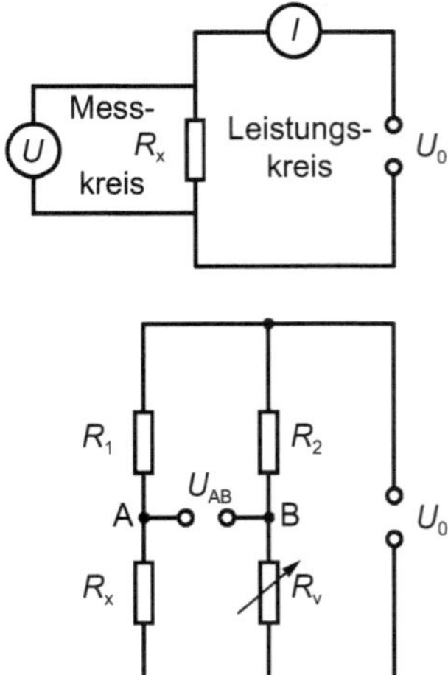

Abb. 2.26 Vierleiterschaltung zur Widerstandsmessung

Abb. 2.27 Gleichstrombrückenschaltung

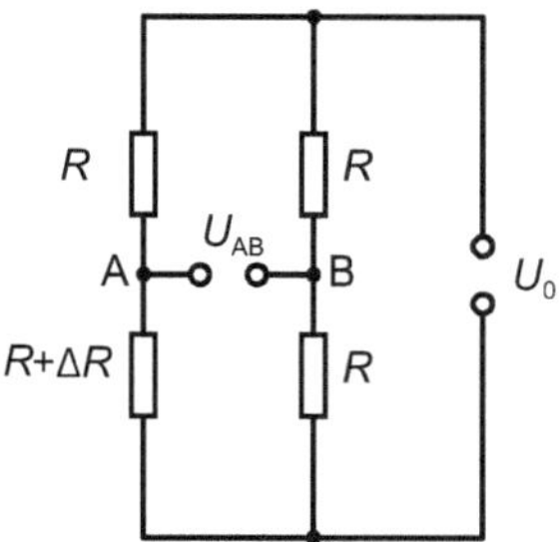

Abb. 2.28 Brückenschaltung im Ausschlagverfahren

Beispiel

In einer Brückenschaltung kann der Vergleichswiderstand Werte von 0 … 1 kΩ annehmen. Welcher Messbereich kann abgedeckt werden, wenn $R_1 = 2{,}2\,\mathrm{k\Omega}$ und $R_2 = 6{,}8\,\mathrm{k\Omega}$ sind (E6-Reihe)?

Der maximale Wert von R_x ist $R_x = 1\,\mathrm{k\Omega}\frac{2{,}2\,\mathrm{k\Omega}}{6{,}8\,\mathrm{k\Omega}} = 0{,}3235\,\mathrm{k\Omega}$.

Also wird ein Messbereich von 0 … 0,3235 kΩ abgedeckt.

In der Sensorik wird die Brückenschaltung häufig im Ausschlagverfahren (s. Abb. 2.28) genutzt. Bei diesem werden aus dem abgeglichenen Zustand kleine Widerstandsänderungen erfasst (s. DMS, NTC).

In dieser Situation ist $U_{\mathrm{AB}} \neq 0$. Für $\Delta R \gg R$ gilt in guter Näherung $U_{\mathrm{AB}} = \frac{U_0}{4R} \cdot \Delta R$. Die Spannung U_{AB} ist also proportional zur Widerstandsänderung. Die Widerstandsmessung wird also hier in eine Spannungsmessung umgewandelt.

Zur Selbstkontrolle

1. Warum ist eine Spannungs- einer Strommessung vorzuziehen?
2. Erläutern Sie das Prinzip einer Gleichstrombrückenschaltung.

2.2 Sensoren in der Automatisierungstechnik

2.2.1 Allgemeine Aspekte der Sensorauswahl

Aus dem einführenden Kapitel wurde deutlich, dass es sehr viele Aufgabenstellungen für Sensoren geben kann. Außerdem sind die Lösungsmöglichkeiten für eine Problemstellung sehr vielfältig. Deshalb werden typischerweise bei der Suche nach Lösungen Kriterien formuliert, die an die Sensorlösung gestellt werden. Diese Kriterien können auch z. B. von einem Auftraggeber kommen.

Mögliche Kriterien werden in der folgenden Auflistung zusammengestellt. Diese Auswahl ist natürlich nicht vollständig, sie kann auch je nach weiteren zu erfüllenden Rahmenbedingungen völlig unterschiedlich ausfallen.

- technologische Aufgabe
  - Welche Größe soll erfasst werden?
  - Welcher Wertebereich ist abzudecken?
  - Welche (Wiederhol-)Genauigkeit muss erreicht werden?
  - Welche Auflösung ist gefordert?
  - Welche Ansprechzeit muss erfüllt werden?
- technologische und umweltliche Rahmenbedingungen
  - Wie sollen die Informationen übertragen werden?
  - Welche Hilfsenergie kann/muss bereitgestellt werden?
  - Welche Anschlusssysteme können/müssen genutzt werden?
  - Welche Betriebssicherheit muss sichergestellt werden?
  - Welche Temperaturen, Feuchtigkeit, Drücke, elektromagnetische Störungen ... müssen berücksichtigt werden?
  - Welche Einstellmöglichkeiten (Arbeitspunkt, Empfindlichkeit, Ansprechpunkt) müssen vorgesehen werden?
  - Welcher Schaltabstand, welche Schalthysterese ist vorzusehen?
  - Ist eine Selbstjustierfähigkeit gefordert?
  - Ist Linearität gefordert?
- wirtschaftliche Rahmenbedingungen
  - Welcher Kostenrahmen ist einzuhalten?
  - Welche Instandhaltungs- und Wartungskosten fallen an?
  - Wird die Ersatzteileverfügbarkeit sichergestellt?
  - Welche Lebensdauer/Nutzungsdauer wird gefordert
  - Welche Kosten für Abschirmmaßnahmen fallen an?
- gesetzliche Rahmenbedingungen,
- sicherheitsbezogene Rahmenbedingungen.

Das Feld der Sensoren ist mittlerweile sehr umfangreich geworden. Täglich kommen neue oder verbesserte Sensoren hinzu. Zur Erhöhung der Übersicht werden Sensoren nach

Tab. 2.13 Typisierung von Sensoren

Typ	Erläuterung	Beispiel
Binärsensor (erfassender Sensor)	Zweiwertiger Sensor mit den beiden Schaltsignalen EIN und AUS	Näherungssensor (s. Abschn. 2.2.2) Druck- oder Temperaturschalter (s. Abschn. 2.2.7)
Analogsensor (messender Sensor)	Liefert stetigen physikalischen Messwert, meist als Spannung 0 ... 10 V oder als Strom 0 ... 20 mA bzw. 4 ... 20 mA	Weg-, Winkel-, Kraft-, Durchflusssensor (s. Abschn. 2.2.6)
Aktiver/passiver Sensor	Aktive Sensoren wandeln physikalische Größen direkt in elektrische. Passive benötigen dazu Hilfsenergie.	Mittels des piezoelektrischen Effekts wird Druck direkt in Spannung umgewandelt.

Tab. 2.14 Häufige eingesetzte Messprinzipien in der Sensorik

Messgröße	Messprinzip	Sensor
Druck p	Widerstandsänderung bei Durchbiegung einer Membran	Piezoresistiver Drucksensor
Kraft F	Widerstandsänderung bei Verformung einer Leiterbahn	DMS
Weg s	Veränderung der Länge eines Widerstandsdrahtes	Potenziometrischer Wegsensor
	Laufzeit eines Ultraschallsignals	Ultraschallsender und -empfänger
Drehzahl n	Erzeugung einer drehzahlabhängigen Spannung	Tachogenerator
Durchfluss $\frac{\Delta V}{\Delta t}$	Abkühlung eines Widerstandes	Luftmassenmesser
Temperatur T	Temperaturabhängige Änderung eines elektrischen Widerstandes	NTC-Widerstand $R(T) = R_{\mathrm{B}} \cdot e^{\frac{1}{T} - \frac{1}{T_{\mathrm{B}}}}$
	Änderung der Durchlassspannung einer Diode	Integrierter Temperatursensor
	Seebeck-Effekt	Wärmebildkamera (Strahlungsthermosäule)
Beschleunigung a	Umwandlung in eine Kraft über die Massenträgheit	Mikromechanischer Beschleunigungssensor
Drehrate ω	Corioliskaft	Mikromechanischer Drehratensensor

unterschiedlichen Aspekten klassifiziert und typisiert. In der Tab. 2.13 werden einige Typisierungsmöglichkeiten aufgelistet.

In Tab. 2.14 sind einige typische Messprinzipien und die damit häufig eingesetzten Sensoren zusammengefasst.

2.2.2 Näherungsschalter

In allen automatischen Abläufen ist der Einsatz von Näherungsschaltern als Informationsgeber für die Steuerung unverzichtbar. Sie sind berührungslos arbeitende elektronische Schalter. Die Näherungsschalter liefern die notwendigen Signale über Positionen, Endlagen, Füllstände oder dienen als Impulsgeber für Zählaufgaben oder zur Drehzahlerfassung. Eine Übersicht über Arten der Positionserfassung zeigt Abb. 2.29. In der Industrie haben sich vor allem zwei Systeme für die berührungslose Erfassung verschiedenster Materialien bewährt: induktive und kapazitive Näherungsschalter.

2.2.2.1 Induktive Näherungsschalter (INS)

Induktive Näherungsschalter (s. Abb. 2.30) bieten im Vergleich zu mechanischen Schaltern viele Vorteile: berührungslose, verschleißfreie Arbeitsweise, hohe Schaltfrequenzen und Schaltgenauigkeiten sowie einen hohen Schutz gegen Vibrationen, Staub und Feuchtigkeit. Dabei erfassen induktive Sensoren berührungslos alle Metalle.

Abb. 2.29 Positionserfassung

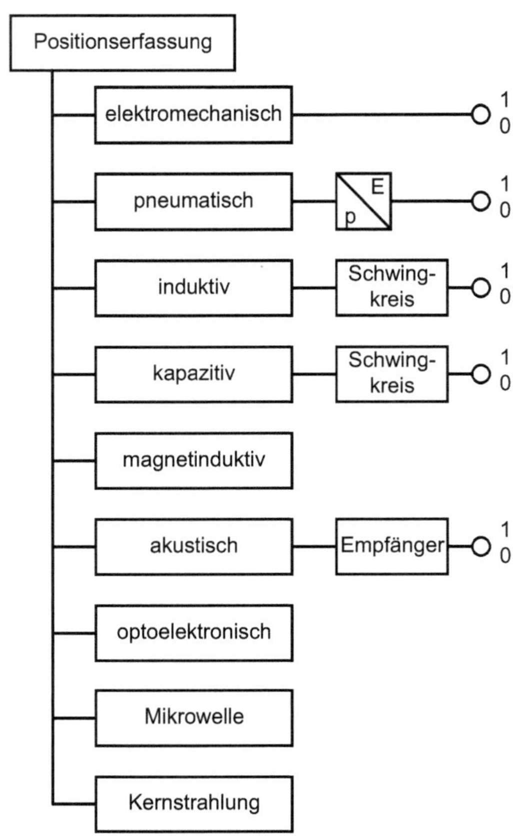

Funktionsbeschreibung Im induktiven Näherungsschalter wird durch eine Spule mit einem Weicheisenkern über einen Schwingkreis ein Magnetfeld erzeugt. Dieses tritt an der aktiven Fläche aus (s. Abb. 2.31). Wird ein Objekt aus einem leitenden Material in diese Magnetfeld gebracht, so werden in dem Objekt Wirbelströme erzeugt. Dies entzieht dem Sensor Energie. Dadurch wird die Schwingungsamplitude des Schwingkreises kleiner.

Kein Gegenstand vor der aktiven Fläche bedeutet eine große Schwingungsamplitude. Ein Gegenstand aus leitfähigem Material vor der aktiven Fläche bedeutet eine kleine Schwingungsamplitude. Die Größe der Amplitude ist also der Informationsparameter (s. Abb. 2.32).

Abb. 2.30 Induktiver Näherungsschalter

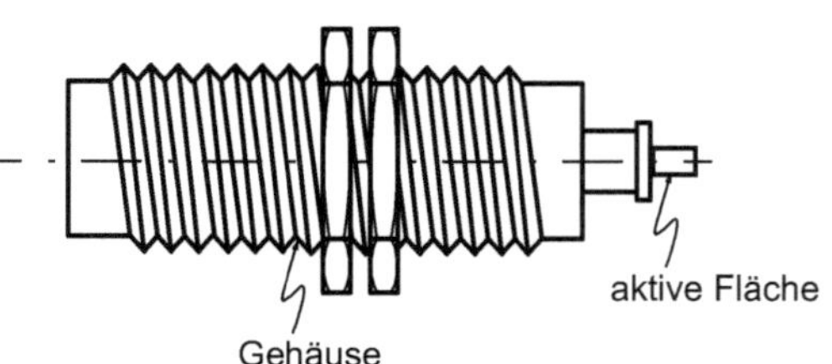

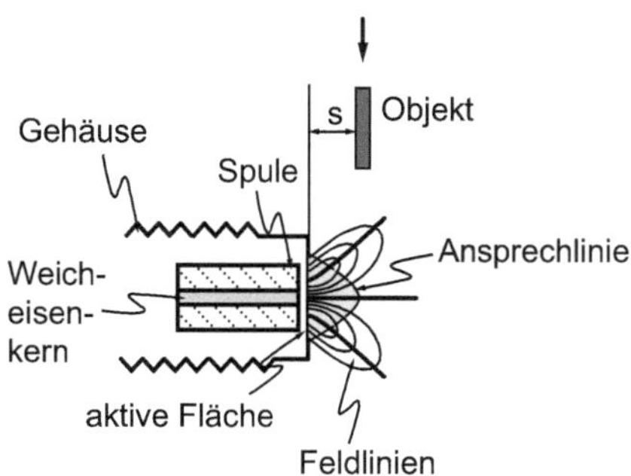

Abb. 2.31 Aufbau eines INS

Diese unterschiedlichen Zustände werden in ein (binäres) Schaltsignal umgesetzt. Aus dem Funktionsprinzip folgt, dass alle Metalle erfasst werden, unabhängig davon, ob sie sich bewegen oder nicht.

Eigenschaften und Schaltabstände des induktiven Sensors Das hochfrequente Feld ruft in dem Gegenstand keine messbare Erwärmung und keine magnetische Beeinflussung hervor. Die Sensoren arbeiten rückwirkungsfrei. Sie sind aufgrund ihrer hohen Betriebsreserve unempfindlich gegen Ablagerungen auf der aktiven Fläche wie z. B. Holzspäne. Für den industriellen Einsatz bieten die Sensoren im Vergleich zu mechanischen Schaltern also nahezu ideale Voraussetzungen. Je nach Schaltertyp (Schließer oder Öffner) wird eine integrierte Endstufe elektrisch durchgeschaltet oder gesperrt.

Den Abstand zur aktiven Fläche, bei dem ein elektrisch leitfähiges Material im Näherungsschalter einen Signalwechsel bewirkt, wird Schaltabstand genannt. Einfluss auf den Schaltabstand hat die jeweilige Spulengröße. Je größer die Spule, desto größer wird das Streufeld.

Dabei beträgt der maximal erreichbare Schaltabstand beim induktiven Sensor den halben Sensordurchmesser.

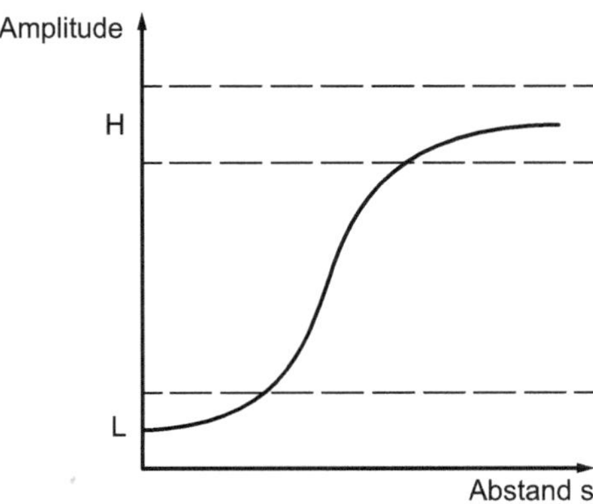

Abb. 2.32 Typischer Amplitudenverlauf beim INS

Der Schaltabstand eines induktiven Näherungsschalters wird mit einer Messplatte aus Stahl ermittelt. Wird der Schalter durch andere Metalle, z. B. Aluminium, Kupfer usw. bedämpft, so unterliegt der Schaltabstand bestimmten Korrekturfaktoren.

Die Sensoren sind im industriellen Einsatz häufig extremen Belastungen durch raue Umweltbedingungen ausgesetzt. Die Betriebssicherheit der Sensoren hängt daher wesentlich von entsprechenden Schutzmaßnahmen ab. Die sorgfältige Konstruktion der mechanischen Teile, maßhaltige Gehäuse und Komponenten, spezielle Vergussmassen und -verfahren sowie die zuverlässige Abdichtung von Gehäusen, Anschlussklemmenräumen und Potentiometern garantieren eine hohe Schutzart und mechanische Festigkeit.

2.2.2.2 Kapazitive Näherungsschalter (KNS)

Funktionsbeschreibung Das Prinzip der kapazitiven Abtastung beruht auf einem RC-Schwingkreis. Der kapazitive Näherungsschalter (s. Abb. 2.33) misst die Kapazitätsänderung, die durch das Annähern eines Gegenstandes im elektrischen Feld eines Kondensators hervorgerufen wird. Das elektrostatische Streufeld (aktive Schaltzone) des kapazitiven Näherungsschalters wird durch eine Messelektrode und eine Abschirmelektrode erzeugt.

Zusätzlich ist eine Kompensationselektrode vorhanden, die ein Beeinflussen des kapazitiven Näherungsschalters durch Feuchtigkeit (Betauung o. Ä.) auf der aktiven Fläche verhindert bzw. kompensiert. Wird nun ein Medium in die aktive Schaltzone geführt, so verändert sich die Kapazität des Schwingkreises und damit dessen Amplitude.

Der kapazitive Sensor reagiert auf alle Materialien mit ausreichender Dielektrizitätskonstante. Diese sind:

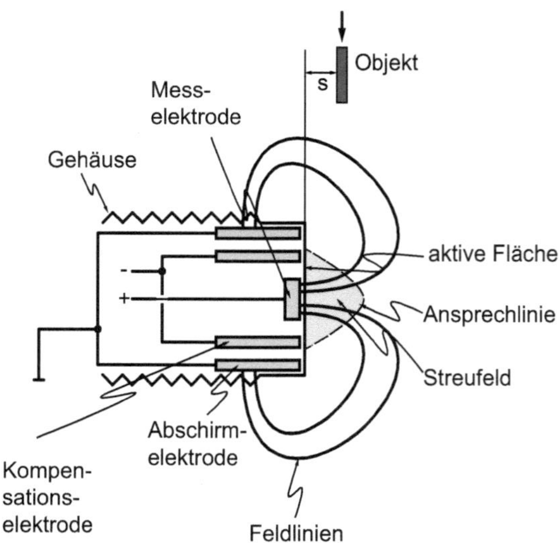

Abb. 2.33 Aufbau eines kapazitiven Näherungsschalters

- Metalle,
- Glas,
- die meisten Kunststoffe,
- Keramik,
- Fette und Öle,
- Lösungsmittel und Alkoholarten.

Das Streufeld bildet sich wie beim induktiven Näherungsschalter über der aktiven Fläche am Sensorkopf. Jeder Gegenstand, der in dieses Streufeld eindringt, verändert die Kapazität des Schwingkreises. Die Kapazitätsänderung hängt im Wesentlichen von folgenden Größen ab:

- Abstand des Mediums zur aktiven Fläche,
- Abmessungen des Mediums sowie der
- Dielektrizitätskonstanten des Mediums.

Wird ein Gegenstand zur Sensoroberfläche hin linear bewegt, nimmt die Kapazitätsänderung umgekehrt proportional zu. Die Kapazitätsänderung ist äußerst gering und von der Zusammensetzung des Materials stark abhängig. Zum Beispiel ist bei Früchten oder sonstigen Lebensmitteln der Wassergehalt nicht konstant. Auch bei Rohmaterialien wie Kohle und anderen Schüttgütern schwankt der Wassergehalt. Neben den Wassergehalten spielen die Temperaturen und Oberflächenbeschaffenheiten eine große Rolle. All diese Gründe haben zur Folge, dass beim kapazitiven Sensor nicht mit einer so guten Reproduzierbarkeit des Schaltpunktes gerechnet werden kann.

Der kapazitive Näherungsschalter erfasst metallische und nichtmetallische Medien. Es gibt auch hier zwei klar definierte Zustände:

- Ist kein Gegenstand im Streufeld, ist die Schwingungsamplitude klein.
- Ist ein Gegenstand im Streufeld, ist die Schwingungsamplitude groß.

Abb. 2.34 zeigt eine typische Kapazitätsänderung des kapazitiven Näherungsschalters bei Annäherung eines Objektes.

Eigenschaften und Schaltabstände des kapazitiven Sensors Die Auswertung erfolgt wie beim induktiven Näherungsschalter. Der Nennschaltabstand s_n des kapazitiven Näherungsschalters wird mit einer geerdeten Metallplatte ermittelt. Wie beim induktiven Näherungsschalter ist auch hier bei der Verwendung anderer Medien ein Korrekturfaktor zu berücksichtigen. Dieser wird von den einzelnen Herstellern angegeben.

Durch ein Einstellpotentiometer kann der Nennschaltabstand (Empfindlichkeit) zurückgenommen werden. Dadurch ist es möglich, bestimmte Medien nicht mehr zu erfassen, um z. B. Wasser hinter einer Kunststoffwand (Behälter) zu detektieren.

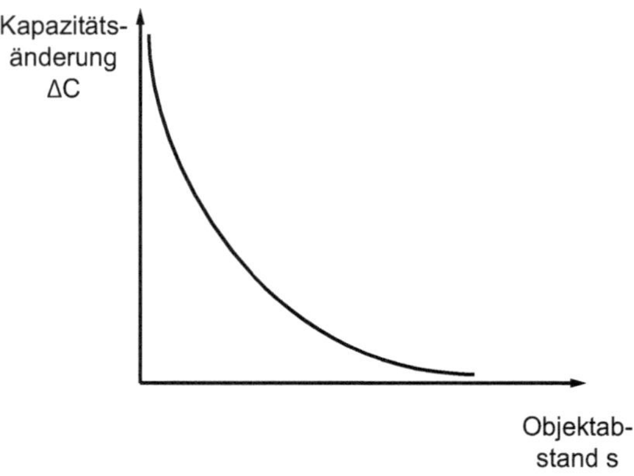

Abb. 2.34 Typische Kapazitätsänderung eines kapazitiven Näherungsschalters

Bei induktiven Sensoren spielt eine Betauung der aktiven Fläche, die z. B. durch hohe Luftfeuchtigkeit und Temperaturschwankungen entstehen kann, keine Rolle, da die Sensoren nur auf elektrisch gut leitfähige Materialien ansprechen. Bei kapazitiven Sensoren kann dies jedoch zu ungewolltem Schalten führen, wenn keine entsprechenden Schutzmaßnahmen vorhanden sind. Um das zu verhindern, werden Sensoren mit einer Kompensationselektrode ausgerüstet. Die spezielle Formgebung und Beschaltung dieser Kompensationselektrode verhindert wirkungsvoll die negativen Auswirkungen einer Betauung, ohne einen wesentlichen Empfindlichkeitsverlust des Sensors.

Kapazitive Sensoren zeichnen sich neben der dargestellten Kompensation durch sehr gute Korrekturfaktoren aus, d. h. es lassen sich auf unterschiedlichen Medien große Schaltabstände (s. Tab. 2.15) realisieren, was für den praktischen Einsatz von großem Vorteil ist. Der Schaltabstand kann so eingestellt werden, dass eine entsprechend hohe Betriebsreserve gewährleistet ist, die trotz der großen Schaltabstände auch unter Betriebsbedingungen, wie z. B. Temperaturschwankungen, eine sichere Funktion garantiert. Die unterschiedliche Ansprechempfindlichkeit auf verschiedenen Medien ermöglicht neben der trennscharfen Abtastung, z. B. für Sortieraufgaben, auch die Erfassung bestimmter Medien durch andere Materialien hindurch. So lassen sich die Füllstände von Flaschen, Kartons oder Kunststoffbehältern mit kapazitiven Sensoren von außen kontrollieren (s. Abb. 2.35).

Die kapazitiven Sensoren in Abb. 2.35 kontrollieren an einer Verpackungsanlage die Kartons auf vollständigen Inhalt.

Tab. 2.15 Schaltabstände kapazitiver Sensoren

Sensordurchmesser	s_n bei bündigem Einbau	s_n bei nichtbündigem Einbau
M 12	4 mm	Bis zu 10 mm
M 18	8 mm	Bis zu 10 mm
M 30	15 mm	Bis zu 30 mm

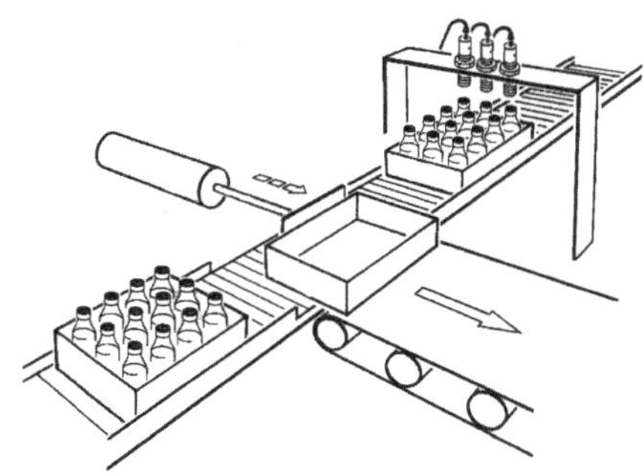

Abb. 2.35 Sensoreinsatz in einem Transportsystem

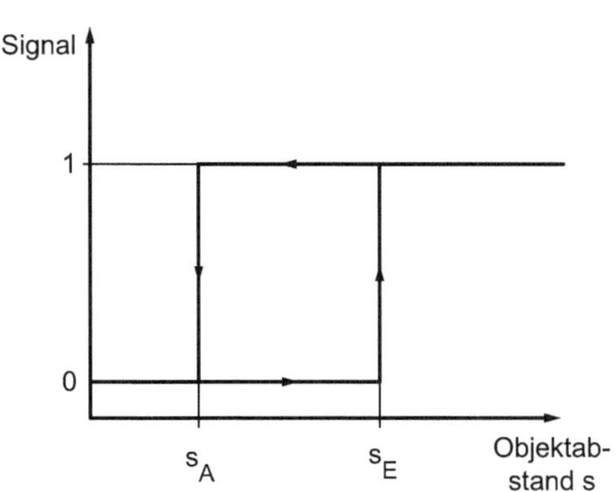

Abb. 2.36 Hysterese

Hysterese Ein weiterer Faktor für die Genauigkeit bzw. Ungenauigkeit des Sensors ist die Hysterese (s. Abb. 2.36). Der Begriff Hysterese stammt aus dem Griechischen und bedeutet soviel wie „das Zurückbleiben". Der Schaltimpuls wird beim Ein- und Ausschalten unterschiedlich ausgelöst.

Die Hysterese ist umso größer, je kleiner das Objekt ist. Je kleiner also das zu erfassende Objekt ist, umso ungenauer wird der Schaltpunkt. Der Hysterese wird durch den Hersteller in Form eines Korrekturwertes für jeden Sensor entgegengewirkt.

Hysterese ist die Differenz zwischen Ein- und Ausschaltpunkt. Die Werte liegen zwischen ca. 1 % und 15 % des Realabstandes.

2.2.2.3 Einbaugrundsätze

Der eigentliche Betrieb der Näherungsschalter ist nahezu wartungsfrei. Lediglich die aktiven Flächen und Freiräume müssen von Ablagerungen und Fremdkörpern freigehalten werden. Das ist besonders beim Einbau der aktiven Fläche nach oben erforderlich. Des Weiteren sollte der Betrieb von Geräten mit hoher Nahfeldstärke wie zum Beispiel Funkgeräten nicht in unmittelbarer Nähe des Schalters betrieben werden.

Montage Die unterschiedlichen Bauformen der Sensoren wie Quaderbauform, zylindrische Bauform oder zylindrische Bauform mit Gewinde müssen mit entsprechenden Zusatzbauteilen befestigt werden.

Tab. 2.16 Maximale Einschraublängen von Sensoren

Gewinde	Maximale Einschraublänge
M 8	8 mm
M 12	8 mm
M 18	8 mm
M 30	16 mm

Gewindebauformen werden in eine Montagehalterung eingesetzt und mit einer Mutter gegen Loslösen gesichert. (s. Abb. 2.30). Dabei sind die in Tab. 2.16 aufgeführten maximalen Einschraublängen nicht zu überschreiten.

Näherungsschalter sind empfindliche Bauteile. Bei der Montage sollten die in Tab. 2.17 angegebenen maximalen Anzugsdrehmomente nicht überschritten werden.

Bündiger bzw. nichtbündiger Einbau Bündig bedeutet hier, dass die aktive Fläche des Sensors mit der Oberfläche des Trägers bündig abschließen darf. Sollte ein leitfähiges Material gegenüber liegen, so muss es mindestens den Abstand $3 \cdot s_n$ haben. (s. Abb. 2.37).

Ein größerer Nennschaltabstand ist bei nichtbündig einbaubaren Sensoren zu erreichen. Zu bedenken ist allerdings, dass durch das Überstehen des Sensorkopfes auch das Feld seitlich austritt. Dadurch bedingt, sind hier auch größere Abstände als beim bündigen Einbau zu berücksichtigen. Durch das Hervorstehen des Sensorkopfes sind diese Sensoren auch hinsichtlich der mechanischen Beschädigung empfindlicher als Sensoren für den bündigen Einbau.

Parallele Montage Bei der Montage gleichartiger zylindrischer Sensoren müssen bei gegenüberliegender bzw. paralleler Montage bestimmte Mindestabstände eingehalten werden (s. Abb. 2.38).

Werden zwei Sensoren nebeneinander montiert, so ist bei nichtbündiger Einbauweise ein Abstand von mindestens $2 \cdot d$ zu berücksichtigen. Seitliches leitendes Material sollte

Tab. 2.17 Anzugsdrehmomente von Sensoren

Material	Bauform	Anzugsdrehmoment in Nm
Kunststoff	M 8	0,25
	M 12	1,2
	M 18	2
	M 30	8
Metall	M 5	2
	M 8	2,5
	M 12	7
	M 18	35
	M 30	50

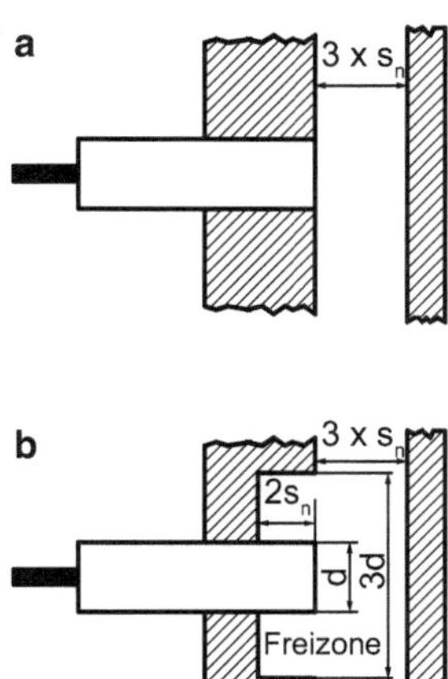

Abb. 2.37 Bündiger bzw. nichtbündiger Einbau

mindestens 1,5 · *d* entfernt sein. Bei bündiger Einbauweise dagegen sollte der Abstand zueinander und zu benachbarten leitenden Materialien 1 · *d* betragen.

Manchmal ist es allerdings nötig, Sensoren direkt nebeneinander zu montieren. In diesen Fällen müssen die Näherungsschalter mit einer versetzten Oszillatorfrequenz ausgestattet sein.

Zum Abschluss des Kapitels über Näherungsschalter werden in Tab. 2.18 noch einmal die beiden Typen verglichen.

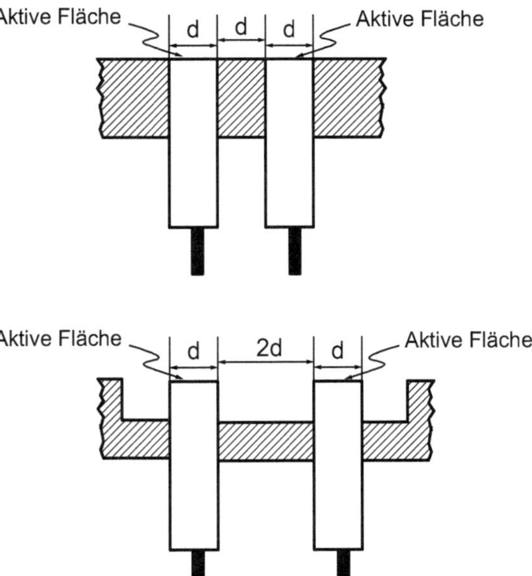

Abb. 2.38 Einbauabstände parallel angeordneter Sensoren

Tab. 2.18 Vergleich induktiver und kapazitiver Näherungsschalter

Induktiver Näherungsschalter	Kapazitiver Näherungsschalter
Erfasst Metalle (leitfähige Materialien)	Erfasst Materialien mit ausreichender Dielektrizitätskonstanten (Metalle, Glas, viele Kunststoffe, Keramik, Fette, Öle, Lösungsmittel, Alkohol)
Erfasst bewegte und unbewegte Objekte	Erfasst bewegte und unbewegte Objekte
Unempfindlich gegen Ablagerungen	Empfindlich gegen Betauung (Abhilfe. Kompensationselektrode)
Gute Reproduzierbarkeit des Schaltpunktes	Mäßig gute Reproduzierbarkeit des Schaltpunktes
Störungsunanfällig	Gute Einstellbarkeit
Maximaler Schaltabstand etwa ½ Durchmesser	

Zur Selbstkontrolle

1. Skizzieren Sie einen induktiven Näherungsschalter und benennen Sie seine wichtigsten Komponenten.
2. Erklären Sie die Funktionsweise des induktiven Näherungsschalters.
3. Erklären sie den Begriff Hysterese.
4. Welche Schaltabstände sind mit dem kapazitiven Näherungsschalter einstellbar?
5. Was muss bei der Montage bezüglich bündig bzw. nichtbündig beachtet werden?
6. Erklären Sie die Funktionsweise des kapazitiven Näherungsschalters.
7. Welche Mindestabstände sind bei paralleler Montage zweier kapazitiver Sensoren erforderlich?

2.2.3 Fotoelektrische Sensoren

Fotoelektronische Sensoren lassen sich nach ihrer Funktionsweise grob in fünf Gruppen einteilen:

- Einweglichtschranken,
- Reflexlichtschranken,
- Reflexlichttaster,
- Glasfaseroptiken und
- Infrarotsensoren.

Das den fotoelektronischen Sensoren zugrunde liegende physikalische Prinzip beruht darauf, dass das Licht eines Senders von einem Empfänger aufgenommen und in ein Schaltsignal umgesetzt wird.

Häufig eingesetzte lichtempfindliche Elemente sind:

- Das *Fotoelement* ist ein aktiver Zweipol. Es benötigt keine zusätzliche Spannungsquelle und liefert bei Bestrahlung eine Spannung, die logarithmisch mit der Bestrahlungsstärke steigt.
- Die *Fotodiode* benötigt zum Betrieb eine Spannung. Sie liefert einen Strom, der linear zur Beleuchtungsstärke steigt. Sie reagiert relativ schnell.
- Der *Fototransistor* ist eine Fotodiode mit einem Vorverstärker. Er hat dadurch eine bis zu 500fach höhere Empfindlichkeit.
- Der *Fotowiderstand* besteht meist aus dünnen Bleisulfid- oder Cadmiumschichten. Sein Widerstand verringert sich bei Bestrahlung.

Um die Industrietauglichkeit der Sensoren auch unter erschwerten Bedingungen zu gewährleisten, sind einige entsprechende elektronische und konstruktive Maßnahmen erforderlich. Von großer Bedeutung ist dabei die Wellenlänge des Senderlichtes. Die Mehrzahl der fotoelektronischen Sensoren arbeitet mit moduliertem Licht im Infrarotbereich (s. Abb. 2.16 und Tab. 2.12). Dies bietet eine Reihe von Vorteilen. So beeinflusst sichtbares Umgebungslicht (z. B. von Beleuchtungskörpern) die Funktion des Sensors nicht.

Das Infrarotlicht vermag ferner in hohem Maße Staub und Verschmutzungen auf der Optik zu durchdringen und gewährleistet so eine sichere Funktion. Fotoelektronische Sensoren verfügen daher über eine große Betriebsreserve gegenüber Staub, Dunst, Spritzwasser usw. Durch Synchronisation von Sender und Empfänger und Einsatz von hochwertigen Linsensystemen wird höchste Störsicherheit garantiert.

2.2.3.1 Einweglichtschranke

Bei der Einweglichtschranke (s. Abb. 2.39) befinden sich Sender und Empfänger in getrennten Gehäusen, die gegenüberliegend montiert werden.

Ausgewertet wird die Unterbrechung des Lichtstrahles zwischen Sender und Empfänger. Wo die Unterbrechung stattfindet, ist unerheblich. Einweglichtschranken ermöglichen sehr große Reichweiten bei exakt reproduzierbaren Schaltpunkten.

Systembedingt werden alle Objekte sicher erkannt, die den Lichtstrahl voll unterbrechen. Das Objekt muss mindestens die Größe der Lichteintrittsöffnung des Empfängers besitzen. Wird bei transparenten Objekten der Lichtstrahl nicht ausreichend unterbrochen,

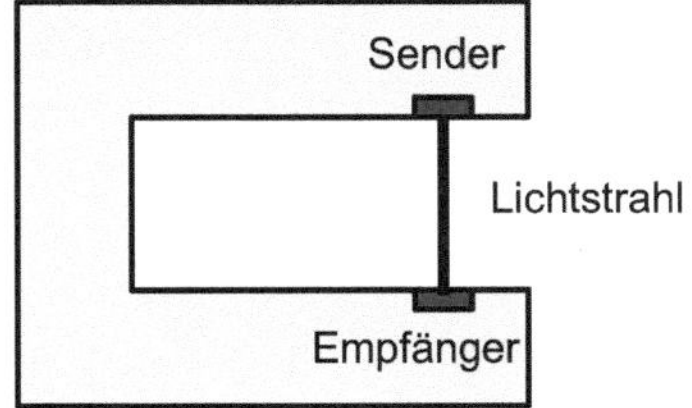

Abb. 2.39 Gabellichtschranke

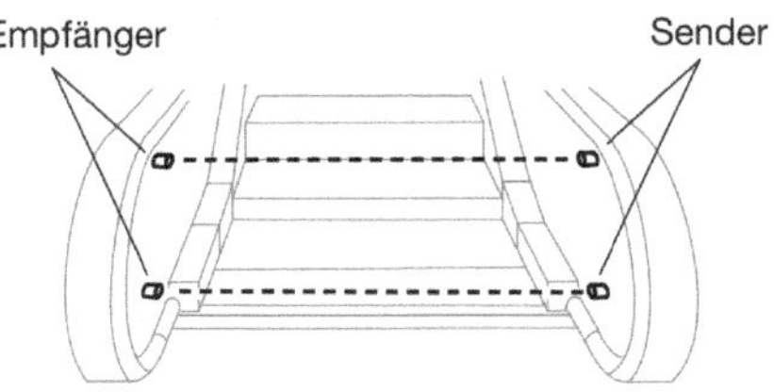

Abb. 2.40 Anwendungsbeispiel der Einweglichtschranke

so kann dies durch eine Empfindlichkeitseinstellung korrigiert werden. Spiegelnde Oberflächen haben keinen Einfluss auf die Funktionssicherheit der Einweglichtschranken.

Die Empfänger der Einweglichtschranken sind meist mit einem Mehrgangpotentiometer zur Einstellung der Empfindlichkeit ausgestattet. Die Empfindlichkeit sollte unabhängig von der erforderlichen Reichweite immer auf Maximum eingestellt sein, um die höchste Betriebssicherheit zu erzielen. Lediglich beim Erfassen transparenter Objekte kann es erforderlich sein, die Empfindlichkeit so weit zurückzunehmen, bis ein sicheres Schalten gewährleistet ist.

Ein Anwendungsbeispiel bei einer Rolltreppe zeigt Abb. 2.40.

2.2.3.2 Reflexlichtschranke

Bei der Reflexlichtschranke (s. Abb. 2.41) wird das Senderlicht von einem Reflektor (z. B. Tripelspiegel) zum Empfänger reflektiert. Der Schaltvorgang wird ausgelöst, wenn ein Gegenstand diesen Strahlengang unterbricht. Reflexlichtschranken ermöglichen das Erfassen von Objekten auf große Distanzen bei geringem Montage- und Installationsaufwand, da sich Lichtsender und Empfänger in einem Gehäuse befinden. Die erzielbare Reichweite reduziert sich beim Einsatz kleinerer Tripelspiegel.

Systembedingt werden alle Objekte sicher erkannt, die den Lichtstrahl voll unterbrechen, ohne ihn selber zu reflektieren. Eine sichere Erfassung ist auf jeden Fall garantiert, wenn das Objekt die Größe des Tripelspiegels hat. Bei stark reflektierenden Objekten (z. B. Folien) empfiehlt sich der Einsatz vor Reflexlichtschranken mit Polarisationsfiltern. Wird bei transparenten Objekten der Lichtstrahl nicht ausreichend unterbrochen, so kann dies durch eine Empfindlichkeitseinstellung korrigiert werden.

Einen Einsatz von Reflexlichtschranken zur Verhinderung von Kollisionen zweier Brückenkrane zeigt Abb. 2.42.

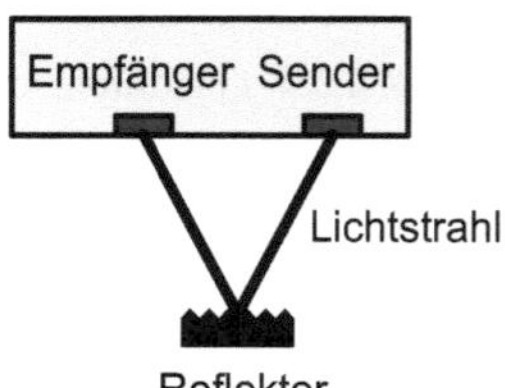

Abb. 2.41 Reflexlichtschranke

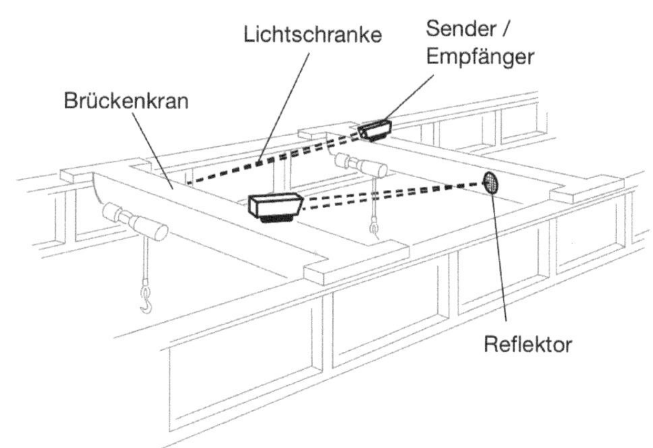

Abb. 2.42 Einsatz von Reflexlichtschranken

2.2.3.3 Reflexlichttaster

Beim Reflexlichttaster befinden sich Lichtsender und -empfänger in einem Gehäuse (s. Abb. 2.43). Das Licht des Senders trifft auf das zu erfassende Objekt und wird diffus reflektiert. Ein Teil des reflektierten Lichtes trifft auf den Empfänger und löst den Schaltvorgang aus. Ausgewertet werden die beiden Zustände – Reflexion oder keine Reflexion – die gleichbedeutend sind mit der An- bzw. Abwesenheit eines Gegenstandes im Tastbereich.

Systembedingt werden alle Objekte sicher erkannt, die über eine ausreichende Reflexion verfügen. Bei Objekten mit sehr schlechtem Reflexionsgrad (mattschwarze, raue Oberfläche) empfiehlt sich der Einsatz von Nahbereichstastern oder Tastern mit Hintergrundausblendung.

Bei den mit einer Empfindlichkeitseinstellung ausgestatteten Reflexlichttastern sollte die Empfindlichkeit unabhängig von der erforderlichen Tastweite immer auf Maximum eingestellt sein, um die höchste Betriebssicherheit zu erzielen. Lediglich bei einem störenden Hintergrund (Wände, Maschinenteile) kann es erforderlich sein, die Tastweite zu reduzieren.

Nahbereichstaster sind speziell für den Nahbereich optimierte Reflexlichttaster. Innerhalb der vorgegebenen, fest eingestellten Tastweite werden helle und dunkle Objekte annähernd gleich gut erkannt. Hier besitzen die Nahbereichstaster hohe Leistungsreser-

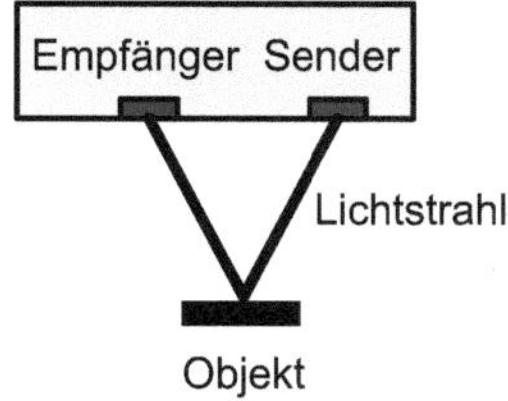

Abb. 2.43 Reflexlichttaster

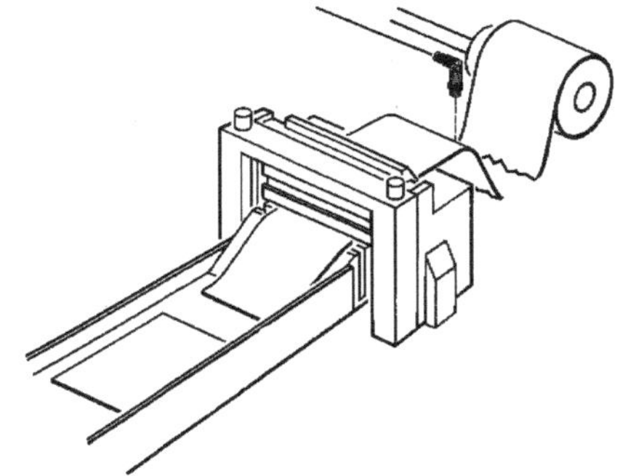

Abb. 2.44 Einsatz eines Reflexlichttasters

ven, die auch einen Einsatz unter schwierigen Umweltbedingungen erlauben (z. B. Staub, Nebel). Außerhalb des Tastbereiches liegende Objekte werden nicht detektiert.

Reflexlichttaster mit Vordergrundausblendung werden vorzugsweise bei gut reflektierendem Hintergrund und weniger gut reflektierenden Objekten eingesetzt. Sie werden auf den Hintergrund abgeglichen (Hintergrund dient als Reflektor). Reflexionen aus dem Vordergrundbereich werden wie eine Lichtstrahlunterbrechung ausgewertet.

Einen Einsatz eines Reflexlichttasters zur Kontrolle von Zuführstörungen in der Verpackungsindustrie zeigt Abb. 2.44.

Reflexlichttaster mit Hintergrundausblendung grenzen den Tastbereich auf einstellbare, geometrisch abgegrenzte Bereiche ein. Damit ist es möglich, störende Elemente (z. B. glänzende Maschinenteile), die sich hinter dem Tastgut befinden, optisch auszublenden. Innerhalb des Tastbereiches befindliche Objekte werden weitestgehend unabhängig von ihren Reflexionseigenschaften (Farbe, Größe, Oberfläche) erkannt. Die effektive Tastweite ist damit nicht vom Tastgut, sondern ausschließlich vom eingestellten Tastbereich abhängig.

Der Kontrasttaster dient zur Erkennung von Markierungen, Codierungen, Klebestellen o. Ä. Dazu wird der Helligkeitsunterschied zwischen Trägermaterial und Markierung ausgewertet. Es können eine Vielzahl von Helligkeitsstufen (Grauwerte und Farben) unterschieden werden.

2.2.3.4 Lichtwellenleiter

Lichtwellenleiter ermöglichen die fotoelektronische Abtastung auch dort, wo für die Montage nur sehr wenig Raum vorhanden ist oder hohe Umgebungstemperaturen den Einsatz konventioneller Sensoren nicht zulassen. Aufgrund ihrer kleinen Bauform und den optischen Eigenschaften erfassen sie nicht nur die Präsenz von Gegenständen, sondern erkennen auch qualitätsbestimmende Details, z. B. Gewindegänge an Schrauben. Bei den Sensoren mit Lichtwellenleitern sind Sender und Empfänger in einem Gehäuse integriert. Der Lichtwellenleiter wird mit einem speziellen Adapter verlustarm an den Schaltverstärker angekoppelt.

Mit Lichtwellenleitern lassen sich sowohl Einweglichtschranken als auch Lichttaster (s. Abb. 2.45) realisieren.

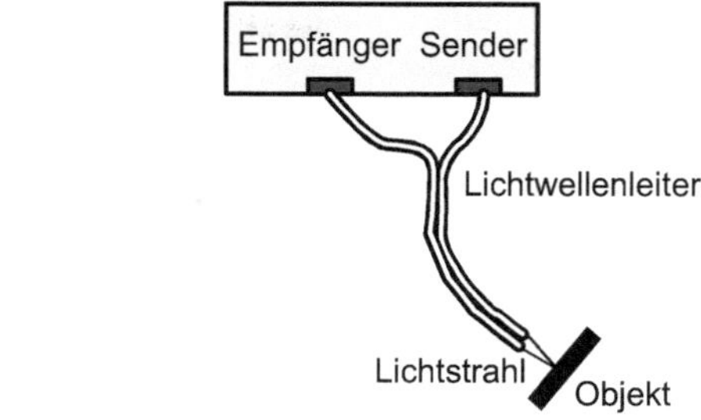

Abb. 2.45 Reflexlichttaster mit Lichtwellenleiter

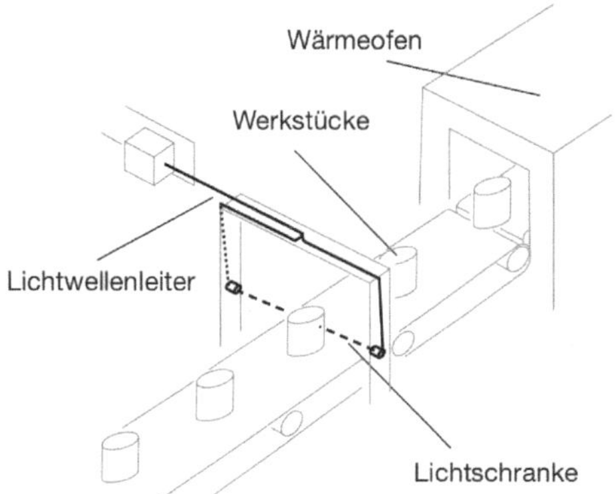

Abb. 2.46 Einsatz von Lichtwellenleitern erlaubt hohe Umgebungstemperaturen

Lichtwellenleiter bestehen aus flexiblen Glasfaserbündeln, die durch eine entsprechende Ummantelung gegen äußere Einflüsse geschützt werden.

In den Glasfasern pflanzt sich das Licht gemäß dem physikalischen Gesetz der Totalreflexion (s. Abb. 2.19) bei geringer Dämpfung fort. Die Lichtwellenleiter enden in speziellen Sensorköpfen. Dort tritt das Licht des Senders aus, und das Empfangssignal wird aufgenommen. Lichtwellenleiter können aufgrund ihrer Flexibilität ähnlich wie elektrische Leitungen gebogen und verlegt werden. Geräte mit Lichtwellenleitern arbeiten mit moduliertem Sendelicht, um höchste Betriebssicherheit zu erzielen. Je nach Anwendungsfall kann zwischen Infrarot- oder sichtbarem Rotlicht und einer Vielzahl von speziell auf den Lichtwellenleiter-Einsatz abgestimmten Schaltverstärkern gewählt werden. So können z. B. Lichtwellenleiter mit Kunststoffmantel aufgrund ihrer hohen Schutzart IP67 im Nassbereich eingesetzt werden. Für hohe Umgebungstemperaturen (s. Abb. 2.46) bis +290 °C eignen sich Lichtwellenleiter mit Metallmantel.

Metall-Silikonummantelungen werden bevorzugt im Nassbereich und bei mechanischer und chemischer Belastung eingesetzt.

Zur Selbstkontrolle

1. In welche Gruppen lassen sich fotoelektrische Sensoren grob einteilen?
2. Welche lichtempfindlichen Elemente werden häufig eingesetzt?
3. Warum wird oft Infrarotlicht eingesetzt?

4. Erläutern Sie das Funktionsprinzip einer Einweglichtschranke.
5. Erläutern Sie das Funktionsprinzip einer Reflexlichtschranke.
6. Erläutern Sie das Funktionsprinzip eines Reflexlichttasters.
7. Wo werden Lichtwellenleiter eingesetzt?
8. Wie ist ein Lichtwellenleiter aufgebaut?

2.2.4 Ultraschallsensoren

2.2.4.1 Grundlagen

Von einem Sendeteil wird ein kurzer, starker Schallpuls im Ultraschallbereich ausgesandt. Die Schallkeule erfasst Objekte, die sich axial auf den Sensor zu bewegen oder seitlich in diese eintauchen.

Meistens ist der Sender und Empfänger in einem Gerät eingebaut (s. Abb. 2.47). Alle Gegenstände, die sich innerhalb der Sendeschallkeule befinden, reflektieren einen Ultraschallimpuls zum Sender zurück. Bei einem Einwegsystem sind Sender und Empfänger getrennt. Aus der Laufzeit des Schallpulses zwischen Objekt und Sensor wird der Abstand ermittelt.

$$\text{Abstand} = \frac{\text{Laufzeit}}{2} \cdot 343\,\frac{\text{m}}{\text{s}}$$

Die in der Formel angegebenen 343 m/s beziehen sich auf Normalbedingungen. Je nach Temperatur, Feuchtigkeit und Höhe über Normal Null muss dieser Wert entsprechend angepasst werden.

Im Gegensatz zu Radiowellen können sich Ultraschallwellen nur ausbreiten, wenn ein Medium vorhanden ist. Als Medien kommen Gase, Flüssigkeiten oder feste Materialien in Frage. In der Technik kommen in den meisten Fällen Ultraschallsensoren zum Einsatz, bei dem Sender und Empfänger im gleichen Gehäuse eingebaut sind.

Abb. 2.47 Ultraschallsensor

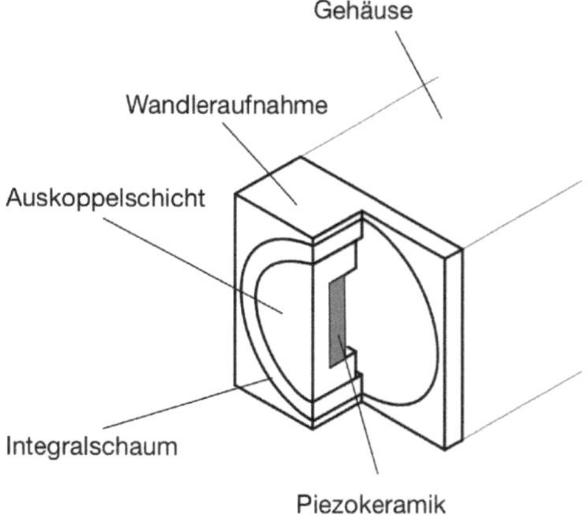

Prinzip des Ultraschallsensors Ein Leistungsverstärker wird durch eine Steuerelektronik periodisch angesteuert, so dass ein Schallwandler kurzzeitig (ca. 200 µs) mit einer großen Sinusspannung beaufschlagt wird. Vom Schallwandler aus, der in diesem Moment als Lautsprecher dient, wird nun ein so genannter Burst bzw. Schallimpuls ausgesandt. Nachdem der Schallwandler ausgeschwungen hat, veranlasst ihn die Steuerelektronik auf Empfang umzuschalten. Der Schallwandler arbeitet jetzt also als Mikrofon. Wenn sich nun ein Gegenstand im Empfangsbereich befindet, wird der ausgesendete Ultraschall von diesem Gegenstand reflektiert und trifft auf das empfangsbereite Mikrofon. Dieses wird zum Schwingen angeregt (s. Abb. 2.48).

Die aufgenommenen Sinusschwingungen werden zu einem nachgeschalteten Verstärker geführt und vom integrierten Controller ausgewertet. Der Ultraschallsensor kann wasserdicht im Sensorgehäuse mit Polyurethanschaum eingeschäumt werden.

Ultraschallsensoren arbeiten mit einem piezoelektrischen Wandler als Schallsender und -empfänger. Zur Auskopplung des Ultraschalls an das akustisch dünnere Medium Luft dient eine patentierte Auskoppelschicht aus speziellem Material.

Der aktive Bereich des Ultraschallsensors wird als Erfassungsbereich s_d bezeichnet und ist vom kleinsten und größten Schaltabstand begrenzt. Deren Werte hängen von der Wandlergröße ab.

Ultraschall-Sensoren gibt es je nach Typ mit Schaltausgängen und/oder analogen Ausgängen, wobei verschiedene Ausgangsfunktionen zur Verfügung stehen.

Alle Ultraschall-Sensoren, die nur einen Schallwandler als Sender und Empfänger besitzen, haben eine sogenannte Blindzone. Innerhalb dieser Blindzone ist es dem Ultraschall-Sensor unmöglich, ein Objekt zu erkennen. Sobald nämlich der Wandler einen Burst abgestrahlt hat, muss dieser erst einmal ausschwingen. Dieses Ausschwingen dau-

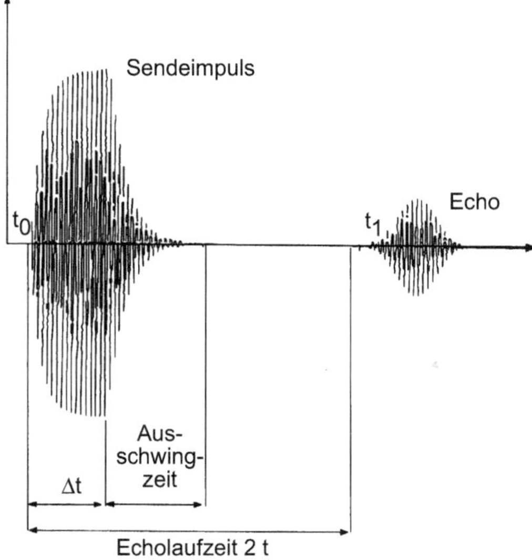

Abb. 2.48 Ein vom Wandler abgegebener Sendeimpuls

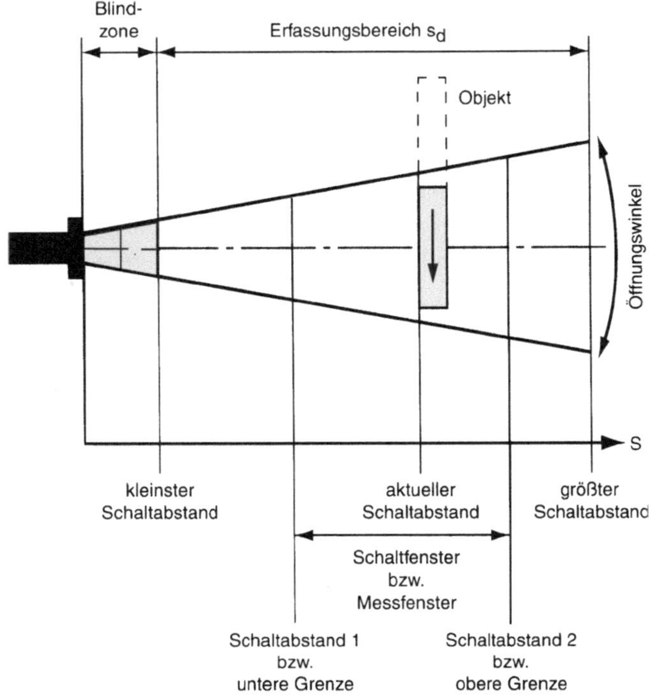

Abb. 2.49 Erfassungsbereich eines Ultraschallsensors

ert ca. zwei- bis dreimal so lange wie die Sendezeit. Erst nachdem sich der Schallwandler vollkommen beruhigt hat, kann er auf Empfang umstellen.

$$\text{Blindzone} = \text{Ausschwingzeit} \cdot 343 \frac{\text{m}}{\text{s}}$$

Der Erfassungsbereich (s. Abb. 2.49) s_{d} wird durch die Blindzone um ca. 10 bis 20 % verkleinert.

Die Ultraschallfrequenz liegt je nach Sensortyp zwischen 65 kHz und 400 kHz, die Pulswiederholfrequenz zwischen 14 Hz und 140 Hz.

Die Ultraschallkeule besitzt häufig einen Öffnungswinkel von etwa $\pm 5°$. Außerhalb dieses Bereiches beträgt der Pegel des Schalldruckes weniger als die Hälfte (-6 dB) vom Wert in der Sensorachse.

Die Ultraschallkeule Die Abb. 2.50 zeigt nicht die Intensitätsverteilung der Ultraschallkeule, sondern die Ansprechbereiche typischer Objekte. Innerhalb dieser Bereiche erfasst der Sensor die angegebenen Objekte A oder B.

Dabei soll A eine ebene Platte mit den Abmaßen $10 \cdot 100$ mm und B ein Rundstab mit einem Durchmesser von 25 mm sein.

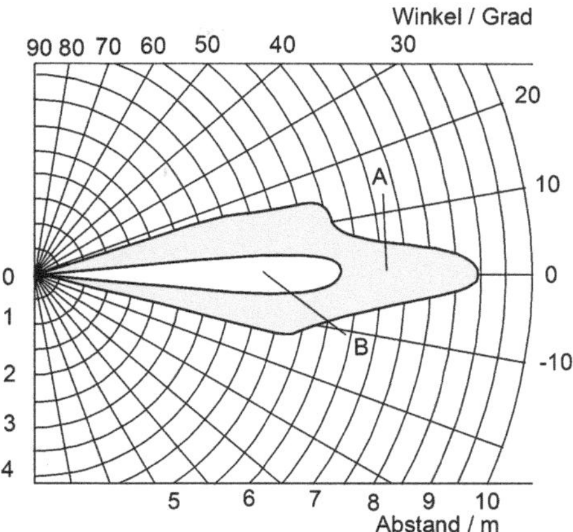

Abb. 2.50 Schallausbreitung

Die Platte *A* muss senkrecht zur Achse der Schallkeule stehen. Bei schrägstehenden Objekten wird das Schallpaket abgelenkt und das Echo erreicht nicht den Sensor.

Aufgrund physikalischer Gegebenheiten der Schallausbreitung ergeben sich Abhängigkeiten der Reichweite (Dämpfung) und der Ausbreitungsgeschwindigkeit des Schalls bedingt durch:

- Lufttemperatur,
- relative Luftfeuchte,
- Luftdruck.

Das Diagramm in Abb. 2.51 zeigt den theoretischen Zusammenhang zwischen Lufttemperatur, Luftdruck und Ausbreitungsgeschwindigkeit des Schalls.

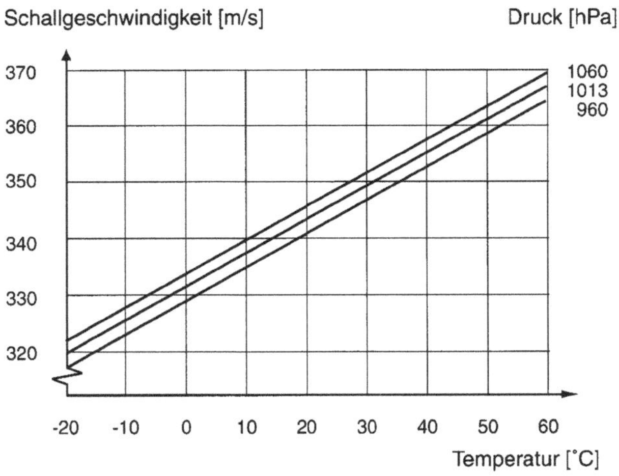

Abb. 2.51 Schallgeschwindigkeits-Temperatur-Diagramm

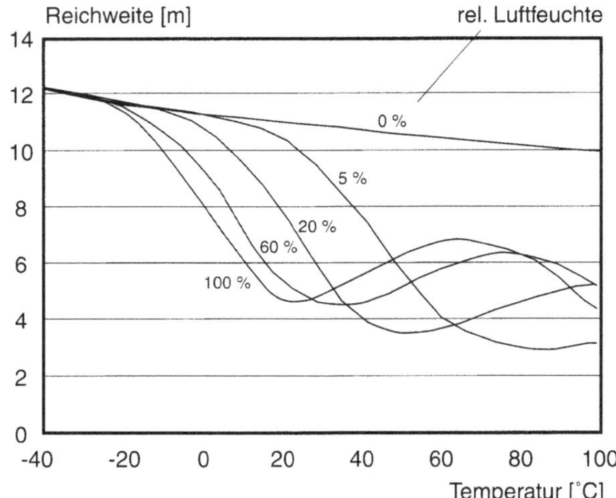

Abb. 2.52 Reichweite-Temperatur-Diagramm für Sensortyp 1

Da bei den Ultraschallsensoren die Signallaufzeit ausgewertet wird, sind die meisten Sensoren temperaturkompensiert. Durch diese Maßnahme werden Temperatureffekte auf die Sensorausgangsgrößen weitgehend eliminiert.

Die Zusammenhänge, welche zwischen dem Erfassungsbereich von Ultraschallsensoren und der Lufttemperatur sowie dem Erfassungsbereich und der relativen Luftfeuchte bestehen, zeigen die Abb. 2.52 und 2.53. Die Darstellungen zeigen die Zusammenhänge für die gängigen Typen und gelten, auf den jeweiligen Erfassungsbereich bezogen, prinzipiell für alle Ultraschallsensoren.

Deutlich erkennbar ist die erheblich vergrößerte Sensorreichweite bei tiefen Temperaturen, nahezu unabhängig von der relativen Luftfeuchte. Bei höheren Temperaturen ergibt sich hingegen eine reduzierte Reichweite mit einem starken Einfluss der relativen Luftfeuchte.

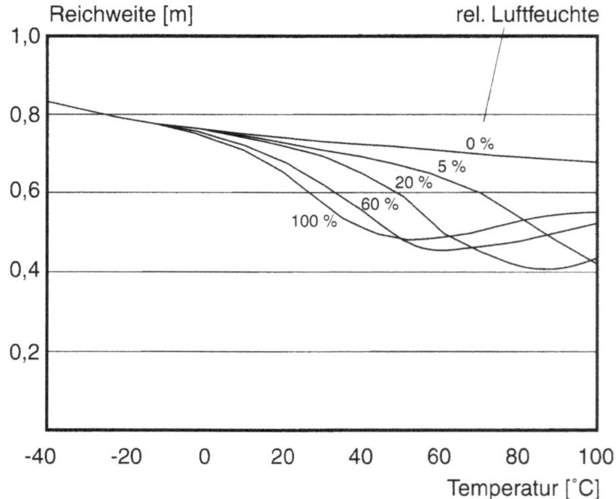

Abb. 2.53 Reichweite-Temperatur-Diagramm für Sensortyp 2

2.2.4.2 Unterscheidungsmerkmale und Funktionsarten von Ultraschallsensoren

Das Produktspektrum an Ultraschallsensoren ist groß; sie werden in den unterschiedlichsten Gebieten eingesetzt. Um für jede Anwendung den richtigen Sensortyp zu finden, sind auf den nächsten Seiten drei wichtige Auswahlkriterien näher beschrieben:

1. Sensorprinzip,
2. Ausgangsfunktion,
3. Elektrische Anschlüsse.

1. Sensorprinzip

Das Messprinzip der Ultraschallsensoren beruht auf der Auswertung der Laufzeit des Schalles zwischen Senden und Empfangen (Tastbetrieb) oder der Kontrolle, ob das gesendete Signal empfangen wurde (Schrankenbetrieb). Folgende Funktionsarten werden unterschieden:

- Schrankenbetrieb
  - Einweg-Schranke (Zweikopf-System),
  - Doppelbogen-Kontrolle,
  - Reflexschranken-Betrieb,
- Tastbetrieb
  - Reflexions-Taster (Einkopfprinzip),
  - Reflexions-Taster (Zweikopfprinzip).

Schrankenbetrieb (Einweg-Schranke) Eine Ultraschall-Einwegschranke besteht immer aus je einem Sender und einem Empfänger (s. Abb. 2.54). Das Funktionsprinzip der Ultraschall-Einwegschranken beruht auf der Unterbrechung der Schallübertragung vom Sender zum Empfänger durch das zu erfassende Objekt.

Der Sender erzeugt ein Ultraschallsignal, welches vom Empfänger ausgewertet wird. Wenn der Ultraschall durch das zu erfassende Objekt gedämpft oder unterbrochen wird, schaltet der Empfänger.

Zwischen Sender und Empfänger sind keine elektrischen Verbindungen erforderlich. Die Funktion der Ultraschall-Einwegschranken ist unabhängig von der Einbaulage. Es

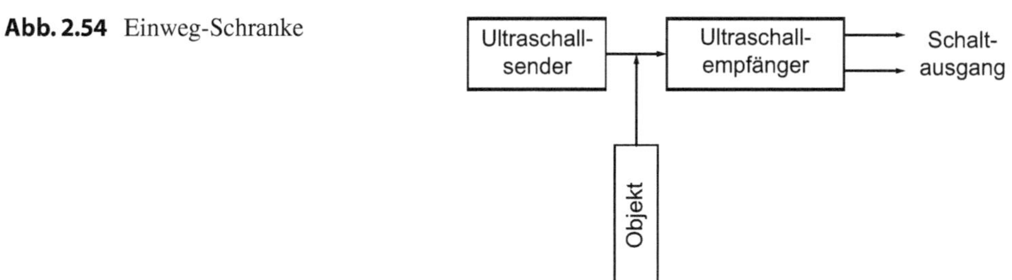

Abb. 2.54 Einweg-Schranke

empfiehlt sich dennoch, zur Vermeidung der Ablagerung von Schmutzpartikeln, bei vertikaler Einbaurichtung den Sender unten zu montieren.

Montagetoleranzen Die Montagetoleranzen der Mittelachsen von Sender und Empfänger dürfen die in den angegebenen Datenblättern der Hersteller angegebenen Werte nicht überschreiten.

Bei der Erkennung dünner Folien (< 0,1 mm) zum Beispiel sollte die Ultraschall-Einwegschranke in einem Winkel von > 10° zur Senkrechten auf der Folie montiert werden.

Sender und Empfänger sind einander gegenüber montiert. Wird die Ultraschall-Signalstrecke durch ein Objekt unterbrochen, wird der Schaltausgang aktiv.

Eigenschaften

- Große Reichweiten, da der Ultraschall die Signalstrecke nur einmal durchläuft.
- Wenig störanfällig, daher gut geeignet für Einsätze unter erschwerten Bedingungen.
- Erhöhter Installationsaufwand, da beide Einheiten verkabelt werden müssen.

Schrankenbetrieb (Doppelbogen-Kontrolle) Die Doppelbogen-Kontrolle (s. Abb. 2.55) stellt eine spezielle Anwendung eigens hierfür ausgelegter Einweg-Schranken dar. In dieser aus der Druckindustrie stammenden Anwendung werden mit einer Ultraschall-Schranke Papier- oder Foliendicken gemessen.

Ultraschallsensoren zur Doppelbogen-Kontrolle sind geeignet zum Unterscheiden von:

- kein Bogen, ein Bogen, Doppelbogen,
- Trägermaterial,
- Trägermaterial mit Etiketten.

Die Ultraschall-Doppelbogen-Kontrolle wird überall dort eingesetzt, wo mit hoher Geschwindigkeit eine automatische Unterscheidung von Trägermaterial, Etiketten, Einzel- und Doppelbogen notwendig ist, um Maschinen zu schützen oder Ausschuss zu vermeiden.

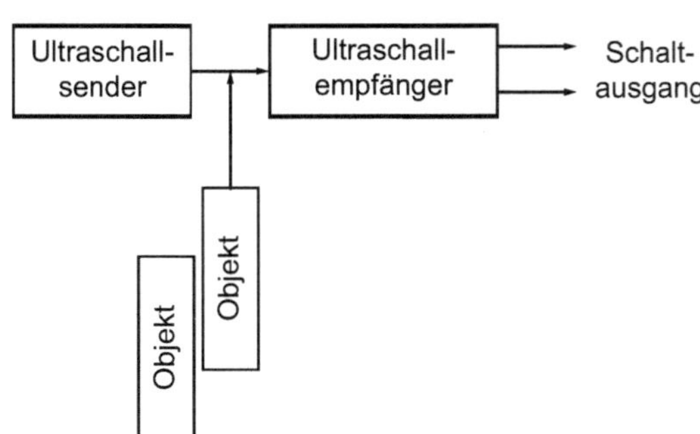

Abb. 2.55 Doppelbogen-Kontrolle

Ein komplettes System besteht aus einem Ultraschall-Sender, einem Ultraschall-Empfänger und einem Auswertegerät. Diese Einheiten werden vom Hersteller optimal aufeinander abgestimmt und dürfen nicht getrennt verwendet werden.

Eigenschaften:

- Papier von $30\frac{g}{m^2}$ bis Karton von $1200\frac{g}{m^2}$ kann detektiert werden,
- Erfassung dünner Kunststoff- oder Metallfolien möglich,
- Teach-in unterschiedlicher Materialien,
- Einsatz an glänzenden und transparenten Stoffen,
- automatische Anpassung der Schallschwellen an sich langsam verändernde Umgebungsbedingungen,
- sehr hohe Verarbeitungsgeschwindigkeit,
- unempfindlich gegen Verschmutzung.

Schrankenbetrieb (Reflexschranken-Betrieb) Sender und Empfänger befinden sich im gleichen Gehäuse (s. Abb. 2.56). Der Ultraschall wird an einem feststehenden, als Reflektor dienenden Ziel zum Empfänger reflektiert.

Eintretende Objekte werden detektiert durch:

- Veränderung des gemessenen Abstandes,
- Ausbleiben des Signals vom Reflektor durch Absorption oder Reflexion.

Eigenschaften:

- nur ein Messkopf,
- hohe Detektionssicherheit schwieriger Objekte (schallabsorbierende Objekte, Objekte mit schräg stehenden Flächen),
- wenig störanfällig, daher gut geeignet für Einsätze unter erschwerten Bedingungen.

Tastbetrieb (Reflexions-Taster Einkopfbetrieb) Sender und Empfänger befinden sich im gleichen Gehäuse (Reflextaster) (s. Abb. 2.57). Das Objekt dient als Schallreflektor.

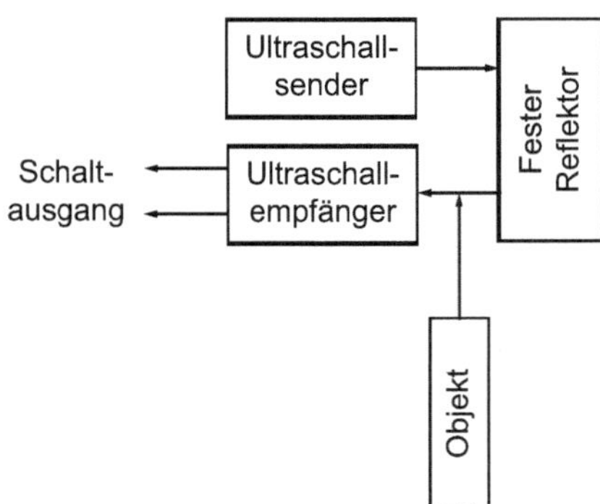

Abb. 2.56 Reflexschranken-Betrieb

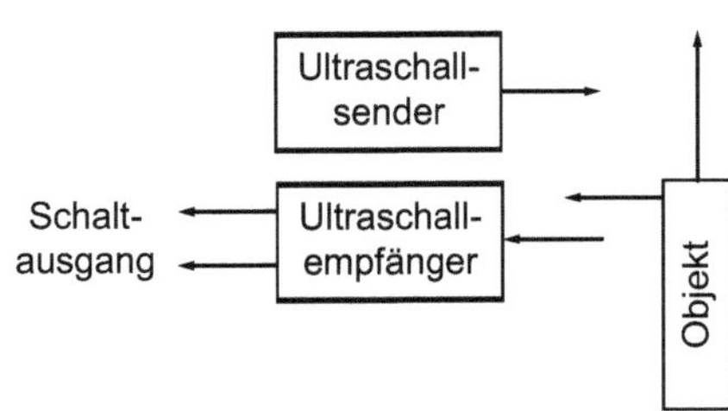

Abb. 2.57 Reflexionstaster Einkopfbetrieb (Einkopf-System)

Vorteil: Einfacher, kompakter Sensor und somit ein sehr häufig verwendetes Prinzip.
Eigenschaften:

- Der Erfassungsbereich hängt vom Reflexionsvermögen des Objektes ab, also von Oberflächenbeschaffenheit und Anstellwinkel. Diese Einflüsse können (in Grenzen) mit einem Empfindlichkeitseinsteller kompensiert werden.
- geringer Montageaufwand, da der Sensor aus einer Einheit besteht,
- empfindlich gegen veränderte Reflexionseigenschaften des Objektes.

Tastbetrieb (Reflexionstaster Zweikopfbetrieb) Sender und Empfänger sind getrennt, die Achsen von Sender und Empfängerschallwandler schneiden sich (Reflextastbetrieb) (s. Abb. 2.58). Durch die Verwendung getrennter Wandler zum Senden und Empfangen reduziert sich der Blindbereich erheblich, da das Ausschwingen des Senders nicht mehr abgewartet werden muss.

Eigenschaften:

- Detektion kleiner Objekte möglich,
- dreidimensionaler Erfassungsbereich,
- unempfindlich gegenüber störenden Reflexionen an Objekten außerhalb des Erfassungsbereiches (Hintergrundausblendung).

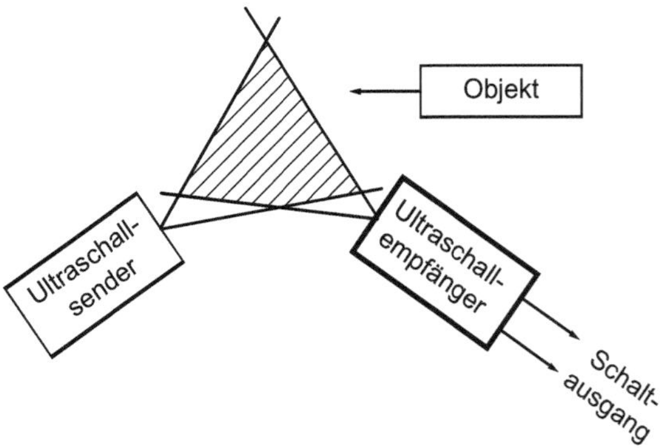

Abb. 2.58 Reflexionstaster Zweikopfbetrieb

2. Ausgangsfunktionen

Die Laufzeit der Schallimpulse ist das Maß für den Abstand des Objektes. Die Sensoren arbeiten im Tastbetrieb und haben, je nach Typ, verschiedene analoge Ausgänge:

- analoger Spannungsausgang: 0 ... 10 V,
- analoger Stromausgang: 4 ... 20 mA,
- 8 Bit-Parallelausgang,
- serieller Ausgang RS 232,
- absolut: Abstand als Ziffernfolge in (mm),
- relativ: Typen ... RS: dreistellige Ziffernfolge (0 ... 254), Typen ... R2: vierstellige Ziffernfolge (0 ... 4095).

Mit einer sensornahen und einer sensorfernen Auswertegrenze (untere Grenze/obere Grenze) kann ein beliebiges Messfenster festgelegt werden. Die relative Angabe erfasst die Position des Objektes im Messfenster.

Schaltpunktbetrieb Bei Sensoren, die einen unabhängigen Schaltpunkt haben, ändert der Ausgang dann seinen Zustand, wenn ein Objekt den zugehörigen Schaltpunkt A1 oder A2 passiert. Im entsprechenden Schaltbereich können die Schaltpunkte beliebig eingestellt werden (s. Abb. 2.59).

Fensterbetrieb Im Fensterbetrieb (s. Abb. 2.60) ändert der Ultraschallsensor seinen Ausgangszustand, wenn das erste eintreffende Echo und damit in der Regel das Objekt im Schaltfenster liegt. Die Fenstergrenzen A1 und A2 sind einstellbar. Treffen zu unterschiedlichen Zeiten mehrere Echos am Sensor ein und liegt dabei eines vor A1, so schaltet der Ausgang nicht, auch wenn ein späteres Echo im Schaltfenster liegt. Der Sensor wertet nur das erste eintreffende Echo aus. Mehrfachechos können also nicht erfasst werden.

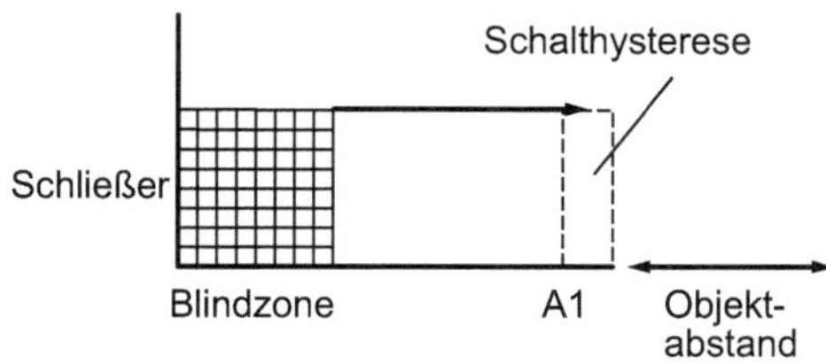

Abb. 2.59 Schaltpunktbetrieb

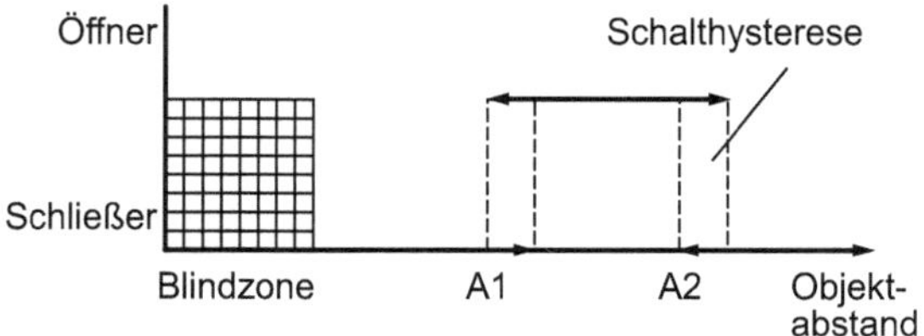

Abb. 2.60 Fensterbetrieb

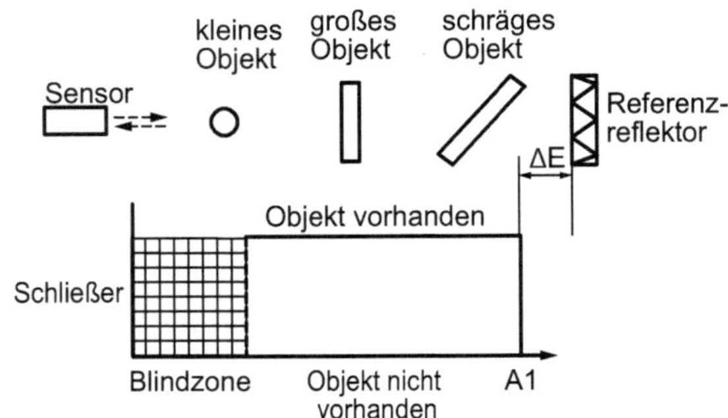

Abb. 2.61 Reflexschrankenbetrieb

Reflexschrankenbetrieb Der Ausgang des Ultraschall-Sensors (s. Abb. 2.61) schaltet in folgenden Fällen:

- Der Sensor bekommt ein Echo von einem kleinen Objekt im Schallkegel und vom Referenzreflektor.
- Der Sensor erkennt ein großes Objekt und bekommt dabei kein Echo vom Referenzreflektor.
- Der Sensor bekommt kein Echo, weil z. B. ein schrägstehendes Objekt den Schall wegreflektiert.

Die Position des Referenzreflektors darf nicht verändert werden. Der eingestellte Schaltabstand A1 muss um den Betrag Δ_E kleiner sein als der Abstand zum Reflektor.

Beispiel:

$$\Delta_E > 2\,\% \text{ von } 3000\,\text{mm} = 60\,\text{mm}$$

$$\Delta_E > 2\,\% \text{ von } 6000\,\text{mm} = 120\,\text{mm}.$$

Doppelschaltpunktbetrieb (Hysteresebetrieb) Im gewählten Bereich des Auswertefensters behält der Ultraschallsensor den bisherigen Schaltzustand bei. Der Ausgang schaltet bei Annäherung eines Objektes am sensornahen Schaltpunkt A1 um. Er schaltet erst wieder zurück, wenn sich das Objekt weiter als der sensorferne Schaltpunkt A2 entfernt. Beide Schaltpunkte bilden eine große Abstandshysterese. Der Doppelschaltpunktbetrieb (s. Abb. 2.62) kann in vielen Anwendungen (z. B. Füllstandstechnik) dazu genutzt werden, mit einem Schaltausgang die gleiche Funktion zu erfüllen wo im normalen Schaltpunkt-Betrieb zwei Ausgänge benötigt werden.

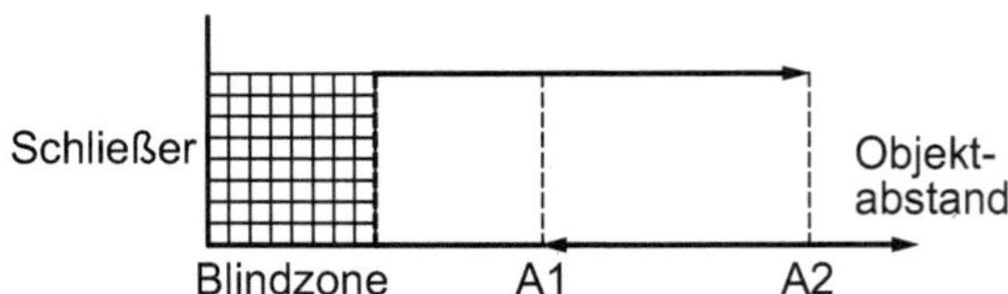

Abb. 2.62 Doppelschaltpunktbetrieb

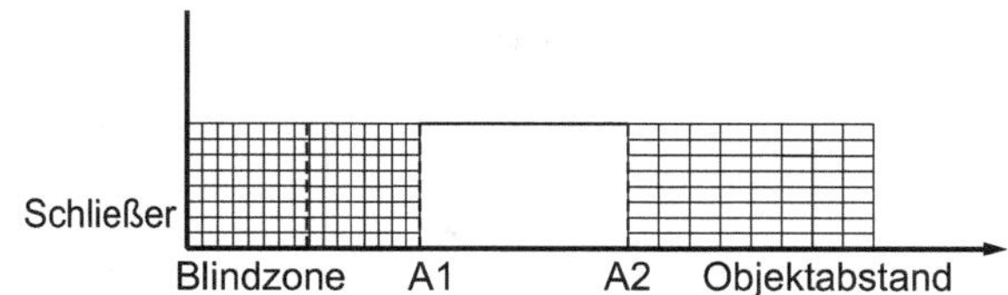

Abb. 2.63 Bereichsüberwachung

Bereichsüberwachung Der Ultraschall-Sensor überwacht das Auswertefenster. Der Ausgang schaltet nur, wenn ein Objekt innerhalb des Fensters erkannt wird. Echos, welche nicht aus dem Auswertebereich kommen, werden durch die Sensorsoftware ignoriert. Durch diese aktive Vordergrundausblendung in der Betriebsart Bereichsüberwachung (s. Abb. 2.63) stören Echos aus Bereichen außerhalb des Schaltfensters (Vordergrund) im Gegensatz zum Fensterbetrieb nicht.

3. Elektrische Anschlüsse

Dreidrahtsensoren haben separate Anschlüsse für die Stromversorgung und für die Last. Die Last kann gegen plus (pnp) oder gegen minus (npn) geschaltet werden. Sie sind überlast-, kurzschluss- und verpolgeschützt. Der Reststrom ist vernachlässigbar.

Sensoren mit Analogausgang sind Gleichspannungssensoren, die ein dem Messwert proportionales Analogsignal abgeben. Auch sie haben separate Anschlüsse für die Stromversorgung und für die Last. Das Ausgangssignal liegt im Bereich 0/4 mA ... 20 mA (Stromausgang) oder 0/2 V ... 10 V (Spannungsausgang). Sie können zusätzlich über Schaltausgänge oder Steuereingänge verfügen und sind überlast-, kurzschluss- und verpolgeschützt.

Sensoren mit externer Auswertung sind Gleichspannungssensoren mit Takteingang, die an einem separaten Ausgangsanschluss für die Echolaufzeit einen Impuls abgeben. Der Zeitpunkt, zu dem der Echoimpuls abgegeben wird, ist der Echolaufzeit proportional. Zum Betrieb dieser Sensoren wird ein separates Nachschaltgerät benötigt. Dieses muss vom entsprechenden Hersteller bezogen werden.

Sensoren mit serieller Schnittstelle sind Gleichspannungssensoren, die neben den Versorgungsanschlüssen über weitere Anschlüsse für eine serielle Schnittstelle vom Typ RS 232 verfügen. Über diese Schnittstelle können die Sensoren sowohl parametriert als auch ausgelesen werden. Es können zusätzlich Analog- oder Schaltausgänge vorhanden sein.

Sensoren mit paralleler Schnittstelle sind Gleichspannungssensoren, die neben den Anschlüssen für die Spannungsversorgung weitere Anschlüsse für die parallele Ausgabe des gemessenen Abstandes haben. Sie können zusätzlich mit Steuereingängen, Ausgängen oder einer seriellen Schnittstelle ausgestattet sein. Aufgrund der großen Anzahl von Anschlussleitungen sind diese Sensoren ausschließlich mit Kabelanschluss verfügbar.

Anschlussarten von Ultraschallsensoren

- Kabelanschluss
  Länge, Aderndurchmesser und Material des Kabels sind jeweils in den Datenblättern der Hersteller angegeben. Sensoren mit Kabelanschluss haben keine zusätzliche Bezeichnung im Typenschlüssel.
- Klemmraum
  Viele Baureihen sind mit einem Klemmraum ausgestattet. Hier ist der Maximaldurchmesser vom Kabel- oder Adernquerschnitt im Datenblatt des Herstellers angegeben.
- Stecker
  Die Art der Stecker sind in den Datenblättern der Hersteller angegeben.

2.2.4.3 Montage und Betrieb

Synchronisation Die gegenseitige Beeinflussung von Sensoren mit Synchronisations-Eingang kann wirkungsvoll verhindert werden, wenn diese synchronisiert werden. Man unterscheidet die Betriebsarten Multiplex-Betrieb und Gleichtakt-Betrieb.

Multiplexbetrieb In dieser Betriebsart werden die Sensoren durch einen Steuereingang zeitlich nacheinander und zyklisch für kurze Zeit aktiviert. Zu beachten ist, dass sich in dieser Betriebsart die Zykluszeit T um das N-fache verlängert, wobei N für die Anzahl der Sensoren im Multiplex-Betrieb steht. Werden Sensoren unterschiedlichen Typs eingesetzt, so ist die Gesamtzykluszeit gleich der Summe der Zykluszeiten der einzelnen Sensoren.

$$T_{\text{Multiplex}} = T_{\text{Sensor 1}} + T_{\text{Sensor 2}} + \ldots + T_{\text{Sensor }N}$$

Sensoren mit der Möglichkeit der Selbstsynchronisation arbeiten im Multiplex-Betrieb.

Gleichtaktbetrieb In dieser Betriebsart werden die Synchronisations-Eingänge aller Sensoren miteinander verbunden und gemeinsam angesteuert. Im Gegensatz zum Multiplexbetrieb verlängert sich in dieser Betriebsart die Zykluszeit nicht. Sie eignet sich neben der Überwachung großer Bereiche vor allem zur Verringerung der seitlichen Mindestabstände und zum Betrieb gleichartiger Sensoren, welche in Ausbreitungsrichtung des Ultraschalls gegenüberliegend angeordnet sind. Im Falle der gegenüberliegenden Anordnung von Sensoren sind die unten angegebenen Abstände einzuhalten.

Messplatte/Objekte Von Ultraschall-Sensoren erfassbare Objekte können fest, flüssig oder pulverförmig sein. Wichtig für das vom Sensor auszuwertende Echo ist die Beschaffenheit der Objektoberfläche. Ideal reflektieren alle ebenen und glatten Oberflächen, die mit einer im Sensordatenblatt angegebenen Mindestoberfläche senkrecht zur Schallkeule ausgerichtet sind. Eine Winkelabweichung der Messplatte um maximal 3° zur Schallkeulenachse ist für eine sichere Detektion zulässig.

Tab. 2.19 Wandlerfrequenzen in Abhängigkeit zur Rautiefe der Oberfläche

Wandlerfrequenz	Rautiefe der Objektoberfläche für überwiegend gerichtete Reflexion	Rautiefe der Objektoberfläche für überwiegend diffuse Streuung
65 kHz	< 1 mm	> 25 mm
85 (90) kHz	< 0,8 mm	> 20 mm
120 (130) kHz	< 0,5 mm	> 13 mm
175 kHz	< 0,4 mm	> 10 mm
375 (400) kHz	< 0,2 mm	> 5 mm

Die Objekte dürfen von beliebiger Form sein, sofern die in den technischen Daten des jeweiligen Ultraschall-Sensors angegebene Mindestfläche vorhanden ist und sich diese innerhalb des Erfassungsbereiches der Schallkeule befindet. Materialeigenschaften wie z. B. Transparenz, Farbe, poliert oder matt haben keinen Einfluss auf die Detektionssicherheit. Die Rauigkeit der Objektoberfläche bestimmt zusammen mit der sensorspezifischen Wandlerfrequenz, ob das Echo gerichtet reflektiert oder diffus gestreut wird. Die Tab. 2.19 enthält eine Aufstellung der Wandlerfrequenzen und der dazu gehörigen Rautiefen für gerichtete Reflexion oder diffuse Streuung. Es gilt: Ist die Schall-Wellenlänge größer als die Rautiefe der Objektoberfläche, so überwiegt der gerichtete Anteil der Reflexion; ist sie kleiner als die Rautiefe, dann überwiegen die diffus gestreuten Reflexionsanteile.

Der Übergang von gerichteter Reflexion zu diffuser Streuung erfolgt fließend. Bei Rautiefen, welche zwischen den angegebenen Werten liegen, erfolgt die Rückstrahlung des Echos mit einem diffusen und einem gerichteten Anteil. An Objekten mit großen Rautiefen verringert sich der Erfassungsbereich des Ultraschall-Sensors.

Je größer die Rautiefe ist, desto mehr darf der Einfallswinkel von der Ideallage abweichen. Grund dafür ist die überwiegend diffuse Streuung des Ultraschalls. Auf diese Weise ist die Erfassung von Füllständen oder Schüttkegeln von grobkörnigen Materialien mit einer Winkelabweichung von bis zu 45° (bei reduziertem Erfassungsbereich) möglich.

Gut zu erfassende Objekte sind:

- alle glatten und festen Objekte, welche senkrecht zur Schallkeule ausgerichtet sind.
- alle festen Objekte mit Rautiefen, die diffuse Streuung verursachen, in weiten Grenzen unabhängig von der Ausrichtung.
- die Oberflächen von Flüssigkeiten, sofern diese nicht um mehr als 3° gegen die Schallkeulenachse geneigt ist.

Schlecht geeignet sind:

- Materialien, die den Ultraschall absorbieren wie z. B. Filz, Watte, grob gewebte Textilien oder Schaumstoffe.
- Materialien mit Temperaturen über 100 °C.
- Gegebenenfalls ist beim Einsatz solcher Materialien auf Schrankenbetrieb auszuweichen.

Übungsaufgabe 10

Von einem Ultraschallsensor sollen exemplarisch einige Daten berechnet werden.

Der Ultraschallimpuls (Burst), also die Sendezeit des Ultraschallsensors dauere 500 µs. Die Ultraschallfrequenz betrage 100 kHz.

a) Aus wie vielen Schwingungen besteht der Impuls?
b) Welche Wellenlänge hat eine Schwingung?
c) Die Zeit, bis der Sender ausgeschwungen ist, dauert etwa 2,5 mal so lang wie die Sendezeit. In dieser Zeit ist der Sensor „blind“. Welche Entfernung kann dieser Sensor also nicht erfassen? Rechnen Sie mit der Schallgeschwindigkeit 343 $\frac{\mathrm{m}}{\mathrm{s}}$.
d) Die maximale zu erfassende Entfernung sei 3 m. Mit welcher Wiederholfrequenz würden Sie den Sensor beaufschlagen?

Zur Selbstkontrolle

1. Wann können sich Ultraschallwellen ausbreiten?
2. Erklären Sie das Prinzip des Ultraschall-Sensors.
3. Was ist eine sogenannte Blindzone?
4. Aufgrund welcher physikalischen Gegebenheiten ergeben sich Abhängigkeiten der Reichweite von Ultraschall-Sensoren?
5. Was bedeutet der Begriff Messfenster?
6. Mit welcher Geschwindigkeit erfolgt die Ausbreitung des Schalls?

2.2.5 Drehgeber

2.2.5.1 Grundlagen

Drehgeber gehören heute zur Standardsensorik bei der Winkelerfassung (s. Abb. 2.64) in der Industrieautomation. Um eine maßgenaue Positionierung und exakte Drehzahlen zu ermöglichen, ist sie in vielen Fertigungsabläufen und Produktionsprozessen nicht mehr wegzudenken. Im Gegensatz zu Potentiometern ist diese Technik verschleißfrei und genügt höchsten Ansprüchen hinsichtlich Linearität und Auflösung. Drehgeber wandeln die Drehbewegung entweder direkt über eine Kupplung am Motor oder über Ritzel und Zahnstange sowie Messräder in einen direkt zu verarbeitenden Messwert um. Somit wird für jeden Positionswert ein Impuls „inkremental“ oder Code „absolut“ ausgegeben. Drehgeber lassen sich je nach Funktionsweise in zwei Hauptgruppen einteilen:

- inkremental,
- absolut.

Beide Systeme arbeiten in den meisten Fällen nach der verschleißfreien, optoelektronischen Abtastung einer mit der Welle festverbundenen Impulsscheibe. Qualitativ hoch-

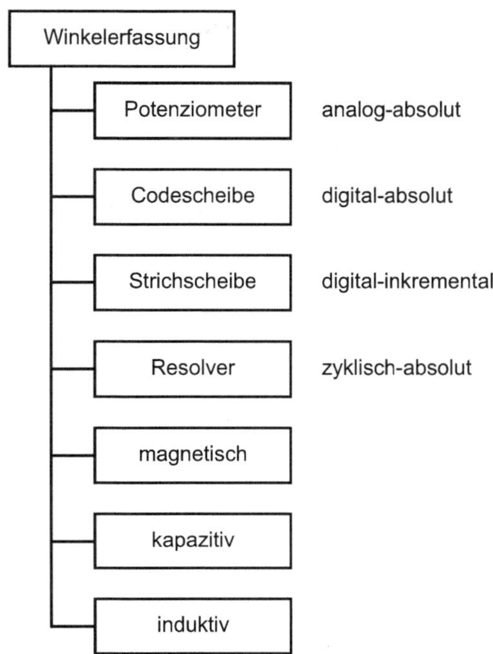

Abb. 2.64 Winkelerfassung

wertige Systeme verwenden Glasscheiben, eine günstigere Variante bietet die Anwendung von Kunststoffscheiben.

2.2.5.2 Inkrementale Drehgeber

Inkrementale Drehgeber (s. Abb. 2.65) geben pro Umdrehung eine bestimmte Anzahl von Impulsen ab. Die Anzahl der Impulse ist ein Maß für den zurückgelegten Weg. Das kann

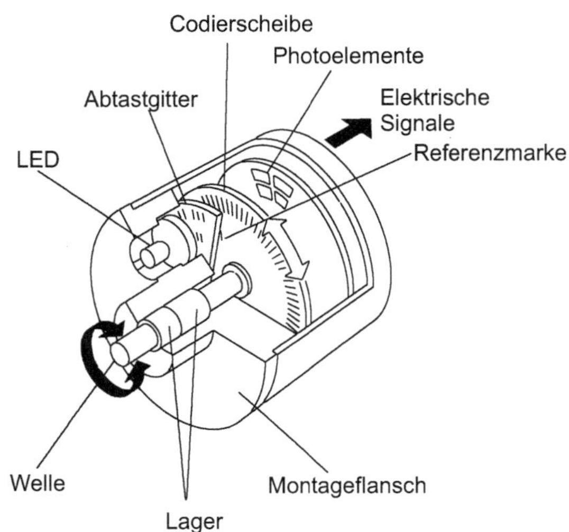

Abb. 2.65 Aufbau eines inkrementalen Drehgebers

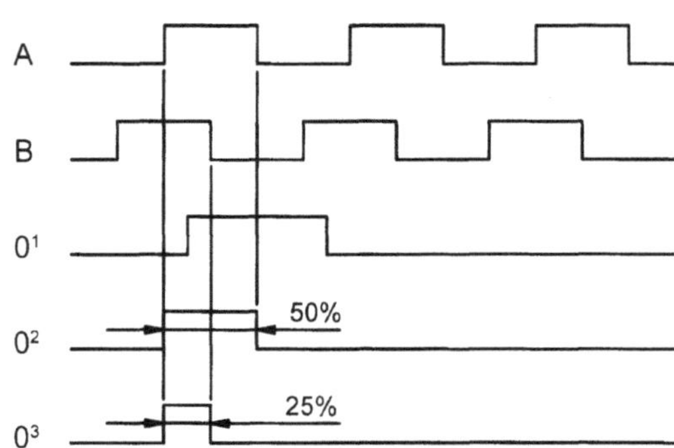

Abb. 2.66 3-kanaliger Inkrementalgeber

ein Winkel oder eine Strecke sein. Eine Leuchtdiode sendet Licht im nahen Infrarotbereich von 880 nm. Von einer Optik werden diese Strahlen gebündelt und parallel durch ein Abtastgitter und Codierscheibe gesendet. Durch hinter diesen Scheiben montierte Fotoelemente wird das Licht empfangen und in zwei, 90° verschobene, sinusförmige Signale umgesetzt. Mittels einer Digitalisierungs-Elektronik werden die Signale verstärkt und in Rechteckimpulse umgewandelt, die dann über Kabeltreiber am Ausgang ausgegeben werden.

Alle inkrementalen Drehgeber werden auch mit drei Ausgangssignalen angeboten (A, B, 0-Impuls). Zweikanalige Drehgeber (A, B), mit 90° phasenverschobenen Ausgangssignalen geben der nachgeschalteten Elektronik die Möglichkeit die Drehrichtung einer Welle zu erkennen und erlauben dadurch auch bidirektionale Positionierungsaufgaben. Dreikanalige inkrementale Drehgeber (s. Abb. 2.66) geben zusätzlich einmal pro Umdrehung einen sogenannten Nullimpuls (0) aus.

Die Drehzahl der Antriebswelle lässt sich aus der Impulszahl und der gemessenen Frequenz berechnen.

$$\text{Es gilt:} \quad n = \frac{f \cdot 60}{\mathrm{PZ}} \tag{2.2}$$

n: Drehzahl in min^{-1}
f: Frequenz in Hz
PZ: Pulszahl (Anzahl der Striche auf der Codierscheibe)

Beispiel

Wie groß ist die Drehzahl einer Welle, wenn 360 Striche auf der Codierscheibe sind und eine Frequenz von 126 kHz gemessen wird?

Laut Gl. 2.2 gilt für die Drehzahl $n = \frac{126.000\,\mathrm{Hz} \cdot 60}{360} = 2000\,\mathrm{min}^{-1}$.

2.2.5.3 Hohlwellendrehgeber

Hohlwellendrehgeber finden immer dort Einsatz, wo besonders geringe Einbautiefen erforderlich sind. Die Montage erfolgt durch einfaches Aufschieben auf die Motorachse und wird schwimmend gelagert. Durch eine außen angesetzte Stator-Kupplung werden Fehler zwischen der Hohlwelle und der Welle ausgeglichen. Somit kann die Antriebswelle direkt mit der Hohlwelle des Drehgebers verbunden werden. Durch einen Drehmomentenschluss wird ein Mitdrehen der Gebereinheit verhindert. Die Codierscheibe ist fest mit der Geberhohlwelle verbunden und die Abtastung erfolgt genau wie beim Vollwellengeber über LEDs und Fotoelemente. Aufgrund ihrer mechanischen Ausführung sind Hohlwellengeber für Drehzahlen bis 12.000 min^{-1} geeignet und haben je nach Ausführung Hohlwellendurchmesser von 10–25 mm.

In der Industrie haben sich heute Hohlwellendrehgeber aufgrund ihrer Vorteile hinsichtlich der Montage immer mehr durchgesetzt. Weitere Vorteile sind geringe Wärmekontakte von Drehgeber zum Antrieb und die geringere Lagerbelastung, die eine höhere Lebensdauer garantiert. Wenn bedacht wird, dass Motortemperaturen leicht 80 °C und mehr erreichen können, ist es von Vorteil, Drehgeber nicht direkt am Motor befestigen zu müssen.

2.2.5.4 Montage und Betrieb

Bei der Montage sind einige Dinge zu berücksichtigen. Die Drehgeber müssen vor mechanischen Überlastungen, zum Beispiel gegen Versatz zwischen Antriebs- und Drehgeberwelle geschützt werden. Wellen- und Lagerschäden und auch Messungenauigkeiten können sonst auftreten. Aus diesem Grund sollte zwischen Antriebs- und Drehgeberwelle stets eine flexible Kupplung montiert werden (s. Abb. 2.67).

Bei der Montage der Kupplung sind Schläge auf den Wellenstumpf des Drehgebers zu vermeiden, da dies zum Bruch der Codierscheiben führen kann. Die Befestigung des Drehgebers auf einen Montagewinkel oder auf einer Platte kann durch Gewindebohrungen auf der Stirnfläche des Drehgebers oder mit Befestigungsexzentern vorgenommen werden (s. Abb. 2.68).

Der Hohlwellendrehgeber kann ohne Hilfsmittel montiert werden, indem er direkt über die Antriebswelle geschoben und mittels Klemmring verbunden wird (s. Abb. 2.69). Die Stator-Kupplung, die axiale Fehler bis zu 1,5 mm ausgleichen kann, wird über Schrauben am feststehenden Teil des Motor- oder Wellengehäuses befestigt. Um einen korrekten Rundlauf des Gebers zu gewährleisten, sollte die Antriebswelle mindestens 10 mm in die Hohlwelle hineingeschoben werden.

Inkrementale Drehgeber werden hauptsächlich in der Wegmessung und Längenmessung eingesetzt. Nach einem Spannungsausfall verlieren die Drehgeber allerdings ihre

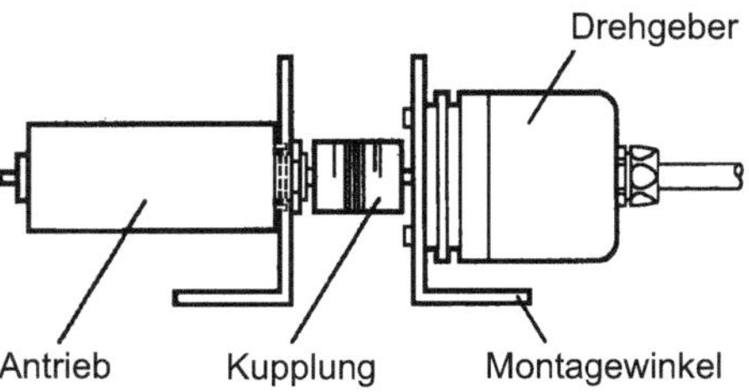

Abb. 2.67 Drehgebereinheit mit Antrieb

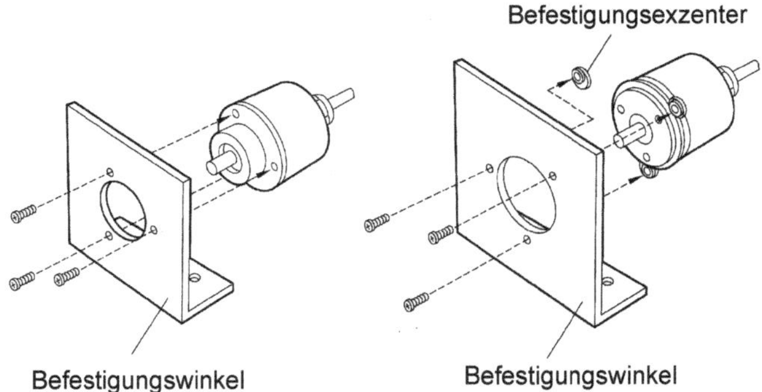

Abb. 2.68 Befestigungsvarianten

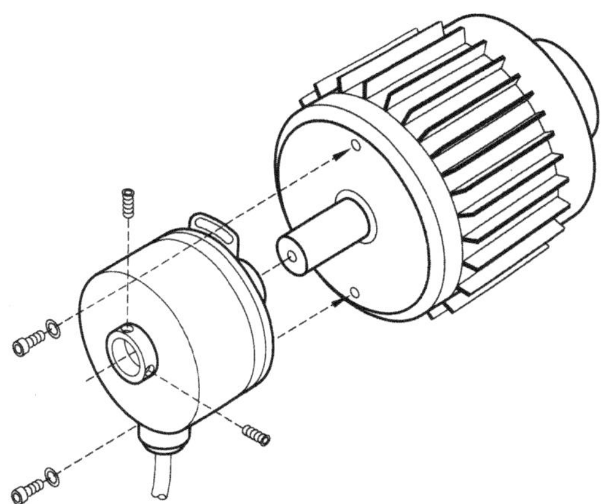

Abb. 2.69 Montage des Hohlwellendrehgebers

Informationen. Deshalb muss nach dem Starten des Systems zunächst die Referenzmarke bzw. der absolute Nullpunkt angefahren werden. Möglichkeiten der Applikation zeigen Abb. 2.70 und 2.71.

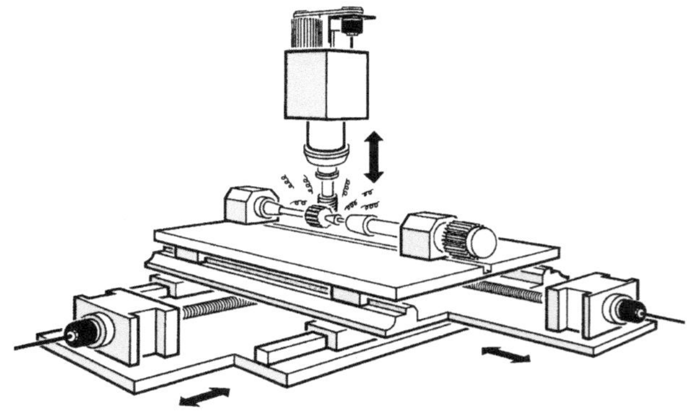

Abb. 2.70 Drei Achsen gesteuerte Fräsmaschine

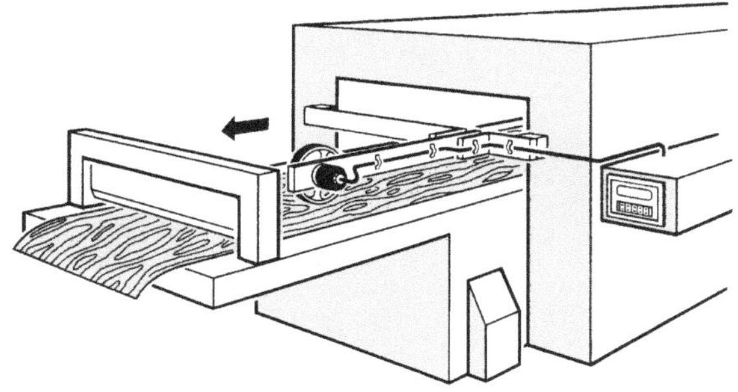

Abb. 2.71 Einsatz eines inkrementalen Drehgebers zu Messzwecken an Produktionsmaschinen

Die einzelnen Positionen und Verfahrwege einer automatischen Bearbeitungseinheit werden von inkrementalen Drehgebern mit bis zu 10.000 Impulsen pro Umdrehung erfasst. Hierdurch können Auflösungen von 0,01 mm erreicht werden.

Inkrementale Drehgeber in Verbindung mit einem Zähler ermöglichen das automatische Schneiden zum Beispiel von Papierbahnen, Brettern, Folien usw. auf vorgegebene Längen.

2.2.5.5 Absolute Drehgeber

Absolute Drehgeber zeichnen sich dadurch aus, dass sie zu jeder Zeit, auch nach einem Spannungsausfall, ihre Position kennen. So müssen zum Beispiel bei einem sechsachsigen Roboter nicht nach jedem Start die Referenzpunkte der sechs Achsen angefahren werden. Der Roboter hat also immer sofort nach dem Einschalten seine absolute Position.

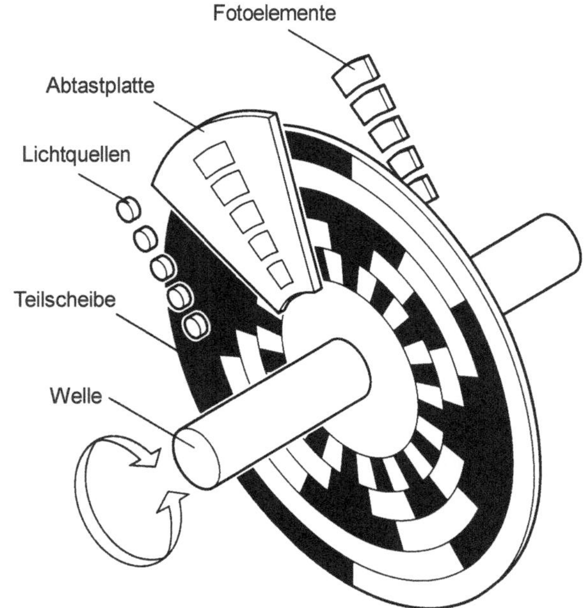

Abb. 2.72 Singleturn-Drehgeber

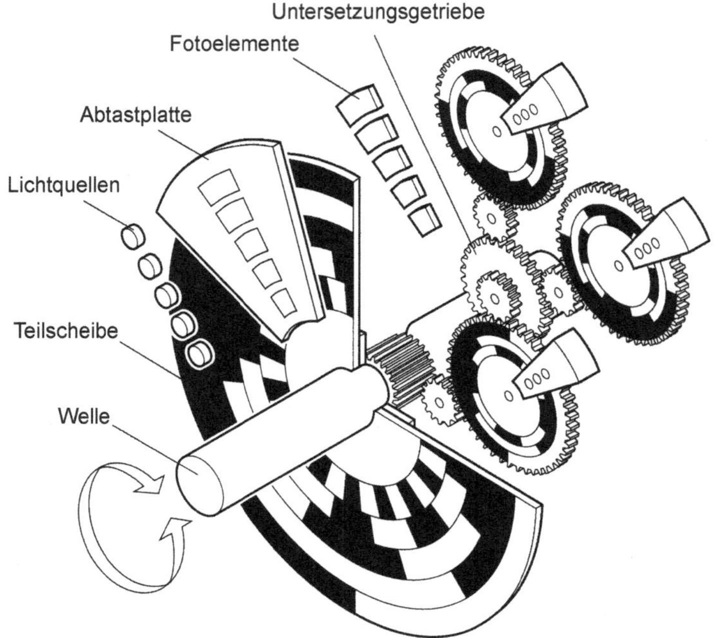

Abb. 2.73 Multiturn-Drehgeber

Aufbau und Funktion Absolute Drehgeber geben zu jeder Winkelstellung einen bestimmten codierten Zahlenwert (Codewert) ab. Dieser Codewert steht unmittelbar nach dem Einschalten zur Verfügung. Auf einer Welle ist eine Codierscheibe fest montiert. Diese Scheibe unterscheidet sich deutlich von der eines inkrementalen Drehgebers aufgrund der sehr vielen Spuren. Sie ist in einzelne Segmente aufgeteilt, die abwechselnd lichtdurchlässig bzw. lichtundurchlässig sind. Auch ist eine sehr komplexe Optik erforderlich, da für jede Spur eine Fotozelle bzw. ein Fototransistor nötig ist. Für die Auswertung der Signale werden ein Codewandler und ein Speicher benötigt. Für den Datenausgang stehen entweder eine serielle oder eine parallele Schnittstelle zur Verfügung. Bei der parallelen Schnittstelle ist der Datenausgang viel aufwändiger als bei einem inkrementalen Drehgeber, da zum Beispiel bei neun Spuren auch mindestens neun Signalleitungen vorhanden sein müssen.

Bei absoluten Drehgebern unterscheidet man zwischen Singleturn- und Multiturn-Drehgebern (s. Abb. 2.72 und 2.73).

Diese absoluten Drehgeber teilen eine mechanische Umdrehung (0–360°) in eine bestimmte Anzahl von Messschritten auf. Nach einer Umdrehung werden diese Messwerte wiederholt. Die maximale Schrittzahl beträgt 4096.

Multiturn-Drehgeber erfassen nicht nur Winkelpositionen, sondern unterscheiden auch mehrere Umdrehungen. Dazu werden weitere Codierscheiben über ein Untersetzungsgetriebe mit der Drehgeberwelle verbunden.

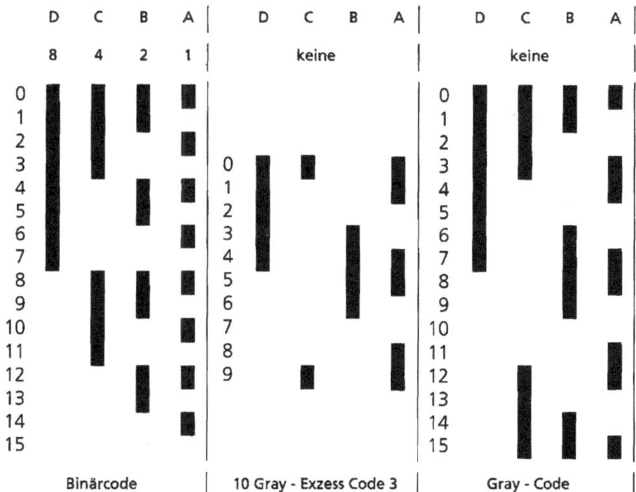

Abb. 2.74 Gray-Code

Codierte Längenmesssysteme besitzen einen festen Bezugspunkt. Beim Dualcode ist es möglich, dass sich an bestimmten Stellen mehrere Bits gleichzeitig ändern. Dadurch können falsche Ausgabewerte entstehen. Durch sogenannte Doppelabtastung in V-Anordnung oder U-Anordnung werden diese Fehler vermieden. Es bleibt nur noch die Unsicherheit der feinsten Ablesespur.

Einschrittige Codes wie der des amerikanischen Wissenschaftlers E. Gray (1835–1901) vermeiden solche Fehlermöglichkeiten, da sich immer nur ein Bit (von Hell nach Dunkel) ändert. Dieser Gray-Code (s. Abb. 2.74) hat allerdings keine Stellenbewertung, so dass zur weiteren Signalverarbeitung die Abtastsignale in den Dualcode umgewandelt werden müssen. Der Gray-Code ist die meist verwendete Codierung (vgl. auch Abb. 4.87 und 4.97).

Häufig wird nicht der komplette Gray-Code gewünscht. Vielmehr ist es sinnvoll nur einen Teilbereich zu nutzen. Das wird mit dem Gray-Exzess-Code, auch gekappter Gray-Code genannt, erzielt. Dabei wird dieser symmetrisch gekappt. Es können also nur geradzahlige Ausschnitte benutzt werden. Der Sinn liegt darin, dass eine andere Anzahl von Messschritten erreicht werden kann als dieses durch die Potenzen von 2 vorgegeben ist. So ergibt sich häufig die Anforderung, von einem 9-bit-Wert (512 Messschritte) auf 360 Messschritte zu reduzieren. Die Einschrittigkeit bleibt davon unbeeinflusst.

Bei Singleturn-Drehgebern wird eine Umdrehung des Gebers (360°) in maximal 8192 Messschritte (13 bit) unterteilt. Nach jeder neuen Umdrehung beginnt die Codierung wieder bei ihrem Anfangswert. Die Geberelektronik erkennt nicht, wie viel Umdrehungen zurückgelegt werden.

Beim Multiturn-Drehgeber ist zusätzlich zu der wie beim Singleturn codierten Scheibe ein Getriebe integriert. Dieses Getriebe ist derart untersetzt und codiert, dass bis zu

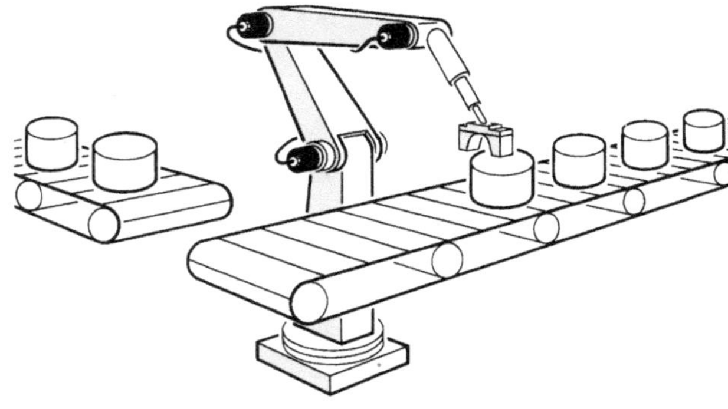

Abb. 2.75 Industrieroboter

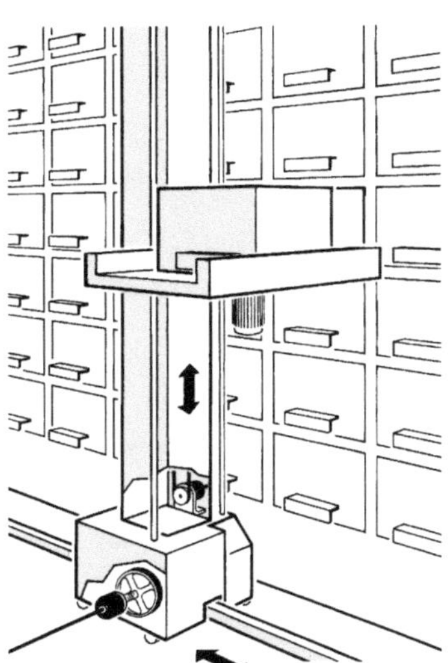

Abb. 2.76 Transportsystem

4096 Umdrehungen (12 bit) erfasst werden können. Die Gesamtauflösung beträgt somit 13 bit (Singleturn-Auflösung) zuzüglich 12 bit (Umdrehungen), also 25 bit. Durch die sich daraus ergebende hohe Anzahl von 33.554.432 Messschritten lassen sich mit dieser Art Geber auch sehr lange lineare Strecken in kleine Messschritte aufteilen.

2.2.5.6 Einsatz von Drehgebern

Der Einsatz eines absoluten Drehgebers ist viel teurer als der eines inkrementalen Drehgebers. Ein weiterer Nachteil ist der, dass der Singleturn-Drehgeber für nur eine Umdrehung eingesetzt werden kann. Für mehrmalige Umdrehungen ist der Einsatz von Multiturn-Drehgebern erforderlich.

Absolute Winkelcodierer werden hauptsächlich zur präzisen Steuerung des Bewegungsablaufes von Industrierobotern (s. Abb. 2.75) und Handlingsautomaten (s. Abb. 2.76) eingesetzt. Auch nach einem Spannungsausfall garantieren diese ein problemloses Weiterarbeiten. Das aufwändige Anfahren der Referenzpunkte entfällt.

Der Einbau von Multiturngebern ist hier erforderlich, um die Positionierung des Transportsystems und ein vollautomatisches Be- und Entladen exakt zu ermöglichen.

Zur Selbstkontrolle

1. Nennen Sie den Hauptvorteil eines absoluten Drehgebers.
2. Was ist der Gray-Code?
3. Nennen Sie die Vor- und Nachteile eines absoluten Drehgebers gegenüber einem inkrementalen Drehgeber.
4. Was ist ein Hohlwellendrehgeber und welches sind seine Vorteile gegenüber anderen Drehgebern?
5. Erklären Sie den Unterschied zwischen einem Singleturn- und einem Multiturn-Drehgeber.
6. Was sollte bei der Montage von Drehgebern auf jeden Fall berücksichtigt werden?
7. Wie lässt sich die Drehzahl der Antriebswelle errechnen?

2.2.6 Kraftmessung

Eine Übersicht über häufig eingesetzte Sensoren zur Kraft- und Drehmoment- und auch Druckmessung zeigt Abb. 2.77. Die Ausgangsgröße ist eine Spannung U.

2.2.6.1 Grundlagen der Dehnungsmessstreifen

Dehnungsmessstreifen (DMS) oder auch Drucksensoren genannt, sind Metalldrähte die durch Krafteinwirkung eine Längenänderung erfahren. Die Längenänderungen sind dabei sehr klein und liegen zwischen 0,1 µm und 10 µm. Die Wirkung des DMS beruht auf der Widerstandsänderung des Leiters, wenn sein Querschnitt bedingt durch Dehnung verklei-

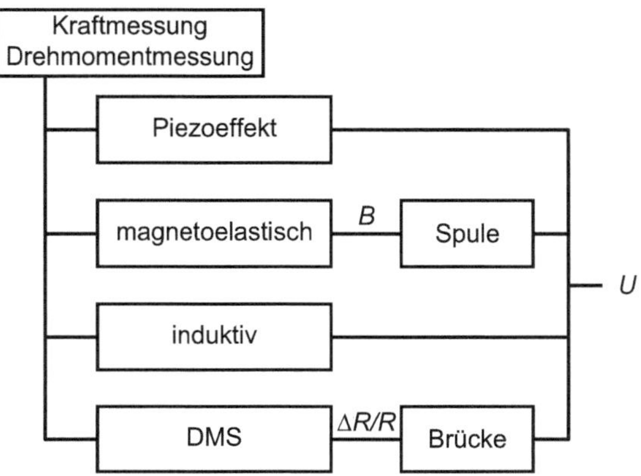

Abb. 2.77 Kraft- und Drehmomentmessung

nert wird.

$$\text{Dehnung} = \frac{\text{Längenänderung}}{\text{Ausgangslänge}}; \ \varepsilon = \frac{\Delta l}{l}$$

DMS werden millionenfach beim Bau von Messwertaufnehmern und beim Bestimmen mechanischer Spannungen eingesetzt. Ein spektakuläres Beispiel war die erste Mondlandung. Ein Dehnungsmessstreifen war auf den Landebeinen der Sonde „Luna Surveyor" montiert. Bei der Landung wurde die Durchbiegung der Landebeine gemessen, um Rückschlüsse auf die Beschaffenheit der Mondoberfläche zu bekommen.

2.2.6.2 Aufbau und Anbringung von Dehnungsmessstreifen

DMS werden heute meist als sogenannte Folien-Dehnungsmessstreifen hergestellt. Ähnlich wie bei der Herstellung gedruckter Schaltungen wird ein Messgitter in einem galvanischen Verfahren auf einer Trägerfolie aufgebracht. Da es bei Dehnungsmessstreifen auf sehr kleine Baugrößen im Bereich von wenigen Millimetern ankommt, werden die Leiter mäanderförmig aufgetragen. Bedingt durch diese Aufbringung wird eine große wirksame Leiterlänge erzielt. Als Werkstoff wird meist Konstantan (60 % Cu, 40 % Ni) oder aber eine Chrom-Nickel-Legierung (80 % Cr, 20 % Ni) eingesetzt. Die DMS werden so angebracht, dass die Messgitterlängsrichtung der Richtung entspricht, in welcher man die mechanischen Spannungen erfassen will. Bedingt durch die unterschiedlichsten Messzwecke wie Druck-, Zug-, Biege-, Torsion- und Scherspannungen muss immer auf die richtige Wahl des DMS geachtet werden. Die Abb. 2.78 zeigt verschiedene DMS hinsichtlich ihrer Form und Einsatzmöglichkeiten.

Verschiedene Serien von Dehnungsmessstreifen Neben der Auswahl des DMS ist die Montage besonders wichtig. Deshalb soll sie im Folgenden einmal ausführlicher beschrieben werden.

Für die Befestigung der DMS am Messort gibt es je nach Hersteller unterschiedliches Befestigungsmaterial. Im ersten Schritt sollte der Untergrund gereinigt und mit einer Grundierung versehen werden. Im zweiten Schritt wird großzügig Klebstoff aufgetragen. Die beaufschlagte Fläche sollte auf jeden Fall größer als der aufzuklebende DMS sein. Dehnungsmessstreifen nun leicht auf die Klebestelle aufbringen. Einige Sekunden Berührung mit dem Klebstoff weichen den Papierrücken des DMS auf. Messstreifen leicht andrücken und überflüssigen Klebstoff entfernen. Die Trocknungszeit des Klebers ist von

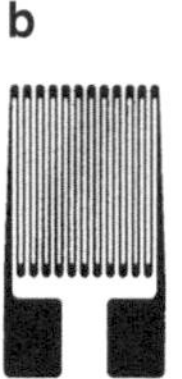

Abb. 2.78 DMS **a** mit breitem Messgitter für Zug- und Druckbeanspruchung, **b** für Biegebalken, **c** bei Zug- und Druckstäben, **d** für Scherkraft- und Drehmomentsensoren

der Temperatur und der Feuchtigkeit abhängig. Bei durchschnittlichen Werten sollte man von sechs Stunden Trocknungszeit ausgehen.

2.2.6.3 Schaltung von Dehnungsmessstreifen

Wie schon beschrieben, wird durch Dehnung des DMS der Widerstand erhöht. Die Widerstandsänderung wird mit einer Brückenschaltung ausgewertet. Anhand der Anzahl der DMS werden die Schaltungen unterteilt in:

Vollbrückenschaltung mit vier Dehnungsmessstreifen (vgl. Abschn. 2.1.4) Die DMS sind so an einem Bauteil angebracht, dass zwei DMS einer Dehnung und zwei DMS einer Stauchung unterworfen werden, zum Beispiel zur Ermittlung des Drehmomentes einer Welle. Die Hauptdehnungen und Stauchungen liegen unter 45° zur Wellenachse. Die Vollbrückenschaltung (s. Abb. 2.79) sollte stets angestrebt werden.

Halbbrückenschaltung mit zwei Dehnungsmessstreifen Die DMS sind so angebracht, dass ein DMS gedehnt, ein DMS gestaucht wird. Eingesetzt wird diese Schaltung zum Beispiel an einem Biegebalken zur Erfassung eines Biegemomentes (s. Abb. 2.80). Dabei ist zu bedenken, dass eine Halbbrückenschaltung halb so empfindlich ist wie eine Vollbrückenschaltung.

Bei Krafteinwirkung werden die Widerstände $R1$ und $R3$ gedehnt, die Widerstände $R2$ und $R4$ dagegen gestaucht. Entsprechend gegenläufig ändern sich die Widerstandswerte. Der Temperatureinfluss wird hier kompensiert.

Viertelbrückenschaltung mit einem aktiven Dehnungsmessstreifen Der eine DMS wird einer Dehnung unterworfen. Um eine Temperaturkompensation zu erhalten, wird

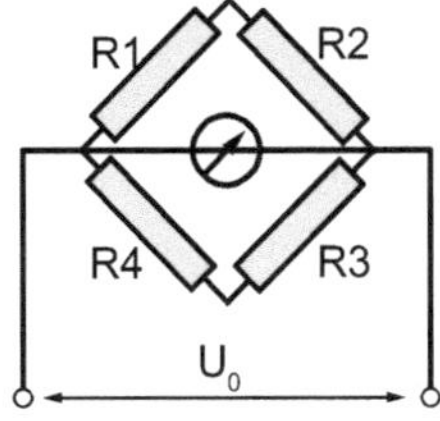

Abb. 2.79 Vollbrückenschaltung einer DMS

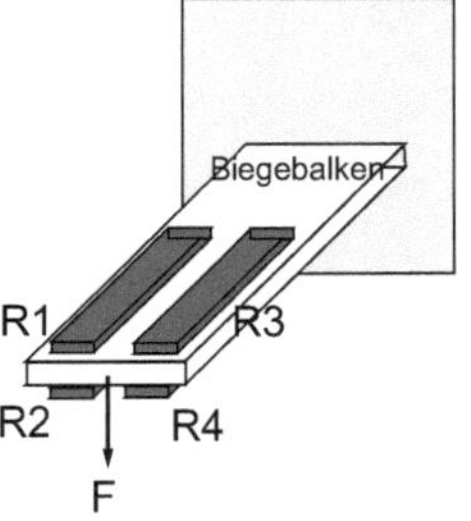

Abb. 2.80 DMS an einem Biegebalken

in einem Brückenzweig ein zweiter DMS angebracht, der keine Dehnung erfährt. Dieser wird Referenz-DMS genannt. Diese Anordnung ist unbedingt notwendig, um Messfehler durch Temperatureinfluss zu vermeiden.

2.2.6.4 Kraftaufnehmer

Eine weitere Technik der Kraftmessung sind die Kraftaufnehmer, auch Kraftsensoren genannt. Da ihre Anwendung und Ausführung weitaus geringer als die der DMS sind, sollen sie hier nur kurz erwähnt werden. Kraftaufnehmer unterliegen einer Dehnung bzw. Stauchung. Diese Dehnung bzw. Stauchung wird ausgenutzt um Kräfte zu messen. Der Messbereich liegt, je nach Typ, zwischen wenigen Newton und mehreren Meganewton. Haupteinsatzorte von Kraftaufnehmern sind Großwaagen, Behälterwaagen und Pressen in der Materialprüfung.

Der Wägezellen-Kraftaufnehmer (s. Abb. 2.81) zeichnet sich durch hohe Präzision, kleine Abmessungen, geringes Gewicht und Dichtheit aus.

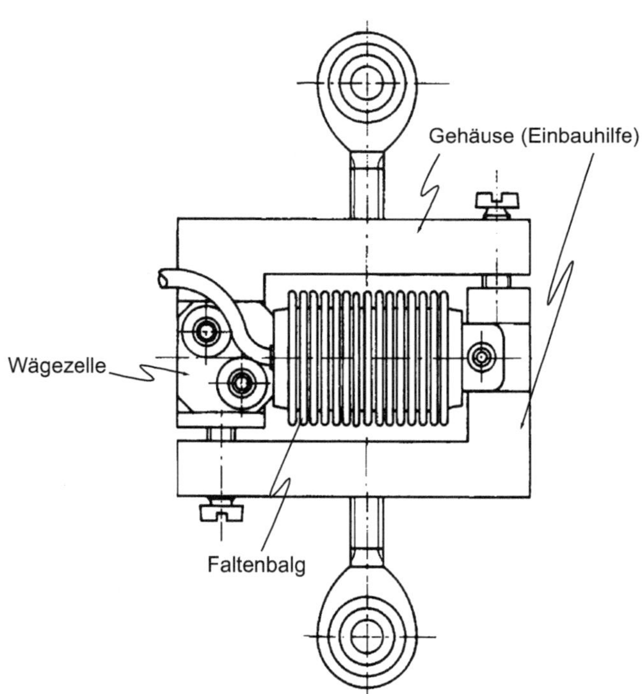

Abb. 2.81 Wägezellen-Kraftaufnehmer

Zur Selbstkontrolle

1. Wie ist ein Dehnungsmessstreifen aufgebaut?
2. Welche Widerstandswerkstoffe werden meist zur Herstellung verwendet?
3. Welche Schaltungen kennen Sie?
4. Was ist bei der Viertelbrückenschaltung zu beachten?
5. Welche Schaltung sollte stets angestrebt werden?
6. Wo finden Kraftaufnehmer ihre Anwendung?

2.2.7 Erfassung der Temperatur

2.2.7.1 Grundlagen

Die Erfassung der Messgröße Temperatur ist in vielen Industriezweigen von besonderer Bedeutung, insbesondere in der Hütten- und Gießereitechnik, in der chemischen Verfahrenstechnik, in der Lebensmittelindustrie sowie in der Klimatechnik. Neben der Infrarottechnik, haben in der Industrie Widerstandsthermometer und Thermoelemente immer noch ihre Berechtigung (s. Abb. 2.82).

2.2.7.2 Temperaturmessung mittels Widerstandsthermometer

Kaltleiter-Werkstoffe (vgl. Abschn. 2.1.3.2) weisen einen positiven Temperaturkoeffizienten auf, das heißt, ihr spezifischer Widerstand steigt mit steigender Temperatur. Heißleiter-Werkstoffe dagegen sind durch einen negativen Temperaturkoeffizienten gekennzeichnet, ihr spezifischer Widerstand sinkt mit steigender Temperatur (s. Abb. 2.83). Das Widerstands-Temperatur-Verhalten beider Gruppen ist messtechnisch nutzbar. Die Widerstandsänderung ist ein Maß für die Temperatur.

Geeignete Kaltleiter-Werkstoffe für diese Messzwecke sind Nickel und Platin. Beide zeigen einen nahezu linearen Verlauf der Temperaturabhängigkeit des Widerstandes. Ein solcher Verlauf erlaubt ohne besondere Linearisierungseinrichtungen die Anwendung einer proportional geteilten Skala im Anzeigeinstrument.

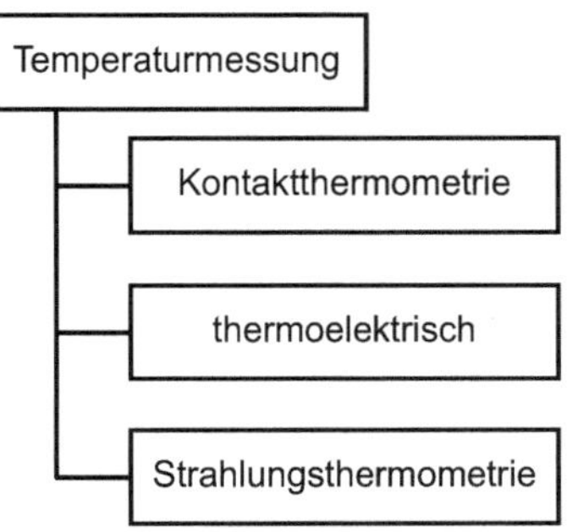

Abb. 2.82 Temperaturmessung

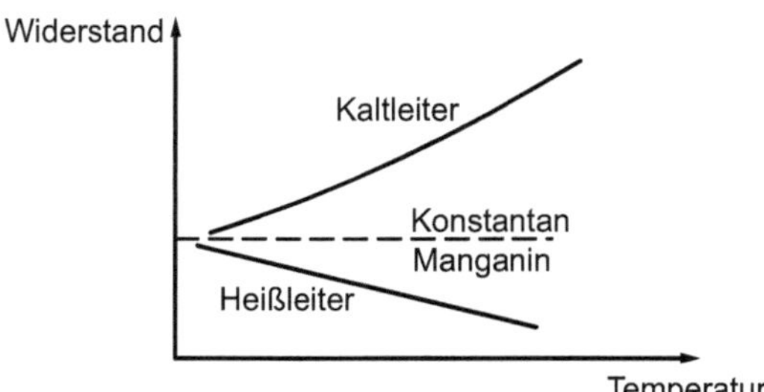

Abb. 2.83 Tendenz des Widerstands-Temperatur-Verhaltens

Der Temperaturbeiwert des Kaltleiters ist der Anstiegsfaktor des Widerstandes mit zunehmender Erwärmung. Da das Anstiegsverhalten nicht ganz exakt linear verläuft, errechnet man diesen Beiwert als Mittelwert zwischen 0 und 100 °C nach der Formel

$$\alpha = \frac{R_{100} - R_0}{100}.$$

Es bedeutet:

R_0 Widerstand bei 0 °C
R_{100} Widerstand bei 100 °C

Beim Standardwiderstand Pt 100 DIN beträgt der Anstieg des Widerstandes nahezu linear 0,4 Ohm pro °C (s. Abb. 2.84). Da der Anstieg des Widerstandes bei Kaltleitern stetig aufsteigend verläuft, hat der Temperaturkoeffizient ein positives Vorzeichen, im Gegensatz zu den Heißleitern. Da bei diesen Werkstoffen der Widerstand mit steigender Temperatur sinkende Tendenz aufweist, muss der Koeffizient ein negatives Vorzeichen aufweisen. Mathematisch betrachtet ist der Temperaturkoeffizient stets der Tangenswert der Widerstands-Temperatur-Kurve, die durch die Gleichung $R = R_0(1 + \alpha \cdot \Delta t)$ bestimmt ist.

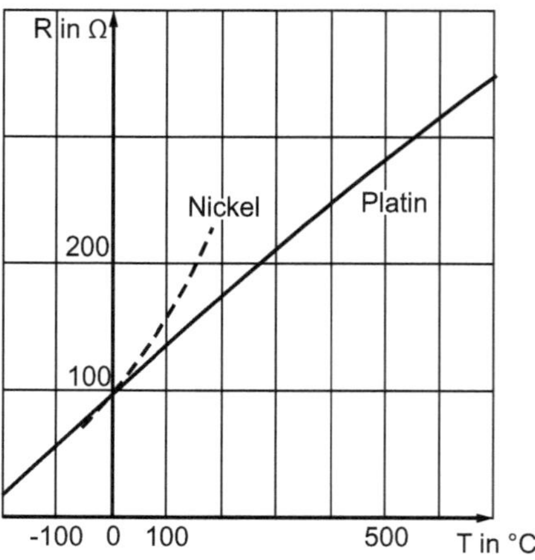

Abb. 2.84 Messwiderstände 100 Ohm bei 0 °C in Abhängigkeit von der Temperatur

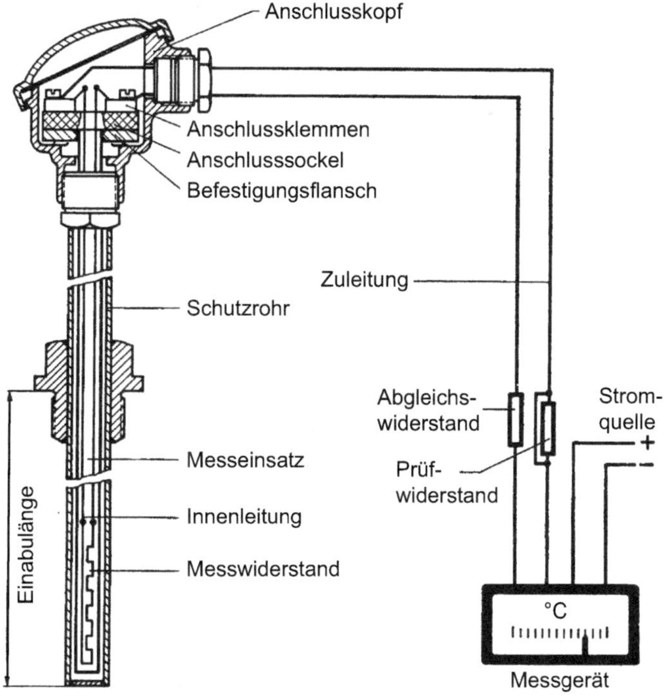

Abb. 2.85 Widerstandsthermometer

Der Messbereich der Nickelwicklung liegt zwischen –50 °C und +150 °C. Der Messbereich von Platin erstreckt sich von –200 °C bis +550 °C. Mit Sonderausführungen können kurzzeitige Messungen bis 700 °C durchgeführt werden.

In der Mess- und Regeltechnik werden vorwiegend die Kaltleiter Platin (Pt) und Nickel (Ni) als Thermometerwicklung genutzt. Bei Heißleitern werden für kleinere Temperaturbereiche und gleichzeitiger Forderung nach schnellem Ansprechen die Eigenschaften sehr geschätzt. Von besonderem Interesse sind in diesem Zusammenhang die beiden Speziallegierungen Konstantan, bestehend zu 60 % Kupfer (Cu) und 40 % Nickel (Ni), sowie Manganin, bestehend zu 58 % Cu und 42 % Ni, deren Temperaturbeiwert nahezu gleich Null ist. Messwicklungen aus diesen Werkstoffen zeigen ein temperaturneutrales Verhalten, so dass die Störgröße Temperaturschwankung rechnerisch nicht ins Gewicht fällt.

Aufbau der Widerstands-Temperaturmesseinrichtung Eine Widerstands-Messeinrichtung besteht aus dem eigentlichen Messwiderstand (s. Abb. 2.85), einem umhüllenden Schutzrohr als Abwehr gegen die aggressive Einwirkung des umgebenden Mediums, einem Anzeigeinstrument und einer Gleichspannungsquelle, sowie einem Abgleichwiderstand für die Berücksichtigung des Widerstandes der Zuleitungen.

Die Auswahl des Widerstandsthermometers hängt von der Messaufgabe ab. Kriterien hierzu sind:

- der zu erwartende Messbereich,
- der zu erwartende Druck am Messort,
- die Aggressivität des zu messenden Mediums.

So hat zum Beispiel die Nickelwicklung zwar den kleineren Messbereich im Vergleich zu Platin, dafür jedoch die höhere Empfindlichkeit und liefert daher bei niedrigen Temperaturen die genauere Anzeige.

Die Hauptbestandteile der Messeinrichtung sind die Messwicklung, das Schutzrohr, das Abgleichgerät und das Anzeigegerät.

Je nach Messaufgabe verwendet man Metallschutzrohre oder keramische Schutzrohre. Typische Werkstoffe für Metallschutzrohre sind in steigender Reihenfolge hinsichtlich Resistenz gegen Temperatur, Druck und Aggressivität gegen die unterschiedlichsten Medien auszuwählen.

2.2.7.3 Einbaugrundsätze für Widerstandsthermometer

Folgende Gesichtspunkte sind für den sachgemäßen Einbau wesentlich:

- Am Messort dürfen weder Wärmestrahlung noch Zugluft den Fühler beeinflussen.
- Die Einbaustelle soll im Bereich der größten Strömungsgeschwindigkeit des Mediums liegen.
- Die Einbaulänge der Schutzrohre ist so zu wählen, dass der Messwiderstand als der eigentliche aktive Teil in seiner ganzen Länge der zu messenden Temperatur ausgesetzt ist.
- Bei hoher Strömungsgeschwindigkeit wählt man als Eintauchlänge den ein- bis eineinhalbfachen Wert der Länge der Messwicklung.
- Bei niedrigen Strömungsgeschwindigkeiten wählt man die Einbaulänge so, dass der aktive Wicklungsteil des Fühlers im mittleren Drittel des lichten Rohrdurchmessers steht.
- Günstig für die Beaufschlagung ist der geneigte Einbau des Fühlers entgegen der Strömungsrichtung.
- Auf keinen Fall darf das Schutzrohr eine wärmeableitende Brücke zur Masse der Außenwand bilden, da dann das Messergebnis mit Sicherheit verfälscht ist.

2.2.7.4 Temperaturmessung mittels Thermoelemente

Thermoelektrizität entsteht durch Direktumwandlung von Wärmeenergie in elektrische Energie. Der thermoelektrische Effekt (Seebeckeffekt) (vgl. Abschn. 2.1.3.2) entsteht durch Wärmezufuhr an die Verbindungsstelle bestimmter Metallpaare. Wird das verlängerte Schenkelende der beiden verschiedenen Metalle des Paares in der Temperatur konstant gehalten, so entsteht im Element ein Temperaturgefälle und proportional zu

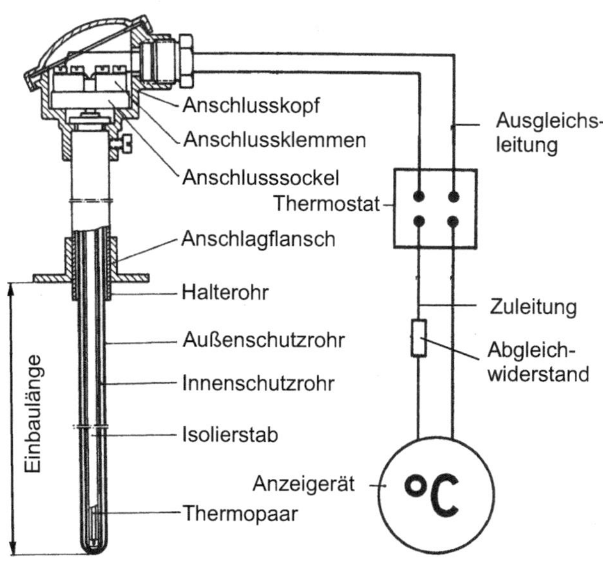

Abb. 2.86 Thermoelement

diesem Gefälle eine Gleichspannung, die Thermospannung. Diese der Temperaturänderung an der Verbindungsstelle verhältnisgleiche Spannung kann für Messzwecke genutzt werden.

Thermostatisieren der Ausgleichstelle Aus praktischen Gründen verlängert man die freien Schenkelenden des Thermopaares durch sogenannte Ausgleichleitungen (s. Abb. 2.86) zur temperaturkonstanten Vergleichsstelle, die von der Temperatur am Messort durch Strahlung und Konvektion nicht beeinflusst werden darf. Die Vergleichsstelle wird daher thermostatisiert, das heißt, auf einem konstanten Sollwert gehalten. An Prüfständen erreicht man das in einfacher Weise durch Einführen der Vergleichsstelle in Eiswasser. Aufwändiger, aber räumlich kompakter erzielt man die Temperaturkonstanz an der Vergleichsstelle durch Gegenschaltung eines zweiten Thermoelementes an dieser Stelle. Die Anzeige erfolgt über ein empfindliches Drehspulinstrument, dem die Thermospannung zugeführt wird. Die Skala dieses Instrumentes zeigt an Stelle der Spannung die der Grundwertreihe entsprechenden Temperaturwerte an.

Thermoelemente sind in Form, Größe und durch die Auswahlmöglichkeit des entsprechenden Thermopaares auch im Messbereich dem jeweiligen Anwendungsfall gut anpassbar. Ebenso wie die Widerstandsthermometer lassen sie sich durch geeignete Schutzrohre gegen die Umgebungseinflüsse am Messort resistent machen.

Bestimmte Legierungen sind thermoelektrisch als einheitliches Metall zu betrachten. Das erstgenannte Metall der Paarung bildet immer den positiven Schenkel und das zweite entsprechend den negativen, so dass die Richtung des Gleichstromes in der Anordnung festliegt. Die nach DIN 43710 festliegende Grundwertreihe gibt uns Aufschluss über den

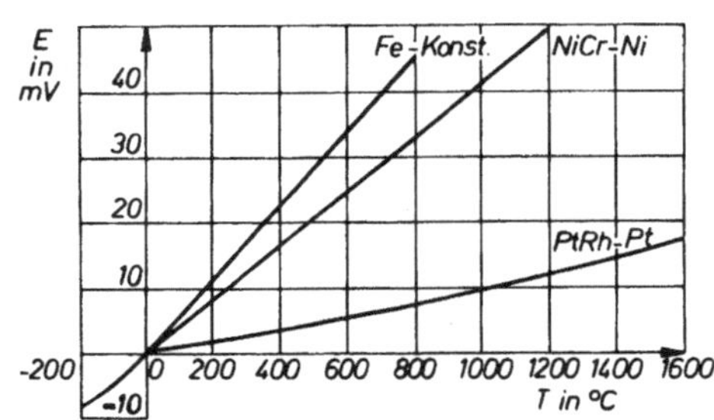

Abb. 2.87 Temperatur-Spannungs-Diagramm

Messbereich, die Ausschlagempfindlichkeit und die Messgenauigkeit der einzelnen Thermopaare.

Die Werkstoffkombinationen Cu-Konst, Fe-Konst und NiCr-Ni bezeichnen wir als „unedle“ Thermopaare und die Kombination der Platinmetalle als „edle“ Thermopaare. Auch das Rhodium gehört zur Gruppe der Platinmetalle. Der Rhodiumanteil im PtRh-Schenkel kann 10 bis 18 % betragen.

Die Ausgleichleitungen sind auf die jeweiligen Thermopaare in ihren Eigenschaften abgestimmt und mit genormten Kennfarben versehen:

Fe-Konst: blau NiCr-Ni: grün PtRh-Pt: weiß.

Der Pluspol der Ausgleichleitungen ist rot gekennzeichnet.

Die Temperatur am Thermofühler und die entstehende Thermospannung sind linear abhängig (s. Abb. 2.87). Der Messbereich ist nicht von der Größe des Fühlers, sondern nur von der Kombination der beiden Thermoschenkel abhängig.

Das Thermopaar PtRh-Pt hat zwar den größeren Messbereich von minus 200 °C bis plus 1600 °C, die unedlen Thermopaare haben jedoch die größere Empfindlichkeit in der Anzeige.

Standzeit und Ansprechverhalten Thermoelemente müssen der Messaufgabe angepasst sein. Für schnell wechselnde Vorgänge wird schnelle Reaktion des Fühlers und damit eine kurze Halbwertszeit verlangt. Für diese Messfälle benutzt man zumeist Fühler mit freiliegender Messstelle. Bei langsam verlaufenden Prozessänderungen und schwierigen Umgebungsbedingungen wie hohem Druck, hohe Strahlungstemperatur und aggressiven Medien umhüllt man die teuren Thermopaare in gleicher Weise wie die Widerstandsthermometer mit metallischen oder keramischen Schutzrohren. Da diese Schutzrohre oft beachtliche Wärmekapazität aufweisen, setzen sie die Halbwertszeit herauf und damit die Ansprechgeschwindigkeit herab. Die gewonnene höhere Standzeit wird mit größerer Trägheit erkauft. Das gilt besonders für die keramischen Schutzrohre mit ihrem hohen Wärmespeichervermögen. Sie werden vorwiegend für das teure Thermopaar PtRh-Pt im hohen Temperaturbereich angewendet. Für Temperaturen bis zu 1600 °C eignen sich Thermoporzellan und Oxydkeramik. Beide sind auch beständig gegen aggressiven Medien und häufige Temperaturwechsel.

Abb. 2.88 Grundschaltung

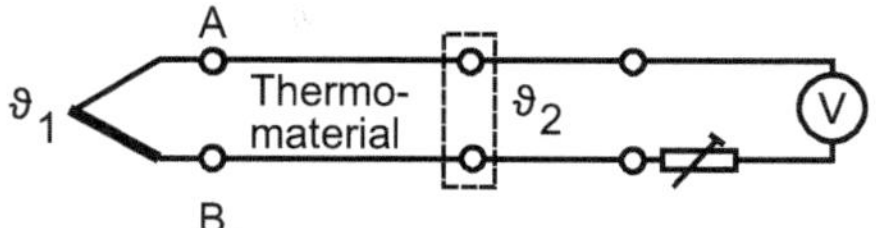

Grundschaltungen des Thermoelements Für mäßige Ansprüche an die Messgenauigkeit genügt die einfache Grundschaltung ohne Korrektur der Vergleichsstelle, vorausgesetzt, die Ausgleichsleitungen sind lang genug, um die Vergleichsstelle von Strahlungseinflüssen der Messstelle freizuhalten. Bei höheren Ansprüchen an die Messgenauigkeit wird die Vergleichsstelle thermostatisiert, beispielsweise im Schmelzwasser des Eises auf 0 °C oder durch Gegenschaltung eines zweiten Thermoelementes auf im Regelfalle 50 °C. Gegenschaltung bedeutet hierbei, dass jeweils gleichnamige Thermoschenkel miteinander korrespondieren. Abb. 2.88 zeigt eine Messanordnung, wobei die Buchstaben A und B zwei verschiedene Metalle bezeichnen.

Der Einsatzbereich von Thermoelementen kann in Temperaturbereichen von –200 °C bis +1600 °C liegen. Von der Auswahl her geht man stets von drei Gesichtspunkten aus: Messbereich, Ansprechgeschwindigkeit und Umgebungseinflüsse am Messort. Dabei sind oft Kompromisslösungen notwendig, um den Ausgleich zwischen gegensätzlichen Forderungen zu erzielen.

Typische Thermoelemente in der Praxis sind:

Kupfer-Konstantan	Cu-Konst	Konstante K_{CuKo}	= 4,25 mV / 100 °C
Eisen-Konstantan	Fe-Konst	Konstante KFeKo	= 5,37 mV / 100 °C
NickelChrom-Nickel	NiCr-Ni	Konstante K_{NiCrNi}	= 4,10 mV / 100 °C
PlatinRhodium-Platin	PtRh-Pt	Konstante K_{PtRhPt}	= 0,64 mV / 100 °C

2.2.7.5 Auswahlkriterien für Widerstandsthermometer und Thermoelemente

Widerstandsthermometer weisen eine vergleichsweise höhere Messgenauigkeit auf. So liegen die Fehlergrenzen bei Platin-Messwiderständen (s. Abb. 2.89) deutlich unter ±1 % über den gesamten Messbereich, während die Messgenauigkeit der Thermoelemente etwa bei ±1,5 % liegt. In der Ansprechgeschwindigkeit dagegen sind die Thermoelemente weit überlegen.

Abb. 2.89 Fehlergrenzen für Platin-Messwiderstände

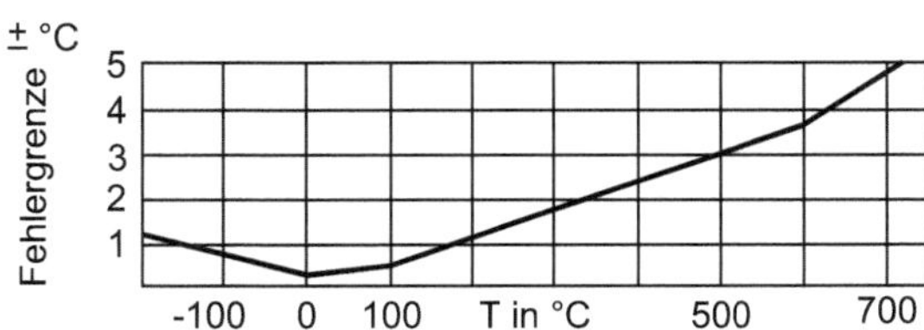

Während die Halbwertszeit gängiger Thermoelemente beispielsweise 10–15 Sekunden beträgt, liegt sie bei vergleichbaren Widerstandsthermometern bei einer Minute. Lediglich die Heißleiterthermometer haben ähnlich kurze Halbwertszeiten wie Thermoelemente. Thermoelemente haben darüber hinaus noch den Vorzug der punktförmigen Messstelle und in der PtRh-Pt Ausführung auch des Messbereiches bis 1600 °C.

2.2.7.6 Infrarotsensoren (für Wärmestrahlung)

In vielen Produktions- und Verarbeitungseinrichtungen finden temperaturabhängige Prozesse statt. Sinnvolle Automatisierung und Qualitätskontrolle erfordert berührungsloses, sicheres Erfassen und Überwachen von Temperaturen bzw. Temperaturbereichen. Infrarotsensoren erfassen die Wärmestrahlung im Mikrometer-Bereich von Objekten und setzen diese in ein elektrisches Schaltsignal um. Die Sensoren arbeiten als reine Infrarotempfänger. Das Objekt wirkt also selbst als Sender für den Sensor. Das Spektrum der emittierten Infrarotstrahlung ist direkt von der Temperatur des Objektes abhängig. Der entscheidende Vorteil dieser Sensoren gegenüber Temperaturfühlern (wie PT100) besteht darin, dass kein mechanischer Kontakt zwischen dem Objekt und dem Sensor entsteht.

Daraus ergeben sich folgende typische Anwendungen:

- an sich bewegenden oder schwer zugänglichen Objekten,
- an spannungsführenden oder oberflächenbehandelten Objekten,
- an klebenden Materialien wie Teig oder an aggressiven Medien,
- Anwendungen, wo kurze Reaktionszeiten gewünscht sind.

Bei der Auswahl des Sensors spielen folgende Größen eine Rolle:

- Objekttemperatur und Objektmaterial,
- Oberfläche und Größe des Objektes,
- Umgebungstemperatur und Abstand des Infrarotsensors zum Objekt.

Eine Systemübersicht gibt eine Hilfestellung für die Auswahl des passenden Infrarotsensors. Grundsätzlich muss bei der Auswahl zwischen einer Objekterkennung und einer Temperaturüberwachung unterschieden werden.

Mit dem Diagramm aus Abb. 2.90 lässt sich sehr einfach der Durchmesser der Sensorzone feststellen. Das Diagramm ist für die meisten Infrarotsensoren anwendbar. Ist die Materialtemperatur des Objektes deutlich höher als die Schalttemperatur des Infrarotsensors, kann die Abtastfläche entsprechend reduziert werden. Bei Schaltabständen oberhalb von 5 m sind die Strahlungsverluste durch den Luftweg zu berücksichtigen, deshalb sollte dann die Temperatur des Objektes deutlich über der Schalttemperatur des Infrarotsensors liegen.

Die Elektronik der Infrarotsensoren besteht aus einem Fotoelement mit Vorverstärker, der eine Auswerte- und Endstufe ansteuert. Die empfangene Infrarotstrahlung gelangt

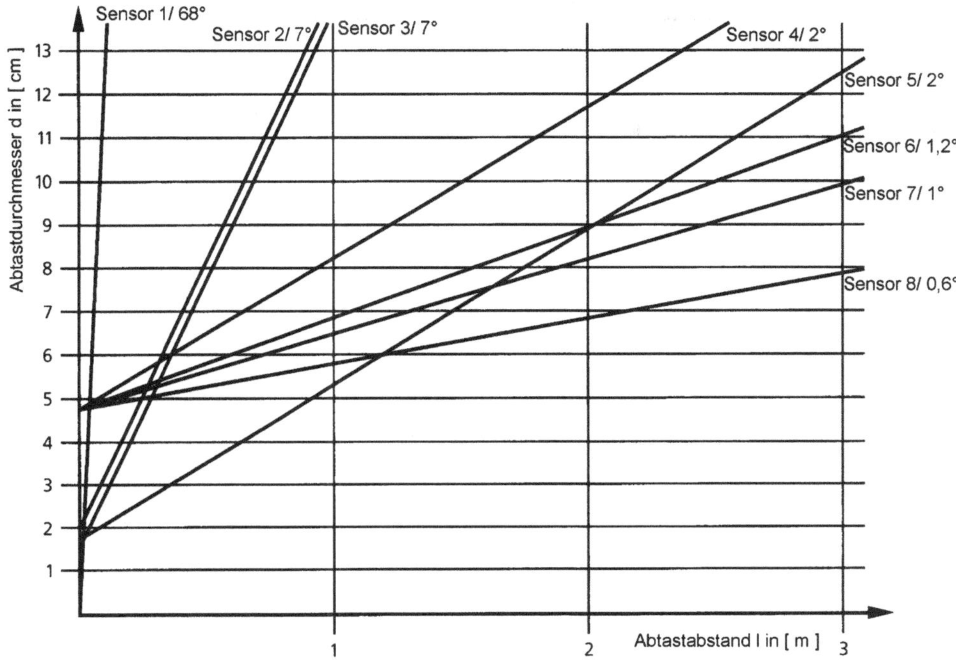

Abb. 2.90 Schaltabstandsdiagramm

durch eine Glas- oder Kunststofflinse oder eine Fiberoptik zur Photodiode und bewirkt dort eine Spannungsänderung, die in ein Schaltsignal umgesetzt wird. Da Infrarotsensoren die Strahlung nur in einer bestimmten Wellenlänge bzw. Wellenlängenbereich (µm-Bereich) erfassen, ist die Störempfindlichkeit durch Fremdstrahlung gering. Nur Fremdstrahlung der entsprechenden Wellenlänge des Infrarotsensors kann bei ausreichender Intensität zu Fehlschaltungen führen (z. B. Sonnenlicht).

Materialien mit einem stark abweichenden Strahlungsverhalten sind z. B. blankes Aluminium oder Kupfer. Für die Praxis bedeutet dies, dass derartige Materialien unter Umständen nur schwierig von Infrarotsensoren zu erfassen sind, obwohl ihre Eigentemperatur der Schalttemperatur des Sensors entspricht. Bei einem Emissionswert von $E < 1$ sinkt die abgegebene infrarote Strahlung, und es muss je nach Strahlungsintensität ein Infrarotsensor mit kleiner Schalttemperatur gewählt werden.

Innerhalb eines Temperaturbereiches von +50 °C bis +500 °C können zwei Schaltpunkte für eine minimale bzw. maximale Überwachung definiert werden (s. Abb. 2.91). Die beiden Schaltpunkte können mit jeweils einem Potentiometer eingestellt werden. Bei einer ausreichenden Temperaturdifferenz zwischen Objekt- und Umgebungstemperatur bieten die Sensoren die Möglichkeit, Objekte oberhalb von −20 °C zu detektieren.

Neben der Überwachung einer Temperaturgrenze lässt sich durch Kombination der zwei einstellbaren Schaltpunkte des Infrarotsensors ein Fenster im Temperaturbereich

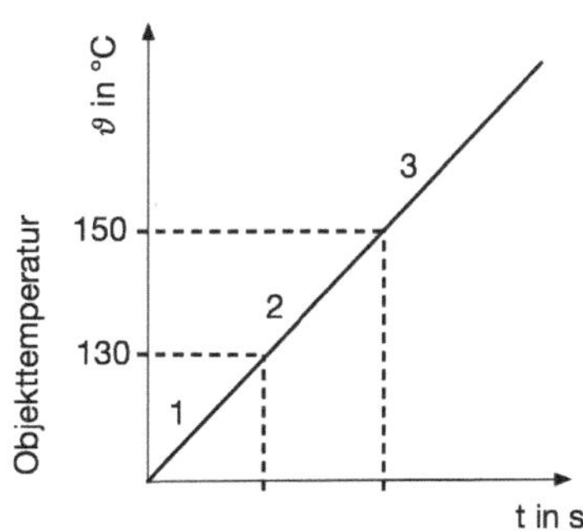

Abb. 2.91 Schaltverhalten des Infrarotsensors bei Temperaturänderung

+50 °C bis +500 °C (bei $E \sim 1$, Abgleich bei Abstand 1 m) definieren. Über den Temperaturbereich von +500 °C hinaus lässt sich der Sensor bei der Objekterkennung einsetzen.

Die Einstellung des Sensors auf bestimmte Temperaturschaltpunkte wird vorgenommen, indem das Objekt mit der gewünschten Temperatur die Abtastfläche des Sensors bedeckt und dann mit den Potentiometern der gewünschte Schaltpunkt eingestellt wird (s. Abb. 2.92). Die Schaltsignale stehen an zwei Halbleiterausgängen zur Verfügung. Die Schaltzustände werden durch LEDs signalisiert. Wird der Sensor zur Objekterkennung verwendet, kann mit den Potentiometern die Empfindlichkeit auf die gegebenen Bedingungen angepasst werden.

Die Infrarotsensoren der verschiedenen Bauformen finden aufgrund ihrer sehr robusten und massiven Bauform dort Anwendung, wo raue Umgebungsbedingungen anzutreffen sind. Besonders für den Einsatz bei Umgebungstemperaturen > 60 °C sind Infrarotsensoren mit Fiberoptik vorgesehen. Dabei wird das Elektronikteil von der Wärmestrahlung abgeschirmt und nur die Fiberoptik wird in der heißen Zone (bis 250 °C) montiert. Je nach gerätespezifischer Schalttemperatur werten die Infrarotsensoren einen Teil des infraroten Spektrums aus. Andere Infrarotsensoren müssen mit Hilfe einer Referenzstrahlungsquelle (entsprechend „schwarzer Strahler“) auf die jeweiligen Schalttemperaturen abgeglichen werden. Der Sensor schaltet, wenn das zu erfassende Objekt mindestens eine Materialtemperatur besitzt, die der Schalttemperatur des Infrarotsensors entspricht. Das aus dem Schaltabstand resultierende Sichtfenster muss dabei vollständig ausgefüllt sein.

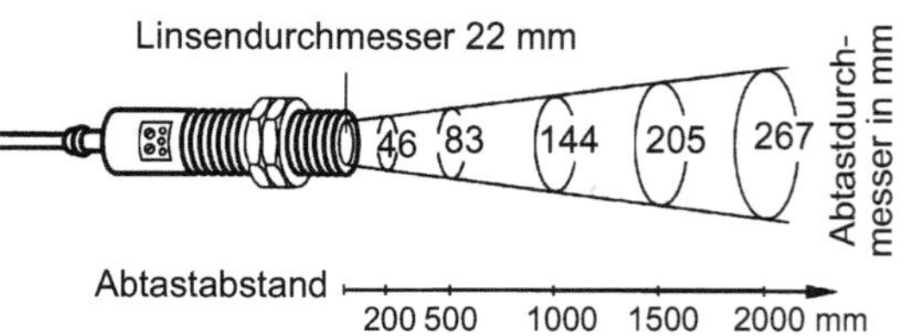

Abb. 2.92 Justierhilfe

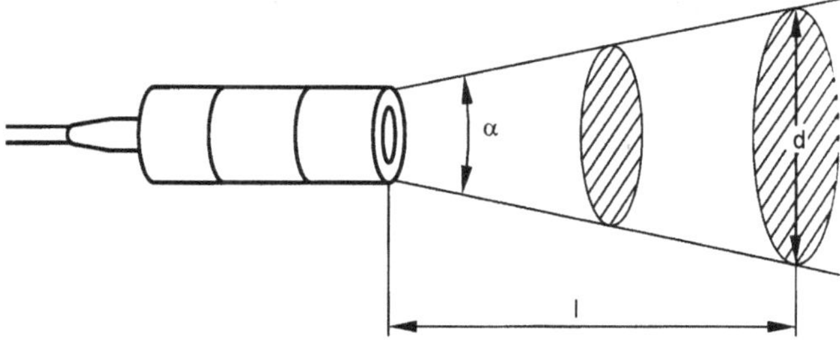

Abb. 2.93 Berechnung des Schaltabstandes

Geräteauswahl und Montage Bei der Montage wird die Optik des Infrarotsensors zum abzutastenden Objekt hin ausgerichtet. Der Infrarotsensor besitzt aufgrund seiner Optik ein Sichtfenster, dessen Fläche vom Schaltabstand und dem Öffnungswinkel des eingesetzten Gerätes abhängt (s. Abb. 2.93).

Die Größe dieses Sichtfensters kann aus dem Öffnungswinkel des verwendeten Gerätes und dem Schaltabstand wie folgt einfach berechnet werden.

$$d = 2 \cdot l \cdot \tan\frac{\alpha}{2} + \text{Linsendurchmesser} \tag{2.3}$$

Öffnungswinkel = α, Abstand = l, Abtastdurchmesser = d

Mit dem Schaltabstanddiagramm kann auf die Berechnung verzichtet werden.

Abb. 2.94 zeigt den Einsatz eines Infrarotsensors bei der Drahtherstellung

Abb. 2.94 Einsatz eines Infrarotsensors

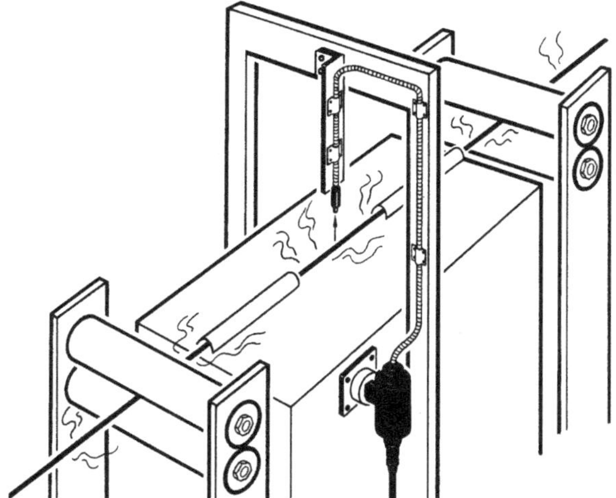

Beispiel

Ein Infrarotsensor hat einen Linsendurchmesser von 24 mm und einen Öffnungswinkel von 15°. Wie groß ist der Abtastdurchmesser für ein Objekt in 120 cm Entfernung?

Gemäß Gl. 2.3 gilt für den Abtastdurchmesser

$$d = 2 \cdot 1200\,\text{mm} \cdot \tan\frac{15}{2} + 24\,\text{mm} = 340\,\text{mm}.$$

Übungsaufgabe 11

Ein Infrarotsensor soll Objekte mit einem maximalen Durchmesser von $d = 200\,\text{mm}$ in $l = 1{,}5\,\text{m}$ Entfernung erfassen. Der Linsendurchmesser des Sensortyps beträgt 20 mm. Es gibt in dieser Baureihe Sensortypen mit verschiedenen Öffnungswinkeln. Welchen würden Sie auswählen?

Zur Selbstkontrolle

1. Wie ist eine Widerstands-Temperatur-Messeinrichtung aufgebaut?
2. Welche Kaltleiter-Werkstoffe werden bei einem Widerstandsthermometer meist eingesetzt?
3. Nach welchen Gesichtspunkten werden Schutzrohre für Widerstandsthermometer ausgewählt?
4. Von welchen Kriterien hängt die Auswahl des Widerstandsthermometers ab?
5. Welcher Messbereich kann mit einem Widerstandsthermometer abgedeckt werden?
6. Wie errechnet sich der Temperaturbeiwert α?
7. Wodurch entsteht Thermoelektrizität?
8. Was bedeutet der Begriff Thermostatisieren?
9. Wovon ist der Messbereich bei Thermoelementen abhängig?

2.2.8 Bildverarbeitende Sensorik

Die industrielle Bildverarbeitung entwickelte sich in den letzten Jahren zu einer Schlüsseltechnologie. Durch das zunehmende Auflösungsvermögen der optischen Sensoren und die größere Verarbeitungsgeschwindigkeit der Rechner bietet sich ein Einsatz, bei dem Erkennungsgeschwindigkeit, Genauigkeit und Objektivität gefordert werden, an.

Eine Übersicht über die Funktionselemente bei der Bildverarbeitung zeigt Abb. 2.95.

Bilderzeugung Zur Bilderzeugung werden heute CCD-Chips (charge coupled device, ladungsgekoppelte Einheit) benutzt. Ein CCD-Sensor besteht aus vielen (typisch: einige Millionen) Fotoelementen (s. Abb. 2.96). Diese erzeugen durch Licht Schaltsignale.

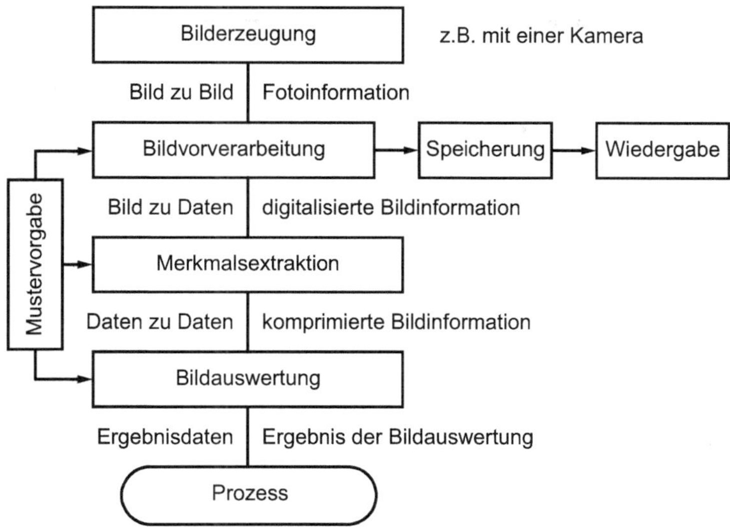

Abb. 2.95 Funktionselemente bei der automatischen Bildverarbeitung

Bildverarbeitung Durch die Fotoelemente wird ein gerastertes Bild erzeugt. Durch die nachfolgende Verarbeitung wird dadurch eine Bitfolge an den Bus gesendet (Abb. 2.97).

Merkmalsextraktion Welche Merkmale für den Produktionsprozess wichtig sind und überwacht werden müssen, legen die Rahmenbedingungen fest.

- Bei Dichtungsringen ist der Durchmesser wichtig, bei der Trinkflaschenproduktion die Gradfreiheit der Öffnung, in dem Beispiel aus Abb. 2.97 die gleiche Ringdicke.
- Bei der Schlüsselfertigung in unserer Lernanlage (vgl. Abschn. 1.5) können optische Sensoren eingesetzt werden zur Unterscheidung der Schlüsselrohlinge. Diese haben unterschiedliche Längsprofile. Bei der Endkontrolle können sie auf Fehler in der Fertigung überprüft und ggf. ausgesondert werden.

Abb. 2.96 CCD-Sensor

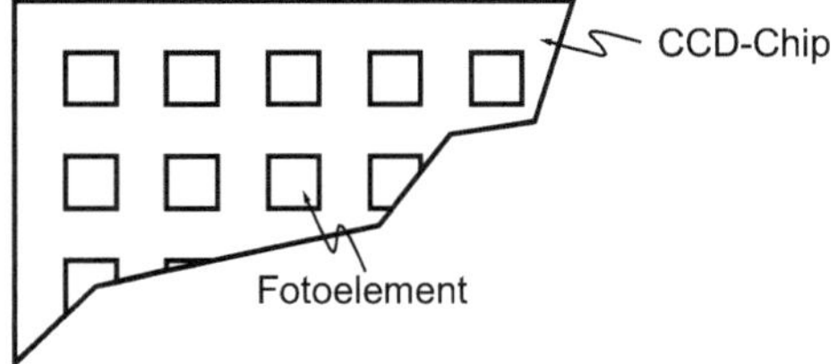

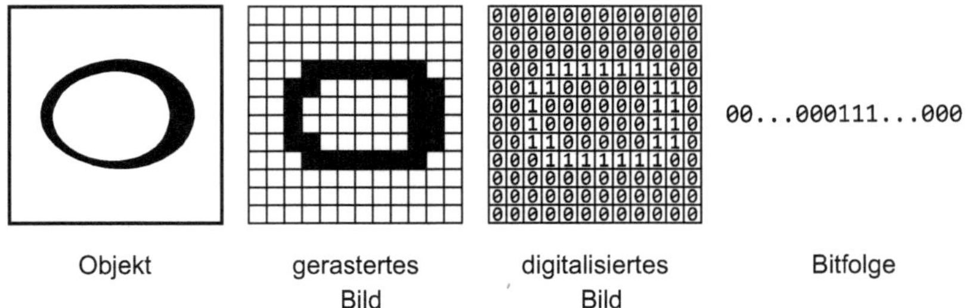

Abb. 2.97 Bildverarbeitung

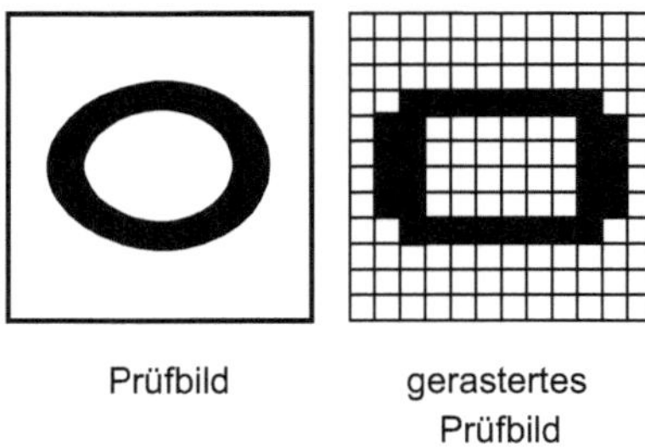

Abb. 2.98 Prüfbild

Bildauswertung Durch Vergleich mit einem im Rechner gespeicherten Prüfbild (s. Abb. 2.98) kann festgestellt werden, ob das aufgenommene mit dem Prüfbild in den benötigten Kriterien hinreichend übereinstimmt.

Prozess Im Prozess wird dann sachgemäß reagiert, indem z. B. das fehlerhafte Bauteil ausgesondert wird. So erfasst in Abb. 2.99 die Kamera die Kontur des Flaschengewindes. Der Rechner vergleicht dieses Bild mit der Prüfkontur. Liegt eine fehlerhafte Kontur

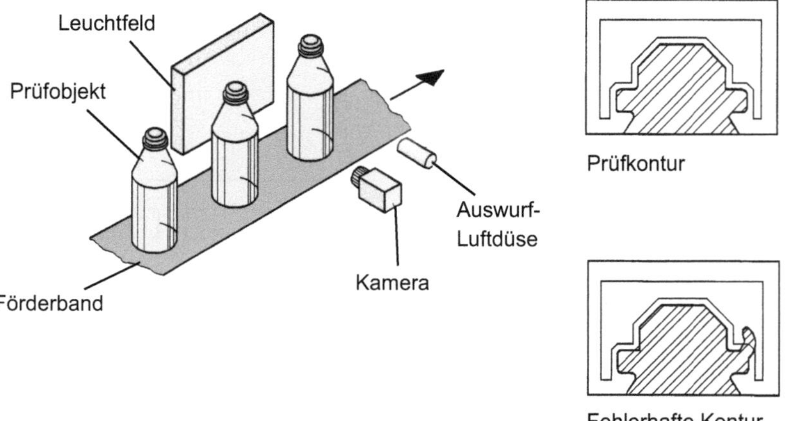

Abb. 2.99 Optischer Sensor bei der Flaschenproduktion

Abb. 2.100 Beispiele für codierte Informationen. **a** Barcode, **b** QR-Code

vor, wird die Auswurf-Luftdüse angesteuert und die fehlerhafte Flasche vom Förderband geblasen.

Besonderheiten Das Prinzip funktioniert auch mit Ultraschall oder Mikrowellen.

Die Erfassung codierter Informationen ist sehr zuverlässig möglich. In Abb. 2.100 werden zwei typische Codierungen dargestellt. Mit einem Barcode werden z. B. Artikel unter der Europäischen Artikelnummer (EAN) gekennzeichnet. Moderne Scannerkassen erfassen diese Darstellung sehr zuverlässig und schnell. Der QR-Code wird heute häufig bei Second-Screen-Darstellungen angewandt. Zu einem Artikel, einer Dienstleistung oder einer Information gibt es Zusatzinformationen. Mit einem geeigneten QR-Scanner – die meisten Smartphones bieten das – wird der Code eingescannt. Entweder enthält er direkt Zusatzinformationen oder einen Hyperlink auf Webseiten, wo man weitere Informationen findet.

In der modernen Kfz-Montage werden alle Bauteile bzw. -gruppen durch Barcodes gekennzeichnet. Diese werden zur Fertigungssteuerung und zur Qualitätssicherung ausgelesen und ausgewertet.

Übungsaufgabe 12

Barcodes werden z. B. bei der ISBN (Internationale Standard-Buchnummer) verwendet. Zur Sicherstellung der Übertragungssicherheit wird als letzte Stelle eine sog. Prüfziffer angefügt. Diese kann aus den vorhergehenden Stellen berechnet werden. Aus den ersten n-1 Ziffern berechnet die Einlesesoftware die Prüfziffer. Die letzte Stelle der eingescannten Zahl wird dann mit dieser berechneten Prüfziffer verglichen. Stimmen diese überein, ist mit hoher Wahrscheinlichkeit damit zu rechnen, dass die Ziffern richtig eingescannt wurden. An einem Beispiel soll dies verdeutlicht werden.

Die 2. Auflage des vorliegenden Buches hat die 13-stellige ISBN 9783658175818. Die Prüfziffer ist also die letzte 8.

Das Verfahren zur Prüfziffernberechnung geht folgendermaßen:

1. Von rechts nach links werden die ersten $n-1$ Stellen abwechselnd mit 1 und 3 gewichtet.
2. Die jeweiligen Produkte aus der Stellenziffer und ihrem Gewichtsfaktor werden errechnet und summiert.

3. Die Prüfziffer ist dann der volle Rest zur nächsthöheren durch 10 teilbaren Zahl (Modulo 10).

An dem Beispiel soll dieses Verfahren erläutert werden:

ISBN-Nummer	Gewichtung	Produkte
9	1	9
7	3	21
8	1	8
3	3	9
6	1	6
5	3	15
8	1	8
1	3	3
7	1	7
5	3	15
8	1	8
1	3	3
Summe der Produkte		112
Berechnung des Restes		120 – 112 = 8

Prüfen Sie, ob folgende ISBN richtig übermittelt wurde.

a) 9783658169928
b) 9783658115722

Literatur

Literatur und Normen

1. DIN IEC 60381-1,2 Analoge Signale für Regel- und Steueranlagen
2. DIN 1319-1 (1995-01-00) Grundbegriffe.
3. DIN 1319-2 (2005-10-00) Begriffe für die Anwendung von Messgeräten.
4. DIN 1319-3 (1996-05-00) Auswertung von Messungen einer einzelnen Messgröße, Messunsicherheit.
5. DIN 1319-4 (1999-02-00) Auswertung von Messungen, Messunsicherheit.
6. DIN IEC 60050-351: 2014-09 Internationales Elektrotechnisches Wörterbuch – Teil 351: Leittechnik.
7. ISO IEC 2382-1 (1993)

Weiterführende Literatur

Brinkmann, Burghart: Internationales Wörterbuch der Metrologie. Grundlegende und allgemeine Begriffe und zugeordnete Benennungen (VIM); ISO/IEC-Leitfaden 99:2007 = Vocabulaire international de métrologie. Dt.-engl. Fassung, 4. überarb. Aufl. Berlin, Wien, Zürich: Beuth (Wissen: Messwesen) (2012)

Czichos, H.: Die Welt ist dreieckig. Die Triade Philosophie – Physik – Technik. Springer Vieweg, Wiesbaden (2013)

Dahlhoff, H., Häberle, H.O., Häberle, G., Kilgus, R., Krall, R., Plagemann, B. et al.: Tabellenbuch Mechatronik. Tabellen, Formeln, Normenanwendung. 7., neu bearb. und erw. Aufl. Haan-Gruiten: Verl. Europa-Lehrmittel Nourney, Vollmer (Europa-Fachbuchreihe für Mechatronik) (2013)

DIN 1301-1 (2010-10) Einheiten – Teil 1: Einheitennamen, Einheitenzeichen

DIN EN 16340: DIN EN 16340 Sensoren zur Detektion von gasförmigen Verbrennungsprodukten in Gasbrennern und Gasgeräten; Deutsche Fassung prEN 16340:2011

DIN EN 60027-6 (2008-04-00) Formelzeichen für die Elektrotechnik

Heinrich, B. (Hrsg.): Messen, Steuern, Regeln. Elemente der Automatisierungstechnik. 8., überarb. und erg. Aufl. Wiesbaden: Vieweg (Viewegs Fachbücher der Technik) (2005)

Hering, E.: Sensoren. Funktionsweise und Einsatzgebiete. In: Sensoren in Wissenschaft und Technik (2010)

Hering, E., Bürkle, H.-P.: Taschenbuch der Mechatronik. Mit zahlreichen Tabellen. Fachbuchverl. Leipzig im Carl-Hanser-Verl, München [u. a.] (2005)

Hesse, S., Schnell, G.: Sensoren für die Prozess- und Fabrikautomation. Funktion – Ausführung – Anwendung; mit 35 Tabellen, 5. Aufl. Praxis. Vieweg + Teubner, Wiesbaden (2011)

Parthier, R.: Messtechnik. Grundlagen und Anwendungen der elektrischen Messtechnik für alle technischen Fachrichtungen und Wirtschaftsingenieure. Springer Vieweg, Wiesbaden (2016)

QM-Lexikon. Online verfügbar unter http://www.quality.de/lexikon/sensor.htm.

Tröster, F.: Steuerungs- und Regelungstechnik für Ingenieure. 3., überarb. und erw. Aufl. München: Oldenbourg (2011)

Weidmann, W.: Radarsensorik – schwarze Magie oder faszinierende Technik? 1. Aufl. Röll, Dettelbach (2011)

Regelungstechnik 3

Die Entwicklung der Dampfmaschine war ein Meilenstein in der technologischen Entwicklung der industriellen Fertigungstechnik. Dank ihrer war man nicht mehr auf schwankende Energiequellen wie Wind und Wasser z. B. zum Betrieb von Mühlen angewiesen, die auch nicht überall verfügbar waren.

Ein Problem der ersten Dampfmaschinen bestand darin, dass deren Drehzahl von der Größe der Belastung abhing. Bei starker Belastung brach die Drehzahl ein, bei geringer Belastung stieg sie an. James Watt gelang es schließlich, mit Hilfe einer mechanischen Vorrichtung, die Drehzahl praktisch unabhängig von der Belastung konstant zu halten.

Das Funktionsprinzip basiert im Wesentlichen auf einem Fliehkraftpendel (Abb. 3.1), das mit der Abtriebswelle der Dampfmaschine verbunden ist und das mittels Hebeln das Ventil für den zuströmenden Dampf verstellt. Bei einer höheren Belastung der Dampfmaschine sinkt zunächst die Drehzahl. Das Fliehkraftpendel nimmt eine andere Gleichgewichtslage ein und verstellt dabei das Ventil so, dass mehr Dampf in den Zylinder strömt. Dadurch steigt die Drehzahl wieder an. Bei geringerer Belastung ist es umgekehrt. Der erste Drehzahlregler war erfunden.

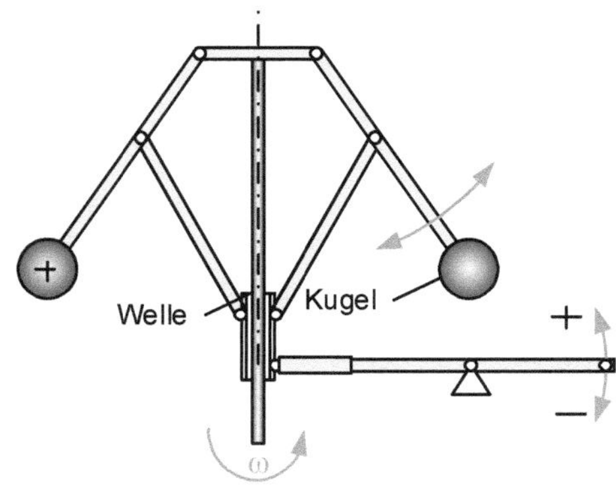

Abb. 3.1 Fliehkraftpendel

B. Heinrich et al., *Grundlagen Automatisierung*, https://doi.org/10.1007/978-3-658-27323-1_3

Auch wenn die Regelungstheorie erst viel später erarbeitet wurde, verhalf dieser einfache mechanische Drehzahlregler der Dampfmaschine zum Durchbruch.

Im folgenden Abschnitt werden zunächst wichtige Grundlagen und Begriffe der Regelungstechnik behandelt, bevor auf die grafische Beschreibung von Regelkreisen und die Beschreibung einzelner Regelkreisglieder eingegangen wird.

3.1 Grundlagen

Die verwendeten Begriffe entstammen der Norm DIN IEC 60050-351 [1]. Formelzeichen und Abkürzungen sind in der Tab. 3.1 aufgeführt.

Tab. 3.1 Formelzeichen und Abkürzungen

A_R	Amplitudenreserve (dB)
c	Zielgröße, Federsteifigkeit (N/m)
c_V	Vom Ventil abhängige Konstante $(m^3/s/\sqrt{Pa})$ oder $(l/min/\%/\sqrt{bar})$
C	Kapazität (F)
d	Dämpfungskonstante (Ns/m)
e	Regeldifferenz (Regelabweichung)
f_0	Eigenfrequenz (Hz)
F	Kraft (N)
FT	Fourier-Transformation
$G(j\omega)$	Frequenzgang
G	Übertragungsfunktion
G_{DRK}	Übertragungsfunktion des geschlossenen Drehgeschwindigkeitsregelkreises
$G_{DRK,0}$	Übertragungsfunktion des offenen Drehgeschwindigkeitsregelkreises
G_{LRK}	Übertragungsfunktion des geschlossenen Lageregelkreises
$G_{LRK,0}$	Übertragungsfunktion des offenen Lageregelkreises
G_{MRK}	Übertragungsfunktion des geschlossenen Drehmomentregelkreises
G_R	Übertragungsfunktion des Reglers
G_S	Übertragungsfunktion der Regelstrecke
G_{SRK}	Übertragungsfunktion des geschlossenen Stromregelkreises
$G_{SRK,0}$	Übertragungsfunktion des offenen Stromregelkreises
G_{SZ}	Störübertragungsfunktion der Regelstrecke
G_Z	Störübertragungsfunktion des Regelkreises
G_0	Übertragungsfunktion des offenen Regelkreises
I	Elektrische Stromstärke (A)
I_a	Ankerstrom (A)
I	Integral
$i_{ges,k}$	Gesamte Übersetzung vom Motor bis zu der Antriebskomponente k
j	Komplexe Variable $(j^2 = -1)$
J	Trägheitsmoment $(kg\ m^2)$

Tab. 3.1 (Fortsetzung)

J_{mot}	Trägheitsmoment (kg m^2) eines Motors
J^{red}	Reduziertes Trägheitsmoment (kg m^2)
K	Proportionalitätsfaktor, Verstärkungsfaktor, Drehmomentkonstante, Spannungskonstante
K_D	Differenzierbeiwert
K_I	Integrierbeiwert
K_P	Proportionalbeiwert
$K_{P,krit}$	Kritische Verstärkung
K_V	Verstärkung des Lagereglers (1/s)
K_ε	Sprunghöhe
K_ρ	Steigung der Anstiegsfunktion
K_δ	Fläche unter der Kurve einer Impulsfunktion
L_a	Induktivität (H) der Ankerwicklung
m	Reglerausgangsgröße, Masse (kg)
M_a	Antriebsdrehmoment (Nm) eines Motors
M_r	Reibungsdrehmoment (Nm)
M_L	Lastdrehmoment (Nm)
N	Ordnung einer Differenzialgleichung
P-, PI-, PID-Regler	Regler mit proportionalem, proportionalem und integralem, proportionalem und integralem und differenziellem Verhalten
q	Aufgabengröße, Volumenstrom (m^3/s) oder (l/min)
Q	Volumenstrom (m^3/s) oder (l/min)
r	Rückführgröße
R	Ohmscher Widerstand (Ω)
R_a	Widerstand (Ω) der Ankerwicklung
s	Komplexe Variable mit Realteil σ und Imaginärteil jω
t	Zeit (s)
T	Zeitkonstante (s)
T_{AB}	Abtastzeit (s)
T_d, T_D	Vorhaltezeit (s)
T_b	Ausgleichszeit (s)
T_{cr}	Anregelzeit (s)
T_{cs}	Ausregelzeit (s)
T_e	Verzugszeit (s), elektrische Zeitkonstante eines Motors (s)
T_i	Nachstellzeit (s)
T_{krit}	Periodendauer (s) der Dauerschwingung bei der kritischen Verstärkung
T_t	Totzeit (s)
T_{sr}	Anschwingzeit (s)
T_s	Einschwingzeit (s)
T_{SRK}	Zeitkonstante (s) des Stromregelkreises
u	Eingangsgröße

Tab. 3.1 (Fortsetzung)

$U(s)$	Eingangsgröße im Laplace-Bereich
u_0	Anfangswert der Eingangsgröße zum Zeitpunkt t = 0
u_S	Sprunghöhe der Eingangsgröße
U	Elektrische Spannung (V)
U_i	Induzierte Spannung (V)
v	Ausgangsgröße
v_0	Anfangswert der Ausgangsgröße zum Zeitpunkt $t = 0$
v_∞	Wert der Ausgangsgröße im Beharrungszustand
$V(s)$	Ausgangsgröße im Laplace-Bereich
v_m	Überschwingweite
w	Führungsgröße
w_0	Anfangswerte der Führungsgröße
WF	Fensterfunktion (window function)
x	Regelgröße
x_0	Anfangswerte der Regelgröße
x_m	Überschwingweite
x_{sd}	Schaltdifferenz
x_∞	Regelgröße im Beharrungszustand
y	Stellgröße
y_V	Ventilöffnung (–) oder (%) im Bereich $-1 \ldots 1$ oder $-100\,\% \ldots 100\,\%$
z	Störgröße, Zähnezahl
α	Winkel (rad)
φ	Phasenwinkel (rad) oder (°)
φ_R	Phasenreserve (rad) oder (°)
ϑ	Dämpfungsmaß
ω	Kreisfrequenz (1/s), Winkelgeschwindigkeit (rad/s)
ω_0	Kennkreisfrequenz (1/s)
ω_D	Durchtrittsfrequenz (1/s)
$\dot{\omega}$	Drehbeschleunigung (rad/s^2)
Φ	Magnetischer Fluss

3.1.1 Grundbegriffe

3.1.1.1 Steuerungssystem

Die Abb. 3.2 zeigt einen vereinfachten Wirkungsplan eines Steuerungssystems. Der Wirkungsweg ist in dieser Definition der Weg, auf dem die Größen verändert werden. Die Richtung wird im Wirkungsplan durch Pfeile verdeutlicht. Weg und Richtung der Wirkungen müssen nicht unbedingt mit Weg und Richtung zugehöriger Energieflüsse und Massenströme übereinstimmen.

Darin kann man sehr gut sehen, dass der Signalfluss in einem Steuerungssystem nur in einer Richtung verläuft. Dies ist charakteristisch für den Begriff „steuern“.

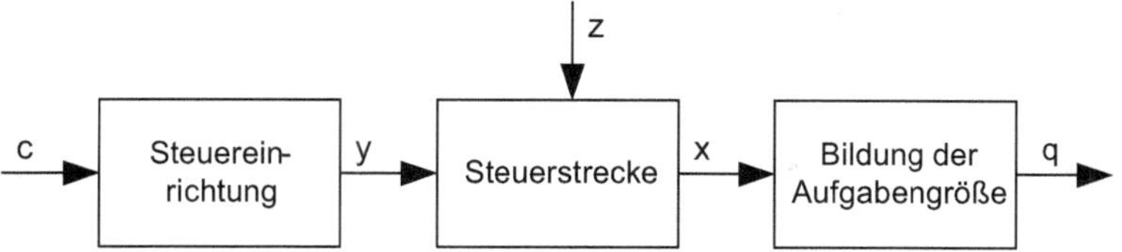

Abb. 3.2 Grobstruktur eines elementaren Steuerungssystems

Dort wird eine *Zielgröße c* der *Steuereinrichtung* übergeben. Die Steuereinrichtung gibt eine *Stellgröße y* aus, die Eingangsgröße der *Steuerstrecke* ist. Die Steuerstrecke reagiert darauf und verändert ihre Ausgangsgröße, die *gesteuerte Größe x*.

► **Zielgröße** c (command variable) Die Zielgröße ist nach der DIN IEC 60050 eine von der betreffenden Regelung oder Steuerung nicht beeinflusste Größe, die dem Regelkreis oder der Steuerkette von außen vorgegeben wird und der die Aufgabengröße q in vorgegebener Abhängigkeit folgen soll.

► **Stellgröße** y (manipulated variable) Die Stellgröße y ist die Ausgangsgröße der Steuer- oder Regeleinrichtung und zugleich Eingangsgröße der Strecke. Sie überträgt die steuernde Wirkung der Einrichtung auf die Strecke. Der Wertebereich, innerhalb dessen die Stellgröße einstellbar ist, heißt Stellbereich.

► **Störgröße** z (disturbance variable) Störgrößen sind unerwünschte Eingangsgrößen in das Steuerungs- oder Regelungssystem, die unabhängig und meist unvorhersehbar sind.

Störgrößen können nicht nur das Verhalten der Strecke, sondern auch das des Reglers beeinflussen. Manchmal unterscheidet man diese beiden Arten der Störung. Die Störgrößen werden meist gedanklich zu einer einzigen Störgröße zusammengefasst, die auf die Strecke einwirkt.

Beispiele typischer Störgrößen

- Temperaturschwankungen im Außenklima,
- Spannungsschwankungen im Versorgungsnetz,
- Prozesskräfte.

Das Problem bei Steuerungssystemen ist: Neben der *Stellgröße y* wirken auch Störgrößen z auf die Steuerstrecke ein, die ebenfalls Einfluss auf die *gesteuerte Größe x* haben. Unter Einwirkung von Störgrößen nimmt x andere Werte an, als ohne. Bei einer Steuerung erfolgt keine fortlaufende Reaktion auf eine ungewollte Änderung von x. Im Kap. 4 wird ausführlich auf das Thema Steuerungstechnik eingegangen.

3.1.1.2 Regelungssystem

Ganz anders verhält es sich bei einer Regelung. Dort wird die Größe x fortlaufend gemessen und (als *Rückführgröße* r) zur Regeleinrichtung zurückgeführt. Man bezeichnet x als *Regelgröße*. In der Regeleinrichtung wird daraufhin eine entsprechende Stellgröße y zur Korrektur gebildet, siehe Abb. 3.3. Kennzeichnend für eine Regelung ist ein geschlossener Wirkungsablauf, der durch den Begriff Regelkreis verdeutlicht wird.

In den Abb. 3.2 und 3.3 ebenso wie in der Norm gibt es eine Unterscheidung zwischen der Regelgröße x und der *Aufgabengröße* q. Diese Unterscheidung ist immer dann notwendig, wenn die Aufgabengröße nicht direkt gemessen wird, sondern stattdessen ein anderer physikalischer Wert. Voraussetzung ist, dass der Zusammenhang zwischen der Regelgröße und der Aufgabegröße eindeutig und bekannt ist. Dazu ein Beispiel: Das Volumen einer Flüssigkeit in einem Behälter soll genau eingestellt werden. Da das Volumen (Aufgabengröße) nicht direkt messbar ist, wird stattdessen der Füllstand (Regelgröße) gemessen. Der Zusammenhang zwischen dem Füllstand x und dem Volumen q ist bekannt.

Beispiele für typische Regelgrößen:

Im Maschinenbau:	Kraft, Druck, Drehmoment, Drehzahl, Geschwindigkeit,
In der Verfahrenstechnik:	Temperatur, Druck, Masse, Durchfluss, pH-Wert, Heizwert.

In einem Regelungssystem wird also die Regelgröße x gemessen und als Rückführgröße r wieder zum Regelungssystem geführt.

► **Regeleinrichtung** (controlling system) Die Regeleinrichtung ist diejenige Funktionseinheit, welche die Regelungsfunktion ausführt. Das heißt, sie soll dafür sorgen, dass die Aufgabengröße den gewünschten Wert oder Verlauf annimmt. Aus der Zielgröße c und der Rückführgröße r bildet die Regeleinrichtung die Stellgröße.

Die Regeleinrichtung besteht aus mehreren Funktionseinheiten, auf die später genauer eingegangen wird, siehe Abb. 3.5.

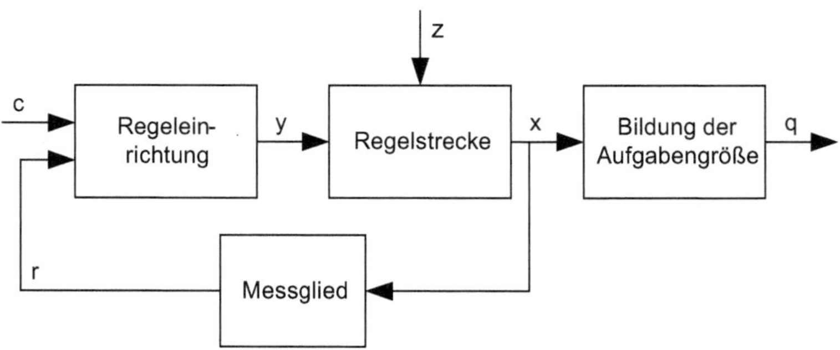

Abb. 3.3 Grobstruktur eines elementaren Regelungssystems

Regelstrecke bzw. Steuerstrecke (controlled system) Eine Regel- bzw. Steuerstrecke ist nach der DIN IEC 60050-351 eine Funktionseinheit, die entsprechend der Regelungsaufgabe bzw. Steuerungsaufgabe beeinflusst wird.

Eine solche Regelstrecke kann ein Glühofen sein, der durch eine Regelung auf einer konstanten Temperatur gehalten wird (Abb. 3.4). Hinzu kommen der Brenner und das Stellventil.

Das Regelungssystem wird durch den Temperaturfühler als Messglied, den Regler und Steller vervollständigt. Die Solltemperatur ist die Zielgröße. In dem Beispiel ist sie gleich der Führungsgröße. Störungen werden durch veränderliche Umgebungstemperaturen, Öffnen der Tür zum Entladen und Beschicken und kaltes Glühgut verursacht.

Weitere Beispiele für Temperaturregelstrecken sind z. B. ein Durchlauf-Temperofen, ein Härteofen, der Kühlraum eines Kühlgerätes, ein klimatisierter Raum, ein Silo für Schüttgüter, der Behälter eines Heißwasserbereiters.

Das Stellglied ist Teil der Regelstrecke. Es ist am Eingang der Regelstrecke angeordnet und beeinflusst den Massenstrom oder den Energiefluss.

Typische Stellglieder für Massenströme sind:

- Ventile,
- Schieber,
- Klappen.

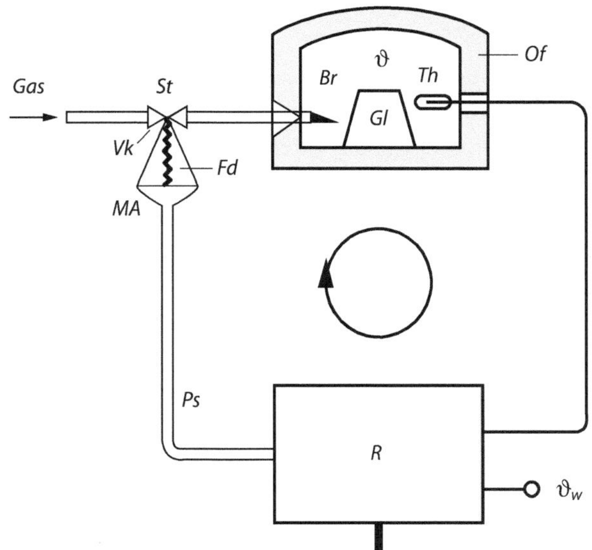

Abb. 3.4 Temperaturregelung eines gasbeheizten Ofens, *Of* Ofen, *Gl* Glühgut, *Th* Thermometer, *Br* Brenner, *St* Stellgerät, *VK* Ventilkörper. *MA* Membran-Antrieb, *Fd* Feder, *R* Regler, Temperatur als Regelgröße, w Führungsgröße, p_s Stelldruck als Stellgröße

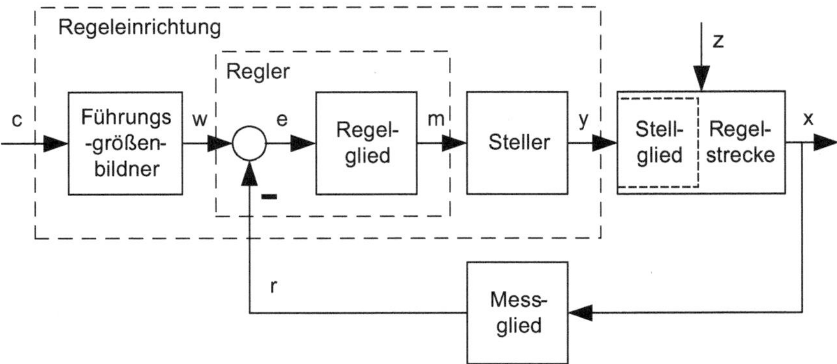

Abb. 3.5 Detaillierte Struktur eines elementaren Regelungssystems

Typische Stellglieder für den Energiefluss sind:

- Motoren,
- elektrische oder elektronische Schalter,
- pneumatische Schalter,
- Stellwiderstände.

► **Messglied** (measuring element) Das Messglied dient der Erfassung der Regelgröße. Es wandelt die Regelgröße in die Rückführgröße um, die in der Regeleinrichtung verarbeitet wird.

Das Messglied besteht im einfachsten Fall aus einem Sensor. In vielen Fällen ist der vom Sensor unmittelbar aufgenommene physikalische Wert in der vorliegenden Form als Informationseingang am Regler noch nicht geeignet.

- Ist die physikalische Größe nicht geeignet, wird zwischen Sensor und Regelungseinrichtung ein Messumformer geschaltet. Dieser hat die Aufgabe, die Regelgröße, die vom Sensor in einer bestimmten physikalische Größe geliefert wird (z. B. als Druck) in eine andere physikalische Größe (z. B. elektrische Spannung), die von der Regelungseinrichtung benötigt wird, umzuwandeln.
- Oft reicht die vom Sensor gelieferte Leistung nicht aus, um einen Regelvorgang auszulösen. Dann wird zwischen Sensor und Vergleichsglied noch ein Messverstärker geschaltet, der den vom Sensor gelieferten Messwert auf ein höheres Energieniveau anhebt.

Mehr Informationen zum Thema Sensorik sind im Kap. 2 zu finden.

3.1.1.3 Regeleinrichtung

Der detaillierte Aufbau und der Signalfluss innerhalb der Regeleinrichtung ist in der Abb. 3.5 zu sehen. Die Regeleinrichtung besteht aus den Komponenten:

- Führungsgrößenbildner,
- Regler,
- Steller.

Der Regler besteht aus einem Vergleicher und einem Regelglied.

► **Führungsgröße und Führungsgrößenbildner** (reference variable, reference variable generating element) Der Führungsgrößenbildner bildet aus dem *Zielwert c* eine *Führungsgröße w* , bei der z. B. Grenzwerte der Zustandsgrößen des Regelungssystems eingehalten werden.

Die *Führungsgröße w* ist der Sollwert für die *Regelgröße x*.

Beispiel: Positionsänderung einer Achse von x_0 nach x_1. x_0 ist die Position der Achse am Beginn der Bewegung, der Zielwert ist $c = x_1$. Der Führungsgrößenbildner erzeugt eine Funktion $w(t)$, bei der die Maximalwerte der Geschwindigkeit und Beschleunigung der Achse nicht überschritten werden, siehe Abb. 3.6.

Beispiel: Begrenzung der Geschwindigkeit und Beschleunigung bei Positionsregelungen.

Abhängig von der Art der Führungsgröße kann man folgende Arten der Regelung unterscheiden:

- Festwertregelung,
- Folgeregelung,
- Zeitplanregelung.

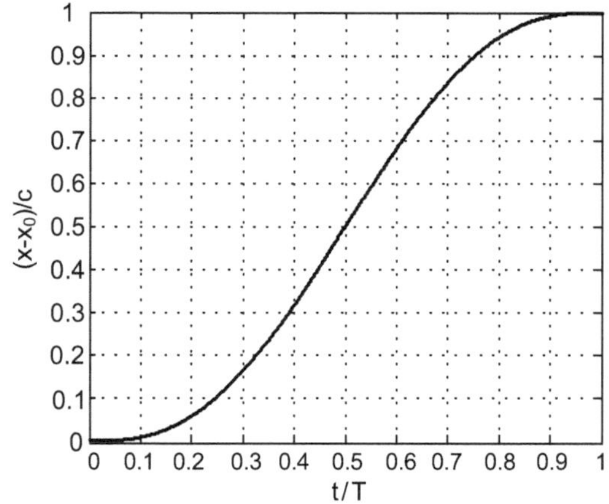

Abb. 3.6 Beispiel einer Führungsgröße

Ist die Führungsgröße auf einen festen Wert eingestellt, spricht man von einer *Festwertregelung*. Dieser feste Wert wird auch oft Sollwert genannt.

Von einer *Folgeregelung* spricht man dann, wenn sich die Führungsgröße in Abhängigkeit von anderen veränderlichen Größen mit der Zeit ändert, der zeitliche Verlauf aber vorher nicht feststeht. Beispiel: Greifen von Werkstücken, die auf einem Transportband mit unterschiedlicher Geschwindigkeit am Greifarm vorbei laufen. Der Greifarm muss zur Bewegung des Transportbandes synchronisiert werden. Die Position auf dem Transportband bestimmt den Sollwert für die Bewegungsachsen der Steuerung des Greifarms.

Folgt die Veränderung der Führungsgröße einer vorgegeben Zeitfunktion, so liegt eine Zeitplanregelung vor. Die Temperaturabsenkung einer Heizungsanlage in den Nachtstunden ist ein Beispiel für eine Zeitplanregelung. Beim Einsatz eines Computers zur Regelung kann der zeitliche Verlauf auch durch eine Funktionsgleichung oder durch eine Funktionstabelle eingegeben werden.

► **Regler** (controller) Der Regler umfasst die *Vergleichsstelle* und das *Regelglied*. An der *Vergleichsstelle* wird die *Regeldifferenz* e als Differenz der Rückführgröße r und der Führungsgröße w gebildet. Die Regeldifferenz ist die Eingangsgröße des *Regelgliedes*. Die Reglerausgangsgröße m durchläuft den *Steller* und wird dort zur *Stellgröße* y.

Für die Regeldifferenz wird meist vereinfachend mit der Differenz zwischen der Führungsgröße und der Regelgröße gerechnet. Das ist zulässig, wenn der Einfluss des Messgliedes auf das Regelverhalten vernachlässigt werden kann.

$$e = w - x$$

► **Steller** (actuator) Der Steller ist ebenfalls Teil der Regelungseinrichtung und dient dazu, das Stellsignal zu erzeugen.

Die Ausgangsgröße des Reglers ist oft weder von der physikalischen Größe her noch von der Leistung geeignet zur direkten Ansteuerung der Regelstrecke. Daher ist eine Funktionseinheit zur Anpassung erforderlich. Bei elektrischen Servoantrieben zum Beispiel befindet sich der Steller im Umrichter bzw. im Antriebsverstärker.

Manchmal sind Steller und Stellglied in einem Gerät integriert. Die Einheit aus Steller und Stellglied wird als *Stelleinrichtung* bezeichnet.

Das Erfassen des Istwertes der Regelgröße geschieht durch Fühler oder Sensoren. Fortlaufend muss dabei nicht kontinuierlich sein, es reicht auch die hinreichend häufige Abtastung. Die Führungsgröße w ist eine von der Regelung nicht beeinflusste Größe, die von außen zugeführt wird und der die Ausgangsgröße der Regelung in vorgegebener Abhängigkeit folgen soll. Die Führungsgröße ist nicht notwendig konstant. In vielen Fällen ist sie zeitlich veränderlich. Die Angleichung der Regelgröße an die Führungsgröße ist die eigentliche Regelaufgabe. Dabei bedeutet Angleichung nicht notwendig Deckungsgleichheit. Entsprechend der Regelaufgabe werden Abweichungen in festgelegten

Grenzen zugelassen. Auf Grund der ermittelten Abweichung zwischen Regelgröße und Führungsgröße bildet die Regeleinrichtung die Stellgröße.

Diese Stellgröße muss so gewählt werden, dass sich die Regelgröße der Führungsgröße annähert. Auf den Regelkreis wirken auch nichtplanbare Störungen ein, die man zu einer Störgröße z zusammenfasst, die auf die Strecke einwirkt. Auch diesen Einfluss muss der Regelkreis ausregeln.

Regeln ist demnach ein Kreisprozess aus

- fortlaufendem Messen der Regelgröße,
- ständigem Vergleichen mit der Führungsgröße,
- Angleichen der Regelgröße an die Führungsgröße.

Der eigentliche Regelkreis besteht aus den folgenden Regelkreisgliedern:

- Regler,
- Steller,
- Regelstrecke mit Stellglied,
- Messglied.

Eingangsgrößen in den Regelkreis sind die Führungsgröße w und die Störgröße z, Ausgangsgröße ist die Regelgröße x.

Nach der Art der Regelgröße unterscheidet man z. B. Temperatur-, Druck-, Durchfluss-, Strom-, Drehzahl- oder Lageregelkreise. Im Bereich der Antriebstechnik findet man Regelungen für Druck-, Geschwindigkeit oder Position bei hydraulischen Antrieben sowie Drehmoment, Drehzahl oder Position bei elektrischen Antrieben.

3.1.2 Grafische Darstellung von Regelkreisen mit Hilfe des Wirkungsplans

Der Wirkungsplan beinhaltet die symbolische Darstellung der Wirkungsabläufe in einem System. Er besteht aus Blöcken, Additions- und Verzweigungsstellen, die durch Wirkungslinien miteinander verbunden sind. Die Wirkungslinien werden als Pfeile dargestellt und geben die Wirkungsrichtung der betreffenden Größen an. Sie geben logische Verbindungen an und nicht zwangsläufig materielle Verbindungen, wie elektrische Leitungen, Rohrverbindungen oder ähnliches. Die Darstellung in Form von Wirkungsplänen wurde oben schon in den Abb. 3.2, 3.3 und 3.5 verwendet.

3.1.2.1 Darstellung von Blöcken

Die Glieder des Regelkreises wandeln Eingangssignale in Ausgangssignale um. Im Wirkungsplan erfolgt ihre Darstellung als sogenannter Block, vorzugsweise als Rechteck gezeichnet. Ein solcher Block hat eine oder mehrere Eingangsgrößen u und eine oder

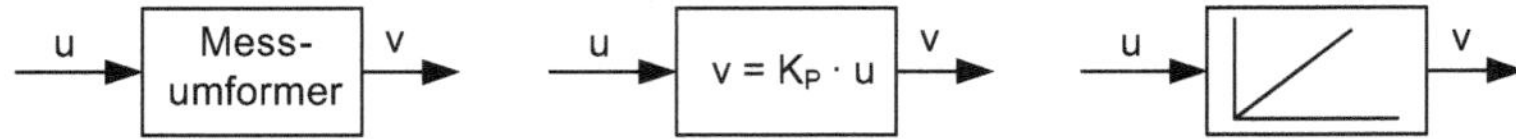

Abb. 3.7 Beispiele für die Blockdarstellung

mehrere Ausgangsgrößen v. Der Zusammenhang zwischen den Ausgangsgrößen und den Eingangsgrößen kann durch eine arithmetische Gleichung, eine Übertragungsfunktion, eine Differenzial- oder Differenzengleichung, durch eine Kennlinie oder eine Kennlinienschar oder durch eine Schaltfunktion angegeben werden, siehe Abb. 3.7. Oft findet man auch eine Benennung des Gliedes.

3.1.2.2 Darstellung von Verzweigungsstellen

In Regelkreisen findet häufig eine Verzweigung der Wirkung statt. Typisch ist hier das Abspalten eines Messzweiges vom Hauptzweig. Solche Verzweigungsstellen werden durch einen Punkt auf dem Verzweigungsknoten dargestellt (Abb. 3.8).

$$v_1 = v_2 = u$$

3.1.2.3 Darstellung von Additionsstellen

Additionsstellen sind Stellen im Wirkungsplan, an denen veränderliche Größen arithmetisch addiert werden (Abb. 3.9). Sie werden im Wirkungsplan vorzugsweise als Kreis dargestellt. Durch entsprechende Vorzeichen kann damit auch die Umkehrung des Wirkungssinns, also eine Subtraktion, beschrieben werden. Das Vorzeichen steht auf der in Pfeilrichtung rechten Seite der ankommenden Wirkungslinie.

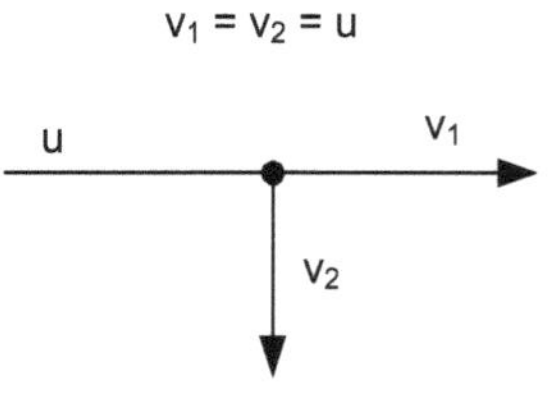

Abb. 3.8 Darstellung von Verzweigungsstellen

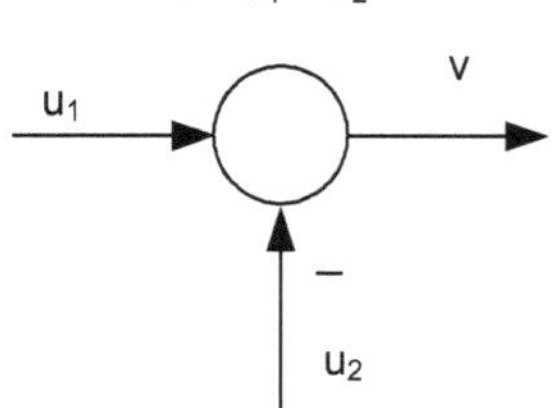

Abb. 3.9 Additionsstelle

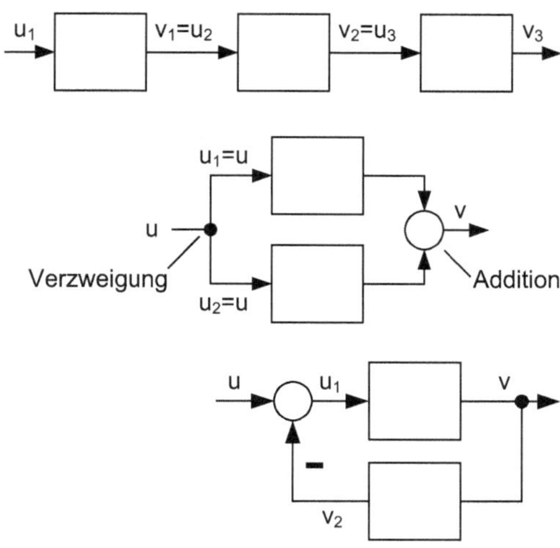

Abb. 3.10 Darstellung der Reihenstruktur

Abb. 3.11 Darstellung der Parallelstruktur

Abb. 3.12 Darstellung der Kreisstruktur

3.1.2.4 Reihenstruktur im Wirkungsplan

Die Reihung der Blöcke in der linearen Wirkungsrichtung ist typisch für alle Steuerungsvorgänge. Hintereinander liegende Glieder werden wie in einer elektrischen Reihenschaltung dargestellt (Abb. 3.10).

3.1.2.5 Parallelstruktur im Wirkungsplan

Eine Parallelstruktur ist mit der Parallelschaltung der Elektrotechnik vergleichbar. Der Signalfluss wird verzweigt (Abb. 3.11). Dabei ist festzuhalten, dass die Parallelstruktur trotz der geometrischen Ähnlichkeit nicht der Kreisstruktur entspricht.

3.1.2.6 Kreisstruktur im Wirkungsplan

Beim Zusammenwirken der Blöcke in einer Kreisstruktur erfolgt stets eine Rückführung des Ausganges eines Blocks auf den Eingang eines davor liegenden Blocks (Abb. 3.12). Der Wirkungsweg erhält bei der Kreisstruktur die Form einer geschlossenen Schleife.

Die Kreisstruktur ist typisch für Regelkreise. In der Abb. 3.5 kann man die Rückführung der Regelgröße x über das Messglied zum Regler erkennen.

Kraftregelung eines Hydraulikzylinders

Die Kraft F eines Hydraulikzylinders mit zwei Kammern A und B soll geregelt werden, siehe Abb. 3.13. Die hydraulisch wirksamen Flächen des Hydraulikzylinders sind A_A (Kreisfläche) und A_B (Ringfläche). Anstatt der Kraft werden die beiden Drücke p_A und p_B gemessen. Zwischen der Kraft F und den beiden Drücken gilt die folgende Beziehung:

$$F = p_A \cdot A_A - p_B \cdot A_B .$$

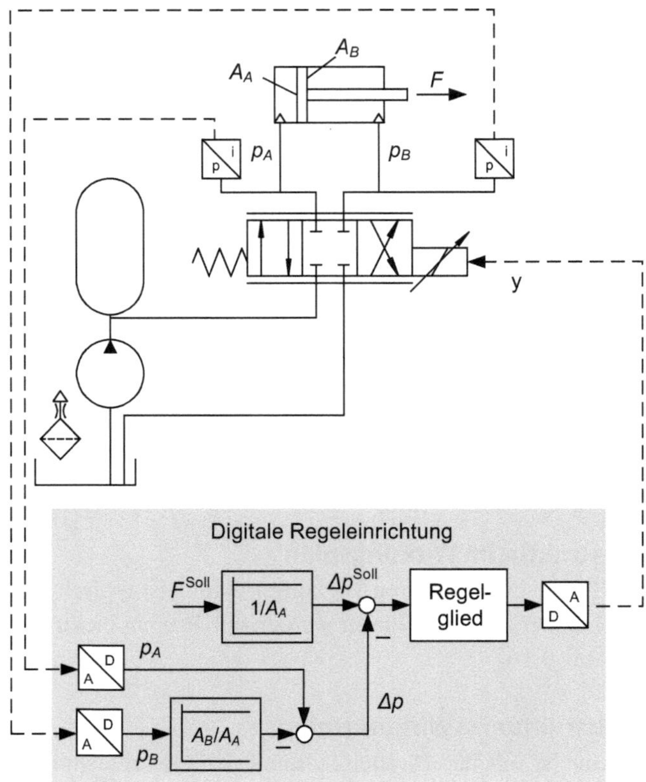

Abb. 3.13 Beispiel für die Kraftregelung eines Hydraulikzylinders

Mit Einführung des Differenzdrucks Δp

$$\Delta p = p_A - \frac{A_B}{A_A} p_B$$

kann die Kraft durch den Differenzdruck ausgedrückt werden.

$$F = \Delta p \cdot A_A$$

Gleichzeitig kann der Sollwert der Kraft F^{Soll} in einen Sollwert für den Differenzdruck Δp^{Soll} umgerechnet werden und der Regelkreis aufgebaut werden.

$$F^{\mathrm{Soll}} = \Delta p^{\mathrm{Soll}} \cdot A_A \Rightarrow \Delta p^{\mathrm{Soll}} = \frac{1}{A_A} F^{\mathrm{Soll}}$$

Die Aufgabengröße q ist die Kraft F des Zylinders. Die Regelgröße x ist gleich dem Differenzdruck Δp. Die Zielgröße c ist der Sollwert für die Kraft F. Das Messglied besteht hier aus den beiden Drucksensoren für die Drücke p_A und p_B.

Bei dem Regler in der Abb. 3.13 handelt es sich um einen digitalen Regler. Aus dem Grund werden die Signale der beiden Drucksensoren A/D-gewandelt und die Ausgangsgröße der Regeleinrichtung D/A-gewandelt.

Stellgröße y steuert das Proportionalventil an, mit dem der Ölstrom in die beiden Kammern des Hydraulikzylinders eingestellt wird. Dadurch werden die beiden Drücke p_A und p_B beeinflusst und letztlich die Kraft F eingestellt.

Zur Selbstkontrolle

1. Was ist charakteristisch für ein Steuerungssystem?
2. Was ist die Zielgröße einer Steuerung oder Regelung?
3. Was ist die Stellgröße einer Steuerung oder Regelung? Wovon ist sie Ausgangsgröße und wovon Eingangsgröße?
4. Was sind Störgrößen und was können sie bewirken?
5. Welche Aufgabe hat eine Regeleinrichtung?
6. Worin besteht der wesentliche Unterschied zwischen einem Regelungssystem und einem Steuerungssystem?
7. Aus welchen Komponenten besteht eine Regeleinrichtung?
8. Wie lautet die Gleichung für die Regeldifferenz?
9. Wann spricht man von einer Festwertregelung?
10. Was ist eine Folgeregelung?
11. Wovon hängt die Führungsgröße bei einer Zeitplanregelung ab?
12. Woraus besteht ein Wirkungsplan und was wird darin dargestellt?
13. Stellen Sie die folgende Gleichung in Form eines Wirkungsplans dar:
    $v = 7 \cdot u_1 - u_2$
14. Stellen Sie die folgende Gleichung in Form eines Wirkungsplans dar:
    $v = (7 \cdot u_1 - v) \cdot 12$

3.2 Beschreibung des Verhaltens von Regelkreisgliedern

Ein Regelkreis setzt sich aus vielen Komponenten zusammen, deren Zusammenwirken die Eigenschaften und die Wirkung des Regelkreises ausmachen. Entscheidend ist letztlich, wie der Regelkreis als Gesamtheit auf veränderte Eingangsgrößen reagiert, um ggf. ungewollte Effekte beseitigen zu können oder auch nur, um sein Verhalten beschreiben zu können.

Meist ist der Regelkreis zu komplex, um sein Gesamtverhalten geeignet vorhersagen und einstellen zu können. Deshalb wird methodisch so vorgegangen, dass zunächst das Verhalten der Komponenten untersucht und beschrieben wird. Aus deren Kenntnis lässt sich dann vieles über das Zusammenwirken in einem Regelkreis aussagen.

Es ist sinnvoll, bei der Betrachtung einzelner Regelkreisglieder nicht von Regel-, Stell-, Führungs- und Störgrößen zu sprechen, sondern allgemein von Eingangs- und Ausgangsgrößen. Diese werden mit u und v bezeichnet.

3.2.1 Statisches Verhalten von Regelkreisgliedern

Das statische Verhalten von Regelkreisgliedern wird durch Kennlinien beschrieben. Eine Kennlinie beschreibt im Beharrungszustand die Abhängigkeit der Ausgangsgröße v von der Eingangsgröße u.

Als Beharrungszustand eines Gliedes gilt derjenige beliebig lange aufrechtzuerhaltende Zustand, der sich bei zeitlicher Konstanz der Eingangssignale nach Ablauf aller Einschwingvorgänge ergibt.

Hat ein Glied mehrere Eingangsgrößen, so ergibt sich ein Kennlinienfeld. Dabei trägt man das Ausgangssignal in Abhängigkeit einer einzigen Eingangsgröße auf. Die übrigen Eingangsgrößen fasst man als Parameter auf. Im Fall von zwei Eingangsgrößen u_1 und u_2 ist auch eine dreidimensionale Darstellung möglich.

Der Ölvolumenstrom q, der über eine Steuerkante eines Proportionalventils strömt, ist vom Druckgefälle Δp und von der Ventilöffnung y_V abhängig und genügt der folgenden Gleichung:

$$q = c_V \cdot y_V \cdot \sqrt{\Delta p}.$$

c_V ist eine vom Ventil abhängige Konstante. Der Zusammenhang $q(y_V, \Delta p)$ kann in Form eines Kennlinienfeldes angegeben werden, siehe Abb. 3.14.

Oft sind Kennlinien gekrümmt, geben also einen nichtlinearen Zusammenhang zwischen der Ausgangs- und der oder den Eingangsgrößen eines Regelkreisgliedes wieder. Für die theoretische Analyse eines Regelkreises werden solche Nichtlinearitäten linearisiert, das heißt durch lineare Beziehungen ersetzt. In einem Diagramm entspricht das Geraden. Dabei wird im Arbeitspunkt eine Tangente an die Kennlinie gelegt. Die Steigung der Geraden entspricht dem *Proportionalbeiwert* K_p.

Für den Arbeitspunkt $\Delta p = 75$ bar und $y_V = 80\,\%$ ergibt sich ein Proportionalbeiwert K_p von

$$K_p = \frac{\Delta q}{\Delta p} = \frac{1400\,\mathrm{l/min} - 400\,\mathrm{l/min}}{200\,\mathrm{bar} - 0\,\mathrm{bar}} = 5\frac{1}{\mathrm{min\,bar}}.$$

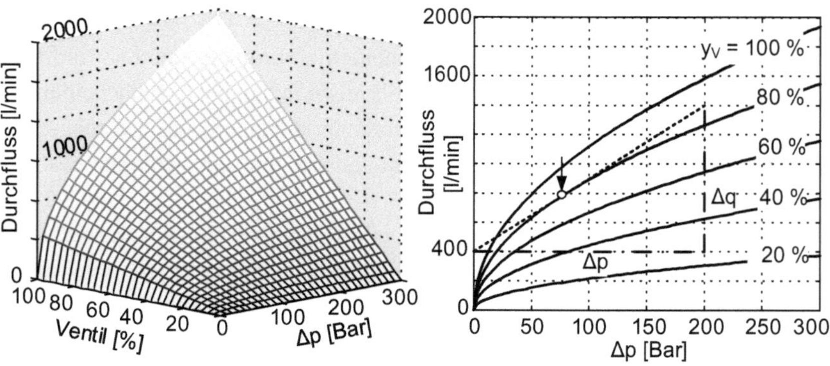

Abb. 3.14 Beispiel für ein Kennlinienfeld

3.2.2 Zeitverhalten von Regelkreisgliedern

Neben dem statischen Verhalten spielt auch das Zeitverhalten des Regelkreises und seiner Regelkreisglieder eine wichtige Rolle. Das Zeitverhalten beschreibt die zeitliche Veränderung der Ausgangsgröße bei einer vorgegebenen Änderung einer der Eingangsgrößen.

Die anschaulichste Methode zur Untersuchung des Zeitverhaltens ist die Analyse des Verhaltens über der Zeit. Man spricht dabei von Zeitbereich. Bei einer anderen Methode wird untersucht, wie sich Regelkreisglieder bei Eingangsgrößen unterschiedlicher Frequenz verhalten.

3.2.2.1 Verhalten im Zeitbereich

Bei der Analyse im Zeitbereich wird der zeitliche Verlauf der Ausgangsgröße $v(t)$ bei vorgegebenen Eingangsgrößen $u(t)$ untersucht. Als Eingangssignale werden standardisierte Testsignale verwendet, bei denen sich die Eingangsgröße nach einer festen Gesetzmäßigkeit ändert, z. B.:

- sprungförmig,
- ansteigend,
- impulsförmig oder
- sinusförmig.

Das untersuchte Regelkreisglied befindet sich anfangs im Beharrungszustand.

Sprungantwort Viele Regelvorgänge verhalten sich so, dass die Eingangsgröße u sich sprungförmig ändert von einem Anfangswert u_0 auf einen festen Endwert u_1. Die Reaktion der Ausgangsgröße darauf wird *Sprungantwort* genannt. Diese kann sehr unterschiedlich ausfallen. Die Sprungantwort kann schlagartig erfolgen, sie kann sich langsam und gleichmäßig ihrem Endwert nähern, sie kann erst über den Endwert hinauswandern, um sich ihm dann schwingend zu nähern usw.

Die Aufschaltung eines Sprunges ist eine häufig angewandte Testmethode bei der Untersuchung geeigneter Regelkreise und Regelkreisgliedern. Sie darf aber nicht bei allen Regelkreisen angewandt werden.

$$u(t) = \begin{cases} 0; & t < 0 \\ K_\varepsilon; & t \geq 0. \end{cases} \tag{3.1}$$

Von einem Einheitssprung spricht man dann, wenn die Sprunghöhe $K_\varepsilon = 1$ beträgt. Als Zeitpunkt für den Sprung wird meist $t = 0$ gewählt.

Die Abb. 3.15 zeigt zwei typische Sprungantworten von Regelkreisgliedern. Die Eingangsgröße $u(t)$ springt zum Zeitpunkt $t = 0$ von u_0 auf u_S (gepunktete Kurve). Die Ausgangsgröße $v(t)$ folgt verzögert. Die durchgezogene Linie gilt für typisches periodisches

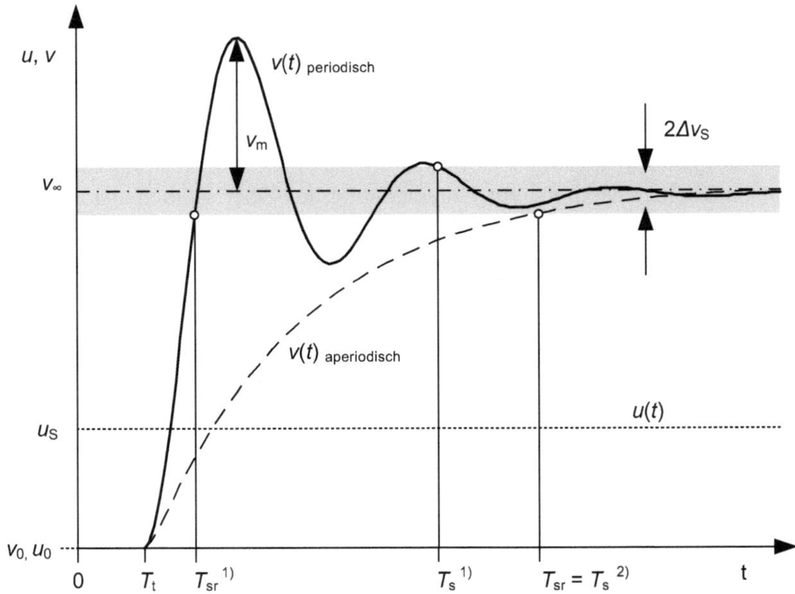

Abb. 3.15 Typische Sprungantworten bei *1)* periodischem oder *2)* aperiodischem Verhalten (verwendete Größen siehe Tab. 3.2)

Verhalten 1) während die gestrichelte Linie für typisches aperiodisches Verhalten 2) gilt. Im ersten Fall treten Schwingungen auf, im zweiten Fall nicht.

Zur Beurteilung des Einschwingverhaltens wird ein Toleranzbereich von $\pm\Delta v_S$ um den Endwert der Ausgangsgröße v_∞ festgelegt.

Aus dem Verlauf der Sprungantwort können einige charakteristische Größen abgelesen werden, siehe Tab. 3.2.

Tab. 3.2 Charakteristische Größen für das Sprungantwortverhalten

v_0, u_0	Anfangswerte der Eingangs- und Ausgangsgröße
u_S	Sprunghöhe der Eingangsgröße
v_∞	Wert der Ausgangsgröße im Beharrungszustand nach dem Sprung
v_m	Überschwingweite = größte vorübergehende Abweichung von Beharrungswert v_∞
$2\Delta v_S$	Toleranzbereich
T_t	Totzeit = Zeitdauer bis die Ausgangsgröße zum ersten Mal den Anfangswert verlässt
T_{sr}	Anschwingzeit = Zeitdauer bis die Ausgangsgröße zum ersten Mal in den Toleranzbereich eintritt
T_s	Einschwingzeit = Zeitdauer bis die Ausgangsgröße dauerhaft innerhalb des Toleranzbereichs bleibt Bei aperiodischem Verhalten ist $T_s = T_{sr}$

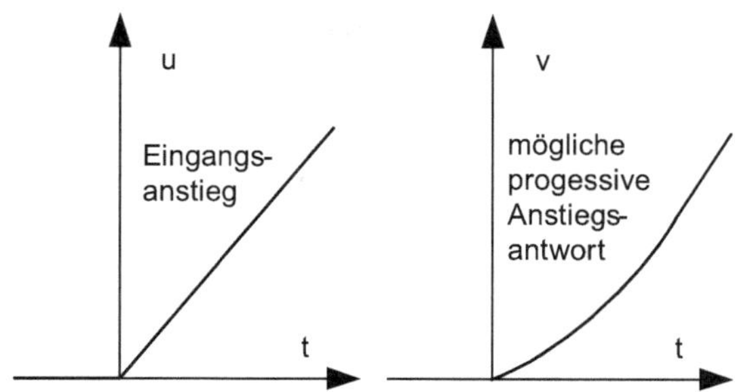

Abb. 3.16 Eingangsanstieg und Anstiegsantwort

Anstiegsantwort Die Anstiegsantwort ist die Reaktion eines Regelkreisgliedes auf eine linear ansteigende Eingangsgröße, siehe Abb. 3.16. Diese kann wiederum sehr unterschiedlich sein, steigt sie überproportional, nennt man ihren Verlauf progressiv, steigt sie weniger als linear an, degressiv.

$$u(t) = \begin{cases} 0; & t < 0 \\ K_\rho \cdot t; & t \geq 0 \end{cases} \tag{3.2}$$

K_ρ ist die Steigung der Anstiegsfunktion.

Impulsantwort Die Impulsfunktion hat überall den Wert null, außer bei $t = 0$ (siehe Abb. 3.17). Ein Impuls kann als sehr kurzer Nadelimpuls zum Zeitpunkt $t = 0$ aufgefasst werden. Deren Zeitdauer geht gegen null, die Amplitude gegen unendlich.

$$u(t) = \begin{cases} 0; & t \neq 0 \\ \infty; & t = 0. \end{cases} \tag{3.3}$$

Die Fläche unter der Kurve $u(t)$ hat die Größe K_δ. Bei einem Einheitsimpuls ist $K_\delta = 1$.

$$K_\delta = \int_{-\infty}^{\infty} u(t)\mathrm{d}t$$

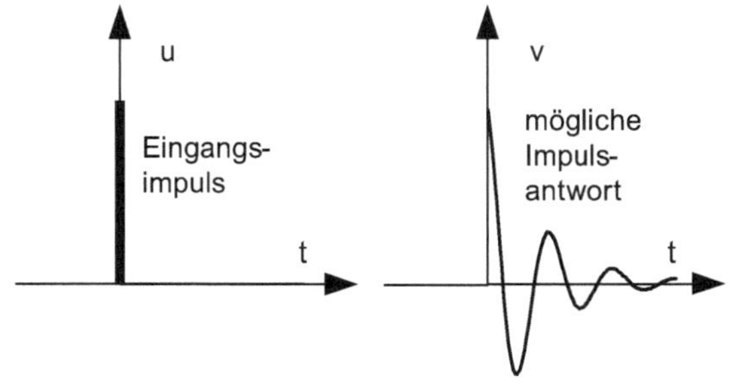

Abb. 3.17 Eingangsimpuls und Impulsantwort

3.2.2.2 Beschreibung mittels Differentialgleichungen

Das Verhalten von Regelkreisgliedern kann natürlich auch durch Gleichungen beschrieben werden. Im einfachsten Fall handelt es sich dabei um lineare oder nichtlineare algebraische Gleichungen, wie das folgende Beispiel zeigt.

Beispiel: Zahnradpaar

Das betrachtete Regelkreisglied besteht aus einem Zahnradpaar und bildet eine Getriebestufe. Angetrieben wird das Ritzel mit der Zähnezahl z_1, der Abtrieb erfolgt über das Ritzel mit der Zähnezahl z_2. Die Eingangsgröße ist demnach die Drehzahl n_1 und die Ausgangsgröße die Drehzahl n_2. Die Abb. 3.18 zeigt die beiden Zahnräder als Konstruktionsskizze und als Regelkreisglied.

Der Zusammenhang zwischen den beiden Drehzahlen und ist durch die Getriebeübersetzung bzw. die beiden Zähnezahlen festgelegt:

$$\frac{n_1}{n_2} = \frac{z_2}{z_1}. \tag{3.4}$$

Daraus ergibt sich die Gleichung für die Ausgangsgröße:

$$n_2 = \frac{z_1}{z_2} n_1. \tag{3.5}$$

Bei der Gl. 3.5 handelt es sich um eine lineare algebraische Gleichung.

In vielen Fällen treten jedoch in den Systemgleichungen, die den mathematischen Zusammenhang zwischen den Eingangs- und Ausgangsgrößen beschreiben, auch Ableitungen einzelner Größen auf. Das können im allgemeinen Fall Ableitungen nach beliebigen Größen sein. Um den Stoffrahmen nicht zu sprengen, werden in diesem Buch jedoch nur Ableitungen nach der Zeit betrachtet.

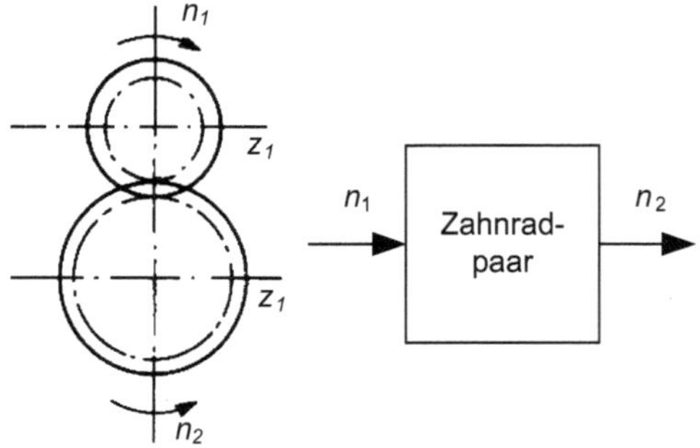

Abb. 3.18 Zahnradpaar

Beispiel: RC-Glied

Die elektrische Schaltung in der Abb. 3.19 besteht aus einem ohmschen Widerstand R und einem Kondensator C. Eingangsgröße ist die Spannung U_{E}, Ausgangsgröße die Spannung U_{A}.

Aus der Maschenregel und den Spannungen, die am Widerstand und am Kondensator abfallen, kann man sich die folgende Gleichung für die Spannung U_{A} herleiten:

$$RC\frac{\mathrm{d}U_{\mathrm{A}}}{\mathrm{d}t} + U_{\mathrm{A}} = U_{\mathrm{E}}. \tag{3.6}$$

In der Gl. 3.6 tritt eine erste Ableitung nach der Zeit auf. Es handelt sich also um eine Differentialgleichung. Die Ordnung der Differentialgleichung ist gleich der Ordnung der höchsten Ableitung. Zudem sind alle Terme linear. Es handelt sich also um eine lineare Differentialgleichung 1. Ordnung.

Allgemein können auch höhere Ableitungen sowohl der Eingangsgröße u als auch der Ausgangsgröße v in einer Differentialgleichung auftreten. Sie hat dann folgende allgemeine Form:

$$a_N\frac{\mathrm{d}^N v}{\mathrm{d}t^N} + \ldots + a_1\frac{\mathrm{d}v}{\mathrm{d}t} + a_0 v = b_M\frac{\mathrm{d}^M u}{\mathrm{d}t^M} + \ldots + b_1\frac{\mathrm{d}u}{\mathrm{d}t} + b_0 u. \tag{3.7}$$

In der Gl. 3.7 hat die höchste Anleitung der Eingangsgröße die Ordnung N und die höchste Anleitung der Ausgangsgröße die Ordnung M.

Die Lösung einer solchen Differentialgleichung ist in den meisten Fällen nicht trivial. Aus diesem Grund wurden andere Lösungsansätze entwickelt. In der Regelungstechnik sind das:

1. Analyse von Regelkreisgliedern im Frequenzbereich anstatt im Zeitbereich,
2. Numerische Lösung der Differentialgleichungen mit Hilfe von Simulationsprogrammen.

Während die wesentlichen Methoden der Analyse von Regelkreisgliedern im Frequenzbereich schon Ende des 19. und Anfang des 20. Jahrhunderts entwickelt wurden, haben sich die numerischen Verfahren erst mit der rasanten technischen Entwicklung der Computertechnik Ende des 20. Jahrhunderts etabliert.

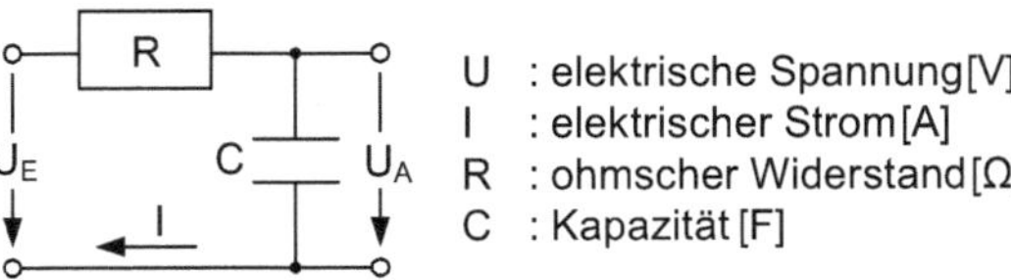

Abb. 3.19 RC-Glied

Übungsaufgabe 13

Aufgabenbeschreibung

Am Beispiel der Temperaturregelung eines gasbeheizten Ofens sollen Größen und Funktionsgruppen eines elementaren Regelungssystems identifiziert werden.

Angaben und Daten

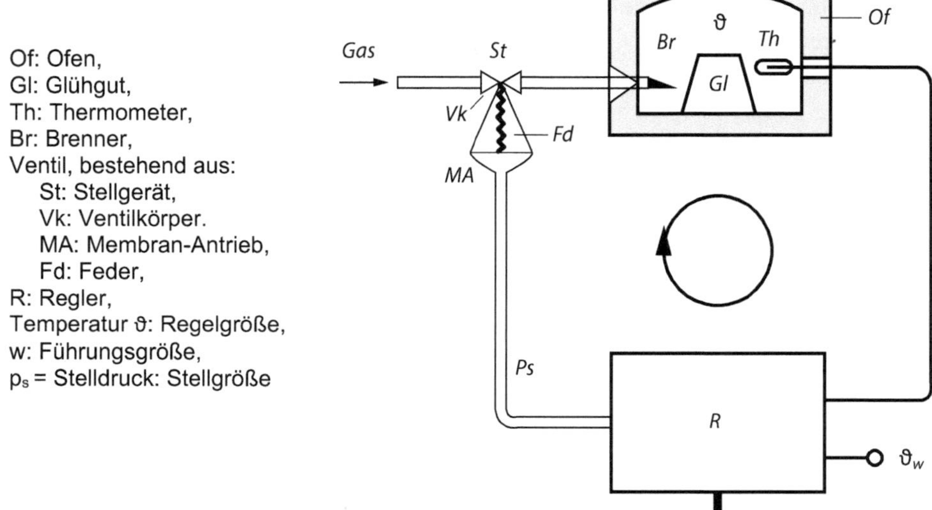

Temperaturregelung eines gasbeheizten Ofens.
Die Teilkomponenten Vk, MA, Fd und St werden zur Komponente Ventil zusammengefasst

Teilaufgabe a)

Ordnen Sie die Größen und Komponenten der Abb. 3.4 den entsprechenden Größen und Funktionsgruppen der Abb. 3.3 zu und ergänzen Sie die Tabelle unten.

Hinweise: Die Regelgröße ist hier gleich der Aufgabengröße.
Ggf. kann sich eine Funktionsgruppe eines elementaren Regelungssystems nach Abb. 3.3 aus mehreren Komponenten aus Abb. 3.4 zusammensetzen.

Funktionsgruppen eines elementaren Regelungssystems nach Abb. 3.3	ggf. Formelzeichen in Abb. 3.3	Größen und Komponenten in Abb. 3.4
Zielgröße		
Regelgröße		
Stellgröße		
Regeleinrichtung		
Regelstrecke		
Messglied		

Teilaufgabe b)

Zeichnen Sie einen Wirkungsplan für die Temperaturregelung des Ofens, in dem die Komponenten Regler, Ventil, Brenner, Ofen und Thermometer als einzelne Blöcke enthalten sind.

Übungsaufgabe 14

Aufgabenbeschreibung

Der Wirkungsplan einer Füllstandregelung soll skizziert werden. Die Regelstrecke besteht aus einem Behälter mit einem Füllstandsensor, in den ein unbekannter Volumenstrom q_{zu} einfließt. Der abfließende Volumenstrom q_{ab} wird mit Hilfe eines Ventils eingestellt. Das Stellsignal y, mit dem das Ventil angesteuert wird, kommt von einer Regeleinrichtung. In der Regeleinrichtung wird die Führungsgröße w aus der Zielgröße h_{soll} für den Füllstand gebildet. Regeleinrichtung und Regelstrecke bilden einen Standardregelkreis.

Teilaufgabe a)

Ordnen Sie die Größen und Komponenten der Abbildung den entsprechenden Größen und Funktionsgruppen eines elementaren Regelungssystems (siehe Buch, Abb. 3.3) zu.

Hinweise: Die Regelgröße ist hier gleich der Aufgabengröße.
Zielgröße und Führungsgröße sind gleich,
Ggf. kann sich eine Funktionsgruppe eines elementaren Regelungssystems nach Abb. 3.3 aus mehreren Komponenten zusammensetzen.

Regelstrecke einer Füllstandregelung

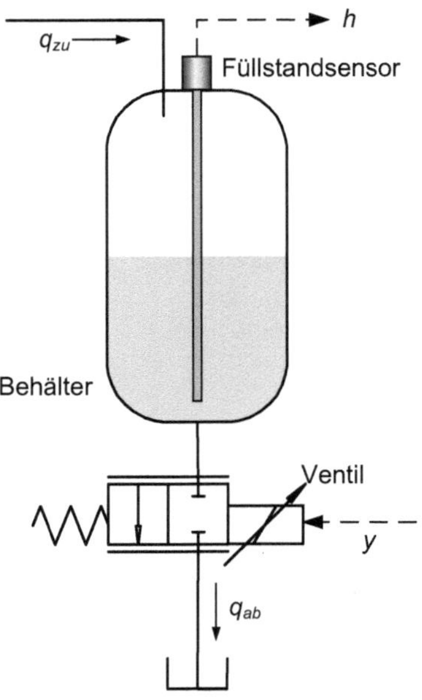

Funktionsgruppen eines elementaren Regelungssystems nach Abb. 3.3	ggf. Formelzeichen in Abb. 3.3	Größen und Komponenten in der Abbildung oben
Zielgröße		
Regelgröße		
Stellgröße		
Störgröße		
Regeleinrichtung		
Regelstrecke		
Messglied		

Teilaufgabe b)

Zeichnen Sie einen Wirkungsplan für die Füllstandregelung mit den Komponenten **Regeleinrichtung**, **Ventil**, **Behälter** und **Füllstandsensor** als einzelne Blöcke.

Der zufließende Volumenstrom q_{zu} wirkt hier als Störgröße. Überlegen Sie zunächst, an welcher Stelle des Wirkungsplans q_{zu} eingeht.

Bezüglich der Vorzeichen überlegen Sie sich, wie q_{zu} und q_{ab} auf den Füllstand h wirken und legen Sie danach die Vorzeichen dieser beiden Größen im Wirkungsplan fest (Richtungsdefinition siehe Abb. oben).

Übungsaufgabe 15

Aufgabenbeschreibung

Aus der gemessenen und geplotteten Sprungantwort eines Regelkreisgliedes sollen einige charakteristische Parameter bestimmt werden.

Angaben und Daten

Das folgende Diagramm zeigt die Ausgangsgröße v eines Regelkreisgliedes bei einem Sprung der Eingangsgröße u der Höhe 1.

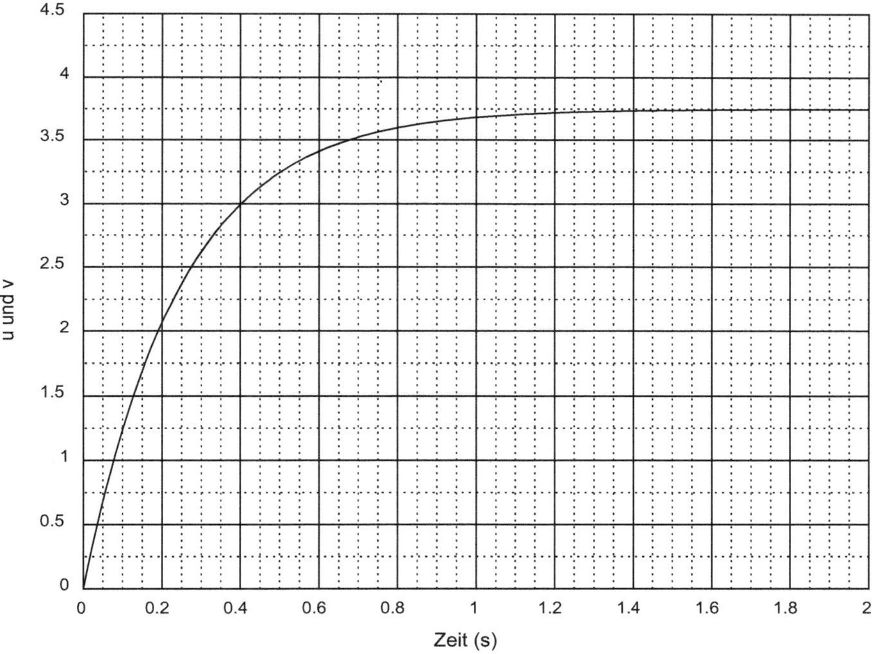

Eingangsgröße: u (gestrichelte Linie)

Ausgangsgröße: v (durchgezogene Linie)

Teilaufgabe a)

Bestimmen Sie den Wert v_∞ der Ausgangsgröße im Beharrungszustand nach dem Sprung.

Teilaufgabe b)

Haben wir es mit periodischem oder aperiodischem Verhalten zu tun?

Bestimmen Sie die Einschwingzeit T_s für einen Toleranzbereich von $\Delta v_S = 0{,}5$

Übungsaufgabe 16

Aufgabenbeschreibung

Aus der gemessenen und geplotteten Sprungantwort eines Regelkreisgliedes sollen einige charakteristische Parameter bestimmt werden.

Angaben und Daten

Das folgende Diagramm zeigt die Ausgangsgröße v eines Regelkreisgliedes bei einem Sprung der Eingangsgröße u der Höhe 3,0.

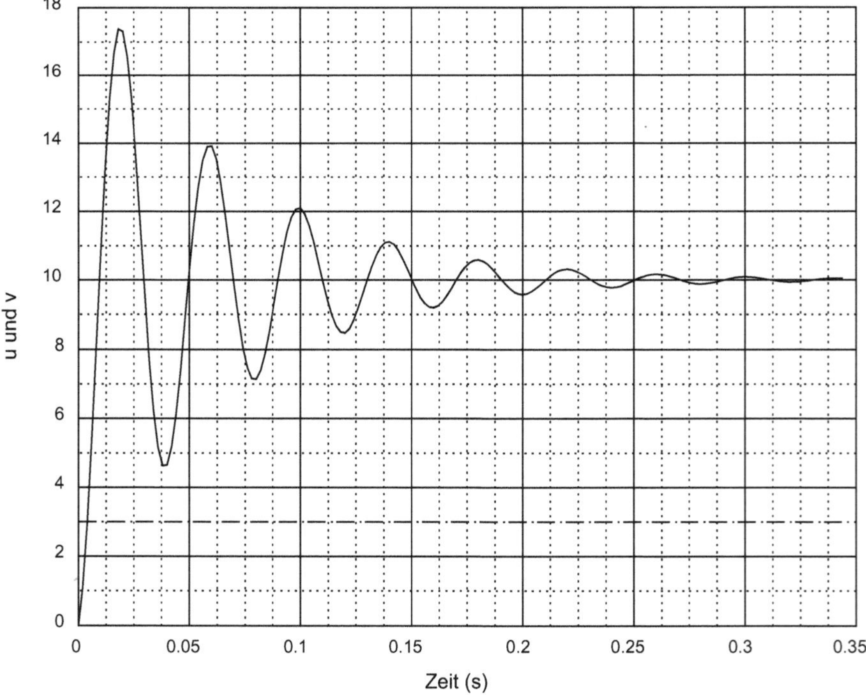

Eingangsgröße: u (gestrichelte Linie)

Ausgangsgröße: v (durchgezogene Linie)

Teilaufgabe a)

Bestimmen Sie den Wert v_∞ der Ausgangsgröße im Beharrungszustand nach dem Sprung.

Teilaufgabe b)

Haben wir es mit periodischem oder aperiodischem Verhalten zu tun?

Bestimmen Sie die Anschwingzeit T_{sr} und die Einschwingzeit T_s für einen Toleranzbereich von $\Delta v_S = 2{,}0$

3.2.3 Verhalten von Regelkreisgliedern im Frequenzbereich

Bei Regelkreisgliedern spielt es eine wichtige Rolle, wie sie auf Eingangsgrößen unterschiedlicher Frequenz reagieren. Charakteristisch ist der so genannte *Frequenzgang*. Hilfreich ist daher eine Darstellung, die das Verhalten für einen bestimmten Frequenzbereich beschreibt. In der Regel interessiert der Bereich von der Frequenz 0 (das entspricht einem konstanten Eingangssignal) bis zu einem Maximalwert.

3.2.3.1 Frequenzgang

Für die Darstellung des Frequenzgangs haben sich zwei Varianten durchgesetzt:

- Ortskurve des Frequenzgangs:
  Der Frequenzgang $G(\mathrm{j}\omega)$ als Verhältnis der Eingangs- und Ausgangsschwingung wird dabei als komplexe Größe in einem Zeigerdiagramm dargestellt.
- Bode-Diagramm:
  Hier werden der Betrag des Frequenzgangs $|G(\mathrm{j}\omega)|$ und der Phasenwinkel $\varphi(\mathrm{j}\omega)$ in zwei Diagrammen über der Frequenz aufgetragen. Die Graphen von $|G(\mathrm{j}\omega)|$ und $\varphi(\mathrm{j}\omega)$ werden auch als Amplitudengang bzw. Phasengang bezeichnet.

In der Ortskurve und im Bode-Diagramm sind dieselben Informationen enthalten. Wegen der größeren Anschaulichkeit wird im weiteren Verlauf dieses Buches mit dem Bode-Diagramm gearbeitet.

Bode-Diagramm Eine anschauliche Interpretation für die Darstellung des Frequenzgangs in einem Bode-Diagramm liefert folgende Überlegung:

Speist man ein lineares zeitinvariantes Regelkreisglied mit einem sinusförmigen Eingangssignal, so erhält man am Ausgang im eingeschwungenen Zustand ebenfalls ein sinusförmiges Signal derselben Frequenz. Allerdings sind die Amplituden von Eingangsschwingung $u(t)$ und Ausgangsschwingung $v(t)$ im Allgemeinen nicht gleich groß und

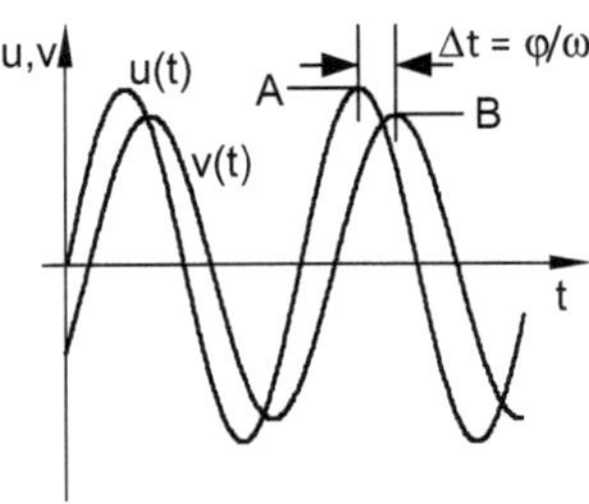

Abb. 3.20 Eingangsschwingung $u(t)$ und Ausgangsschwingung $v(t)$

die beiden Schwingungen sind zueinander phasenverschoben (Abb. 3.20).

$$u(t) = A \cdot \sin(\omega t) \tag{3.8}$$

$$v(t) = B \cdot \sin(\omega t + \varphi) \tag{3.9}$$

Darin ist ω die Kreisfrequenz und φ der Phasenwinkel.

Von Interesse ist das Verhältnis der beiden Amplituden, das ist der Betrag des Frequenzgangs

$$|G(\mathrm{j}\omega)| = \frac{B}{A} \tag{3.10}$$

und der Phasenwinkel φ.

Sowohl der Betrag als auch der Phasenwinkel sind frequenzabhängig. Beide Größen werden im Bode-Diagramm getrennt aufgetragen. Im oberen Teil des Bode-Diagramms wird der Betrag des Frequenzgangs $|G|$ über der Kreisfrequenz dargestellt. Im unteren Teil dagegen wird der Phasenwinkel φ über der Kreisfrequenz aufgetragen, siehe Abb. 3.21.

Die X-Achse mit der Kreisfrequenz wird logarithmisch skaliert, um einerseits einen großen Bereich zeigen zu können und andererseits im Bereich kleiner Frequenzen trotzdem eine ausreichende Auflösung zu haben. Das Amplitudenverhältnis wird in der Einheit dB angegeben. Die Umrechnung von einem Verhältniswert erfolgt mit der folgenden Gl. 3.11

$$|G|\ [\mathrm{dB}] = 20 \cdot \lg(|G|)\,. \tag{3.11}$$

Die Tab. 3.3 enthält einige Werte für das Amplitudenverhältnis. Der Phasenwinkel schließlich wird in der Einheit [°] aufgetragen.

Aus dem Frequenzgang in Abb. 3.21 kann man ablesen, dass Eingangs- und Ausgangssignal bei niedrigen Frequenzen gut übereinstimmen. Dort beträgt das Amplitudenverhältnis etwa 0 dB und der Phasenwinkel liegt bei knapp 0°. Das bedeutet, dass die Amplituden von Ausgangs- und Eingangssignal etwa gleich groß sind und fast kein Phasen- und Zeitversatz vorliegt.

Tab. 3.3 dB-Werte für verschiedene Verhältniswerte

$\|G\|$ [dB]	20	10	6	3	0	−3	−6	−10	−20
$\|G\|$	10	3,162	1,995	1,412	1	0,708	0,501	0,316	0,1

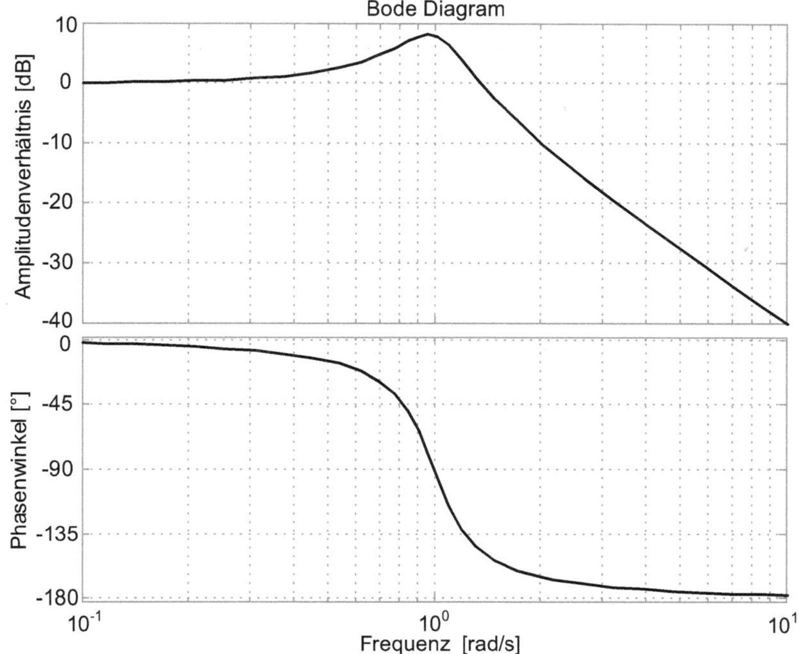

Abb. 3.21 Beispiel für ein Bode-Diagramm

Im mittleren Bereich der Frequenz besitzt der Amplitudenverlauf ein Maximum. Dort ist $|G| > 0\,\text{dB}$ und somit die Amplitude des Ausgangssignals größer als die des Eingangssignals.

Zu größeren Frequenzen hin fällt die Kurve für das Amplitudenverhältnis immer weiter ab. Daraus kann man ablesen, dass Frequenzen in diesem Bereich nur sehr stark abgeschwächt durch das Regelkreisglied dringen bzw. herausgefiltert werden.

Der Phasenwinkel fällt im mittleren Bereich der Frequenz steil ab. An der Stelle, an der das Amplitudenverhältnis maximal ist, beträgt der Phasenwinkel genau $-90°$. Die Ausgangsschwingung ist bei dieser Frequenz genau um $-1/4$ Periode ($= -90°/360°$) zur Eingangsschwingung verschoben. Zu größeren Frequenzen hin läuft der Phasenwinkel gegen $-180°$.

Bestimmung des Frequenzgangs In der Praxis gibt es zwei Wege um den Frequenzgang zu bestimmen und daraus z. B. die Ortskurve oder ein Bode-Diagramm zu erstellen.

1. Berechnung des Frequenzgangs.
   Wenn die Differentialgleichung und deren Parameter bekannt sind, kann daraus der Frequenzgang berechnet werden. Gleiches gilt bei Kenntnis der Übertragungsfunktion linearer zeitinvarianter Übertragungsglieder, weil die sich aus der Differenzialgleichung ergibt.

2. Messtechnische Bestimmung des Frequenzgangs.
   Sind die Differentialgleichung oder die Parameter nicht bekannt sind, so kann der Frequenzgang mit einer geeigneten Messung bestimmt werden. Dazu wird das zu untersuchende Regelkreisglied mit einem Testsignal gespeist, das den interessierenden Frequenzbereich umfasst. Das kann ein Rauschsignal sein oder ein sinusförmiges Signal, dessen Frequenz während der Messung über einen vorgegeben Bereich wandert (swept sine).
   Das Eingangs- und das Ausgangssignal werden während der Messung gespeichert. Anschließend wird daraus der Frequenzgang berechnet. Das Eingangs- und Ausgangssignal werden einer Fourier-Transformation FT unterzogen. Der Frequenzgang ergibt sich aus dem Quotient der beiden Fourier-Transformierten.
   Für bessere Ergebnisse können das Eingangs- und Ausgangssignal zuvor mit Hilfe einer sogenannten Fensterfunktion WF unterworfen werden. Dabei werden die Anfangs- und Endwerte der Messung geringer gewichtet, als Werte aus dem mittleren Bereich. Nähere Informationen zu Fensterfunktionen sind z. B. [2] oder [3] zu entnehmen. Die Gl. 3.12 enthält die Formel zur Berechnung des Frequenzgangs aus den gemessenen Eingangs- und Ausgangssignalen.
   In der Praxis muss man das nicht selbst programmieren. Stattdessen kann man häufig vorhandene Funktionen für die Frequenzgangmessung verwenden und bekommt das Ergebnis in Form eines Bode-Diagramms grafisch angezeigt.

$$G(\mathrm{j}\omega) = \frac{\mathrm{FT}\{\mathrm{WF}\{v(t)\}\}}{\mathrm{FT}\{\mathrm{WF}\{u(t)\}\}} \tag{3.12}$$

Übertragungsfunktion Übertragungsfunktionen sind eine weitere wichtige Möglichkeit zur Beschreibung des Verhaltens von linearen zeitinvarianten Regelkreisgliedern im Frequenzbereich. Sie können sehr einfach aus den Differentialgleichungen hergeleitet werden.

Die mathematische Grundlage bildet die Laplace-Transformation. Mit ihrer Hilfe wird die Differentialgleichungen vom Zeitbereich in den so genannten Bildbereich transformiert. In der Praxis muss man die komplexe Mathematik nicht selbst anwenden. Die Transformation gewöhnlicher linearer Differentialgleichungen kann mit einfachen Regeln bewerkstelligt werden.

Der Vorteil der Transformation in eine Übertragungsfunktion besteht darin, dass aus der ursprünglichen Differentialgleichung eine algebraische Gleichung wird, mit der sehr einfach gerechnet werden kann. Das erleichtert das Berechnen von Kombinationen von Regelkreisgliedern wesentlich. Wie schon im Abschn. 3.1.2 gesehen, treten in Regelkreisen häufig Reihenschaltungen, Parallelschaltungen oder Kreisstrukturen auf, deren Analyse auf Grundlage der Differentialgleichungen sehr schwierig wäre.

Tab. 3.4 Schema für die Transformation vom Zeitbereich in den Bildbereich

Zeitbereich	$u(t)$	$v(t)$	$\mathrm{d}/\mathrm{d}t$	$\mathrm{d}^2/\mathrm{d}t^2$	...	$\mathrm{d}^N/\mathrm{d}t^N$
Bildbereich	$U(s)$	$V(s)$	s	s^2	...	s^N

Ausgangspunkt für die Bestimmung der Übertragungsfunktion ist die gewöhnliche lineare Differentialgleichung Gl. 3.13:

$$a_N \frac{\mathrm{d}^N v}{\mathrm{d}t^N} + \ldots + a_1 \frac{\mathrm{d}v}{\mathrm{d}t} + a_0 v = b_M \frac{\mathrm{d}^M u}{\mathrm{d}t^M} + \ldots + b_1 \frac{\mathrm{d}u}{\mathrm{d}t} + b_0 u. \tag{3.13}$$

In der Regelungstechnik ist es üblich, die rechte und linke Seite der Gl. 3.13 durch den Parameter a_0 zu dividieren und man erhält die Gleichung in der folgenden Form:

$$\frac{a_N}{a_0} \frac{\mathrm{d}^N v}{\mathrm{d}t^N} + \ldots + \frac{a_1}{a_0} \frac{\mathrm{d}v}{\mathrm{d}t} + v = \frac{b_M}{a_0} \frac{\mathrm{d}^M u}{\mathrm{d}t^M} + \ldots + \frac{b_1}{a_0} \frac{\mathrm{d}u}{\mathrm{d}t} + \frac{b_0}{a_0} u. \tag{3.14}$$

Darin sind Ableitungen nach der Zeit d/dt vorhanden. Bei der Transformation in den Bildbereich werden alle Ableitungen nach der Zeit durch den Operator s ersetzt, zweite Ableitungen nach der Zeit werden durch s^2 ersetzt usw. Die Transformation vom Zeitbereich in den Bildbereich kann schematisch entsprechend Tab. 3.4 durchgeführt werden.

Die zeitabhängigen Größen $u(t)$ und $v(t)$ werden durch ihre entsprechenden Laplace-Transformierten $U(s)$ und $V(s)$ ersetzt.

Aus der Differentialgleichung Gl. 3.14 wird dann die folgende algebraische Gl. 3.15:

$$\frac{a_N}{a_0} s^N V + \ldots + \frac{a_1}{a_0} sV + V = \frac{b_M}{a_0} s^M U + \ldots + \frac{b_1}{a_0} sU + \frac{b_0}{a_0} U. \tag{3.15}$$

In dieser Gleichung lassen sich V und U ausklammern, was bei der Differentialgleichung nicht geht. Der Quotient von Ausgangs- und Eingangsgröße im Bildbereich wird als *Übertragungsfunktion* $G(s)$ bezeichnet.

$$G(s) = \frac{V(s)}{U(s)} \tag{3.16}$$

Mit Gl. 3.15 lautet die Übertragungsfunktion:

$$G(s) = \frac{\frac{b_M}{a_0} s^M + \ldots + \frac{b_1}{a_0} s + \frac{b_0}{a_0}}{\frac{a_N}{a_0} s^N + \ldots + \frac{a_1}{a_0} s + 1}. \tag{3.17}$$

Es handelt sich um eine gebrochen rationale Funktion. Bei realen Systemen ist die Ordnung N des Nenners größer oder gleich der Ordnung M des Zählers:

$$N \geq M.$$

Der Nenner der Übertragungsfunktion Gl. 3.17 wird auch als *charakteristische Gleichung* bezeichnet. Wie später noch gezeigt wird, ist er maßgeblich für wichtige Eigenschaften von Regelkreisgliedern.

Anmerkung: Im Zähler und Nenner der Übertragungsfunktion Gl. 3.17 gibt es jeweils den Faktor $s^0 = 1$, der nicht aufgeführt wird. Er steht für die 0-te Ableitung der Eingangs- bzw. Ausgangsgröße. Man könnten die Gl. 3.17 aber auch so formulieren:

$$G(s) = \frac{\frac{b_M}{a_0}s^M + \ldots + \frac{b_1}{a_0}s + \frac{b_0}{a_0}s^0}{\frac{a_N}{a_0}s^N + \ldots + \frac{a_1}{a_0}s + 1 \cdot s^0}.$$

Beispiel: Übertragungsfunktion eines RC-Glieds

Das Zeitverhalten des RC-Gliedes in der Abb. 3.19 wird durch die Differentialgleichung Gl. 3.6 erster Ordnung beschrieben:

$$RC\frac{\mathrm{d}U_\mathrm{A}}{\mathrm{d}t} + U_\mathrm{A} = U_\mathrm{E}.$$

Eingangs- und Ausgangsgrößen sind: $u(t) = U_\mathrm{E}$, $v(t) = U_\mathrm{A}$
Die Transformation in den Bildbereich ergibt:

$$RC\,sU_\mathrm{A}(s) + U_\mathrm{A}(s) = U_\mathrm{E}(s)$$
$$(RC\,s + 1)\,U_\mathrm{A}(s) = U_\mathrm{E}(s).$$

Die Übertragungsfunktion lautet dann:

$$G(s) = \frac{U_\mathrm{A}(s)}{U_\mathrm{E}(s)} = \frac{1}{RC\,s + 1}.$$

Die Variable s ist eine komplexe Zahl, bestehend aus Realteil σ und Imaginärteil $\mathrm{j}\omega$.

$$s = \sigma + \mathrm{j}\omega \tag{3.18}$$

Der Frequenzgang $G(\mathrm{j}\omega)$ ergibt sich aus der Übertragungsfunktion $G(s)$ dadurch, dass der Realteil von s gleich null gesetzt wird.

In den ersten beiden Abschnitten wurden die Grundlagen und Begriffe der Regelungstechnik behandelt sowie Möglichkeiten zur Beschreibung des Verhaltens von Regelkreisgliedern aufgezeigt. Im nächsten Abschnitt sollten nun die wichtigsten Regelkreisglieder detailliert beschrieben werden, bevor im folgenden Abschnitt auf Eigenschaften von Regelkreisen eingegangen wird.

Zur Selbstkontrolle

1. Wie ist der Beharrungszustand eines Regelkreisgliedes definiert?
2. Womit kann das stationäre Verhalten eines Regelkreisgliedes beschrieben werden?
3. Was wird in der Regelungstechnik mit nichtlinearen Kennlinien häufig gemacht?
4. Was spielt neben dem stationären Verhalten ebenfalls eine wichtige Rolle bei der Beschreibung von Regelkreisgliedern?
5. Nennen Sie drei wichtige Testsignale zur Analyse von Regelkreisgliedern.
6. Wozu dient der Frequenzgang?
7. Was wird in einem Bode-Diagramm dargestellt?
8. Was gibt eine Übertragungsfunktion an?

3.3 Verhalten von wichtigen Regelkreisgliedern

In diesem Abschnitt werden zunächst die wichtigsten elementaren Regelkreisglieder beschrieben. Aus ihnen setzen sich Regelkreise zusammen. Um das Verhalten von Regelkreisen vorhersagen zu können, ist deshalb die Kenntnis der Eigenschaften der Regelkreisglieder unabdingbar. Die folgenden Bausteine können sowohl in Regelstrecken als auch in Reglern auftreten.

Das Verhalten von Regelkreisgliedern wird durch deren Gleichung, die Übertragungsfunktion oder den Frequenzgang beschrieben. In einem Wirkungsplan wird ein Regelkreisglied als Block dargestellt. Für die Beschreibung der Blöcke gibt es mehrere Möglichkeiten:

1. Angabe der Differentialgleichung zwischen Eingangsgröße u und Ausgangsgröße v.
   Die Abb. 3.22 zeigt als Beispiel eine Differentialgleichung 1. Ordnung im Blocksymbol.
2. Angabe der Übertragungsfunktion $G(s)$.
   Die Abb. 3.23 zeigt eine Übertragungsfunktion 1. Ordnung als Beispiel.
3. Angabe der Sprungantwort, siehe Abb. 3.24.
   In den folgenden Abschnitten wird diese Darstellungsart gewählt.

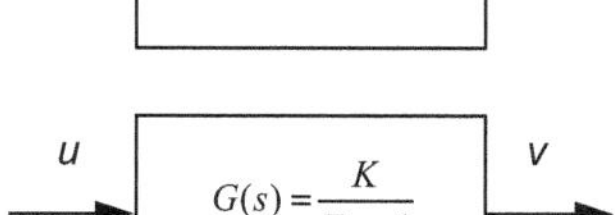

Abb. 3.22 Blocksymbol mit Differentialgleichung

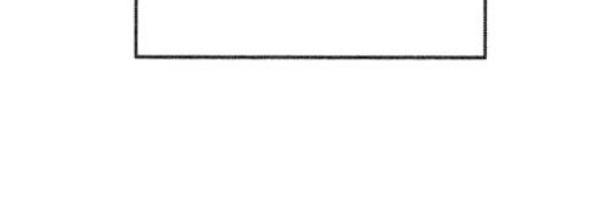

Abb. 3.23 Blocksymbol mit Übertragungsfunktion

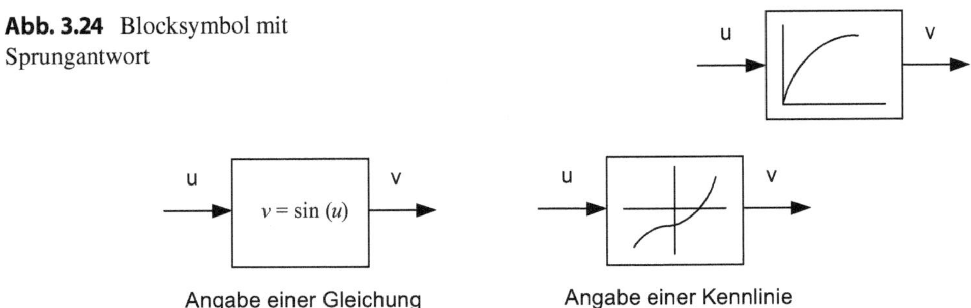

Abb. 3.24 Blocksymbol mit Sprungantwort

Abb. 3.25 Blockschaltbild mit Gleichung oder Kennlinie

4. Angabe einer Gleichung oder einer Kennlinie bei nichtlinearem statischem Zusammenhang zwischen Eingangs- und Ausgangsgröße (Abb. 3.25)

Den Abschluss dieses Abschnitts bildet eine Betrachtung wichtiger Eigenschaften von Regelstrecken.

3.3.1 Proportionalglied (P-Glied)

Bei einem proportionalen Regelkreisglied wird das Eingangssignal mit einem konstanten Faktor K_p multipliziert.

$$v = K_\mathrm{P} \cdot u \tag{3.19}$$

K_p ist der *Proportionalbeiwert*. Das Ausgangssignal folgt dem Eingangssignal ohne Verzögerung. Die Sprungantwort eines Proportionalgliedes ist eine Sprungfunktion. Die Übertragungsfunktion lautet:

$$G(s) = K_\mathrm{P}. \tag{3.20}$$

Das Blocksymbol für ein Proportionalglied zeigt Abb. 3.26.

Im Bode-Diagramm des Frequenzgangs sind sowohl der Amplitudengang als auch der Phasengang lediglich als Geraden eingezeichnet, die parallel zur Frequenzachse verlaufen (Abb. 3.27).

Abb. 3.26 Blocksymbol eines P-Gliedes

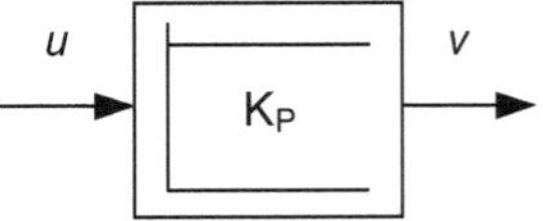

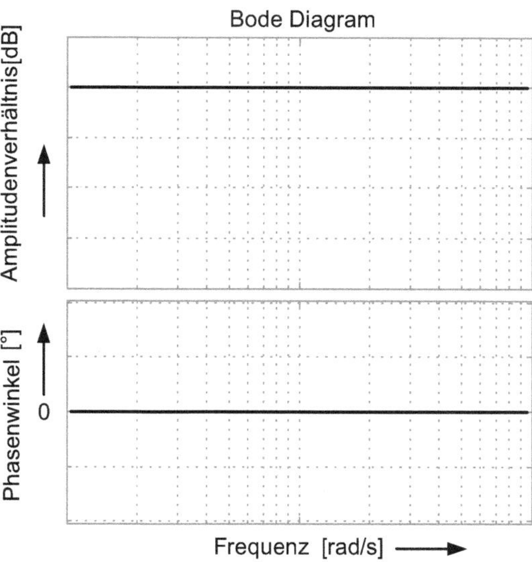

Abb. 3.27 Bode-Diagramm eines Proportionalgliedes

Spannungsteilerschaltung als Beispiel für ein P-Glied

Für eine Spannungsteilerschaltung in Abb. 3.28 sollen die charakterisierenden Größen und Diagramme erstellt werden. ($R_1 = 200\,\Omega$, $R_2 = 500\,\Omega$, $U_0 = 12$ V)

Die Spannung U_0 steige zum Zeitpunkt $t = 0$ sprunghaft von 0 V auf 12 V.

Es sind folgenden Größen zu bestimmen:

- die Spannung U_2 (nach dem ohmschen Gesetz),
- der Proportionalbeiwert K_{p},
- die Sprungantwort,
- das Bode-Diagramm.

Lösung:

Nach dem ohmschen Gesetz in Verbindung mit der Maschenregel liefert die Beziehung zwischen der Eingangsgröße U_0 (= u) und der Ausgangsgröße U_2 (= v)

$$U_2 = \underbrace{\frac{R_2}{R_1 + R_2}}_{K_{\mathrm{P}}} \cdot U_0 = \frac{500\,\Omega}{200\,\Omega + 500\,\Omega} \cdot 12\,\mathrm{V} = 0{,}714 \cdot 12\,\mathrm{V} = 8{,}6\,\mathrm{V}.$$

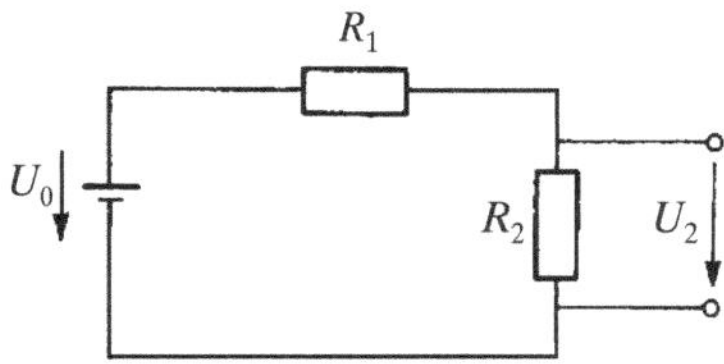

Abb. 3.28 Spannungsteiler-schaltung

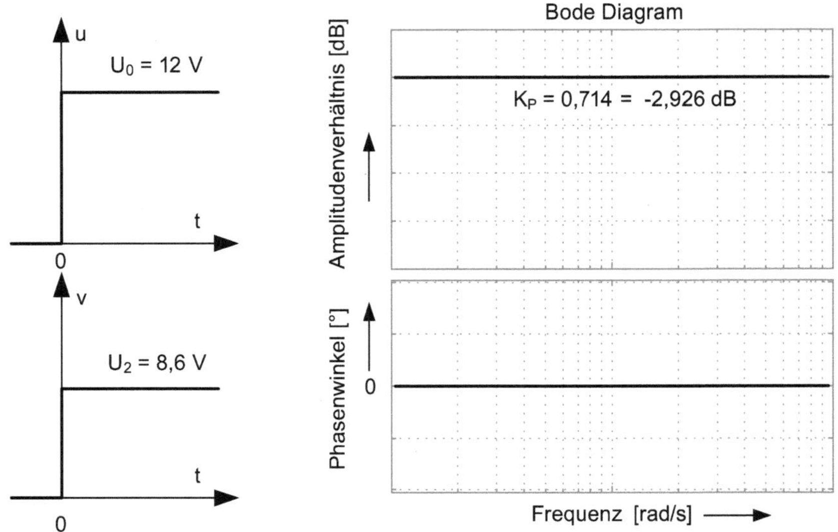

Abb. 3.29 Sprungantwort und Bodediagramm der Spannungsteilerschaltung

Somit ist der Proportionalbeiwert $K_\mathrm{P} = 0{,}714$ und die Spannung $U_2 = 8{,}6$ V. Die Sprungantwort und das Bode-Diagramm der Spannungsteilerschaltung ist in Abb. 3.29 zu sehen.

Weitere Beispiele für Proportionalglieder sind:

- Hebel, siehe Abb. 3.30 a).
  Nach dem Hebelgesetz gilt $F_2 \cdot l_2 = F_1 \cdot l_1$, also ist $F_2 = l_1/l_2 \cdot F_1$ und damit $K_\mathrm{P} = l_1/l_2$.
- Drucküberseter, siehe Abb. 3.30b).
  Im stationären Zustand ist $F_A = F_B$ bzw. $p_A\ A_A = p_B\ A_B$. Damit gilt für den Druck $p_B = A_A/A_B \cdot p_A$ und $K_\mathrm{P} = A_A/A_B$.

Abb. 3.30 Weitere Beispiele für Proportionalglieder

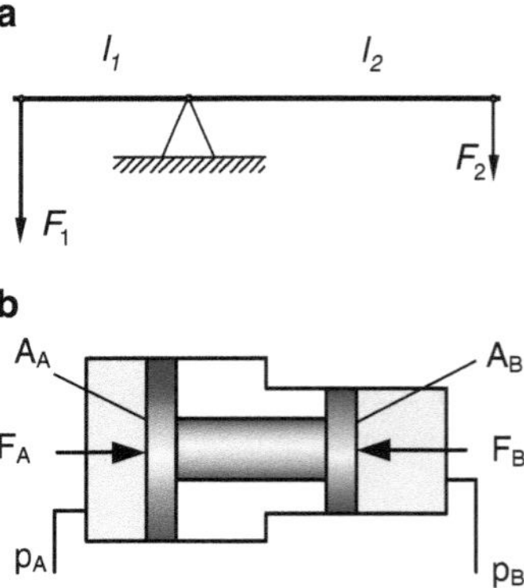

Abb. 3.31 Blocksymbol eines I-Gliedes

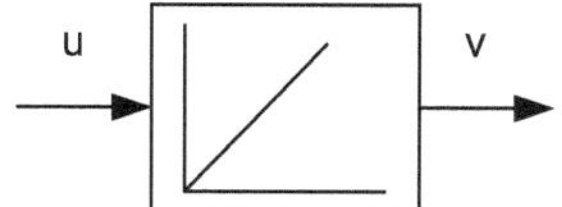

3.3.2 Integrierglied (I-Glied)

Bei einem Integrierglied wird das Eingangssignal mit einem konstanten Faktor K_I multipliziert und über der Zeit integriert.

$$v = K_I \int u \mathrm{d}t$$

K_I wird als *Integrierbeiwert* bezeichnet. Die Übertragungsfunktion für das Integrierglied lautet:

$$G(s) = \frac{K_I}{s}. \tag{3.21}$$

Anmerkung: Bei der Laplace-Transformation einer gewöhnlichen linearen Differentialgleichung werden die Ableitungen nach der Zeit durch den Operator s ersetzt, vergleiche Tab. 3.4. Für eine Integration wird $1/s$ eingesetzt. Die Ableitung einer Größe x nach der Zeit und anschließende Integration führt wieder zur ursprünglichen Größe x (abgesehen von evt. Integrationskonstanten). Im Bildbereich entspricht die Ableitung einer Multiplikation mit s, die Integration einer Multiplikation mit $1/s$. Im Endergebnis heben sich die beiden Operationen auf, $s * 1/s = 1$.

Die Sprungantwort eines Integriergliedes verläuft rampenförmig. Im Blocksymbol Abb. 3.31 für das Integrierglied ist die rampenförmige Sprungantwort zusehen.

Im Bode-Diagramm Abb. 3.32 fällt das Amplitudenverhältnis mit zunehmender Frequenz immer weiter ab, während der Phasenwinkel konstant −90° beträgt. Eingangs- und Ausgangsschwingung sind also immer um −90° zueinander phasenverschoben. Das heißt, dass die Ausgangsschwingung um eine ¼ Periode verzögert wird.

Niveauregelstrecke als Beispiel für ein I-Glied

Für eine Niveauregelstrecke eines zylindrischen Behälters werden die charakteristischen Größen und Diagramme ermittelt. Die Parameter sind: Behälterdurchmesser $d = 0{,}3\,\mathrm{m}$, Eingangsgröße u = Volumenstrom Zulauf $Q_{zu} = 3\,\mathrm{l/s}$, Ausgangsgröße v (= Regelgröße x) = Füllhöhe h

Lösung:

Da hier über die Geometrie der Strecke der funktionelle Zusammenhang zwischen Eingangsgröße u und Ausgangsgröße v bestimmbar ist, kann der Integrierbeiwert K_I berechnet werden.

$$h = \frac{V}{A} = \frac{Q_{zu}t}{A} = \frac{1}{\pi\left(\frac{d}{2}\right)^2} Q_{zu}t = \frac{1}{\pi\left(\frac{0{,}3\,\mathrm{m}}{2}\right)^2} Q_{zu}t = \underbrace{14{,}15\frac{1}{\mathrm{m}^2}}_{K_I} Q_{zu}t$$

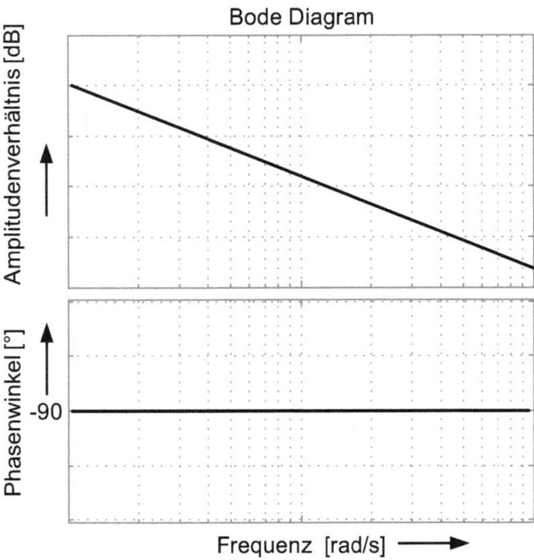

Abb. 3.32 Bode-Diagramm eines Integriergliedes

Die Sprungantwort lautet damit:

$$h(t) = K_I Q_{zu} t = 14{,}15 \frac{1}{\mathrm{m}^2} \cdot 3 \cdot 10^{-3} \frac{\mathrm{m}^3}{\mathrm{s}} t = 0{,}042 \frac{\mathrm{m}}{\mathrm{s}} t = 4{,}2 \frac{\mathrm{cm}}{\mathrm{s}} t.$$

Es handelt sich um eine ansteigende Gerade. Der Eingangssprung und die Sprungantwort sind in der Abb. 3.33 zu sehen.

Weitere Beispiele für Integrierglieder sind:

- Motorgetriebene Gewindespindel, siehe Abb. 3.34 a).
  Eine motorgetriebene Gewindespindel bewegt einen Tisch. Eingangsgröße ist die Winkelgeschwindigkeit ω des Motors, Ausgangsgröße ist die Position s des Tisches.
- Schlingenbahn, siehe Abb. 3.34 b).
  Bei der Schlingenregelung von elastischen Stoffbahnen mit großem Durchhang wird die Länge $2\,l$ der Schlinge geregelt. Eingangsgröße = $v_1 - v_2$, Ausgangsgröße = $2\,l$.

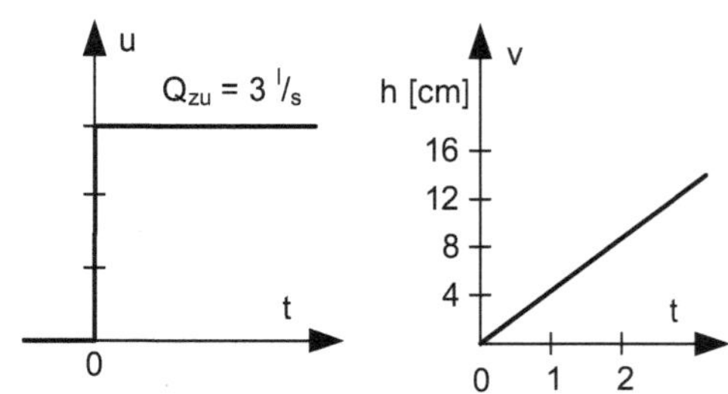

Abb. 3.33 Eingangssprung und Sprungantwort der Niveauregelstrecke

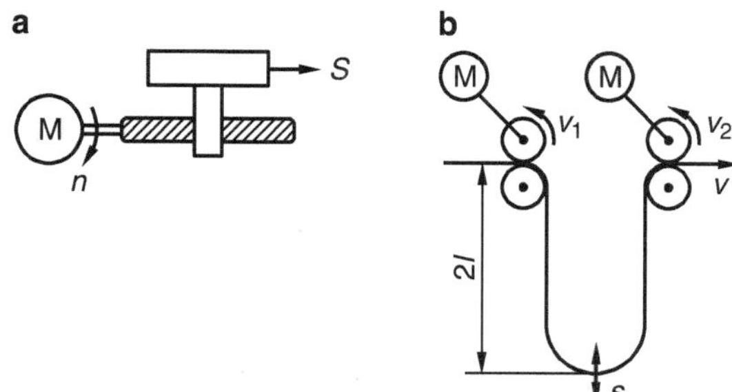

Abb. 3.34 Weitere Beispiele für I-Glieder

3.3.3 Differenzierglied (D-Glied)

Die Ausgangsgröße des Differenziergliedes ist proportional zur Ableitung des Eingangssignals nach der Zeit. Die Differentialgleichung für die Ausgangsgröße lautet:

$$v = K_\mathrm{D} \cdot \frac{\mathrm{d}u}{\mathrm{d}t}. \tag{3.22}$$

Der Faktor K_D ist der *Differenzierbeiwert*. Die Übertragungsfunktion kann aus der Gl. 3.22 hergeleitet werden:

$$G(s) = K_\mathrm{D} \cdot s. \tag{3.23}$$

Die Sprungantwort eines Differenziergliedes ist ein Impuls, vgl. Gl. 3.3. Das Blocksymbol zeigt eine solche Impulsfunktion symbolisch, siehe Abb. 3.35.

Im Bode-Diagramm Abb. 3.36 steigt das Amplitudenverhältnis mit zunehmender Frequenz an, während der Phasenwinkel für alle Frequenzen +90° beträgt.

3.3.4 PID- und PI-Glied

Regelkreisglieder vom Typ PID oder PI setzen sich aus den drei elementaren Bausteinen P-Glied, I-Glied und D-Glied zusammen. Insbesondere die Kombination aus P- und I-Glied oder aus P-, I- und D-Glied als PI-Regler bzw. PID-Regler stellen klassische Bausteine für Regelglieder dar (vgl. Abb. 3.5).

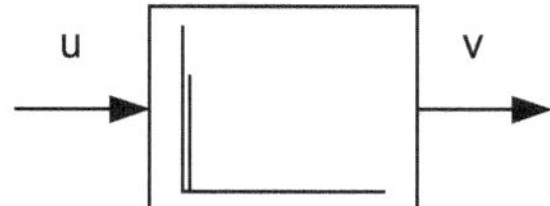

Abb. 3.35 Blocksymbol eines Differenziergliedes

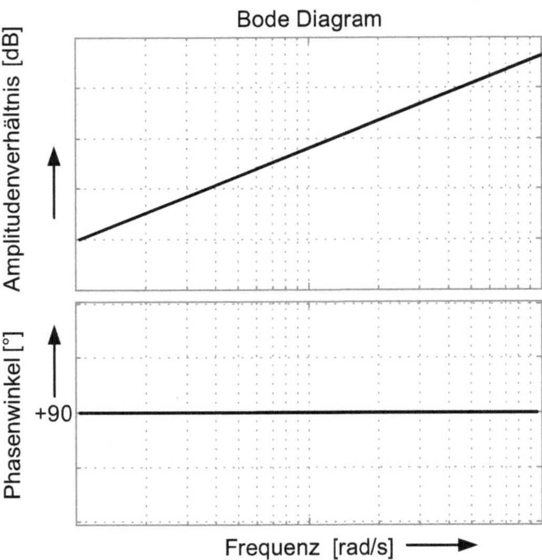

Abb. 3.36 Bode-Diagramm für ein Differenzierglied

Durch Parallelschaltung der elementaren Bausteine P, I und D ergibt sich die folgende Differenzialgleichung eines PID-Gliedes:

$$v = K_{\mathrm{P}} \cdot u + K_{\mathrm{I}} \int u \mathrm{d}t + K_{\mathrm{D}} \cdot \frac{\mathrm{d}u}{\mathrm{d}t}. \tag{3.24}$$

Im Wirkungsplan Abb. 3.37 ist die parallele Struktur klar zu sehen. Die Eingangsgröße durchläuft alle drei Elementarglieder. Die Ausgangsgröße ist die Summe der drei Anteile.

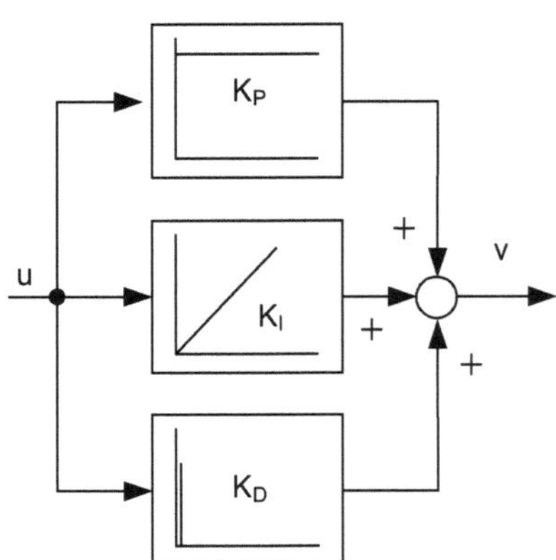

Abb. 3.37 Wirkungsplan eines PID-Gliedes in einer Parallelstruktur

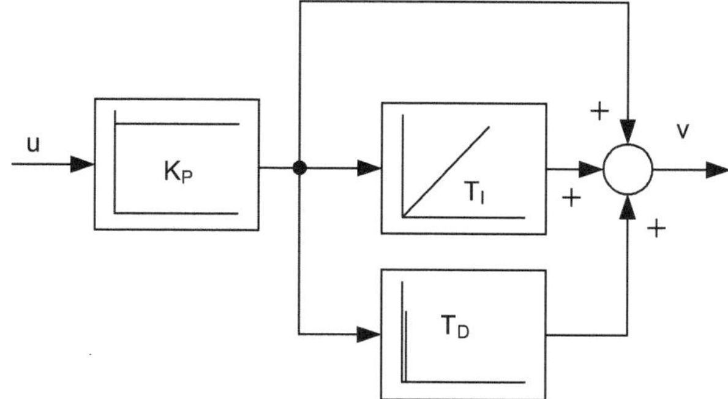

Abb. 3.38 Wirkungsplan eines PID-Gliedes in der üblichen Form

Die Übertragungsfunktion eines PID-Gliedes lautet:

$$G(s) = K_\mathrm{P} + \frac{K_\mathrm{I}}{s} + K_\mathrm{D} \cdot s. \tag{3.25}$$

Für $K_\mathrm{D} = 0$ werden aus den beiden Gln. 3.24 und 3.25 die Differenzialgleichung bzw. die Übertragungsfunktion eines PI-Gliedes. Im Wirkungsplan Abb. 3.37 entfällt dabei der unterste Block mit K_D.

In der Regelungstechnik ist es üblich, den Proportionalbeiwert K_P aus der Gl. 3.25 auszuklammern. So dass man folgende Form erhält:

$$G(s) = K_\mathrm{P}\left(1 + \frac{K_\mathrm{I}}{K_\mathrm{P}}\frac{1}{s} + \frac{K_\mathrm{D}}{K_\mathrm{P}}s\right). \tag{3.26}$$

Die beiden Quotienten kann man durch zwei Konstanten ersetzten:

$$T_\mathrm{I} = \frac{K_\mathrm{P}}{K_\mathrm{I}}, \tag{3.27}$$

$$T_\mathrm{D} = \frac{K_\mathrm{D}}{K_\mathrm{P}}. \tag{3.28}$$

Die Gl. 3.26 lässt sich mit Gln. 3.27 und 3.28 auch in der folgenden Form angeben:

$$G(s) = K_\mathrm{P}\left(1 + \frac{1}{T_\mathrm{I}s} + T_\mathrm{D}s\right). \tag{3.29}$$

Darin sind T_I die *Nachstellzeit* und T_D die *Vorhaltzeit*. Die Gl. 3.29 ist die in der Regelungstechnik übliche Form für einen PID-Regler. Damit nimmt auch der Wirkungsplan eine andere Gestalt an, siehe Abb. 3.38.

Weitere mögliche Kombinationen von P-, I- und D-Gliedern wie PD-Glied oder ID-Glied sind selten und werden deshalb nicht extra aufgeführt.

3.3.5 Verzögerungsglied (PT$_n$-Glied)

Bei vielen Regelkreisgliedern ist es so, dass sie auf eine Änderung der Eingangsgröße nicht sofort sondern verzögert reagieren. Insbesondere bei Regelstrecken ist ein solches Verhalten oft anzutreffen. Ursache dafür sind Glieder, welche die Eigenschaft der Speicherung besitzen. Sie sorgen dafür, dass der neue Beharrungswert nicht sofort nach Änderung der Eingangsgröße voll erreicht wird, sondern dass sich die Regelgröße erst allmählich diesem Wert annähert. Deshalb spricht man auch von Verzögerungsgliedern. Verzögerungsglieder erster und zweiter Ordnung sind in der Praxis häufig anzutreffen.

Ein Beispiel dafür ist die elektrische Schaltung in der Abb. 3.19. Eine Änderung der Eingangsspannung U_E z. B. von 0 V auf eine konstante Spannung bewirkt einen Strom, der den Kondensator lädt. Die Spannung U_A am Kondensator steigt vom Anfangswert 0 V auf ihren Endwert an. Nach einer gewissen Zeit ist der Kondensator geladen. Die Spannung U_A am Kondensator ist gleich der Eingangsspannung und der Strom U_E ist null. Mit den Zahlenwerten $C = 1\,\mu F$, $R = 1\,k\Omega$ und $U_E = 12$ V ergibt sich ein Verlauf der Ausgangsspannung, wie er in der Abb. 3.39 zu sehen ist.

Diese elektrische Schaltung repräsentiert ein Übertragungsglied vom Typ PT$_1$.

3.3.5.1 PT$_1$-Glied

Ein *Verzögerungsglied erster Ordnung* wird auch PT$_1$-Glied genannt und gehorcht folgender gewöhnlicher linearer Differentialgleichung 1. Ordnung:

$$T_1 \cdot \frac{dv}{dt} + v = K_P \cdot u. \tag{3.30}$$

K_P ist der *Proportionalbeiwert*. Die Konstante T_1 wird als *Verzögerungszeit* oder *Zeitkonstante* oder auch *PT$_1$-Zeitkonstante* bezeichnet.

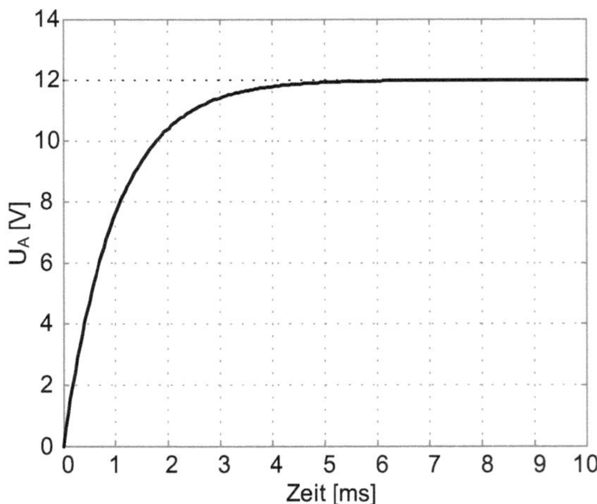

Abb. 3.39 Sprungantwort RC-Glied

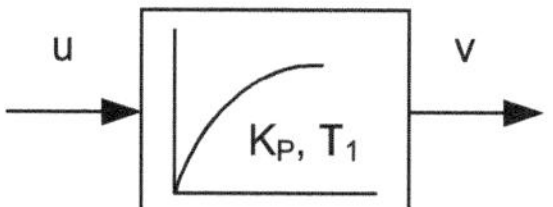

Abb. 3.40 Blocksymbol PT_1-Glied

Die Transformation in den Bildbereich und Bildung des Quotienten $V(s)/U(s)$ führt zur Übertragungsfunktion:

$$G(s) = \frac{K_P}{T_1 \cdot s + 1}. \tag{3.31}$$

Die Abb. 3.40 zeigt das Blocksymbol eines PT_1-Gliedes mit den beiden Parametern K_P und T_1.

Der Frequenzgang eines solchen PT_1-Gliedes ist in der Abb. 3.41 zusehen. Der Amplitudengang verläuft bei niedrigen Frequenzen bei 0 dB. Zu höheren Frequenzen hin fällt die Kurve des Amplitudengangs immer weiter ab. Das bedeutet, dass niedrige Frequenzen das PT_1-Glied kaum verändert durchlaufen, während höhere Frequenzen abgeschwächt werden. Ein solches Verhalten bezeichnet man auch als Tiefpass-Charakteristik.

Bei der Kreisfrequenz $\omega_E = 1/T_1$ beträgt der Phasenwinkel $-45°$.

Ein weiteres Beispiel für ein Verzögerungsglied erster Ordnung ist eine Feder mit Dämpfung und vernachlässigt kleiner Masse, siehe Abb. 3.42.

Für die Kraft F gilt: $F = c \cdot s + d \cdot \mathrm{d}s/\mathrm{d}t$.

Umgeformt erhält man eine Differenzialgleichung erster Ordnung der Form von Gl. 3.30: $d/c \cdot \mathrm{d}s/\mathrm{d}t + cs = F/c$.

Darin sind: Eingangsgröße $u = F$, Ausgangsgröße $v = s$, Zeitkonstante $T_1 = d/c$, Proportionalbeiwert $K_P = 1/c$.

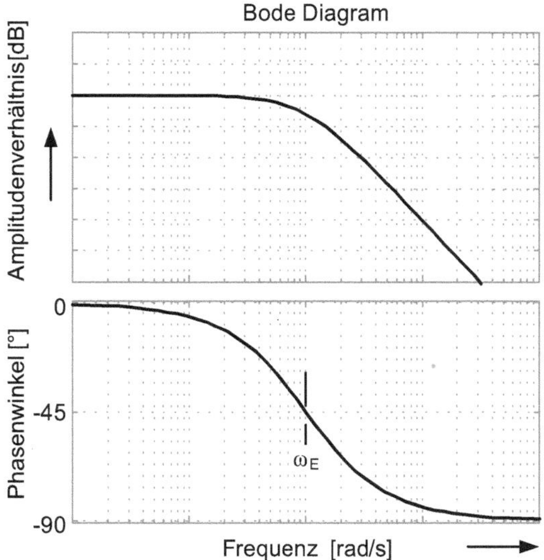

Abb. 3.41 Bode-Diagramm eines PT_1-Gliedes

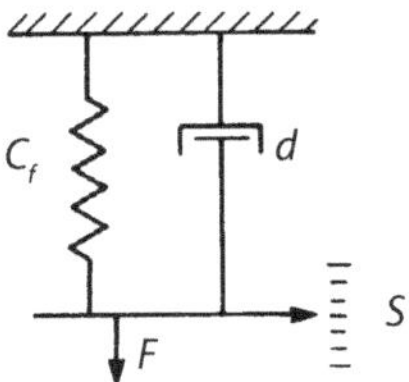

Abb. 3.42 Feder mit Dämpfung

3.3.5.2 PT$_2$-Glied

Bei einem *Verzögerungsglied zweiter Ordnung* (PT$_2$-Glied) sind Ableitungen der Ausgangsgröße bis zur 2. Ordnung vorhanden. Die allgemeine gewöhnliche lineare Differentialgleichung lautet:

$$\frac{1}{\omega_0^2}\frac{\mathrm{d}^2 v}{\mathrm{d}t^2}+\frac{2\vartheta}{\omega_0}\frac{\mathrm{d}v}{\mathrm{d}t}+v=K_\mathrm{P}\cdot u. \tag{3.32}$$

Die Transformation in den Bildbereich führt zu der Übertragungsfunktion

$$G(s)=\frac{K_\mathrm{P}}{\frac{1}{\omega_0^2}s^2+\frac{2\vartheta}{\omega_0}s+1}. \tag{3.33}$$

Darin ist K_P der *Proportionalbeiwert*, ω_0 ist die *Kennkreisfrequenz* und ϑ der Dämpfungsgrad. In diesem Fall können Eigenschwingungen auftreten.

In der Sprungantwort kann ein *Überschwingen* auftreten. Dabei läuft die Ausgangsgröße über den Endwert hinaus und es treten Schwingungen auf. Das Abklingverhalten hängt vom Dämpfungsgrad ab, siehe Abb. 3.43.

Für $0<\vartheta<1$ treten Eigenschwingungen auf. Im theoretischen Grenzfall $\vartheta=0$ gibt es Dauerschwingungen, die nicht abklingen. Bei realen Regelstrecken ist aber immer eine gewisse Dämpfung vorhanden. Die Eigenfrequenz [Hz] dieser Schwingungen beträgt:

$$f_0=\frac{\omega_0}{2\pi}. \tag{3.34}$$

Man kann zeigen, dass der Nenner der Übertragungsfunktion Gl. 3.33 für $0<\vartheta<1$ zwei konjugiert komplexe Nullstellen besitzt.

Der Frequenzgang ist in der Abb. 3.44 dargestellt. Im Amplitudenverlauf treten für kleine Dämpfungsgrade Maxima auf. Dies kennzeichnet eine Resonanzstelle, bei der die Amplitude einer Ausgangsschwingung größer ist als die Amplitude der Eingangsschwingung. Häufig sind solche Resonanzen unerwünscht oder sogar schädlich.

Der Fall $\vartheta=1$ wird als aperiodischer Grenzfall bezeichnet. Dann tritt gerade keine Schwingung mehr auf. Die Sprungantwort verläuft aperiodisch gegen ihren Endwert. Für noch größere Werte $\vartheta>1$ sind ebenfalls keine Eigenschwingungen möglich. In dem Fall besitzt der Nenner der Übertragungsfunktion Gl. 3.33 zwei reelle Nullstellen. Die Übertragungsfunktion Gl. 3.33 kann in dem Fall auch in folgender Form angegeben werden:

$$G(s)=\frac{K_\mathrm{P}}{(T_1 s+1)(T_2 s+1)}. \tag{3.35}$$

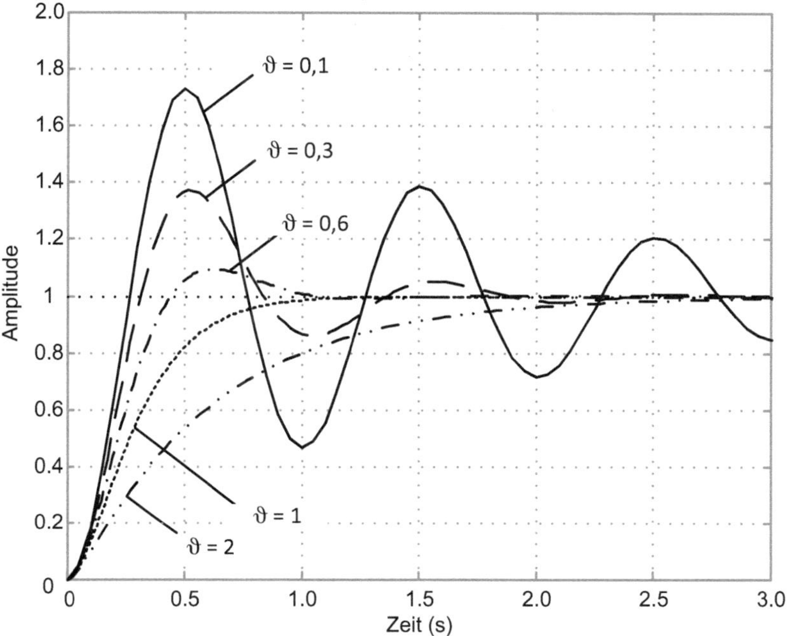

Abb. 3.43 Sprungantwort eines PT_2-Gliedes ($\omega_0 = 2\pi$, $K_P = 1$)

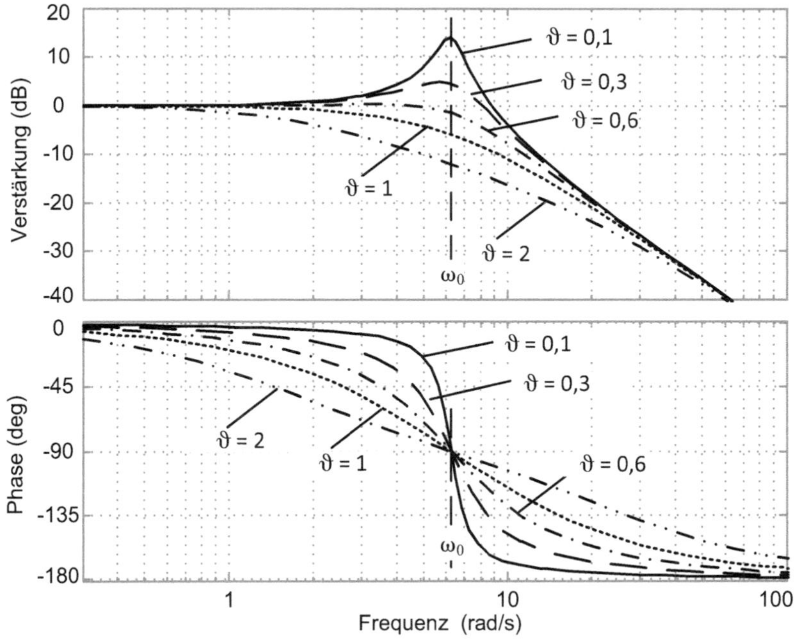

Abb. 3.44 Bode-Diagramm eines PT_2-Gliedes ($\omega_0 = 2\pi$, $K_P = 1$)

Das PT_2-Glied entspricht in dem Fall der Hintereinanderschaltung zweier PT_1-Glieder mit den Zeitkonstanten T_1 und T_2. Hier können keine Eigenschwingungen des PT_2-Gliedes auftreten.

Feder-Dämpfer-Masse-System

Eine Masse m wird von einer Feder und einem Dämpfer gehalten, die beide an einer festen Wand angebracht sind (Abb. 3.45). Auf die Masse wirkt zusätzlich eine Kraft F, die Eingangsgröße in das System ist. Die Position y ist die Ausgangsgröße.

Die Feder sei linearelastisch. Die Federkraft beträgt dann:

$$F_c = -c \cdot y. \tag{3.36}$$

Die Dämpfungskraft wird als geschwindigkeitsproportional angenommen:

$$F_d = -d \cdot \frac{\mathrm{d}y}{\mathrm{d}t}. \tag{3.37}$$

Der Impulssatz für die Masse m liefert die gesuchte Gleichung für die Bewegung: Masse x Beschleunigung = Summe aller Kräfte

$$m\frac{\mathrm{d}^2 y}{\mathrm{d}t^2} = F - d\frac{\mathrm{d}y}{\mathrm{d}t} - cy.$$

Dies ergibt die gewöhnliche Differentialgleichung 2. Ordnung eines PT_2-Glieds:

$$m\frac{\mathrm{d}^2 y}{\mathrm{d}t^2} + d\frac{\mathrm{d}y}{\mathrm{d}t} + cy = F. \tag{3.38}$$

Um diese Differentialgleichung in die Form der Gl. 3.32 zu bringen, müssen nur die linke und rechte Seite der Gl. 3.38 durch den Faktor c dividiert werden

$$\frac{m}{c}\frac{\mathrm{d}^2 y}{\mathrm{d}t^2} + \frac{d}{c}\frac{\mathrm{d}y}{\mathrm{d}t} + y = \frac{1}{c}F. \tag{3.39}$$

Der Koeffizientenvergleich zwischen den Gln. 3.39 und 3.32 liefert die folgenden Beziehungen für die Parameter K_P, ω_0 und ϑ:

$$\frac{1}{\omega_0^2} = \frac{m}{c}, \tag{3.40}$$

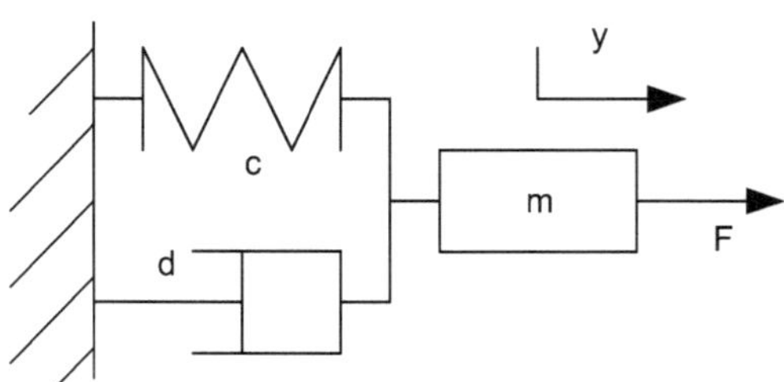

Abb. 3.45 Feder-Dämpfer-Masse-System

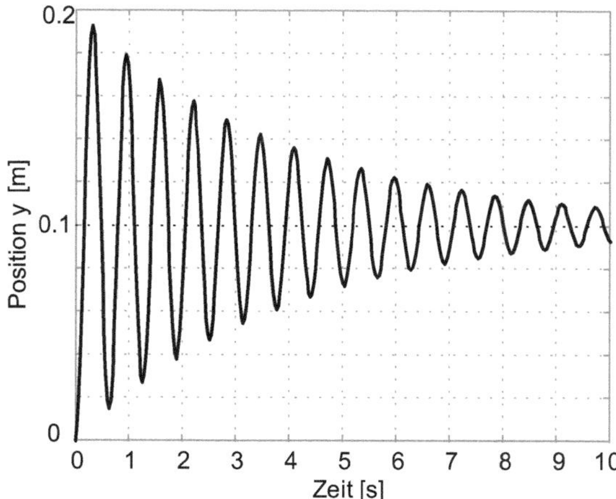

Abb. 3.46 Sprungantwort des Feder-Dämpfer-Masse-Systems

$$\frac{2\vartheta}{\omega_0} = \frac{\mathrm{d}}{c}, \tag{3.41}$$

$$K_\mathrm{P} = \frac{1}{c}. \tag{3.42}$$

Daraus erhält man schließlich:

$$\omega_0 = \sqrt{\frac{c}{m}}, \tag{3.43}$$

$$\vartheta = \frac{\mathrm{d}}{2\sqrt{c \cdot m}}. \tag{3.44}$$

Die Eigenfrequenz ist:

$$f_0 = \frac{\omega_0}{2\pi} \tag{3.45}$$

und die Periodendauer T der Eigenschwingung ist:

$$T = \frac{1}{f_0}. \tag{3.46}$$

Mit den Zahlenwerten $m = 1$ kg, $c = 100$ N/m, $d = 0{,}5$ Ns/m und einer sprungförmigen Änderung der Kraft von $F = 0$ N auf $F = 10$ N erhält man den Verlauf der Position y wie in Abb. 3.46 gezeigt.

3.3.5.3 PT$_n$-Glied

In der Differentialgleichung eines Verzögerungsgliedes der Ordnung N gibt es Ableitungen der Ausgangsgröße bis zur Ordnung N (vgl. Gl. 3.15).

$$\frac{a_N}{a_0}\frac{\mathrm{d}^N v}{\mathrm{d}t^N} + \ldots + \frac{a_1}{a_0}\frac{\mathrm{d}v}{\mathrm{d}t} + v = \frac{b_0}{a_0}u \tag{3.47}$$

Die Übertragungsfunktion erhält man aus der allgemeinen Gl. 3.17 dadurch, dass alle Parameter b_1 bis b_M verschwinden:

$$G(s) = \frac{\frac{b_0}{a_0}}{\frac{a_N}{a_0}s^N + \ldots + \frac{a_1}{a_0}s + 1}. \tag{3.48}$$

Wie man oben am Beispiel des PT_2-Gliedes sehen kann, entscheiden die Nullstellen des Nenners der Übertragungsfunktion darüber, ob das Regelkreisglied Eigenschwingungen aufweist oder nicht.

► **Pole** (poles) Pole einer Übertragungsfunktion sind die Nullstellen des Nenners. Die Lage der Pole entscheidet darüber, ob bei einem Regelkreisglied Eigenschwingungen möglich sind. Gibt es konjugiert komplexe Pole, sind Eigenschwingungen möglich. Falls ausschließlich reelle Pole vorhanden sind, ist das nicht der Fall.

Ein Regelkreisglied vom Typ PT_n besitzt N Pole. Diese können entweder reell sein oder als konjugiert komplexe Polpaare auftreten. Einen reellen Pol besitzen z. B. Regelkreisglieder vom Typ PT_1. PT_2-Glieder können entweder ein konjugiert komplexes Polpaar haben oder zwei reelle Pole.

Grundsätzliche Eigenschaften:

- Verzögerungsverhalten, d. h. bei einer sprungförmigen Änderung der Eingangsgröße wird der Endwert der Ausgangsgröße erst nach einer gewissen Zeit erreicht.
- Es sind Eigenschwingungen möglich und die Sprungantwort kann überschwingen. Entscheidend sind die Nullstellen des Nenners der Übertragungsfunktion.
- Der Phasenwinkel beträgt 0° für kleine Frequenzen. Für große Frequenzen nähert er sich dem Grenzwert $N \cdot (-90°)$ an, der von der Ordnung N abhängt.

3.3.6 Totzeitglied

Bei einem Totzeitglied verläuft die Ausgangsgröße v gegenüber der Eingangsgröße u um die Totzeit T_t verzögert. Die Abb. 3.47 zeigt den Eingangssprung und die Sprungantwort eines Totzeitgliedes.

Die Gleichung für das Ausgangssignal ist in dem Fall eine algebraische Gleichung:

$$v(t) = u(t - T_t). \tag{3.49}$$

Die Übertragungsfunktion lautet:

$$G(s) = e^{-T_t \cdot s}. \tag{3.50}$$

Die Abb. 3.48 zeigt das Blocksymbol eines Totzeitgliedes.

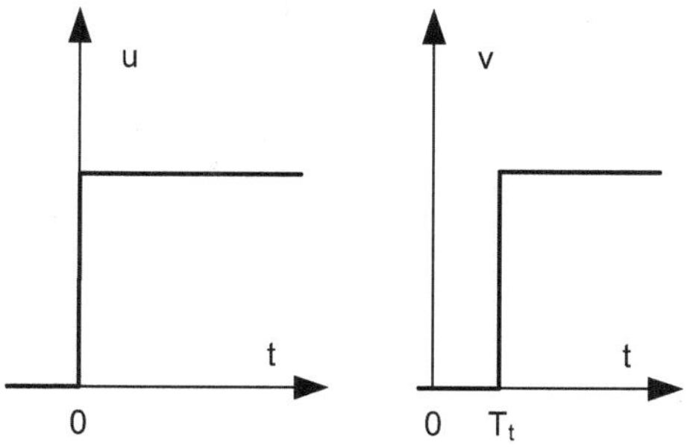

Abb. 3.47 Sprungantwort eines Totzeitgliedes

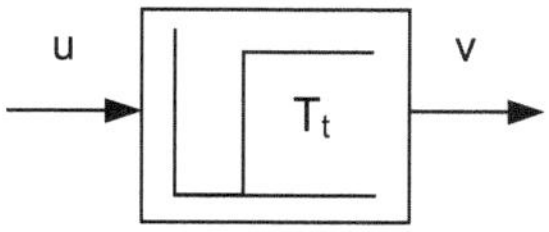

Abb. 3.48 Blockschaltbild eines Totzeitgliedes

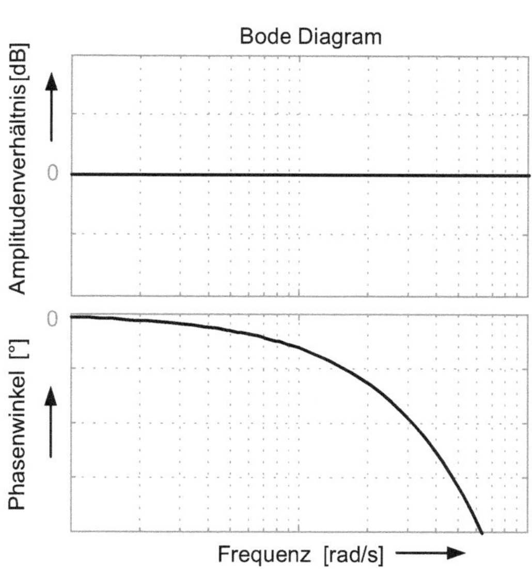

Abb. 3.49 Bode-Diagramm eines Totzeitgliedes

Der Frequenzgang eines Totzeitgliedes ist in der Abb. 3.49 zusehen. Der Amplitudengang verläuft konstant bei 0 dB. Das bedeutet, dass die Amplitude nicht beeinflusst wird. Der Phasenwinkel beträgt 0° bei niedrigen Frequenzen, fällt aber zu höheren Frequenzen hin immer weiter in den negativen Bereich.

Beispiel

Ein typisches Beispiel, in dem eine Totzeit in einem Regelkreis auftritt, ist an einem Förderband (Abb. 3.50), an dem links am Schieber der Stelleingriff y erfolgt und rechts an der Abwurfstelle die Regelgröße x gemessen wird. Die Totzeit tritt deshalb auf, weil zwischen dem Zeitpunkt eines Stelleingriffs und der Auswirkung auf die Regelgröße x

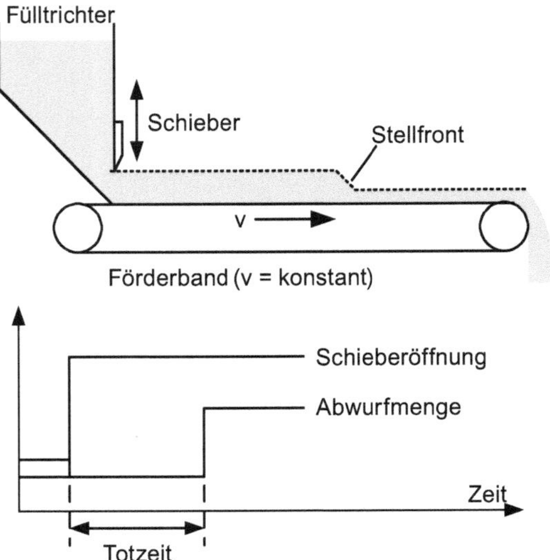

Abb. 3.50 Beispiel einer Regelstrecke mit Totzeit (P-T_t-Strecke)

das Schüttgut einen Weg s mit der Geschwindigkeit v auf dem Förderband zurücklegen muss und dafür die Zeit $T_t = s/v$ benötigt.

Totzeit tritt grundsätzlich auch bei digitalen Regelungen auf, weil vom Zeitpunkt des Einlesens von Soll- und Istwert der Regelgröße bis zur Ausgabe der Stellgröße Zeit verstreicht, in der u. a. der Regelalgorithmus abgearbeitet wird.

3.3.7 Einteilung von Regelstrecken

Die Regelstrecke ist diejenige Funktionseinheit, die entsprechend der Regelungsaufgabe beeinflusst wird (Abb. 3.3).

Die regelungstechnische und auch mathematische Behandlung von Regelstrecken gibt in zweierlei Hinsicht Probleme auf. Einerseits ist die Art der Strecke oft durch das zu regelnde Problem vorgegeben und in ihren Parametern nur wenig veränderbar. Andererseits sind die Kenngrößen der Strecken nicht immer bekannt, sie werden meist nicht – wie bei Reglern – von den Händlern mitgeliefert und müssen zunächst entweder durch physikalische Gesetzmäßigkeiten oder experimentell ermittelt werden.

Auch bei Regelstrecken spielt sowohl das statische als auch das dynamische Verhalten eine wichtige Rolle. Das unterschiedliche dynamische Verhalten bildet auch die Grundlage für eine Systematisierung der unterschiedlichen Streckentypen. Diese erfolgt nicht nach der zu regelnden physikalischen Große, sondern nach dem Zeitverhalten der Strecke.

▶ **Strecke mit Ausgleich** (controlled system with self-regulation) Bei einer Strecke mit Ausgleich strebt die Ausgangsgröße x nach einer Veränderung der Stellgröße y einem neuen konstanten Beharrungswert zu.

▶ **Strecke ohne Ausgleich** (controlled system without self-regulation) Bei einer Strecke ohne Ausgleich strebt die Ausgangsgröße x nach einer Veränderung der Stellgröße y keinem Beharrungswert zu, sondern verändert sich unbegrenzt.

Beispiele für Strecken mit Ausgleich sind alle mit proportionalem Verhalten (P-Glied) oder auch Verzögerungsglieder (PT_n-Glieder).

Strecke mit Ausgleich

Legt man an einem Spannungsteiler als Eingangsgröße eine konstante Spannung U_0 an, so kann man am Widerstand R_2 eine konstante Spannung U_2 als Ausgangsgröße abgreifen, siehe Abb. 3.51. Diese Strecke weist proportionales Verhalten auf.

Strecke ohne Ausgleich

Der Zulaufmenge Q_{zu} als Eingangsgröße in einen Flüssigkeitsbehälter wird mittels eines Ventils eingestellt, siehe Abb. 3.52. Der Füllstand im Behälter steigt immer weiter an, ohne einen Beharrungswert zu erreichen. Diese Strecke weist integrales Verhalten auf.

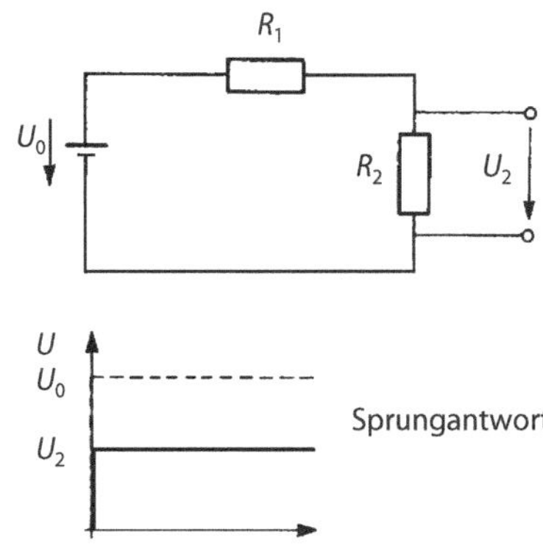

Abb. 3.51 Strecke mit Ausgleich

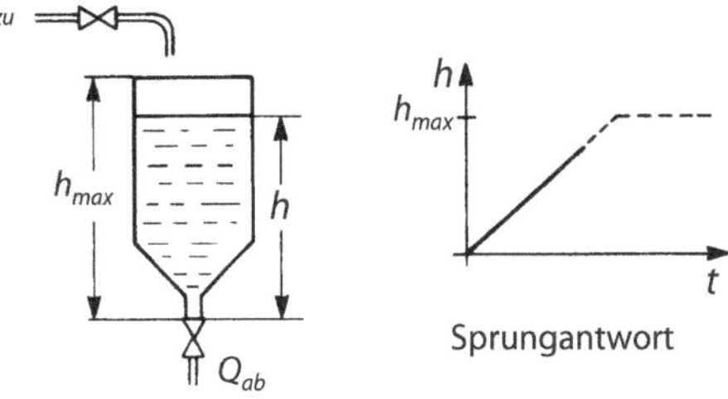

Abb. 3.52 Strecke ohne Ausgleich

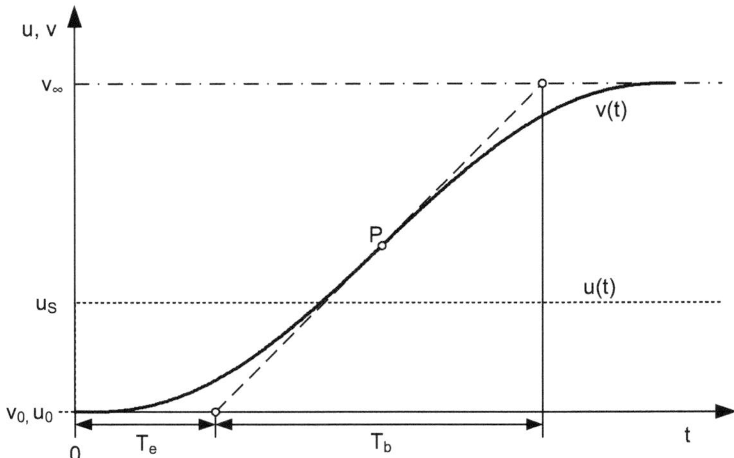

Abb. 3.53 Sprungantwort mit aperiodischem Verlauf (charakteristische Größen siehe Tab. 3.5)

Tab. 3.5 Charakteristische Größen bei aperiodischem Sprungantwortverhalten

v_0, u_0	Anfangswerte der Eingangs- und Ausgangsgröße
u_S	Sprunghöhe der Eingangsgröße
v_∞	Wert der Ausgangsgröße im Beharrungszustand nach dem Sprung
P	Wendepunkt
T_e	Verzugszeit = Zeitdauer zwischen dem Zeitpunkt des Sprungs und dem Punkt, an dem die Wendetangente die horizontale Linie durch v_0 schneidet
T_b	Ausgleichszeit = Zeitdauer zwischen den Schnittpunkten der Wendetangente mit den horizontalen Linien durch v_0 und v_∞

Tab. 3.6 Erfahrungswerte für die Regelbarkeit

T_b/T_e	Regelbarkeit
>5	Gut regelbar
2,5 ... 5	Mäßig regelbar
1,2 ... 2,5	Schlecht regelbar
$<1{,}2$	Sehr schlecht regelbar

Für Regelstrecken mit aperiodischem Verlauf der Sprungantwort gibt es Erfahrungswerte über die Regelbarkeit in einem elementaren Regelungssystem. Aus dem Verlauf der Sprungantwort muss der Wendepunkt P ermittelt und dort die Tangente an die Kurve $v(t)$ angelegt werden (gestrichelte Linie), siehe Abb. 3.53.

Aus der Sprungantwort können die Werte der Ausgleichszeit T_b und der Verzugszeit T_e abgelesen werden. Je größer das Verhältnis T_b/T_e ist, desto besser ist die Strecke regelbar. Es gelten die Erfahrungswerte der Tab. 3.6.

Übungsaufgabe 17

Aufgabenbeschreibung

Die Übertragungsfunktion $G(s)$ eines Regelkreisgliedes soll aus seiner gegebenen Differenzialgleichung bestimmt werden.

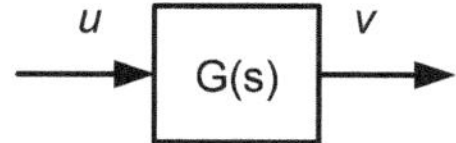

Angaben und Daten

Das Verhalten eines Regelkreisgliedes kann mit Hilfe der folgenden Differenzialgleichung beschrieben werden:

$$m \cdot \ddot{v} = c \cdot (u - v) + d \cdot (\dot{u} - \dot{v})$$

Eingangsgröße: u
Ausgangsgröße: v
Parameter: m, c, d

Teilaufgabe a)

Transformieren Sie die oben angegebene Differenzialgleichung in den Bildbereich.

Teilaufgabe b)

Stellen Sie nun die Übertragungsfunktion $G(s)$ auf.

Teilaufgabe c)

Welche Ordnung hat die Übertragungsfunktion?

Teilaufgabe d)

Welcher Typ von Übertragungsfunktion ergibt sich für den Fall, dass $d = 0$ ist?

Übungsaufgabe 18

Aufgabenbeschreibung

Für die unten genannten Regelkreisglieder sollen die Übertragungsfunktionen aufgestellt werden.

Angaben und Daten

P: $v = K_p \cdot u$

I: $v = K_I \int u \mathrm{d}t$ mit: $K_I = 10 \frac{1}{s}$

D: $v = K_D \frac{\mathrm{d}u}{\mathrm{d}t}$

PID: $v = K_p \cdot u + K_I \int u \mathrm{d}t + K_D \frac{\mathrm{d}u}{\mathrm{d}t}$ mit: $K_p = 50, K_I = 10 \frac{1}{s}, K_D = 0{,}0\,s$

PT_1: $T_1 \frac{\mathrm{d}v}{\mathrm{d}t} + v = K_p \cdot u$ mit: $K_p = 3{,}5, T_1 = 0{,}1\,s$

PT_2: $\frac{1}{\omega_0^2} \frac{\mathrm{d}^2 v}{\mathrm{d}t^2} + \frac{2D_1}{\omega_0} \frac{\mathrm{d}v}{\mathrm{d}t} + v = K_p \cdot u$ mit: $K_p = 3{,}5,\ \omega_0 = 150 \frac{1}{s}, D = 0{,}15$

Aufgabe

Bilden Sie die Übertragungsfunktionen der oben genannten Regelkreisglieder P, I, D, PID, PT_1 und PT_2.

Übungsaufgabe 19

Aufgabenbeschreibung

Das Zeitverhalten eines Regelkreisgliedes soll simuliert und analysiert werden. Die Differenzialgleichung des Regelkreisgliedes sei bekannt.

Angaben und Daten

Das Verhalten des Regelkreisgliedes kann mit Hilfe der folgenden Differenzialgleichung beschrieben werden:

$$\frac{\mathrm{d}^3 v}{\mathrm{d}t^3} + 4{,}68 \cdot \frac{\mathrm{d}^2 v}{\mathrm{d}t^2} - 2{,}5 \cdot \frac{\mathrm{d}^2 u}{\mathrm{d}t^2} + 16{,}45 \cdot \frac{\mathrm{d}v}{\mathrm{d}t} - 20 \cdot \frac{\mathrm{d}u}{\mathrm{d}t} + 64 \cdot v - 96 \cdot u = 0$$

Eingangsgröße: u
Ausgangsgröße: v

Aufgabe

Bilden Sie die Übertragungsfunktion des Regelkreisgliedes aus der angegebenen Differenzialgleichung.

Übungsaufgabe 20

Aufgabenbeschreibung

Das Volumen V einer Flüssigkeit in einem Behälter soll unterschiedliche Werte annehmen. Dazu werden unterschiedliche Werte h^{soll} für den Füllstand der Flüssigkeit in dem Behälter von außen vorgegeben und mit Hilfe einer Regelung eingestellt.

Der Volumenstrom q, der in den Behälter ein- oder aus dem Behälter ausfließt, wird über ein 3/2-Proportionalwegeventil gesteuert. Die Stellgröße y des Ventils wird mit Hilfe eines P-Reglers gebildet.

Der Füllstand h wird mit einem Füllstandsensor gemessen, der in dieser Aufgabe als ideal angenommen wird ($G_{\text{Füllstandsensor}} = 1$). Als Regelglied kommt ein P-Regler zum Einsatz.

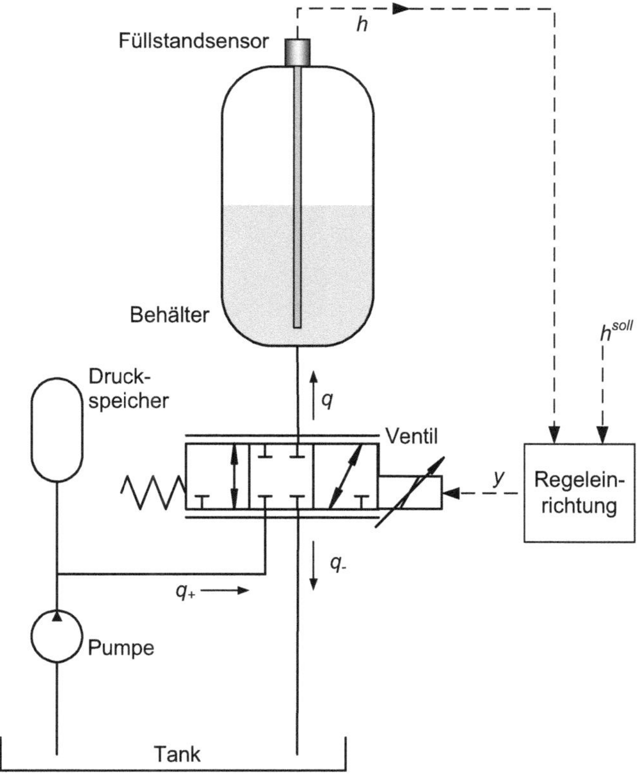

Angaben und Daten

Regler: $y = K_{\mathrm{p}} \cdot \left(h^{\mathrm{soll}} - h\right)$ mit: $K_{\mathrm{p}} = 100\,\frac{\mathrm{V}}{\mathrm{m}}$

Ventil: $q = K_v \cdot y$ mit: $K_v = 25\,\frac{\frac{1}{\mathrm{min}}}{10\,\mathrm{V}} = 4{,}17 \cdot 10^{-5}\,\frac{\mathrm{m}^3}{\mathrm{sV}}$

Behälter: $h = \frac{1}{A}\int q\mathrm{d}t$ mit: $A = 0{,}05\,\mathrm{m}^2$

Füllstandsensor: Sensorausgangssignal $r = h$

Volumen: $V = A \cdot h$

Teilaufgabe a)

Ordnen Sie die Größen aus der Abb. 3.3. den zugehörigen Größen aus der Aufgabenbeschreibung zu und ergänzen Sie die dritte Spalte der folgenden Tabelle.

Bezeichnung nach DIN IEC 60050-351	Formelzeichen	Größen aus der Aufgabenbeschreibung
Zielgröße	c	
Stellgröße	y	
Regelgröße	x	
Aufgabengröße	q	
Rückführgröße	r	

Teilaufgabe b)

Identifizieren Sie die Teilsysteme des Regelungssystems entsprechend Abb. 3.3 und deren jeweilige Eingangs- und Ausgangsgrößen. Berücksichtigen Sie, dass manche Teilsysteme aus mehreren Komponenten zusammengesetzt sein können. Ergänzen Sie die zweite Spalte der folgenden Tabelle.

Teilsysteme nach Abb. 3.3	Teilsysteme in dieser Aufgabe
Regeleinrichtung	1. .... Eingangsgröße(n): .... Ausgangsgröße(n): .... 2. .... Eingangsgröße(n): .... Ausgangsgröße(n): ....
Regelstrecke	1. .... Eingangsgröße(n): .... Ausgangsgröße(n): .... 2. .... Eingangsgröße(n): .... Ausgangsgröße(n): ....
Messglied	.... Eingangsgröße(n): .... Ausgangsgröße(n): ....
Bildung der Aufgaben-größe	.... Eingangsgröße(n): .... Ausgangsgröße(n): ....

Teilaufgabe c)

Bestimmen Sie die Blocksymbole der Teilsysteme aus der Tabelle von Teilaufgabe b) und zeichnen Sie damit das Blockschaltbild des Regelsystems.

Zur Selbstkontrolle

1. Wodurch werden Regelkreisglieder in einem Wirkungsplan dargestellt?
2. Wie kann das Übertragungsverhalten in solchen Elementen beschrieben werden?
3. Wie lautet die Übertragungsfunktion eines P-Gliedes?
4. Nennen Sie ein Beispiel für ein Verzögerungsglied erster Ordnung.
5. Welches sind die Parameter eines PT_2-Gliedes?
6. Was sind die Pole einer Übertragungsfunktion und welche Eigenschaft hängt damit zusammen?
7. Wodurch ist eine Strecke mit Ausgleich gekennzeichnet?

3.4 Regelkreise und deren Einstellung

In diesem Abschnitt geht es darum, das Zusammenwirken der Regelkreisglieder in einem Regelkreis zu untersuchen. Die detaillierte Struktur eines Regelungssystems aus der Abb. 3.5 soll für die kommenden Betrachtungen vereinfacht werden, indem die folgenden Annahmen getroffen werden:

- Das statische und dynamische Verhalten des Messgliedes wird vernachlässigt. Damit ist die Rückführgröße r gleich der Regelgröße x: $r = x$. Die Übertragungsfunktion des Messgliedes lautet damit: $G(s) = 1$.
- Das statische und dynamische Verhalten des Stellers wird dem Regelglied zugeschlagen. Das ist in der Theorie ohne Einschränkungen möglich.
- Der Führungsgrößenbildner wird nicht weiter betrachtet.

Damit vereinfacht sich die Struktur des Regelkreises aus der Abb. 3.5 stark und man erhält das folgende vereinfachte Strukturbild eines Standardregelkreises, siehe Abb. 3.54.

3.4.1 Rechenregeln für Kombinationen von Regelkreisgliedern

Um das statische und dynamische Verhalten eines Regelkreises in der Theorie beurteilen zu können, ist die Kenntnis weniger Rechenregeln ausreichend. Hier ist es vorteilhaft, mit Übertragungsfunktionen zu arbeiten. Die typischen Regelkreisstrukturen führen dabei auf einfache algebraische Gleichungen, die in den meisten Fällen mit den vier Grundrechenarten gelöst werden können.

In diesem Abschnitt wird mit Größen im Bildbereich gearbeitet. Um die Gleichungen übersichtlicher zu halten, wird auf die Angabe der komplexen Variablen s verzichtet. Das heißt es steht dort z. B. U anstatt $U(s)$ usw.

Verzweigungsstellen (branching points) Die Übertragungsfunktion einer Verzweigung im Wirkungsplan (Abb. 3.8) lautet:

$$V_1 = V_2 = U. \tag{3.51}$$

Abb. 3.54 Standardregelkreis

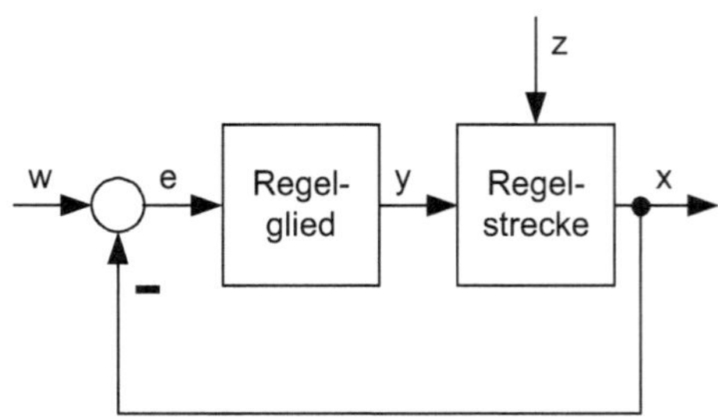

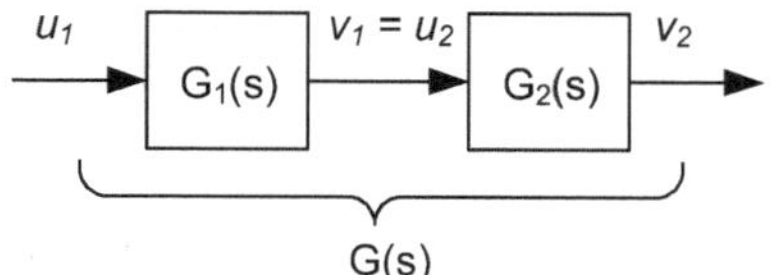

Abb. 3.55 Blockschaltbild Reihenstruktur

Additionsstellen (summing points) Die Addition oder Subtraktion von Größen im Wirkungsplan (Abb. 3.9) entspricht einer Addition oder Subtraktion der entsprechenden Größen im Bildbereich:

$$V = U_1 - U_2. \tag{3.52}$$

Reihenstruktur (serial structure, chain structure) Für die Hintereinanderschaltung von Regelkreisgliedern gilt (Abb. 3.55):

$$V_2 = G_1 \cdot G_2 \cdot U_1, \tag{3.53}$$

$$G = G_1 \cdot G_2. \tag{3.54}$$

Bei der Hintereinanderschaltung von Regelkreisgliedern werden die Übertragungsfunktionen multipliziert. Bei linearen Regelkreisgliedern spielt die Reihenfolge keine Rolle:

$$G_1 \cdot G_2 = G_2 \cdot G_1. \tag{3.55}$$

Kreisstruktur (loop structure) Für eine Kreisstruktur nach Abb. 3.56 gilt:

$$U_1 = U - V_2, \tag{3.56}$$

$$V_2 = G_2 \cdot V, \tag{3.57}$$

$$V = G_1 \cdot U_1. \tag{3.58}$$

Gl. 3.56 in 3.58 eingesetzt:

$$V = G_1 \cdot (U - V_2). \tag{3.59}$$

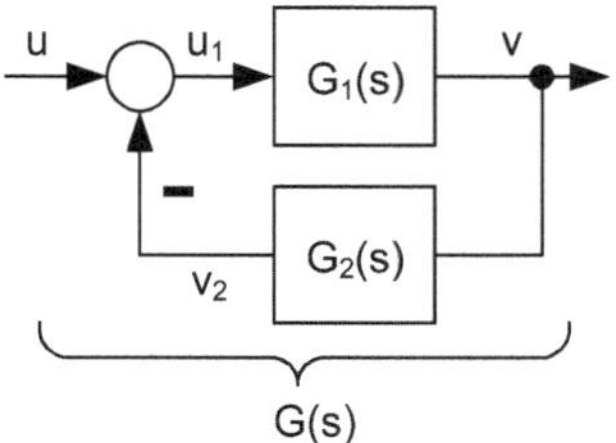

Abb. 3.56 Wirkungsplan einer Kreisstruktur

Mit Gl. 3.57:

$$V = G_1 \cdot (U - G_2 \cdot V). \tag{3.60}$$

Die Gl. 3.60 nach V aufgelöst ergibt:

$$V \cdot (1 + G_1 \cdot G_2) = G_1 \cdot U. \tag{3.61}$$

Die Übertragungsfunktion $G = V/U$ für die Kreisstruktur ergibt sich aus der Gl. 3.61 zu:

$$G = \frac{G_1}{1 + G_1 \cdot G_2}. \tag{3.62}$$

Die Größen in der Abb. 3.57 sind:

G_R Übertragungsfunktion des Reglers
G_S Übertragungsfunktion der Regelstrecke
G_{SZ} Störübertragungsfunktion der Regelstrecke

Für den Standardregelkreis in der Abb. 3.57 kann nun eine Gesamtübertragungsfunktion angegeben werden. Man muss dabei das Führungsverhalten und das Störverhalten unterscheiden.

▶ **Führungsverhalten** (reference-variable response) Das Führungsverhalten eines Regelkreises beschreibt das Verhalten der Regelgröße x in Bezug auf die Führungsgröße W. Störgrößen werden dabei nicht berücksichtigt.

$$G = \frac{X}{W} \tag{3.63}$$

▶ **Störverhalten** (disturbance response) Das Störverhalten eines Regelkreises beschreibt das Verhalten der Regelgröße x in Bezug auf die Störgröße z. Führungsgrößen werden dabei nicht berücksichtigt.

$$G_Z = \frac{X}{Z} \tag{3.64}$$

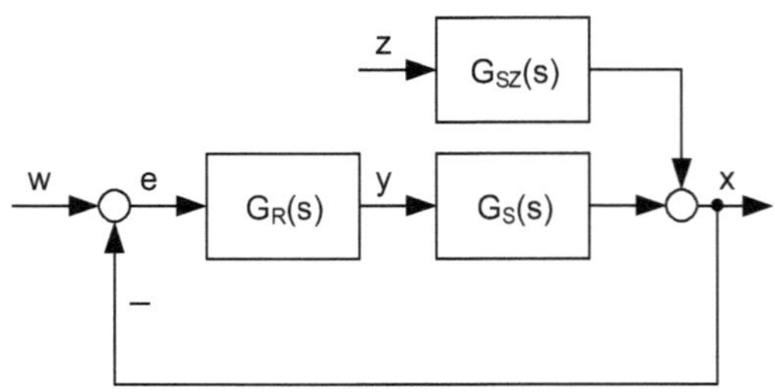

Abb. 3.57 Wirkungsplan des Standardregelkreises

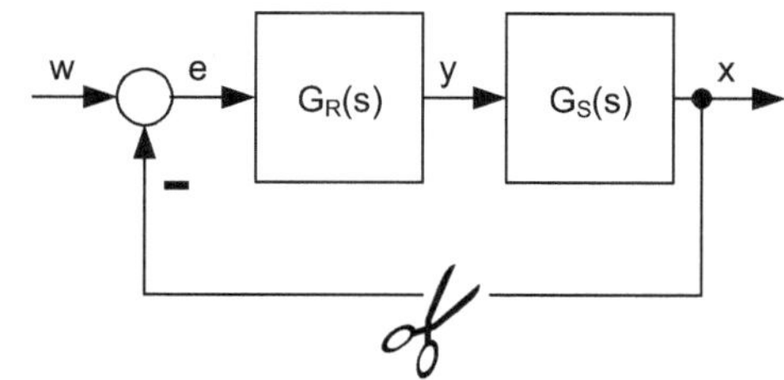

Abb. 3.58 Wirkungsplan des offenen Standardregelkreises

3.4.1.1 Führungsverhalten

Die Reihenschaltung von Regler G_R und Strecke G_S führt zu einer Multiplikation $G_R \cdot G_S$. Die Rückführung der Regelgröße x zur Summationsstelle entspricht der Kreisstruktur in Abb. 3.56 mit $G_1 = G_R \cdot G_S$ und $G_2 = 1$.

Aus der Gl. 3.62 ergibt sich dann die Gesamtübertragungsfunktion für den Standardregelkreis:

$$G = \frac{X}{W} = \frac{G_R \cdot G_S}{1 + G_R \cdot G_S}. \tag{3.65}$$

Damit wird das Übertragungsverhalten des Regelkreises von der Führungsgröße W bis zur Regelgröße X ohne Berücksichtigung von Störgrößen beschrieben.

In Zusammenhang mit Regelkreisen ist auch oft vom *offenen Regelkreis* die Rede. Dabei wird die Rückführung der Regelgröße x zur Summationsstelle gedanklich unterbrochen, siehe Abb. 3.58.

Die Übertragungsfunktion G_0 des offenen Regelkreises lautet:

$$G_0 = G_R \cdot G_S. \tag{3.66}$$

Mit der Gl. 3.66 kann die Gesamtübertragungsfunktion für den Standardregelkreis nach Gl. 3.65 auch in der folgenden Form angegeben werden:

$$G = \frac{G_0}{1 + G_0}. \tag{3.67}$$

3.4.1.2 Störverhalten

Die Übertragungsfunktion des Regelkreises für das Störverhalten kann man aus der Abb. 3.57 herleiten. An der Summationsstelle rechts setzt sich die Regelgröße x aus einen Anteil der Störgröße $G_Z \cdot Z$ und einem Anteil des Regelkreises $-X \cdot G_R \cdot G_S$ zusammen. Die Führungsgröße ist $W = 0$:

$$X = G_{SZ} \cdot Z - X \cdot G_R \cdot G_S. \tag{3.68}$$

Umgeformt ergibt sich daraus die Störübertragungsfunktion G_Z des Regelkreises:

$$G_Z = \frac{G_{SZ}}{1 + G_R \cdot G_S}. \tag{3.69}$$

3.4.1.3 Gesamtverhalten

Das Gesamtverhalten ist von Führungsverhalten und von Störverhalten abhängig. Prinzipiell können Führungsgrößen und Störgrößen gleichzeitig auf den Regelkreis einwirken, auch wenn diese beiden Einflüsse in der Theorie meist getrennt betrachtet werden.

Gemäß Abb. 3.57 gilt für die Regelgröße x im Standardregelkreis:

$$x = (w - x)\, G_R G_S + z G_{SZ}.$$

Nach kurzer Umrechnung erhält man eine Beziehung für die Regelgröße in Abhängigkeit von der Führungsgröße w und der Störgröße z.

$$x = \frac{G_R G_S}{1 + G_R G_S} w + \frac{G_{SZ}}{1 + G_R G_S} z. \tag{3.70}$$

Mit der Gl. 3.66 kann man die Gl. 3.70 auch kürzer ausdrücken:

$$x = \frac{G_0}{1 + G_0} w + \frac{G_{SZ}}{1 + G_0} z. \tag{3.71}$$

Der erste Summand auf der rechten Seite der Gln. 3.70 und 3.71 beschreibt das Führungsverhalten, der zweite Summand das Störverhalten. Mit den Gln. 3.65 und 3.69 kann man auch schreiben:

$$x = G w + G_Z z. \tag{3.72}$$

Regelkreis mit PI-Regler und Strecke vom Typ PT_1

Ein Standardregelkreis nach Abb. 3.57 für eine Regelstrecke vom Typ PT_1 soll mit einem PI-Regler ausgestattet werden. Gesucht ist die Übertragungsfunktion für das Führungsverhalten des geschlossenen Regelkreises.

Für den PI-Regler gilt die Übertragungsfunktion Gl. 3.29 für ein PID-Glied, indem man den D-Anteil zu null setzt. Mit $T_D = 0$ erhält man:

$$G_R = K_P \left(1 + \frac{1}{T_I s}\right).$$

K_P und T_I sind darin Parameter des Reglers. Die Übertragungsfunktion für ein PT_1-Glied lautet (Gl. 3.31):

$$G_S = \frac{K_P}{T_1 s + 1}.$$

Die Übertragungsfunktionen für den offenen und den geschlossenen Regelkreis lauten damit nach Gln. 3.66 und 3.65:

$$G_0 = K_\mathrm{P}\left(1 + \frac{1}{T_\mathrm{I}s}\right) \cdot \frac{K_\mathrm{P}}{T_1 s + 1} \tag{3.73}$$

$$G = \frac{K_\mathrm{P}\left(1 + \frac{1}{T_\mathrm{I}s}\right) \cdot \frac{K_\mathrm{P}}{T_1 s+1}}{1 + K_\mathrm{P}\left(1 + \frac{1}{T_\mathrm{I}s}\right) \cdot \frac{K_\mathrm{P}}{T_1 s+1}}.$$

Die folgenden Rechenschritte dienen nur der Umformung.

$$G = \frac{K_\mathrm{P}\frac{(T_\mathrm{I}s+1)K_\mathrm{P}}{T_\mathrm{I}s\ (T_1 s+1)}}{\frac{T_\mathrm{I}s\ (T_1 s+1)}{T_\mathrm{I}s\ (T_1 s+1)} + K_\mathrm{P}\frac{(T_\mathrm{I}s+1)K_\mathrm{P}}{T_\mathrm{I}s\ (T_1 s+1)}}$$

$$G = \frac{(T_\mathrm{I}s + 1)\ K_\mathrm{P}^2}{T_\mathrm{I}s\ (T_1 s + 1) + (T_\mathrm{I}s + 1)\ K_\mathrm{P}^2}.$$

In der Regelungstechnik ist es üblich, eine Übertragungsfunktion so umzuformen, dass der Koeffizient von $s^0 = 1$ wird. So erhält man schließlich die folgende Form:

$$G = \frac{T_\mathrm{I}s + 1}{\frac{T_\mathrm{I}T_1}{K_\mathrm{P}^2}s^2 + \frac{T_\mathrm{I}(1+K_\mathrm{P}^2)}{K_\mathrm{P}^2}s + 1}. \tag{3.74}$$

Die Übertragungsfunktion Gl. 3.74 für den geschlossenen Regelkreis ist von zweiter Ordnung. Sie ähnelt der eines Verzögerungsgliedes 2. Ordnung (PT_2-Glied, vgl. Gl. 3.33), besitzt aber einen zusätzlichen Term $T_\mathrm{I} \cdot s$ im Zähler.

Wie das PT_2-Glied ist auch dieser Regelkreis prinzipiell schwingungsfähig. Zu den Aufgaben der Regelungstechnik gehört nun, die Parameter des Reglers so einzustellen, dass ein gewünschtes Verhalten erreicht wird.

Aus den Übertragungsfunktionen der einzelnen Regelkreisglieder kann man also eine Übertragungsfunktion für den gesamten Regelkreis berechnen. Damit stehen die im Abschn. 3.2 angesprochenen Analysemöglichkeiten offen. Insbesondere die Methoden zur Untersuchung des Verhaltens im Frequenzbereich aus dem Abschn. 3.2.3 sind hier sehr nützlich.

Übungsaufgabe 21

Aufgabenbeschreibung

Ein PID-Regler G_R und eine gegebene Regelstrecke G_S bilden einen Standardregelkreis. Gesucht ist die Übertragungsfunktion G_0 des offenen Regelkreises.

Die Lösung soll durch manuelle Anwendung der Rechenregeln für die Parallelschaltung und die Reihenschaltung von Regelkreisgliedern gefunden werden:

Angaben und Daten

Der PID-Regler besteht aus den drei Elementen

$$\text{P:}\quad G_\text{P} = K_\text{p}$$

$$\text{I:}\quad G_\text{I} = \frac{K_\text{I}}{s}$$

$$\text{D:}\quad G_\text{D} = K_\text{D} \cdot s$$

Sie sind parallel geschaltet, siehe Abb. 3.37.
Die Regelstrecke hat die Übertragungsfunktion

$$G_\text{S} = \frac{1}{a_3 \cdot s^3 + a_2 \cdot s^2 + a_1 \cdot s}$$

Teilaufgabe a)

Berechnen Sie die Übertragungsfunktion G_R des PID-Reglers durch Anwendung der Rechenregeln. Bringen Sie die resultierende Übertragungsfunktion G_R auf einen Bruchstrich.

Teilaufgabe b)

Berechnen Sie die Übertragungsfunktion G_0 der Reihenschaltung des PID-Reglers mit der Regelstrecke durch Anwendung der Rechenregeln. Bringen Sie die resultierende Übertragungsfunktion G_0 ebenfalls auf einen Bruchstrich. G_0 ist die Übertragungsfunktion des offenen Regelkreises.

Übungsaufgabe 22

Aufgabenbeschreibung

In der vorherigen Übung wurden ein PID-Regler und eine Regelstrecke in Reihe geschaltet und davon die Übertragungsfunktion berechnet. In dieser Übung soll daraus ein Standardregelkreis gebildet werden, vgl. Abb. 3.54 im Buch. Der PID-Regler ist hierbei das Regelglied.

Angaben und Daten

Die Störübertragungsfunktion der Regelstrecke lautet:

$$G_{SZ} = \frac{b_1 \cdot s + b_0}{a_3 \cdot s^3 + a_2 \cdot s^2 + a_1 \cdot s}$$

Teilaufgabe a)

Berechnen Sie die Übertragungsfunktion des geschlossenen Regelkreises für das Führungsverhalten. Bringen Sie die resultierende Übertragungsfunktion auf einen Bruchstrich.

Teilaufgabe b)

Berechnen Sie die Übertragungsfunktion des geschlossenen Regelkreises für das Störverhalten. Bringen Sie die resultierende Übertragungsfunktion ebenfalls auf einen Bruchstrich.

3.4.2 Anforderungen an Regelkreise

Grundsätzlich wünscht man sich von jeder Regelung, dass die Regelgröße x mit der Führungsgröße w jederzeit möglichst gut übereinstimmt. Da dieser Wunsch aber nicht vollständig und nicht für jeden Zeitpunkt realisierbar ist, muss man andere Anforderungen an Regelkreise formulieren.

Eine wesentliche Anforderung und zugleich Voraussetzung für die technische Anwendbarkeit von Regelungen ist die Stabilität.

► **Stabilität** (stability) Stabilität ist nach der DIN IEC 60050 eine Systemeigenschaft, die besagt, dass die Zustandsgrößen eines Systems bei einer kleinen Störung oder kleinen Anfangsauslenkungen auf Dauer im Bereich der Ruhelage verbleiben.

Das bedeutet, dass der Regelkreis nach einer Anregung durch die Führungsgröße oder durch Störgrößen nach einer gewissen Zeit in einen Beharrungszustand übergeht (Abb. 3.59). Im umgekehrten Fall, wenn also die Zustandsgrößen und insbesondere die Regelgröße über alle Grenzen wachsen, spricht man von Instabilität. Grenzstabiles Verhalten liegt dann vor, wenn die Amplituden von Schwingungen nach einer Anregung zwar nicht abklingen, aber auch nicht anwachsen.

Stabilität ist eine Systemeigenschaft und daher bei linearen Systemen nicht von der Führungsgröße oder von Störgrößen abhängig.

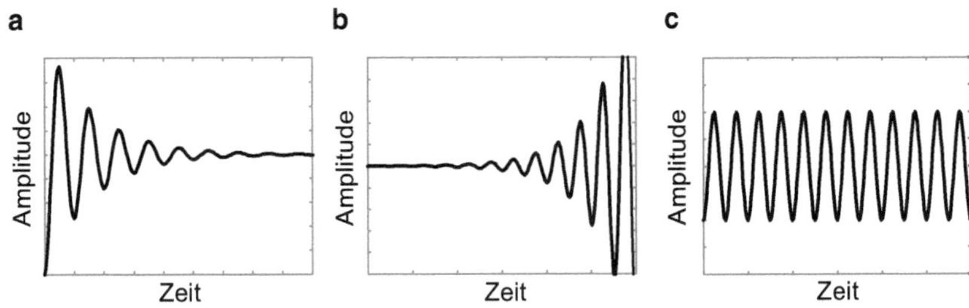

Abb. 3.59 Beispielhafter Zeitverlauf bei asymptotischer Stabilität (**a**), Instabilität (**b**) und Grenzstabilität (**c**)

Die weiteren Betrachtungen beschränken sich auf die Klasse der linearen zeitinvarianten Regelkreise. Zeitinvariant bedeutet, dass die Parameter aller Regelkreisglieder konstant sind. Daraus folgt, dass auch die Parameter der Übertragungsfunktion des offenen und des geschlossenen Regelkreises konstant sind.

Man kann zeigen, dass die Stabilität eines Regelkreises vom Nenner der Übertragungsfunktion $G(s)$ des geschlossenen Regelkreises abhängt. Entscheidend sind die Nullstellen des Nenners, die auch als Pole bezeichnet werden. Aus der Gl. 3.17 für die Übertragungsfunktion eines linearen Übertragungsgliedes ergeben sich die Nullstellen des Nenners als Lösungen der Gleichung

$$\frac{a_N}{a_0} s^N + \ldots + \frac{a_1}{a_0} s + 1 = 0 \tag{3.75}$$

oder umgeformt:

$$a_N s^N + \ldots + a_1 s + a_0 = 0. \tag{3.76}$$

Die Gl. 3.76 heißt *charakteristische Gleichung.*

► **Asymptotische Stabilität** (asymptotic stability) Im Fall von asymptotischer Stabilität strebt die Regelgröße nach einer begrenzten Sollwertänderung oder Störung asymptotischen gegen einen Endwert.

Ein lineares Übertragungsglied ist asymptotisch stabil, wenn alle Nullstellen der charakteristischen Gl. 3.76 negative Realteile besitzen.

Beispiel eines asymptotisch stabilen Übertragungsgliedes

Ein Übertragungsglied mit der Übertragungsfunktion

$$G(s) = \frac{2{,}5s^2 + 7{,}5s + 5}{s^3 + 5s^2 + 9s + 5}$$

besitzt die folgende charakteristische Gleichung:

$$s^3 + 5s^2 + 9s + 5 = 0.$$

Die Nullstellen der charakteristischen Gleichung können numerisch berechnet werden. In diesem Beispiel gibt es die folgenden drei Nullstellen:

$$s_1 = -1, \; s_{2,3} = -2 \pm \mathrm{j}.$$

Es handelt sich um einen reellen Pol und um ein konjugiert komplexes Polpaar. Deren Realteile sind alle negativ. Das Übertragungsglied ist asymptotisch stabil.

► **Instabilität** (instability) Instabilität liegt dann vor, wenn die Regelgröße nach einer begrenzten Sollwertänderung oder Störung über alle Grenzen anwächst.

Ein lineares Übertragungsglied ist instabil, wenn mindestens eine Nullstelle der charakteristischen Gl. 3.76 einen positiven Realteil besitzt oder wenn mindestens eine doppelte Nullstelle einen Realteil gleich null besitzt.

Beispiele instabiler Übertragungsglieder

Ein Übertragungsglied (*a*) mit der Übertragungsfunktion

$$G_{(a)}(s) = \frac{2{,}5s^2 + 7{,}5s + 5}{s^3 + 0{,}6s^2 + 0{,}64s + 1{,}04}$$

besitzt die folgende charakteristische Gleichung:

$$s^3 + 0{,}6s^2 + 0{,}64s + 1{,}04 = 0.$$

Die Nullstellen der charakteristischen Gleichung können numerisch berechnet werden. In diesem Beispiel gibt es die folgenden drei Nullstellen:

$$s_1 = -1, \; s_{2,3} = 0{,}2 \pm \mathrm{j}.$$

Es handelt sich ebenfalls um einen reellen Pol und um ein konjugiert komplexes Polpaar. Der Realteil des reellen Pols ist negativ, aber der Realteil des konjugiert komplexen Polpaares ist positiv. Das Übertragungsglied ist daher instabil.

Ein anderes Übertragungsglied (*b*) mit der Übertragungsfunktion

$$G_{(b)}(s) = \frac{2{,}5s^2 + 7{,}5s + 5}{s^4 + 2s^2 + 1}$$

besitzt die folgende charakteristische Gleichung:

$$s^4 + 2s^2 + 1 = 0.$$

Die Nullstellen der charakteristischen Gleichung sind:

$$s_{1,2/3,4} = 0 \pm \mathrm{j}.$$

Es handelt sich ebenfalls um ein doppeltes konjugiert komplexes Polpaar dessen Realteil gleich null ist. Das Übertragungsglied ist daher instabil.

Tipp Für die numerische Analyse von Regelkreisen gibt es neben kommerziellen Programmen wie z. B. MATLAB [4] auch Programme, die für den Privatgebrauch kostenlos nutzbar sind [5, 6]. Damit lassen sich unter anderem die Nullstellen der charakteristischen Gleichung berechnen.

In früheren Zeiten musste die Stabilität ohne Rechner und entsprechende Programme nachgewiesen werden. Da die Nullstellen komplexerer Systeme nicht mehr manuell ausgerechnet werden können, wurden Stabilitätskriterien entwickelt, die eine Aussage über die Lage der Pole einer Übertragungsfunktion erlauben, ohne die Nullstellen selbst berechnen zu müssen. Dazu zählen das Hurwitz-Kriterium, das Kriterium von Cremer-Leonhard-Michailow und das Nyquist-Kriterium. Herleitungen und Beispiele sind z. B. in [7] und [8] enthalten.

Das Nyquist-Kriterium nimmt eine Sonderstellung ein, weil darin die Stabilität des geschlossenen Regelkreises anhand der Übertragungsfunktion des offenen Regelkreises nachgewiesen werden kann. Außerdem gibt es einen Hinweis darüber, wie weit die Stabilitätsgrenze entfernt liegt und liefert damit die Grundlage für ein Verfahren zur Einstellung von Reglern.

Das Nyquist-Kriterium ist ein grafisches Verfahren, das auf Regelkreise mit und ohne Totzeit anwendbar ist. In vielen Fällen reicht es aus, die folgende vereinfachte Form des Nyquist-Kriteriums anzuwenden.

Vereinfachte Form des Nyquist-Kriteriums (simplified form of the Nyquist criterion) Die vereinfachte Form des Nyquist-Kriteriums gilt für den Fall, dass der offene Regelkreis G_0 stabil ist. In dem Fall ist der geschlossene Regelkreis asymptotisch stabil, wenn

1. der Frequenzgang des offenen Regelkreises $|G_0(\mathrm{j}\omega)|$ nur eine Durchtrittsfrequenz besitzt und
2. er bei dieser Durchtrittsfrequenz ω_D einen Phasenwinkel von $> -180°$ hat (Abb. 3.60).

Die *Durchtrittsfrequenz* ω_D ist diejenige Frequenz, bei der das Amplitudenverhältnis die Linie $|G| = 0\,\mathrm{dB}$ schneidet.

$$|G\,(\mathrm{j}\omega_D)| = 0\ \mathrm{dB}$$

In Abb. 3.60 liegt die Durchtrittsfrequenz bei etwas mehr als 1 rad/s und der zugehörige Phasenwinkel beträgt $-142°$.

Die Stabilitätsgrenze ist erreicht, wenn der Phasenwinkel bei der Durchtrittsfrequenz gerade $-180°$ beträgt. Bei einer Sinus-Schwingung als Führungsgröße ist die Regelgröße ebenfalls eine Sinus-Schwingung mit gleicher Frequenz und gleicher Amplitude, aber um $-180°$ phasenverschoben. Durch die Rückführung der Regelgröße zur Vergleichsstelle addieren sich die beiden Größen. Bei einer etwas größeren Regelgröße ($|G_0| > 0\,\mathrm{dB}$) wächst die Regelgröße immer weiter an, der Regelkreis ist instabil.

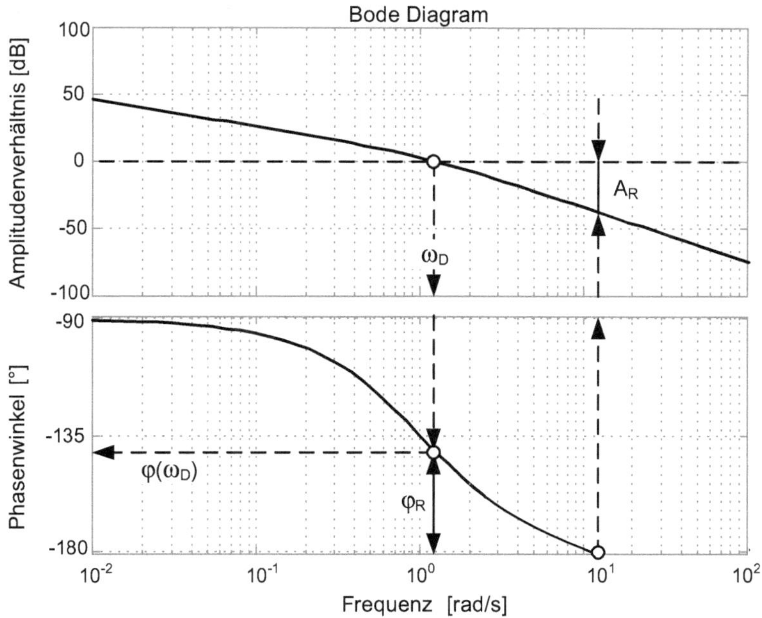

Abb. 3.60 Nyquist-Kriterium anhand des Bode-Diagramms

► **Phasenreserve** (phase margin) Der Abstand des Phasenwinkels des offenen Regelkreises G_0 bei der Durchtrittsfrequenz vom Wert $-180°$ wird als *Phasenreserve* φ_R bezeichnet.

$$\varphi_\mathrm{R} = 180° - |\varphi(\omega_D)| \tag{3.77}$$

Die Phasenreserve ist ein Maß dafür, wie weit der geschlossene Regelkreis von der Stabilitätsgrenze entfernt ist.

► **Amplitudenreserve** (gain margin) Die *Amplitudenreserve* A_R ist der Abstand der Kurve für das Amplitudenverhältnis des offenen Regelkreises G_0 zur Linie 0 dB bei der Frequenz, an der der Phasenwinkel $-180°$ beträgt. Die Amplitudenreserve gibt Auskunft darüber, wie weit die Verstärkung erhöht werden kann, bis die Stabilitätsgrenze erreicht wird.

Vereinfachtes Nyquist-Kriterium

Für eine Regelstrecke mit der Übertragungsfunktion G_S

$$G_\mathrm{S} = \frac{1}{\left(\frac{1}{\omega_0^2}s^2 + \frac{2D}{\omega_0}s + 1\right)s}$$

soll ein P-Regler mit der Übertragungsfunktion G_R verwendet werden.

$$G_\mathrm{R} = K_\mathrm{p}$$

Die Stabilität der Regelung ist zu untersuchen. Die Übertragungsfunktion des offenen Regelkreises lautet nach Gl. 3.66:

$$G_0 = \frac{K_\mathrm{p}}{\left(\frac{1}{\omega_0^2}s^2 + \frac{2D}{\omega_0}s + 1\right)s}.$$

Mit den Parametern $\omega_0 = 100\,\mathrm{rad/s}$, $D = 0{,}4$ und Verstärkungsfaktoren des Reglers von $K_\mathrm{p} = 80$ und $K_\mathrm{p} = 50$ wurde der Frequenzgang des offenen Regelkreises berechnet und in Abb. 3.61 als Bode-Diagramm dargestellt.

Für $K_\mathrm{p} = 80$ beträgt die Durchtrittsfrequenz $\omega_\mathrm{D} = 100\,\mathrm{rad/s}$ und die zugehörige Phasenverschiebung $\varphi = -180°$. Das entspricht der Stabilitätsgrenze des geschlossenen Regelkreises. Bei einer geringeren Reglerverstärkung von $K_\mathrm{p} = 50$ liegt die Durchtrittsfrequenz $\omega_\mathrm{D} = 65$ rad/s niedriger. Die zugehörige Phasenverschiebung beträgt $\varphi = -130°$. Damit befindet sich der geschlossene Regelkreis im stabilen Bereich.

Kontrolle: Die Pole der Übertragungsfunktion des geschlossenen Regelkreises nach Gl. 3.65 sind für $K_\mathrm{p} = 80$: $s_{1,2} = 0 \pm 100\mathrm{j}$, $s_3 = -80$. Der Regelkreis ist grenzstabil (siehe oben Definition für Instabilität). Die Sprungantwort des Regelkreises weist bei dieser Einstellung Dauerschwingungen auf. Für $K_\mathrm{p} = 50$ haben alle Pole einen negativen Realteil: $s_{1,2} = -11{,}27844 \pm 92{,}6127\mathrm{j}$, $s_3 = -57{,}4431$. Der Regelkreis ist stabil.

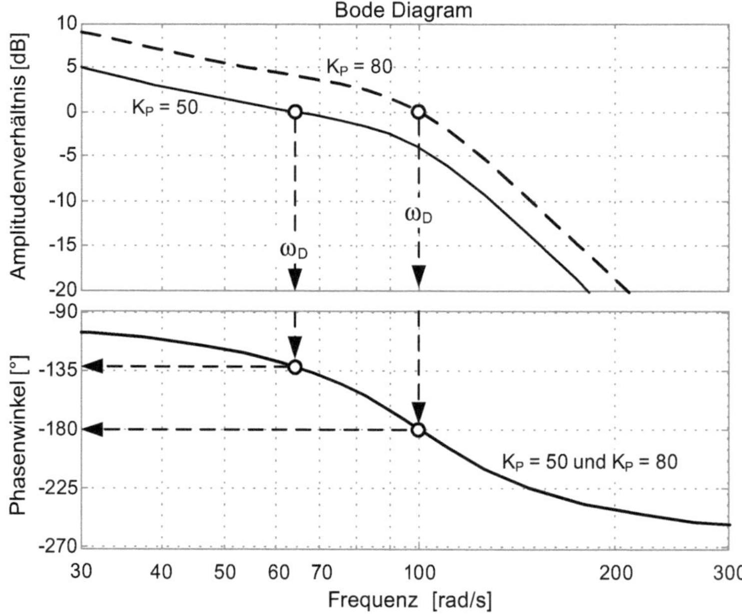

Abb. 3.61 Bode-Diagramm des offenen Regelkreises für $K_\mathrm{p} = 50$ (*durchgezogene Linie*) und $K_\mathrm{p} = 80$ (*gestrichelte Linie*)

Für Fälle, in denen das vereinfachte Nyquist-Kriterium nicht angewendet werden darf, sei auf die weiterführende Literatur verwiesen ([7, 8]).

Regelgüte, Regelverhalten Das wunschgemäß ideale Verhalten eines Regelkreises wäre so, dass die Regelgröße der Führungsgröße jederzeit unverzögert folgt. In der Praxis lässt sich dieses ideale Verhalten nur näherungsweise erreichen. Daher muss man immer mit Abweichungen zwischen der Führungsgröße und der Regelgröße rechnen.

In die Beurteilung der Qualität einer Regelung muss daher einerseits die Größe dieser Abweichung eingehen, andererseits aber auch deren zeitlicher Verlauf. Der folgende Abschnitt behandelt gängige Kriterien zur Beurteilung der Qualität von Regelkreisen.

3.4.3 Beurteilungskriterien für Regelkreise

Bei der Beurteilung von Regelkreisen wird generell zwischen dem Führungsverhalten (siehe Gl. 3.63) und dem Störverhalten (siehe Gl. 3.64) unterschieden. Das Führungsverhalten beschreibt die Reaktion des Regelkreises auf eine Änderung der Führungsgröße, während das Störverhalten die Reaktion auf eine Störung angibt. Je nach Anwendungsfall spielt das eine oder andere oder auch beides eine Rolle.

3.4.3.1 Beurteilungskriterien im Zeitbereich

Zur Beurteilung des Verhaltens von Regelkreisen im Zeitbereich dient häufig das Einschwingverhalten bei einer sprungförmigen Änderung der Führungsgröße (Abb. 3.62) oder einer sprungförmigen Einwirkung der Störgröße (Abb. 3.63). Wichtige Größen zur Beurteilung des Regelverhaltens sind

- die bleibende Regelabweichung,
- die Überschwingweite,
- die Anregel- und die Ausregelzeit.

Erläuterungen zu diesen und den anderen Größen, die in den beiden Abb. 3.62 und 3.63 verwendet werden, finden Sie in der Tab. 3.7.

Die bleibende Regelabweichung bei einem Regelkreis kann aus der Übertragungsfunktion berechnet werden. Die mathematische Grundlage liefert der zweite Grenzwertsatz der Laplace-Transformation:

$$\lim_{t\to\infty} f(t) = \lim_{s\to 0} (s \cdot F(s)) \,. \tag{3.78}$$

Die Regelabweichung ist:

$$e = w - x.$$

Mit Gl. 3.72

$$e = w - Gw - G_Z z.$$

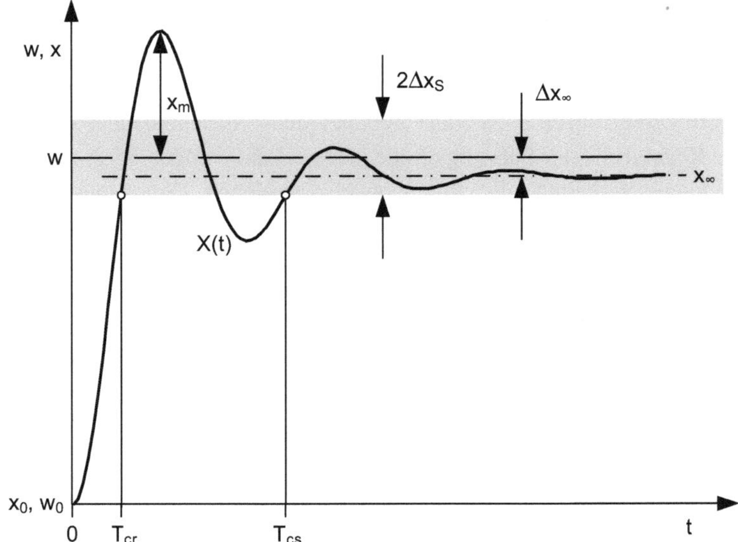

Abb. 3.62 Typische Führungssprungantwort eines Regelkreises

Mit Gl. 3.78:

$$\lim_{t\to\infty} e(t) = \lim_{s\to 0} (s \cdot E(s))$$
$$\lim_{t\to\infty} e(t) = \lim_{s\to 0} (s \cdot (w(s) - Gw(s) - G_Z z(s)))\,.$$

Bei einer sprungförmigen Änderung der Führungsgröße (Einheitssprung) ist $w(s) = 1/s$. Die bleibende Regelabweichung in dem Fall ohne Berücksichtigung von Störgrößen ist

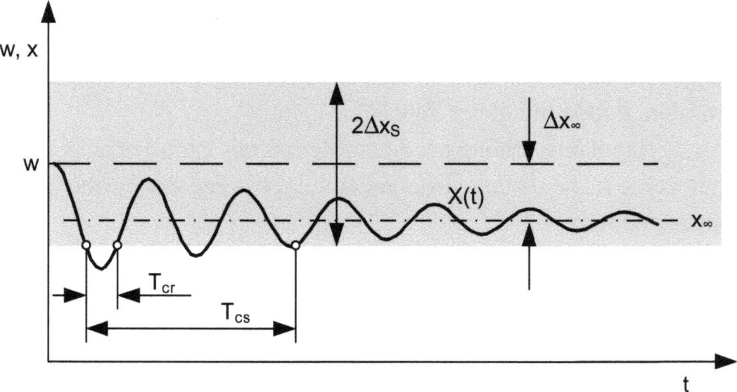

Abb. 3.63 Typische Störsprungantwort eines Regelkreises

Tab. 3.7 Charakteristische Größen der Sprungantwort von Regelkreisen

x	Regelgröße
w	Führungsgröße
x_0, w_0	Anfangswerte der Regelgröße und der Führungsgröße
x_∞	Regelgröße im Beharrungszustand
Δx_∞	Bleibende Regelabweichung = Abweichung zwischen der Führungsgröße und der Regelgröße im Beharrungszustand
x_m	Überschwingweite = Maximalwert der Regelgröße $x > w$
Δx_s	Toleranzbereich = Bereich um die Führungsgröße w. Die Größe des Toleranzbereiches ist festzulegen und richtet sich nach den Anforderungen an die Regelung.
T_{cr}	Anregelzeit = Zeitdauer, bis die Regelgröße das erste Mal in den Toleranzbereich eintritt (Führungsverhalten) = Zeitdauer, zwischen dem Verlassen des Toleranzbereichs und dem ersten Wiedereintritt in den Toleranzbereich (Störverhalten)
T_{cs}	Ausregelzeit = Zeitdauer, bis die Regelgröße den Toleranzbereich nicht mehr verlässt (Führungsverhalten) = Zeitdauer, zwischen dem Verlassen des Toleranzbereichs und dem Zeitpunkt, ab dem die Regelgröße den Toleranzbereich nicht mehr verlässt (Störverhalten)

dann:

$$\lim_{t\to\infty} e(t) = \lim_{s\to 0}\left(s\cdot\frac{1}{s}(1-G)\right)$$

$$\lim_{t\to\infty} e(t) = \lim_{s\to 0}(1-G)\,. \tag{3.79}$$

Bei einer sprungförmigen Änderung der Störgröße um den Betrag 1 ist $z(s) = 1/s$. Die bleibende Regelabweichung in dem Fall ohne Berücksichtigung der Führungsgröße ist dann:

$$\lim_{t\to\infty} e(t) = \lim_{s\to 0}\left(s\cdot\frac{1}{s}(-G_Z)\right)$$

$$\lim_{t\to\infty} e(t) = \lim_{s\to 0}(-G_Z)\,. \tag{3.80}$$

Beispiel

Ein Regelkreis mit der Führungsübertragungsfunktion G und der Störübertragungsfunktion G_Z soll auf bleibende Regelabweichungen hin untersucht werden.

$$G = \frac{1}{2s^2+s+1}, \quad G_Z = \frac{0{,}2s+0{,}1}{2s^2+s+1}.$$

Die bleibende Regelabweichung bei einer Änderung der Führungsgröße ist:

$$\lim_{t\to\infty} e(t) = \lim_{s\to 0}(1-G) = \lim_{s\to 0}\left(1-\frac{1}{2s^2+s+1}\right) = 0.$$

Die bleibende Regelabweichung unter Einwirkung einer Störgröße vom Betrag 1 ist:

$$\lim_{t\to\infty} e(t) = \lim_{s\to 0}(-G_Z) = \lim_{s\to 0}\left(-\frac{0{,}2s + 0{,}1}{2s^2 + s + 1}\right) = -0{,}1.$$

Integralkriterien im Zeitbereich Neben den genannten Größen werden insbesondere bei der Optimierung von Regelkreisparametern Kriterien verwendet, die sowohl die Größe der Regelabweichung als auch deren Dauer berücksichtigen. Dazu werden die Führungsgröße und die Regelgröße über der Zeit aufgetragen und die dazwischenliegende Fläche bestimmt. In dieser Darstellung entspricht die Fläche unter einer Kurve dem Integral. Die folgenden Integralkriterien werden in der Praxis verwendet:

Betragsfläche der Regelabweichung:

$$I = \int_0^\infty |w - x|\,\mathrm{d}t.$$

Quadratische Regelfläche:

$$I = \int_0^\infty (w - x)^2 \mathrm{d}t.$$

ITAE-Kriterium (integral of time multiplied absolute value of error):

$$I = \int_0^\infty t \cdot |w - x|\,\mathrm{d}t.$$

3.4.3.2 Beurteilungskriterien im Frequenzbereich

Neben den oben genannten Größen, die das Zeitverhalten eines Regelkreises beschreiben, können Eigenschaften von Regelkreise auch im Frequenzbereich beurteilt werden. Aus dem Frequenzgang lässt sich für jede Frequenz ablesen, wie sich die Regelgröße in Bezug auf die Führungsgröße verhält. Bei einer idealen Regelung würden beide jederzeit übereinstimmen, d. h.:

$$x = w.$$

Das entspricht einem Proportionalglied mit der Verstärkung $K_\mathrm{P} = 1$, vgl. Abschn. 3.3.1. Im Bode-Diagramm würden sich waagrechte Linien beim Amplitudenverhältnis $|G(\mathrm{j}\omega)| =$ 0 dB und beim Phasenwinkel $\varphi = 0°$ ergeben, siehe Abb. 3.64.

Auch wenn ein solches Verhalten nicht realistisch ist, kann man daraus Rückschlüsse ableiten, was wünschenswert und realistisch ist:

- Zumindest im Bereich niedriger Frequenzen sollte das Amplitudenverhältnis bei 0 dB verlaufen und der Phasenwinkel 0° betragen.

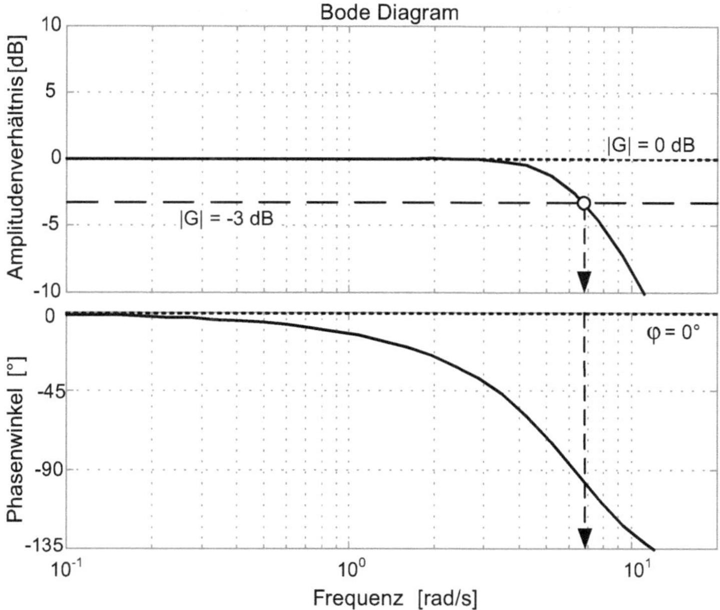

Abb. 3.64 Bandbreite eines Regelkreises und Idealverlauf $|G(j\omega)| = 0\,\mathrm{dB}$ und $\varphi = 0°$ (*gepunktete Linien*)

- Ein Verlauf der Kurve für das Amplitudenverhältnis oberhalb von 0 dB ist fast immer unerwünscht, weil dadurch Schwingungen verstärkt werden (so genannte Resonanzüberhöhung).
- Das Absinken der Kurve für das Amplitudenverhältnis unter die 0 dB-Linie bei hohen Frequenzen ist unvermeidlich. Ziel einer Regleroptimierung ist normalerweise, dass dieses Absinken erst bei einer höheren Frequenz erfolgt. Das ist gleichbedeutend mit der Absicht eine hohe Bandbreite der Regelung zu erreichen.
- Die Abnahme des Phasenwinkels bei hohen Frequenzen ist ebenfalls unvermeidlich.

► **Bandbreite** (bandwidth) Die Bandbreite ist diejenige Frequenz, bis zu der der Amplitudengang oberhalb der Linie −3 dB verläuft, siehe Abb. 3.64.

3.4.4 Einstellung zeitkontinuierlicher Regler

Neben der Wahl der geeigneten Reglerstruktur spielt die korrekte Einstellung der Parameter des Reglers eine entscheidende Rolle. Das Thema Reglerstrukturauswahl würde den Rahmen dieses Lehrbuchs sprengen. Es wird stattdessen davon ausgegangen, dass eine geeignete Struktur des Reglers vorgegeben ist.

In diesem Abschnitt werden zwei Verfahren zur Ermittlung von Reglerparametern vorgestellt.

Einstellregeln von Ziegler und Nichols Viele technische Prozesse können durch Übertragungsfunktionen vom Typ PT_n sehr gut nachgebildet werden. Für solche Regelstrecken mit Ausgleich und Verzögerung n-ter Ordnung wurden empirische Einstellregeln entwickelt. Die bekanntesten sind die Einstellregeln von Ziegler und Nichols, für die es zwei verschiedene Vorgehensweisen gibt.

Bei der ersten Methode wird die Regelstrecke zunächst mit einem P-Regler betrieben, der so eingestellt wird, dass der Regelkreis Dauerschwingungen ausführt. Die dabei gefundene Einstellung des Parameters K_P wird als kritische Verstärkung $K_{P,krit}$ bezeichnet. Zusätzlich muss die Periodendauer T_{krit} der Dauerschwingung bestimmt werden. Mit den gefundenen Werten kann nun der Regler gemäß Tab. 3.8 eingestellt werden.

Beispiel

Eine Regelstrecke mit der Übertragungsfunktion G_S soll mit einem Standardregler betrieben werden, der nach den Regeln von Ziegler-Nichols eingestellt wird.

$$G_S = \frac{1}{0{,}00005s^3 + 0{,}0009s^2 + 0{,}108s + 1}.$$

Die kritische Verstärkung und die Schwingungsdauer des Regelkreises an der Stabilitätsgrenze betragen: $K_{P,krit} = 8{,}72$ und $T_{krit} = 0{,}061$.

Die Abb. 3.65 zeigt die Sprungantwort des Regelkreises mit P-Regler und kritischer Reglerverstärkung $K_{P,krit}$ (gestrichelte Linie) sowie mit P-, PI- und PID-Regler, deren Parameter nach den Regeln von Ziegler und Nichols eingestellt wurden.

Manche Regelkreise dürfen aber nicht zu Dauerschwingungen angeregt werden. In dem Fall kann die zweite Methode angewendet werden. Dabei wird die Sprungantwort der Regelstrecke aufgenommen und daraus die folgenden Größen bestimmt, siehe Abb. 3.53:

- Verstärkung K_S der Regelstrecke,
- Verzugszeit T_e,
- Ausgleichszeit T_b.

Die Verstärkung K_S der Regelstrecke kann aus der Änderung der Ausgangsgröße v bezogen auf die Änderung der Eingangsgröße u berechnet werden:

$$K_S = \frac{\Delta v}{\Delta u} = \frac{v_\infty - v_0}{u_S - u_0}.$$

Tab. 3.8 Reglerparameter aus $K_{P,krit}$ und T_{krit} nach Ziegler und Nichols

Regler	K_P	T_I	T_D
P	0,5 $K_{P,krit}$		
PI	0,45 $K_{P,krit}$	0,85 T_{krit}	
PID	0,6 $K_{P,krit}$	0,5 T_{krit}	0,125 T_{krit}

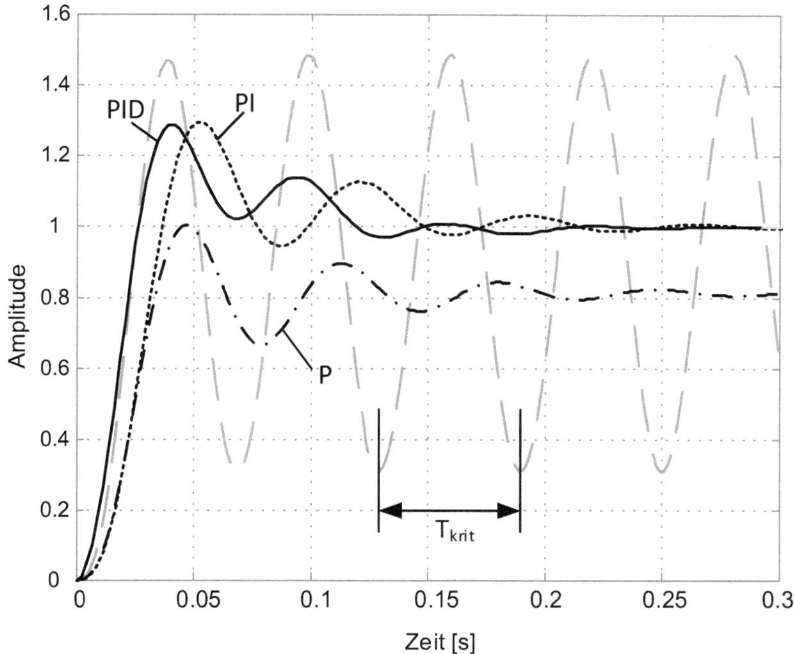

Abb. 3.65 Sprungantwort des Regelkreises mit P-, PI- und PID-Regler bei Einstellung nach Ziegler-Nichols

Tab. 3.9 Reglerparameter aus K_S , T_e und T_b nach Ziegler und Nichols

Regler	K_P	T_I	T_D
P	$\frac{T_b}{K_S T_e}$		
PI	$0{,}9\ \frac{T_b}{K_S T_e}$	$3{,}3\ T_e$	
PID	$1{,}2\ \frac{T_b}{K_S T_e}$	$2\ T_e$	$0{,}5\ T_e$

Die Parameter für P-, PI- und PID-Regler können damit der Tab. 3.9 entnommen werden.

Das Frequenzkennlinienverfahren Bei den Betrachtungen zur Stabilität von Regelkreisen in Abschn. 3.4.2 wurde gezeigt, dass die Eigenschaft des offenen Regelkreises Aufschluss über die Stabilitätseigenschaft des geschlossenen Regelkreises erlaubt.

Für ein gutes Regelverhalten wünscht man sich grundsätzlich zwei Dinge:

- Die Regelgröße x soll im Idealfall gleich der Führungsgröße w sein.
- Die Störgröße z soll keinen Einfluss auf die Regelgröße x haben.

Anhand der Gl. 3.72 kann man ablesen, dass dazu die Führungsübertragungsfunktion G und die Störübertragungsfunktion G_Z des geschlossenen Regelkreises folgende Werte annehmen sollten:

- $G = 1$,
- $G_Z = 0$.

Beides wäre im Grenzfall $G_0 \rightarrow \infty$ gegeben, wie man anhand der Gl. 3.71 sehen kann, und ließe sich durch eine unendlich große Verstärkung K_P des Reglers einstellen. Andererseits muss die Stabilität des Regelkreises gewährleistet sein. Aus diesem Grund ist die erreichbare Verstärkung K_P des Reglers begrenzt.

Bei den meisten Regelkreisen hängt die Stabilität nur von der Größe des Phasenwinkels bei der Durchtrittsfrequenz ab. An der Stabilitätsgrenze führt der Regelkreis nach einer Anregung Dauerschwingungen aus. Die Stabilitätsgrenze ist erreicht, wenn der Phasenwinkel bei der Durchtrittsfrequenz $-180°$ beträgt. Bei einem größeren Phasenwinkel, d. h. einer Phasenreserve > 0, klingen Schwingungen nach einer Anregung wieder ab. Diesen Zusammenhang kann man nun zugrunde legen, um ein gewünschtes Einschwingverhalten des geschlossenen Regelkreises zu erhalten.

► **Erfahrungswerte für die Phasenreserve und die Amplitudenreserve** Der Erfahrungswert für einen Regelkreis, bei dem das Führungsverhalten maßgeblich ist, beträgt 50° Phasenreserve. Ist das Störverhalten entscheidend, gilt ein Erfahrungswert von 30° Phasenreserve. Für die Amplitudenreserve gelten Erfahrungswerte von 6 bis 20 dB.

Der Ablauf des Verfahrens ist in der Regel wie folgt:

1. Zunächst wird der Frequenzgang der Regelstrecke $G_S(\mathrm{j}\omega)$ in Form eines Bode-Diagramms grafisch ausgegeben. Das entspricht dem Frequenzgang des offenen Regelkreises, wenn ein P-Regler mit Verstärkung $K_P = 1$ eingesetzt wird.
   Daraus werden die Durchtrittsfrequenz ω_D und die Phasenreserve φ_R abgelesen, siehe Abb. 3.60.
2. Anschließend wird ein geeigneter Regler ausgewählt und dessen Parameter so eingestellt, dass das gewünschte Verhalten erreicht wird. Ziel ist eine Phasenreserve des offenen Regelkreises von 50° bzw. 30°.
   Neben der Wahl der Reglerstruktur (z. B. P, PI oder PID) kommen auch so genannte Korrekturglieder zum Einsatz. Mit Hilfe von Korrekturgliedern können das Amplitudenverhältnis und der Phasenwinkel gezielt abgesenkt oder angehoben werden [7, 8].
3. Im letzten Schritt wird das Ergebnis überprüft. Das kann sowohl numerisch durch Simulation oder praktisch in der Realität erfolgen. Falls das Ergebnis noch nicht zufrieden stellend ist, wird zum Schritt 2 zurück gewechselt und weiter an der Struktur oder an den Parametern optimiert.

Das eingangs postulierte Ziel $G_0 \to \infty$ kann nicht pauschal erreicht werden, ohne die Stabilität einzubüßen. Für die Stabilität ist jedoch der Frequenzbereich um die Durchtrittsfrequenz maßgebend.

Es ist daher sinnvoll, das Regelkreisverhalten in unterschiedlichen Frequenzbereichen zu betrachten und sich daraus Kriterien für den Frequenzgang abzuleiten:

a) Im Bereich kleiner Frequenzen sind große Werte für $|G_0(j\omega)|$ anzustreben und meist auch möglich. Dies kann durch einen Integralanteil des Reglers erreicht werden. Dieser untere Frequenzbereich charakterisiert das stationäre Verhalten des geschlossenen Regelkreises und ist damit unter anderem maßgebend für eventuelle bleibende Regelabweichungen.
b) Der Bereich mittlerer Frequenzen um die Durchtrittsfrequenz ω_D ist maßgeblich für die Stabilität und das Einschwingverhalten des geschlossenen Regelkreises. Dort sollten die oben angegeben Werte für die Phasenreserve bzw. die Amplitudenreserve eingehalten werden.
Zwischen etwa 0,5 ω_D und 2 ω_D sollte die Kurve für den Amplitudengang $|G_0(j\omega)|$ mit einer negativen Steigung von mindestens −20 dB/Dekade abfallen.
c) Im Bereich hoher Frequenzen soll die Kurve für $|G_0(j\omega)|$ steil abfallen.

Das folgende Beispiel verdeutlicht das Verfahren.

Frequenzkennlinienverfahren für eine Strecke ohne Ausgleich mit P-Regler

Für eine Regelstrecke mit der Übertragungsfunktion G_S soll ein P-Regler eingesetzt werden. Der Proportionalbeiwert soll so eingestellt werden, dass gutes Führungsverhalten erzielt wird.

$$G_S = \frac{5}{4 \cdot 10^{-8} s^5 + 9{,}68 \cdot 10^{-6} s^4 + 9{,}464 \cdot 10^{-4} s^3 + 4{,}28 \cdot 10^{-2} s^2 + s}$$

Der Amplitudengang und der Phasengang von G_S ist in der Abb. 3.66 als strichpunktierte bzw. durchgezogene Linie dargestellt. Die Durchtrittsfrequenz beträgt $\omega_D(G_S)$ 5 rad/s und die Phasenreserve $\varphi_R(G_S) = 78°$. Damit besteht noch Spielraum bei der Phasenreserve.

Mit Hilfe des Proportionalbeiwertes K_P des P-Reglers kann die Kurve des Amplitudengangs $|G_0(j\omega)|$ nach oben oder unten verschoben werden. Für einen Wert von $K_P = 1$ stimmen $|G_0(j\omega)|$ und $|G_S(j\omega)|$ überein. Für $K_P > 1$ liegt $|G_0(j\omega)|$ oberhalb von $|G_S(j\omega)|$ und für $K_P < 1$ unterhalb von $|G_S(j\omega)|$. Der Proportionalbeiwert K_P darf nur so groß werden, dass eine ausreichende Phasenreserve von 50° nicht unterschritten wird.

Bei einem Wert von $K_P = 3{,}2$ ergibt sich aus dem Frequenzgang des offenen Regelkreises $|G_0(j\omega)|$ eine Durchtrittsfrequenz $\omega_D(G_0)$ von 16 rad/s und eine Phasenreserve von 50°, siehe durchgezogene Linie in Abb. 3.66.

Der Frequenzgang des geschlossenen Regelkreises $G(j\omega)$ ist in der Abb. 3.66 als gepunktete Linie eingetragen. Wie man sieht, verläuft die Kurve für den Amplitudengang $|G(j\omega)|$ im unteren Frequenzbereich wunschgemäß auf oder nahe der Linie 0 dB.

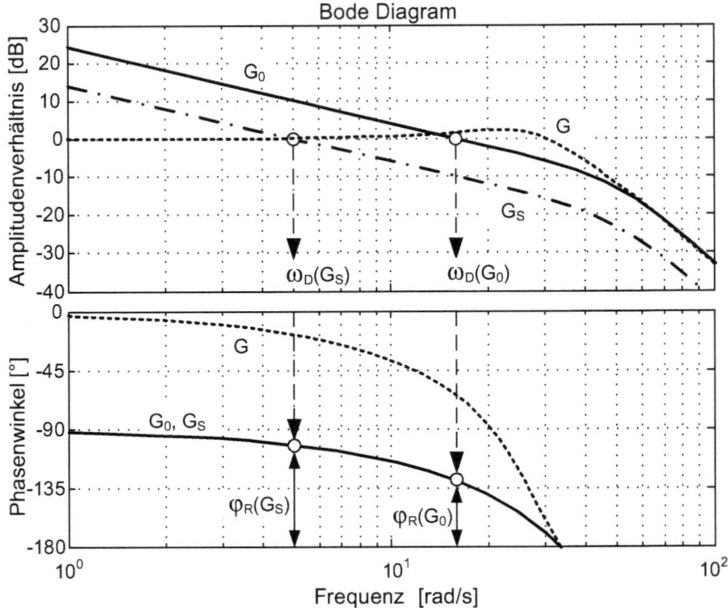

Abb. 3.66 Bode-Diagramm für Regelstrecke, offener und geschlossener Regelkreis mit P-Regler

Im hohen Frequenzbereich fällt der Amplitudengang des geschlossenen Regelkreises steil ab.

Zur Selbstkontrolle

1. Wie lautet die Definition des Führungsverhaltens eines Regelkreises?
2. Wie lautet die Definition des Störverhaltens eines Regelkreises?
3. Was ist Stabilität?
4. Wodurch ist Instabilität gekennzeichnet?
5. Was ist die Phasenreserve und wie groß sollte sie normalerweise sein?
6. Was versteht man unter einer bleibenden Regelabweichung?

3.5 Regler

Der Regler hat die Aufgabe, die Regelstrecke aufgabengemäß zu steuern. In vielen Fällen setzt sich die Übertragungsfunktion des Reglers aus elementaren Regelkreisgliedern zusammen, wie z. B. P-, I- und D-Gliedern sowie Kombinationen davon.

In manchen Anwendungen genügt aber eine Schaltfunktion, um die Regelungsaufgabe zu lösen. Solche schaltenden Regler sind meist robust und häufig kostengünstig. Sie werden auch als unstetige Regler bezeichnet, weil deren Ausgangsgröße sprunghaft verändert wird.

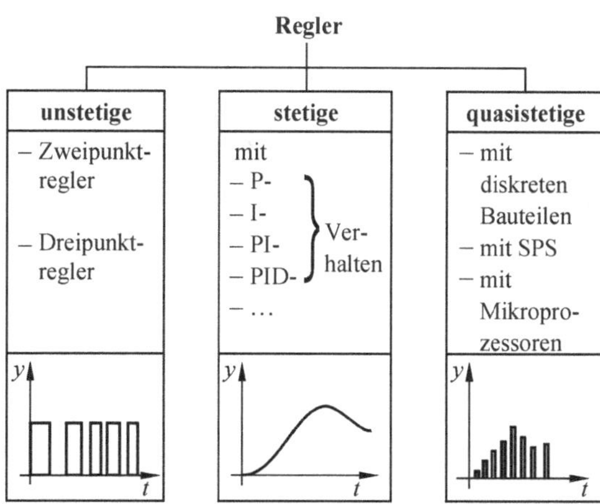

Abb. 3.67 Einteilung von Reglern

Quasistetige Regler sind solche, deren Ausgangsgröße genau betrachtet ebenfalls sprungförmige Änderungen aufweist. Diese Änderungen erfolgen aber so schnell aufeinander und mit einer so feinen Abstufung, dass sich ein nahezu stetiger zeitlicher Verlauf ergibt. Gerätetechnisch werden solche Regler mit elektronischen Bauteilen, mit Prozessoren und Mikrocontrollern aufgebaut.

Die Abb. 3.67 gibt eine Übersicht dazu.

3.5.1 Schaltende Regler

Die in der Hausgeräte- und Heizungstechnik dominierenden Zweipunktregler weisen nur zwei Werte der Stellgröße, Ein und Aus, auf. Kennzeichnend für ein derartiges Stellverhalten sind die Stellglieder Kontaktschalter und Magnetventil. Unter den Sammelbegriff Kontaktschalter fallen hier Grenzsignalgeber, Relais und Schaltschütze. Sie alle haben eine Gemeinsamkeit, sie operieren nicht mit Zwischenstellungen. Zweipunktregler sind billig und anspruchslos. Nachteilig ist der stoßartige Betrieb mit dem sprunghaften Einschalten der vollen Höhe der Stellenenergie sowie das unvermeidbare Schwanken des Istwertes um den Sollwert. Der Zweipunktregler schaltet nicht zum selben Wert der Regelgröße ein bzw. aus. Die Differenz der Werte der Eingangsgröße, bei denen sich die Ausgangsgröße ändert, nennt man Schaltdifferenz x_{sd}.

Bei dem Stab-Temperaturregler (Abb. 3.68) führt eine Temperaturänderung zu einer Längenänderung im Messstab (1). Über eine Wippe (2) wird ein elektrischer Kontakt (3) geöffnet oder geschlossen, der ein Stellglied steuert (z. B. ein Heizelement). An der Spindel (4) wird der Sollwert eingestellt.

Bei der Regelung des Füllstands in einem Behälter (Abb. 3.69) mit einem idealen Zweipunktregler (Abb. 3.70a) würde das Ventil sehr oft betätigt werden, was zu einem frühen Ausfall führen kann. Um das zu vermeiden, kann ein Zweipunktregler mit Hysterese verwendet werden (Abb. 3.70b). Dabei wird ein oberer w_0 und ein unterer Grenzwert w_u um

Abb. 3.68 Stab-Temperaturregler

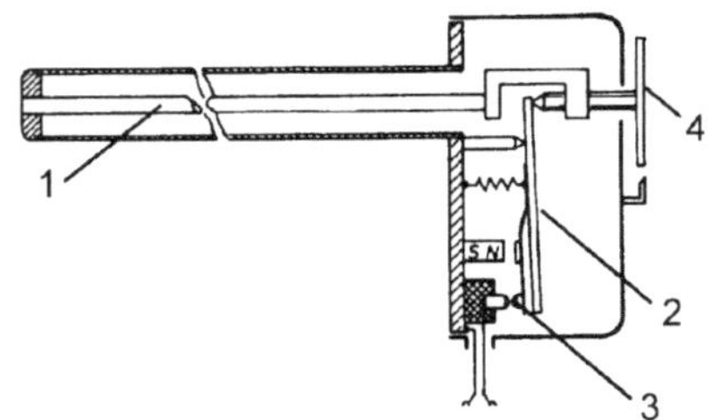

den eigentlichen Sollwert w definiert. Wenn der Füllstand x den oberen Grenzwert überschreitet, wird das Ventil angesteuert und gibt den Abfluss frei. Die Stellgröße wird aber erst dann gleich null, wenn der Füllstand den unteren Grenzwert unterschreitet. Im Bereich zwischen dem oberen und dem unteren Grenzwert wird der bisherige Schaltzustand beibehalten. Durch diese Maßnahme wird das Ventil weniger oft betätigt. Die Schaltfrequenz hängt neben der Schaltdifferenz auch vom zu- und abfließenden Volumenstrom ab.

Trägheit und Beharrungsvermögen führen bei umkehrbaren Vorgängen oft zu einer Hysterese, so dass zwischen dem zurückschreitenden und dem vorwärtsschreitenden Teil des Gesamtvorganges eine Differenz entsteht.

Füllstandregelung mit Zweipunktregler

Der Füllstand in dem Behälter aus Abb. 3.69 soll einen Wert von 500 mm nicht überschreiten. In der ersten Version wird ein Zweipunktregler ohne Hysterese eingesetzt

Abb. 3.69 Füllstandregelung

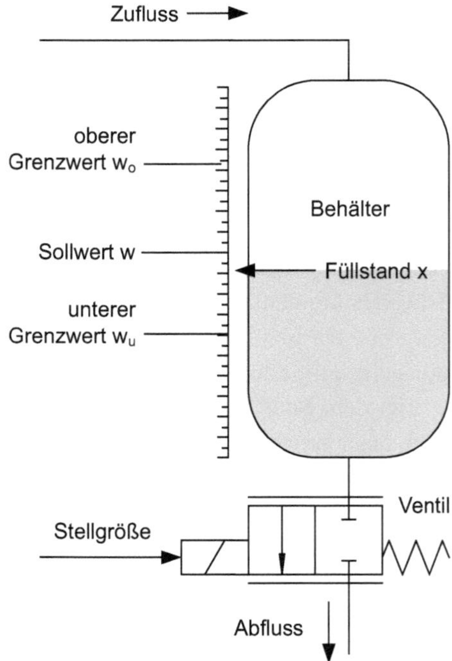

Abb. 3.70 Zweipunktregler ohne (**a**) und mit Hysterese (**b**)

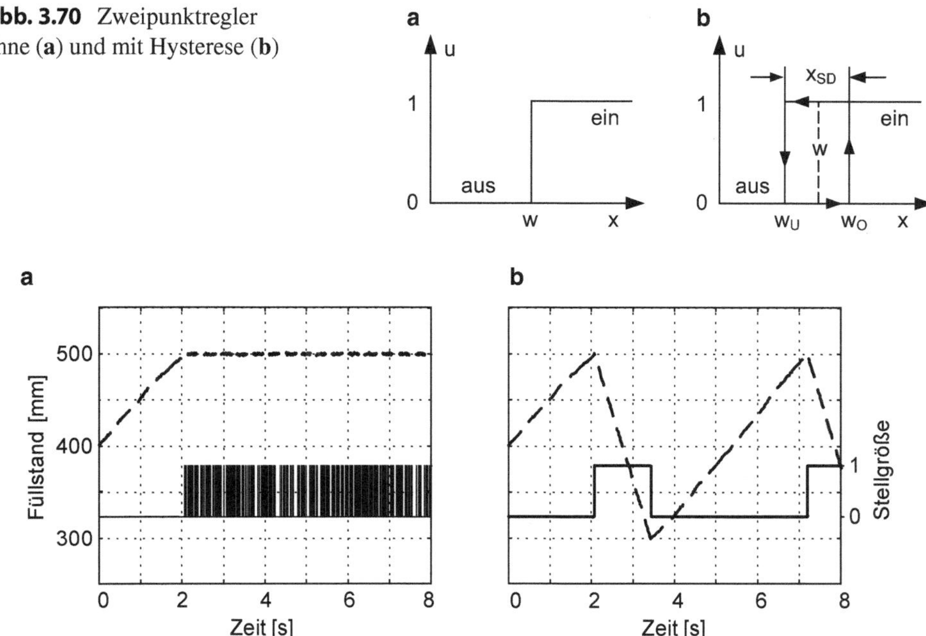

Abb. 3.71 Füllstandregelung mit Zweipunktregler **a** ohne und **b** mit Hysterese (*gestrichelte Linie*: Füllstand, *durchgezogene Linie*: Stellgröße)

(Abb. 3.70a). Der Füllstand wird recht genau nahe 500 mm geregelt, siehe Abb. 3.71a. Allerdings wird das Ventil sehr häufig geschaltet. Im Extremfall wird in jeder Abtastzeit der Regelung umgeschaltet.

In der zweiten Lösungsvariante wird ein Zweipunktregler mit Hysterese eingesetzt (Abb. 3.70b) mit einer Schaltdifferenz von 200 mm. Der Füllstand schwankt nun im Bereich der Schaltdifferenz zwischen 300 mm und 500 mm, aber das Ventil wird geschont, siehe Abb. 3.71b.

3.5.2 Digitale Regler und Abtastregelung

In vielen technischen Anwendungsfeldern haben digitale Regler heute analoge Regelungen ersetzt. Das liegt neben den Vorteilen auch an fallenden Hardwarekosten. Die Vorteile digitaler Regelungen sind:

- Hohe Flexibilität:
  Reglerstrukturen und Regelalgorithmen sind einfach zu ändern. Entweder werden sie softwaretechnisch angewählt oder parametriert oder programmiert.
- Leichte Austauschbarkeit und Reproduzierbarkeit der Reglerstrukturen und Reglerparameter,

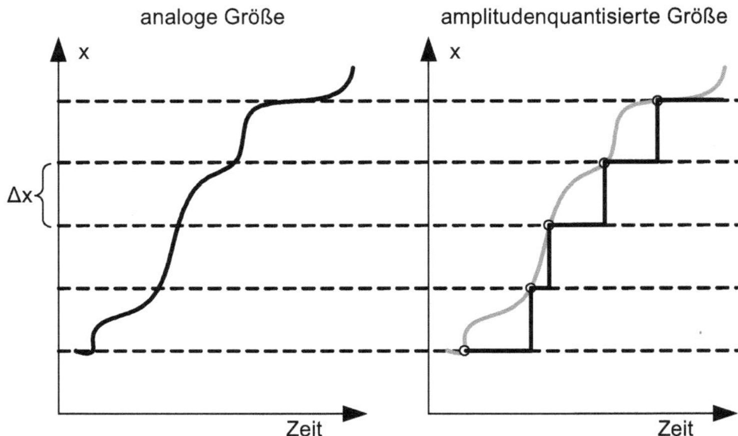

Abb. 3.72 Amplitudenquantisierung

- Komplexe Reglerstrukturen und -verfahren möglich,
- Zusatzfunktionen:
  Überwachung, Diagnose, Funktionen zur Inbetriebnahme, Archivierung von Daten usw.

Digitale Regler haben aber auch prinzipielle Nachteile. Die veränderlichen Größen liegen in digitaler Form vor und weisen daher eine *Amplitudenquantisierung* auf. Im Gegensatz zu zeitkontinuierlich arbeitenden Reglern liegen die veränderlichen Größen zudem nicht für jeden beliebigen Zeitpunkt vor, sondern nur an den Abtastzeitpunkten. Man spricht hier von *Zeitquantisierung*.

▶ **Amplitudenquantisierung** (amplitude quantization) Bei der digitalen Regelung wird der Wertebereich von Größen auf eine endliche Anzahl von Zahlenwerten abgebildet. Dadurch entsteht eine Stufung, die als Amplitudenquantisierung bezeichnet wird. Zwischenwerte werden nicht erfasst.

Die Amplitudenquantisierung Δx einer Größe x entsteht bei der A/D-Wandlung von analogen Größen, bei der Messwerterfassung mit digitalen Sensoren (z. B. inkrementale Geber oder digitale Absolutgeber) oder an digitalen Schnittstellen. Dabei entsteht aus einer stetigen Kurve eine treppenförmige Kurve (Abb. 3.72).

In der digitalen Regelung wird die amplitudenquantisierte Größe abgetastet. Dadurch erfolgt eine weitere Veränderung der ursprünglichen Größe, siehe Abb. 3.73.

▶ **Zeitquantisierung** (time quantization) Digitale Regelungen werden fast ausschließlich in Verbindung mit Rechnern, Mikrocontrollern o. ä. eingesetzt. Die Eingangsgrößen werden dabei nur zu bestimmten Zeitpunkten erfasst. Dadurch entsteht eine Stufung der Zeit, die als Zeitquantisierung bezeichnet wird.

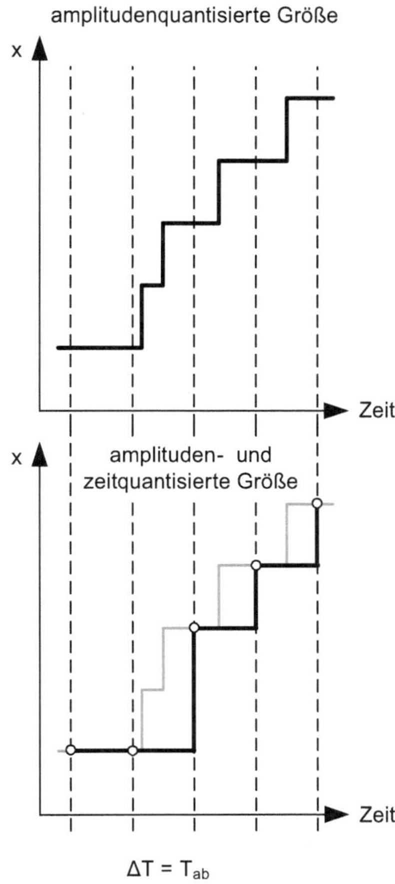

Abb. 3.73 Zeitquantisierung

In den allermeisten Fällen wird mit einer konstanten Abtastzeit T_{ab} (sample time) gearbeitet.

Zwischen den Abtastzeitpunkten werden die erfassten Größen gespeichert; sie bleibt also konstant. Man spricht dabei von einem Abtast-Halteglied 0-ter Ordnung.

Durch die Verarbeitungsdauer für den Regelalgorithmus im Rechner ergibt sich eine Verzugszeit, zwischen dem Einlesen der Eingangsgrößen und dem Ausgeben der Ausgangsgrößen des Reglers. Regelungstechnisch entspricht diese Verzugszeit einer Totzeit, die sich nachteilig auf das Regelverhalten auswirken kann.

Beispiel

Die A/D-Wandlung einer analogen Größe x im Bereich von 0 bis 20 mA mit einem 12 bit Wandler ergibt $2^{12} = 4096$ Werte. Die Amplitudenquantisierung Δx ist gleich der Auflösung und beträgt 0,00488 mA.

Bei der Wahl einer geeigneten Abtastzeit kann man sich am Abtasttheorem als Grenzwert orientieren. Demnach muss eine Schwingung mindestens zweimal pro Schwingungsperiode abgetastet werden, damit die Schwingung als solche erkannt werden kann.

In der Praxis hat sich gezeigt, dass für ein gutes Regelverhalten kürzere Abtastzeiten notwendig sind. Als Faustregel geht man von einer Abtastfrequenz aus, die um den Faktor 5 bis 10 über der dominierenden Eigenfrequenz der Regelstrecke liegen sollte.

Beispiel

Die dominierende Eigenfrequenz einer Regelstrecke beträgt $f_0 = 25$ Hz. Die Grenzfrequenz nach dem Abtasttheorem liegt bei $f_{Gr} \geq 50$ Hz. Die gewählte Abtastfrequenz sollte mindestens 125 bis 250 Hz betragen, was einer Abtastzeit von 8 bis 4 ms entspricht.

► In der Praxis werden die Amplitudenquantisierung und die Zeitquantisierung (Abtastzeit) meist so klein gewählt, dass sie vernachlässigt werden können. In dem Fall können die Regeln und Verfahren für zeitkontinuierliche Regler angewandt werden. Man spricht dann von einem quasi-kontinuierlichem Verhalten.

Falls dem nicht so ist, muss der Regelkreis zeitdiskret betrachtet werden. Dann gehen Differenzialgleichungen über in Differenzengleichungen. Bei einem PID-Regler z. B. wird aus dem Differentialquotient zur Berechnung des D-Anteils ein Differenzenquotient und aus dem Integral zur Berechnung des I-Anteils wird eine Summe. Aus der Differenzialgleichung Gl. 3.24 wird eine Differenzengleichung:

$$v = K_P \cdot u + K_I \sum_{i=1}^{k} u(i) + K_D \cdot \frac{u(k) - u(k-1)}{T_{ab}}. \tag{3.81}$$

Mit: k = Index für den aktuellen Abtastzeitpunkt, $k - 1$ = Index für den vorherigen Abtastzeitpunkt, T_{ab} = Abtastzeit

Anstatt der Laplace-Transformation wird die z-Transformation verwendet um Übertragungsfunktionen zu berechnen. Eine nähere Behandlung dieses Themas würde den Rahmen dieses Buches sprengen. Interessierte Leser finden eine ausführliche Beschreibung in [9].

Zur Selbstkontrolle

1. Geben Sie ein Beispiel für einen unstetigen Regler.
2. Welche zwei prinzipiellen Nachteile haben digitale Regler?
3. Nennen Sie mindestens drei Vorteile digitaler Regler.

3.6 Praktische Anwendung am Beispiel der Regelung elektrischer Antriebe

Zur Erzeugung von Bewegungen aller Art kommen heute vielfach geregelte elektrische Antriebe zum Einsatz. Bewegungen erzeugen heißt, dass Drehzahlen bzw. Geschwindigkeiten oder Positionen bzw. Winkel eingestellt oder angefahren werden sollen.

Neben den klassischen Anwendungsfeldern im Maschinen- und Anlagenbau dringen geregelte elektrische Antriebe heute in Bereiche vor, die noch vor einigen Jahren anderen Antrieben vorbehalten waren. Beispiele dafür sind die Elektromobilität oder der Einsatz von Servoantrieben in Karosseriepressen mit Spitzenleistungen von mehreren Megawatt.

Die Tab. 3.10 gibt einen Überblick über Regelungsaufgaben bei elektrischen Antrieben. Außer der Erzeugung von Bewegungen können mit elektrischen Antrieben auch definierte Drehmomente bzw. Kräfte aufgebracht werden.

3.6.1 Regelstrecke

Die Regelstrecke besteht neben dem Motor und dem Antriebsverstärker bzw. dem Umrichter (Steller) in den meisten Fällen auch aus mechanischen Antriebskomponenten. Die Abb. 3.74 zeigt ein Beispiel eines solchen Antriebs. Zu den mechanischen Antriebskomponenten gehören Getriebe, Kupplungselemente, Lager, Führungen, Riemenantriebe,

Tab. 3.10 Regelungsaufgaben bei elektrischen Antrieben

Art der Bewegung	
Rotatorisch	Translatorisch
Winkel Beispiele: – Regelung des Winkels einer Drehachse, – Regelung des Winkels eines Roboterarms	Position Beispiel: – Regelung der Position der Achsen einer Werkzeugmaschine
Drehzahl Beispiel: – Regelung der Drehzahl der Spindel einer Drehmaschine	Geschwindigkeit Beispiel: – Regelung der Geschwindigkeit eines linearen Direktantriebs
Strom bzw. Drehmoment	Strom bzw. Kraft

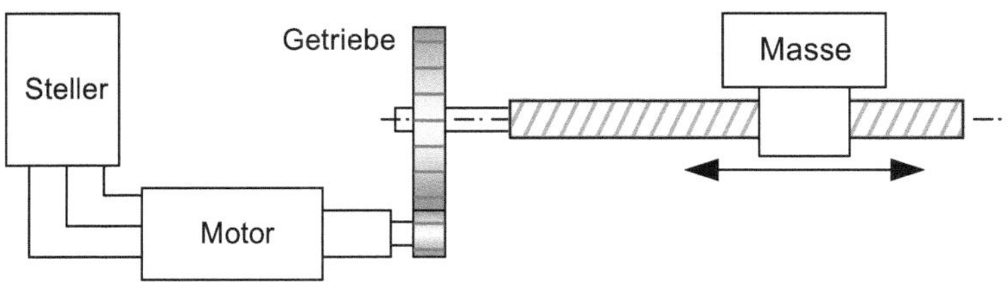

Abb. 3.74 Beispiel der Regelstrecke eines Antriebs

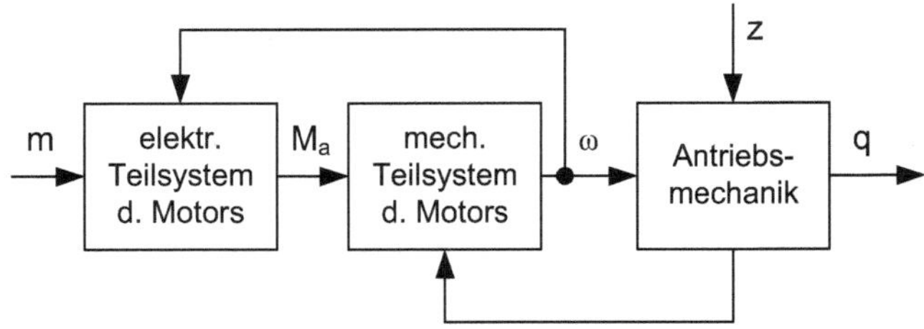

Abb. 3.75 Blockschaltbild der Regelstrecke eines Antriebs (Größen siehe Tab. 3.11)

Tab. 3.11 Größen in der Abb. 3.75

m	Ausgangsgröße der Regeleinrichtung = Eingangsgröße des Stellers = Eingangsgröße in das elektrische Teilsystem des Motors
M_a	Antriebsdrehmoment des Motors
ω	Drehgeschwindigkeit des Motors
z	Störgröße hier: äußere Kräfte oder Momente, die auf die Antriebsmechanik einwirken

Ritzel, Zahnstangen und natürlich die angetrieben Maschinen-, Anlagen- oder Fahrzeugkomponenten mit ihrer Masse bzw. Trägheit.

In dem Strukturbild eines elementaren Regelungssystems (Abb. 3.5) entspricht der Motor dem Stellglied und der Antriebsverstärker bzw. der Umrichter dem Steller.

Gängige Motortypen für solche Anwendungen sind:

- Gleichstrommotoren,
- Drehstromsynchronmotoren,
- Drehstromasynchronmotoren.

Bevor die Regelung für einen solchen Antrieb behandelt wird, muss zuvor das Übertragungsverhalten der Regelstrecke analysiert werden. Zuerst soll der Motor betrachtet werden.

Geregelte Drehstromsynchronmotoren und Drehstromasynchronmotoren werden heute normalerweise an einem Umrichter mit feldorientierter Regelung betrieben. Dort wird der Stromraumzeiger in zwei Komponenten zerlegt (momentbildende Stromkomponente i_q und feldbildende Stromkomponente i_d), so dass sich Analogien zu einem Gleichstromantrieb herstellen lassen. Für die weiteren Betrachtungen können solche Antriebe vereinfacht durch das Modell eines Gleichstrommotors beschreiben werden, siehe unten.

Für alle drei oben genannten gängigen Motortypen kann die Regelstrecke aus der Abb. 3.74 in das folgende Blockschaltbild Abb. 3.75 überführt werden.

3.6.1.1 Modell eines Gleichstrommotors

Im ersten Schritt soll das elektrische Teilsystem des Motors betrachtet werden. Der Ankerstromkreis stellt die Wicklung eines Gleichstrommotors dar. Die Abb. 3.76 zeigt das Ersatzschaltbild des Ankerstromkreises.

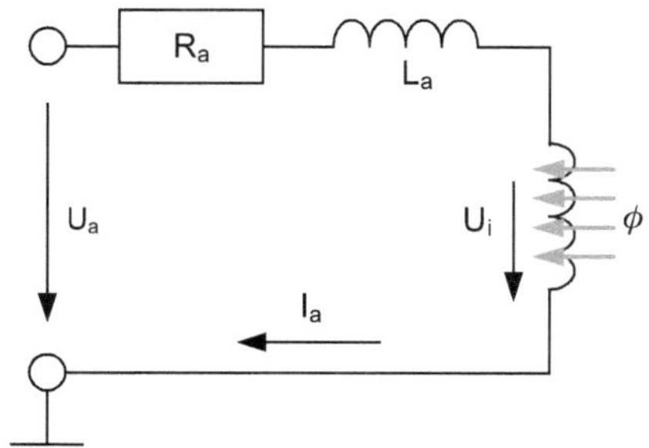

Abb. 3.76 Ersatzschaltbild des Ankerkreises eines Gleichstrommotors (Größen siehe Tab. 3.12)

Tab. 3.12 Größen in der Abb. 3.76

U_a	Ankerspannung [V] = von außen angelegte Spannung zu Ansteuerung des Motors
R_a	Widerstand [Ω] der Ankerwicklung
L_a	Induktivität [H] der Ankerwicklung
I_a	Ankerstrom [A]
U_i	Induzierte Spannung [V] durch die Drehung des Rotors im Magnetfeld
Φ	Magnetischer Fluss

Aus der Maschenregel ergibt sich eine Gleichung für den Ankerstrom

$$U_a = R_a I_a + L_a \frac{d}{dt}(I_a) + c_m \varphi \omega. \tag{3.82}$$

Es handelt sich um eine Differenzialgleichung 1. Ordnung. Darin ist c_m eine vom Motor abhängige Konstante. Bei konstantem magnetischem Fluss Φ können c_m und Φ zu einer einzigen Konstante K zusammengefasst werden. Führt man die elektrische Zeitkonstante T_e des Motors ein

$$T_e = \frac{L_a}{R_a} \tag{3.83}$$

und transformiert die Gl. 3.82 in den Laplace-Bereich, so ergibt sich die Übertragungsfunktion für das elektrische Teilsystem des Motors:

$$I_a = \frac{\frac{1}{R_a}}{T_e s + 1}\,(U_a - K\,\omega)\,. \tag{3.84}$$

Die Differenzialgleichung für das mechanische Teilsystem des Motors erhält man aus dem Drallsatz für den Rotor:

$$J\dot{\omega} = K\,i_a - M_r - M_L, \tag{3.85}$$

mit: J = Trägheitsmoment (kg m^2), $\dot{\omega}$ = Drehbeschleunigung (rad/s^2), M_r = Reibungsdrehmoment (Nm), M_L = Lastdrehmoment (Nm).

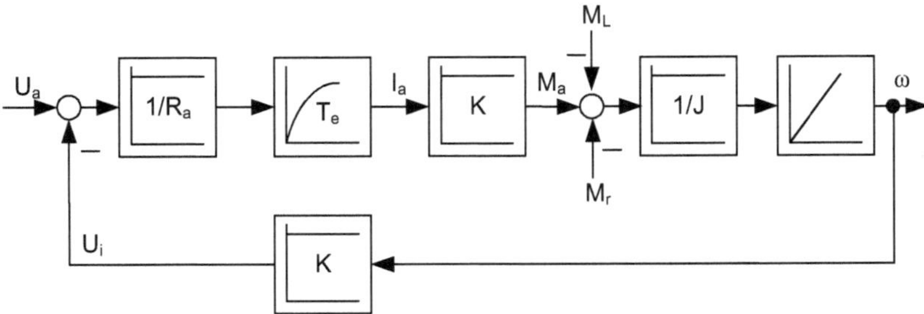

Abb. 3.77 Blockschaltbild des Gleichstrommotors (Größen siehe Tab. 3.13)

Tab. 3.13 Größen in der Abb. 3.77

U_a	Ankerspannung [V] = von außen angelegte Spannung zu Ansteuerung des Motors
R_a	Widerstand [Ω] der Ankerwicklung
T_e	Elektrische Zeitkonstante des Motors [s]
I_a	Ankerstrom [A]
U_i	Induzierte Spannung [V] durch die Drehung des Rotors im Magnetfeld
ω	Drehgeschwindigkeit [rad/s]
K	Drehmomentkonstante [Nm/A] $\approx$ Spannungskonstante [Vs/rad]
M_r	Reibungsdrehmoment [Nm]
M_L	Lastdrehmoment [Nm]

Bringt man J in der Gl. 3.85 auf die rechte Seite, transformiert das Ganze in den Laplace-Bereich und löst nach der Drehgeschwindigkeit auf, erhält man die Übertragungsfunktion für das mechanische Teilsystem des Motors:

$$\omega = \frac{1}{J}\,(K\,I_a - M_r - M_L)\,\frac{1}{s}. \tag{3.86}$$

Aus den beiden Übertragungsfunktionen 3.84 und 3.86 kann das Blockschaltbild des Gleichstrommotors konstruiert werden, siehe Abb. 3.77.

► Das Modell des Gleichstrommotors kann auch als vereinfachtes Modell für Drehstrommotoren (Synchron- oder Asynchronmotoren) verwendet werden, wenn diese an einem Umrichter mit feldorientierter Regelung betrieben werden. Der momentbildende Strom bei einem Drehstrommotor entspricht dem Ankerstrom des Gleichstrommotors.

3.6.2 Struktur der Regelung

Die Struktur eines Regelungssystems für elektrische Antriebe ist normalerweise mehrschleifig aufgebaut. Das heißt, es gibt nicht nur einen Regelkreis, sondern meist mehrere, die ineinander verschlungen sind. Bei elektrischen Antrieben sind die einzelnen Regelkreise ineinander verschachtelt. Man bezeichnet eine solche Struktur als Kaskadenregelung. Der innerste Regelkreis dient zur Regelung des Stroms.

3.6.3 Stromregelkreis bzw. Drehmomentregelkreis

Als Stromregler kommt ein PI-Regler zum Einsatz. Die Totzeiten im Regler und im Steller werden zu einer Totzeit T_t zusammengefasst. Die Abb. 3.78 zeigt das Blockschaltbild des Stromregelkreises. Die Regelstrecke aus der Abb. 3.77 ist nur soweit abgebildet, wie für den Stromregelkreis erforderlich. Man kann erkennen, dass die Drehgeschwindigkeit ω als Störgröße auf den Stromregelkreis einwirkt.

Ziel der Reglereinstellung ist es, geeignete Reglerparameter K_P und T_I zu finden, so dass der geschlossene Regelkreis ein gewünschtes Verhalten aufweist. Es handelt sich dabei um eine Optimierungsaufgabe, die mit unterschiedlichen Verfahren gelöst werden kann, z. B. mit dem *Betragsoptimum*.

Beim Betragsoptimum verfolgt man das Ziel, dass der Amplitudengang des geschlossenen Regelkreises bis zu möglichst hohen Frequenzen nahe eins und der Phasengang nahe 0° verläuft. Das Verfahren kann bei nicht schwingungsfähigen Strecken angewandt werden. Im Bereich der Antriebstechnik zum Beispiel bei Stromregelkreisen. Eine ausführliche mathematische Herleitung dieses Verfahrens ist zum Beispiel in [10] enthalten.

Für die theoretische Reglerauslegung ist das Totzeitglied schwierig zu behandeln. Es wird daher durch ein einfaches lineares Übertragungsglied nachgebildet, das ihm nahe kommt; ein Verzögerungsglied 1. Ordnung (PT_1-Glied). Zudem wird die Rückwirkung der induzierten Spannung U_i vernachlässigt ($U_i = K\omega := 0$), so dass sich der vereinfachte Regelkreis nach Abb. 3.79 ergibt.

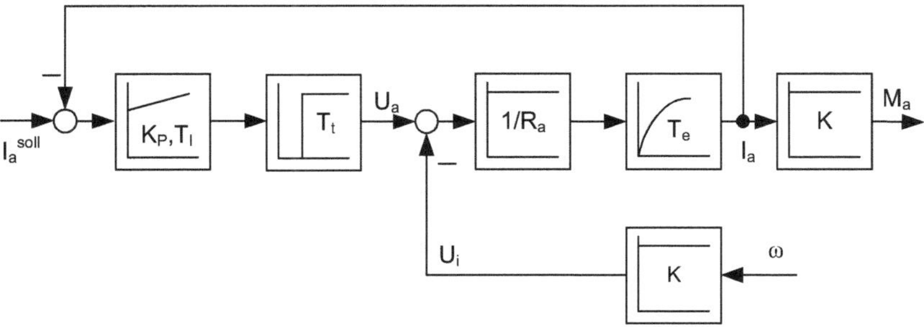

Abb. 3.78 Blockschaltbild des realen Stromregelkreises

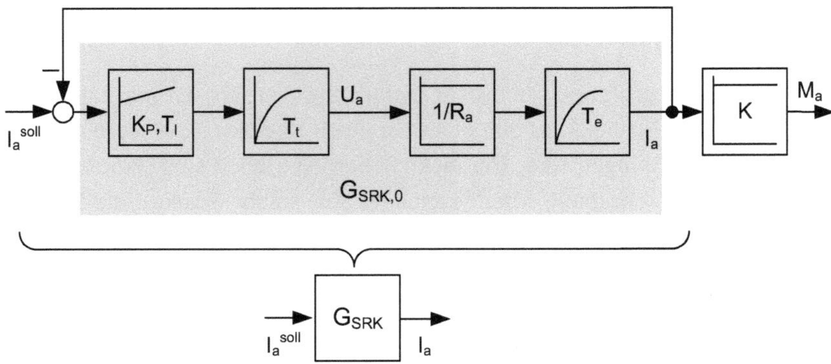

Abb. 3.79 Blockschaltbild des vereinfachten Stromregelkreises (offener Regelkreis *grau* unterlegt)

Die Übertragungsfunktion des offenen Regelkreises (in Abb. 3.79 grau unterlegt) lautet damit:

$$G_{\mathrm{SRK},0} = K_{\mathrm{P}} \left(1 + \frac{1}{T_{\mathrm{I}} s}\right) \frac{1}{T_{\mathrm{t}} s + 1} \frac{1}{R_{\mathrm{a}}} \frac{1}{T_{\mathrm{e}} s + 1}, \tag{3.87}$$

$$G_{\mathrm{SRK},0} = \frac{K_{\mathrm{P}}}{R_{\mathrm{a}}} \frac{T_{\mathrm{I}} s + 1}{T_{\mathrm{I}} s} \frac{1}{T_{\mathrm{t}} s + 1} \frac{1}{T_{\mathrm{e}} s + 1}. \tag{3.88}$$

Im Allgemeinen ist die elektrische Zeitkonstante T_{e} größer als die Totzeit T_{t} und damit das dynamisch dominierende Glied. Durch die Wahl der Nachstellzeit von

$$T_{\mathrm{I}} = T_{\mathrm{e}} \tag{3.89}$$

kürzen sich der Term $T_{\mathrm{I}}\, s + 1$ im Zähler und $T_{\mathrm{e}}\, s + 1$ im Nenner der Gl. 3.88 heraus und die Übertragungsfunktion des offenen Kreises vereinfacht sich zu:

$$G_{\mathrm{SRK},0} = \frac{K_{\mathrm{P}}}{R_{\mathrm{a}}} \frac{1}{T_{\mathrm{e}} s} \frac{1}{T_{\mathrm{t}} s + 1}. \tag{3.90}$$

Die Übertragungsfunktion des geschlossenen Stromregelkreises lautet damit:

$$G_{\mathrm{SRK}} = \frac{G_{\mathrm{SRK},0}}{1 + G_{\mathrm{SRK},0}} = \frac{\frac{K_{\mathrm{P}}}{R_{\mathrm{a}}} \frac{1}{T_{\mathrm{e}} s} \frac{1}{T_{\mathrm{t}} s+1}}{1 + \frac{K_{\mathrm{P}}}{R_{\mathrm{a}}} \frac{1}{T_{\mathrm{e}} s} \frac{1}{T_{\mathrm{t}} s+1}} = \frac{\frac{K_{\mathrm{P}}}{R_{\mathrm{a}}\, T_{\mathrm{e}} s\, (T_{\mathrm{t}} s+1)}}{\frac{R_{\mathrm{a}}\, T_{\mathrm{e}} s\, (T_{\mathrm{t}} s+1)+K}{R_{\mathrm{a}}\, T_{\mathrm{e}} s\, (T_{\mathrm{t}} s+1)}}$$

$$G_{\mathrm{SRK}} = \frac{\frac{K_{\mathrm{P}}}{R_{\mathrm{a}}\, T_{\mathrm{e}} s\, (T_{\mathrm{t}} s+1)}}{\frac{R_{\mathrm{a}}\, T_{\mathrm{e}} s\, (T_{\mathrm{t}} s+1)+K_{\mathrm{P}}}{R_{\mathrm{a}}\, T_{\mathrm{e}} s\, (T_{\mathrm{t}} s+1)}} = \frac{K_{\mathrm{P}}}{R_{\mathrm{a}}\, T_{\mathrm{e}} s\, (T_{\mathrm{t}} s + 1) + K_{\mathrm{P}}}$$

$$G_{\mathrm{SRK}} = \frac{1}{\frac{R_{\mathrm{a}} T_{\mathrm{e}} T_{\mathrm{t}}}{K_{\mathrm{P}}} s^2 + \frac{R_{\mathrm{a}} T_{\mathrm{e}}}{K_{\mathrm{P}}} s + 1} \tag{3.91}$$

Bei der Gl. 3.91 handelt es sich um eine Übertragungsfunktion 2. Ordnung vom Typ PT_2. Der Vergleich mit der Standardübertragungsfunktion Gl. 3.33 eines PT_2-Gliedes ergibt folgende zwei Beziehungen für die Kennkreisfrequenz ω_0 und die Dämpfung D:

$$\frac{1}{\omega_0^2} = \frac{R_a T_e T_{t,ges}}{K_P}, \tag{3.92}$$

$$\frac{2D}{\omega_0} = \frac{R_a T_e}{K_P}. \tag{3.93}$$

Nach kurzer Zwischenrechnung kann man aus den Gln. 3.92 und 3.93 eine Beziehung für die Verstärkung K_P in Abhängigkeit von der Dämpfung D des geschlossenen Regelkreises bilden:

$$K_P = \frac{R_a T_e}{4D^2 T_t}.$$

Die Dämpfung wird nach dem Betragsoptimum so gewählt, dass der Amplitudengang bis zu möglichst hohen Frequenzen nahe unterhalb der 0 dB-Linie verläuft. Das ist bei

$$D = \frac{1}{\sqrt{2}}$$

der Fall. Damit ergibt sich für die Verstärkung des Stromreglers:

$$K_P = \frac{R_a T_e}{2T_t}. \tag{3.94}$$

- **Parameter des Stromreglers nach dem Betragsoptimum** Die beiden Parameter des Stromreglers nach dem Betragsoptimum sind:

$$T_I = T_e$$
$$K_P = \frac{R_a T_e}{2T_t}.$$

Für gutes Störverhalten sollte die elektrische Zeitkonstante T_e im Bereich $T_t < T_e \leq 4T_t$ liegen.

- **Parameter des Stromreglers nach dem Symmetrischen Optimum** Für Werte von $T_e > 4T_t$ erfolgt Reglereinstellung nicht nach dem Betragsoptimum, sondern nach dem Symmetrischen Optimum [10]. Die Parameter des PI-Stromreglers lauten damit:

$$T_I = 4T_t$$
$$K_P = \frac{R_a T_e}{2T_t}.$$

Stellt man den Stromregler nach dem Betragsoptimum ein, d. h. entsprechend den Gln. 3.89 und 3.94, so erhält man eine Übertragungsfunktion des geschlossenen Stromregelkreises, in der nur noch die Totzeit als einziger Parameter steckt:

$$G_{\mathrm{SRK}} = \frac{I_{\mathrm{a}}}{I_{\mathrm{a}}^{\mathrm{soll}}} = \frac{1}{2T_{\mathrm{t}}^2 s^2 + 2T_{\mathrm{t}} s + 1}. \tag{3.95}$$

3.6.3.1 Drehmomentregelkreis

Das Antriebsmoment M_{a} des Motors ist proportional zum Strom I_{a}.

$$M_{\mathrm{a}} = K \cdot I_{\mathrm{a}} \tag{3.96}$$

Diese Proportionalität gilt auch für die entsprechenden Sollwerte:

$$M_{\mathrm{a}}^{\mathrm{soll}} = K \cdot I_{\mathrm{a}}^{\mathrm{soll}}. \tag{3.97}$$

Gl. 3.97 umgestellt ergibt eine Beziehung für den Sollwert des Stroms:

$$I_{\mathrm{a}}^{\mathrm{soll}} = \frac{1}{K} M_{\mathrm{a}}^{\mathrm{soll}}. \tag{3.98}$$

Gl. 3.98 in das Blockschaltbild Abb. 3.79 eingefügt ergibt das folgende Blockschaltbild Abb. 3.80. Die Eingangsgröße in den grau unterlegten Teil ist der Sollwert des Drehmoments $M_{\mathrm{a}}{}^{\mathrm{soll}}$. Die Ausgangsgröße ist der Istwert des Drehmoments M_{a}. Man kann diesen Teil des Blockschaltbildes demnach als Drehmomentregelkreis mit der Übertragungsfunktion G_{MRK} auffassen. Er entsteht aus dem Stromregelkreis dadurch, dass das schon rechts vom Stromregelkreis vorhandene P-Glied mit dem Faktor K gedanklich eingeschlossen wird und dass vor den Stromregelkreis ein P-Glied mit dem Faktor $1/K$ hinzugefügt wird.

Wegen

$$G_{\mathrm{MRK}} = \frac{1}{K} G_{\mathrm{SRK}} K = G_{\mathrm{SRK}} \tag{3.99}$$

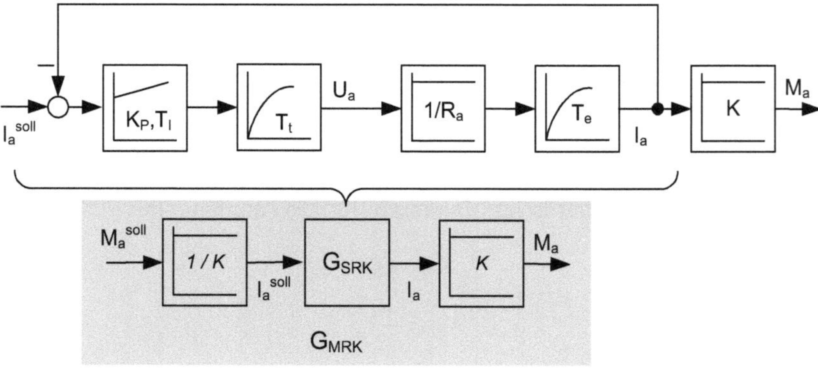

Abb. 3.80 Blockschaltbild des vereinfachten Drehmomentregelkreises

haben der Stromregelkreis und der Drehmomentregelkreis identische Übertragungsfunktionen.

3.6.4 Drehzahlregelkreis bzw. Drehgeschwindigkeitsregelkreis

Besteht die Regelungsaufgabe darin, eine Bewegung auszuführen, so ist dem Stromregelkreis ein Regelkreis für die Drehgeschwindigkeit ω überlagert. Man bezeichnet ihn meist als Drehzahlregelkreis. In der Praxis und in der Herleitung in diesem Buch werden SI-Einheiten verwendet. Daher lautet die korrekte Bezeichnung Drehgeschwindigkeitsregelkreis.

Zunächst sollen die Parameter eines PI-Reglers für einen starren Antriebsstrang ermittelt werden. In einem solchen Antriebstrang sind keine mechanischen Schwingungen möglich.

3.6.4.1 Starrer Antriebsstrang

Der Drehmomentregelkreis G_{MRK} ist Teil des Drehgeschwindigkeitsregelkreises. Hinzu kommen noch die Teile des Motors, die zwischen den Größen M_a und ω liegen (vgl. Abb. 3.77). Als Regelglied wird wiederum ein PI-Regler verwendet. Zusammen ergibt sich daraus das Blockschaltbild des geschlossenen Drehgeschwindigkeitsregelkreises, siehe Abb. 3.81.

Ziel der Regleroptimierung für den Drehgeschwindigkeitsregelkreis ist die optimale Einstellung der beiden Parameter K_P und T_I. Die gängigen Optimierungsverfahren hierfür sind das *Symmetrische Optimum* und das *Dämpfungsoptimum*.

Das Dämpfungsoptimum eignet sich für eine große Klasse von Strecken. Dabei wird das Übertragungsverhalten des geschlossenen Regelkreises vorgegeben und daraus die Reglerparameter berechnet. Das Symmetrische Optimum eignet sich für Strecken mit Integralanteil oder falls die Zeitkonstanten kein zufrieden stellendes Störverhalten nach dem Betragsoptimum ergeben. Dieses Verfahren wird vor allem zur Einstellung von Drehzahlregelkreisen eingesetzt.

Die Einstellung der Reglerparameter soll anhand des Betragsoptimums gezeigt werden. Voraussetzung ist zunächst aber eine weitere Vereinfachung des Drehmomentregelkreises.

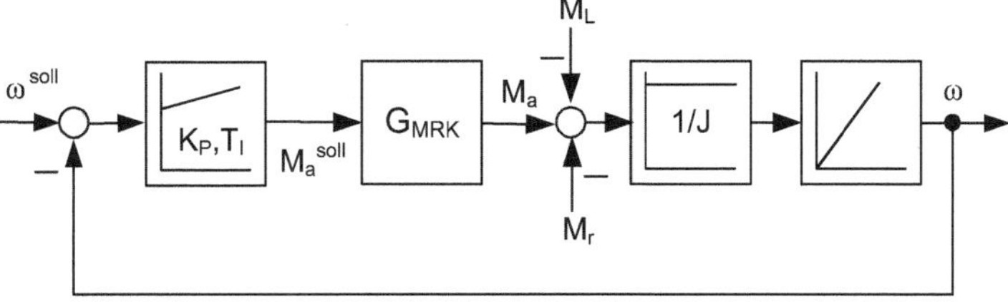

Abb. 3.81 Blockschaltbild des geschlossenen Drehgeschwindigkeitsregelkreises

Die Übertragungsfunktion Gl. 3.95 von Strom- bzw. Drehmomentregelkreis ist von 2. Ordnung. Um das Betragsoptimum hier anwenden zu können, muss stattdessen ein vereinfachtes Modell 1. Ordnung verwendet werden. In der Übertragungsfunktion Gl. 3.95 wird der Term 2. Ordnung vernachlässigt. Daraus entsteht dann die folgende Übertragungsfunktion 1. Ordnung vom Typ PT_1:

$$G_{\mathrm{SRK}} \approx \frac{1}{T_{\mathrm{SRK}} \cdot s + 1}. \tag{3.100}$$

Darin ist T_{SRK} die Ersatzzeitkonstante des Strom- bzw. Drehmomentregelkreises. Sie hängt von der Summe der Totzeiten im Regelkreis ab.

$$T_{\mathrm{SRK}} = 2\,T_{\mathrm{t}} \tag{3.101}$$

Die Übertragungsfunktion des offenen Regelkreises setzt sich dann aus folgenden Elementen zusammen: PI-Regler, PT_1 (Drehmomentregelkreis), P-Glied, I-Glied. Die Übertragungsfunktion lautet:

$$G_{\mathrm{DRK,0}} = K_{\mathrm{p}}\left(1 + \frac{1}{T_{\mathrm{I}} \cdot s}\right)\frac{1}{1 + T_{\mathrm{SRK}} \cdot s}\frac{1}{J \cdot s}$$

$$G_{\mathrm{DRK,0}} = \frac{K_{\mathrm{p}}T_{\mathrm{I}} \cdot s + K_{\mathrm{p}}}{(1 + T_{\mathrm{SRK}} \cdot s)T_{\mathrm{I}}J\,s^2}$$

Das Führungsverhalten des geschlossenen Drehzahlregelkreises lautet damit:

$$G_{\mathrm{DRK}} = \frac{G_0}{1 + G_0}.$$

Nach kurzer Rechnung entsteht daraus die Führungsübertragungsfunktion des geschlossenen Drehgeschwindigkeitsregelkreises:

$$G_{\mathrm{DRK}} = \frac{T_{\mathrm{I}}s + 1}{\frac{J T_{\mathrm{I}} T_{\mathrm{SRK}}}{K_{\mathrm{p}}}s^3 + \frac{J T_{\mathrm{I}}}{K_{\mathrm{p}}}s^2 + T_{\mathrm{I}}s + 1}. \tag{3.102}$$

Der D-Anteil im Zähler kann durch ein Drehzahlsollwertfilter mit der PT_1-Zeitkonstante T_N kompensiert werden.

Nach dem Dämpfungsoptimum gelten für eine Regelstrecke der Form:

$$G = \frac{b_3 s^3 + b_2 s^2 + b_1 s + b_0}{a_3 s^3 + a_2 s^2 + a_1 s + a_0} \tag{3.103}$$

folgende Einstellregeln:

$$\frac{a_2}{a_1} = \frac{1}{2}\frac{a_1}{a_0}, \tag{3.104}$$

$$\frac{a_3}{a_2} = \frac{1}{2}\frac{a_2}{a_1}. \tag{3.105}$$

Dadurch wird der Nenner der Übertragungsfunktion Gl. 3.103 und damit das Einschwingverhalten des Regelkreises festgelegt.

Auf den Drehgeschwindigkeitsregelkreis nach Gl. 3.102 übertragen ergeben sich daraus mit

$$a_0 = 1,\ a_1 = T_\mathrm{I},\ a_2 = \frac{J\,T_\mathrm{I}}{K_\mathrm{P}},\ a_3 = \frac{J\,T_\mathrm{I}T_\mathrm{SRK}}{K_\mathrm{P}}$$

die folgenden Bedingungen für die Koeffizienten des Reglers:

Parameter des Drehgeschwindigkeitsreglers nach dem Dämpfungsoptimum bei starrem Antrieb Die beiden Parameter des Drehgeschwindigkeitsreglers nach dem Dämpfungsoptimum sind:

$$K_\mathrm{P} = \frac{1}{2}\frac{J}{T_\mathrm{SRK}}, \tag{3.106}$$

$$T_\mathrm{I} = 2\frac{J}{K_\mathrm{P}} = 4\,T_\mathrm{SRK}. \tag{3.107}$$

Die beiden Gleichungen basieren auf den folgenden Voraussetzungen oder Vereinfachungen:

- Es gibt nur eine konzentrierte träge Masse J. Das ist nur bei einem starren Antriebsstrang gegeben. Schwingungen im Antriebsstrang sind nicht berücksichtigt.
- Der Strom bzw. Drehmomentregelkreis wurde vereinfacht.

Dasselbe Ergebnis erhält man bei dieser Regelstrecke mit PI-Regler, wenn man die Parameter nach dem Symmetrischen Optimum einstellt.

Das Trägheitsmoment J setzt sich aus der Eigenträgheit des Motors und den reduzierten Trägheitsmomenten aller trägen Massen im Antriebsstrang zusammen.

$$J = J_\mathrm{Mot} + \sum_{k=1}^{n} J_k^\mathrm{red} \tag{3.108}$$

Das reduzierte Trägheitsmoment einer Antriebskomponente k im Antriebsstrang ist die auf dem Motor bezogene Trägheit oder Masse:

$$\text{Bei rotatorisch bewegten Antriebskomponenten:}\quad J_k^\mathrm{red} = \frac{J_k}{i_{\mathrm{ges},k}^2} \tag{3.109}$$

$$\text{Bei linear bewegten Antriebskomponenten:}\quad J_k^\mathrm{red} = \frac{m_k}{i_{\mathrm{ges},k}^2} \tag{3.110}$$

$i_{\mathrm{ges},k}$ ist die gesamte Übersetzung vom Motor bis zu der Antriebskomponente k.

3.6.4.2 Schwingungsfähiger Antriebsstrang

Schwingungen im Antriebsstrang haben im Wesentlichen zwei Ursachen:

1. Mechanische Schwingungen von Sensorelementen (Geberresonanz). Solche Schwingungen haben typischerweise Frequenzen im Bereich mehrerer hundert Hertz oder höher und liegen damit deutlich über dem Bereich normaler mechanischer Eigenfrequenzen. Trotzdem können sie sich störend auswirken. Die Standardmaßnahme dagegen ist der Einsatz von Filtern (Tiefpass- oder Bandsperrfilter) in der Regelung, mit denen die betreffenden Frequenzen abgeschwächt werden.
2. Mechanische Schwingungen von Antriebskomponenten relativ zum Motor. Ist der Antriebstrang nicht starr, sondern weist eine gewisse Nachgiebigkeit auf, so bilden die angetriebenen Massen ein schwingungsfähiges System (Feder-Masse-System siehe Abb. 3.82). Bei Anregung durch den Motor oder durch Störgrößen können sich Antriebsschwingungen ausbilden.

Im Falle solcher schwingungsfähiger Antriebe gelten die Voraussetzungen nicht, die bei der Herleitung der Reglerparameter nach den Gln. 3.106 und 3.107 getroffen wurden. Erfahrungsgemäß muss der Verstärkungsfaktor K_P gegenüber einem starren Antrieb verringert werden. Für das Trägheitsmoment J in der Gl. 3.106 wird nun nur die Eigenträgheit des Motors angesetzt.

► **Parameter des Drehgeschwindigkeitsreglers bei schwingungsfähigem Antrieb** Erfahrungswerte für die beiden Parameter des Drehgeschwindigkeitsreglers sind:

$$K_\mathrm{P} = \frac{1}{2}\frac{J_\mathrm{Mot}}{T_\mathrm{SRK}} \tag{3.111}$$

$$T_\mathrm{I} = 2\frac{J_\mathrm{Mot} + \sum_{k=1}^{n} J_k^\mathrm{red}}{K_\mathrm{P}} \tag{3.112}$$

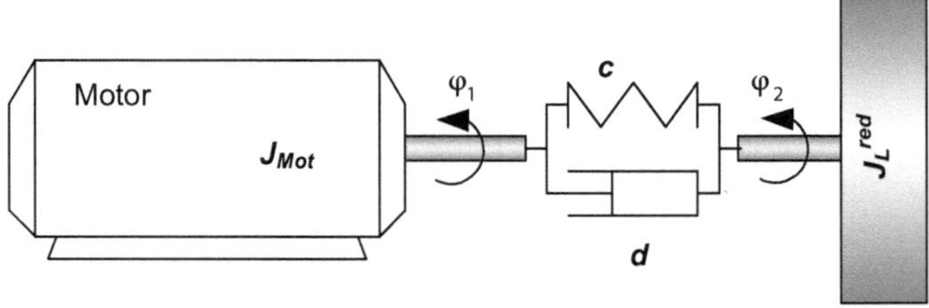

Abb. 3.82 Antriebsmotor mit einer elastisch angekoppelten trägen Masse

3.6.5 Lageregelkreis

Der Lageregelkreis ist maßgebend für die Positionierung eines Antriebssystems. In der Praxis hat man es meist mit komplexeren Strukturen und mit schwingungsfähigen Elementen im Antriebsstrang zu tun. Eine Rolle spielt auch die Stelle, an der die Position bzw. der Winkel gemessen wird. Im einfachsten Fall wird an der Motorwelle gemessen. Häufig können Position und Drehgeschwindigkeit aus demselben Sensor ermittelt werden, z. B. Messung des Winkels und Berechnung der Winkelgeschwindigkeit durch Differentiation. Für sehr genaue Positionieraufgaben ist diese Variante aber meist nicht ausreichend. Dann muss möglichst nahe an der Stelle gemessen werden, die aufgabengemäß positioniert werden soll. Bei Werkzeugmaschinen ist das z. B. an der Bewegungsachse, nahe am Werkzeug.

Es ist daher sinnvoll, die folgende Klassifizierung von Lageregelkreisen vorzunehmen, siehe Tab. 3.14.

3.6.5.1 Lageregelkreis ohne schwingungsfähige Antriebselemente (Typ I)

Zunächst soll der einfachste Fall betrachtet werden, bei dem der Sensor für die Erfassung der Position direkt an der Motorwelle angebracht ist oder die Verbindung dorthin hinreichend steif ist. In dem Fall sind keine schwingungsfähigen mechanischen Elemente im Regelkreis vorhanden. Regelungstechnisch bedeutet das, dass die Position aus der Integration des Drehzahlsignals ergibt. Außerdem sei vorausgesetzt, dass auch sonst keine schwingungsfähigen Antriebselemente vorhanden sind. Zusammen mit einem P-Lageregler hat der Lageregelkreis das folgende Blockschaltbild Abb. 3.83.

Tab. 3.14 Klassifizierung von Lageregelkreisen

Typ I	Keine schwingungsfähigen mechanischen Elemente im Antriebsstrang Lageerfassung an der Motorwelle (indirekte Lagemessung)
Typ II	Schwingungsfähige mechanische Elemente im Antriebsstrang Lageerfassung an der Motorwelle (indirekte Lagemessung)
Typ III	Schwingungsfähige mechanische Elemente im Regelkreis Lageerfassung an der Last (direkte Lagemessung)

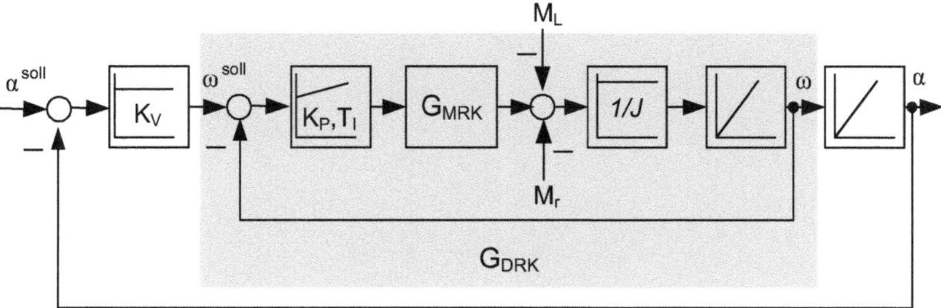

Abb. 3.83 Blockschaltbild des Lageregelkreises vom Typ I ohne schwingungsfähige Antriebselemente

Wird der Drehzahlregelkreis (Gl. 3.102) nach dem Dämpfungsoptimum eingestellt mit den Reglerparameter nach Gln. 3.106 und 3.107, dann erhält man die folgende Übertragungsfunktion des geschlossenen Drehgeschwindigkeitsregelkreises:

$$G_{\mathrm{DRK}} = \frac{4\,T_{\mathrm{SRK}}s + 1}{8\,T_{\mathrm{SRK}}^3 s^3 + 8\,T_{\mathrm{SRK}}^2 s^2 + 4\,T_{\mathrm{SRK}}s + 1} \tag{3.113}$$

Es handelt sich dabei um eine Übertragungsfunktion vom Typ PDT_3.
Definiert man die Ersatzzeitkonstante

$$T_{\mathrm{DRK}} = 4\,T_{\mathrm{SRK}}, \tag{3.114}$$

so kann man die Gl. 3.113 auch folgendermaßen schreiben:

$$G_{\mathrm{DRK}} = \frac{T_{\mathrm{DRK}}s + 1}{\frac{T_{\mathrm{DRK}}^3}{8}s^3 + \frac{T_{\mathrm{DRK}}^2}{2}s^2 + T_{\mathrm{DRK}}s + 1}. \tag{3.115}$$

Für die weitere Überlegung muss die Übertragungsfunktion des Drehzahlregelkreises auf 1. Ordnung vereinfacht werden. Damit ist eine Grobauslegung des Lagereglers möglich, und die Verstärkung K_{V} des Lagereglers kann direkt berechnet werden. Aus der Gl. 3.115 wird

$$G_{\mathrm{DRK}} \approx \frac{1}{T_{\mathrm{DRK}}s + 1}. \tag{3.116}$$

Mit einem P-Lageregler nimmt die Übertragungsfunktion des geschlossenen Lageregelkreises dann eine PT_2-Form an:

$$G_{\mathrm{LRK}} = \frac{1}{\frac{T_{\mathrm{DRK}}}{K_{\mathrm{V}}}s^2 + \frac{1}{K_{\mathrm{V}}}s + 1}. \tag{3.117}$$

Durch Koeffizientenvergleich zwischen der Gl. 3.117 und 3.33 ergeben sich zwei Bestimmungsgleichungen für die Kennkreisfrequenz ω_0 und die Verstärkung K_{v} des Lagereglers:

$$\frac{T_{\mathrm{DRK}}}{K_{\mathrm{V}}} = \frac{1}{\omega_0^2} \tag{3.118}$$

$$\frac{1}{K_{\mathrm{V}}} = \frac{2D}{\omega_0} \tag{3.119}$$

Daraus erhält man:

$$\omega_0 = \frac{1}{2D\,T_{\mathrm{DRK}}} \tag{3.120}$$

$$K_{\mathrm{V}} = \frac{1}{4D^2 T_{\mathrm{DRK}}} \tag{3.121}$$

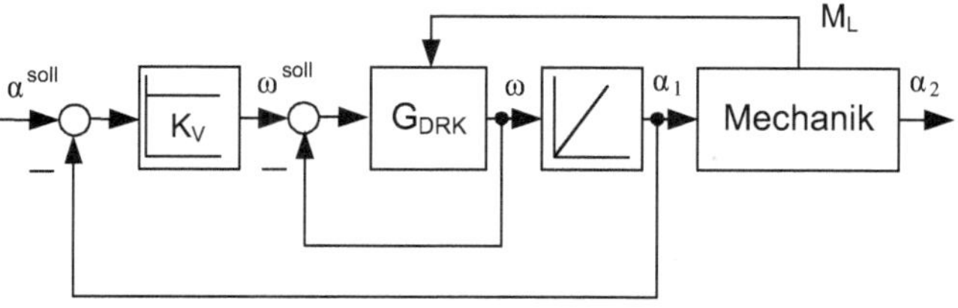

Abb. 3.84 Blockschaltbild des Lageregelkreises vom Typ II

Aus der Forderung nach einem gut gedämpftem Verhalten ergibt sich eine gewünschte Dämpfung von $D \approx 1/\sqrt{2}$ und damit:

$$\omega_0 = \frac{\sqrt{2}}{2T_{\mathrm{DRK}}} \tag{3.122}$$

$$K_{\mathrm{V}} = \frac{1}{2T_{\mathrm{DRK}}} \tag{3.123}$$

Die Gl. 3.123 kann als Abschätzung für die obere Grenze der Verstärkung K_{V} aufgefasst werden. Sie gilt für Antriebe ohne schwingungsfähige Komponenten.

3.6.5.2 Lageregelkreis mit schwingungsfähigen Antriebselementen und indirekter Lageerfassung (Typ II)

Einen Lageregelkreis vom Typ II in vereinfachter Form zeigt die Abb. 3.84. Kräfte und Momente vom mechanischen Teil der Strecke wirken in Form des Lastmomentes M_{L} auf den Drehzahlregelkreis zurück.

Das Führungsverhalten entspricht dem Übertragungsverhalten vom Typ I. Die Rückwirkung der Mechanik in Form des Lastmomentes M_{L} bewirkt eine Störgröße im Lageregelkreis.

3.6.5.3 Lageregelkreis mit schwingungsfähigen Antriebselementen und direkter Lageerfassung (Typ III)

Bei direkter Lageerfassung sind die schwingungsfähigen Antriebselemente nun im Lageregelkreis integriert (Abb. 3.85). Das hat Vorteile und Nachteile. Der Vorteil ist, dass nun eventuelle mechanische Ungenauigkeiten in der Übertragungsstrecke zwischen Motor und Messstelle ausgeregelt werden können. Die Genauigkeit einer solchen Regelung ist höher, als bei indirekter Lageerfassung. Nachteilig ist die schwierigere Einstellung des Lagereglers.

Für eine Modellbildung des Lageregelkreises mit einer dominierenden mechanischen Eigenfrequenz geht man von einer mechanischen Struktur wie in Abb. 3.82 aus. Der Drallsatz für die mechanische Last liefert eine Differentialgleichung für α_2:

$$J_L^{\mathrm{red}}\, \ddot{\alpha}_2 = -c\,(\alpha_2 - \alpha_1) - d\,(\dot{\alpha}_2 - \dot{\alpha}_1)\,. \tag{3.124}$$

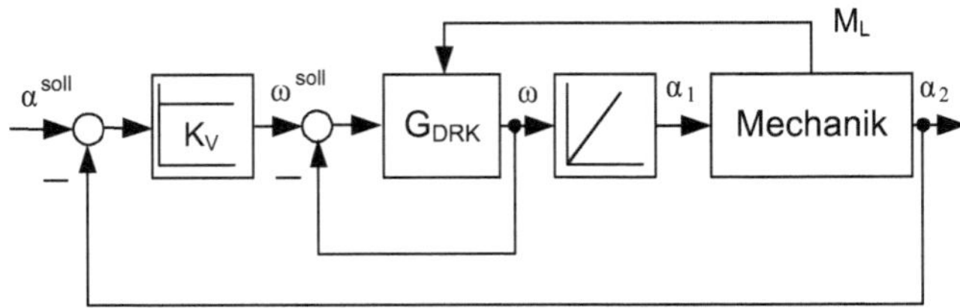

Abb. 3.85 Blockschaltbild des Lageregelkreises vom Typ III

Nach Umstellen der Gl. 3.124 und Transformation in den Laplace-Bereich erhält man die Übertragungsfunktion der Mechanik:

$$G_{\text{Mech}}(s) = \frac{\alpha_2}{\alpha_1} = \frac{\frac{\text{d}}{c}s + 1}{\frac{J_L}{c}s^2 + \frac{\text{d}}{c}s + 1}. \tag{3.125}$$

Es handelt sich hierbei um ein PDT_2-Glied mit der Kennkreisfrequenz ω_0 und der Dämpfung D.

$$\omega_0 = \sqrt{\frac{c}{J_L}} \tag{3.126}$$

$$D = \frac{\text{d}}{2c}\omega_0 \tag{3.127}$$

Das Übertragungsverhalten des offenen Lageregelkreises lässt sich dann beschreiben durch:

$$G_{\text{LRK,0}} = K_{\text{V}}\, G_{\text{DRK}}\, \frac{1}{s}\, G_{\text{Mech}}. \tag{3.128}$$

Unter der Annahme, dass die Bandbreite des Drehzahlregelkreises weit über der Eigenfrequenz der Mechanik liegt, kann der Drehzahlregelkreis als ideal angesehen werden. Seine Übertragungsfunktion ist dann:

$$G_{\text{DRK}} \approx 1$$

und fällt damit aus der Gl. 3.128 heraus. Die Übertragungsfunktion des geschlossenen Lageregelkreises lautet damit:

$$G_{\text{LRK}} = \frac{G_{\text{LRK,0}}}{1 + G_{\text{LRK,0}}} = \frac{\frac{K_{\text{V}}}{s}\, G_{\text{Mech}}}{1 + \frac{K_{\text{V}}}{s}\, G_{\text{Mech}}}. \tag{3.129}$$

Zusammen mit der Gl. 3.125 kann man Gl. 3.129 auch schreiben als:

$$G_{\text{LRK}} = \frac{K_{\text{V}}\,\left(\frac{\text{d}}{c}s + 1\right)}{\frac{J_L}{c}s^3 + \frac{\text{d}}{c}s^2 + \left(K_{\text{V}}\frac{\text{d}}{c} + 1\right)s + K_{\text{V}}}. \tag{3.130}$$

Es handelt sich dabei um eine Übertragungsfunktion vom Typ PDT_3.

Die Abb. 3.86 zeigt Einstellwerte für K_{V} bezogen auf die Kennkreisfrequenz ω_0 unter der Vorgabe, dass beim Positionieren der Achse kein Überschwingen auftreten darf [11].

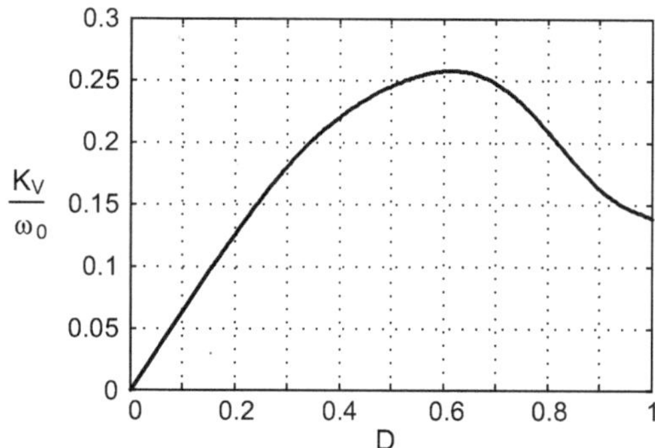

Abb. 3.86 Maximale bezogene Geschwindigkeitsverstärkung für überschwingfreies Positionieren

3.6.5.4 Schleppfehler und Geschwindigkeitsvorsteuerung

Bei einem P-Lageregler ist das Ausgangssignal proportional zur Differenz aus Lagesoll- und Lageistwert. Das Ausgangssignal ist zugleich Sollwert für den unterlagerten Drehzahlregelkreis. Es wird also nur dann ein Drehzahlsollwert ausgegeben, wenn der Lageregler eine Regelabweichung aufweist. Es gilt:

$$\omega^{\mathrm{soll}} = K_{\mathrm{V}} \left(\alpha^{\mathrm{soll}} - \alpha\right). \tag{3.131}$$

Die Regelabweichung e ist die Differenz zwischen dem Sollwert und dem Istwert:

$$e = \alpha^{\mathrm{soll}} - \alpha. \tag{3.132}$$

Mit Gl. 3.131 kann man auch schreiben

$$e = \frac{\omega^{\mathrm{soll}}}{K_{\mathrm{V}}}. \tag{3.133}$$

Beim Fahren mit konstanter Geschwindigkeit bzw. Drehzahl ($\omega^{\mathrm{soll}} = \text{konstant}$) ist diese Regelabweichung ebenfalls konstant. Sie wird auch als *Schleppfehler* oder *Schleppabstand* bezeichnet. Der Schleppfehler ist proportional zur Geschwindigkeit bzw. Drehzahl und umgekehrt proportional zur Verstärkung K_{V} des Lagereglers.

Anstatt den Drehzahlsollwert nur aus dem Ausgangssignal des Lagereglers zu bilden, kann man ihn zusätzlich aus dem Lagesollwert berechnen und hinter dem Lageregler additiv zuschalten, siehe Abb. 3.87. Bei der Fahrt mit konstanter Geschwindigkeit braucht der Lageregler nur noch Restfehler zu beseitigen, so dass der Lageistwert und der Lagesollwert weitergehend deckungsgleich verlaufen. Diese Maßnahme wird als Geschwindigkeitsvorsteuerung oder auch als schleppabstandsfreier Betrieb bezeichnet.

Der Sollwert für den Drehgeschwindigkeitsregelkreis mit Geschwindigkeitsvorsteuerung lautet dann:

$$\omega^{\mathrm{soll}} = K_{\mathrm{V}} \left(\alpha^{\mathrm{soll}} - \alpha\right) + \frac{\mathrm{d}\alpha^{\mathrm{soll}}}{\mathrm{d}t}. \tag{3.134}$$

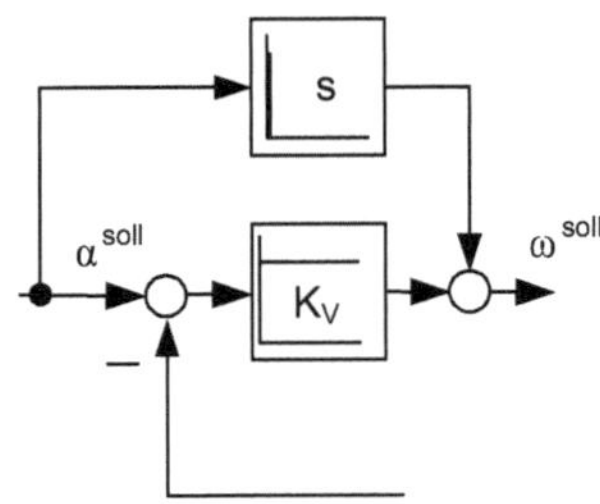

Abb. 3.87 Geschwindigkeitsvorsteuerung

Der Lageregler muss in dem Fall nur noch Restfehler ausregeln, die von Störgrößen, dynamischen Übergangsvorgängen (Beschleunigen und Verzögern) oder Modellfehlern herrühren.

3.7 Übungsaufgaben

Aufgabe 1

Eine Regelstrecke mit der Übertragungsfunktion $G_s(s)$ soll mit einem P-Regler geregelt werden. Es entsteht ein Standardregelkreis.

$$G_s(s) = \frac{2{,}3}{0{,}02 \cdot s^2 + s}$$

Der P-Regler habe einen Proportionalbeiwert von $K_p = 30$.

1. Wie lautet die Übertragungsfunktion $G_r(s)$ des P-Reglers?
2. Wie lautet die Übertragungsfunktion des offenen Standardregelkreises $G_0(s)$?
3. Berechnen Sie die Pole der Übertragungsfunktion des offenen Standardregelkreises $G_0(s)$.
4. Wie lautet die Übertragungsfunktion des geschlossenen Regelkreises $G(s)$?
5. Berechnen Sie die Pole der Übertragungsfunktion des geschlossenen Regelkreises $G(s)$.
6. Ist der geschlossene Regelkreis asymptotisch stabil?

Lösung:

1. $G_r(s) = K_P = 30$
2. Im offenen Standardregelkreis sind Regler und Strecke in Reihe geschaltet. Die Übertragungsfunktion des offenen Standardregelkreises $G_0(s)$ ist das Produkt der Übertragungsfunktionen von Regler und Strecke:

$$G_0(s) = G_r(s) \cdot G_s(s) = 30 \cdot \frac{2{,}3}{0{,}02 \cdot s^2 + s}$$

3. Die Pole der Übertragungsfunktion des offenen Standardregelkreises $G_0(s)$ sind die Nullstellen des Nenners von $G_0(s)$.

$$0{,}02 \cdot s^2 + s = (0{,}02 \cdot s + 1) \cdot s = 0$$

Daraus folgt:

$$s_1 = 0 \quad \text{und} \quad s_2 = -50$$

4. Die Übertragungsfunktion des geschlossenen Regelkreises $G(s)$ ergibt sich durch Rückführung der Regelgröße mit negativem Vorzeichen zu:

$$G(s) = \frac{G_0(s)}{1 + G_0(s)} = \frac{\frac{30 \cdot 2{,}3}{0{,}02 \cdot s^2 + s}}{1 + \frac{30 \cdot 2{,}3}{0{,}02 \cdot s^2 + s}} = \frac{\frac{30 \cdot 2{,}3}{0{,}02 \cdot s^2 + s}}{\frac{0{,}02 \cdot s^2 + s + 30 \cdot 2{,}3}{0{,}02 \cdot s^2 + s}} = \frac{69}{0{,}02 \cdot s^2 + s + 69}$$

5. Die Pole der Übertragungsfunktion des geschlossenen Regelkreises $G(s)$ sind die Nullstellen des Nenners von $G(s)$.

$$0{,}02 \cdot s^2 + s + 69 = 0$$

Daraus folgt:

$$s_{1,2} = \frac{-1 \pm \sqrt{1 - 4 \cdot 0{,}02 \cdot 69}}{2 \cdot 0{,}02} = -25 \pm 53{,}15 \cdot i$$

6. Der geschlossene Regelkreis ist asymptotisch stabil, wenn es sich um ein lineares Übertragungsglied handelt und alle Pole negative Realteile besitzen. Das ist hier der Fall. Die Antwort lautet: ja.

Aufgabe 2

Ein elektrischer Servoantrieb besteht aus einem Synchronmotor, Umrichter mit Antriebssteuerung und mechanischen Antriebskomponenten. Der Umrichter arbeitet mit feldorientierter Stromregelung und Drehzahlregelung. Der Synchronmotor verhält sich mit der feldorientierten Stromregelung nach außen hin in erster Näherung wie ein Gleichstrommotor.

Die Motordaten (Ersatzschaltbild) sind: $R_a = 0{,}74\ \Omega$, $T_a = 5{,}8\,\text{mH}$, $J_{Mot} = 43 \cdot 10^{-4}\,\text{kg}\,\text{m}^2$

Der Umrichter hat eine Totzeit von $T_t = 100\,\mu\text{s}$

1. Wie groß ist die elektrische Zeitkonstante T_e des Motors?
2. Wie lauten die Parameter des Stromreglers nach dem Betragsoptimum?

Die mechanischen Antriebskomponenten sollen als starr mit dem Motor verbunden betrachtet werden. Ihr reduziertes Trägheitsmoment betrage $J_{red} = 0{,}0044\,\text{kg}\,\text{m}^2$.

3. Wie lauten die Parameter des Drehzahlreglers nach dem Dämpfungsoptimum bei starrem Antrieb?

Der Antrieb soll mit einem P-Lageregler vervollständigt werden. Es gibt keine schwingungsfähigen mechanischen Elemente im Antriebsstrang und die Lageerfassung erfolgt an der Motorwelle (indirekte Lagemessung, Lageregelkreis Typ I).

4. Welcher Verstärkungsfaktor Kv des Lagereglers kann höchstens eingestellt werden?

Lösung:

1. Die elektrische Zeitkonstante T_e des Motors beträgt:

$$T_e = \frac{L_a}{R_a} = \frac{5{,}8 \cdot 10^{-3}\,\text{H}}{0{,}74\,\Omega} = 0{,}0078\,\text{s} = 7{,}8\,\text{ms}$$

2. Die Parameter des Stromreglers nach dem Betragsoptimum sind:

$$K_P = \frac{R_a T_e}{2T_t} = \frac{0{,}74\,\Omega \cdot 0{,}0078\,\text{s}}{2 \cdot 100 \cdot 10^{-6}\,\text{s}} = 28{,}86\,\frac{\text{V}}{\text{A}}$$
$$T_I = T_e = 0{,}0078\,\text{s}$$

3. Gesamtes zu berücksichtigendes Trägheitsmoment: $J = J_{Mot} + J_{red} = 0{,}0087\,\text{kg}\,\text{m}^2$.
Die Ersatzzeitkonstante des Stromregelkreises beträgt: $T_{SRK} = 2T_t = 200\,\mu\text{s}$.
Die Parameter des Drehzahlreglers nach dem Dämpfungsoptimum bei starrem Antrieb sind dann:

$$K_P = \frac{1}{2}\frac{J}{T_{SRK}} = \frac{0{,}0087\,\text{kg}\,\text{m}^2}{2 \cdot 200\,\mu\text{s}} = 21{,}75\,\frac{\text{Nm}}{\text{s}}$$
$$T_I = 2\frac{J}{K_P} = 2\frac{0{,}0087\,\text{kg}\,\text{m}^2}{21{,}75\,\frac{\text{Nm}}{\text{s}}} 0{,}8\,\text{ms}$$

4. Mit der Ersatzzeitkonstante des Drehzahlregelkreises und der Ersatzzeitkonstante des Stromregelkreises ergeben sich folgende Werte:

$$T_{SRK} = 2T_t = 200\,\mu\text{s}$$
$$T_{DRK} = 4T_{SRK} = 800\,\mu\text{s}$$
$$K_V = \frac{1}{2T_{DRK}} = \frac{1}{1600\,\mu\text{s}} = 625\frac{1}{\text{s}}$$

Zur Selbstkontrolle

1. Welcher Reglertyp wird meist als Stromregler bei elektrischen Antrieben eingesetzt und aus welchen elementaren Regelkreisgliedern besteht er?

2. Welche wichtige physikalische Größe kann aus dem Ankerstrom bzw. dem momentbildenden Strom berechnet werden?
3. Welche Optimierungsverfahren werden bei einem Stromregelkreis eingesetzt?
4. Welcher Reglertyp wird meist als Drehzahlregler bei elektrischen Antrieben eingesetzt?
5. Welches Optimierungsverfahren kann bei einem Drehzahlregelkreis mit einer konzentrierten trägen Masse eingesetzt werden?
6. Was muss bei einem Drehzahlregelkreis mit schwingungsfähiger Antriebsmechanik beachtet werden?
7. Welche drei Grundtypen von Lageregelkreisen lassen sich unterscheiden und was sind deren Kennzeichen?
8. Was ist ein Schleppfehler und wie kann er vermieden werden?

Literatur und Normen

1. DIN IEC 60050-351:2014-09 Internationales Elektrotechnisches Wörterbuch – Teil 351: Leittechnik
2. Werner, M.: Digitale Signalverarbeitung mit MATLAB, 5. Auflage, Springer Vieweg Verlag, Wiesbaden (2012)
3. Butz, T.: Fouriertransformation für Fußgänger. 7. aktualisierte Auflage, Vieweg + Teubner, Wiesbaden (2011)
4. http://www.mathworks.de/products/matlab/. Zugegriffen: 16.01.2017
5. http://www.gnu.org/software/octave/. Zugegriffen: 16.01.2017
6. http://www.scilab.org/. Zugegriffen: 16.01.2017
7. Unbehauen, H.: Regelungstechnik 1, 15. Auflage. Springer Vieweg Verlag, Wiesbaden (2008)
8. Lunze, J.: Regelungstechnik 1, 8. Auflage. Springer Verlag, Berlin Heidelberg (2010)
9. Ackermann, J.: Entwurf von Abtast-Regelungssystemen, 3. Auflage, Springer Verlag, Berlin Heidelberg (1988)
10. Schröder, D.: Elektrische Antriebe – Regelung von Antriebssystemen, 2. Auflage, Springer Verlag (2001)
11. Hagl, R.: Elektrische Antriebstechnik, Hanser Verlag (2013)

Steuerungstechnik

4

4.1 Einführung in die Steuerungstechnik

Steuerungen werden in der Fertigungs-, Montage- und Transporttechnik gewählt, wenn der aufgabengemäß zu beeinflussende Teil der Anlage stabil ist und nur erfassbare Störgrößen auftreten. Allgemeine Grundbegriffe zur Planung, für den Aufbau, die Prüfung und den Betrieb von technischen Steuerungen sind genormt.

4.1.1 Grundbegriffe der Steuerungstechnik

Tab. 4.1 enthält alle im Kap. 4 auftretenden Formelzeichen und Abkürzungen.

Tab. 4.1 Formelzeichen und Abkürzungen

a	Schaltstellung Ventil
a	Eingangssignal
b	Schaltstellung Ventil
b	Eingangssignal
b_i	Ziffer der i-ten Stelle (Zahlensystem)
c	Zielgröße einer Steuerkette
c	Eingangssignal
d	Eingangssignal
f	Funktion von
m	Anzahl der Kombinationen
n	Anzahl der Eingänge
p	Druck (N/m^2)
s	Analoges Sensorsignal/analoger Messwert
t	Zeit (s)

B. Heinrich et al., *Grundlagen Automatisierung*, https://doi.org/10.1007/978-3-658-27323-1_4

Tab. 4.1 (Fortsetzung)

x	Gesteuerte Größe einer Steuerkette
x_g	Begrenzte gesteuerte Größe einer Steuerkette
y	Stellgröße einer Steuerkette
y	Ausgangssignal
z	Störgröße einer Steuerkette
A	Antrieb
A	Arbeitsanschluss (Hydraulik)
A	Ausgang
A	Fläche (m^2)
AB	Ausgangsbyte
AS	Ablaufsprache (Programmiersprache)
ASCII	American Standard Code for Information Interchange (Amerikanischer Standardcode für den Informationsaustausch)
ASI	Aktor-Sensor-Interface (Bussystem)
A_V	Zustand Ausgang im vorherigen Zyklus
AWL	Anweisungsliste (Programmiersprache)
B	Umsetzer (z. B. Sensor)
B	Arbeitsanschluss (Hydraulik)
B	Basis (Zahlensystem)
BCD	Binary Coded Decimal (binär codierte Dezimalzahl)
C	Kapazität (Elektrik)
CALL	Bausteinaufruf
CD	Eingang abwärts zählen
CNC	Computerized Numerical Control (computergestützte numerische Steuerung)
CP	Kommunikationseinheit
CPU	Central Processing Unit (Zentrale Verarbeitungseinheit, auch Zentraleinheit)
CTD	Zählfunktion abwärts
CTU	Zählfunktion aufwärts
CTUD	Zählfunktion aufwärts und abwärts
CU	Eingang aufwärts zählen
CV	Aktueller Zählwert
D	Zeitverzögerte Aktion (Ablaufsprache)
DB	Datenbaustein
DEZ	Wert als Dezimalzahl (BCD-codiert)
DI	Digitaler Eingang
Dig_wert	Digitaler Maximalwert
Dig_Ana	Digitalisierter Analogwert
DNF	Disjunktive Normalform
DO	Digitaler Ausgang
DUAL	Wert dual codiert
DW	Doppelwort

Tab. 4.1 (Fortsetzung)

E	Eingang
EB	Eingangsbyte
ET	Aktueller Wert der Zeitfunktion
F	Schutzeinrichtung (Elektrik)
F	Kraft (N)
F	Häufigkeit (Risikobeurteilung)
FB	Programmbaustein Funktionsbaustein, auch Funktionsblock
FBS	Funktionsbausteinsprache (Programmiersprache)
FC	Programmbaustein Funktion
FM	Flankenmerker
FUN	Funktion
FUP	Funktionsplan (Programmiersprache)
H	Zeitangabe Stunde
HMI	Human Machine Interface (Mensch-Maschine-Schnittstelle)
I	Ganze Zahl (integer)
IM	Impulsmerker
IN	Starteingang Zeitfunktion
IN	Deklaration der Eingangsvariablen
INT	Integer (ganze Zahl)
IN_OUT	Deklaration der Durchgangsvariablen
JMP	Sprung
K	Schütz, Relais
K	Klasse (Risikobeurteilung)
KA	Kombination der Ausgangszustände
KNF	Konjunktive Normalform
KOP	Kontaktplan (Programmiersprache)
KVS	Karnaugh-Veitch-Diagramm
L	Anschluss (Elektrik)
L	Entlüftung (Hydraulik)
L	Zeitbegrenzte Aktion (Ablaufsprache)
L	Laden
Load	Setzen Zähler auf Startwert
LSB	Least Siginificant Bit (niedrigstwertiges Bit)
M	Elektromagnet, Motor
M_V	Zustand Motor im vorherigen Zyklus
M	Steueranschluss (Hydraulik, Pneumatik)
M	Merker
M	Zeitangabe Minute
MAX	Maximalwert
Mess_ber	Messbereich
MB	Merkerbyte
MIN	Minimalwert

Tab. 4.1 (Fortsetzung)

MS	Zeitangabe Millisekunde
MSB	Most Siginificant Bit (höchstwertiges Bit)
MW	Merkerwort
N	Nicht gespeichert (Ablaufsprache)
N	Fallende Flanke
NAND	Negierte Konjunktion
NOR	Negierte Disjunktion
norm_Wert	Normierter (ursprünglicher) Messwert
Nr.	Nummer
O	ODER-Verknüpfung (AWL)
OB	Organisationsbaustein
OUT	Deklaration der Ausgangsvariablen
Ö	Öffner
P	Pumpe, Kompressor
P	Meldeeinrichtung (Elektrik)
P	Impuls (Ablaufsprache)
P	Positive Flanke
P	Möglichkeit der Vermeidung (Risikobeurteilung)
PAB	Peripherieausgangsbyte
PAD	Peripherieausgangsdoppelwort
PAW	Peripherieausgangswort
PAP	Programmablaufplan
PC	Personalcomputer
PEB	Peripherieeingangsbyte
PED	Peripherieeingangsdoppelwort
PEW	Peripherieeingangswort
PFH	Probability of dangerous failure per hour (Wahrscheinlichkeit eines gefahrbringenden Ausfalls pro Stunde)
PG	Programmiergerät
PLC	Programmable Logic Control (SPS)
PROG	Programm
PT	Eingang Vorgabe der Zeitdauer an Zeitfunktion
PV	Grenzwert Zähler
Q	Binärer Zustand
QD	Boolscher Zustand Zähler Null erreicht
QU	Boolscher Zustand Zähler Grenzwert erreicht
R	Rücksetzeingang
R	Widerstand
ReSet	Zähler rücksetzen
RS	Rücksetzen – Setzen (vorrangiges Setzen)
S	Setzeingang
S	Starteingang Zeitfunktion

Tab. 4.1 (Fortsetzung)

S	Signalgeber (Schalter/Taster)
S	Schließer
S	Zeitangabe Sekunde
S	Schadensausmaß (Risikobeurteilung)
SA	Zeitfunktion Ausschaltverzögerung (S_AVERZ)
SCL	Strukturierter Text (Programmiersprache)
SE	Zeitfunktion Einschaltverzögerung (S_EVERZ)
SFB	Systemfunktionsbaustein
SFC	Systemfunktion
SI	Zeitfunktion Impuls (S_IMPULS)
SPS	Speicherprogrammierbare Steuerung
SR	Setzen – Rücksetzen (vorrangiges Rücksetzen)
SS	Zeitfunktion Speichernde Einschaltverzögerung (S_SEVERZ)
ST	Strukturierter Text (Programmiersprache)
STAT	Deklaration der internen Zustandsvariablen (statischen Variablen)
STEP 7	Programmiersoftware
SV	Zeitfunktion verlängerter Impuls (S_VIMP)
T	Abfluss (Hydraulik)
T	Zeitoperand
T	Transferieren (AWL)
TEMP	Deklaration der temporären Variablen
TIA	Totally Integrated Automation (vollständig integrierte Automatisierung)
TOF	Zeitfunktion Ausschaltverzögerung
TON	Zeitfunktion Einschaltverzögerung
TP	Zeitfunktion Impulserzeugung
TW	Vorgabe Zeitwert Zeitfunktion
U	UND-Verknüpfung (AWL)
V	Ventil
VKE	Verknüpfungsergebnis
VPS	Verbindungsprogrammierte Steuerung
VZ	Vorzeichen
W	Wort
W	Eintrittswahrscheinlichkeit (Risikobeurteilung)
WLAN	Wireless Local Area Network (drahtloses lokales Netzwerk)
XNOR	Exklusive negierte Disjunktion
XOR	Exklusives ODER
Z	Bauteil in fluidischer Schaltung (wenn nicht durch definierte Symbolik anderweitig vorgegeben, z. B. V ... Ventil)
Z	Zähloperand (Zähler)
Z	Zahl
ZR	Eingang abwärts zählen

Tab. 4.1 (Fortsetzung)

ZV	Eingang aufwärts zählen
Z_RUECK	Zählfunktion abwärts
Z_VORW	Zählfunktion aufwärts
ZW	Vorgabe des Zählerwerts
&	Logisches UND (Konjunktion)
≥ 1	Logisches ODER (Disjunktion)
$\overline{\text{Symbol}}$	Negation
$\vee$	Logisches ODER
$\wedge$	Logisches UND
0Z	Aufbereitungseinheit

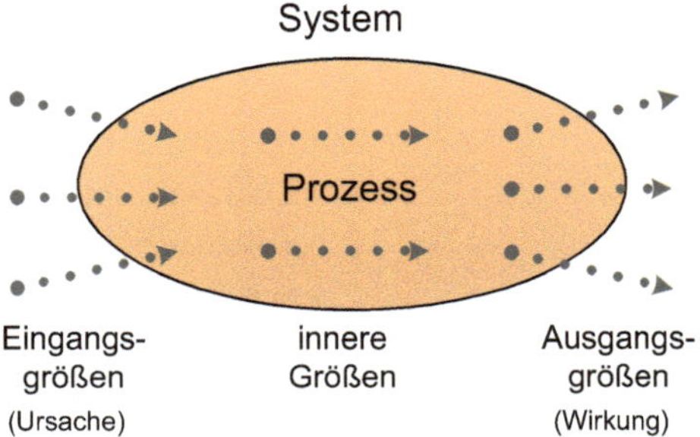

Abb. 4.1 Definition Steuern

Wie bereits in Kap. 1 dargelegt, ist die Steuerungstechnik neben der Regelungstechnik das Hauptgebiet der Automatisierungstechnik. Als Steuern wird der Vorgang in einem System verstanden, bei dem eine oder mehrere Größen als Eingangsgrößen andere Größen als Ausgangsgrößen auf Grund der dem System eigentümlichen Gesetzmäßigkeiten beeinflussen (siehe Abb. 4.1). Entsprechend der Begriffsdefinition in der DIN IEC 60050-351 [6] wird von einem offenen Wirkungsablauf gesprochen. Wie bereits erwähnt, kann es aber auch in gesteuerten Anlagen zu Rückkopplungen aus dem Prozess kommen. Diese führen in der Regel zu einem weiteren Prozessschritt und werden im Gegensatz zu einem geregelten Prozess nicht fortlaufend verglichen bzw. wirken nicht wieder auf sich selbst zurück.

Ausgehend von der Automatisierungspyramide können zu steuernde Prozesse in allen Ebenen von der Unternehmensleitebene bis hin zur Feldebene stattfinden. Die Ausführungen in diesem Buch konzentrieren sich auf die Feldebene und in geringem Umfang auf die Prozessleitebene. Das System, welches gesteuert wird, sind in unserem Fall Maschinen und Anlagen zur Realisierung der Fertigungsprozesse.

Die Einteilung der Steuerungen kann nach unterschiedlichen Kriterien erfolgen. Diese sind in Abb. 4.2 zusammengefasst. Die Hauptklassifizierungskriterien sind:

- Steuerungsarten,
- Steuerungsmittel,

Klassifizierungskriterien der Steuerungstechnik

Steuerungsarten	Steuerungsmittel	Steuerungsebene	Steuerungsfunktionen
• Führungssteuerung • Ablaufsteuerung • Verknüpfungssteuerung	• mechanisch • hydraulisch • pneumatisch • elektrisch	• Unternehmensleitebene • Betriebsleitebene • Produktionsleitebene • Prozessleitebene • Feldebene	Informationen • aufnehmen • verarbeiten • weiterleiten • ausgeben

Abb. 4.2 Einteilung der Steuerungen

- Steuerungsebenen und
- Steuerungsfunktionen.

Dabei muss die Steuerung Informationen aufnehmen, verarbeiten, gegebenenfalls weiterleiten und ausgeben, um die Aufgaben des Planens, Leitens, Stellens und Überwachens umsetzen zu können. Die Vielschichtigkeit der Aufgaben und Realisierungsmöglichkeiten bedingen sehr unterschiedliche Darstellungsformen und Methoden zur Lösung von Steuerungsaufgaben.

Der offene Wirkungsablauf kann entsprechend Abb. 4.3 erläutert werden.

Anhand einer vorgegebenen Zielgröße c erzeugt die Steuereinrichtung entsprechend den zuvor eingegebenen Steueranweisungen („die dem System eigentümlichen Gesetzmäßigkeiten") eine Stellgröße y. Diese wirkt auf die Steuerstrecke so ein, dass die gesteuerte Größe x den Prozess entsprechend den Erfordernissen beeinflusst. Bei diesem Wirkungsablauf kann die Steuerung keinen Einfluss auf die Störgröße(n) z nehmen. Ist es jedoch möglich, die Störgrößen zu erfassen und der Steuereinrichtung zur Auswertung bereit zu stellen, kann auch eine Steuerung auf diese Störungen reagieren (siehe Abb. 4.4). Nicht erfasste Störungen können nach wie vor den Prozess verändern, da im Gegensatz zu einer Regelung nicht dauerhaft das Erreichen der gesteuerten Größe beobachtet wird. Der gesamte Wirkungsablauf wird auch Steuerkette genannt.

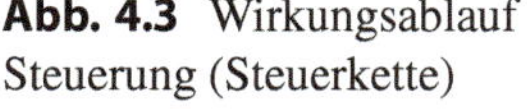

Abb. 4.3 Wirkungsablauf Steuerung (Steuerkette)

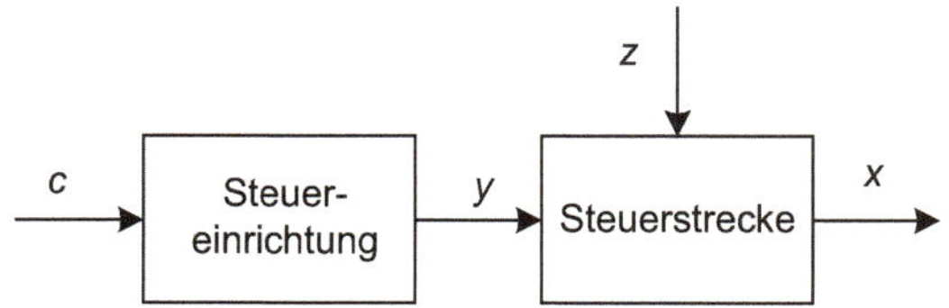

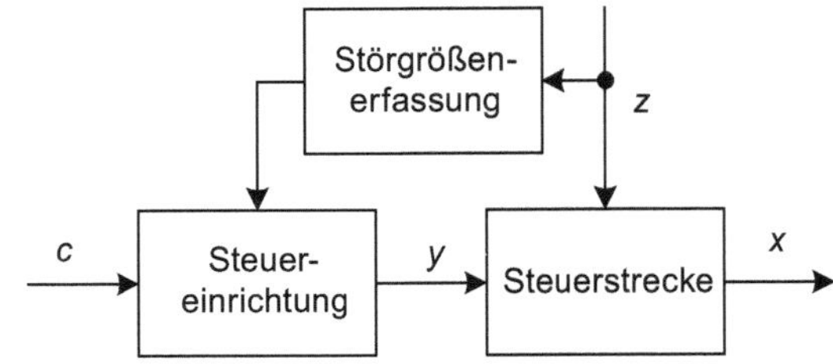

Abb. 4.4 Wirkungsablauf Steuerung mit Störgrößenerfassung

Der Wirkungsablauf gibt vor allem das Verhalten einer Führungssteuerung wider. Beispiel hierfür kann die Steuerung der Temperatur in einem Raum sein. Die Zielgröße wäre ein gewünschter Temperaturverlauf, der der Steuereinrichtung mitgeteilt wird. Diese wiederum bewirkt eine Stellung der Heizungsventile, wodurch am Ende der Steuerstrecke eine bestimmte Temperatur erzielt wird (*die Autoren gehen davon aus, dass stets ein Heizen erforderlich ist und kein Kühlen*). Die Steuerung erzeugt einen direkten Zusammenhang zwischen gewünschter Temperatur und Ventilstellung. Nicht berücksichtigt werden hierbei z. B. das parallele Aufheizen durch anwesende Personen oder die Wirkung herrschender Außentemperaturen. Würde die momentane Außentemperatur als Störgröße erfasst und der Steuereinrichtung zur Verarbeitung zur Verfügung gestellt, ergebe sich der Zusammenhang zwischen gewünschter Temperatur und Ventilstellung in Abhängigkeit von dieser. Im Gegensatz dazu erfolgt bei einer Regelung des Temperaturverlaufs fortlaufend ein Vergleich zwischen gewünschter und existierender Raumtemperatur und bei Abweichung ein Nachregeln am Heizungsventil.

Liegt eine Verknüpfungssteuerung vor, so werden die Eingangsgrößen mittels Schaltfunktionen der Booleschen Algebra in der Steuerungseinrichtung verarbeitet und den Ausgangsgrößen bestimmte Zustände zugeordnet. Bei dieser Steuerungsart kann die Zielgröße durch ein oder mehrere binäre Informationen (z. B. Betätigen eines Schalters, Schaltzustand eines Sensors) vorgegeben werden. Auch Steuerungen mit Speicher- und Zeitfunktionen ohne zwangsläufig schrittweisen Ablauf werden Verknüpfungssteuerungen genannt.

Ablaufsteuerungen sind Steuerungen mit zwangsläufig schrittweisem Ablauf. Das Weiterschalten von einem Schritt zum programmgemäß folgenden Schritt erfolgt in Abhängigkeit von Weiterschaltbedingungen/Transitionen. Die Transitionsbedingungen sind die Voraussetzung für den programmgemäß folgenden Schritt. In diesem Fall wird die Ablaufkette durch die Zielgröße gestartet und durch weitere Zielgrößen weitergeschaltet. Von außen vorgegebene Größen können weiterhin die Wahl der Betriebsart oder das Reagieren von Sicherheitseinrichtungen sein. Die Schrittfolge kann jedoch auch mit Sprüngen, Schleifen und Verzweigungen programmiert werden. Den Wirkungsablauf zeigt Abb. 4.5.

Da Automatisierungsaufgaben, die entsprechend der Führungssteuerung einen wechselnden Verlauf der Eingangsgröße auswerten, häufig durch Regelungen realisiert werden, wird im Weiteren nur näher auf Verknüpfungs- und Ablaufsteuerungen eingegangen.

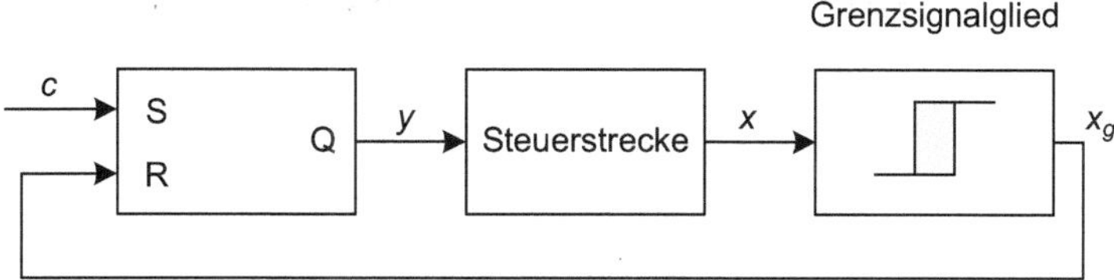

Abb. 4.5 Wirkungsablauf Steuerung mit Rücksetzkreis

▶ **Die Zielgröße *c*** ist die Eingangsgröße der Steuerung, die der Steuerkette von außen zugeführt wird und der die gesteuerte Größe x in vorgegebener Abhängigkeit folgen soll.

▶ **Die Stellgröße *y*** ist die Ausgangsgröße der Steuereinrichtung und zugleich Eingangsgröße der Strecke. Sie überträgt die steuernde Wirkung der Einrichtung auf die Strecke. Der Wertebereich, innerhalb dessen die Stellgröße einstellbar ist, heißt Stellbereich.

▶ **Störgrößen *z*** sind unerwünschte Eingangsgrößen in das Steuerungssystem, die unabhängig und meist unvorhersehbar sind.

▶ **Die Steuereinrichtung** ist derjenige Teil des Wirkungsweges, der die aufgabengemäße Beeinflussung der Strecke über das Stellglied bewirkt, d. h. die Steuereinrichtung beinhaltet, die dem System eigentümliche Gesetzmäßigkeit. Diese Gesetzmäßigkeit kann z. B. durch ein Steuerprogramm oder eine entsprechende Schaltung erzeugt werden. Erfüllen die Eingangsgrößen jene von der Schaltung oder dem Steuerprogramm abgefragten Bedingungen, so gibt die Steuereinrichtung als Ausgangsgröße die Stellgröße y an das Stellglied.

▶ **Das Stellglied** überträgt die steuernde Wirkung auf die Strecke. Das Stellglied ist eine am Eingang der Steuerstrecke angeordnete Funktionseinheit, die in den Energiefluss eingreift.

▶ **Die Steuerstrecke** ist der Teil des Systems, der aufgabengemäß zu beeinflussen ist. Die zu beeinflussende Größe (gesteuerte Größe x im Wirkungsplan) der Steuerstrecke soll der Zielgröße c folgen.

4.1.2 Steuerungsmittel

Wird von der Steuerungstechnik gesprochen, so hat man in der Regel die elektronische programmgestützte Steuerung vor Augen. Diese verdrängt immer mehr die anderen Steuerungsmittel. Es gibt aber auch noch Bereiche, wo die Robustheit, Sicherheit und Reaktionsgeschwindigkeit den Einsatz der anderen Steuerungsmittel bedingen. Daher wird im Folgenden ein Überblick zu allen Steuerungsmitteln gegeben.

Bei der Projektierung von Steuerungsaufgaben lässt sich nicht immer von vornherein sagen, ob ein mechanisches, pneumatisches, hydraulisches oder elektronisches System am besten zur Lösung des Steuerungsproblems geeignet ist. In dem Bestreben, den Bauaufwand, die Betriebssicherheit und die technische Vollkommenheit für die jeweilige Aufgabe zu optimieren, müssen häufig zwei oder mehr Steuerungs- und Antriebsmedien miteinander verknüpft werden. Neben den technischen sind häufig auch ökonomische und ökologische Gesichtspunkte zu beachten.

Mechanische Steuerungen Mechanische Steuerungen werden dort eingesetzt, wo stets die gleiche Steuerungsaufgabe anliegt, gekoppelt mit einer hohen Reaktionsgeschwindigkeit und Robustheit. Die Mittel zur Realisierung sind z. B. Nocken, Kurvenscheiben, Hebel – Bauelemente, die mechanisch Informationen weiterleiten und umwandeln. Beispiele für Bauteile in mechanischen Steuerungen zeigt Abb. 4.6. Zu Beginn der Industrialisierung wurden vorrangig diese Steuerungen genutzt. Über eine Masterwelle erfolgte die Weiterleitung an die unterschiedlichen Funktionseinheiten, deren Zusammenspiel an der Wirkstelle über mechanische Getriebeelemente aufeinander abgestimmt werden musste. Heute findet man diese Art der Steuerung häufig, wo schnelle Hin- und Rückbewegungen, wie z. B. bei Verbrennungsmotoren (Kurbelwelle zur Kolbensteuerung, Nockenwelle zur Ventilsteuerung) realisiert werden müssen. In der Steuerstrecke sorgen die Getriebeelemente durch z. B. Drehzahl-, Momenten- oder Lastanpassung dafür, die Stellgröße an die

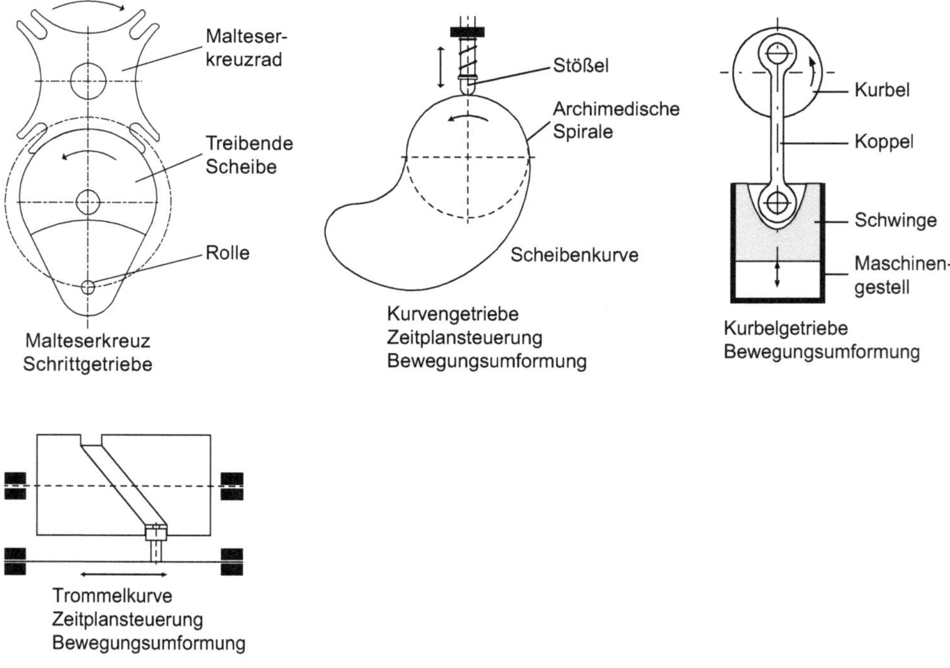

Abb. 4.6 Bauteile mechanischer Steuerungen

erforderliche Prozessgröße anzupassen – kein Auto mit Verbrennungsmotor kommt ohne Getriebe aus. In manchen Bereichen, z. B. der Uhrenindustrie erleben die mechanischen Steuerungen eine Renaissance und es werden hohe Preise für in Manufakturen gefertigte mechanische Uhren bezahlt. In der Fertigungstechnik ist das zurzeit nicht vorstellbar, da stets die optimale Lösung bei geringen Kosten gefordert wird. Die Vorteile beim Einsatz mechanischer Steuerungen sind:

- hohe Produktivität,
- große Betriebssicherheit,
- geringe Kosten für Anschaffung, Betrieb und Wartung sowie
- hohe Reaktionsgeschwindigkeit, da eine analoge Informationsverarbeitung vorliegt.

Pneumatische Steuerungen Der Einsatz der **Pneumatik** liegt insbesondere in Bereichen mit Explosionsgefahr und hohen hygienischen Ansprüchen. Pneumatische Arbeitselemente eignen sich besonders als Linearantriebe für Spann- und Vorschubbewegungen sowie zur Realisierung hoher Drehzahlen bei sehr geringen Leistungen.

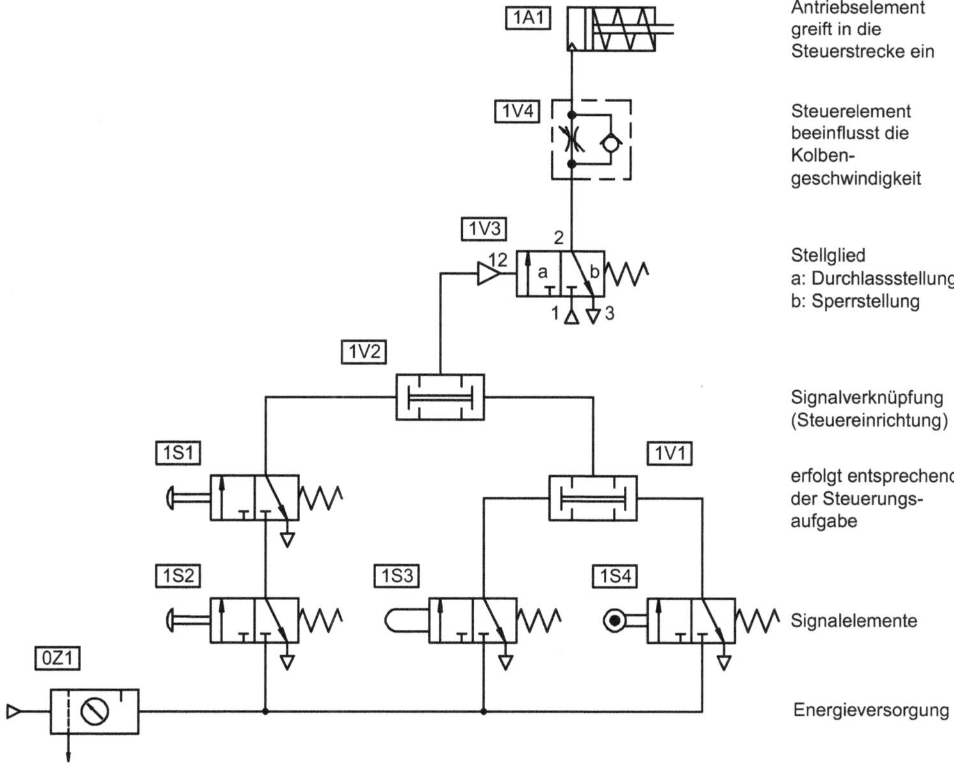

Abb. 4.7 Beispiel pneumatische Steuerkette für Vorschubantrieb

Abb. 4.7 zeigt die pneumatische Steuerkette zur Realisierung einer Vorschubbewegung. Über die Aufbereitungseinheit (OZ1), die in der Regel Filter, Öler und Druckregelventil vereint, wird die Steuerkette mit Druckluft versorgt. Wird sowohl das durch Taster (1S3) betätigte 3/2-Wegeventil als auch das durch Tastrolle (1S4) betätigte 3/2-Wegeventil auf Durchlass geschaltet, so erfolgt auch eine Durchlassstellung am Zweidruckventil (1V1). Das Zweidruckventil wirkt wie ein logisches UND, das bei einem „1"-Signal an beiden Eingängen am Ausgang auch eine logische „1" ergibt. Werden gleichfalls die beiden (1S1 und 1S2) durch Knopf betätigten 3/2-Wegeventile auf Durchlass geschaltet, bewirkt dieser zusammen mit dem Durchfluss an dem Zweidruckventil (1V1) ein Durchschalten des Zweidruckventils (1V2). Das verursacht durch Druckbeaufschlagung des 3/2-Wegeventils (1V3) ein Freischalten der Druckluft für den Hubzylinder mit Rückholfeder (1A1). Über das Drosselrückschlagventil (1V4) kann die Kolbengeschwindigkeit eingestellt werden. Abb. 4.8 zeigt den Wirkablauf dieser pneumatischen Steuerkette.

Einsatzgebiete der Pneumatik sind vornehmlich:

- Linearantriebe zum Zuführen, Verschieben, Spannen und Auswerfen,
- rotierende Antriebe zum Schrauben, Bohren und Schleifen,
- schlagende Antriebe zum Meißeln, Schneiden, Nieten und Pressen,
- Düsen zum Auswerfen von Werkstücken und Reinigen von Spänen und
- die Vakuumtechnik.

Ist die Steuerungsaufgabe nicht so umfangreich, d. h. müssen wenig Informationen ausgewertet werden, so wird häufig beim Einsatz von pneumatischen Antriebselementen auch die Steuerung pneumatisch realisiert.

Hydraulische Steuerungen Im Gegensatz zum Medium Luft ist Öl nahezu inkompressibel. Hohe Leistungsdichte, Positioniergenauigkeit und gute Steuerbarkeit sichern der Hydraulik daher einen breiten Anwendungsbereich im Maschinen- und Fahrzeugbau sowie in der Produktionstechnik.

Einsatzgebiete der Hydraulik sind vornehmlich:

- Werkzeugmaschinen, Hütten- und Walzwerkindustrie,
- Straßenfahrzeuge, Bau- und Landmaschinen,
- Kunststoffverarbeitung,
- Schiffsbau und
- Flugzeughydraulik.

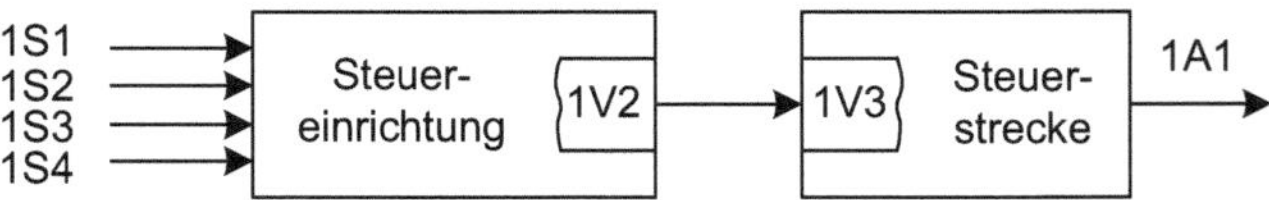

Abb. 4.8 Wirkablauf pneumatische Steuerkette

Tab. 4.2 Bauelemente der fluidischen Steuerung

Energiefluss	Bauelemente	Pneumatische Steuerkette (Abb. 4.7)
Primäre Energiewandlung: Wandlung mechanischer in pneumatische oder hydraulische Energie	Elektromotoren und Pumpen oder Verdichter	Nicht abgebildet
Energiebevorratung:	Tank, Hydraulikspeicher, Druckluftspeicher, Manometer	Nicht abgebildet
Energietransport:	Leitungen, Leitungsverbindungen, Sperrventile, Filter, Trockner, Kühler	Aufbereitungseinheit OZ1, Verbindungsleitungen
Energiesteuerung: Erfolgt durch direkte oder indirekte Betätigung von Ventilen, die die Wirkrichtung, die Durchflussmenge und den Druck beeinflussen	Wege-, Druck-, Strom- und Sperrventile	Durch (1S1–1S4) betätigte 3/2-Wegeventile, Zweidruckventil (1V1, 1V2), 3/2-Wegeventil (1V3), Drosselrückschlagventil (1V4)
Sekundäre Energiewandlung: Wandlung der pneumatischen oder hydraulischen Energie in mechanische Arbeit	Zylinder, Hydro- oder Druckluftmotor, Schwenkmotor	Hubzylinder mit Rückholfeder (1A1)

In der Darstellung als Schaltplan werden mit kleinen Ausnahmen die gleichen Zeichen wie in der Pneumatik verwendet, wodurch die pneumatischen und hydraulischen Steuerungen auch oft zur fluidischen zusammengefasst werden. Aufgrund ihrer Wirkungsweise sind sie als verbindungsprogrammierte Steuerung einzuordnen. Die Bauelemente zur Umsetzung der fluidischen Steuerungen sind in Tab. 4.2 aufgeführt.

Die einfache Bewegungs- und Richtungsumkehr pneumatischer und hydraulischer Arbeitselemente sowie ihre Überlastsicherheit machen ihren Einsatz vielfach unverzichtbar.

Elektrische Steuerungen Die elektrischen Steuerungen lassen sich entsprechend Abb. 4.9 in zwei Hauptbereiche einteilen, die verbindungsprogrammierten (VPS) und die speicherprogrammierbaren Steuerungen (SPS).

Diese Einteilung kann auch für die Umsetzung mit anderen Steuerungsmitteln verwendet werden. Eine pneumatische Steuerung ist durch die Verbindung der Bauelemente genauso verbindungsprogrammiert, wie die Form der Kurvenscheibe in mechanischen Steuerungen als Programmspeicher betrachtet werden kann. Eine gesonderte Einteilung nach diesen Gesichtspunkten ist für die elektrischen sehr sinnvoll, da beide Arten zum einen vertreten sind und zum anderen häufig eingesetzt werden. Aus den Fertigungsprozessen sind Speicherprogrammierbare Steuerungen, in der Regel eingesetzt als freiprogrammierbare Steuerungen, nicht mehr wegzudenken. Die Hard- und Software der Spei-

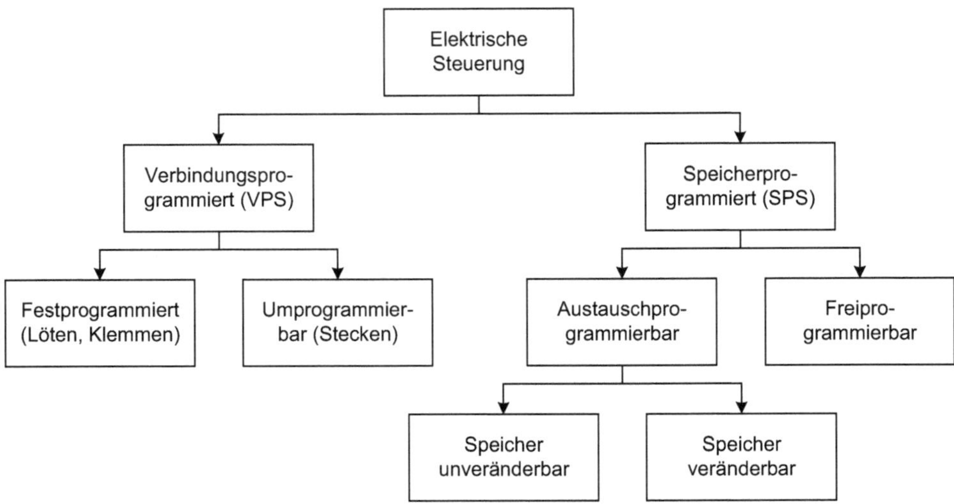

Abb. 4.9 Einteilung elektrische Steuerungen

cherprogrammierbaren Steuerungen (SPS) ist heute weitgehend standardisiert. Anwenderprogramme sind leicht veränderbar und können jederzeit neuen Bedingungen angepasst werden. Je nach Funktionsumfang ermöglichen sie zusätzliche Automatisierungsaufgaben wie Bedienen, Beobachten, Melden und Protokollieren. Geeignete Bussysteme erlauben die Kommunikation zwischen den unterschiedlichen Steuerungsebenen. Verbindungsprogrammierte Steuerungen sind relativ starr und nur mit größerem Aufwand veränderten Bedingungen anzupassen. Sie werden für singuläre Lösungen und bei geringem Automatisierungsgrad angewendet. Verbindungsprogrammierte Steuerungen dienen insbesondere zur Umsetzung von Sicherheitsschaltungen oder in Kombination mit fluidischen Schaltungen, weshalb später auf diese Steuerungen noch genauer eingegangen wird.

Die in die elektrischen Steuerungen integrierten elektrischen und elektronischen Bauelemente zeichnen sich hinsichtlich leichter Energieversorgung, hoher Lebensdauer und Wartungsfreundlichkeit aus.

Ein weiteres Unterscheidungsmerkmal der elektrischen Steuerungen ist die Signalart. Nach DIN IEC 60050-351 [6] ist ein Signal eine physikalische Größe, bei der ein oder mehrere Parameter Information über eine oder mehrere variable Größen tragen. Die Darstellung erfolgt über den Wert (digital) oder den Werteverlauf (analog) einer physikalischen Größe. Häufig wird diese in den elektrischen Steuerungen durch einen Spannungspegel dargestellt.

Unterschieden wird nach:

- Analogem Signal, bei dem jeder Informationsparameter die zugehörige Größe direkt darstellt. Im Idealfall entsteht ein stetes Abbild der zu verarbeitenden Größe. Die meisten physikalischen Größen ändern sich stetig und werden deshalb analog dargestellt.

- Digitalem Signal, bei dem jeder Informationsparameter die zugehörige Größe in kodierter Form als Symbol eines Zeichensatzes darstellt. Der Wertebereich eines solchen Signals ist ein Vielfaches der kleinsten Einheit des Informationsparameters.
- Binärem Signal bzw. wertdiskretem Signal, bei dem jeder Informationsparameter einen von zwei Werten annehmen kann. Häufig wird dieses Signal auch als Sonderform des digitalen betrachtet.

Für eine Vielzahl der Steuerungsfunktionen ist die binäre Signalverarbeitung ausreichend. Solche zweiwertigen Signale werden z. B. von einem Schalter (Ein/Aus) oder von einem Relais (Kontakt geschlossen/geöffnet) abgegeben. Im Kapitel Speicherprogrammierbare Steuerungen wird daher besonders auf die Funktionen zur Verarbeitung dieser Signalart eingegangen.

Die zeitliche Verarbeitung der Signale ist ein weiteres Kriterium zur Unterscheidung der elektrischen Steuerungen. Unterschieden wird in:

- Synchrone Steuerungen, d. h. mit Taktsignal arbeitende Steuerungen, bei denen Änderungen der Ausgangsgrößen durch Änderungen der Eingangsgrößen ausgelöst werden, aber nur, wenn das Taktsignal diese Änderungen erlaubt.
- Asynchrone Steuerungen, d. h. ohne Taktsignal arbeitende Steuerungen, bei denen Änderungen der Ausgangsgrößen nur durch Änderungen der Eingangsgrößen ausgelöst werden.

Zur Selbstkontrolle

1. Was ist der Unterschied zwischen einer Regelung und einer Steuerung mit Störgrößenerfassung?
2. Welche Arten von Steuerungsmitteln gibt es?
3. Existieren nur elektrische verbindungsprogrammierte Steuerungen?

4.1.3 Darstellungsmittel für Steuerungen

Für die Planung und den Entwurf von Steuerungsabläufen steht eine Vielzahl von Darstellungsmöglichkeiten zur Verfügung. Je nach Steuerungsart, -mittel und -ebene erfolgt ihr Einsatz. Genutzt werden:

- Beschreibungen,
- Schaltpläne (z. B. elektrischer Stromlaufplan, fluidischer Schaltplan),
- Ablaufpläne (z. B. Struktogramm, Programmablaufplan),
- Graphen und Netze (z. B. Zustandsgraph),
- Diagramme (z. B. Funktionsdiagramm),
- Fachsprachen (z. B. Anweisungsliste, Funktionsbausteinsprache) und
- Tabellen (z. B. Zuordnungstabelle).

Für eine eindeutige Beschreibung des Steuerungsablaufes ist in der Regel eine Kombination der Darstellungsmittel notwendig.

Die Beschreibung ist die sprachliche Fassung eines Sachverhalts.

Ein Schaltplan ist die zeichnerische Darstellung von Betriebsmitteln durch Schaltzeichen. Er zeigt die Art, in der verschiedene Betriebsmittel zueinander in Beziehung stehen und miteinander verbunden sind. Schaltpläne können ergänzt werden durch andere Schaltungsunterlagen.

Ablaufpläne sind universelle Beschreibungsvorschriften für Anwenderprogramme. Sie machen die logischen Strukturen eines Algorithmus grafisch anschaulich. Häufig werden sie als eine Vorstufe vor der eigentlichen computergestützten Programmumsetzung genutzt und sind eine notwendige Voraussetzung der Programmdokumentation zur Entwicklung und Wartung eines Programms. Man verwendet dafür genormte Sinnbilder nach DIN 66001 (Programmablaufplan, [10]) oder auch DIN 66261 (Struktogramme, [12]).

Graphen und Netze beschreiben die Objekte und deren Beziehungen innerhalb eines Systems. Der Detaillierungsgrad kann sehr unterschiedlich gewählt werden und muss nicht für jeden Bereich des Systems auf der gleichen Stufe erfolgen.

Fachsprachen sind die Darstellungsform, die in der Regel auch zur Umsetzung der Steuerungsaufgabe in der Steuereinrichtung genutzt werden kann. In den folgenden Kapiteln dienen diese vorrangig zur Beschreibung der grundlegenden Funktionen. Die Anweisungsliste (AWL), die Funktionsbausteinsprache (FBS), auch Funktionsplan (FUP) genannt, und der strukturierte Text (SCL, ST) sind die am häufigsten eingesetzten.

Ein Diagramm ist die grafische Darstellung von Beziehungen zwischen:

- verschiedenen Vorgängen,
- Vorgängen und ihrer Zeitabhängigkeit,
- Vorgängen und physikalischen Größen und
- Zuständen mehrerer Betriebsmittel.

Diagramme sollen Wesentliches herausstellen und dadurch Vorgänge leicht fasslich und einprägsam darstellen.

Eine Tabelle ist eine systematisch angeordnete Übersicht, die ohne erläuternden Text verständlich sein soll.

Einige Darstellungsmöglichkeiten werden am Beispiel einer Toransteuerung, so weit wie möglich, veranschaulicht.

Beschreibung Die Beschreibung der umzusetzenden Steuerungsaufgabe für die Toransteuerung lautet:

Das Tor kann im Tippbetrieb oder im Automatikbetrieb (1S4) über die Tasten Schließen (1S1) und Öffnen (1S2) bewegt werden. Die Ansteuerung der Bewegung erfolgt über die Ausgänge (1M1 und 1M2) zur Betätigung der Ventile (1V1 und 1V2). Die Endlagen werden durch Initiatoren (1B1 und 1B2) überwacht. Wenn das Tor eine Schließbewegung ausführt, schaltet ein am Tor befestigter optischer Näherungsschalter (1B3) bei Erkennen

Tab. 4.3 Zuordnungstabelle

Funktion	Symbol	Zuordnung der Schaltfunktion	SPS-Adresse
Induktiver Sensor „Tor geschlossen“	1B1	Schließer	E136.1
Induktiver Sensor „Tor offen“	1B2	Schließer	E136.2
Optischer Näherungsschalter	1B3	Schließer	E136.3
Tippen/Automatik	1S4	Automatik = 1/Tippen = 0	E136.4
Taster Schließen	1S1	Schließer	E136.5
Taster Öffnen	1S2	Schließer	E136.6
Taster Stopp	1S3	Öffner	E136.7
Antrieb Schließen	1M1	1M1 = 1	A136.1
Antrieb Öffnen	1M2	1M2 = 1	A136.2

eines Hindernisses. Mit diesem Signal soll sofort die Schließbewegung gestoppt werden. Mit der Stopp-Taste (1S3) kann die Automatikbewegung zu jeder Zeit gestoppt werden. Bei einer Beschreibung sind keine speziellen Mittel und Methoden zu beachten. Sie sollte so eindeutig wie möglich formuliert werden.

Tabelle Um eine Übersicht der an der Steuerung beteiligten Ein- und Ausgänge sowie deren Funktion zu erhalten, werden Zuordnungstabellen verwendet. Sie enthalten die symbolische Adresse, die Funktion, falls bereits bekannt die Zuordnung der Schaltfunktion und für Speicherprogrammierte Steuerungen die Adressen der Ein- und Ausgänge. Tab. 4.3 zeigt sie für die Toransteuerung.

Die Schaltfunktion Schließer bedeutet, dass im unbetätigten Zustand der Schalter/Taster geöffnet, d. h. ein „0“-Signal liefert und im betätigten Zustand geschlossen ist und somit ein „1“-Signal erzeugt. Für die Schaltfunktion Öffner ist es genau anders herum (unbetätigt: geschlossen, „1“-Signal; betätigt: offen, „0“-Signal).

Tabellen werden gleichfalls verwendet, um die Schaltfunktion darzustellen. Diese werden als Schalttabellen bzw. Funktionstabellen bezeichnet (siehe Abschn. 4.2.2.2)

Fluidischer Schaltplan Den pneumatischen Schaltplan für die Toransteuerung zeigt Abb. 4.10. Die Schaltpläne und Symbole für fluidische Steuerungen sind in der Norm DIN ISO 1219 [13] vereinheitlicht.

In fluidtechnischen Systemen wird Energie durch flüssige oder gasförmige Medien, die unter Druck stehen, innerhalb eines Schaltkreises übertragen, gesteuert oder geregelt. Die Schaltpläne erleichtern das Verständnis für die fluidtechnische Anlage und vermeiden Unklarheiten und Missverständnisse bei der Planung, Herstellung und Instandhaltung der Anlage. Die Schaltzeichen für pneumatische und hydraulische Betriebsmittel sind funktionell zu deuten. Die Symbole sind weder maßstäblich noch für irgendeine bestimmte Lage festgelegt. Sie sollen jedoch in etwa der Vorgabe der Norm entsprechen. Der Aufbau der Schaltpläne soll ermöglichen, allen Bewegungs- und Steuerungsschaltkreisen während der verschiedenen Schritte des Arbeitsablaufs zu folgen. Die räumliche Darstellung

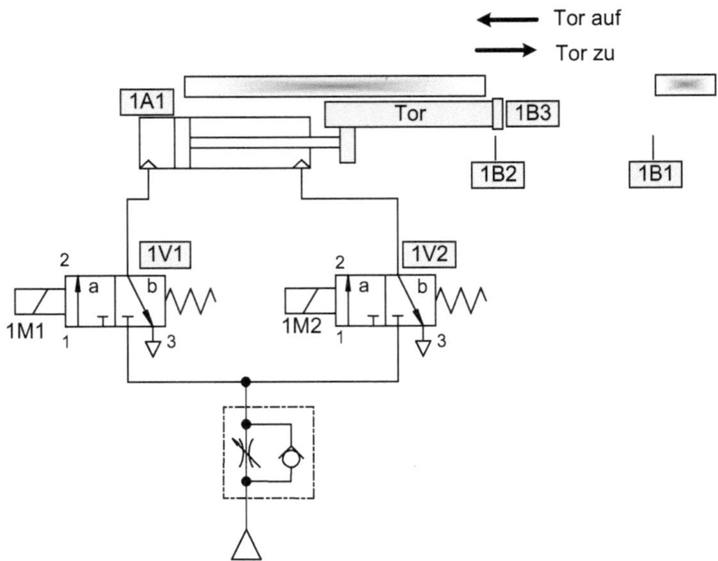

Abb. 4.10 Pneumatikschaltplan Toransteuerung

der Anlage muss nicht berücksichtigt werden. In den Schaltplänen geben die Symbole normalerweise Geräte im unbetätigten Zustand an. Jeder andere Zustand kann jedoch dargestellt werden, wenn er klar bestimmt ist. Dabei ist die Energie zugeschaltet und die Bauglieder nehmen festgelegte Zustände ein. Besteht die Steuerung aus mehreren Schaltkreisen bzw. Steuerketten, wird sie in nebeneinander liegende Schaltkreise unterteilt, entsprechend der Reihenfolge des Funktionsablaufs. Gleichartige Bauglieder sollen innerhalb eines Schaltkreises in gleicher Lage dargestellt werden. Bauelemente, die durch Antriebe betätigt werden, z. B. induktive Endschalter (1B1 und 1B2), stellt man an der Betätigungsstelle durch einen Markierungsstrich und ihre Kennzeichnung dar. Die Bauglieder der Steuerkette werden ausgehend von der Energieversorgung in Richtung des Energieflusses angeordnet und gekennzeichnet.

Die Kennzeichnung der Bauteile ist wie folgt aufgebaut:

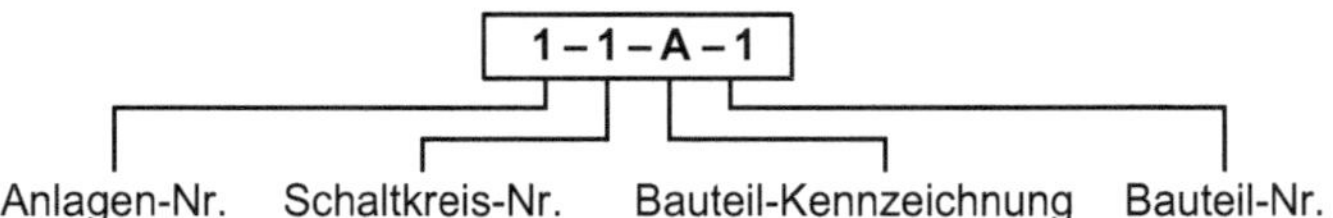

Die Anlagen-Nummer wird nur dann angegeben, wenn der Schaltplan aus mehreren Anlagen besteht. Jeder Schaltkreis oder jede Steuerkette erhält eine Nummer. Bauelemente, die für mehrere Schaltkreise eine Funktion erfüllen, z. B. Versorgungsglieder und Hauptschalter, werden vorzugsweise mit der Nummer 0 bezeichnet. Im Schaltplan Abb. 4.7 ist dies die Aufbereitungseinheit 0Z1.

Für die Bauteilkennzeichnung gelten folgende Buchstaben:

P: Pumpen und Kompressoren,
A: Antriebe,
M: Antriebsmotoren, Elektromagnete,
S: Signalgeber,
B: Sensoren,
V: Ventile,
Z: jedes andere Bauteil.

Alle Bauteile innerhalb einer Steuerkette erhalten eine fortlaufende Bauteil-Nummerierung, beginnend mit der Ziffer 1.

Die Ventile werden entsprechend der Anzahl ihrer Schaltstellungen und der Anzahl der Anschlüsse bezeichnet. Die Stellglieder 1V1 und 1V2 in Abb. 4.10 sind 3/2-Wegeventile, es bedeutet:

3: Anzahl der Anschlüsse,
2: Anzahl der Schaltstellungen (a, b).

Die Bezeichnung der Anschlüsse an den Ventilen erfolgt entsprechend Tab. 4.4. Die seitlichen Symbole kennzeichnen die Art ihrer Betätigung. Die Stellglieder 1V1 und 1V2 erreichen die Schaltstellung a durch je ein Elektromagnet (1M1, 1M2) und die Schaltstellung b durch eine Rückstellfeder.

Funktionsdiagramm In Funktionsdiagrammen werden die Zustände und Zustandsänderungen von Arbeitsmaschinen und Fertigungsanlagen grafisch dargestellt.

Funktionsdiagramme zeigen das zeitliche Zusammenwirken der einzelnen Bauglieder und Arbeitseinheiten einer Arbeitsmaschine oder Fertigungsanlage. Sie dienen der Entwicklung der Steuerung für eine Fertigungsanlage. Ein Funktionsdiagramm ist außerdem ein wichtiges Hilfsmittel für die Fehlersuche bei Störungen. Die Darstellungsgrundsätze und Sinnbilder sollen in allen Fällen gleich sein, um das Lesen und Verstehen des Funktionsablaufs zu gewährleisten. Es genügt die einfachste Darstellung, die den Arbeitsablauf eindeutig kennzeichnet.

Tab. 4.4 Bezeichnung der Anschlüsse an Ventilen

Fluidtechnik	Zufluss, Druckanschluss	Arbeitsanschluss	Abfluss, Entlüftung	Steueranschluss	Schaltstellung
Pneumatik	1	2, 4, 6	3, 5, 7	12, 14 M	a, b, 0
E-Pneumatik	1	2, 4, 6	3, 5. 7		a, b, 0
Hydraulik	p	A, B	T, L	–	a, b, 0
E-Hydraulik	p	A, B	T, L	M	a, b, 0

Funktionsdiagramme werden unterteilt in Wegdiagramme und Zustandsdiagramme. Im Wegdiagramm werden die Wege eines Arbeitsgliedes durch Bildzeichen dargestellt. Im Zustandsdiagramm werden die Funktionsfolgen der Arbeitseinheiten und die steuerungstechnische Verknüpfung der zugehörigen Bauglieder veranschaulicht. In der Ordinate wird der Zustand, z. B. Weg, Druck, Winkel, in der Abszisse werden die Schritte und/oder Zeiten aufgetragen.

Funktionsdiagramme sind besonders geeignet für die Darstellung von Funktionsfolgen bei geradlinigen Bewegungen pneumatischer und hydraulischer bzw. elektropneumatischer und elektrohydraulischer Steuerungen. Die Bauglieder sind in der Lage dargestellt, die sie im unbetätigten Zustand einnehmen, also auch durch Einwirken einer Feder- oder Kolbenkraft. Dabei ist die Energie zugeschaltet. Der Verlauf in Abb. 4.11 spiegelt das vollständige Öffnen und Schließen des Tores wider. Im Automatikbetrieb wird bei Betätigen des Tasters „Schließen" (1S1) das 3/2-Wegeventils (1V1) in Durchlassstellung geschaltet und verfährt den Zylinder so, dass das Tor geschlossen wird. Bei Erreichen der Endposition, erkannt durch Sensor (1B1), wird das 3/2-Wegeventils (1V1) nicht mehr angesteuert und durch die Feder in Schaltstellung b zurückgesetzt. Dadurch bleibt der Zylinder in dieser Position bis der Taster „Öffnen" (1S2) die Öffnenbewegung startet. Die anderen Bedingungen (Näherungssensor und Stopp) wurden in diesem Funktionsdiagramm nicht berücksichtigt.

Das Funktionsdiagramm wird häufig genutzt zur Beschreibung von Schaltzusammenhängen, wie z. B. für Zeitfunktionen (siehe Abschn. 4.2.3).

Elektrischer Schaltplan Die Ansteuerung der Elektromagnete kann über eine verbindungsprogrammierte Steuerung oder eine Speicherprogrammierbare Steuerung umgesetzt werden. Die Wirkungsweise der verbindungsprogrammierten Steuerung veranschaulicht der elektrische Schaltplan bzw. Stromlaufplan (siehe Abb. 4.12).

Elektrische Schaltpläne werden als Übersichtsschaltpläne, Installationspläne und Stromlaufpläne ausgeführt; sie zeigen die Arbeitsweise und die Verbindungen von elek-

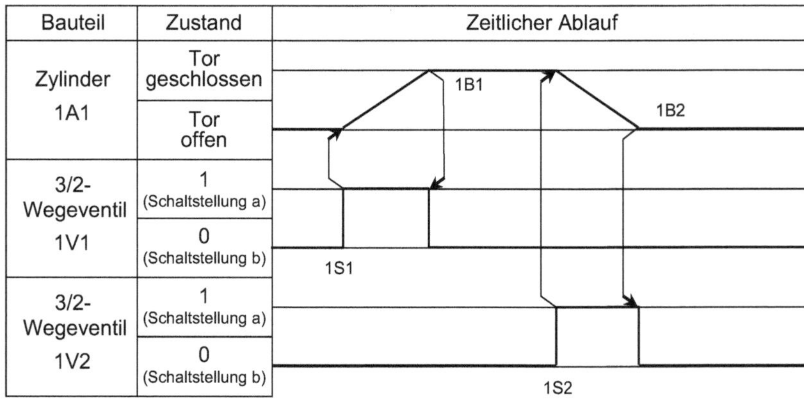

Abb. 4.11 Funktionsdiagramm (Zusammenwirken der Ventile und des Zylinders)

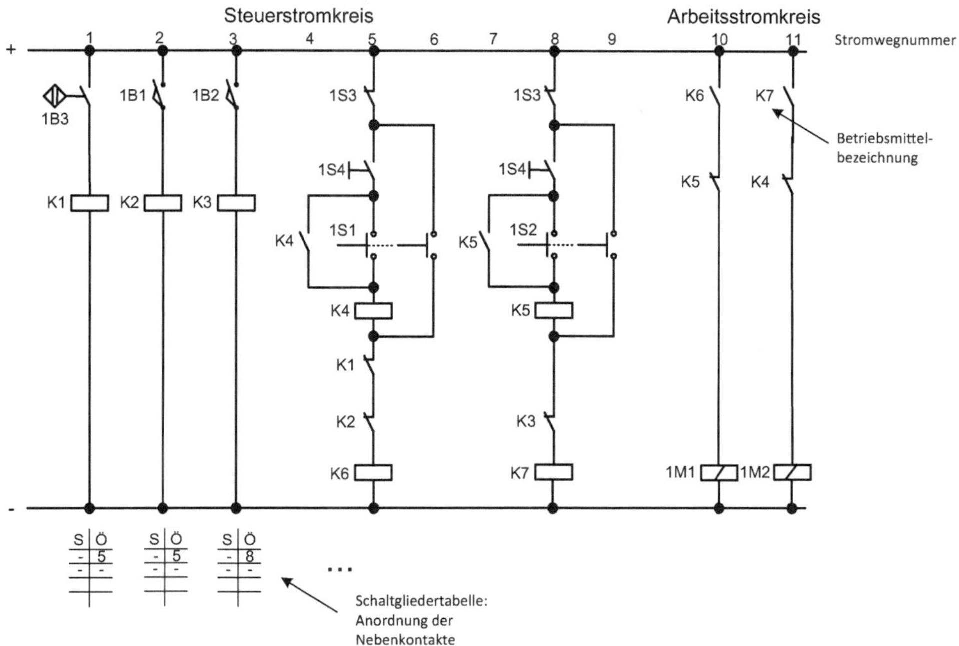

Abb. 4.12 Elektrischer Schaltplan zur Zylinderansteuerung

trischen Einrichtungen. In der Steuerungstechnik werden überwiegend Stromlaufpläne verwendet. Sie geben insbesondere Einsicht in die Arbeitsweise der Steuerkette.

Jedes elektrische Betriebsmittel wird in einem senkrecht gezeichneten Stromweg dargestellt. Die Stromwege werden von links nach rechts durchnummeriert. Sie sind vorzugsweise so angeordnet, dass die Wirkungsweise bzw. die Signalflussrichtung berücksichtigt wird. Die räumliche Lage der Betriebsmittel und der mechanische Zusammenhang werden nicht berücksichtigt; dies ist den Kennzeichnungen zu entnehmen. Die Stromversorgung kann gekennzeichnet werden durch +, $-/L_1$, L_2 u. a.

Der Steuerstromkreis enthält die Bauelemente für die Signaleingabe und -verarbeitung und der Arbeitsstromkreis die für die Betätigung der Arbeitselemente erforderlichen Stellglieder.

Der Zweck dieser Anordnung ist:

- leichtes Lesen des Schaltplans,
- Erkennen der Wirkungsweise eines Betriebsmittels oder einer Teilanlage,
- Erleichterung der Prüfung, Wartung und Fehlersuche.

Die Kennbuchstaben für einige häufig vorkommende Betriebsmittel sind in Tab. 4.5 zusammengestellt.

Tab. 4.5 Kennzeichnung von Betriebsmitteln

Kennbuchstabe	Art des Betriebsmittels	Beispiel	Kennbuchstabe	Art des Betriebsmittels	Beispiel
B	Umsetzer	Sensor	K	Schütz, Relais	Zeitrelais
C	Kapazität	Kondensator	M	Motor	Drehstrommotor
F	Schutzeinrichtung	Überstromauslöser	M	Elektromech. Einrichtung	Magnetventil
P	Meldeeinrichtung	Signalleuchte, Hupe	S	Schalter, Taster	Taster

Neben den Kennbuchstaben erhalten die elektrischen Betriebsmittel noch eine fortlaufende Zählnummer. Diese Kennzeichnung des Betriebsmittels kann noch ergänzt werden durch einen Kennbuchstaben für die Funktion des jeweiligen Betriebsmittels. Eine weitere Möglichkeit der Kennzeichnung ist ähnlich der im fluidischen Schaltplan, gekennzeichnet durch Ziffer, Kennbuchstabe, Ziffer. Die erste Ziffer gibt die Nummer des Schaltplanes an und die zweite die Stromwegnummer, wo das Betriebsmittel zu finden ist.

Darüber hinaus können auch die Kontaktbezeichnungen und die Spulenanschlüsse eingetragen werden (siehe Abb. 4.13). Aufgelöst dargestellte Betriebsmittel, z. B. das Relais K1, werden an der Relaisspule und an den Nebenkontakten mit der gleichen Kennziffer bezeichnet.

Zum besseren Verständnis des Stromlaufplanes dienen die Schaltgliedertabellen unterhalb der Stromwege, beispielhaft dargestellt für die Stromwege 1, 2 und 3. Die Schaltgliedertabelle unterhalb des 1. Stromweges gibt an: ein Öffnerkontakt ist im Stromweg 5 angeordnet.

Alle Betriebsmittel werden in der Steuerungs- und Regelungstechnik im spannungs- bzw. stromlosen Zustand oder ohne Einwirkung einer Betätigungskraft dargestellt. Abweichungen hiervon werden besonders gekennzeichnet.

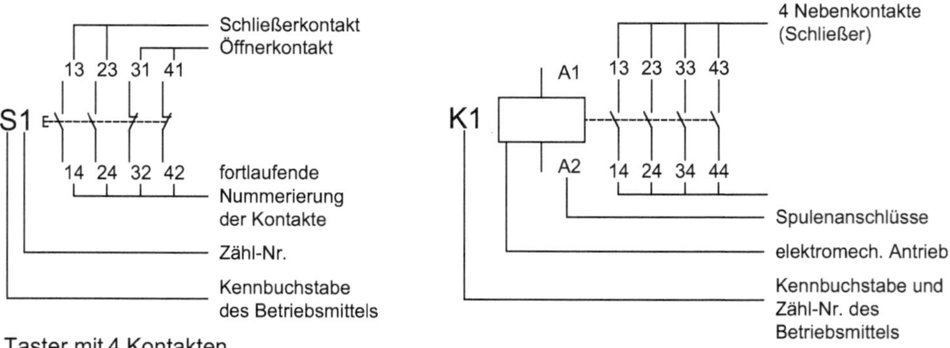

Abb. 4.13 Taster und Relais mit Nebenkontakten

Werden pneumatische oder hydraulische Arbeitselemente elektrisch angesteuert, sind entsprechende Schnittstellen zwischen den verschiedenen energetischen Systemen vorzusehen. In dem pneumatischen Schaltplan in Abb. 4.10 bilden die 3/2-Wegeventile (1V1 und 1V2) diese Schnittstelle. Sobald die Spule 1M1 erregt wird, geht das Ventil in die Schaltstellung a und der Hubzylinder wird betätigt. Fällt das Steuersignal an der Spule 1M1 ab, kehrt das Ventil durch die Federkraft in die Stellung b zurück. Die Öffner in den Stromwegen 10 und 11 sorgen für das gegenseitige Verriegeln im Automatikbetrieb, so dass nicht gleichzeitig die Ventile 1V1 und 1V2 angesprochen werden können.

Werden fluidische Bauelemente durch eine Speicherprogrammierbare Steuerung gesteuert, so erfüllen die Magnetspulen an den Ventilen ebenfalls die Schnittstellenfunktion.

Allgemein ist eine Schnittstelle ein System von Vereinbarungen, die den Informationsaustausch zwischen miteinander kommunizierenden Systemen ermöglicht. Die hier angesprochene Hardware-Schnittstelle dient zur Realisierung folgender Aufgaben:

- Energetische Signalanpassung,
- Leistungsverstärkung,
- Energiewandlung,

Zustandsgraph Der Zustandsgraph wird als Beispiel für Graphen und Netze genauer erläutert. Er eignet sich besonders gut für die Darstellung von zeit- oder prozessgeführten Abläufen und kann daher für die Beschreibung von Automatisierungsaufgaben in den unterschiedlichen Ebenen der Automatisierungspyramide angewendet werden. Weniger geeignet ist diese Darstellungsform für algorithmische und regelungstechnische Aufgabenstellungen. Für den Entwurf von Anlagen hat sich in der Konstruktionspraxis bewährt, diese in Funktionseinheiten hierarchisch zu zerlegen. Diese Gliederung kann für die steuerungstechnische Umsetzung aufgegriffen werden. Ein Zustands- bzw. Funktionsgraph veranschaulicht die Prozesse innerhalb einer solchen Funktionseinheit. Er besteht aus passiven und aktiven Knoten (Zuständen) sowie Übergängen (Bedingungen). In dem System darf nur ein Zustand aktiv sein. Das bedingt, dass nur eine Übergangsbedingung gleichzeitig erfüllt sein kann. Aktive Zustände sind in unserem Beispiel: Tür öffnen oder schließen, passive: Tor offen, Verweilen oder Tor zu. Die Übergangsbedingungen können binäre Variablen oder Verknüpfungen (UND/ODER) binärer Variablen sein. Abb. 4.14 veranschaulicht den unteren Abstraktionsgrad, wo nur dargestellt wird, welche Zustände an dem System eintreten können und wie sie ineinander übergehen. Es ist z. B. kein direkter Übergang aus dem aktiven Zustand Tür öffnen in den aktiven Zustand Tür schließen möglich. Der passive Zustand Verweilen ist immer zwischengeschaltet, d. h. die Tür wird stets kurz anhalten.

Ein höherer Abstraktionsgrad ist die Darstellung Abb. 4.15 mit den Übergangsbedingungen von einem Zustand zum nächsten. Gehen mehrere Pfeile an den Übergang heißt das, dass die eine oder andere Bedingung die Zustandsänderung herbeiführen kann. Müssen Bedingungen gleichzeitig erfüllt sein, d. h. sie sind durch ein logisches UND verknüpft, sind sie in der Abbildung mit AND verbunden. Die Verknüpfungen der Über-

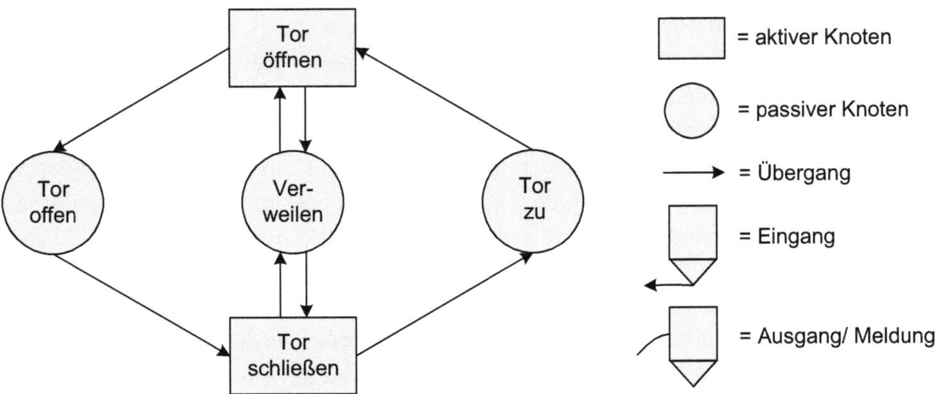

Abb. 4.14 Zustandsgraph unterer Abstraktionsgrad

gangsbedingungen können auch mit anderen Darstellungsmitteln erfolgen, weit verbreitet ist die Nutzung der Funktionsbausteine. Eine Verkettung der Zustandsgraphen ist gleichfalls möglich, hierbei wird der Zustandsgraph in einen Funktionsbaustein überführt und es sind nur noch die Schnittstellen (Ein- und Ausgänge) sichtbar. Da in unserer Anlage keine Anzeige/Meldung des momentanen Zustands nach außen erfolgt, findet sich kein Ausgang an dem Zustandsgraphen. Sie können als Schnittstelle für einen prozessgeführten Ablauf dienen.

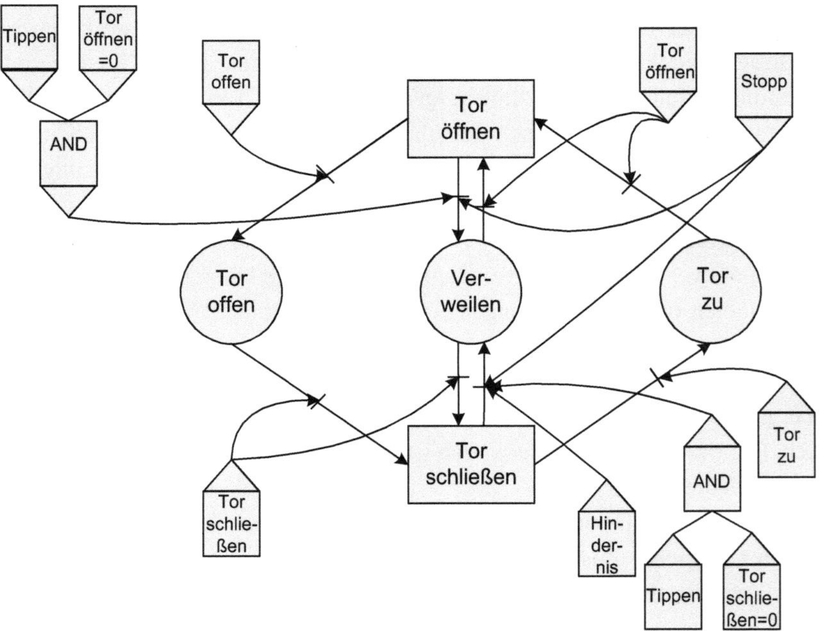

Abb. 4.15 Zustandsgraph höherer Abstraktionsgrad

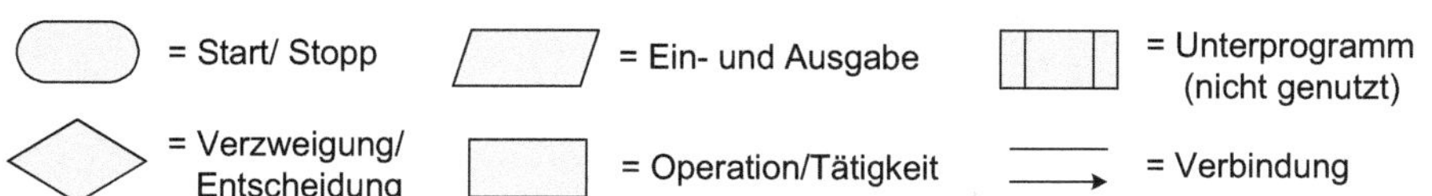

Abb. 4.16 Symbole des Programmablaufplans

Programmablaufplan (PAP) Der Programmablaufplan ist eine aus der Programmierung bekannte Darstellungsform, um umfangreiche Abläufe und Algorithmen abzubilden. Sie ist geeignet zur Abbildung der Prozesse aus allen Ebenen der Automatisierungspyramide. Vergleichbar mit dem Zustandsgraph können auch hier unterschiedliche Abstraktionsstufen gewählt werden. Eine spezielle Form des Ablaufplanes ist die Darstellung der Schrittkette bzw. Ablaufkette als eine Fachsprache zur Programmierung von Ablaufsteuerungen, welche in einem späteren Kapitel weiter vertieft wird. Die Symbole, wie sie in

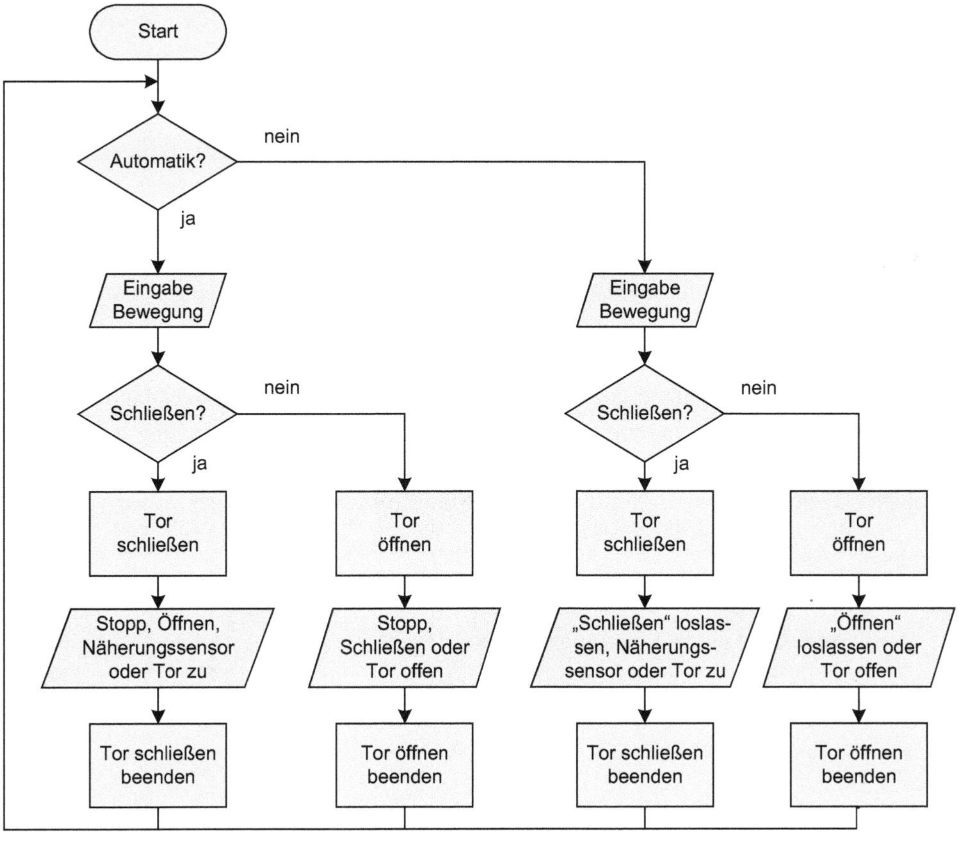

Start
Automatik?
nein
ja
Eingabe Bewegung
Eingabe Bewegung
Schließen?
nein
ja
Schließen?
nein
ja
Tor schließen
Tor öffnen
Tor schließen
Tor öffnen
Stopp, Öffnen, Näherungssensor oder Tor zu
Stopp, Schließen oder Tor offen
„Schließen" loslassen, Näherungssensor oder Tor zu
„Öffnen" loslassen oder Tor offen
Tor schließen beenden
Tor öffnen beenden
Tor schließen beenden
Tor öffnen beenden

Abb. 4.17 Programmablaufplan der Toransteuerung

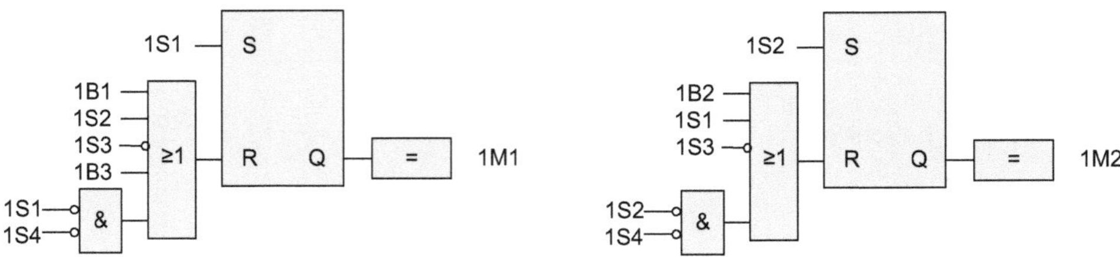

Abb. 4.18 Toransteuerung in Funktionsbausteinsprache

Abb. 4.16 dargestellt werden, sind mit Ausnahme des Zeichens für Aus- und Eingänge genormt.

Wie Abb. 4.17 zeigt, ist der Programmablaufplan nicht sehr gut geeignet für die Darstellung der Toransteuerung. Um die Steuerungsaufgabe zu vermitteln, sind mehrere Zweige erforderlich, in denen aber die gleiche Abfrage „Schließen" erfolgt und auch identische Operationen ausgelöst werden. Ursache hierfür ist, dass keine Ablaufsteuerung im eigentlichen Sinne vorliegt.

Funktionsbausteinsprache (FBS) Abschließend soll die Steuerung der Torbewegung noch in einer Fachsprache, der Funktionsbausteinsprache (FBS) dargestellt werden (siehe Abb. 4.18). Diese wird häufig genutzt, um Funktionen zu beschreiben, da sie sehr anschaulich die Zusammenhänge wiedergibt. Sie ist aus Blöcken aufgebaut, an die links die Eingänge und rechts die Ausgänge angetragen werden. In den Blöcken sind die Symbole bzw. Zeichen für die Funktionen sowie die Bezeichnungen der Ein- und Ausgänge eingezeichnet. Funktionsbausteine sind in der Regel in den Speicherprogrammierbaren Steuerungen auch als Programmiersprache zur Implementierung vorhanden.

Für die Ansteuerung der Elektromagneten (1M1 und 1M2) werden Speicherfunktionen genutzt. Ist die Bedingungen am Setzeingang (S) erfüllt, so wird der Magnet so lange angesteuert bis eine Bedingung am Rücksetzeingang (R) diese Ansteuerung wieder beendet. Es liegt hier ein dominantes Rücksetzen vor, d. h. ist eine Bedingung sowohl für das Setzen als auch gleichzeitig für das Rücksetzen erfüllt, so hat das Rücksetzen Vorrang.

Zur Selbstkontrolle

1. Erstellen Sie einen Ablaufplan für Ihren Tagesablauf.
2. Beschreiben Sie anhand eines Zustandsgraphs die Abläufe beim Aufstehen und Hinlegen.

4.1.4 Steuerungsarten

Steuerungen, eingeteilt nach Steuerungsarten, sind entsprechend Abb. 4.19 die Führungssteuerung, die Verknüpfungssteuerung und die Ablaufsteuerung. Wie bereits erwähnt, soll

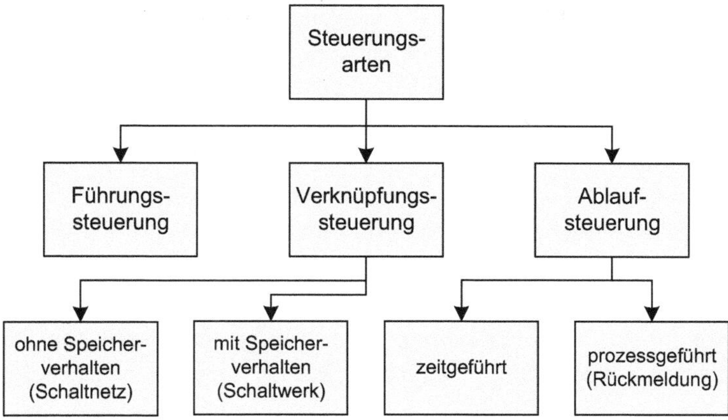

Abb. 4.19 Steuerungsarten

in diesem Kapitel nur näher auf die Verknüpfungs- und die Ablaufsteuerung eingegangen werden.

Verknüpfungssteuerung Durch Verknüpfungssteuerungen, auch kombinatorische Steuerung genannt, werden den Eingangssignalen die Signalzustände der Ausgangssignale entsprechend der Boolschen Verknüpfung (= *logische Verknüpfung – nach DIN IEC 60050-351* [6] *eine Schaltfunktion für binäre Schaltgrößen, die auf Operationen der Booleschen Algebra beruht*) zugeordnet.

Die Eingangssignale können sowohl Eingaben von außen durch den Bediener als auch Rückmeldungen aus dem Prozess sein (siehe Abb. 4.20). Diese werden in der Steuerungseinrichtung verarbeitet und die Ergebnisse als Ausgänge zum einen als Stellgrößen an die Steuerstrecke und zum anderen als Meldungen an den Bediener ausgegeben. Die Verknüpfungssteuerungen unterscheidet man in Steuerungen ohne Speicherverhalten (auch Schaltnetz genannt), bei denen die Zustände der Ausgangssignale zu jedem beliebigen

Abb. 4.20 Struktur Verknüpfungssteuerung

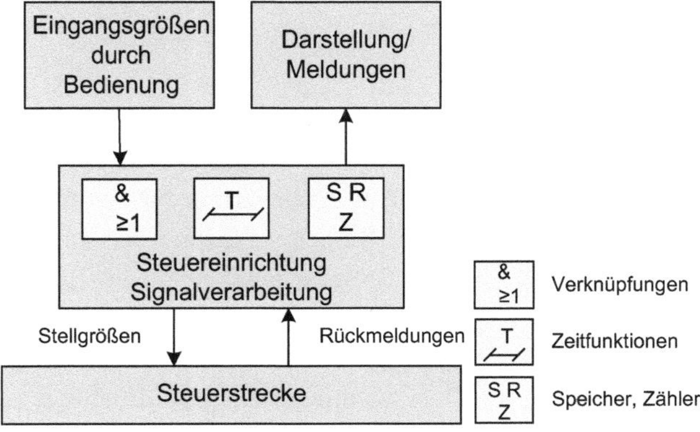

Zeitpunkt allein von den Zuständen der Eingangssignale abhängig sind, und in Steuerungen mit Speicherverhalten (auch Schaltwerk genannt), bei denen die Zustände der Ausgangssignale von den Zuständen der Eingangssignale und dem inneren Zustand abhängig sind. Für diese Steuerungen werden Speicherfunktionen genutzt. Sie merken sich einen bereits erreichten Schaltzustand.

Verknüpfungssteuerung ohne Speicherverhalten (Schaltnetz) Für die Verknüpfungssteuerung ohne Speicherverhalten sind in der Regel nur die Grundfunktionen: UND (&, $\wedge$), ODER (≥ 1; $\vee$) und Negation (Symbol mit Überstrich z. B. $\overline{x}$) zwingend erforderlich (siehe Abschn. 4.2.2). Eine Erweiterung können diese noch durch Zeit- und Zählfunktionen (jeweils nur Auswertung des binären Ausgangs) erfahren. Die Aufstellung aller möglichen Kombinationen der Signalzustände der Eingänge bzw. Zeit- und Zählfunktionen (abgefragte Zustände) erfolgt am anschaulichsten anhand einer Schalttabelle. Diese zeigt, bei welcher Belegung der abgefragten Zustände die Ausgangssignale geschaltet (Signalzustand = 1) oder nicht geschaltet werden (Signalzustand = 0). Die Zusammenfassung der Kombinationen der Eingangssignale, die den Ausgang schalten, erfolgt unter Nutzung der Disjunktiven Normalform (DNF). Mit dieser werden UND-Terme durch ODER verknüpft. Die Zusammenfassung der Kombinationen der Eingangssignale, die den Ausgang nicht schalten, erfolgt unter Nutzung der Konjunktiven Normalform (KNF). Mit dieser werden ODER-Terme durch UND verknüpft. Eine Vereinfachung der Schaltungen kann anhand der Rechenregeln der Schaltalgebra oder anderer Minimierungsverfahren (z. B. Karnaugh-Veitch-Diagramm) erfolgen. Ziel der Vereinfachung ist eine Optimierung hinsichtlich

- Anzahl externer Verbindungen,
- Anzahl benötigter Bausteine,
- Nutzung anderer Grundverknüpfungsfunktionen (siehe Abschn. 4.2.2) und

damit eine Erhöhung der Verarbeitungsgeschwindigkeit.

Jeder Eingang kann zwei Schaltstellungen einnehmen (an oder aus bzw.„0“ oder „1“). Damit ergibt sich die Anzahl der möglichen Kombinationen (m) der Eingangsbelegungen aus der Anzahl der Eingänge (n) mit: $m = 2^n$.

Beispiel

Veranschaulicht wird diese Steuerungsart an dem Beispiel Maschinenansteuerung:

Eine Maschine (über Ansteuerung M1) muss immer von zwei Personen bedient werden. Drei gleiche Bedienplätze sind vorhanden. Wenn mindestens zwei der drei Schalter (S1, S2 und S3) geschaltet sind, kann die Maschine eingeschaltet werden.

Für die Ansteuerung der Maschine müssen alle drei Schalter = Eingänge ausgewertet werden. Daher ergibt sich eine Schalttabelle mit acht Kombinationen der Eingangsbelegung (2^3). Dort wo mindestens zwei Eingänge eine „1“ (entspricht eingeschaltet) aufweisen, kann auch der Ausgang (M1) eine „1“ (entspricht eingeschaltet) erhalten.

Tab. 4.6 Schalttabelle Maschinenansteuerung

Eingänge			Ausgang
S3	S2	S1	M1
0	0	0	0
0	0	1	0
0	1	0	0
0	1	1	1
1	0	0	0
1	0	1	1
1	1	0	1
1	1	1	1

Für die Auswertung der Eingänge muss bekannt sein, ob sie als Öffner („1"-Signal im unbetätigten Zustand, „0"-Signal im betätigten Zustand) oder als Schließer („0"-Signal im unbetätigten Zustand, „1"-Signal im betätigten Zustand) arbeiten. In unserem Fall liegen Schließer vor.

Aus der Schalttabelle (Tab. 4.6) lässt sich die vollständige Schaltfunktion ablesen. Der Motor kann eingeschaltet werden wenn:

$$x = \left(\overline{\mathrm{S3}} \wedge \mathrm{S2} \wedge \mathrm{S1}\right) \vee \left(\mathrm{S3} \wedge \overline{\mathrm{S2}} \wedge \mathrm{S1}\right) \vee \left(\mathrm{S3} \wedge \mathrm{S2} \wedge \overline{\mathrm{S1}}\right) \vee (\mathrm{S3} \wedge \mathrm{S2} \wedge \mathrm{S1})\,.$$

Das Vorgehen zum Aufstellen der Schaltfunktion und zur Zusammenfassung mittels der Rechenregeln der Schaltalgebra wird ausführlicher im Abschn. 4.2.2 Schaltalgebra beschrieben. Neben der Vereinfachung über die Rechenregeln der Schaltalgebra wird als weitere Möglichkeit das Verfahren mittels des Karnaugh-Veitch-Diagramms (KVS) kurz gezeigt. Auf eine ausführliche Beschreibung des Karnaugh-Veitch-Diagramms wird in diesem Buch verzichtet.

Zusammenfassung mittels der Rechenregeln der Schaltalgebra

$$\begin{aligned}
\mathrm{M1} &= \left(\overline{\mathrm{S3}} \wedge \mathrm{S2} \wedge \mathrm{S1}\right) \vee \left(\mathrm{S3} \wedge \overline{\mathrm{S2}} \wedge \mathrm{S1}\right) \vee \left(\mathrm{S3} \wedge \mathrm{S2} \wedge \overline{\mathrm{S1}}\right) \vee (\mathrm{S3} \wedge \mathrm{S2} \wedge \mathrm{S1})\\
\mathrm{M1} &= \mathrm{S1} \wedge \left(\overline{\mathrm{S3}} \wedge \mathrm{S2} \vee \mathrm{S3} \wedge \overline{\mathrm{S2}} \vee \mathrm{S3} \wedge \mathrm{S2}\right) \vee \left(\mathrm{S3} \wedge \mathrm{S2} \wedge \overline{\mathrm{S1}}\right)\\
\mathrm{M1} &= \mathrm{S1} \wedge \left(\mathrm{S2} \wedge \left(\overline{\mathrm{S3}} \vee \mathrm{S3}\right) \vee \mathrm{S3} \wedge \overline{\mathrm{S2}}\right) \vee \left(\mathrm{S3} \wedge \mathrm{S2} \wedge \overline{\mathrm{S1}}\right)\\
\mathrm{M1} &= \mathrm{S1} \wedge \left(\mathrm{S2} \vee \mathrm{S3} \wedge \overline{\mathrm{S2}}\right) \vee \left(\mathrm{S3} \wedge \mathrm{S2} \wedge \overline{\mathrm{S1}}\right)\\
\mathrm{M1} &= \mathrm{S1} \wedge (\mathrm{S2} \vee \mathrm{S3}) \vee \left(\mathrm{S3} \wedge \mathrm{S2} \wedge \overline{\mathrm{S1}}\right)\\
\mathrm{M1} &= \mathrm{S1} \wedge \mathrm{S2} \vee \mathrm{S1} \wedge \mathrm{S3} \vee \left(\mathrm{S3} \wedge \mathrm{S2} \wedge \overline{\mathrm{S1}}\right)\\
\mathrm{M1} &= \mathrm{S1} \wedge \mathrm{S2} \vee \mathrm{S3} \wedge \left(\mathrm{S1} \vee \mathrm{S2} \wedge \overline{\mathrm{S1}}\right)\\
\mathrm{M1} &= \mathrm{S1} \wedge \mathrm{S2} \vee \mathrm{S3} \wedge (\mathrm{S1} \vee \mathrm{S2})\\
\mathrm{M1} &= \mathrm{S1} \wedge \mathrm{S2} \vee \mathrm{S1} \wedge \mathrm{S3} \vee \mathrm{S3} \wedge \mathrm{S2}.
\end{aligned}$$

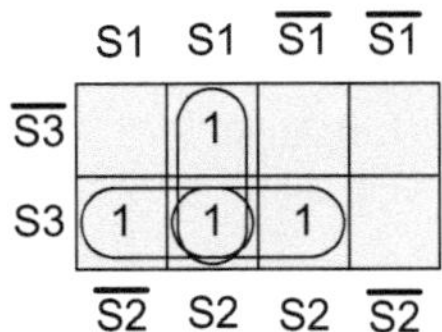

Abb. 4.21 Karnaugh-Veitch-Diagramm Maschinenansteuerung

Zum besseren Verständnis ist jeder Rechenschritt aufgeführt. Zu beachten ist, dass die UND-Verknüpfung Vorrang vor der ODER-Verknüpfung hat, vergleichbar der Punktrechnung vor der Strichrechnung. Eine sehr viel schnellere Methode ist die Anwendung des Karnaugh-Veitch-Diagramms. Die möglichen Kombinationen werden als Kästchen dargestellt. Benachbarte Lösungen (= Signalzustand „1") können zu Zweier-, Vierer- bzw. 2^n-Kästchen zusammengefasst werden. Diese beinhalten stets einen Eingang bzw. zwei oder n Eingänge sowohl als geschaltet (= 1) oder ungeschaltet (= 0). Für die Lösung ist es somit egal, ob dieser Eingang mit „1" oder „0" belegt ist. Er muss daher nicht ausgewertet werden und entfällt als erforderliche Abfrage. So vereinfacht sich die Schaltfunktion. Das Karnaugh-Veitch-Diagramm für unser Beispiel zeigt Abb. 4.21.

Für das senkrechte Zweierkästchen entfällt der Eingang S3, da hier für diesen sowohl eine „0" und eine „1" abgefragt werden. Übrig bleibt die Abfrage $S1 \wedge S2$. Für das linke waagerechte Zweierkästchen entfällt S2; es bleibt: $S1 \wedge S3$. Das rechte Zweierkästchen ergibt die Abfrage: $S2 \wedge S3$. So findet man auch hier den vereinfachten Schaltzustand:

$$M1 = S1 \wedge S2 \vee S1 \wedge S3 \vee S3 \wedge S2.$$

Zur besseren Übersicht wird häufig das UND-Zeichen weggelassen und die Schaltfunktion ergibt sich zu:

$$M1 = S1S2 \vee S1S3 \vee S3S2.$$

Für Speicherprogrammierbarer Steuerungen werden nach der Norm IEC 61131-3 [8] Merker (M) als mögliche Operanden zum Zwischenspeichern von Zuständen angegeben. Sie besitzen in den Steuerungen einen festen Speicherplatz. Ihr Einsatzfeld ist z. B.: umfangreiche Verknüpfungssteuerungen durch Speichern von Zwischenergebnissen übersichtlicher zu gestalten. In der modernen Programmierung nutzt man sie seltener, da es durch Doppelverwendung zu erheblichen Fehlern kommen kann und Bausteine durch sie nicht bibliotheksfähig sind. Ihr Einsatz ist weiterhin sinnvoll, wenn Zwischenergebnisse über Bausteingrenzen hinweg verarbeitet werden oder wenn bei Spannungsausfall und dem Versetzen der Steuerung in den Stopp-Zustand Informationen erhalten bleiben sollen. Im zweiten Fall ist die Verwendung von remanenten Merkern erforderlich.

Verknüpfungssteuerung mit Speicherverhalten (Schaltwerk) Die Verknüpfungssteuerung mit Speicherverhalten wird in der Regel bei der Verwendung von Tastern oder auch schaltenden Sensoren als Eingangssignalgeber verwendet. Wird der Taster losgelassen oder entfernt sich das Objekt aus dem Schaltabstand des Sensors schalten diese in den unbetätigten Zustand zurück. Ist es aber erforderlich, dass die Information über ein bereits erfülltes Verknüpfungsergebnis der Eingangszustände erhalten bleibt, ist ein Speichern notwendig.

Beispiel

Die Behälterfüllanlage (siehe Abb. 4.22) veranschaulicht die Thematik.

Ein Behälter wird über zwei Sensoren (B1 und B2) überwacht. Die Überwachung kann nur erfolgen, wenn der Schalter (S0) das „1"-Signal liefert. Der Motor (M1) einer Pumpe soll wenn das Silo voll ist (B2 = 1) so lang angesteuert werden bis das Silo entleert ist (B1 = 0). Danach wird er abgeschaltet. Er darf erst wieder aktiviert werden, wenn das Silo erneut vollständig gefüllt ist (B2 = 1). Es herrscht somit ein Eingangszustand der Sensoren und des Schalters vor, bei dem der Motor sowohl an als auch aus sein kann. (S0 = 1, B1 = 1 und B2 = 0). Es muss somit abgespeichert werden, ob das Silo gerade entleert oder wieder gefüllt wird. Das erfordert eine Verknüpfungssteuerung mit Speicherverhalten. Das Vorgehen zur Ermittlung des vereinfachten Schaltzustandes erfolgt analog dem für die Verknüpfungssteuerungen ohne Speicherverhalten.

Die Speicherung der Information ob das Silo gerade gefüllt oder entleert wird, kann in Speicherprogrammierbaren Steuerungen durch das Auswerten des vorherigen Verknüpfungsergebnisses für den Ausgang (M1) abgesichert werden. Da, wie in Abschn. 4.4.1 erläutert, stets eine zyklische und somit wiederholende Auswertung der Eingänge und Zuweisung der Ausgänge erfolgt, liegt das Ergebnis des vorhergehenden Zyklus vor. Im Abschn. 4.2.3 über grundlegende Funktionen wird die Speicherung für andere Steuerungsmittel erläutert. Die Abfrage $M1_V$ bedeutet also die Information, ob der Motor bisher ein- oder ausgeschaltet ist. Die Auswertung der Eingänge ergibt somit folgende Ergebnisse (vgl. Tab. 4.7):

- der Ausgang (M1) kann nur eingeschaltet werden, wenn Schalter (SO) auch eingeschaltet ist → M1 = 0 (Zeilen null bis sieben),
- für Schalter S0 = 1 und sowohl Sensoren B1 = 0 und B2 = 0, d. h. das Silo ist vollständig entleert, muss der Motor aus sein → M1 = 0 (Zeilen acht und neun),

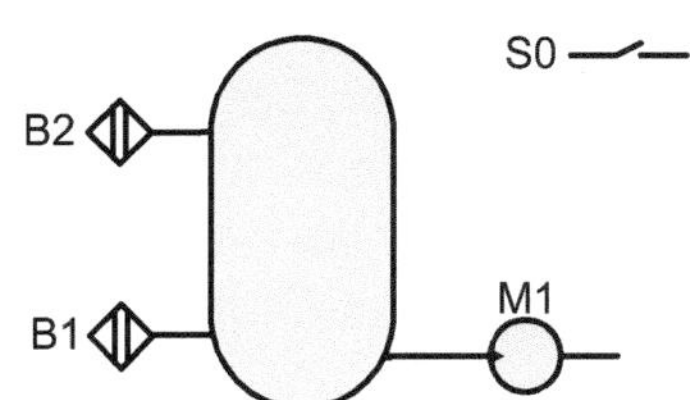

Abb. 4.22 Technologieschema Behälterfüllanlage

Tab. 4.7 Schalttabelle Behälterfüllanlage

Eingänge				Ausgang	
S0	B2	B1	$M1_V$	M1	Nr. der Zeile
0	0	0	0	0	0
0	0	0	1	0	1
0	0	1	0	0	2
0	0	1	1	0	3
0	1	0	0	0	4
0	1	0	1	0	5
0	1	1	0	0	6
0	1	1	1	0	7
1	0	0	0	0	8
1	0	0	1	0	9
1	0	1	0	0	10
1	0	1	1	1	11
1	1	0	0	1	12
1	1	0	1	1	13
1	1	1	0	1	14
1	1	1	1	1	15

- gibt bei $S0 = 1$ der Sensor $B1 = 0$ aber Sensor $B2 = 1$ soll aus Sicherheitsgründen der Motor laufen $\rightarrow M1 = 1$ (Zeilen 12 und 13),
- sind für $S0 = 1$ sowohl Sensor $B1 = 1$ als auch Sensor $B2 = 1$, so ist das Silo vollständig voll und soll entleert werden $\rightarrow M1 = 1$ (Zeilen 14 und 15),
- nur für die Zeilen 10 und 11 ist die Abfrage des bisherigen Zustands des Motors von Bedeutung. Es gilt jeweils: $S0 = 1$, $B1 = 1$ und $B2 = 0$. Ist bisher der Motor aus ($M1_V = 0$), soll er aus bleiben ($M1 = 0$), denn das Silo wird gerade befüllt. Ist aber der Motor an ($M1_V = 1$), soll er an bleiben ($M1 = 1$), denn das Silo wird gerade entleert.

Die vollständige Schaltfunktion, die die Aufgabe erfüllt lautet:

$$\begin{aligned} M1 = {} & S0 \wedge \overline{B2} \wedge B1 \wedge M1_V \vee S0 \wedge B2 \wedge \overline{B1} \wedge \overline{M1_V} \vee S0 \wedge B2 \wedge \overline{B1} \wedge M1_V \\ & \vee S0 \wedge B2 \wedge B1 \wedge \overline{M1_V} \vee S0 \wedge B2 \wedge B1 \wedge M1_V. \end{aligned}$$

Vereinfacht wird diese wieder mittels des Karnaugh-Veitch-Diagramms (Abb. 4.23). Die Lösungen können zu einem Viererblock und einem Zweierblock zusammengefasst werden. Der Viererblock verdeutlicht, dass es für den einen UND-Term uninteressant ist, wie $M1_V$ und Sensor B1 geschaltet sind. Für den Zweierblock ist die Belegung von B2 für das Ergebnis nicht entscheidend. Es lässt sich folgende vereinfachte Schaltfunktion zur Ansteuerung des Motors M1 ableiten:

$$M1 = S0 \wedge B2 \vee S0 \wedge B1 \wedge M1_V.$$

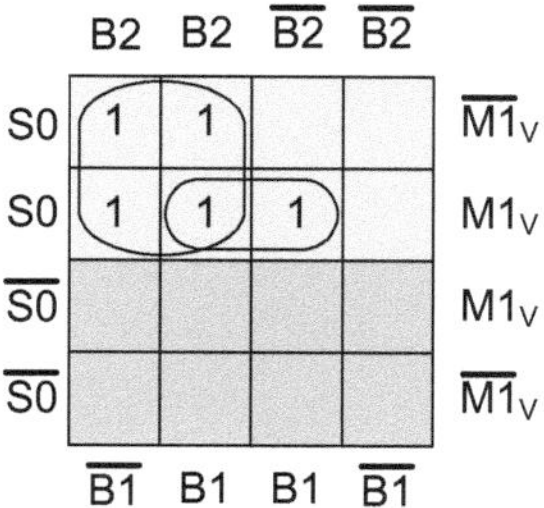

Abb. 4.23 Karnaugh-Veitch-Diagramm Maschinenansteuerung

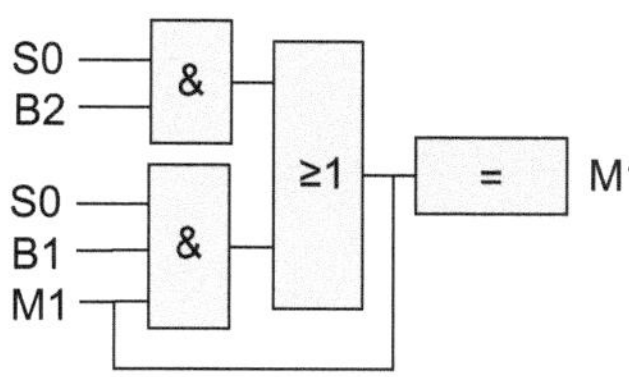

Abb. 4.24 Funktionsplan für Motoransteuerung

Die Abfrage $M1_V$ bedeutet nichts anderes als den Ausgang wieder abzufragen. Daher kann für $M1_V$ gleich M1 geschrieben werden.

Die Darstellung in Abb. 4.24 ist die Programmierung des Ergebnisses in Funktionsbausteinsprache bzw. als Funktionsplan.

In Abschn. 4.2.3 über grundlegende Funktionen wird dieses Ergebnis noch einmal zur Erläuterung der Speicherfunktionen aufgegriffen.

Ablaufsteuerung Die DIN IEC 60050-351 [6] bezeichnet eine Ablaufsteuerung, als eine Steuerung mit schrittweisem Ablauf, bei der der Übergang von einem Schritt auf den folgenden programmgemäß entsprechend den vorgegebenen Übergangsbedingungen (Weiterschaltbedingungen, Transitionen) erfolgt. Über die einzelnen Schritte werden zur Überwachung Meldungen und zur Ansteuerung der Anlage die Ausgabe der Stellgrößen initiiert. Im industriellen Einsatz sind Ablaufsteuerungen mit unterschiedlichen Betriebsarten wählbar. Hierdurch wird Art und Umfang des Eingriffs durch den Bediener in die Steuerung bestimmt. Neben den Betriebsarten Automatik, Teilautomatik, Hand und Einrichten nennt die Norm für Ablaufsteuerungen die Betriebsarten Schrittsetzen und Tippen. In der Betriebsart Automatik arbeitet die Steuerung programmgemäß ohne Bedienungseingriff in den Wirkungsablauf. Die Betriebsart Hand ist eine Betriebsart, in der die Steuerung nur durch Bedienungseingriff in Abhängigkeit von gegebenenfalls vorhandenen Verriegelungen arbeitet. In der Betriebsart Einrichten können die Stellgeräte einzeln unter Umgehung vorhandener Verriegelungen gesteuert werden. Im Tippbetrieb kann die Schrittkette einer Ablaufsteuerung auf den jeweils nächsten Schritt durch einen Bedieneingriff weitergeschaltet werden. Die Struktur einer Ablaufsteuerung zeigt Abb. 4.25.

Kernstück einer Ablaufsteuerung ist die Ablaufkette. Sie hat eine eindeutige zeitliche und funktionale Zuordnung zu den technologischen Abläufen in einer Anlage. Durch diese Zuordnung und den zwangsläufigen schrittweisen Ablauf sind diese Steuerungen sehr

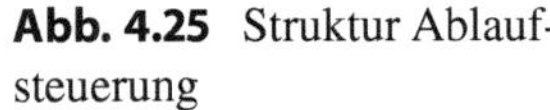
Abb. 4.25 Struktur Ablaufsteuerung

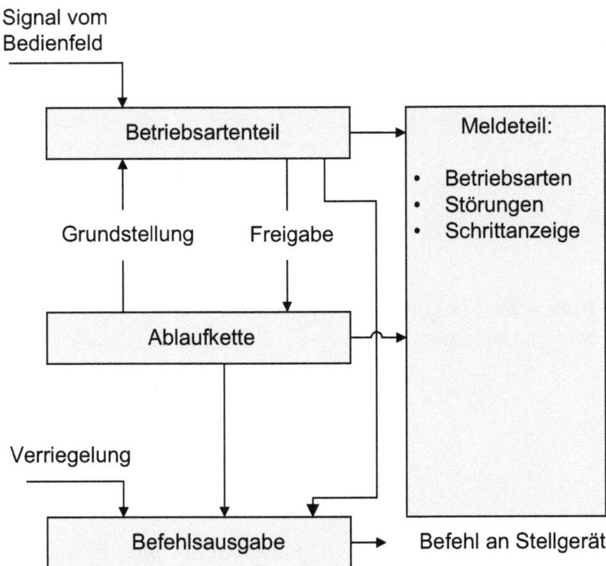

übersichtlich, was zu einer hohen Wartungsfreundlichkeit und einer schnellen Fehlersuche (in der Weiterschaltbedingung oder der Befehlsausgabe) führt.

Jeder mögliche technologische Zustand der Anlage wird durch einen Schritt (Abb. 4.26) dargestellt. Ist ein Schritt aktiv, so sind alle dem Schritt zugeordneten Befehle angesteuert. Der Schritt kann nur durch Erfüllung der Weiterschaltbedingung verlassen werden. Eine Ablaufkette beginnt mit einem Anfangsschritt/Initialschritt, der die Anlage in Grundstellung bringt. Dieser darf beim Start der Anlage oder nach einem Entriegeln des NOT-Aus als einziger Schritt aktiv sein. Verbunden werden die Schritte durch Wirklinien, die die Verknüpfung der Schritte, auch realisierbar durch Sprünge, Schleifen und Verzweigungen, veranschaulichen. Nach Beendigung einer Ablaufkette geht diese zurück in die Grundstellung.

Der Befehl wird in die Informationen (vgl. Abb. 4.26):

a) Buchstabensymbol oder Kombination von Buchstabensymbolen, die beschreiben, wie das Binärsignal des Schrittes verarbeitet wird,

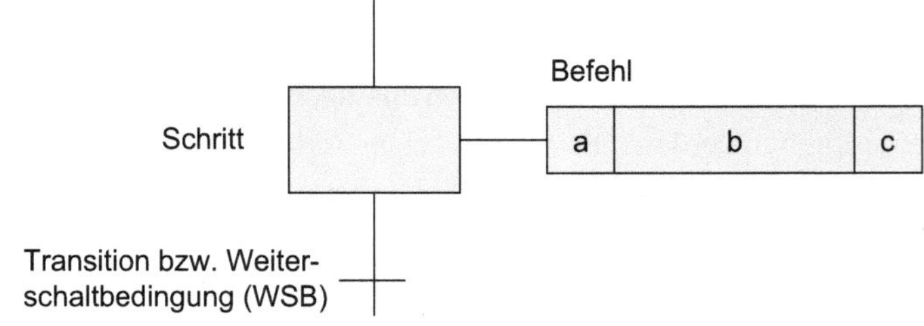

Abb. 4.26 Symbol für Schritt, Weiterschaltbedingung und Befehl für eine Ablaufkette

Tab. 4.8 Wichtige Buchstabensymbole für Befehle der Ablaufsprache

Befehls-zeichen	Bedeutung	Erläuterung
N	Nicht gespeichert	Während der Schritt aktiv ist, wird der Befehl ausgeführt.
S	Speichernde Aktion Setzen	Wenn der Schritt aktiv wird, startet der Befehl bis er zurückgesetzt wird.
R	Speichernde Aktion Rücksetzen	Wenn der Schritt aktiv wird, wird ein zuvor gesetzter Befehl zurückgesetzt (beendet).
D	Zeitverzögerte Aktion	Der Befehl wird erst zeitverzögert nach Aktivierung des Schrittes gestartet. Wird der Schritt vor Ablauf der Zeit deaktiviert, so wird der Befehl nicht ausgeführt.
L	Zeitbegrenzte Aktion	Der Befehl wird nach Aktivierung des Schrittes nur so lange ausgeführt, wie die Zeit es vorgibt. Wird vor Ablauf der Zeit der Schritt inaktiv, wird auch der Befehl beendet.
P	Impuls (steigende Flanke)	Mit Aktivierung des Schrittes ist der Befehl nur für einen Zyklus lang aktiv.

b) Symbol oder Text, den Befehl beschreibend und
c) Hinweiskennzeichen auf die zugehörige Rückmeldung gegliedert.

Es existieren unterschiedliche Darstellungsformen der Befehle, die in der Norm IEC 61131-3 [8] oder DIN EN 60848 (GRAFCET) [7] vereinbart sind. Viele Steuerungshersteller bieten auf Grundlage dieser Normen Programmieroberflächen (Ablaufsprachen) zur Implementierung des Ablaufsteuerungsprogramms an (z. B. S7 GRAPH). Für die Befehle existieren, wie bereits erwähnt, Buchstabensymbole, die anzeigen, wie der Befehl auszuführen ist. Tab. 4.8 enthält die wichtigsten Befehlszeichen.

Grundformen der Ablaufkette Der Ablauf in einer zu steuernden Anlage kann sowohl linear (siehe Abb. 4.27) verlaufen als auch verzweigt sein. Verzweigungen sind zum einen erforderlich, wenn aufgrund unterschiedlicher Bedingungen nur eine Art der Weiterverarbeitung möglich ist und zum anderen wenn parallel ablaufende Prozesse stattfinden. In dem ersten Fall käme eine Alternativverzweigung bzw. ODER-Verzweigung zum Einsatz. Von mehreren Kettensträngen ist die Bearbeitung nur eines auszuwählen. Am Anfang der Verzweigung darf nur eine Weiterschaltbedingung wahr sein oder es muss eine Priorität vorgegeben werden. Es ist möglich durch einen Stern anzuzeigen, dass die Weiterschaltbedingungen von links nach rechts abzuarbeiten sind. Damit hat der weiter links liegende Kettenstrang die höhere Priorität. Zu Beginn der Verzweigung ist darauf zu achten, dass nicht eine Bedingung sofort erfüllt wird. Es ist in unserem Fall der Alternativverzweigung (siehe Abb. 4.28) z. B. sicherzustellen, dass der Prozess *Teil einlegen* beendet ist, so dass eine Chance besteht, ein Teil in der abgefragten Position zu haben. Daher ist auch ein genaues Überdenken der Anordnung der Sensoren in der Anlage wichtig.

Abb. 4.27 Lineare Ablaufkette

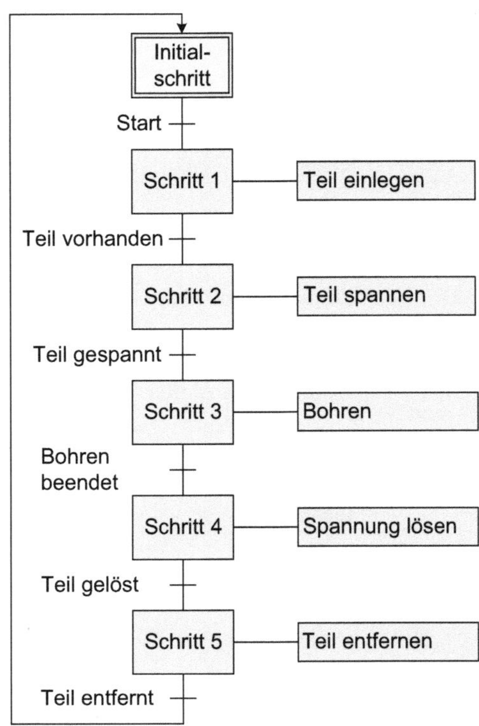

Erfolgt die Programmierung nicht mittels einer Ablaufsprache, sondern z. B. mittels der Funktionsbausteinsprache, ist dies zu berücksichtigen und sicherzustellen, dass nur ein Strang durchlaufen werden kann. Ein Beispiel für eine Alternativverzweigung ist das Ergebnis einer Qualitätskontrolle. Sollte das Teil nicht in Ordnung sein, ist es auszuschleusen und muss den folgenden Bearbeitungsschritten nicht zugeführt werden. Es ist auch denkbar, dass nach einer Nachbearbeitung das Teil wieder integriert wird, was in der Ablaufkette einen Sprung oder eine Schleife verursachen würde. Sowohl in einer linearen Ablaufkette als auch bei einer Alternativverzweigung ist sicherzustellen, dass stets nur ein Schritt aktiv ist.

Das Beispiel für eine Alternativverzweigung in Abb. 4.28 zeigt auf, dass in der Anlage durch einen Sensor abgefragt wird, ob ein Teil vorhanden ist oder nicht. Ist ein Teil vorhanden, können die Schritte *Spannen*, *Bohren*, *Lösen* und *Teil entfernen* umgesetzt werden. Der nächste Schritt erfolgt erst dann, wenn durch ein Signal aus dem Prozess eine Fertigmeldung der Abarbeitung des vorhergehenden Schrittes erfolgt ist. Wird am Ende des Zweiges die Information gegeben, dass das bearbeitete Teil entfernt wurde, geht die Schrittkette wieder zum Initialisierungsschritt über und wartet auf ein weiteres Startsignal. Sollte zu Beginn der Alternativverzweigung erkannt werden, dass kein Teil vorhanden ist, gibt die Steuerung eine Fehlermeldung aus und wartet bis der Bediener diese quittiert. Er hat somit die Möglichkeit zu prüfen, ob an der Anlage alles in Ordnung ist.

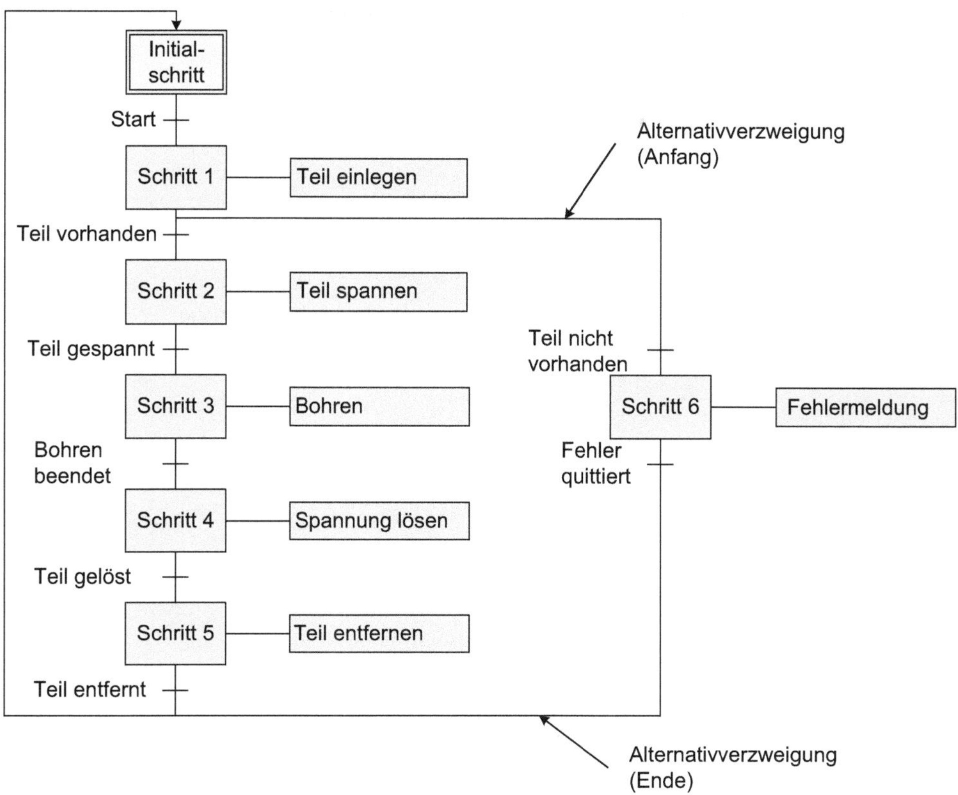

Abb. 4.28 Ablaufkette mit Alternativverzweigung

Die zweite Art der Verzweigung ist die Simultan- bzw. UND-Verzweigung (siehe Abb. 4.29), die ein paralleles Ablaufen von Schritten erfordert bevor wieder eine Zusammenführung erfolgt. Nach der DIN IEC 60050-351 [6] sind durch eine Weiterschaltbedingung alle parallel verlaufenden Zweige zu aktivieren und nur durch die Erfüllung einer gemeinsamen Weiterschaltbedingung wieder zusammenzuführen. Erfolgt die Implementierung der parallelen Ablaufketten nicht durch eine Ablaufsprache, sind auch ein nicht gleichzeitiger Start aller Kettenstränge und jeweils unterschiedliche Weiterschaltbedingungen zum Verlassen der Stränge möglich. Es ist jedoch sicherzustellen, dass die Weiterführung des Ablaufes erst nach Beendigung jedes parallelen Stranges erfolgt. Ein Beispiel hierfür ist die Notwendigkeit der Durchführung aller vorgelagerten Arbeitsgänge an zwei Bauteilen, die montiert werden sollen. Die Montage kann erst starten, wenn alle anderen vorherigen Arbeitsgänge an beiden Teilen abgeschlossen sind.

Das Aufstellen einer Ablaufkette mit möglichst allen Informationen ist sehr sinnvoll auch wenn diese Programmiersprache zur Implementierung nicht zur Verfügung steht. Hierdurch wird die genaue Struktur der Kette erkennbar. Wie in den Abb. 4.28 und 4.29 zu sehen, ist eine Ablaufkette auch für einen ersten Ablaufentwurf geeignet. In der wei-

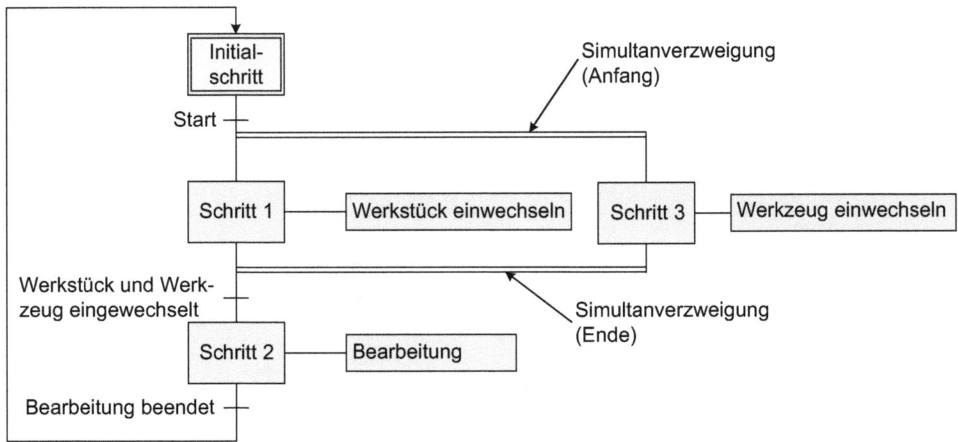

Abb. 4.29 Ablaufkette mit Simultanverzweigung

teren Verfeinerung muss überlegt werden, durch welche Sensoren die Informationen aus dem Prozess abgeleitet werden können oder ob zeitliche Abfragen sinnvoll sind, welche Aktoren die Befehle ausführen und welche Meldungen notwendig sind.

Übungsaufgabe 23

In einem Autotunnel sind drei Lüfter (K1, K2, K3) installiert. Diese werden in Abhängigkeit von den Signalen der Rauchgasmelder (B1, B2, B3) eingeschaltet. Spricht einer der Rauchgasmelder an, wird Lüfter K1 eingeschaltet, sprechen zwei Melder an, sollen Lüfter K1 und K2 laufen, bei allen drei Rauchgasmeldern sollen alle drei Lüfter K1, K2, K3 laufen. Erstellen Sie eine Funktionstabelle für die Ansteuerung der Lüfter, erarbeiten Sie daraus die vollständigen Schaltfunktionen und vereinfachen Sie mit dem Karnaugh-Veitch-Diagramm.

Übungsaufgabe 24

Teileselektion

Auf einem Band (siehe folgenden Abbildung) sollen lange und kurze Teile sortiert werden. Mit dem Schalter S0 wird die Steuerung eingeschaltet. Dieser löst gleichzeitig den Richtimpuls (B0) aus. Die Ablaufkette befindet sich in dem Initialschritt. Wird durch den Sensor B1 ein Teil erkannt und ist die Schranke K1 offen, so soll der Förderbandmotor M1 angeschaltet werden. Nach einer Zeit von T1=2s soll durch den Ausschieber K2 das Teil auf das Förderband transportiert werden. Nach Erreichen des Endtasters S1 wird der Antrieb des Ausschiebers wieder abgeschaltet und die Schranke geht nach unten (eine Feder führt den Ausschieber wieder zurück). Durch die Sensoren B2 und B3 werden nun die Teile unterschieden. Bei Erkennen eines kurzen Teils soll das Förderband 2 nach oben durch Ansteuern des Motors M2 und bei Erkennen eines langen Teils nach unten durch Ansteuern des Motors M3 bewegt werden. Wird durch die Sensoren B4 oder B5 erkannt, dass sich kein Teil mehr auf der Anlage befindet, kann die Schranke wieder nach oben gefahren und der Motor M1 ausgeschaltet werden. Nach einer Nachlaufzeit von T2=1,5s wird das zweite Förderband abgeschaltet. Mit Erkennen eines neuen Teils beginnt der Ablauf erneut. Erstellen Sie für die Ansteuerung die Ablaufkette. Die Sensoren B2, B3, B4 und B5 sind Lichtschranken, d. h. Öffner.

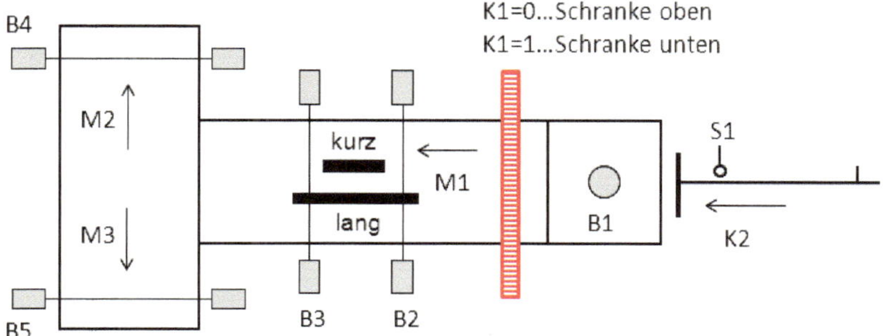

Bandanlage

Zur Selbstkontrolle

1. Erklären Sie den Unterschied zwischen einem Schaltwerk und einem Schaltnetz.
2. Welche Grundformen der Ablaufkette gibt es?
3. Überlegen Sie sich eine Ablaufkette mit Alternativverzweigung aus Ihrem Alltag.

4.2 Grundlagen der Steuerungstechnik

4.2.1 Zahlensysteme und Codierungen

Zahlensysteme

In der elektrischen Informationsverarbeitung sind grundlegend nur zwei Zustände möglich: Spannung liegt an (H-Pegel, logisch 1) oder keine Spannung liegt an (L-Pegel, logisch 0). Häufig genügt diese binäre Darstellung nicht zur Übertragung der Information. Es müssen z. B. unterschiedliche Messwerte, Texte und Zeichnungen als Information übertragen werden. Hierbei kommen unterschiedliche Zahlensysteme und codierte Informationen zum Einsatz.

Das in unserem alltäglichen Leben verbreitete Zahlensystem ist das dezimale. Die Basis ist 10 und die Ziffern gehen von 0–9. Die Bildungsvorschrift eines jeden Zahlensystems

Tab. 4.9 Darstellung unterschiedlicher Zahlensysteme

Dezimal			Dual							Oktal			Hexadezimal	
10^2	10^1	10^0	2^6	2^5	2^4	2^3	2^2	2^1	2^0	8^2	8^1	8^0	16^1	16^0
		0							0			0		0
		1							1			1		1
		2						1	0			2		2
		3						1	1			3		3
		4					1	0	0			4		4
		5					1	0	1			5		5
		6					1	1	0			6		6
		7					1	1	1			7		7
		8				1	0	0	0		1	0		8
		9				1	0	0	1		1	1		9
	1	0				1	0	1	0		1	2		A
	1	1				1	0	1	1		1	3		B
	1	2				1	1	0	0		1	4		C
	1	3				1	1	0	1		1	5		D
	1	4				1	1	1	0		1	6		E
	1	5				1	1	1	1		1	7		F
	1	6			1	0	0	0	0		2	0	1	0

ist die gleiche und lässt sich wie folgt darstellen:

$$Z = b_n \cdot B^n + b_{n-1} \cdot B^{n-1} + \ldots + b_1 \cdot B^1 + b_0 \cdot B^0 + b_{-1} \cdot B^{-1} \ldots + b_m \cdot B^m$$

$$Z = \sum_{i=m}^{n} b_i \cdot B^i \quad 0 \leq b < B.$$

$Z \ldots$ Zahl, $B \ldots$ Basis; $b_i \ldots$ Ziffer der i-ten Stelle

Für das duale Zahlensystem ist die Basis 2 und die Ziffern können 0 oder 1 sein, womit wieder die zwei möglichen Zustände dargestellt werden. Jede Stelle entspricht einem Bit. Um die Übersichtlichkeit zu verbessern, werden häufig vier Bits (= eine Tetrade) zusammengefasst, wodurch sich eine Darstellung als hexadezimale Zahl ergibt. Hierbei ist die Basis 16 und die Ziffern gehen von 0 … 15. Die Zahlen 10 … 15 werden aufgrund fehlender Ziffern mittels Buchstaben A … F bezeichnet. Tab. 4.9 zeigt die Beschreibung einzelner Zahlen in unterschiedlichen Zahlensystemen.

Beispiel

Die folgende Darstellung zeigt anhand eines Beispiels, wie die Umwandlung zwischen den Zahlensystemen erfolgt. Hierbei ist zu beachten, dass z. B. bei der hexadezimalen Darstellung immer die Zusammenfassung von vier Bits erfolgen muss. Sind keine vier

Stellen vorhanden, so wird für die Zahl vor dem Komma nach links und für die Zahl nach dem Komma nach rechts mit 0 aufgefüllt.

dezimal in dual: $Z_{10} = 19{,}6875$

aufspalten:

19 : 2 = 9 Rest 1
9 : 2 = 4 Rest 1
4 : 2 = 2 Rest 0
2 : 2 = 1 Rest 0
1 : 2 = 0 Rest 1

Dualzahl = 10011

0,6875 · 2 = 1,375 = 0,375 + 1
0,375 · 2 = 0,75 = 0,75 + 0
0,75 · 2 = 1,5 = 0,5 + 1
0,5 · 2 = 1 = 0 + 1
0 · 2 = 0

Dualzahl = ,1011

dual: $Z_2 = 10011{,}1011$

hexadezimal: $Z_2 = \underbrace{0001}\ \underbrace{0011}{,}\underbrace{1011}$

$Z_{16} = 1\quad 3\ ,\ B$

Der darstellbare Zahlenumfang mit dualen Zahlen ist abhängig von der Länge der Dualzahlen. In der elektronischen Informationsverarbeitung und somit auch in der elektrischen Steuerungstechnik werden Adressräume häufig byteweise strukturiert, wobei ein Byte acht Bits entspricht. Sowohl die Adressierung von binären Ein- und Ausgängen, als auch die Adressen der internen Merker (z. B. M1.0 … M1.7, M2.0 … M2.7) werden byteweise adressiert. Die Verarbeitungsbreite wird ebenfalls so angegeben (z. B. 16-Bit Verarbeitungsbreite). Es gibt die Dualzahllängen:

- 8-Bit = 1 Byte, Zahlengrenze: $2^8 - 1 = 255$,
- 16-Bit = 1 Wort (W), Zahlengrenze: $2^{16} - 1 = 65535$,
- 32-Bit = 1 Doppelwort (DW), Zahlengrenze: $2^{32} - 1 = 4294967295$.

Wichtig ist die Darstellungslänge auch für die Umwandlung der analogen Signale in die digitalen Signale. Die Feinheit der Auflösung wird dadurch bestimmt.

Für die bessere Strukturierung nutzt man häufig für die Wiedergabe der Dualzahlen die hexadezimale Zahlendarstellung, indem immer vier Bits der Dualzahl zu einer hexadezimalen Stelle zusammengefasst werden. So hat die 16-Bit-Hexadezimalzahl nur vier Stellen und der Zahlenumfang geht von 0000 bis FFFF.

Codes

Codes sind Vereinbarungen, bei denen einer bestimmten dualen Zahlenfolge entsprechende Zahlen, Buchstaben oder Zeichen zugeordnet werden. Ein bei der Bestimmung von Wegstrecken häufig angewendeter Code ist der Gray-Code. Bei diesem Code ändert sich immer nur in einem Bit der Wert beim Wechsel von einer zur nächsten Dezimalzahl (siehe Tab. 4.10).

Zur Speicherung und Übermittlung von Schriftzeichen wurde in den 1960er Jahren der 7-Bit-ASCII-Code entwickelt und standardisiert. Da nur sieben Bits zur Codierung verwendet werden, umfasst er 128 Zeichen, von denen 95 druckbar und 33 nicht druckbar sind. Er ist in Tab. 4.11 aufgeführt. Das siebente Bit ist ein Paritätsbit, welches zur Kontrolle der korrekten Datenübertragung genutzt wird. Die „Parität" bezeichnet die Anzahl der mit „1" belegten Bits im Informationswort. Mit diesem Bit wird nur übertragen, ob die

Tab. 4.10 Gray-Code

Dezimal	0	1	2	3	4	5	6	7
Gray-Code	0000	0001	0011	0010	0110	0111	0101	0100
Dezimal	8	9	10	11	12	13	14	15
Gray-Code	1100	1101	1111	1110	1010	1011	1001	1000

Tab. 4.11 7-Bit-ASCII-Code

Bits	654	000	001	010	011	100	101	110	111
3210		0	1	2	3	4	5	6	7
0000	0	NULL	DC0		0	@	P	'	p
0001	1	SOM	DC1	!	1	A	Q	a	q
0010	2	EOA	DC2	"	2	B	R	b	r
0011	3	EOM	DC3	#	3	C	S	c	s
0100	4	EOT	DC4	$	4	D	T	d	t
0101	5	WRU	ERR	%	5	E	U	e	u
0110	6	RU	SYNC	&	6	F	V	f	v
0111	7	BELL	LEM	'	7	G	W	g	w
1000	8	FE	S0	(	8	H	X	h	x
1001	9	HTAB	S1	)	9	I	Y	i	y
1010	A	LF	S2	*	:	J	Z	j	z
1011	B	VTAB	S3	+	;	K	[	k	
1100	C	FF	S4	,	<	L	/	l	ACK
1101	D	CR	S5	-	=	M	]	m	UC
1110	E	SO	S6	.	>	N	↑	n	ESC
1111	F	SI	S7	/	?	O	←	o	DEL

Anzahl der mit „1“ belegten Bits gerade oder ungerade ist. Somit kann nur ein ungerader Fehler erkannt werden.

Beispiel

In diesem Code würde z. B. das Wort UND wie folgt gespeichert werden.

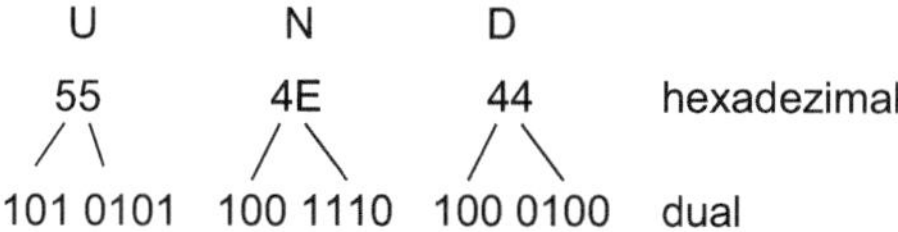

Mittlerweile wurde der Code auf die Nutzung aller 8-Bit erweitert. Die derzeit gültige Norm ist der DIN 66303 [12] zu entnehmen. Die Codierung der im 7-Bit ASCII Code enthaltenen Zeichen wurde übernommen.

BCD-Zahlen

Die Umwandlung einer Dualzahl in eine Dezimalzahl ist vor allem bei großen Zahlen recht aufwendig. Eine Vereinfachung ermöglicht der Einsatz binär codierter Dezimalzahlen (BCD-Code). Hierbei werden für die Darstellung einer dezimalen Stelle vier Bit (= eine Tetrade) benutzt (siehe Tab. 4.12). Es erfolgt somit nicht die vollständige Nutzung des möglichen Informationsumfangs. Es existieren mehrere Umsetzungen. Der am häufigsten eingesetzte binäre Code ist der BCD-8421-Code. Die Ziffernfolge 8421 steht für die Wertigkeit der Bit-Stelle, hier also analog der Wertigkeit der Dualzahlen.

Tab. 4.12 BCD-8421-Code

Dezimal	BCD-8421-Code
0	0000
1	0001
2	0010
3	0011
4	0100
5	0101
6	0110
7	0111
8	1000
9	1001
Nicht genutzt (Pseudotetraden)	1010
	1011
	1100
	1101
	1110
	1111

7	6	5	4	3	2	1	0	Bit- Nummer
0	1	0	0	1	0	0	1	Ziffer
4				9				BCD-8421 codierte Ziffernanzeige

7	6	5	4	3	2	1	0	Bit-Nummer
0	1	0	0	1	0	0	1	Ziffer
73								dual codierte Ziffernanzeige

Abb. 4.30 Dezimaler Zahlenwert einer 8-Bit-Folge BCD-8421 codiert und dual codiert

Beispiel

Abb. 4.30 zeigt den Unterschied im dezimalen Zahlenwert für eine 8-Bit-Folge, die zum einen für eine BCD-8421 Codierung und zum anderen für eine duale Codierung genutzt wird.

Übungsaufgabe 25

Wandeln Sie die dezimale Zahl 30 in eine Dualzahl um, nutzen Sie hierbei 8 Bit.

Übungsaufgabe 26

Fassen Sie die Bitfolge aus Übungsaufgabe 26 hexadezimal zusammen.

Übungsaufgabe 27

Schreiben Sie die Bitfolge für die dezimale Zahl 30, wenn die Darstellung BCD-codiert erfolgt. Nutzen Sie wieder 8 Bit.

Übungsaufgabe 28

Schreiben Sie den Text „demo2“ unter Nutzung des ASCII-Codes hexadezimal dargestellt.

4.2.2 Schaltalgebra

4.2.2.1 Logische Grundverknüpfungen

Betrachtet man für die verbindungsprogrammierten Steuerungen nur ihre Wirkung, so besitzt man nur die Information „Strom fließt“ oder „Strom fließt nicht“ bzw. „Spannung liegt an“ oder „Spannung liegt nicht an“. Ebenso verhält es sich bei den fluidischen Steuerungen. Das Fluid fließt durch oder nicht. Unberücksichtigt bleiben hierbei die analogen Werte, die z. B. die Höhe der Spannung oder des Druckes angeben. Sie müssen nur einen bestimmten Pegel erreichen, um ihre Wirkung zu erzielen, d. h. bezogen auf die Boolsche Algebra als „log 0“ (falsch/false) oder „log 1“ (wahr/true) erkannt zu werden. In jeder Speicherprogrammierbaren Steuerung wird definiert welcher Spannungsbereich als

Tab. 4.13 Mögliche Ausgangskombinationen für zwei Eingangsvariablen

Eingänge		Ausgangszustände y (KA = 16)															
a	b	1	2	3	4	5	6	7	8	9	10	11	12	13	14	15	16
0	0	0	0	0	0	0	0	0	0	1	1	1	1	1	1	1	1
0	1	0	0	0	0	1	1	1	1	0	0	0	0	1	1	1	1
1	0	0	0	1	1	0	0	1	1	0	0	1	1	0	0	1	1
1	1	0	1	0	1	0	1	0	1	0	1	0	1	0	1	0	1

„log 0“ und welcher als „log 1“ erkannt wird. Für eine eindeutige Auswertung ist sicherzustellen, dass die Signale auch in diesen Bereichen liegen. Diese zwei Zustände sind die Grundlage für die Übermittlung von Informationen mit Hilfe der Boolschen Algebra. In Abhängigkeit von der Anzahl (n) der Eingänge gibt es 2^n Kombinationen der Eingangsbelegung (m). Daraus wiederum lassen sich 2^m Kombinationen (KA) der Ausgangszustände (y) ableiten. Tab. 4.13 zeigt es am Beispiel von zwei Eingangsvariablen ($n=2 \rightarrow m=4 \rightarrow \text{KA}=16$). Bereits bei drei Eingangsvariablen existieren 256 mögliche Kombinationen der Ausgangsbelegung.

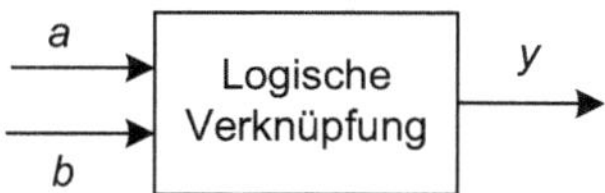

Diesen Ausgangszuständen (y) lassen sich entsprechend Tab. 4.14 boolsche Ausdrücke und Namen zuordnen.

Tab. 4.14 Boolsche Ausdrücke und Namen der Ausgangszustände

Ausgangszustand	Aussage	Boolscher Ausdruck	Name der Verknüpfung
y_1	Nie	0	
y_2	*a* und *b*	$a \wedge b$	UND/AND
y_3	*a* und nicht *b*	$a \wedge \bar{b}$	
y_4	Gleich *a*	a	
y_5	*b* und nicht *a*	$\bar{a} \wedge b$	
y_6	Gleich *b*	b	
y_7	*a* ungleich *b*	$\bar{a} \wedge b \vee a \wedge \bar{b}$	Exklusives ODER/XOR
y_8	Mindestens eines	$a \vee b$	ODER/OR
y_9	Weder *a* noch *b*	$\bar{a} \wedge \bar{b} = \overline{a \vee b}$	NOR
y_{10}	*a* gleich *b*	$\bar{a} \wedge \bar{b} \vee a \wedge b$	(XNOR)
y_{11}	Nicht *b*	$\bar{b}$	
y_{12}	*a* oder nicht *b*	$a \vee \bar{b}$	
y_{13}	Nicht *a*	$\bar{a}$	
y_{14}	*b* oder nicht *a*	$\bar{a} \vee b$	
y_{15}	Eines nicht	$\overline{a \wedge b} = \bar{a} \vee \bar{b}$	NAND
y_{16}	Immer	1	

Tab. 4.15 Logische Grundverknüpfungsfunktionen nach DIN IEC 60050-351 [6]

Benennung	Schaltzeichen/FBS Schaltfunktion	Schalttabelle (Funktionstabelle)
UND-Glied (Konjunktion, logisches Produkt)	Eingänge a, b; Symbol &; Ausgang y $y = a \wedge b$	a b | y 0 0 | 0 0 1 | 0 1 0 | 0 1 1 | 1
ODER-Glied (Disjunktion, logische Summe)	Eingänge a, b; Symbol ≥1; Ausgang y $y = a \vee b$	a b | y 0 0 | 0 0 1 | 1 1 0 | 1 1 1 | 1
NICHT-Glied (Negation)	Eingang a; Symbol 1; Ausgang y; Negationskreis $y = \overline{a}$	a | y 0 | 1 1 | 0
NAND-Glied (negiertes logisches Produkt)	Eingänge a, b; Symbol &; Ausgang y $y = \overline{a \wedge b} = \overline{a} \vee \overline{b}$	a b | y 0 0 | 1 0 1 | 1 1 0 | 1 1 1 | 0
NOR-Glied (negierte logische Summe)	Eingänge a, b; Symbol ≥1; Ausgang y $y = \overline{a} \wedge \overline{b} = \overline{a \vee b}$	a b | y 0 0 | 1 0 1 | 0 1 0 | 0 1 1 | 0
XOR-Glied (Antivalenz, exklusives ODER)	Eingänge a, b; Symbol =1; Ausgang y $y = (\overline{a} \wedge b) \vee (a \wedge \overline{b})$	a b | y 0 0 | 0 0 1 | 1 1 0 | 1 1 1 | 0

Die in der Tabelle mit Namen versehenen Verknüpfungen sind bis auf den Ausgangszustand zehn (XNOR) die Grundverknüpfungsfunktionen entsprechend DIN IEC 60050-351 [6]. Erweitert werden diese noch durch die Negation (NICHT-Funktion bzw. NAND). Diesen Schaltfunktionen liegen die drei grundlegenden Funktionen UND, ODER und Negation zugrunde, die später auch in ihrer Umsetzung als elektrische verbindungsprogrammierte sowie pneumatische und hydraulische Schaltung/Steuerung gezeigt werden. Ersichtlich wird dies in der Tab. 4.15 anhand der Beschreibung als Schaltzeichen bzw. in der Funktionsbausteinsprache (FBS). So ist z. B. die Funktion NAND die Verknüpfung der Eingangsvariablen durch die UND-Funktion und eine anschließende Negation des Ausgangszustandes. Erkennbar ist dies gleichfalls anhand der Schalttabelle (Funktionstabelle). Die Eingangskombination, die in der UND-Verknüpfung den Ausgangszustand „log 1" ergibt, erzeugt bei der NAND-Verknüpfung den Ausgangszustand „log 0" und umgekehrt. Die Darstellung der Grundverknüpfungen beschränkt sich auf zwei Signalgeber.

Viele fluidische und elektrische Schaltungen lassen sich durch die logischen Grundverknüpfungen UND, ODER und NICHT in ihrem Verhalten beschreiben. Wie bereits erwähnt, kann man den Schaltzuständen binärer Sensoren, elektrischer Schalter, pneumatischer Wegeventile sowie pneumatischer und elektrischer Stellelemente und Aktoren die logischen Zustände „0“ bzw. „1“ zuordnen. Diese Analogien ermöglichen die Anwendung der mathematischen Aussagenlogik zur Analyse und Synthese von binären Verknüpfungssteuerungen.

UND-Verknüpfung

Eine UND-Verknüpfung liegt immer dann vor, wenn das Eintreten der Ausgangsbedingung von der gleichzeitigen Erfüllung aller Eingangsbedingungen abhängig ist. Anders gesagt: Das Ausgangssignal hat nur dann den Zustand „log 1“, wenn alle Eingangssignale den Zustand „log 1“ haben. Im Fall einer fluidischen oder elektrischen verbindungsprogrammierten Steuerung liegt hier eine Reihenschaltung vor. Dieser logische Sachverhalt lässt sich auch in Form einer Funktionstabelle (Schaltabelle) bzw. als logisches Schaltzeichen (siehe Tab. 4.15) darstellen.

In Abb. 4.31 ist die Umsetzung der UND-Verknüpfung mittels hydraulischer, pneumatischer und elektrischer Schaltung dargestellt. Als Signalgeber fungieren die von Hand betätigten 3/2-Wegeventile (1S1 und 1S2) bzw. die elektrischen Taster (S1 und S2). Sie erzeugen die Signale a und b. Bei betätigtem Wegeventil (Schaltstellung a) bzw. bei einem geschlossenen Kontakt des Tasters ist der Signalzustand des Signalgebers jeweils $a = 1$, $b = 1$; bei geöffnetem Kontakt bzw. in der Schaltstellung b des Wegeventils ist der jeweilige Signalzustand $a = 0$ und/oder $b = 0$.

Werden beide Wegeventile zur gleichen Zeit betätigt, dann kann das Hydrauliköl in den Zylinder (1A1) fließen. Der Kolben fährt aus. Der Reihenschaltung der Ventile entspricht die Verknüpfung der Signale a, b der beiden Signalgeber durch ein logisches UND und

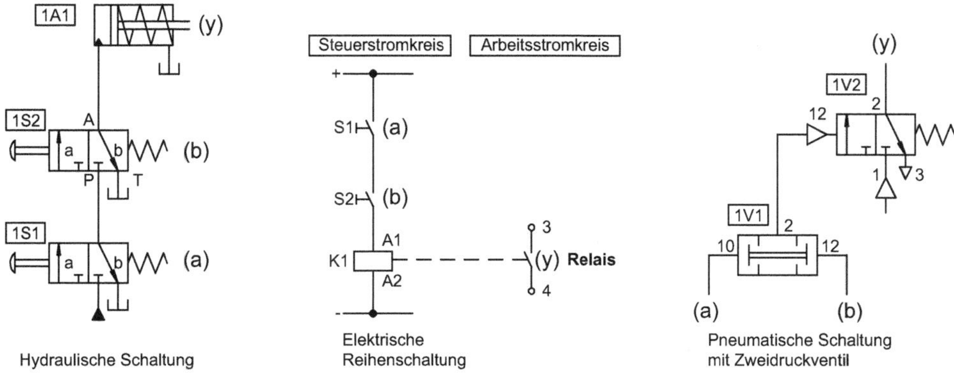

Abb. 4.31 Reihenschaltungen (UND-Verknüpfung) von zwei Signalgebern (Eingangsvariablen)

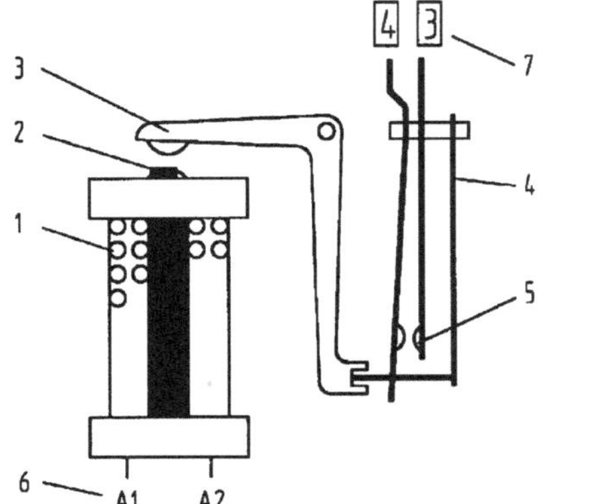

Abb. 4.32 Relais mit Nebenkontakten

der Zuweisung des Verknüpfungsergebnisses zur Variablen y. Die abhängige Variable y hat dann den logischen Zustand „1“. Das Ausgangssignal y dient im Allgemeinen zum Schalten eines Stellgliedes, also zum Eingreifen in die Steuerstrecke.

Die Reihenschaltung der beiden Wegeventile kann durch ein Zweidruckventil (1V1) – pneumatische Schaltungen – ersetzt werden. Das Zweidruckventil ist ein Sperrventil. Die Druckluft kann nur durchfließen, wenn beide Signale (a und b) auf die Steuereingänge 10 und 12 am Zweidruckventil wirken. Liegt nur Druck am Signaleingang 10 bzw. 12 an, dann ist der Durchfluss gesperrt. Sind die beiden Signale a, b zeitlich versetzt, gelangt das zuletzt ankommende Signal zum Stellglied 1V2. Das Stellglied wird über den Steuereingang (12) umgeschaltet in die Schaltstellung a; das Signal y hat „log 1“. Die Druckluft strömt durch das Ventil und ein Aktor bzw. Arbeitselement kann wirksam werden.

Elektrisch wird die Reihenschaltung durch Betätigung beider Taster erfüllt. Die beiden Schließerkontakte geben die Signale a und b. Am Relais K1 liegt dann Spannung an. Entsprechend Abb. 4.32 ist die Spule (1) vom Strom durchflossen und der Kern (2) wird magnetisch. Der drehbar gelagerte Anker (3) wird angezogen. Die Nebenkontakte (5) werden geschlossen und ein im Arbeitsstromkreis liegender Aktor oder ein Stellglied wird betätigt.

ODER-Verknüpfung

Eine ODER-Verknüpfung liegt vor, wenn das Eintreten der Ausgangsbedingung von der Erfüllung einer unabhängigen Eingangsbedingung abhängt. Technisch wird die ODER-Verknüpfung durch eine Parallelschaltung erreicht (siehe Abb. 4.33).

Wird der Schließerkontakt S1 oder S2 bei der elektrischen Parallelschaltung betätigt, so ist jeweils der Stromweg zum Relais K1 geschlossen; das Relais wird erregt und schließt den daneben liegenden Kontakt. Das 1-Signal der Variablen a oder b führt also zu „log 1“ bei der abhängigen Variablen y. Dies ist auch der Fall, wenn beide Schließerkontakte betätigt werden.

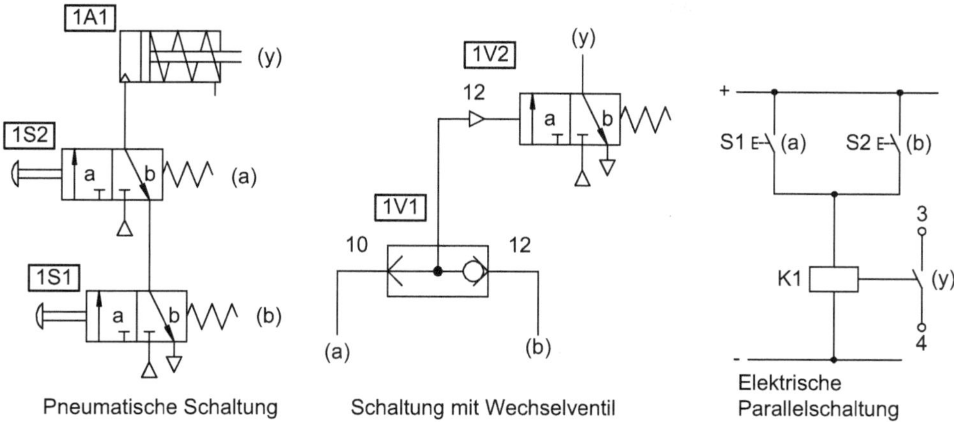

Abb. 4.33 Parallelschaltungen (ODER-Verknüpfung) von zwei Signalgebern

In gleicher Weise kann der Aktor 1A1 durch das Signalglied 1S1 oder das Signalglied 1S2 geschaltet werden. Die als Signalglieder fungierenden Wegeventile können in beide Richtungen von der Luft durchströmt werden. Auch wenn beide Signalglieder gleichzeitig gedrückt werden, genügt das Signal *a* des Signalgebers 1S2 zum Ausfahren des Kolbens.

Die Parallelschaltung der beiden Ventile kann durch ein Wechselventil (1V1) ersetzt werden. Das Wechselventil ist auch ein Sperrventil und erfüllt die ODER-Funktion. Die Signale *a* oder *b* müssen jeweils von einem geeigneten Signalgeber erzeugt werden. Das Wechselventil verbindet den Steueranschluss, der einen höheren Druck aufweist, mit dem Steueranschluss (12) am Stellglied 1V2. Wird nur ein Steueranschluss mit Druckluft beaufschlagt, dann verhindert das Ventil durch den Kugelsitz, dass die beaufschlagte Steuerleitung durch ein parallel geschaltetes Signalglied entlüftet wird.

Nicht-Funktion

Eine NICHT-Funktion liegt vor, wenn das Zustandekommen der Ausgangsbedingung durch die NICHTerfüllung einer Eingangsbedingung bewirkt wird.

Aus dem elektrischen Schaltplan (siehe Abb. 4.34) ist ersichtlich, dass die Signalleuchte P1 ohne Betätigung des Tasters S1 leuchtet, da der Stromweg 2 geschlossen ist. Wird der Taster S1 geschlossen, erlischt die Signalleuchte; das 1-Signal der Eingangsvariablen *a* bewirkt das 0-Signal der abhängigen Variable *y*. Die Ursache liegt in der Unterbrechung des 2. Stromweges durch den Nebenkontakt, einem Öffner, der durch das erregte Relais K1 geschaltet wird.

Bei der pneumatischen Schaltung sind die Durchlass- und die Sperrstellung vertauscht worden. Das 3/2-Wegeventil hat also ebenfalls eine Öffnerfunktion. Bei Betätigung von 1S1 wird der Druckluftstrom unterbrochen und die Rückstellfeder im einfach wirkenden Zylinder (Aktor) bewirkt das Einfahren des Kolbens.

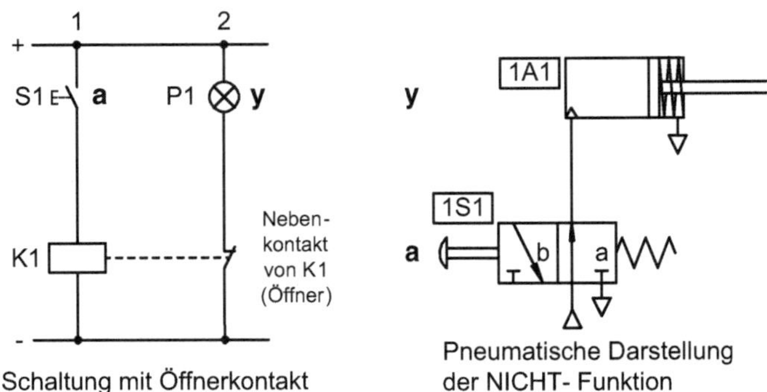

Abb. 4.34 Schaltungen mit Öffnerkontakt

4.2.2.2 Grundlagen der Schaltalgebra

Die Rechenregeln der Schaltalgebra werden genutzt, um Schaltfunktionen zu vereinfachen. Daher wird im Folgenden auf das Entstehen der Verknüpfungs- bzw. Schaltfunktionen eingegangen, bevor anschließend eine Zusammenstellung der Schaltregeln erfolgt.

Verknüpfungsfunktionen

Die Vereinfachung von Schaltungen, die durch Verknüpfungsfunktionen beschrieben werden, ist in zweifacher Hinsicht von Bedeutung. Zum einen bedingt eine geringere Anzahl von Bauteilen einen Kostenvorteil und eine Verringerung der Reparaturanfälligkeit bei verbindungsprogrammierten Steuerungen. Andererseits werden aber auch Steuerprogramme übersichtlicher, schneller und fehlerärmer.

In der Regel sind von einer Verknüpfungssteuerung nur die Eingangsgrößen und die Ausgangsgrößen bekannt; die Schaltung aber nicht. Die Bedingungen, die zur Erfüllung der Schaltfunktion (y = 1) führen, können dann mit Hilfe einer Schalttabelle ermittelt werden. Eine solche Schalttabelle ist nachstehend dargestellt.

Schalttabelle

Zeile	a	b	y
1	0	0	0
2	0	1	1
3	1	0	1
4	1	1	0

Aus dieser Schalttabelle soll eine Verknüpfungsgleichung/Verknüpfungsfunktion ermittelt werden, die zur Entwicklung einer Schaltung dient. Grundsätzlich gibt es zwei Möglichkeiten dieses Problem zu lösen:

a) Die disjunktive Normalform (DNF)

In der Schalttabelle liefern zwei Zeilen für die Ausgangsgröße y den Wert 1. In diesen Zeilen haben die Eingangsgrößen folgende Signalzustände:

Zeile 2: $a = 0$ und $b = 1$

oder

Zeile 3: $a = 1$ und $b = 0$

Verknüpft man die Variablen in den Zeilen 2 und 3 mit UND, so ist die Verknüpfung für die Zeile 2 nur dann für $y = 1$ erfüllt, wenn der Wert der Variablen a negiert wird. Für die 3. Zeile ist die Bedingung $y = 1$ nur erfüllt, wenn die Variable b negiert wird. Werden die beiden Konjunkte anschließend disjunktiv verknüpft, erhält man die disjunktive Normalform der Verknüpfungsgleichung:

$$y = \overline{a} \wedge b \vee a \wedge \overline{b}$$

Werden in diese Gleichung die Werte der Zeile 2 und 3 eingesetzt, dann ist die Bedingung $y = 1$ erfüllt; werden die Werte der Zeilen 1 und 4 eingesetzt, dann ergibt sich: $y = 0$.

In der disjunktiven Normalform der Verknüpfungs- oder Schaltgleichung werden alle Konjunktionen der Eingangsgrößen, welche $y = 1$ liefern, disjunktiv verknüpft. Den konjunktiven Term nennt man den MINTERM, da nur eine Verknüpfung aller Eingangsvariablen für die Ausgangsgröße den Wert 1 liefert.

b) Die konjunktive Normalform (KNF)

Die Zeilen 1 und 4 der Schalttabelle liefern für die Ausgangsgröße y den Wert 0. Die variablen Eingangsgrößen in diesen Zeilen müssen durch ein ODER verknüpft werden. Eine ODER-Verknüpfung der Eingänge liefert nur dann den Wert 0 als Ausgangssignal, wenn alle Eingangssignale den Wert 0 haben. Alle anderen Eingangssignalkombinationen liefern 1 als Ausgangssignal. Den disjunktiven Term nennt man deshalb den MAXTERM. Für die 1. Zeile gilt:

$a = 0$ oder $b = 0$ führt zu $y = 0$.

Eine ODER-Verknüpfung der Eingangsvariablen in der Zeile 4 führt nicht zu $y = 0$. Um diese Bedingung zu erreichen, müssen beide Eingangsvariable negiert werden, also:

$$y = \overline{a} \vee \overline{b}$$

Die konjunktive Normalform der Verknüpfungsgleichung lautet somit:

$$y = (a \vee b) \wedge \left(\overline{a} \vee \overline{b}\right)$$

Sie ist nur erfüllt, wenn beide Disjunkte 1 liefern. Dies ist der Fall, wenn die Werte der Eingangsgrößen in den Zeilen 2 oder 3 auftreten. Für die Zeile 2 gilt:

$$(0 \vee 1) \wedge \left(\overline{0} \vee \overline{1}\right) = 1 \wedge 1 = 1$$

Die beiden hier gefundenen Gleichungen zur Beschreibung des in der Schalttabelle vorgegebenen Verhaltens der abhängigen Variablen y werden auch durch ein Antivalenz-Glied, dem **Exklusiv-ODER**, erfüllt.

Schaltalgebra

Es wird unterschieden in Regeln für die Grundverknüpfungen, bei denen stets nur eine Art der Verknüpfungsfunktionen auftritt und in Regeln für gemischte Schaltungen.

Regeln für die Grundverknüpfungen Sowohl für die UND-Verknüpfung als auch die ODER-Verknüpfung gilt, dass die Reihenfolge der Eingangsvariablen bedeutungslos ist (**Kommutativgesetz**).

$$a \wedge b = b \wedge a$$

$$a \vee b = b \vee a$$

Eine UND-Schaltung aus mehr als zwei Eingangsgrößen lässt sich aus UND-Grundverknüpfungen aufbauen (**Assoziativgesetz**). Es gilt:

$$y = (a \wedge b) \wedge c = a \wedge (b \wedge c) = a \wedge b \wedge c$$

Gleiches gilt für die ODER-Schaltung.

$$y = (a \vee b) \vee c = a \vee (b \vee c) = a \vee b \vee c$$

Ist der Wert einer Eingangsvariablen bekannt, so kann die Schaltfunktion entsprechend Abb. 4.35 vereinfacht werden.

Wird eine Variable zweimal negiert, so gilt

$$\overline{\overline{a}} = a = y$$

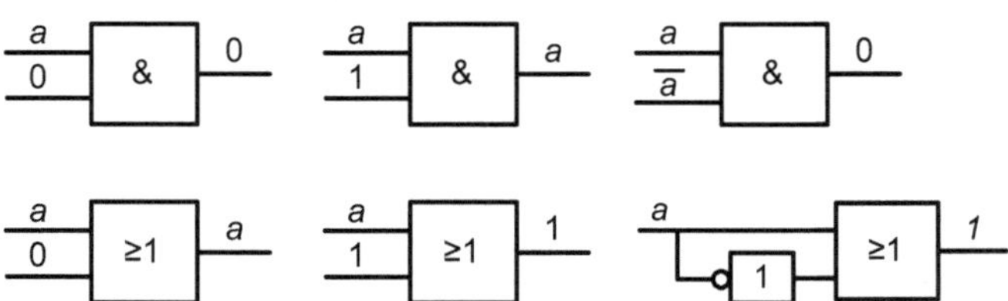

Abb. 4.35 Vereinfachung von UND- bzw. ODER- Schaltungen

Regeln für gemischte Schaltungen UND-, ODER-Verknüpfungen und Negationen können in größeren Schaltungen kombiniert werden.

Die so gebildeten Verknüpfungsgleichungen lassen sich durch die Anwendung der Regeln für gemischte Schaltungen vereinfachen. Das Distributivgesetz besagt, dass die in beiden Klammern vorkommende Variable c ausgeklammert werden kann.

$$a \wedge c \vee b \wedge c = (a \vee b) \wedge c \quad \text{(1. Distributivgesetz)}$$
$$(a \vee c) \wedge (b \vee c) = (a \wedge b) \vee c \quad \text{(2. Distributivgesetz)}$$

Eine andere Möglichkeit zur Vereinfachung von Schaltfunktionen stellt das Absorptionsgesetz dar.

$$(a \wedge b) \vee b = b \text{ (Absorptionsgesetz)}$$

Das Ergebnis einer NAND-Verknüpfung lässt sich auch durch die disjunktive Verknüpfung zweier Variablen erreichen, wenn die beiden Eingänge einer ODER-Verknüpfung negiert werden.

$$\overline{a \wedge b} = \overline{a} \vee \overline{b} \quad \text{(1. Gesetz von de Morgan)}$$

Eine NOR-Verknüpfung kann durch eine konjunktive Verknüpfung zweier Variablen erreicht werden, wenn beide Eingänge der UND-Verknüpfung negiert werden.

$$\overline{a \vee b} = \overline{a} \wedge \overline{b} \quad \text{(2. Gesetz von de Morgan)}$$

Mit Hilfe weiterer **Inversionsgesetze** lassen sich UND- in ODER-Verknüpfungen und ODER- in UND-Verknüpfungen umwandeln:

$$a \wedge b = \overline{\overline{a \wedge b}} = \overline{\overline{a} \vee \overline{b}} \text{ abgeleitet aus: } \overline{\overline{a}} = a = y \text{ und } \overline{a \wedge b} = \overline{a} \vee \overline{b}$$

Die obige Umwandlung gilt auch für drei oder mehr Variablen:

$$a \wedge b \wedge c = \overline{\overline{a} \vee \overline{b} \vee \overline{c}}$$

Folgende **Bindungsregeln der Schaltalgebra** sind für die Ermittlung des Verknüpfungsergebnisses zu beachten:

- Die UND-Verknüpfung hat Vorrang vor der ODER-Verknüpfung, wenn durch Klammern nichts Anderes vorgeschrieben wird.

$$a \wedge b \vee c = (a \wedge b) \vee c$$

- Kommt in einer gemischten Schaltung eine Negation vor, so ist diese zuerst auszuführen:

$$a \wedge \overline{b} \vee c = y$$

Tab. 4.16 Zusammenstellung der Theoreme und Gesetze der Schaltalgebra

$a \wedge 0 = 0$	$a \vee 0 = a$	Netz mit offenem Kontakt
$a \wedge 1 = a$	$a \vee 1 = 1$	Netz mit geschlossenem Kontakt
$a \wedge a = a$	$a \vee a = a$	Gesetze der Idempotenz
$a \wedge \overline{a} = 0$	$a \vee \overline{a} = 1$	Gesetz des Komplements
$\overline{\overline{a}} = a$		Doppeltes Komplement
$a \wedge b = b \wedge a$	$a \vee b = b \vee a$	Kommutativ-Gesetz
$(a \wedge b) \wedge c = a \wedge (b \wedge c) = a \wedge b \wedge c$		1. Assoziativ-Gesetz
$(a \vee b) \vee c = a \vee (b \vee c) = a \vee b \vee c$		2. Assoziativ-Gesetz
$a \wedge c \vee b \wedge c = (a \vee b) \wedge c$		1. Distributiv-Gesetz
$(a \vee c) \wedge (b \vee c) = (a \wedge b) \vee c$		2. Distributiv-Gesetz
$\overline{a \wedge b} = \overline{a} \vee \overline{b}$		1. Gesetz von de Morgan
$\overline{a \vee b} = \overline{a} \wedge \overline{b}$		2. Gesetz von de Morgan
$a \wedge (a \vee b) = a$		Absorptionsgesetz
$a \vee (a \wedge b) = a$		Absorptionsgesetz

Die Tab. 4.16 zeigt die Zusammenfassung der Theoreme und Gesetze der Schaltalgebra die für Vereinfachungen einsetzbar sind.

Wie bereits erwähnt, ist man in der Praxis bestrebt, Schaltungen mit wenigen Bauelementen oder geringem Programmieraufwand zu entwickeln. Bereits in Abschn. 4.1.4 wurden die Rechenregeln der Schaltalgebra für die Vereinfachung von Verknüpfungssteuerungen angewendet. Anhand eines weiteren Beispiels wird hier die Vorgehensweise für die disjunktive Normalform gezeigt.

Lehrbeispiel: Minimierung einer Verknüpfungsgleichung Für die Ansteuerung des Ausgangs y haben sich die Eingangskombinationen entsprechend der unten abgebildeten Schalttabelle ergeben. Es ist daraus die vollständige Schaltfunktion als disjunktive Normalform abzuleiten und mit Hilfe der Rechenregeln der Schalalgebra zu vereinfachen. Vergleichen Sie das Ergebnis mit der Vereinfachung der Schaltfunktion unter Anwendung des Karnaugh-Veitch-Diagramms.

Schalttabelle

Zeile	a	b	c	y
1	0	0	0	0
2	0	0	1	1
3	0	1	0	0
4	0	1	1	1
5	1	0	0	0
6	1	0	1	0
7	1	1	0	1
8	1	1	1	1

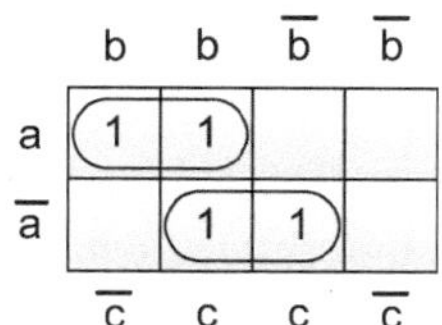

Abb. 4.36 Karnaugh-Veitch-Diagramm

Lösung: Zunächst soll aus der gegebenen Schalttabelle die Verknüpfungsgleichung ermittelt werden. Da die Ausgangsgröße y je 4-mal den Wert „0" und „1" liefert, könnte zur Ermittlung der Verknüpfungsgleichung sowohl die disjunktive als auch die konjunktive Normalform gewählt werden.

Die disjunktive Normalform (DNF) ergibt sich aus den Zeilen 2, 4, 7 und 8, also aus allen Zeilen in denen $y = 1$ liefert. Sie lautet:

$$\overline{a} \wedge \overline{b} \wedge c \vee \overline{a} \wedge b \wedge c \vee a \wedge b \wedge \overline{c} \vee a \wedge b \wedge c = y$$
$$\left[\overline{a} \wedge c \wedge \left(\overline{b} \vee b\right)\right] \vee [a \wedge b \wedge (\overline{c} \vee c)] = y$$
$$[\overline{a} \wedge c \wedge 1] \vee [a \wedge b \wedge 1] = y$$
$$\overline{a} \wedge c \vee a \wedge b = y$$

Durch Anwendung des Distributivgesetzes können die beiden ersten Konjunkte und die beiden letzten Konjunkte der Gleichung zusammengefasst werden. Aus den beiden runden Klammern ist ersichtlich, dass die Variablen b und c jeweils auf „1" oder „0" abgefragt werden. Aufgrund des Komplementgesetzes ergibt sich somit ein ständiger „1"-Wert. Netze mit ständig geschlossenen (oder geöffneten) Kontakten haben keine Schaltfunktion; sie können entfallen. Übrig bleibt die minimierte Schaltgleichung (Verknüpfungsgleichung).

Die vereinfachte disjunktive Normalform ist auch mittels des Karnaugh-Veitch-Diagramms zu ermitteln. Aus der ersten Gleichung ergibt sich das Schema in Abb. 4.36. Es ist möglich zwei Zweierblöcke zu bilden, für die jeweils eine Variable entfällt. Der obere Block ergibt die Lösung: $a \wedge b$ und der untere: $\overline{a} \wedge c$. Folglich lautet auch hier die Lösung: $\overline{a} \wedge c \vee a \wedge b = y$.

Übungsaufgabe 29

Lampe H1 soll leuchten, wenn Schalter S1 betätigt und Schalter S2 nicht betätigt sind. Erstellen Sie den Funktionsplan (FUP), wenn a) beide Schalter Schließer und wenn b) beide Schalter Öffner sind.

4.2.3 Grundlegende Funktionen der Steuerungstechnik

Zur Steuerung von Programmabläufen sind neben den logischen Grundverknüpfungen weitere Funktionen (= Anweisungen) bedeutsam. In diesem Kapitel werden einige aufgeführt. Die Speicherprogrammierbaren Steuerungen erlauben durch immer bessere Prozessoren eine weitere Annäherung zur Informatik. Über offene Steuerungen wird angestrebt, mittels höherer Programmiersprachen auch durch den Nutzer den Funktionsumfang zu erweitern. Neben den hier aufgeführten Funktionen existiert daher eine Vielzahl weiterer. Der Umfang der zur Verfügung stehenden Funktionen ist von Steuerung zu Steuerung unterschiedlich. Im Abschnitt Speicherprogrammierbare Steuerungen werden für den Programmablauf bedeutsame noch näher erläutert. An dieser Stelle werden Funktionen beschrieben, die auch mit mechanischen oder fluidischen Steuerungen umsetzbar sind.

4.2.3.1 Speicherfunktionen

Wenn ein Startsignal auf den Eingang einer digitalen Steuereinrichtung gegeben wird, dann geschieht dies oft in Form eines kurzen Impulses. Der Zustand „log 1" ist nur für die kurze Betätigungszeit eines Signalgebers vorhanden. Soll ein Signal für längere Zeit gespeichert werden, so ist eine Steuerung mit Speicherfähigkeit erforderlich. Beispiele sind hierfür das Betätigen von Tastern sowie Signale von binären Sensoren, die beim Verlassen des Schaltabstandes wieder verloren gehen.

Entstehung des Speicherverhaltens

Speicher haben die Aufgabe, Informationen bis auf Widerruf zu speichern. Ein binärer Speicher kann zwei Schaltzustände annehmen: Er ist gesetzt, d. h. er hat einen inneren Zustand „log 1" oder er ist rückgesetzt, d. h. er hat den inneren Zustand „log 0". Während bei kontinuierlich wirkenden Steuerschaltungen der Wert der Ausgangssignale nur von der augenblicklichen Kombination der Eingangssignale abhängt, ist bei Steuerungen mit Speichern der Zustand der Ausgänge zusätzlich abhängig vom inneren Zustand der Speicher. Soll beispielsweise ein Gerät (A) dauerhaft durch ein kurzes Tippen auf einen Taster EIN (S) eingeschaltet und durch ein kurzes Tippen auf einen Taster AUS (R) ausgeschaltet werden, kann der Wert des Ausgangssignals nicht mehr nur durch die Kombination der Eingangswerte angegeben werden. Es ist zusätzlich zu beachten, welchen inneren Zustand (Q) der Speicher hat.

Beispiel

An dieser Stelle wird das Beispiel aus Abschn. 4.1.4 für Verknüpfungssteuerungen mit Speicherverhalten aufgegriffen. Vereinfacht wird dieses Beispiel entsprechend Abb. 4.37 durch den Wegfall des Schalters S0 zur Überwachung der Anlage. Die Pumpe soll eingeschaltet werden, wenn der Sensor B2 (= EIN (S)) mit einem „1"-Signal reagiert hat und ausgeschaltet, wenn der Sensor B1 (= AUS (R)) mit einem „0"-Signal reagiert. Hierbei soll das Setzen dominant sein, d. h. liefert B2 ein „1"-Signal und gleichzeitig B1 ein „0"-Signal, ist der Motor weiterhin anzusteuern. Für den Fall, dass sowohl B2 als auch B1 ein „0"-Signal besitzen, ist der vorhergehende Zustand wichtig: Ist der Behälter beim Befüllen, d. h. der Motor wurde zuletzt zurückgesetzt (ausgeschaltet), so bleibt er zurückgesetzt (ausgeschaltet). Ist der Behälter beim Entleeren, d. h. der Motor wurde zuletzt gesetzt (eingeschaltet), so bleibt er gesetzt (eingeschaltet).

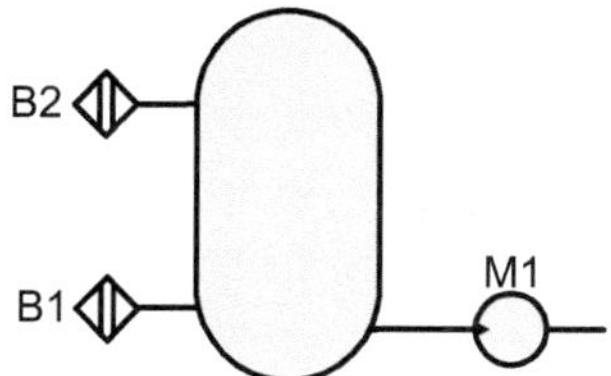

S: B2 = 1, EIN (Setzen)
R: B1 = 0, AUS (Rücksetzen)
Q: Innerer Zustand des Speichers (Q = 1: Motor an, Q = 0: Motor aus)
M1: Stellglied (Motor) am Gerät (= Ausgang)

Festlegung der Dominanz:
Reagieren S und R gleichzeitig, soll das Ausgangssignal M1: „1"-Wert haben.

Abb. 4.37 Beispiel Speicherverhalten

Tab. 4.17 Schalttabelle Setzen – Rücksetzen – vorrangiges Setzen

Eingänge			Ausgang	
S/B2	R/B1	Q/$M1_V$	M1	Nr. der Zeile
0	0	0	0	0
0	0	1	0	1
0	1	0	0	2
0	1	1	1	3
1	0	0	1	4
1	0	1	1	5
1	1	0	1	6
1	1	1	1	7

Die Schalttabelle ergibt sich wie in Tab. 4.17.

Die Zeilen vier und fünf werden durch die festgelegte Dominanz (Anschalten dominant) bestimmt und die Zeilen zwei und drei durch den vorhergehenden Zustand (Motor an → bleibt an (entleert), Motor aus → bleibt aus (befüllt)).

Anhand der Schalttabelle lässt sich über die disjunktive Normalform folgende Schaltfunktion ableiten:

$$\left(\overline{B2} \wedge B1 \wedge M1_v\right) \vee \left(B2 \wedge \overline{B1} \wedge \overline{M1_v}\right) \vee \left(B2 \wedge \overline{B1} \wedge M1_v\right) \\ \vee \left(B2 \wedge B1 \wedge \overline{M1_v}\right) \vee (B2 \wedge B1 \wedge M1_v) = M1,$$

dargestellt mittels des Setzeingangs, des Rücksetzeingangs und des vorhergehenden Zustands:

$$\left(\overline{S} \wedge R \wedge Q\right) \vee \left(S \wedge \overline{R} \wedge \overline{Q}\right) \vee \left(S \wedge \overline{R} \wedge Q\right) \\ \vee \left(S \wedge R \wedge \overline{Q}\right) \vee (S \wedge R \wedge Q) = M1.$$

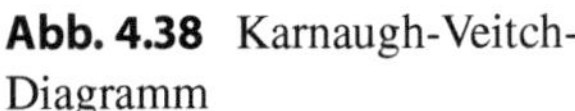

Abb. 4.38 Karnaugh-Veitch-Diagramm

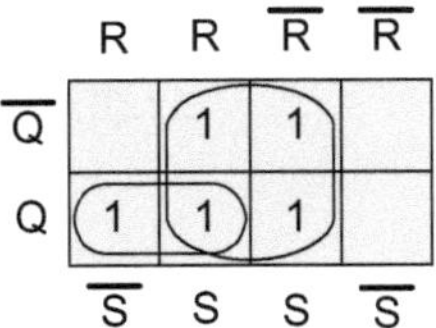

Für die Vereinfachung der Schaltfunktion wird wieder das Karnaugh-Veitch-Diagramm (siehe Abb. 4.38) genutzt.

Für die vereinfachte Schaltfunktion folgt daraus:

$$S \vee (R \wedge Q) = M1.$$

Die Darstellung in Funktionsbausteinsprache bzw. als Funktionsplan (siehe Abb. 4.39) veranschaulicht die Schaltfunktion genauer.

Vorrangiges Setzen

In der Aufgabenstellung war formuliert, dass ein Rücksetzen erfolgen soll, wenn B1 einen „0"-Wert besitzt. In der resultierenden Schaltfunktion wird jedoch B1 bzw. R mit dem Wert „1" abgefragt. Das ergibt sich aus der inneren Struktur des Bausteins „Vorrangiges Setzen". Die entstandene Schaltfunktion spiegelt die innere Struktur dieses Bausteins wider, da die Aufgabe ein dominantes Setzen verlangte. Intern wird der negierte Wert des Rücksetzeinganges abgefragt. Eine doppelte Negation des R-Eingangs erfolgt somit und führt zum RS-Baustein (vorrangiges Setzen), wie Abb. 4.40 zeigt.

Das Zeitdiagramm entsprechend Abb. 4.41 veranschaulicht die generelle Funktionsweise des RS-Bausteins. Es ist ersichtlich, dass ein kurzzeitiges Signal am Setzeingang den Ausgang so lange auf den Wert „1" setzt, bis ein Signal am Rücksetzeingang diesen wieder auf „0" zurücksetzt. Solange ein „1"-Signal aber am Setzeingang anliegt, wird ein „1"-Wert am Rücksetzeingang nicht aktiv.

Für die Umwandlung des Funktionsplans für die Motoransteuerung aus Abschn. 4.1.4 in eine RS-Schaltfunktion muss auf die Rechenregeln der Schaltalgebra zurückgegrif-

Abb. 4.39 Funktionsplan

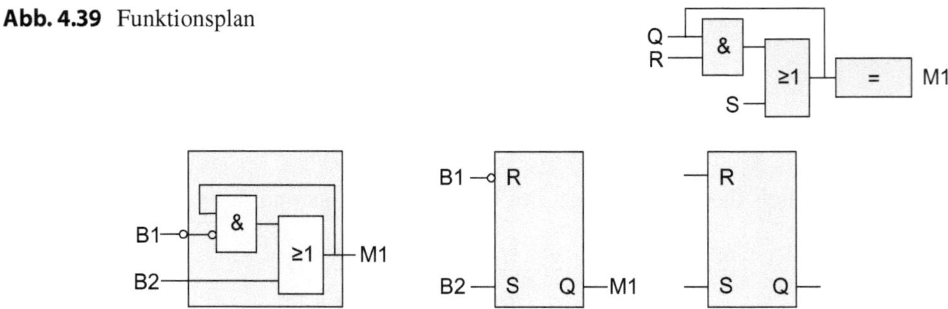

Abb. 4.40 RS-Schaltfunktion und Schaltzeichen

Abb. 4.41 Zeitdiagramm RS-Schaltfunktion (RS-Baustein)

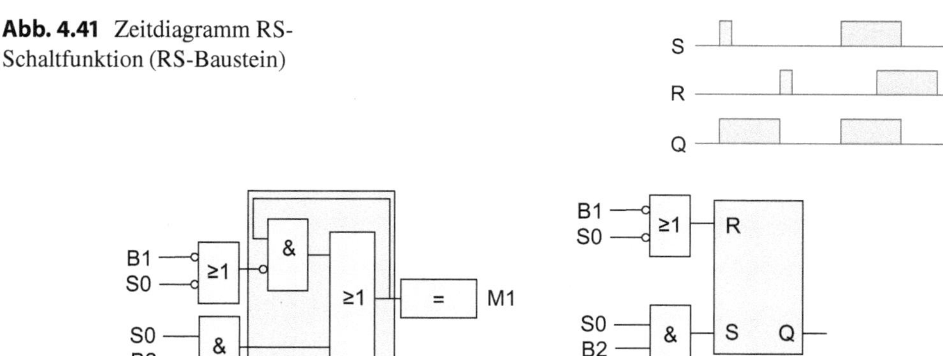

Abb. 4.42 Funktionsplan und RS-Schaltfunktion für Motoransteuerung mit Schalter S0

fen werden. Die Schaltfunktion, die zur Schaltfunktion am Rücksetzeingang führt, lautet: $S0 \wedge B1 \wedge M1$. Wie bereits erwähnt, wird intern die Schaltfunktion des Rücksetzeingangs negiert. Somit ist folgende Umformung erforderlich:

$$S0 \wedge B1 \wedge M1 = \overline{\overline{S0}} \wedge \overline{\overline{B1}} \wedge M1 = \left(\overline{\overline{S0} \vee \overline{B1}}\right) \wedge M1.$$

Die Ansteuerung des Motors würde damit mit Hilfe der RS-Schaltfunktion entsprechend Abb. 4.42 programmiert.

Vorrangiges Rücksetzen

Neben der Speicherfunktion für vorrangiges Setzen gibt es auch die Funktion des vorrangigen Rücksetzens (SR-Schaltfunktion). In diesem Fall ist für gleichzeitiges Betätigen des Setz- und des Rücksetzeingangs der Rücksetzbefehl aktiv. Im Folgenden werden beispielhaft eine Schalttabelle (Tab. 4.18) ($B2 = 1 \rightarrow$ Setzen, $B1 = 1 \rightarrow$ Rücksetzen), die daraus abgeleitete Schaltfunktion sowie das Zeitdiagramm dargestellt.

Tab. 4.18 Schalttabelle Setzen – Rücksetzen – vorrangiges Rücksetzen

Eingänge			Ausgang	
S/B2	R/B1	Q/A_V	A	Nr. der Zeile
0	0	0	0	0
0	0	1	1	1
0	1	0	0	2
0	1	1	0	3
1	0	0	1	4
1	0	1	1	5
1	1	0	0	6
1	1	1	0	7

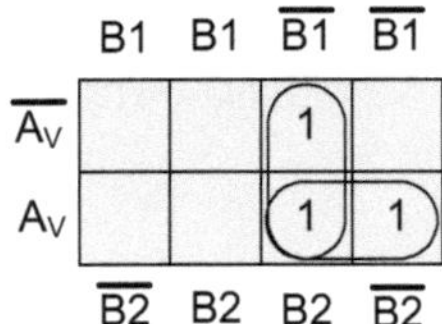

Abb. 4.43 Karnaugh-Veitch-Diagramm und vereinfachte Schaltfunktion

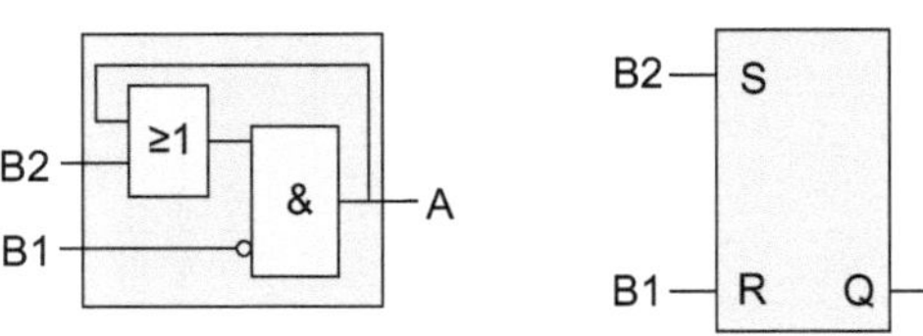

Abb. 4.44 SR-Schaltfunktion und Schaltzeichen

Die Zeilen sechs und sieben werden durch die festgelegte Dominanz (Ausschalten dominant) bestimmt und die Zeilen null und eins durch den vorhergehenden Zustand (Ausgang an → bleibt an, Ausgang aus → bleibt aus).

Anhand der Schalttabelle lässt sich über die disjunktive Normalform folgende Schaltfunktion ableiten:

$$\left(\overline{\mathrm{B2}} \wedge \overline{\mathrm{B1}} \wedge A_v\right) \vee \left(\mathrm{B2} \wedge \overline{\mathrm{B1}} \wedge \overline{A_v}\right) \vee \left(\mathrm{B2} \wedge \overline{\mathrm{B1}} \wedge A_v\right) = A.$$

Für die Vereinfachung der Schaltfunktion mit Hilfe des Karnaugh-Veitch-Diagramms (siehe Abb. 4.43) ergibt:

Vereinfachte Schaltfunktion

$$\left(\mathrm{B2} \wedge \overline{\mathrm{B1}}\right) \vee \left(\overline{\mathrm{B1}} \wedge A_v\right) = \overline{\mathrm{B1}} \wedge (\mathrm{B2} \vee A_v) = A.$$

Der SR-Speicher (siehe Abb. 4.44) wird über den Setzeingang S auf den Signalzustand Q = 1 gesetzt. Rücksetzen erfolgt über den Rücksetzeingang R. Wenn gleichzeitig am Setz- und Rücksetzeingang ein Signal anliegt, dominiert das Signal am Rücksetzeingang (siehe Abb. 4.45). Da ein Programm immer zyklisch abgearbeitet wird, hat der zuletzt gelesene Befehl Dominanz. Dies ist im Fall der SR-Schaltfunktion der Rücksetzeingang R und im Fall der RS-Schaltfunktion der Setzeingang S.

Zur Erarbeitung von Verknüpfungssteuerungen mit Speicherbedingungen ist es häufig nicht zielführend die Schaltfunktion über die Schalttabelle zu erarbeiten. Es kann hilfreich sein, die Zusammenhänge über eine Tabelle herauszuarbeiten. Diese enthält die mittels Speicher anzusteuernde Ausgänge oder Hilfsspeicher und die Setz- und Rück-

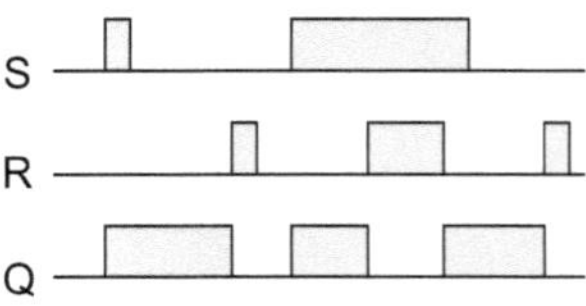

Abb. 4.45 Zeitdiagramm SR-Schaltfunktion (SR-Baustein)

Tab. 4.19 Setz- und Rücksetztabelle

Zu betätigende Speicherglieder (z. B. Ausgänge)	Variablen für das Setzen	Variablen für das Rücksetzen
M1	$S0 \wedge B2$	$\overline{S0} \vee \overline{B1}$
Weitere Speicherglieder ...		

setzbedingungen. Diese müssen für die zu programmierende Endfassung auch Verriegelungsbedingungen enthalten, die aus dem Betriebsartenteil oder aus der Funktion der Steuerungsaufgabe abgeleitet werden können.

Für die Motoransteuerung aus Abschn. 4.1.4 ergibt sich Tab. 4.19.

Verriegelung von Speichern

Werden für die Umsetzung von Steuerungsanweisungen Speicherfunktionen genutzt, so kommt es häufig vor, dass Verriegelungen berücksichtigt werden müssen. Verriegelung bedeutet, dass *die Übertragung eines Signals, das Wirksamwerden eines Elements oder die Ausführung eines Befehls* (DIN IEC 60050-351 [6]) durch ein Signal, das Verriegelungssignal, blockiert wird. Dabei werden zwei Arten unterschieden:

- Gegenseitiges Verriegeln (z. B. Verhinderung der direkten Umschaltung eines Motors vom Rechts- in den Linkslauf) oder
- Reihenfolgeverriegelung (z. B. Verriegelung eines Folgeschrittes in einer Ablaufsteuerung).

Die Verriegelung kann jeweils sowohl über den Setz- als auch den Rücksetzeingang erfolgen.

In der Regel werden SR-Speicherfunktionen eingesetzt. Die Reihenfolgeverriegelung der Ablaufsteuerungen erfolgt, wie im Abschn. 4.4 anhand des Beispiels zu Ablaufsteuerungen gezeigt, über den Setzeingang. Ein nachfolgender Schritt kann in diesem Fall nur gesetzt werden, wenn der vorhergehende gesetzt ist.

Beispiel: Motorschaltung

Die Verriegelung der Drehrichtungsumkehr eines Motors vom Rechts- in den Linkslauf soll am Beispiel der Speicherverriegelung dargestellt werden.

Lösung: Zuordnungstabelle

Betriebsmittel	Symbol	Adresse
Taster Linkslauf Ein (Schließer)	S1	E0.1
Taster Rechtslauf Ein (Schließer)	S2	E0.2
Taster Halt (Öffner)	S3	E0.3
Schütz Linkslauf	K1	A1.1
Schütz Rechtslauf	K2	A1.2

a) Verriegelung ohne direkte Umschaltung

Verriegelungsschaltung 1 [FC1]

Netzwerk 1: Linkslauf

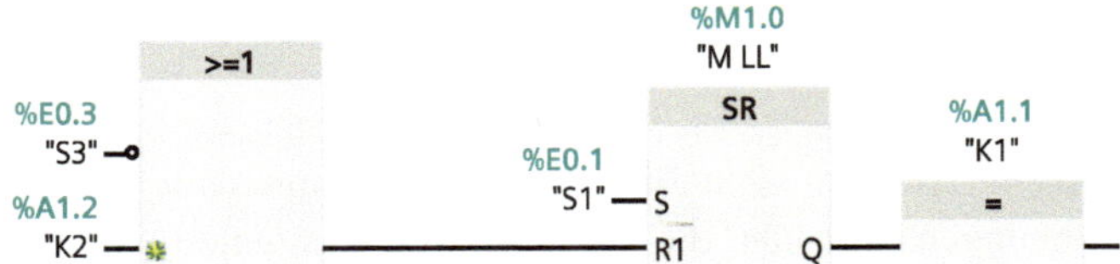

Netzwerk 2: Rechtslauf

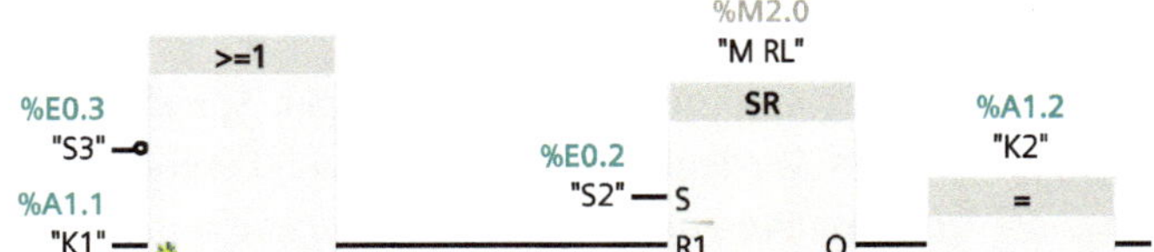

Die Befehle für den Rechts- bzw. Linkslauf werden über den Rücksetzeingang der SR-Speicher M1.0 und M2.0 verriegelt. Das Abfragen des jeweils anderen Ausgangs am Rücksetzeingang führt dazu, dass wenn ein Ausgang gesetzt ist, der andere nicht mehr gesetzt werden kann. Die Umschaltung in die entgegengesetzte Drehrichtung kann nur erfolgen, wenn zuerst der Taster Halt (S3) gedrückt wurde. Die Abfrage dieses Tasters erfolgt aus Sicherheitsgründen drahtbruchsicher, d. h. als Öffner. Die gleichzeitige Betätigung der Taster für den Rechts- und den Linkslauf innerhalb eines Zyklus führt aufgrund der Abarbeitungsreihenfolge der Anweisungen dazu, dass in unserem Beispiel der Linkslauf aktiviert werden würde, da dieses Netzwerk vor der Ansteuerung des Rechtslaufs ausgewertet wird. Dies ist aber nur der Fall, wenn nicht zuvor schon ein Ausgang angesteuert war.

b) Verriegelung mit direkter Umschaltung

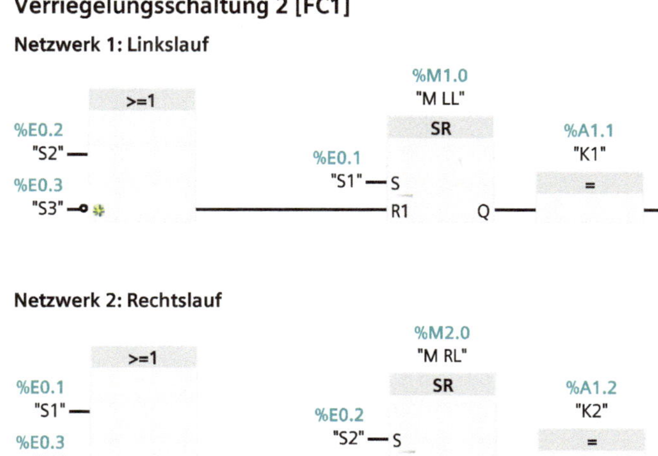

In diesem Beispiel ist eine direkte Umschaltung vom Rechts- in den Linkslauf und umgekehrt möglich. Rechts- bzw. Linkslauf kann durch ein Signal auf den Setzeingang geschaltet werden. Bei gleichzeitiger Betätigung der Taster S1 und S2 verhindert die zusätzliche Abfrage über den Rücksetzeingang des jeweils anderen Speichers das Setzen eines Speichers, der Motor bleibt im Stillstand. Würden beide Tasten nicht innerhalb eines Zyklus losgelassen werden, erfolgt das Setzen der Drehrichtung, dessen Taster mit „1“ ausgewertet wird während der andere bereits eine „0“ liefert. Soll direkt vom Rechtslauf in den Linkslauf geschaltet werden, ist dies möglich durch den Rücksetzbefehl von E0.1 auf den zweiten Speicher und den gleichzeitigen Setzbefehl auf den ersten Speicher. Können die Tasten gleichzeitig betätigt werden, ist die Ansteuerung auf diese Art sehr unsicher.

Verriegelung der Reihenfolge des Setzens von Speichern

Eine solche Verriegelung ist erforderlich, wenn die Speicher zur Ansteuerung von Stellelementen nur in einer festgelegten Reihenfolge gesetzt werden dürfen. Die Festlegung kann durch die Abfrage des zuvor gesetzten Speichers über den Setzeingang oder den Rücksetzeingang des Folgespeichers erreicht werden. Nachfolgend ein Anwenderprogramm für eine Reihenfolgenverriegelung über den Setzeingang. Wenn beide Ausgänge aktiv waren, kann im Anschluss der Ausgang A1.2 auch allein aktiv (= „1“) sein, da Ausgang A1.1 unabhängig zurückgesetzt werden kann. Ist dies nicht gewünscht, so ist eine Verriegelung über den Rücksetzeingang erforderlich, wodurch mit dem Rücksetzen von A1.1 gleichzeitig auch A1.2 zurückgesetzt wird (durch Abfrage von: $\overline{\text{A1.1}}$ am Rücksetzeingang von A1.2).

Reihenfolgeverriegelung über den Setzeingang [FC10]

Netzwerk 1: Antrieb 1

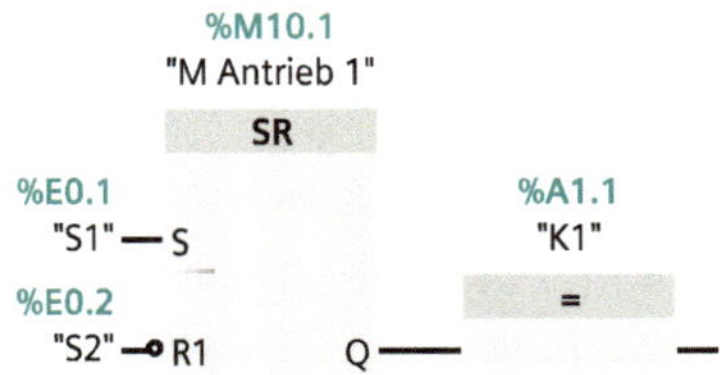

Netzwerk 2: Antrieb 2

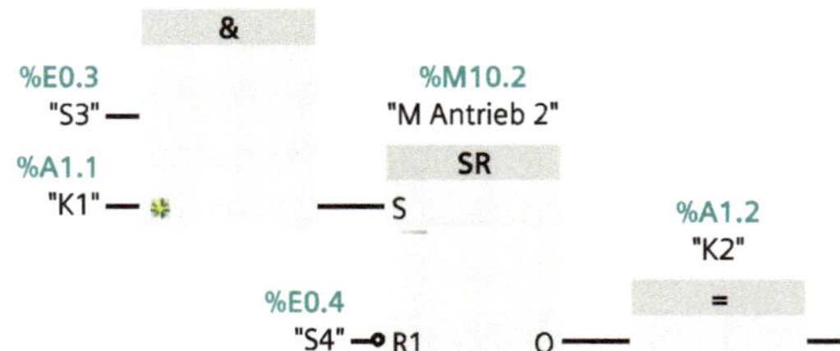

Elektrische und pneumatische Signalspeicherung

Eine Signalspeicherung ist auch durch geeignete mechanische Befehlsgeber möglich, z. B. mechanische Stellschalter oder Ventile mit einer Raste (siehe Abb. 4.46, links). Sollen Schaltbefehle an leistungsstarken Anlagen oder Maschinen gespeichert werden, verwendet man in der Elektrotechnik eine Signalspeicherung durch Selbsthaltung. Das Einschalten eines Stromkreises erfolgt durch einen Schließerkontakt, das Ausschalten erfolgt durch einen Öffnerkontakt. Haltbefehle müssen Vorrang vor zugeordneten Startbefehlen haben.

Wird der Taster S2 betätigt (Eingabesignal $b = 1$), dann ist der Stromweg zum Relais K1 geschlossen ($y = 1$). Direkt nach Betätigung des Tasters S2 fließt Strom durch die Relaisspule. Die Spule erzeugt ein Magnetfeld. Dadurch wird der Anker vom Kern angezogen. Gleichzeitig wechselt der Nebenkontakt aus der Ruhelage und schließt den Stromweg 2 zur Relaisspule. Nach dem Loslassen des Tasters S2 bleibt die Relaisspule über diesen Nebenkontakt erregt und „hält“ sich selbst an Spannung (Selbsthaltung). Die Selbsthaltung oder Signalspeicherung kann nur durch Unterbrechung des die Stromversorgung sichernden Stromweges aufgehoben werden. Hierzu dient ein Öffner. Wird der Taster S1 betätigt, wird die Relaisspule stromlos und der Nebenkontakt fällt durch die Federkraft der Rückstellfeder ab. Informationstechnisch ist der Speicher rückgesetzt oder gelöscht (vgl. Abb. 4.46).

Betrachtet man die Funktion dieser Selbsthaltung bei gleichzeitiger Betätigung beider Taster, so erkennt man, dass im mittleren Schaltplan in Abb. 4.46 der Vorrang des Rücksetzbefehls erfüllt ist. Durch Öffnen von S1 wird das Relais (K1) nicht vom Strom durchflossen und kann keinen Schaltvorgang über weitere Nebenkontakte im Arbeits-

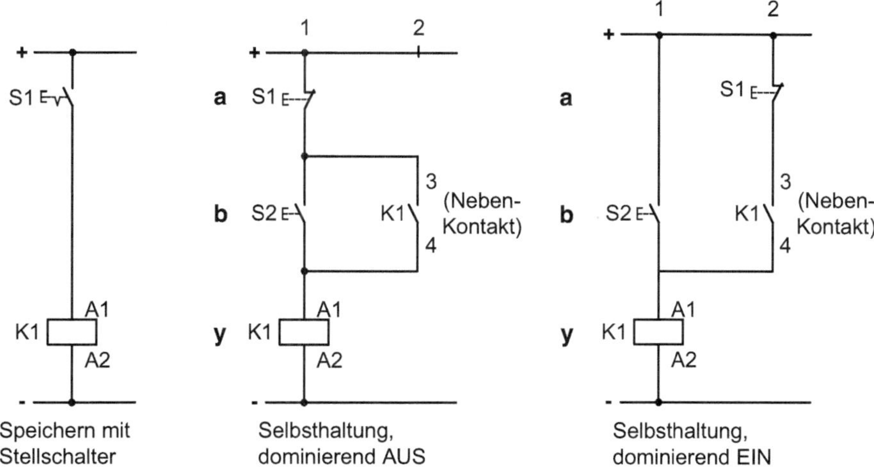

Abb. 4.46 Elektrische Signalspeicherung

stromkreis auslösen. Im rechten Schaltplan in Abb. 4.46 ist der Vorrang des Setzbefehls erfüllt. Solange S2 betätigt ist, wird das Relais (K1) vom Strom durchflossen und kann Nebenkontakte schließen. Nur das alleinige Betätigen von S1 verhindert dies.

Die **pneumatische Selbsthaltung** ist der elektrischen Selbsthaltung nachempfunden (siehe Abb. 4.47). Zwei 3/2-Wegeventile sind in Reihe geschaltet. 1S1 ist in der Ruhestellung gesperrt (Schließer); das Ventil 1S2 hat in Ruhestellung Durchlass (Öffner). Nach Betätigung des Ventils 1S1 wird die Druckluft freigegeben, fließt durch das Ventil 1S2 und schaltet das Ventil 1V2 dauerhaft in die Schaltstellung a. Das Wechselventil 1V1 verhindert eine direkte Beaufschlagung der Arbeitsleitung 2 mit Druckluft. Nachdem das Signalglied (Ventil 1S1) wieder in Sperrstellung ist, fließt die Luft aus der Arbeitsleitung über das Wechselventil 1V1 zum Steueranschluss 12 und hält das Stellglied dauerhaft in Schaltstellung a. Das Wechselventil verhindert das Abfließen der Druckluft über das Ventil 1S1. Die Selbsthaltung wird durch Betätigung des Ventils 1S2 unterbrochen. Sobald die Luftzufuhr aus der Arbeitsleitung abfällt, schiebt die Rückstellfeder am Stellglied 1V2 das Ventil zurück in die Sperrstellung b. Bei gleichzeitiger Betätigung der Signalventile dominiert das Ventil 1S2 mit der Öffnerfunktion.

In der Praxis ist es eher üblich pneumatische Wegeventile mit Haftverhalten als Signalspeicher zu verwenden. Solche Ventile werden durch Druckluftimpulse gesteuert und verharren in der jeweiligen Schaltstellung. Abb. 4.47 zeigt ein 5/2-Wegeimpulsventil mit einer dominierenden Schaltstellung b. Die Dominanz dieser Schaltstellung erreicht man durch unterschiedliche Querschnitte an den Anschlüssen des Steuerschiebers. Abgeleitet aus der allgemeinen Druckgleichung $p = F/A$ ergibt sich an der Stelle des größten Querschnitts eine größere Kraft zum Verschieben des Steuerschiebers im Ventil: $F = p \cdot A$. Entsprechend dem 3/2-Wegeventil mit Raste können Ventile auch mechanisch in ihrer Position fixiert werden.

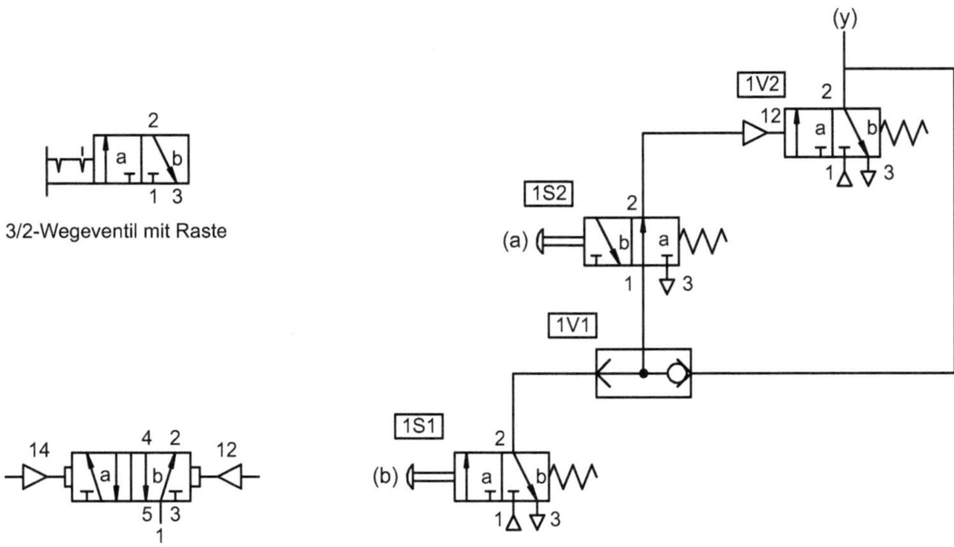

Abb. 4.47 Pneumatische Signalspeicherung

4.2.3.2 Flankenauswertung

Die Signale der Taster, Schalter und Sensoren wirken auf die SPS-Eingänge statisch, d. h. sie liefern dauerhaft entsprechend ihrer Stellung ein Signal. Ein weiteres Signal, z. B. zum Setzen kann erst wirksam werden, nachdem das noch wirksame, dominierende Signal abgefallen ist. Auch für die Abfrage von Zeitfunktionen ist das bedeutsam. Erfolgt die Abfrage des binären Zeitsignals auf den Wert „0", so ist die Bedingung auch erfüllt, wenn die Zeitfunktion nicht aktiviert wurde. Dies könnte verhindert werden, wenn der Wechsel des Signals von „1" auf „0" abgefragt werden würde. Um dies zu realisieren, bieten die SPS-Hersteller spezielle Funktionsbausteine zur Flankenerkennung an. Eine Flanke entsteht immer dann, wenn sich der Signalzustand eines Signalgebers verändert:

- Eine positive Flanke entsteht bei einem Signalwechsel 0 – 1.
- Eine negative Flanke entsteht bei einem Signalwechsel 1 – 0.

Um einen einmaligen Impuls auszulösen, muss eine bereits erfolgte Auswertung des anliegenden Signals (S) bzw. des Verknüpfungsergebnisses (VKE) in einem vorhergehenden Zyklus gespeichert werden. Das erfolgt über den Flankenmerker (FM). Wechselt das Signal in Abb. 4.48 links am Eingang S von „0" auf „1" so ist die UND-Verknüpfung erfüllt. Der Impulsmerker (IM) erhält ein „1"-Signal und gleichzeitig wird der SR-Speicher gesetzt. Somit kann im folgenden Zyklus bei einer erneuten Abfrage die UND-

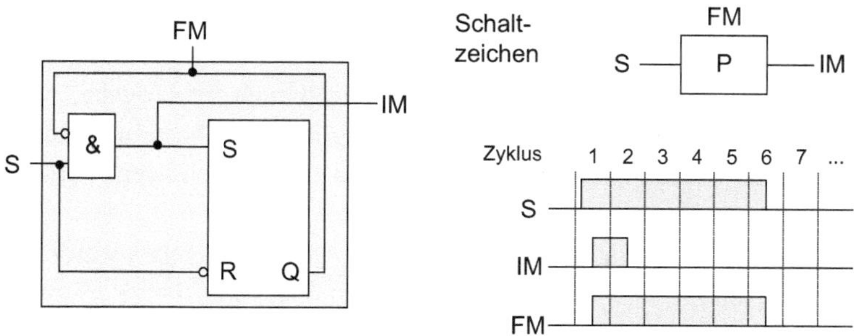

Abb. 4.48 Erkennen einer positiven Flanke (Funktionsplan, Schaltzeichen und Zeitdiagramm)

Verknüpfung nicht erfüllt sein, da der Flankenmerker ein „1“-Signal besitzt und die negierte Abfrage für die UND-Verknüpfung ein „0“-Signal liefert. Erst durch einen Wechsel des Signalzustandes am Eingang S wieder auf „0“ und somit ein Rücksetzen des Speichers kann nach einer erneuten positiven Flanke am Impulsmerker ein „1“-Signal erzeugt werden. Der Impulsmerker besitzt somit nur für einen Zyklus (siehe Arbeitsweise der SPS, Abschn. 4.4.1) ein „1“-Signal (vgl. auch Zeitdiagramm Abb. 4.48). Wenn die Impulsauswertung im weiteren Programm ausgewertet werden soll (z. B. in Ablaufsteuerungen zum Herstellen der Grundstellung über einen Richtimpuls = Impulsmerker), so sind Operanden zum Abspeichern erforderlich. Das können Merker (= interne Zwischenspeicher der Steuerung), Datenbits in Datenbausteinen, temporäre oder statische lokale boolsche Variablen sein.

Analog kann die Auswertung einer negativen Flanke entsprechend Abb. 4.49 erfolgen.

In elektrischen verbindungsprogrammierten Steuerungen wird eine Flankenauswertung durch Kurzzeitschaltglieder oder Wischkontakte umgesetzt.

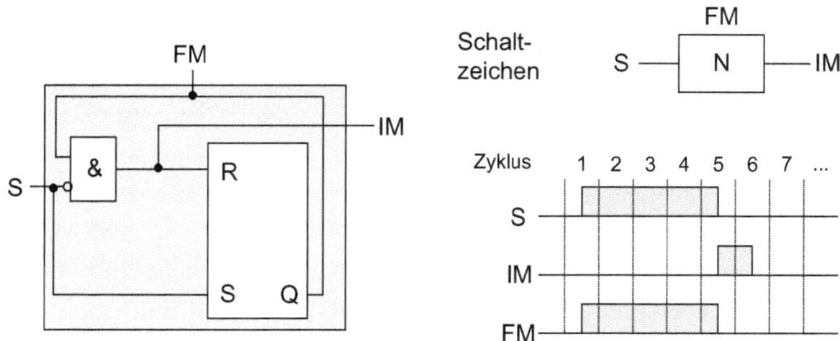

Abb. 4.49 Erkennen einer negativen Flanke (Funktionsplan, Schaltzeichen und Zeitdiagramm)

4.2.3.3 Zeitfunktionen

Ein häufiges Problem innerhalb einer binären Grundverknüpfung ist die Realisierung von Zeitverzögerungen. Programmierbare Zeitfunktionen haben die Aufgabe, zwischen einem Eingangssignal und dem Ausgangssignal des Zeitglieds eine bestimmte zeitlogische Beziehung herzustellen. Zeitliche Verzögerungen sind erforderlich, wenn z. B.

- ein Eingangsimpuls zeitlich verzögert an einen Ausgang gegeben werden soll,
- die Ansprechzeit für eine Ventilspule eine bestimmte Impulslänge erfordert,
- bestimmte Taktimpulse erzeugt werden müssen oder
- ein Verbraucher nach einer bestimmten Zeit abgeschaltet werden soll.

Entsprechend der Norm DIN EN 61131-3 [8] gibt es die Zeitfunktionen:

- Impulserzeugung bzw. Impulsbildung (TP),
- Einschaltverzögerung (TON) und
- Ausschaltverzögerung (TOF).

Abb. 4.50 zeigt die Darstellung der IEC-Zeitfunktionen in Funktionsbausteinsprache und die Zuordnung der Ein- und Ausgänge am Beispiel der Impulserzeugung (TP). Die Zeit startet mit einer positiven Flanke am Eingang IN. Am Eingang PT wird die gewünschte Zeitdauer angegeben. Der momentane Zeitwert kann am Ausgang ET abgefragt werden. Der boolsche Ausgang Q besitzt nur die zwei Zustände „log 1“ = Zeitfunktion aktiv oder „log 0“ = Zeitfunktion nicht aktiv. Die Auswertung dieses Ausgangs wird häufig für Entscheidungen in Programmabläufen verwendet.

Zeitoperand
TP
IN Q
PT ET

Name	Datentyp	Beschreibung
IN	BOOL	Starteingang
PT	TIME	Vorgabe der Zeitdauer
ET	TIME	Aktueller Wert des Zeitbausteins
Q	BOOL	Zeitstatus

Abb. 4.50 Struktur IEC-Zeitfunktion

In STEP 7 werden fünf weitere Zeitfunktionen angeboten, die sich zum Teil in ihrer Funktionsweise mit den IEC-Zeitfunktionen überschneiden (siehe Tab. 4.20), wobei die STEP 7-Funktionen entsprechend Abb. 4.51 jeweils einen Ein- und einen Ausgang mehr besitzen.

Durch den Rücksetzeingang kann die Zeitfunktion jederzeit gestoppt werden und somit mit Ausnahme der Ausschaltverzögerung nicht zur Wirkung kommen. Wie die einzelnen Zeitfunktionen arbeiten sind der folgenden Kurzbeschreibung und den Zeitdiagrammen (Abb. 4.52) zu entnehmen.

Tab. 4.20 Zeitfunktionen

Funktion	Bezeichnung STEP 7	DIN EN 61131-3 [8]
Impuls	SI bzw. S_IMPULS	
Verlängerter Impuls	SV bzw. S_VIMP	
Einschaltverzögerung	SE bzw. S_EVERZ	TON (Time On)
Speichernde Einschaltverzögerung	SS bzw. S_SEVERZ	
Ausschaltverzögerung	SA bzw. S_AVERZ	TOF (Time Off)
Zeitgeber		TP (Time Puls)

Name	Datentyp	Beschreibung
S	BOOL	Starteingang
TW	S5TIME	Vorgabe der Zeitdauer
R	BOOL	Rücksetzeingang
DUAL	WORD	Restwert der Zeit dual codiert
DEZ	WORD	Restwert der Zeit als Dezimalzahl (BCD-codiert)
Q	BOOL	Zeitstatus

Abb. 4.51 Struktur STEP 7-Zeitfunktion

Der Zeitoperand wird mit Tx (x = 0 bis 15 je nach Prozessor) bezeichnet und kann als binärer Operand abgefragt werden.

Die Zeitfunktionen starten jeweils mit einer positiven Flanke (Wechsel von $0 \rightarrow 1$) am Starteingang (S).

Die *Zeit als Impuls* (SI) besitzt während der programmierten Laufzeit den Signalzustand „1“ am Ausgang Q. Der Signalzustand „0“ wird erreicht, wenn:

a) die Zeit abgelaufen ist,
b) am Eingang (S) Signalzustand „0“ anliegt oder
c) durch eine positive Flanke am Rücksetzeingang (R) die Zeitfunktion zurückgesetzt wurde.

Die Zeitfunktion *Zeit als verlängerter Impuls* (SV) hat unabhängig von der Länge des Eingangssignals (S) am Ausgang (Q) den Signalzustand „1“ über die programmierte Laufzeit. Bei einer weiteren positiven Flanke (Nachtriggerung) startet die Zeit erneut (im Unterschied zur Zeitfunktion TP). Somit kann am Ausgang (Q) ein Dauersignal erzeugt werden. Der Signalzustand „0“ stellt sich ein, wenn:

a) die Zeit abgelaufen ist oder
b) durch eine positive Flanke am Rücksetzeingang (R) die Zeitfunktion zurückgesetzt wurde.

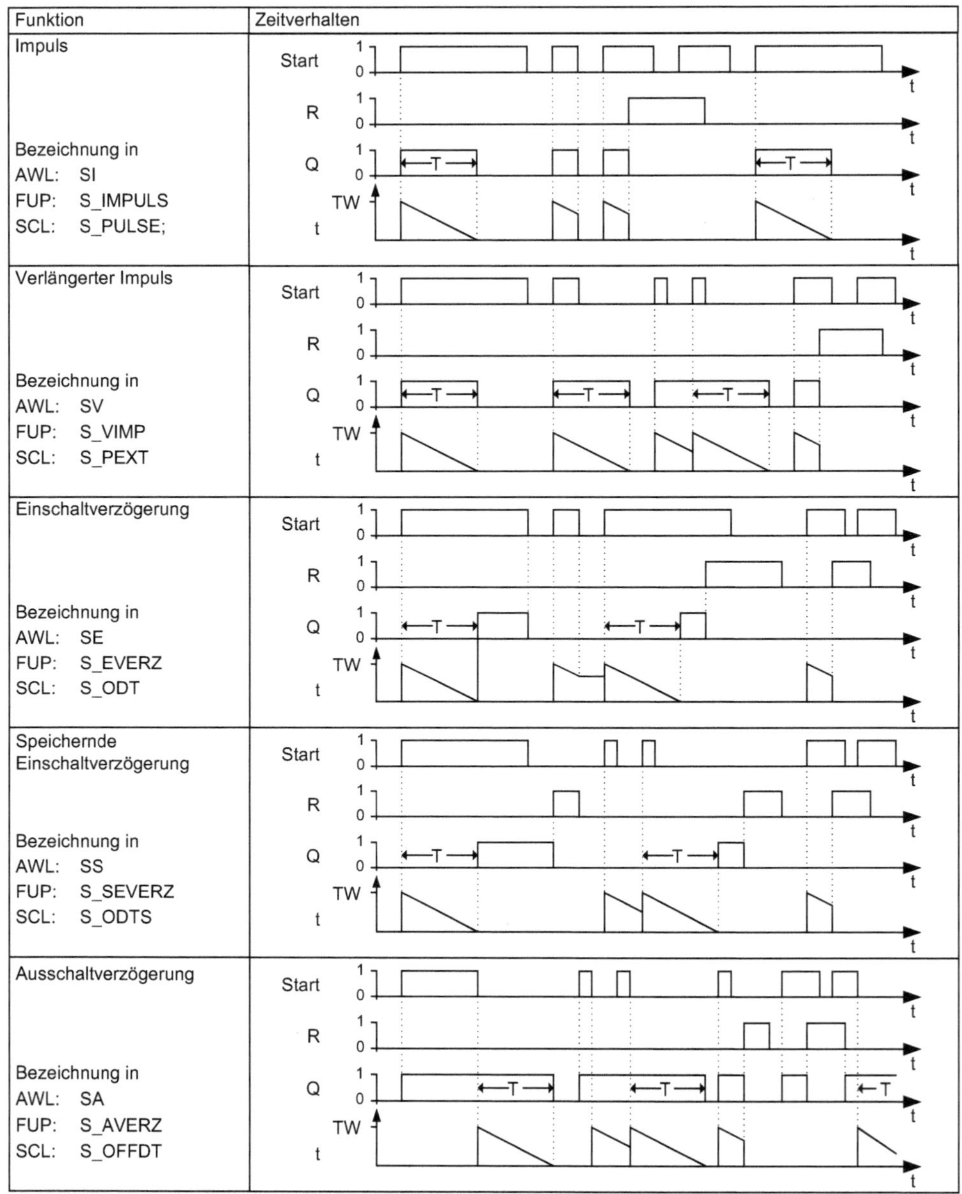

Abb. 4.52 STEP 7-Zeitfunktionen

Die Zeitfunktion *Einschaltverzögerung* (SE) besitzt erst nach Ablauf der programmierten Laufzeit am Ausgang (Q) den Signalzustand „1“. Die Zeitfunktion besitzt wieder den Signalzustand „0“, wenn:

a) am Eingang (S) kein „1“-Signal mehr anliegt,
b) durch positive Flanke am Rücksetzeingang (R) die Zeitfunktion zurückgesetzt wurde.

Wird der Eingang (S) vor Ablauf der programmierten Laufzeit wieder auf „0“ gesetzt, folgt am Ausgang (Q) kein Signal „1“, die Aktivierung der Zeitfunktion wird am Ausgang nicht erkannt.

Die Zeitfunktion *Speichernde Einschaltverzögerung* (SS) besitzt unabhängig vom Signalzustand am Setzeingang (S) nach Ablauf der programmierten Laufzeit am Ausgang (Q) den Signalzustand „1“, d. h. wird vor Beendigung der Laufzeit der Eingang (S) wieder auf den Wert „0“ gesetzt, folgt am Ausgang (Q) im Unterschied zur Einschaltverzögerung (SE) trotzdem nach der definierten Zeit ein „1“-Signal. Am Ausgang (Q) kann nur durch eine positive Flanke am Rücksetzeingang (R) wieder ein „0“-Signal erreicht werden. Zur erneuten Auswertung einer positiven Flanke am Setzeingang (S>) ist folglich zwingend ein Rücksetzen erforderlich. Das ist die einzige Zeitfunktion bei der ein Rücksetzen notwendig ist.

Die Zeitfunktion *Ausschaltverzögerung* (SA) wertet nicht nur die positive Flanke aus, sondern reagiert generell auf ein „1“-Signal am Setzeingang (S), d. h. ist während der positiven Flanke der Rücksetzeingang (R) auf „log 1“, so erhält der Ausgang (Q) erst ein „1“-Signal wenn Setzeingang (S) noch „log 1“ und Rücksetzeingang (R) wieder „log 0“. Bei allen anderen Zeitfunktionen würde der gleichzeitig mit der positiven Flanke am Setzeingang (S) aktive Rücksetzeingang die Aktivierung der Zeitfunktion verhindern. Die Ausschaltverzögerung besitzt am Ausgang (Q) um die programmierte Laufzeit verlängert den Signalzustand „1“ nach Wechsel am Eingang (S) auf das „0“-Signal. Die Ausschaltverzögerung erhält am Ausgang (Q) wieder den Signalzustand „0“, wenn:

a) die programmierte Zeit abgelaufen ist oder
b) durch eine positive Flanke am Rücksetzeingang (R) die Zeitfunktion zurückgesetzt wird.

Durch erneute Impulse am Setzeingang (S) mit einem Zeitabstand, der kleiner als die programmierte Laufzeit ist, kann ein Dauersignal am Ausgang (Q) erzeugt werden.

Das Rücksetzen der aktiven Zeitfunktion über den Rücksetzeingang (R) bewirkt gleichfalls ein Rücksetzen des Restwertes der Zeit an den Ausgängen DUAL und DEZ.

Die Zeitdauer kann über eine Konstante oder einen variablen Operanden vorgegeben werden. Es ist dabei zu beachten, wie die Speicherung im Akkumulator erfolgt. In STEP 7 zum Beispiel wird die Zeitdauer mittels einer 16 Bit-Darstellung ausgeführt. Diese ist entsprechend Abb. 4.53 gegliedert in Zeitfaktor und Zeitbasis. Die Zeitbasis gibt an, in welcher Größenordnung der Zeitfaktor angegeben wird. Der Zeitfaktor ist im BCD-Code dargestellt, wodurch er maximal den Wert 999 annehmen kann. Somit ist ein Zeitwert von maximal 9990 s möglich.

Die Kenntnis der Abspeicherung ist wichtig für die Darstellung des Zeitwertes als Konstante. Nach folgender Syntax wird diese eingegeben:

S5 T#aHbbMccSdddMS

(a, b, c, d geben die Anzahl der Stellen und H, M, S sowie MS die jeweilige Einheit an).

Zeitbasis	Zeitfaktor	Bit-Belegung im Akkumulator
Zeitraster 0 = 0,01s 1 = 0,1s 2 = 1s 3 = 10s	Zahl von 000 .. 999	15 12 | 11 8 | 7 4 | 3 0 0...3 10^2 10^1 10^0 Zeitraster Zeitfaktor im BCD- Code

Abb. 4.53 Speicherung Zeitwert im Akkumulator

Die Angabe S5 T#1H22M45S250MS würde folglich bedeuten: 1 Stunden, 22 Minuten, 45 Sekunden und 250 Millisekunden und einen Wert von 4965,250 s ergeben. Zur Abspeicherung ist somit das Zeitraster 10 s erforderlich. Der Wert von 5 Sekunden und 250 ms würde nicht berücksichtigt werden können. Abgespeichert wird: Zeitbasis 3 und Zeitfaktor 496.

Beispiel: Zweihandverriegelung

Der Kolben einer Presse darf nur dann einen Arbeitshub ausführen, wenn zwei Signalgeber (S1, S2) innerhalb eines Zeitintervalls von 0,2 Sekunden betätigt werden. Werden beide Taster innerhalb des Zeitintervalls betätigt, wird der Ausgang A1.0 geschaltet.

Lösung

Zuordnungstabelle

Betriebsmittel	Symbol	Operand	Datentyp
Taster Start (Schließer)	S1	E0.1	BOOL
Taster Start (Schließer)	S2	E0.2	BOOL
Magnetspule am Ventil	M1	A1.0	BOOL

Die Symboltabelle bzw. Zuordnungstabelle ordnet den absoluten Adressen (z. B. E0.1) symbolische Bezeichnungen (S1) und den Datentyp zu. Die Angabe eines Kommentars ist optional. Datentypen legen die Eigenschaften von Daten fest und zeigt wie der Wert einer Variablen oder Konstanten im Anwenderprogramm verwendet werden soll. Der Datentyp Bool kann die Werte True oder False bzw. „1“ oder „0“ annehmen.

Zweihandverriegelung [FC1]

Netzwerk 1: Timer "Zeit als Impuls"

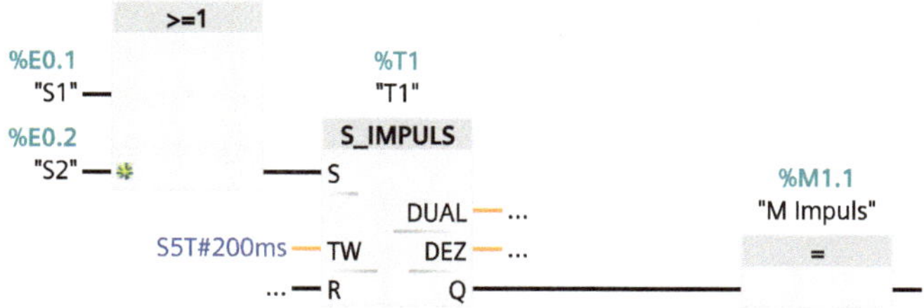

Netzwerk 2: Ansteuerung der Presse

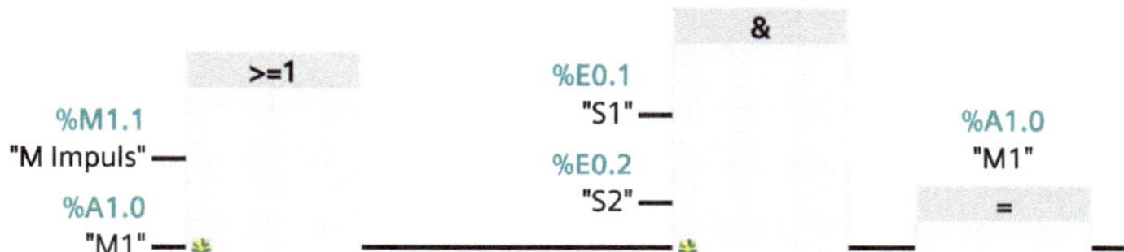

Die Laufzeit des Timers T1 wird durch den zuerst erkannten Impuls am Eingang E0.1 oder E0.2 gestartet. Der Merker M1.1 am Ausgang Q hat für 0,2 s ein „1"-Signal. Wenn innerhalb vom 200 ms beide Eingänge ein 1-Signal haben, ist die UND-Verknüpfung (Netzwerk 2) zur Ansteuerung des Ausgangs A1.0 erfüllt. Nach Ablauf der Impulszeit von 200 ms fällt der Merker M1.1 ab. Die UND-Verknüpfung wird nun durch das alternativ abgefragte Signal von A1.0 erfüllt (Selbsthaltung analog Speicherfunktionen).

Beispiel: Blinktaktgeber

Eine Signalleuchte (P1) soll mit einer Frequenz von 1 Hz nach Betätigung eines Tasters (Ein) blinken. Der Blinker wird durch den Taster (Aus) ausgeschaltet.

Lösung

Zuordnungstabelle

Betriebsmittel	Symbol	Operand	Datentyp	Kommentar
Taster Aus (Schließer)	Aus	E0.2	BOOL	Abschalten Signalleuchte
Taster Ein (Schließer)	Ein	E0.1	BOOL	Einschalten Signalleuchte
Lampe (1 = an)	Sig P1	A1.1	BOOL	Signalleuchte

Blinktaktgeber [FC1]

Netzwerk 1:

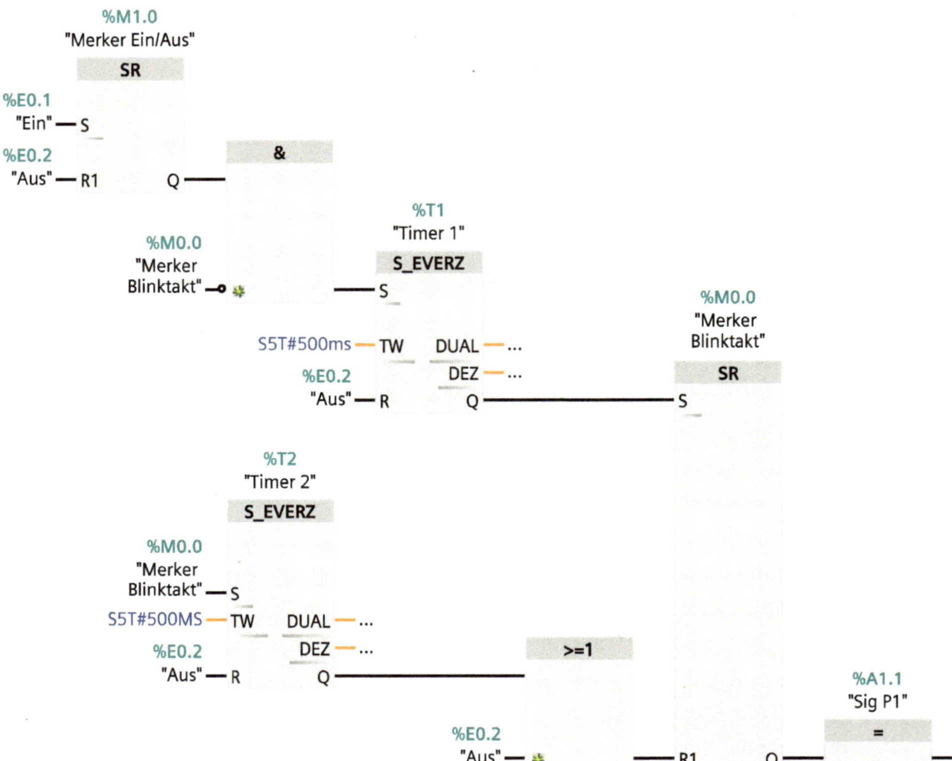

Einige Steuerungen stellen zur Erzeugung eines periodischen Signals Taktmerker zur Verfügung. Das sind Merker, deren Signalzustand sich mit einem Impuls-Pausenverhältnis von 1 : 1 periodisch ändert. In STEP 7 nutzt man hierfür ein Byte, dessen Adressierung der Nutzer bei der Parametrierung der Steuerung festlegen kann. Die einzelnen Bits verändern ihren Signalzustand in festgelegten Frequenzen (Bit 0: 10 Hz ... Bit 7: 0,5 Hz).

Lehrbeispiel: Türsteuerung

Das Öffnen einer Durchgangstür soll nach Durchschreiten von mindestens einer von zwei Lichtschranken (B1, B2) automatisch erfolgen. Voraussetzung für das Öffnen ist die zugeschaltete Druckluft (Meldung durch den Drucksensor B3) als Energieversorgung für den Pneumatikzylinder, der als Antrieb zum Öffnen der Tür dient. Das Schließen der Tür erfolgt automatisch nach 20 Sekunden.

Lösung

Betriebsmittel	Symbol	Operand	Datentyp	Kommentar
Drucksensor	DruckS_B3	E0.3	BOOL	
Lichtschranke 1	LS_B1	E0.1	BOOL	Schließer
Lichtschranke 2	LS_B2	E0.2	BOOL	Schließer
Spule	Spule M1	A1.0	BOOL	Spule am Magnetventil

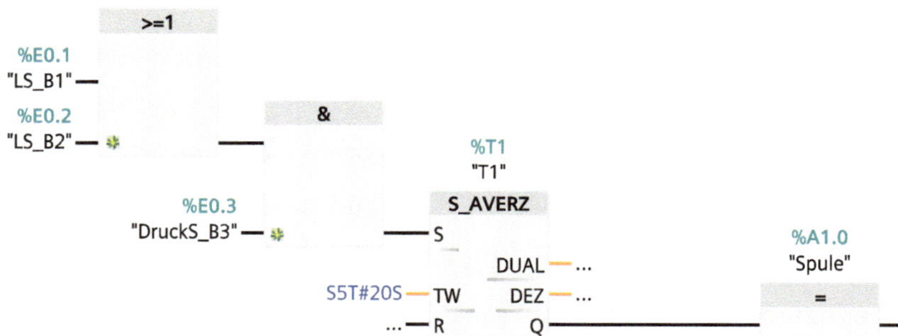

Neben den hier aufgeführten Zeitfunktionen verfügen Steuerungen auch über eine Uhrzeitfunktion, die z. B. für Uhrzeitalarme und für einen Zeitstempel bei bestimmten Ereignissen wichtig sein kann.

Zeitelemente in verbindungsprogrammierten Steuerungen

In verbindungsprogrammierten Steuerungen werden für Zeitfunktionen Zeitrelais und geeignete Ventile entsprechend Abb. 4.54 bzw. 4.55 verwendet.

Zeitrelais haben die Aufgabe, nach Ablauf einer vorher eingestellten Zeit einen oder mehrere Nebenkontakte zu betätigen.

Bei einem Relais mit Anzugsverzögerung (Abb. 4.54, links) beginnt der Zeitablauf mit dem Schließen eines Tasters. Elektrisch wird die zeitliche Verzögerung durch RC-Glieder bewirkt. Sobald der Taster S1 betätigt wird, fließt über den einstellbaren Widerstand R1 der Strom zum Kondensator C. Die parallel geschaltete Diode sperrt. Der Kondensator wird aufgeladen. Der Widerstand R2 verhindert nach dem Schließen des Tasters einen Kurzschluss. Beim Aufladen des Kondensators steigt die Spannung am Relais K1 langsam an. Ist die Schaltspannung erreicht, schaltet K1. Die Anzugsverzögerung wird am Widerstand R1 eingestellt.

Ein großer Widerstand bedeutet eine große Verzögerungszeit. Bei einem kleineren Widerstand fließt ein größerer Strom, was eine geringere Verzögerungszeit zur Folge hat. Sobald das Signal des Tasters abfällt, entlädt sich der Kondensator über die Diode R und den Widerstand R2 sehr schnell.

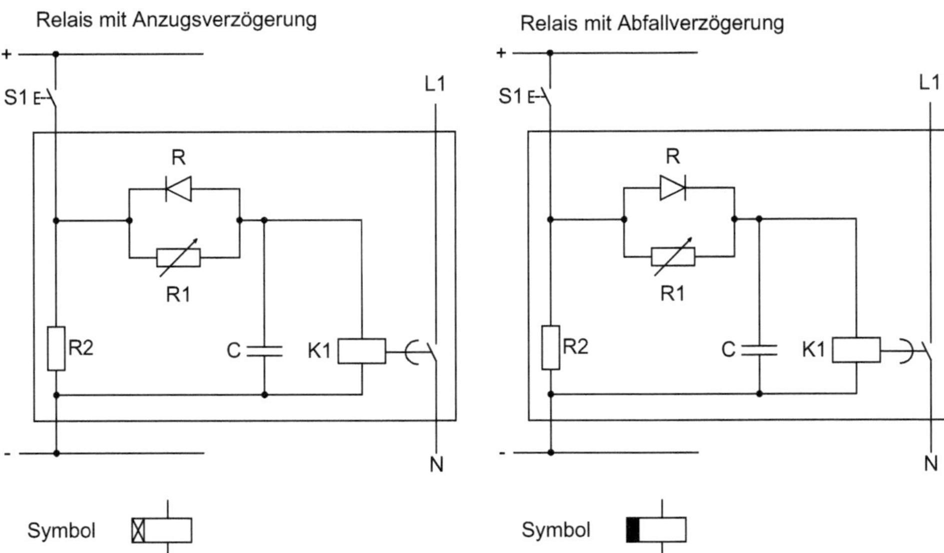

Abb. 4.54 Zeitrelais

Bei einem Relais mit Abfallverzögerung (Abb. 4.54 rechts) beginnt der Zeitablauf mit dem Öffnen des Tasters. Nach Betätigung von S1 fließt der Strom über die in Durchlassrichtung geschaltete Diode zum Kondensator und zum Relais. Das Relais schaltet unmittelbar. Nach dem Spannungsabfall durch das Loslassen des Tasters entlädt sich der Kondensator über die in Reihe liegenden Widerstände und über die Spule des Relais K1. Ist R1 groß eingestellt, so fließt dort nur ein kleiner Strom. Für die Spule am Relais ist dann noch ein ausreichender Teilstrom vorhanden. Der Anker am Relais fällt verzögert ab und mit ihm die Kontakte.

In pneumatischen Ventilen (Abb. 4.55) wird eine Verzögerungszeit durch Drossel und Luftspeicher erreicht. Die zeitliche Verzögerung wird durch eine Drossel eingestellt. Sie verlangsamt den Druckaufbau im Speicher oder verzögert den Druckabfall im Speicher.

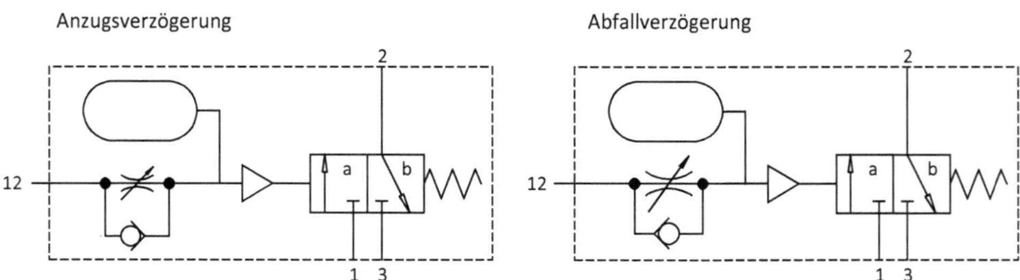

Abb. 4.55 Ventile mit Zeitelementen

Das 3/2-Wegeventil schaltet in Durchlassstellung (a), wenn der aufgebrachte Luftdruck größer ist als die Federkraft (Anzugsverzögerung). Fällt das Steuersignal (12) ab, kann die Steuerluft sehr schnell über das Sperrventil (Rückschlagventil) abfließen. Die Kombination aus Drossel und Sperrventil wird als Drosselrückschlagventil bezeichnet.

Bei der Abfallverzögerung wird das Ventil unmittelbar über die parallele Leitung zur Drossel in Durchlassstellung geschaltet. Das Umschalten des Ventils in die Sperrstellung (b) verzögert sich durch den verlangsamten Abfluss der Luft aus dem Luftspeicher über die Drossel. Der Bypass ist durch das Sperrventil verschlossen.

4.2.3.4 Zähler

Zähler dienen in Verbindung mit einer SPS u. a. zur Erfassung von Stückzahlen, Flüssigkeitsmengen, Mengendifferenzen und Gewichten. Dabei werden die einer Teilmenge entsprechenden Impulse einem Zähler zugeführt, der die Summe der eintreffenden Impulse bildet. Der Zählerstand entspricht dann der erfassten Menge. In Speicherprogrammierbaren Steuerungen können Zähler in unterschiedlicher Art realisiert werden.

- Funktionsbausteine bzw. Funktionen, können je Zykluszeit nur einen Vorwärts- und einen Rückwärtszählimpuls auswerten.
- Arithmetische Zähler – durch Additions- und Subtraktionsbefehle können intern mehrere Impulse pro Zyklus vor- und zurückgezählt werden, externe Impulse auch nur jeweils einer pro Zyklus.
- Hardwarezählerbaugruppen, können zyklusunabhängig Zählimpulse erfassen, besitzen baugruppenspezifische Zählfrequenz.

Die in Abb. 4.56 aufgeführten Zähler sind den Funktionsbausteinen bzw. Funktionen zuzuordnen. Unterschieden wird in Aufwärts-, Abwärts- sowie Auf- und Abwärtszähler. Tab. 4.21 zeigt die Bedeutung und den Datentyp der einzelnen Ein- und Ausgänge.

a) Einrichtungszähler Die Funktionsweise der Zähler aus STEP 7 und der Norm sind etwas verschieden. Einrichtungszähler beginnen als Vorwärtszähler die Zählung bei null. Wenn der programmierte Grenzwert erreicht ist, gibt der Zählerausgang Q das Signal „0“. Rückwärtszähler zählen von einem programmierten Zählerstand nach null. Durch einen Wechsel des Signalzustands am Setzeingang S werden Zähler gesetzt. Zähler setzen heißt, der Zählerwert ZW bzw. der Grenzwert PV wird übernommen und auf den Anfangswert gesetzt. Wechselt der Signalzustand am Eingang Rückwärtszählen ZR (bzw. CD) (positive Flanke von 0 nach 1), dann wird der Zählerstand um 1 verringert, solange die untere Zählergrenze bzw. null noch nicht erreicht ist. Ein Zählen mit negativem Zählwert existiert für die STEP 7-Funktionen nicht. Der Ausgang Q schaltet auf „0“-Signal, sobald der Istwert den Zählerstand $\leq$ null annimmt. Die STEP 7-Zählfunktionen besitzen am Ausgang Q nur ein „0“-Signal wenn der Zähler den Zählwert null besitzt. Der aktuelle Zählerwert steht an den Ausgängen DUAL (dual codiert) oder DEZ im BCD-Format zur Verfügung. Der Dualwert entspricht einer positiven Zahl im Datenformat INT (= ganze Zahlen) und

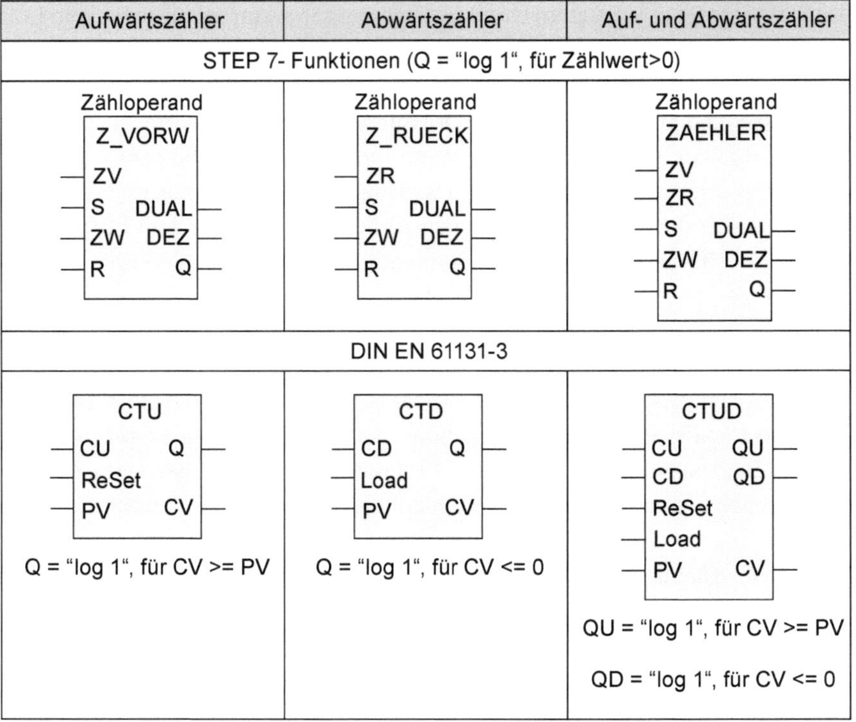

Abb. 4.56 Zählfunktionen

Tab. 4.21 Ein- und Ausgänge der Zählfunktionen

Name	Datentyp	Beschreibung
ZV/CU	BOOL	Zählen vorwärts bei positiver Flanke
ZR/CD	BOOL	Zählen rückwärts bei positiver Flanke
S/Load	BOOL	Setzeingang (bei positiver Flanke setzt Zähler auf ZW bzw. PV)
ZW	WORD	Vorgabe des Zählerwertes
R/ReSet	BOOL	Rücksetzeingang (bei positiver Flanke Zähler auf 0)
DUAL	WORD	Aktueller Zählwert dual codiert
DEZ	WORD	Aktueller Zählwert als Dezimalzahl (BCD-codiert)
Q	BOOL	Zählerstatus Auf- und Abwärtszähler: Zählerwert = 0 → Q = „log 0"; Zählerwert > 0 → Q = „log 1" Einrichtungszähler: Zählerwert = 0 oder Grenzwert erreicht → Q = „log 0" sonst Q = „log 1"
CV	INT	Aktueller Zählwert
PV	INT	Grenzwert
QD	BOOL	Null erreicht
QU	BOOL	Grenzwert erreicht

kann somit als solche weiterverarbeitet werden. Über den Rücksetzeingang R wird der Zählwert auf null gesetzt; ein ständiges „1“-Signal auf R hält den Zählerwert auf null. Der Zählbereich ist steuerungs- und funktionsabhängig (z. B.: STEP 7: von 0 bis 999, CTU: 0 bis 32767, CTD: −32768 bis 32767).

b) Auf- und Abwärtszähler Auf- und Abwärtszähler werden häufig genutzt, wenn bei Pufferstationen ein- und ausgehende Teile erfasst werden oder zur Überwachung der ein- und ausfahrenden Fahrzeuge bei Parkhäusern. Die Wirkungsweise dieser Funktion entspricht der Kombination aus den Einrichtungszählern.

Die Vorgabe des Zählwertes in STEP 7 kann über die Eingabe eines konstanten Wertes (z. B. Wert 100 über: C#100 oder W#16#0100) aber auch über Variablen erfolgen.

Für das Verständnis des Beispiels (Abb. 4.57) muss auf die Ausführungen zu den Speicherprogrammierbaren Steuerungen verwiesen werden. Nicht ausführlich erklärt werden in diesem Buch die Funktion >= Int und < Int. Es sind Vergleichsoperationen, in diesem Fall von ganzen Zahlen (da mit „Int“ gekennzeichnet, IN1 Vergleich IN2). Im Netzwerk 2 des Bausteins FC1 wird der Wert des Zählers (MW10) mit dem Maximalwert (MAX) verglichen. Ist der Wert größer/gleich dem Maximalwert, so hat der Ausgang ein „1“-Signal. Im Netzwerk 2 erfolgt der Vergleich zum Minimalwert. Ist der Term erfüllt, so hat auch hier der Ausgang ein „1“-Signal.

Beispiel: Magazinüberwachung (Abb. 4.57)

Die eingehenden Teile werden durch eine Lichtschranke (B1) erfasst und über den Eingang E0.1 auf den Zählereingang ZV (Vorwärtszählen) gegeben. Werden Teile entnommen, so wird dies durch die Lichtschranke (B2) erfasst und über den Eingang E0.2 der SPS auf den Zählereingang ZR (Rückwärtszählen) gegeben. Voreingestellt wird der Zähler durch ein Signal auf den Setzeingang (S) des Zählers (E0.3); dabei wird der vorgegebene Zahlenwert, hier 10, übernommen. Durch ein Signal auf den Rücksetzeingang (R) kann der Zähler auf null gesetzt werden (E0.4). Solange eine „1“ auf den Rücksetzeingang wirkt, kann weder gezählt noch kann der Zähler gesetzt werden.

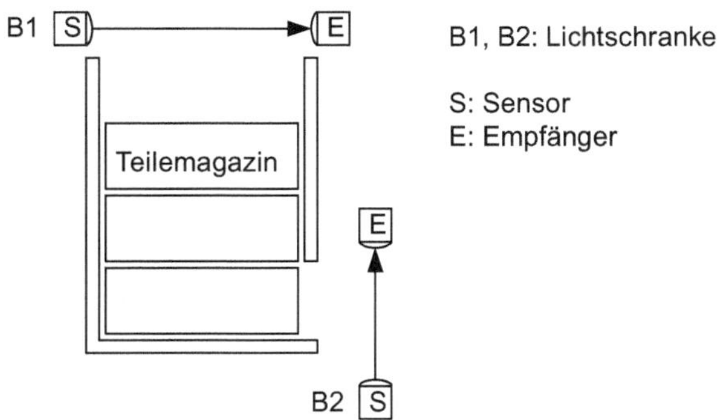

Abb. 4.57 Technologieschema der Magazinüberwachung

Wenn weniger als fünf Teile im Magazin sind, wird dies durch ein optisches Signal (A1.3) angezeigt; wird der Sollwert erreicht, soll dies durch die Signalleuchte (A1.2) angezeigt werden. Sobald der Zähler gesetzt wird, leuchtet die Signalleuchte (A1.1).

Lösung Die Lokalvariablen zur Zählersteuerung werden in der Variablendeklarationstabelle deklariert und im Anwenderprogramm verarbeitet. Sie sind nur in der Funktion FC1 gültig. Nach dem Aufruf der Funktion im Organisationsbausteine OB1 werden sie parametriert. Den Variablen werden absolute Adressen bzw. Zahlenwerte zugeordnet

Funktion zur Umsetzung der Steuerung mit Deklarationstabelle und Anweisungen:

Name	Datentyp	Offset	Kommentar
▼ Input			
Sen_1	Bool		Eingehende Teile
Sen_2	Bool		Ausgehende Teile
Set	Bool		Zähler setzen
Reset	Bool		Zähler zurücksetzen
Z_Wert	Word		Zählerwert
MAX	Int		oberer Grenzwert
MIN	Int		unterer Grenzwert
▼ Output			
Ein_P1	Bool		Zähler gesetzt
MAX_P2	Bool		Sollwert
MIN_P3	Bool		Anzeige unterer Grenzwert
InOut			
Temp			
▼ Return			
Magazinüberwachung	Void		

Magazinüberwachung [FC1]

Netzwerk 1: Zähler

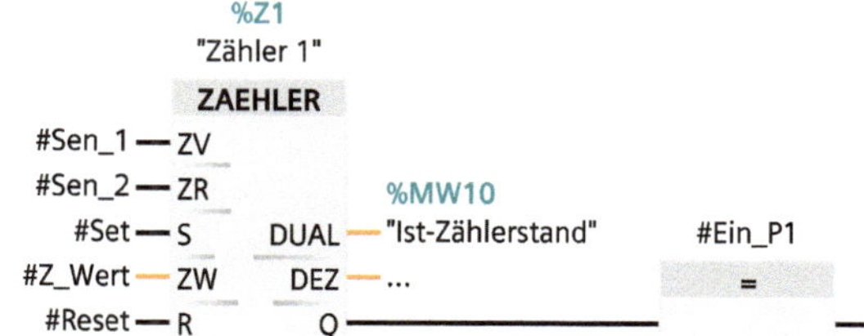

Netzwerk 2: Magazin gefüllt (15 Teile)

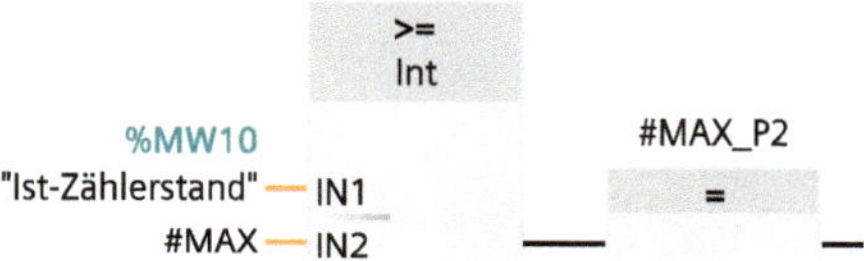

Netzwerk 3: Magazin unterschreitet Minimum (5 Teile)

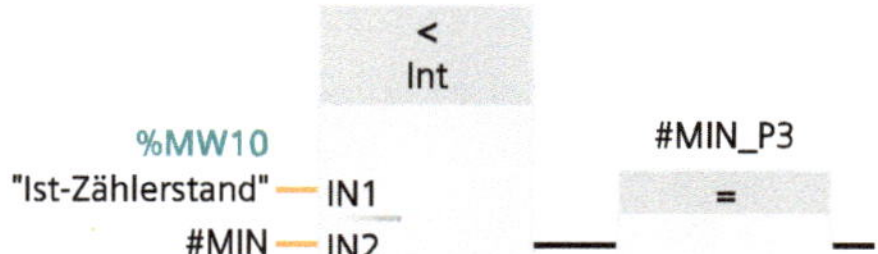

Aufruf der Funktion im Organisationsbaustein mit Zuordnung der Parameter:

Main [OB1]

Netzwerk 1: Aufruf der Funktion FC1 und Parameterübergabe

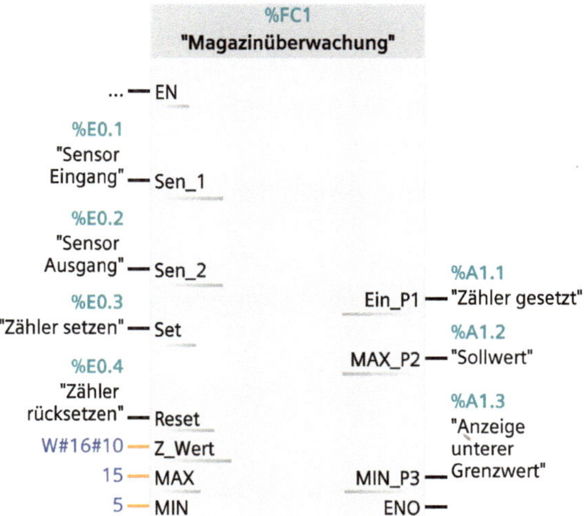

In den Variablentabellen können den Parametern bzw. Adressen Namen (Symbole) zugeordnet werden, die zu einer besseren Übersichtlichkeit beitragen.

Standard-Variablentabelle [9]

PLC-Variablen

PLC-Variablen				
	Name	Datentyp	Adresse	Remanenz
	Zähler 1	Counter	%Z1	
	Ist-Zählerstand	Int	%MW10	
	Sensor Eingang	Bool	%E0.1	
	Sensor Ausgang	Bool	%E0.2	
	Zähler setzen	Bool	%E0.3	
	Zähler rücksetzen	Bool	%E0.4	
	Zähler gesetzt	Bool	%A1.1	
	Sollwert	Bool	%A1.2	
	Anzeige unterer Grenzwert	Bool	%A1.3	

4.2.3.5 Digitalfunktionen

Neben den bisher aufgeführten Funktionen für die Verarbeitung binärer Signale, sollen in diesem Abschnitt nur sehr kurz wichtige Funktionen für die Verarbeitung digitaler Signale vorgestellt werden. In Fertigungsanlagen, in denen analoge Sensoren auszuwerten sind, kommen diese beispielsweise zum Einsatz.

Übertragungsfunktionen

Das Zuweisen oder Übertragen eines Wertes an eine Digitalvariable wird aufgrund verschiedener Möglichkeiten in den Programmiersprachen unterschiedlich ausgeführt. In den Sprachen Kontaktplan (KOP) und Funktionsbausteinsprache (FBS) bzw. Funktionsplan (FUP) existiert der Befehl *MOVE,* der den Wert des Parameters am Eingang (IN) an den Parameter am Ausgang (OUT1) überträgt (siehe Abb. 4.58). Mit dem Eingang (EN) kann ein bedingter Aufruf erfolgen und der Ausgang (ENO) vermittelt die erfolgreiche (Signal „1") oder nicht erfolgreiche (Signal „0") Ausführung der Funktion. Der Datentyp des Eingangsparameters (IN) und des Ausgangsparameters (OUT1) kann verschieden sein, wodurch eine Datentypwandlung möglich wird.

In der Programmiersprache Anweisungsliste (AWL) sind hierfür die zwei Befehle *Laden* und *Transferieren* erforderlich. Mit dem Befehl *Laden* wird der Wert der Eingangsvariable in den Akkumulator 1 und mit dem Befehl Transferieren aus dem Akkumulator 1 an die Ausgangsvariable übertragen (siehe auch Abschn. 4.4.2, Abb. 4.73). Enthält der

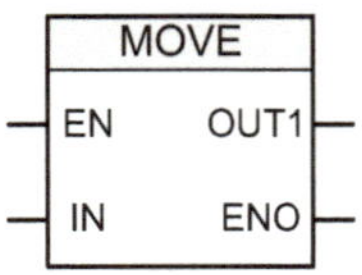

Abb. 4.58 Funktion *MOVE* in Programmiersprache FUP

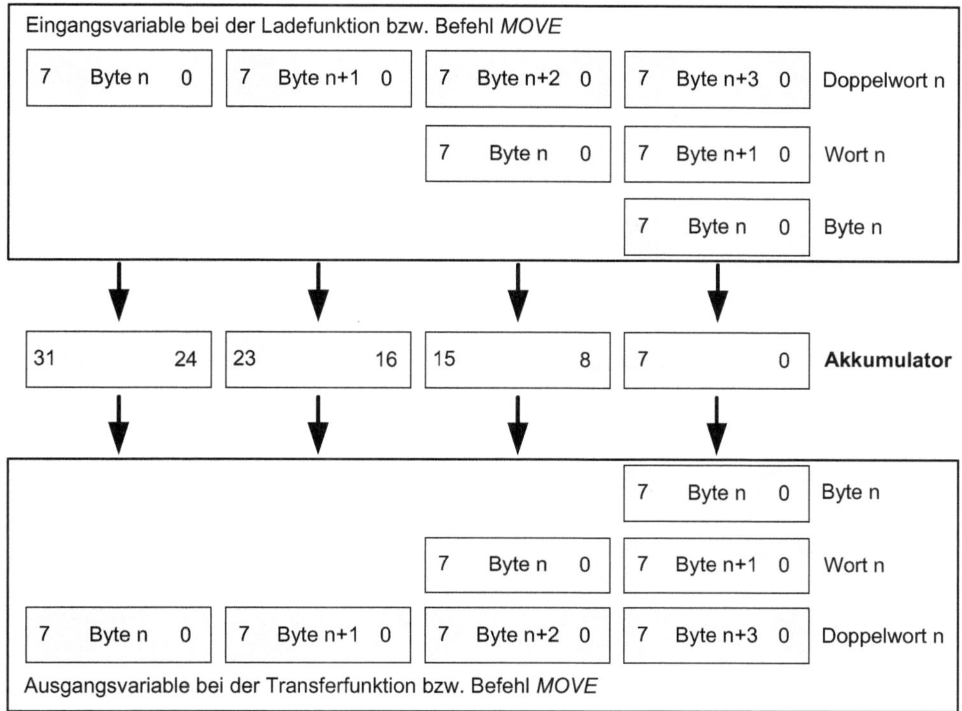

Abb. 4.59 Übertragen von Variablen unterschiedlicher Breite

Akkumulator 1 beim Laden bereits einen Wert, wird dieser automatisch in den Akkumulator 2 verschoben. Besitzen die Eingangs- und die Ausgangsvariable unterschiedliche Datenbreiten (z. B. 1 Byte, 2 Byte etc.) so ist zu beachten, dass immer rechtsbündig in und aus dem Akkumulator übertragen wird (siehe Abb. 4.59).

Daraus ergibt sich z. B. für eine Eingangsvariable mit dem Datentyp *WORD* (= zwei Byte) und eine Ausgangsvariable mit dem Datentyp *BYTE,* dass der Inhalt des n + 1-ten Bytes der Eingangsvariablen der Ausgangsvariablen zugewiesen wird.

Vergleichsfunktionen

Vergleichsfunktionen werden in der Fertigungssteuerung benötigt, um z. B. in Abhängigkeit von der Größe eines analogen Sensorsignals Ablaufentscheidungen zu treffen. Für diese Funktionen müssen die zu vergleichenden Variablen den gleichen Datentyp besitzen. Tab. 4.22 zeigt die Arten und Darstellung der Vergleichsfunktionen in unterschiedlichen Programmiersprachen.

Die Anwendung einer Vergleichsfunktion ist im Abschn. 4.2.3.4 am Beispiel der Magazinüberwachung zu sehen.

Tab. 4.22 Darstellung der Vergleichsfunktionen

Programmiersprache	Funktionsdarstellung	Funktionen
Funktionsplan (FUP)	**Funktion** *Datentyp* IN1 IN2 *Vergleichsergebnis*	== gleich <> ungleich > größer < kleiner >= größer gleich <= kleiner gleich (in der Programmiersprache AWL wird der Datentyp mit angegeben z. B. ==I (für INTEGER), ==R (für REAL))
Anweisungsliste (AWL)	L IN1 L IN2 **Funktion** = *Vergleichsergebnis*	
Strukturierter Text (SCL)	*Vergleichsergebnis* := IN1 **Funktion** IN2	

Zur Selbstkontrolle

1. Nennen Sie den Vorteil des Gray-Codes gegenüber einer dualen Codierung.
2. Folgende Bit-Folge ist gegeben: 0111 0101. Geben Sie den dezimalen Wert an, wenn es sich a) um eine BCD-codierte und b) um eine dual codierte Bitfolge handelt.
3. Vereinfachen Sie folgende Schaltfunktion mittels der Regeln der Schaltalgebra und mittels des KV-Diagramms.

$$y = a \wedge b \wedge c \vee a \wedge \overline{b} \wedge c \vee a \wedge \overline{b} \wedge \overline{c} \vee a \wedge b \wedge \overline{c} \vee \overline{a} \wedge b \wedge c$$

4. Stimmen folgende Schaltfunktionen überein? Erstellen Sie für beide die Programmierung in Funktionsbausteinsprache (FBS).
   a) $y_1 = a \vee b \wedge c \vee d$
   b) $y_2 = (a \vee b) \wedge (c \vee d)$
5. An einer Zeitschaltfunktion liegen der Setz- bzw. der Rücksetzeingang entsprechend der Abbildung an. Skizzieren Sie das Verhalten am binären Ausgang Q, wenn a) eine Einschaltverzögerung (SE) und b) ein verlängerter Impuls (SV) vorliegt. Die Länge der vorgegebenen Zeit entspricht T.

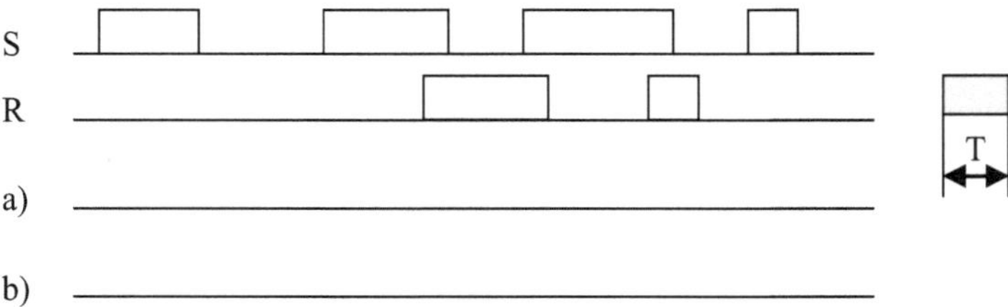

4.3 Verbindungsprogrammierte Steuerungen

Verbindungsprogrammierte Steuerungen werden eingesetzt, wenn die Anzahl der Verknüpfungsfunktionen gering ist oder spezifische Funktionen es erfordern. Nachteilig gegenüber Speicherprogrammierbaren Steuerungen sind die geringere Flexibilität, ein geringerer Funktionsumfang und die Tatsache, dass sich analoge oder digitale Daten praktisch nicht verarbeiten lassen.

4.3.1 Verknüpfungssteuerungen für Linearbewegungen

Verknüpfungssteuerungen ordnen, wie bereits in Abschn. 4.1.4 erläutert, den Zuständen der Eingangssignale durch Verknüpfungsfunktionen bestimmte Zustände der Ausgangssignale zu. Die Signalverarbeitung erfolgt asynchron, also durch Änderung der Eingangssignale. Trotz der Dominanz der SPS in der Automatisierungstechnik werden aus didaktischen Gründen exemplarisch einige verbindungsprogrammierte Steuerungen aus der Fluidtechnik besprochen. Sie sind einfach und übersichtlich, lassen sich leicht prüfen, sind robust und haben eine hohe Zuverlässigkeit. Die Schnittstelle zur Ansteuerung der pneumatischen und hydraulischen Arbeitselemente ist immer ein Wegeventil, das mit Spulen zur Ansteuerung durch elektrische Signale ausgerüstet ist. Diese Wegeventile, die auch bei der Steuerung mit einer SPS als Stellelemente erforderlich sind, dienen als energetische Wandler.

Pneumatische oder hydraulische Zylinder wandeln pneumatische oder hydraulische Energie in mechanische Energie und können dadurch die Lage oder den Zustand von Arbeits- und Handhabungsgeräten beeinflussen. Elektrisch können geradlinige Bewegungen durch Linearmotoren erzeugt werden. Beim Linearmotor bewirkt ein magnetisches Wanderfeld eine Kraft und bewegt je nach technischer Ausführung den Induktor oder den Anker in linearer Richtung des Feldes. Linearmotoren werden verwendet für Förderbänder, den Werkstofftransport oder für Schnellbahnen.

a) Steuerung eines einfach wirkenden Zylinders – Steuerung ohne Signalspeicherung

Einfach wirkende Zylinder werden nur von einer Seite mit Druckluft beaufschlagt und verrichten nur beim Vorhub Arbeit. Der Rückhub erfolgt durch eine eingebaute Rückstellfeder. Diese Rückstellfeder bewirkt eine verringerte Kraft des Kolbens beim Ausfahren. Als Stellelement wird ein 3/2-Wegeventil benötigt (siehe Abb. 4.60).

Beispiel: Prüfstation (Abb. 4.61)

Der Kolben des einfach wirkenden Zylinders soll immer dann ausfahren, wenn die Anordnung der Nocken an der Geberscheibe durch drei induktive Sensoren (a, b, c) als richtig erkannt wird, d. h. der Sensor B3 und mindestens einer der Sensoren B1 und

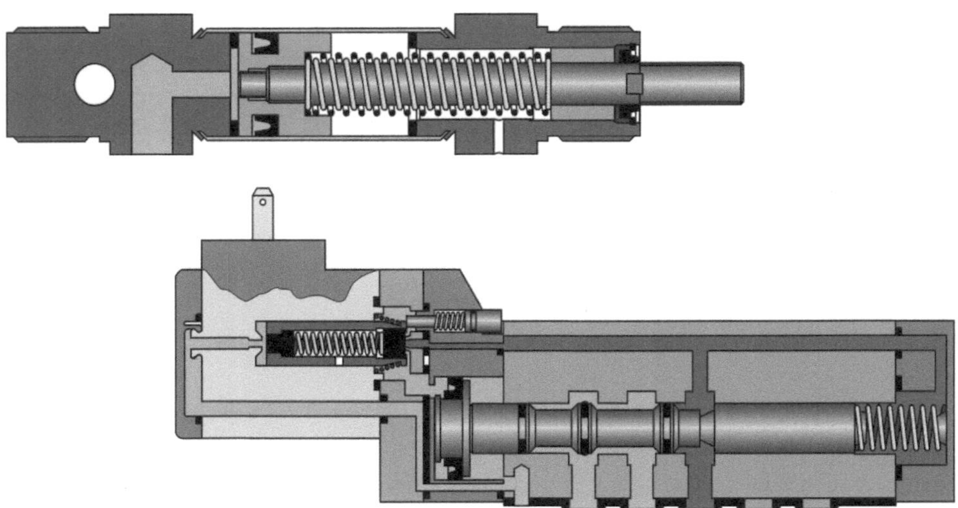

Abb. 4.60 Einfach wirkender Zylinder und 3/2-Wegeventil (Festo Didactic GmbH & Co.)

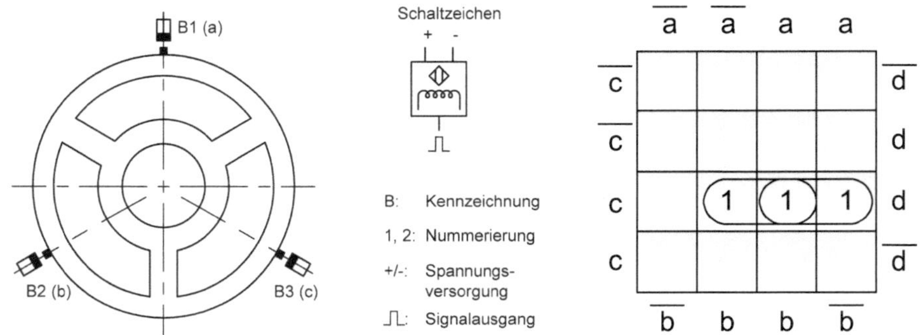

Abb. 4.61 Signalzuordnung und KV-Diagramm

B2 ein „1“-Signal geben und ein Handtaster (d) betätigt wird. Für die Signalkombinationen zum Ausfahren des Kolbens liegt ein KV-Diagramm vor. Die verwendeten Bauelemente sowie ihre Bezeichnung und Aufgabe sind in Tab. 4.23 aufgeführt.

Lösung Aus dem KV-Diagramm ist die Verknüpfungsgleichung für das Ausfahren des Kolbens abzulesen. Die disjunktive Normalform ergibt sich aus den mit „1“ belegten Feldern. Sie lautet:

$$\overline{a} \wedge b \wedge c \wedge d \vee a \wedge \overline{b} \wedge c \wedge d \vee a \wedge b \wedge c \wedge d = 1 = y.$$

Diese Gleichung lässt sich mit Hilfe des KV-Diagramms entsprechend Abb. 4.61 vereinfachen. Symmetrische Felder die mit einer „1“ belegt sind werden zusammengefasst. Die sich ändernde Variable wird eliminiert. Die Felder 07 und 15 liegen symmetrisch zu

Tab. 4.23 Liste der verwendeten Bauelemente

Pneumatische Bauelemente	Bez.	Aufgabe
Einfach wirkender Zylinder	1A1	Arbeitselement
Schnellentlüftungsventil	1V2	Schnelle Zylinderentlüftung
3/2-Wegeventil mit Spule und Federrückstellung	1V1, M1	Stellglied
3/2-Wegeventil, handbetätigt mit Raste	0V1	Pneumatisches Hauptventil
Aufbereitungseinheit	0Z1	Luftaufbereitung
Elektrische Bauelemente	**Bez.**	**Aufgabe**
Handtaster mit Schließkontakt	S1 (d)	Signalgeber (Start)
Induktiver Sensor	B1 (a)	Identifizierung der Gebernocken
Induktiver Sensor	B2 (b)	Identifizierung der Gebernocken
Induktiver Sensor	B3 (c)	Identifizierung der Gebernocken
Relais	K1, K2, K3	Signalverarbeitung

einer Spiegellinie und die Variable a ändert sich. Sie kann entfallen: $a \vee \bar{a} = 1$. Die beiden verbleibenden Terme werden zusammengefasst: $b \wedge c \wedge d = 1$. Die Felder 15 und 11 liegen ebenfalls symmetrisch zueinander. Beim Übergang von einem Feld zum anderen ändert sich die Variable b, sie entfällt ebenfalls. Es bleibt: $a \wedge c \wedge d = 1$. Die beiden verbleibenden Terme werden zusammengefasst und vereinfacht. Es ergibt sich:

$$b \wedge c \wedge d \vee a \wedge c \wedge d = 1 = y$$
$$c \wedge d \wedge (a \vee b) = 1 = y.$$

Für diese Gleichung soll der Schaltplan einer verbindungsprogrammierten Steuerung entwickelt werden, bestehend aus einem Pneumatik- und einem Stromlaufplan.

Die Variablen aus der Verknüpfungsgleichung werden den Signalgebern, also den Sensoren und dem Taster zugeordnet. Die Gleichung sieht dann folgendermaßen aus:

$$\mathrm{B3} \wedge \mathrm{S1} \wedge (\mathrm{B1} \vee \mathrm{B2}) = 1 = y.$$

Die Realisierung mittels einer elektropneumatischen Schaltung zeigt Abb. 4.62. Der Pneumatikplan beinhaltet keine signalgebenden und -verknüpfenden Bauelemente. Als Stellelement für den einfach wirkenden Zylinder enthält der Schaltplan das 3/2-Wegeventil, welches durch ein elektrisches Stellsignal über die Spule M1 aus der Schaltstellung b in die Schaltstellung a geschaltet wird. Der einströmende Luftstrom bewirkt das Ausfahren des Kolbens gegen die Federkraft der Rückstellfeder im Zylinder. Das Schnellentlüftungsventil 1V2 ermöglicht eine direkte Entlüftung des Zylinders beim Rückhub des Kolbens. Dazu ist es möglichst nah am Zylinder anzubringen. Wird der Anschluss 1 drucklos, schaltet der am Anschluss 2 anstehende Druck beim Entlüftungsvorgang das Ventil derart, dass die Entlüftung 3 geöffnet und 1 gesperrt wird. Das handbetätigte 3/2-Wegeventil 0V1 dient zur Freigabe der Druckluft für das pneumatisch betriebene Arbeitselement.

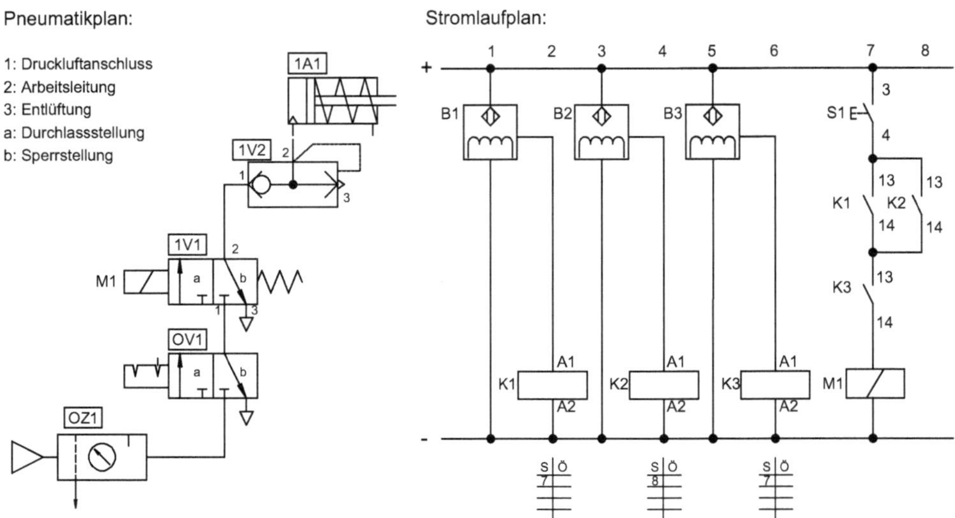

Abb. 4.62 Elektropneumatischer Schaltplan

Die jeweilige Schaltstellung wird durch die Raste am Betätigungsknopf beibehalten. Die Aufbereitungseinheit 0Z1 besteht aus einem Luftfilter, dem Druckregler mit -anzeige und einem Druckluftöler. Der Filter entfernt mitgeführte feste und flüssige Verunreinigungen aus der Luft. Der Regler soll Druckschwankungen, die aus veränderlichen Schubkräften oder Drehzahlen herrühren, ausgleichen. Der Öler sorgt für eine Minimierung der Reibung und des Verschleißes an allen beweglichen Teilen in den pneumatischen Bauelementen, die im Luftstrom liegen.

Der Stromlaufplan enthält die verwendeten elektrischen Bauelemente im unbetätigten Zustand, die zur Umsetzung der Verknüpfungsgleichung notwendig sind. Die drei induktiven Sensoren sind passive Sensoren. Sie müssen an Spannung gelegt werden. Die Schließkontakte des Handtasters S1 werden durch Muskelkraft geschlossen. Die induktiven Sensoren arbeiten berührungslos. Wenn die Sensoren an Spannung gelegt werden, bauen sie ein elektromagnetisches Feld auf. Eine Störung des Feldes durch einen metallischen Gegenstand (Gebernocken) führt zu einem Signal an die nachgeschalteten Relais. Die Nebenkontakte der Relais sind in den Stromwegen 7 und 8 angeordnet. Die Spule M1 am 3/2-Wegeventil 1V1 wird erregt, wenn die Nebenkontakte K1 oder K2 und der Nebenkontakt K3 und der Kontakt von S1 geschlossen werden. Das Ventil 1V1 wird in die Durchlassstellung a geschaltet und der Kolben fährt aus. Diese Ansteuerung der Spule wird als **direkte Ansteuerung** bezeichnet. Sobald jedoch einer der in Reihe geschalteten Nebenkontakte abfällt, wird die Spule stromlos. Das Stellglied 1V1 wird durch die Rückstellfeder wieder in die Sperrstellung b geschoben. Der Druck im Zylinder fällt ab, die Feder schiebt den Kolben zurück und entlüftet ihn über das Schnellentlüftungsventil. Soll die Spule dauerhaft an Spannung liegen, bedarf es einer Signalspeicherung (Abb. 4.63).

Steuerung mit Signalspeicherung

Speichern bedeutet eine Information bis auf Widerruf zur Verfügung zu haben. Die Information *Zylinder ausfahren* wird, wie oben dargestellt, von den Sensoren und dem Handtaster gegeben. Diese Information muss durch eine elektrische Selbsthaltung gespeichert werden, damit der Kolben bis auf Widerruf ausfährt. Der Widerruf ist die Unterbrechung der Selbsthaltung durch das Signal eines weiteren Tasters (S2), in diesem Fall mit einem Öffnerkontakt.

Der Schaltplan aus Abb. 4.62 ist durch das Relais K4 und den zweiten Taster (S2) erweitert worden (siehe Abb. 4.63). Das zusätzliche Relais übernimmt die Speicherfunktion. Sind die Nebenkontakte der Relais K3 sowie K1 und/oder K2 geschlossen und der Taster S1 betätigt, dann wird das Relais K4 erregt und schließt den Nebenkontakt im Stromweg 9. Fällt nun einer der Nebenkontakte bzw. das Signal von S1 ab, dann hält das Relais K4 sich selbst durch den ersten Nebenkontakt an Spannung. Der zweite Nebenkontakt von K4 liegt im Stromweg 10. Er hält die Spule M1 an Spannung, solange die Selbsthaltung besteht. Dies wird als eine **indirekte Ansteuerung** der Spule bezeichnet. Der Kolben des Zylinders 1A1 kann in die vordere Endlage ausfahren, entsprechend der Verknüpfungsfunktion. Das Einfahren des Kolbens erfolgt, wenn durch den Taster S2 der Öffnerkontakt im Stromweg 9 unterbrochen wird. Das Relais K4 liegt nicht mehr an Spannung und bei-

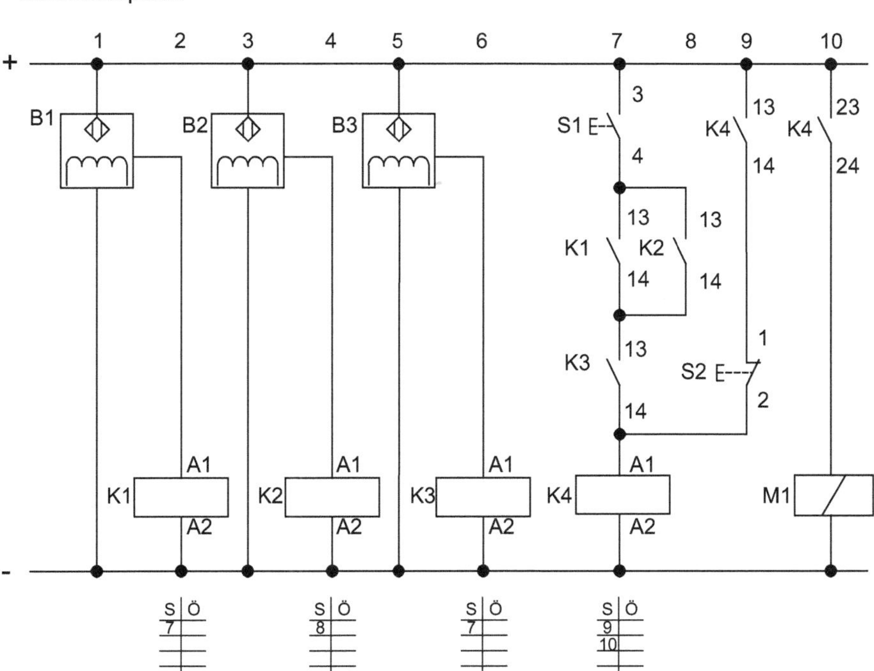

Abb. 4.63 Stromlaufplan mit Signalspeicherung

de Nebenkontakte fallen ab. Das Ventil 1V1 wird durch die Feder in die Schaltstellung b zurück gestellt und der Kolben fährt ein.

b) Steuerung doppelt wirkender Zylinder – Abb. 4.64
Doppelt wirkende Pneumatikzylinder werden zum Aus- und Einfahren der Kolbenstange wechselseitig mit Druckluft beaufschlagt. Es ist zu beachten, dass die Rückzugskraft geringer ist als die Kraft beim Vorhub. Die Kolbenfläche für den Rückhub verringert sich um den Querschnitt der Kolbenstange. Die Dauer des Rückhubes verringert sich dadurch geringfügig. Ein hartes Anschlagen in den Endlagen wird durch eine Endlagendämpfung vermieden. Zur berührungslosen Betätigung von Signalgebern in den Endlagen werden in die Kolben Ringmagnete eingebaut, die mit ihrem Kraftfeld die am Zylinder befestigten Magnetschalter betätigen. Zur Steuerung benötigen doppelt wirkende Zylinder als Stellglieder 5/2-Wegeventile. Diese können je nach Aufgabenstellung als Impulsventile mit zwei Spulen oder mit einer Spule und Rückstellfeder ausgeführt werden.

In der Hydraulik werden zur Steuerung von doppelt wirkenden Zylindern und Hydromotoren häufig 4/3-Wegeventile verwendet. Die mittlere Schaltstellung ist infolge der Federzentrierung die Ruhestellung. Je nach Ausführung der Durchflusswege kann diese Schaltstellung als Sperrstellung, Schwimm- oder Umlaufstellung ausgeführt werden. Die Sperrstellung ermöglicht eine Fixierung der jeweiligen Lage des Zylinders. Hydraulische Wegeventile werden neben der Richtungssteuerung für Antriebe auch für Verteilersteuerungen verwendet.

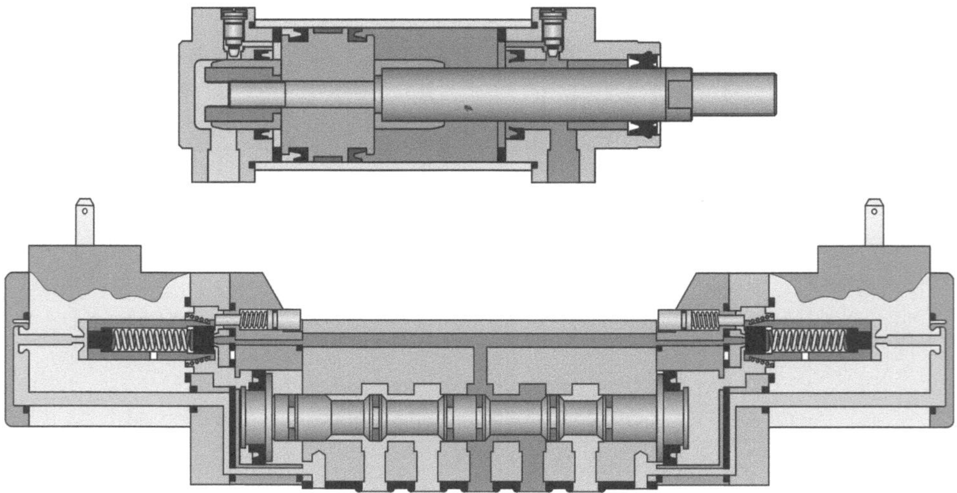

Abb. 4.64 Doppelt wirkender Zylinder und 5/2-Wegeventil (Festo Didactic GmbH &Co.)

4.3.2 Ablaufsteuerung für Linearbewegungen

Ablaufsteuerungen sind Steuerungen mit zwangsläufig schrittweisem Ablauf. Im nachfolgenden Lehrbeispiel wird exemplarisch eine Ablaufkette für zwei Zylinder entwickelt, die durch zwei unterschiedliche Stellglieder gesteuert werden.

Beispiel: Zeitabhängige Steuerung pneumatischer Zylinder

Zwei doppelt wirkende Zylinder sollen nach dem Startimpuls des Tasters S1 ihre Arbeitsbewegungen zeit- und zustandsabhängig steuern. Der Kolben des Zylinders 1A1 löst in der vorderen Endlage durch einen Reed-Kontakt zwei Arbeitszyklen des Zylinders 2A1 aus. Der Vorhub soll langsam, der Rückhub sehr schnell erfolgen. Die Endlagen dieses Zylinders werden durch zwei Reed-Kontakte kontrolliert. Nach dem 2. Arbeitszyklus soll das Stellglied des Zylinders 1A1 zeitabhängig umgeschaltet werden und der Kolben wieder einfahren. Die Zeit für zwei Arbeitszyklen wird an einem Zeitrelais eingestellt. Ein erneuter Start der Arbeitsbewegungen soll erst möglich sein, wenn der Kolben des Zylinders 1A1 wieder eingefahren ist. Abb. 4.65 zeigt das Funktionsdiagramm für diese Aufgabe und Tab. 4.24 die Bezeichnung der Bauelemente und ihre Funktion.

Tab. 4.24 Liste der verwendeten Bauelemente

Pneumatische Bauelemente	Bez.	Aufgabe
Doppelt wirkender Zylinder	1A1, 2A1	Arbeitselement
Drosselrückschlagventil	2V3	Geschwindigkeitssteuerung
Schnellentlüftungsventil	2V2	Direkte Entlüftung des Zylinders
5/2-Wege-Magnetventil mit Federrückstellung	1V1; M1	Stellglied
5/2-Wege-Magnetimpulsventil mit Handhilfsbetätigung	2V1; M3, M4	Stellglied
3/2-Wegeventil, handbetätigt mit Raste	0V1	Pneumatisches Hauptventil
Aufbereitungseinheit	0Z1	Luftaufbereitung
Elektrische Bauelemente	**Bez.**	**Aufgabe**
Grenztaster, rollenbetätigt	1B1	Endlagenerkennung
Magnetischer Näherungsschalter (Reed-Kontakt)	B2, B3, B4	Endlagenerkennung
Handtaster	S1	Signalgeber (Start)
Handtaster	S2	Signalgeber (Halt: Öffner)
Relais	K1–K4	Signalverarbeitung
Zeitrelais, anzugsverzögert	K5	Abschaltverzögerung

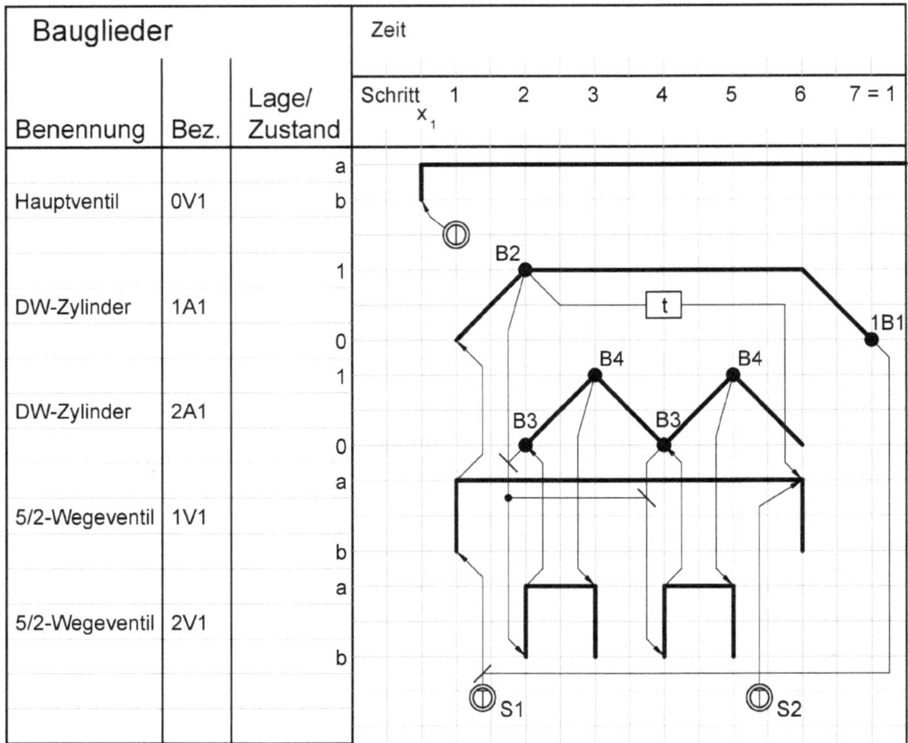

Abb. 4.65 Funktionsdiagramm

Lösung (siehe Abb. 4.66) Das Stellglied 1V1 wird in die Schaltstellung a umgeschaltet, wenn der Kolben des Zylinders 1A1 einfahren ist, der Öffnerkontakt des Zeitrelais K5 geschlossen ist und S1 betätigt wird. Die Nebenkontakte des Relais K1 schließen in den Stromwegen 2, 3 und 10. Durch die Selbsthaltung im 2. Stromweg bleibt das Ventil 1V1 gegen die Federkraft in der Schaltstellung a, die Speicherfunktion erfolgt im Stromlaufplan. Das Zeitrelais K5 liegt an Spannung und die einstellte Verzögerungszeit läuft ab. In der vorderen Endlage betätigt der Kolben den Sensor B2. Nun liegt das Relais K3 an Spannung und M3 schaltet das Impulsventil 2V1 um. Die Ausfahrbewegung des Zylinders 2A1 erfolgt durch die einstellbare Drossel im Ventil 2V3 verzögert. Die Abluftdrosselung ermöglicht ein ruckfreies Ausfahren des Kolbens. In der vorderen Endlage betätigt der Kolben den Reed-Kontakt B4. Über das Relais K4 schaltet die Spule M4 des Stellglied 2V1 zurück in die Schaltstellung b; der Kolben fährt ein. Die Speicherfunktion für das Stellglied wird hier durch das 5/2-Wege-Magnetimpulsventil mechanisch erfüllt, da der Kolbenschieber im Ventilkörper Haftverhalten hat. Die erneute Betätigung von B3 ermöglicht über den geschlossenen Nebenkontakt von K2 ein erneutes Aus- und Einfahren des Zylinders 2A1. Kurz vor Erreichen der Endlage beim 2. Rückhubs des Zylinders 2A1 muss die eingestellte Verzögerungszeit ablaufen und das Zeitrelais K5 über den Öffner

Pneumatikplan:

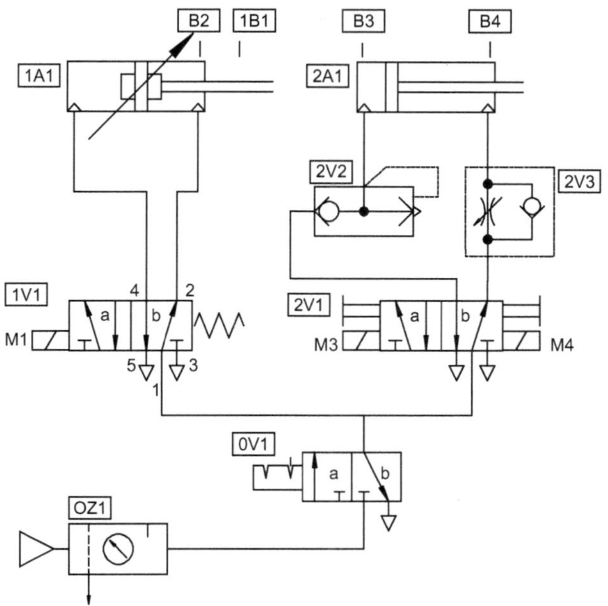

Stromlaufplan:

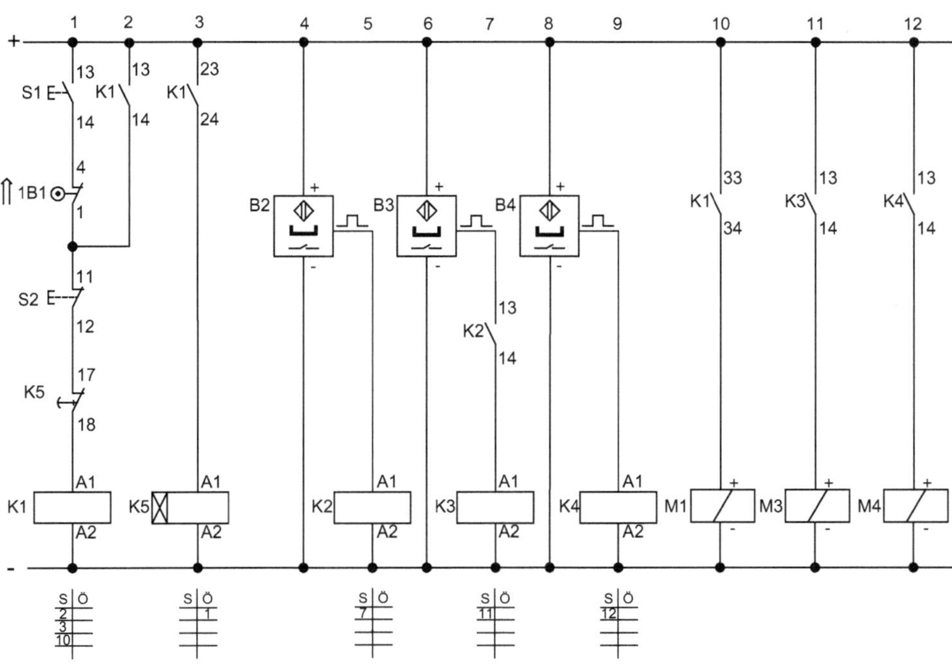

Abb. 4.66 Elektropneumatischer Schaltplan

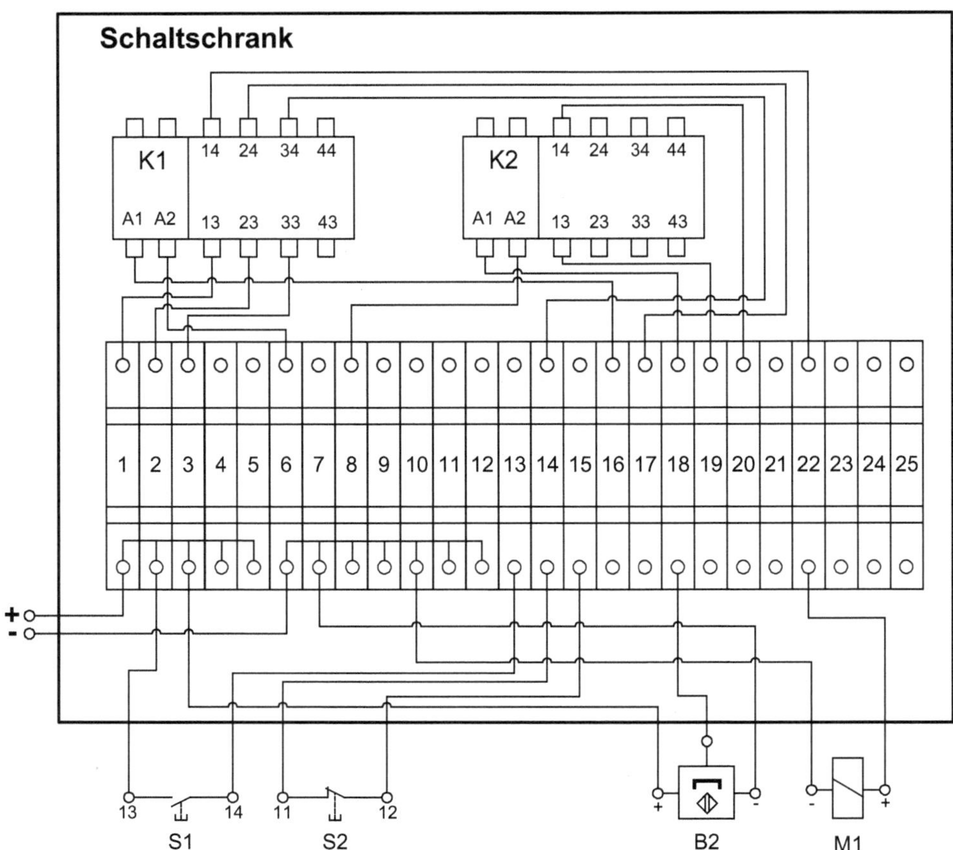

Abb. 4.67 Unvollständiger Verdrahtungsplan der verbindungsprogrammierten Steuerung

den 1. Stromweg unterbrechen. Das Signal von B3 kann nun nicht mehr wirksam werden, da der Kolben des Zylinders 1A1 nach Unterbrechung der Selbsthaltung einfährt. Erst nach Betätigung von 1B1 kann durch den Taster S1 ein neuer Arbeitszyklus eingeleitet.

Beide Stellglieder können unabhängig von den Steuerimpulsen über die Handhilfsbetätigung bzw. durch den externen Steueranschluss (11) betätigt werden. Handhilfsbetätigungen werden beim Einrichten von Anlagen oder bei der Funktionskontrolle des Ventils genutzt. Ist der Betriebsdruck in der Vorsteuerleitung zu gering zum Öffnen des Ventils, nutzt man externe Steueranschlüsse zum Öffnen des Vorsteuerventils.

Für die Installation verbindungsprogrammierter Steuerungen sind Verdrahtungspläne erforderlich. Der Verdrahtungsplan (Abb. 4.67) dient als Unterlage für die Montage der Anlage. Er zeigt die Verbindungsleitungen und Anschlussstellen der verwendeten Befehls- und Meldegeräte, der Verbraucher und deren Zuordnung zu den Anschlüssen an der Klemmenleiste. Im Klemmenplan (Tab. 4.25) ist die Zuordnung der Befehls- und Meldegeräte, der Verbraucher und der Relais zu den Anschlüssen der Klemmenleiste übersichtlich zusammengestellt.

Tab. 4.25 Klemmenplan

Externe Anschlüsse		Klemmenleiste		Interne Anschlüsse	
Bez.	**Anschluss**	**Brücke**	**Klemmen-Nr.**	**Bez.**	**Anschluss**
Netz	+		1	Relais K1	13
Taster S1	13		2	Relais K1	23
Sensor B2	+	o	3	Relais K1	33
Sensor B3	+	o	4	Relais K3	13
Sensor B4	+	o	5	Relais K4	13
Netz	0V		6	Relais K1	A2
Sensor B2	-		7	Zeitrelais K5	A2
Sensor B3	-		8	Relais K2	A2
Sensor B4	-		9	Relais K3	A2
Spule M1	-		10	Relais K4	A2
Spule M3	-		11		
Spule M4	-		12		
Taster S1, 1B1	14, 4	o	13		
Grenztaster 1B1, S2	1, 11	o	14	Relais K1	14
Taster S2	12	o	15	Zeitrelais K5	17
		o	16	K5, K1	18, A1
		o	17	K1, K5	24, A1
Sensor B2	⊓	o	18	Relais K2	A1
Sensor B3	⊓	o	19	Relais K2	13
		o	20	K2, K3	14, A1
Sensor B4	⊓	o	21	RelasisK4	A1
Spule M1	+	o	22	Relais K1	34
Spule M3	+	o	23	Relais K3	14
Spule M4	+	o	24	Relais K4	14

Die Klemmenleiste befindet sich im Schaltschrank. Alle Relaisanschlüsse der Schaltung werden als interne Anschlüsse bezeichnet. Die externen Anschlüsse kommen von den Befehls- und Meldegeräten und den Stellelementen.

4.4 Speicherprogrammierbare Steuerungen (SPS)

Entsprechend der DIN IEC 60050-351 [6] wird unter einer Speicherprogrammierbaren Steuerung eine *rechnergestützte programmierte Steuerung, deren logischer Ablauf über eine Programmiereinrichtung, zum Beispiel ein Bedienfeld, einen Hilfsrechner oder ein tragbares Terminal, veränderbar ist,* definiert. Für eine Speicherprogrammierbare Steuerung wird somit ein Hardwaresystem benötigt, welches unter anderem die Verbindung zum Prozess und den weiteren Automatisierungseinrichtungen, die Programm- und Datenspeicherung sowie die Datenverarbeitung realisiert. Der zweite Bestandteil ist die Software, die zum einen als Betriebssystem den Zugriff auf die Hardware umsetzt und zum anderen die flexible Programmierung zur Verarbeitung der Signale für das Anwenderprogramm möglich macht. Speicherprogrammierbare Steuerungen weisen gegenüber verbindungsprogrammierten Steuerungen viele Vorteile auf, u. a.:

- Programme können schnell und problemlos verändert und auf modifizierte Aufgaben zugeschnitten werden (hohe Flexibilität),
- problemlose Speicherung der Programme,
- großer Funktionsumfang einschließlich der Verarbeitung digitaler und analoger Daten,
- geringe Betriebskosten und
- Maßnahmen zur Fehlererkennung und -ortung sind programmierbar.

Nachteilig sind ihre höhere Komplexität und der Einfluss systematischer Fehler in der Software. Zur Erstellung von Anwenderprogrammen sind Kenntnisse des Programmiersystems, der Programmiersprachen und des Automatisierungssystems erforderlich.

4.4.1 Aufbau und Funktionen einer SPS

Automatisierungsaufgaben können sowohl durch eine Hardware-SPS als auch eine PC-basierte Steuerung realisiert werden. Das Buch beschränkt sich in der Beschreibung auf die im Anlagen- und Maschinenbau vordergründig eingesetzte Hardware-SPS. Der Aufbau einer SPS lässt sich aus den Grundfunktionen, die das industrielle Umfeld erfordern, ableiten. Aus Sicht des Anwenderprogrammierers gibt es einen Teil der Funktionen, die durch den Steuerungshersteller umgesetzt werden müssen und vom Programmierer nur am Rand genutzt werden. Das sind vor allem entsprechend Abb. 4.68 die Funktionen der Stromversorgung, des Betriebssystems, der Speicherung und Teile der Schnittstellenfunktionen. Des Weiteren werden von den Steuerungsherstellern viele wiederkehrende Funktionen als Systemfunktionen dem Nutzer angeboten, so dass z. B. auch eine Regelung mit der SPS realisiert werden kann. Der angebotene Funktionsumfang ist mit ein Unterscheidungsmerkmal bei der Auswahl der Steuerung.

Aufgabe der Signalverarbeitungsfunktionen ist es, entsprechend dem Anwenderprogramm die Signale von den Sensoren und den internen Datenspeichern zu verarbeiten und Signale zu erzeugen, die an die Aktoren und internen Speicher geleitet werden. Die Schnittstellenfunktionen dienen zum Datenaustausch mit dem Prozess, dem Bediener, dem Anwendungsprogrammierer und den anderen im Netzwerk verbundenen Systemen. Die Schnittstellenfunktionen zu Sensoren und Aktoren müssen die Eingangssignale und -daten in geeignete Signalpegel, die verarbeitet werden können, umwandeln (z. B. analog-

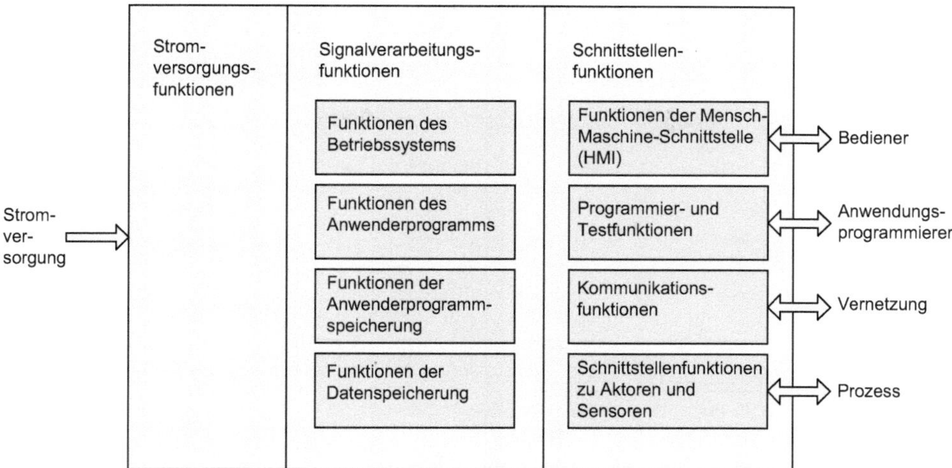

Abb. 4.68 Funktionale Grundstruktur eines SPS-Systems nach EN 61131-1:2003 [8]

digital-Wandlung) und die Ausgangssignale und -daten so aufbereiten, dass die Aktoren und Anzeigegeräte entsprechend angesteuert werden.

Kommunikationsfunktionen dienen dem Datenaustausch mit anderen Systemen, wie z. B. andere SPS-Systeme, Roboter und Computer. Die Funktionen der Mensch-Maschine-Schnittstelle werden eingesetzt, dass der Bediener der Steuerung Informationen mitteilen und somit über die Signalverarbeitung den Prozess beeinflussen kann. In anderer Richtung erhält der Bediener Meldungen aus dem Prozess. Sowohl die Programmier- und Testfunktionen als auch die Funktionen der Anwenderprogrammierung können genutzt werden um ein SPS-Programm zu erstellen, das den Prozess entsprechend den Anforderungen steuert und überwacht. Die Funktionen der Stromversorgung stellen die Wandlung und die elektrische Trennung der Spannung des SPS-Systems von der Netzversorgung zur Verfügung.

Sowohl die Bezeichnungen der Hardware als auch der Softwarebausteine sind von Hersteller zu Hersteller verschieden. Die folgenden Ausführungen sind sehr stark an die STEP 7 Terminologie angelehnt.

4.4.1.1 Hardwareaufbau

Entsprechend den Grundfunktionen besteht die einfachste SPS entsprechend Abb. 4.69 aus einer Stromversorgungseinheit, einer Zentraleinheit (CPU) mit Speichern und Verarbeitungseinheit sowie Ein- und Ausgabeeinheiten bzw. Signaleinheiten. Für die Ein- und Ausgabeeinheiten werden unterschiedliche Baugruppen angeboten. Es existieren Baugruppen, die digitale oder analoge Signale aufnehmen, aber auch Funktionsbaugruppen, die bereits komplexe oder zeitkritische Prozesse bearbeiten können (z. B. Zählerbaugruppe) oder auch Kommunikationsbaugruppen, die die über Bussysteme oder WLAN gelieferten Daten aufbereiten. In diesen Baugruppen erfolgt die Entstörung, die Pegelumwand-

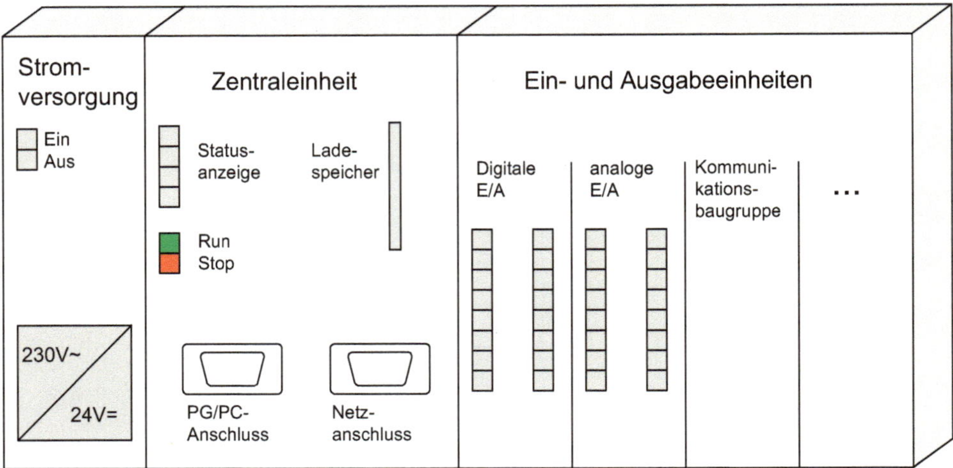

Abb. 4.69 Grundlegender Hardwareaufbau einer SPS

lung, die Codierung und die galvanische Trennung[1] der Signale zum Schutz der CPU. Dem an den binären Eingängen anliegenden positiven oder höheren Potenzial wird der Signalzustand „1“ und dem Bezugs- oder Massepotenzial der Signalzustand „0“ zugeordnet. Ein offener Eingang oder ein Drahtbruch bedeutet ebenfalls Signalzustand „0“. Analoge Signale können nicht direkt verarbeitet werden. Analogbaugruppen nehmen die Signale auf und wandeln sie in digitale Signale um.

Die Zentraleinheit kann über den PG/PC-Anschluss mit einem Programmiergerät (PG) bzw. PC zum Einlesen des Anwenderprogramms oder zur Fehlersuche verbunden werden. Der Netzanschluss dient der Verbindung der Steuerung an lokale oder zentrale Netzwerke. Das Kernstück der Steuerung, die Zentraleinheit, ist weiter untergliedert in Lade-, System- und Arbeitsspeicher sowie das Steuerwerk. Das Steuerwerk führt die Abarbeitung der Steueranweisungen entsprechend der Reihenfolge der Anweisungen im Arbeitsspeicher (siehe auch Abschn. 4.4.1.2) unter Einbindung des Systemspeichers durch. Wird ein Programm aus dem Programmiergerät in die CPU geladen, so werden Codebausteine, Datenbausteine und Systemdaten in den Ladespeicher übertragen. In heutigen S7 Steuerungen befindet sich der Ladespeicher auf einer Micro Memory Card. Kommentare und Symbole werden nicht übernommen. In den Arbeitsspeicher werden nur ablaufrelevante Teile der Code- und Datenbausteine und der Systemdaten aus dem Ladespeicher weitergereicht. Der Systemspeicher enthält die Daten der Merker, Zeiten und Zähler, das Prozessabbild der Ein- und Ausgänge sowie Lokaldaten. Bei der Konfigurierung der Hardware können die Adressbereiche der Ein- und Ausgänge und die Bereiche von remanenten Merkern (behalten ihren Signalzustand beim Spannungsausfall) festgelegt werden. Neben den hier aufgeführten grundlegenden Einheiten der SPS existieren eine Vielzahl von weiteren Baugruppen, wie z. B. Bedieneinheiten.

[1] Galvanische Trennung bedeutet, dass keine Verbindung zwischen zwei Stromkreisen besteht.

4.4.1.2 Arbeitsweise einer SPS

In dem Anwenderprogramm wird festgelegt, welche Anweisungen durch die Steuerung ausgeführt werden sollen. Ein Programm ist eine nach den Regeln der verwendeten Sprache festgelegte syntaktische Einheit aus Anweisungen und Vereinbarungen, welche die zur Lösung einer Aufgabe notwendigen Elemente umfasst (DIN 19226, [5]). Die Anweisungen sind im Arbeitsspeicher hinterlegt und werden durch die Zentraleinheit angewählt. Ein Adresszähler gibt die Adresse an, in der die Steueranweisung abgelegt ist. Diese wird in das Steuerwerk der CPU übertragen und abgearbeitet. Anschließend wird der Adresszähler um 1 erhöht und die nächste Anweisung ausgewählt. Die Abarbeitung der Anweisungen erfolgt somit zyklisch. Jeder Zyklus (Abb. 4.70) beginnt mit dem Einlesen der aktuellen Signalzustände der Eingänge in das Prozessabbild und endet mit der Übergabe der aktuellen Zustände der Ausgänge aus dem Prozessabbild an die Ausgänge. Die für einen Zyklus benötigte Zeit wird Zykluszeit genannt. Die Länge der Zykluszeit ist abhängig von der Anzahl und der Art der Anweisungen. Eine Bitoperation wie z. B. das UND kann ca. 0,06 µs dauern, wohingegen eine arithmetische Operation wie z. B. die Addition zweier reeler Zahlen ca. 0,6 µs in Anspruch nimmt. Diese Werte variieren sehr stark in Abhängigkeit von der eingesetzten CPU. Bei hochwertigen Steuerungen kann eine Bitoperation auch nur 2 ns benötigen. Durch Sprünge können Anweisungen bei der Abarbeitung ausgelassen werden. Die benötigte Zykluszeit eines vollständigen Programmablaufs kann in der Steuerung abgefragt werden. Der zyklische Ablauf des Anwenderprogramms wird durch den Organisationsbaustein 1 (OB1) über den Aufruf von Funktionsbausteinen oder Funktionen erreicht. Der Aufruf des Organisationsbausteins 1 erfolgt über das Betriebssystem. Neben dieser zyklischen Abfrage der Eingänge und Wei-

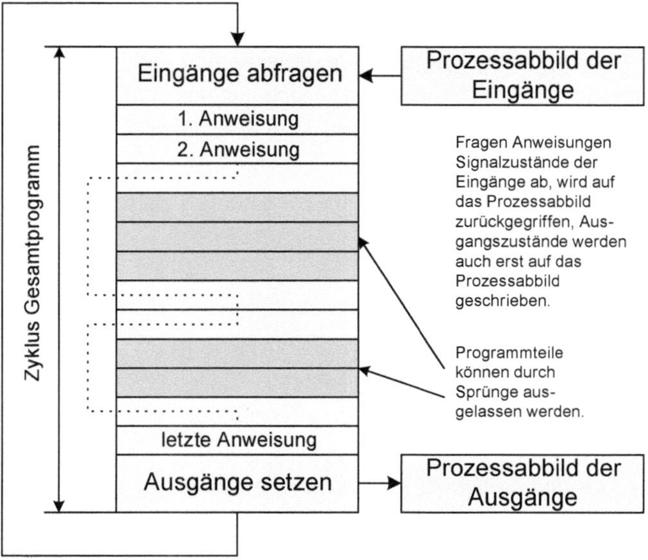

Abb. 4.70 Arbeitsweise einer SPS

tergabe der Ausgangssignale besteht die Möglichkeit, periodisch oder ereignisgesteuert den zyklischen Ablauf zu unterbrechen und Eingänge zu lesen, Ausgänge zu schreiben oder zeitkritische Anweisungen auszuführen. Dies wird durch weitere Organisationsbausteine organisiert.

Um einen Echtzeitbetrieb zu erreichen, muss die Zykluszeit so kurz sein, dass die Änderung der Signalzustände an den Eingängen zu einer rechtzeitig Reaktion an den Ausgängen führt. Laut DIN IEC 60050-351 [6] versteht man unter Echtzeitfähigkeit die *Fähigkeit eines Prozessrechensystems, die Rechenprozesse ständig derart ablaufbereit zu halten, dass sie innerhalb eines vorgegebenen Zeitintervalls auf Ereignisse im Ablauf eines technischen Prozesses reagieren können.* Ein Echtzeitbetrieb für die zyklische Abarbeitung wird erreicht, wenn die Zykluszeit addiert mit der jeweiligen Verzögerungszeit an den Ein- und Ausgängen kleiner ist als die doppelte Periodendauer des Signals. Dies gilt für ein Impuls: Pausen-Verhältnis von 1 : 1. Für ein anderes Verhältnis muss die Zykluszeit kleiner sein als die kürzeste Dauer eines Signalzustandes.

4.4.1.3 Programmstruktur einer SPS

Zur Erstellung eines Anwenderprogramms stehen unterschiedliche Bausteintypen (= Programm-Organisationseinheiten) zur Verfügung. Die Norm EN 61131 [8] unterscheidet in Programm (PROG), Funktionsblock (FB) und Funktion (FUN). Das Programm ist die oberste Organisationseinheit und hat die größte Funktionalität. In der S7-Steuerung ist es vergleichbar mit den Organisationsbausteinen (OB) als Hauptprogrammtyp. Diese legen die Struktur des Anwenderprogramms fest und sind die Schnittstellen zum Betriebssystem. Soll in einem Anwenderprogramm nur der zyklische Ablauf erfolgen, so ist nur der Organisationsbaustein 1 auszuwählen. Dieser Organisationsbaustein wird entsprechend Abb. 4.71 durch das Betriebssystem immer wieder zyklisch aufgerufen. Er wiederum ruft die Funktionsbausteine (FB) und Funktionen (FC) auf, die die Anweisungen zur Steuerung des Prozesses enthalten, und übergibt die aktuellen Parameter der Variablen. In der Regel werden technologische Einheiten, die sich aus dem Prozess oder der Anlage ergeben, in Funktionsbausteine oder Funktionen gegliedert. Dabei ist es sinnvoll, die Bausteine so objektorientiert zu gestalten, dass sich wiederholende bzw. auch nur teilweise wiederholende Anweisungen mit ein und demselben Bausteinen umsetzen lassen. So gegliederte Programme ergeben folgende Vorteile:

- umfangreiche Programme werden übersichtlicher,
- einzelne Programmteile können standardisiert werden,
- Änderungen lassen sich leichter durchführen,
- der Programmtest wird vereinfacht, weil er abschnittsweise erfolgen kann.

Der Einsatz von Funktionen ist ausreichend, wenn das Funktionsergebnis ausschließlich aus den Eingangssignalen ermittelt werden kann und somit keine interne Speicherfunktion erforderlich ist. STEP 7-Funktionen können mehrere Eingangs- und Ausgangsvariablen besitzen. In anderen Steuerungen ist es möglich, dass Funktionen unter dem

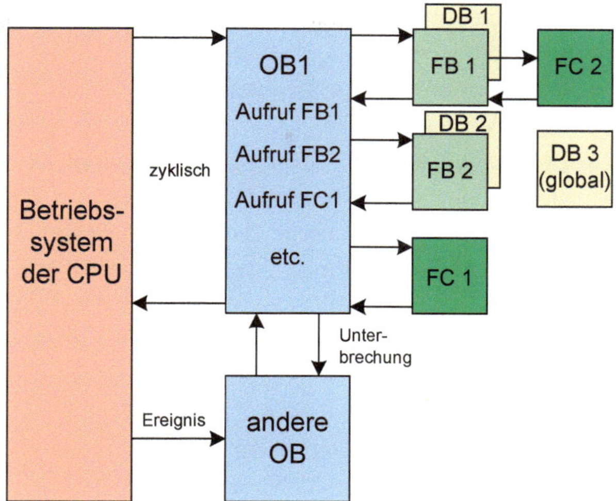

Abb. 4.71 Struktur Bausteinaufruf STEP 7

Funktionsnamen nur ein Funktionsergebnis liefern (z. B. $y = \sin(x)$). Den Funktionsbausteinen (FB) wird ein eigener Speicherbereich gleich beim Aufruf in Form eines Instanz-Datenbausteins zugeordnet. Sie kommen zum Einsatz, wenn eine bausteininterne Variable gespeichert werden muss. Dies erfolgt in dem zugeordneten Datenbaustein (Instanz-Datenbaustein (DB)). Die Daten stehen auch über mehrere Zyklen zur Verfügung. Neben den Instanz-Datenbausteinen können auch globale Datenbausteine für das gesamte Projekt erstellt werden. Für einige immer wiederkehrende Funktionen stehen Systemfunktionen (SFC) und Systemfunktionsbausteine (SFB) zur Verfügung, die der Steuerungshersteller bereitstellt.

Programmbausteine in STEP 7:

- Organisationsbaustein (OB)-Schnittstelle zum Betriebssystem,
- Funktionsbaustein (FB) mit zugeordnetem Instanz-Datenbaustein (DB),
- Funktion (FC),
- Systemfunktionsbaustein (SFB),
- Systemfunktion (SFC),

Datenbausteine in STEP 7:

- Instanz-Datenbaustein (DB),
- Global-Datenbaustein (DB).

Neben dem Organisationsbaustein 1 stehen Organisationsbausteine für den Programmanlauf, die periodische Programmunterbrechung (Uhrzeitalarme oder Weckalarme) z. B. zum azyklischen Abfragen von Eingangssignalen und die ereignisorientierte Unterbrechung (Verzögerungsalarm oder Prozessalarm) zur Verfügung.

Der Aufbau jedes Programmbausteins ist gleich. Er besteht aus Deklarationsteil und Anweisungsteil. Im Deklarationsteil werden die Variablen vereinbart und Schnittstellen zugeordnet. Unterschieden wird in:

- Deklaration IN (Eingangsvariable(n), können innerhalb des Programmbausteins nur abgefragt werden),
- Deklaration OUT (Ausgangsvariable(n), können innerhalb des Programmbausteins nur beschrieben werden),
- Deklaration IN_OUT (Durchgangsvariable(n), können innerhalb des Programmbausteins abgefragt und beschrieben werden),
- Deklaration STAT (interne Zustandsvariable(n), dienen zum Abspeichern von Daten über einen Zyklus hinweg – stehen nur bei FB zur Verfügung),
- Deklaration TEMP (dient zum temporären Zwischenspeichern von Ergebnissen innerhalb eines Zyklus und zur Datenübergabe zwischen den Programmbausteinen),
- Deklaration RETURN (beinhaltet Rückgabewert einer Funktion – nur für FCs).

Je nach Bausteintyp enthält der Deklarationsteil mehr oder weniger Angaben. Grundlegend enthalten sind: Art der Variablen (IN, OUT etc.), den Name, den Datentyp (BOOL, WORD etc.) und eine Kommentarspalte. In Funktionsbausteinen werden den Variablen automatisch die Adressen im zugeordneten Datenbaustein zugewiesen. Bei Aufruf des Bausteins durch ein Anwenderprogramm werden die im Deklarationsteil vereinbarten Formalparameter (IN, OUT, INOUT) mit Aktualparametern, z. B. E, A, MW, versehen (parametriert).

Der Datentyp der Variablen hat einen bestimmenden Einfluss auf den möglichen Wertebereich der Daten und auf die zulässigen Operationen, die mit den Variablen durchgeführt werden können. Die Festlegung des Datentyps erfolgt durch Schlüsselwörter (Bit, Byte, Wort), die auch den Speicherplatz für die Variable im Anwenderprogramm festlegen. In Tab. 4.26 sind wichtige elementare Datentypen zusammengestellt. Elementare Datentypen sind unveränderbar; die Obergrenze für die Speicherplatzgröße beträgt 32 Bit.

Der Anweisungsteil enthält den Algorithmus, nach dem der Prozess/die Anlage zu steuern ist. Nach DIN IEC 60050-351 [6] ist ein Algorithmus eine *vollständig bestimmte endliche Folge von Anweisungen, nach denen die Werte der Ausgangsgrößen aus den Werten der Eingangsgrößen berechnet werden können.* Eine Anweisung bzw. Steuer-

Tab. 4.26 Elementare Datentypen

Datentyp	Größe	Schreibweise und Wertebereich
BOOL	1 Bit	False (0), True (1)
BYTE	8 Bit	(B#)16# 0 … FF
WORD	16 Bit	(W#)16# 0000 … FFFF
DWORD	32 Bit	(DW#)16# 0000_0000 … FFFF_FFFF
INT	16 Bit	−32768 bis +32767
DINT	32 Bit	L#−2147483648 bis +2147483647
REAL	32 Bit	Dezimalzahl oder Exponentialdarstellung
S5Time	16 Bit	S5 T#0 ms bis 9990 s
TIME	32 Bit	TIME#−24d20h31m bis +24d20h31m

anweisung ist die kleinste selbstständige Einheit eines Steuerprogramms. Sie stellt die Arbeitsanweisung für die Zentraleinheit dar (DIN 19226, [5]).

4.4.1.4 Grundlagen der Programmierung

Für die Programmierung einer Speicherprogrammierbaren Steuerung stehen unterschiedliche Fachsprachen zur Verfügung. Untergliedert können diese werden in grafische und textbasierte Sprachen (siehe Abb. 4.72). Die durch die Steuerungshersteller angebotenen Programmiersprachen unterscheiden sich häufig geringfügig von der Norm. Auch das Angebot weiterer Programmiersprachen, wie z. B. Zustandsgraphen oder Programmierung in C oder C++ ist möglich.

Die Programmierung mittels Anweisungsliste (AWL), Kontaktplan (KOP) und Funktionsbausteinsprache (FBS bzw. STEP 7: Funktionsplan (FUP)) erfolgt vorrangig für Verknüpfungssteuerungen. Die Ablaufsprache (AS) wurde speziell für die Ablaufsteuerungen entwickelt, oft werden hier auch Zustandsgraphen eingesetzt. Die Struktur der Ablaufsprache wurde bereits im Abschn. 4.1.4 Steuerungsarten näher erläutert. Der strukturierte Text (ST bzw. SCL) ist besonders komplexen Steuerungsaufgaben, wie z. B. Algorithmen, vorbehalten. Diese Sprache ist stark an die Programmiersprache Pascal angelehnt. Durch die immer offenere Gestaltung der Steuerungen finden die höheren Programmiersprachen wie strukturierter Text, aber auch C bzw. C++ stärkere Verwendung.

Die Funktionsbausteinsprache wurde in den bisherigen Beschreibungen verwendet und soll hier nicht weiter beschrieben werden.

Die Anweisungsliste ist eine maschinennahe Programmiersprache und wird aufgrund einer immer höheren Komplexität der Aufgaben weiter in den Hintergrund gedrängt. Die Programmierung erfolgt durch eine zeilenweise Eingabe der Anweisungen.

Quelltext

```
Marke Operator Operand Kommentar
Beispiel: Ende: L EB1//Laden von Eingangsbyte
```

Marken sind nur erforderlich, wenn durch einen Sprungbefehl bei dieser Anweisung das Programm fortgesetzt werden soll. Folgt dem Operator ein „Klammer auf“ (( ), so

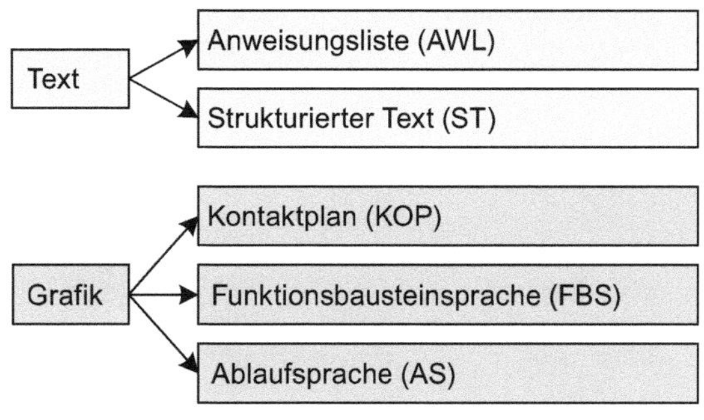

Abb. 4.72 SPS-Programmiersprachen nach DIN EN 61131-3 [8]

Tab. 4.27 Grundlegende Funktionen der Anweisungsliste

Operatoren	Erklärung	Beispiel
L	Lädt Operand als aktuelles Ergebnis	L EB1
T	Transferiert aktuelles Ergebnis nach Operand	T MB11
JMP	Sprung zur Marke	JMP Ende
CALL	Bausteinaufruf	CALL FC1
U, (UN)	UND-Verknüpfung des (negierten) Operators	U E0.1
O, (ON)	ODER-Verknüpfung des (negierten) Operators	O E0.2
S	Setzt Operand auf „1“, wenn Verknüpfungsergebnis = 1 ist	S A1.0
R	Setzt Operand auf „0“, wenn Verknüpfungsergebnis = 1 ist	R A1.0
=	Zuweisung des Verknüpfungsergebnisses auf Operand	= A1.2

wird das Verknüpfungsergebnis erst gebildet, wenn die Anweisungen in der Klammer ausgewertet sind. Das kann z. B. erforderlich sein, wenn eine ODER-Verknüpfung vor einer UND-Verknüpfung ausgeführt werden soll. Tab. 4.27 enthält die Bezeichnungen für grundlegende Funktionen der Anweisungsliste.

Die Fachsprache Kontaktplan ist in der Struktur sehr an einen Schaltplan angelehnt und wie ein solcher, von links nach rechts, zu lesen. So ist das logische UND durch eine Reihenschaltung sowie das logische ODER durch eine Parallelschaltung darzustellen. Jeder Kontaktplan muss mit einer Zuweisung (Ausgang, Merker etc.), einem Funktions- oder Bausteinaufruf abgeschlossen werden. Neben den in der Tab. 4.28 aufgeführten An-

Tab. 4.28 Grundlegende Symbole des Kontaktplans

Zeichen	Erklärung
Binärvariable —| |—	Schließerkontakt, Abfragen einer Variablen
Binärvariable —|/|—	Öffnerkontakt, Abfragen der negierten Variablen
—|NOT|—	Negieren des links anliegenden Verknüpfungsergebnisses
Binärvariable —|P|— Flankenmerker	Positive Flanke der Binärvariablen abfragen (gekennzeichnet mit N: negative Flanke)
Binärvariable —( )—	Zuweisung des links anliegenden Verknüpfungsergebnisses an Binärvariable
Binärvariable —(/)—	Zuweisung des negierten links anliegenden Verknüpfungsergebnisses an die Binärvariable
Binärvariable —(S)—	Ist links anliegendes Verknüpfungsergebnis = 1, wird Binärvariable gesetzt (gekennzeichnet mit R: zurückgesetzt)

weisungen, können auch weitere, wie z. B. Zeitfunktionen, mit dem KOP programmiert werden. Die STEP 7-Ablaufprogrammiersprache GRAPH nutzt den KOP zur Beschreibung der Transitionen.

In der Programmiersprache strukturierter Text werden die Anweisungen zeilenweise aufgebaut, wobei auch mehrere Anweisungen in einer Zeile stehen können. Diese sind mit einem Semikolon zu trennen. Einzeilige Kommentare werden durch einen Doppelstrich (//) gekennzeichnet. Über mehrere Zeilen gehende Kommentare beginnen mit: (* und enden mit: *). Unterschieden wird in Wertzuweisungen und Kontrollanweisungen.

Syntax der Wertzuweisung

```
Marke : Variable := Ausdruck;//Kommentar
A1.0 := E1.0 & E1.1;//Ergebnis der UND-Verknüpfung wird A1.0 zugewiesen
```

Syntax der Kontrollanweisung

```
Marke : xxx Anweisungsfolge END_xxx;//Kommentar
IF #Wert1 <= #Wert2
THEN A1.0: = TRUE; ENDIF;
(*ist Wert1 kleiner höchstens gleich Wert2, so wird dem Ausgang A1.0
der Wert „log 1" zugewiesen*);
```

Tab. 4.29 enthält Anweisungen der Programmiersprache Strukturierter Text. In Tab. 4.30 ist eine Verknüpfungsanweisung in unterschiedlichen Programmiersprachen dargestellt.

Tab. 4.29 Ausgewählte Sprachelemente strukturierter Text

Operatoren		Kontrollanweisungen	Aufgabe
AND (&)	Logisches UND	FOR-Schleife	Wiederholung von Programmteilen bis zur festgelegten Zahl der Schleifendurchläufe
OR	Logisches ODER	WHILE-Schleife	Durchlaufen einer Schleife bis zur Erfüllung der Durchführungsbedingungen
NOT	Negation eines logischen Operanden	REPEAT-Schleife	Ausführen der Schleife bis zur Erfüllung der Abbruchbedingung
XOR	Logisches Exklusiv-ODER	IF-Anweisung	Ausführen einer Anweisung in Abhängigkeit von einer Bedingung
< >	Kleiner Größer	CASE-Anweisung	Dient zur 1 aus *n* Auswahl von Programmteilen
<= >=	Kleiner oder Gleich Größer oder Gleich	CONTINUE-Anweisung	Möglichkeit zum Abbruch des momentanen Schleifendurchlaufs
== <>	Gleich Ungleich	EXIT-Anweisung	Dient zum Verlassen von Schleifen
:=	Zuweisung	GOTO-Anweisung	Veranlasst einen Sprung zu der angegebenen Sprungmarke
( )	Klammerung	RETURN-Anweisung	Veranlasst einen Rücksprung in den aufrufenden Baustein oder ins Betriebssystem

Tab. 4.30 Programmierbeispiele

Kontaktplan	Anweisungsliste	Funktionsbausteinsprache
E1.0 E1.1 E1.2 A1.0 E1.3 E1.4	U E1.0 UN E1.1 U E1.2 ON E1.3 O E1.4 = A1.0	E1.0 E1.1 E1.2 & E1.3 E1.4 ≥1 A1.0
Strukturierter Text A1.0 := E1.0 AND NOT E1.1 AND E1.2 OR NOT E1.3 OR E1.4;		

4.4.2 Analoge Signale in der SPS

Speicherprogrammierbare Steuerungen können neben binären Signalen auch digitale Signale verarbeiten. Ein binäres Signal hat nur zwei Werte. Digitale Signale sind durch mehrstellige Bitketten gekennzeichnet, sie können mehrere Werte im Wertebereich annehmen (vergleich Abschn. 2.1.2). Jeder Wertebereich erhält durch Codierung eine festgelegte Bedeutung, z. B. als Zahlenwert. Eine Bitkette mit acht Binärstellen wird als ein Byte, eine Bitkette mit sechzehn Binärstellen als ein Wort bezeichnet. Je größer die Anzahl der Binärstellen, desto größer ist die Anzahl der Werte im Wertebereich. Die Verarbeitung digitaler Signale erfolgt mit Digitalfunktionen wie Vergleichen, Umwandlungs- und Schiebefunktionen sowie arithmetischen und mathematischen Funktionen, die in diesem Buch größtenteils nicht behandelt werden.

Häufig muss die digitale Steuerung Signale von analogen Sensoren verarbeiten. Der analoge Sensor stellt den Werteverlauf der gemessenen physikalischen Größe (z. B. Druck, Abstand) kontinuierlich als elektrisches Signal in Form einer Spannung oder eines Stromes der digitalen Steuerung zur Verfügung. Entsprechende Analog-Digital-Umsetzer (siehe Abb. 4.73) wandeln diese Signale in digitale Signale, z. B. als Zahlenwert um. Die Weiterverarbeitung durch die Steuerung erfolgt digital. Das Ergebnis kann einem Verbraucher sowohl digital als auch in analoger Form zur Verfügung gestellt werden.

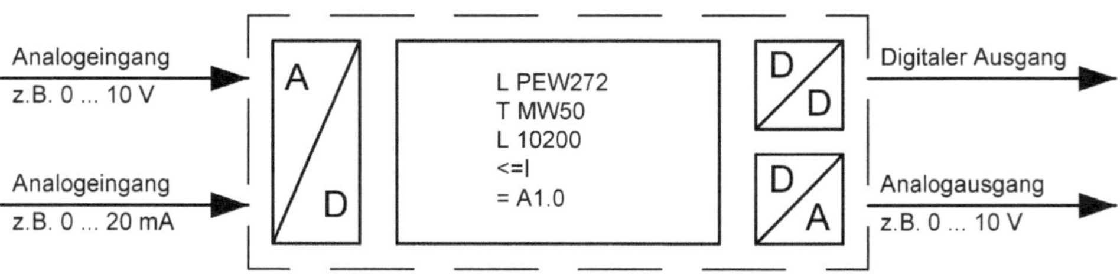

Abb. 4.73 Analogwertverarbeitung mit SPS

Allgemeines zur Darstellung analoger Signale

Übliche Auflösungen bei den Analogbaugruppen der S7-300-Reihe sind 8 Bit bis 15 Bit plus Vorzeichen. Würden bei einer 8-Bit-Auflösung für den analogen Signalausgang eines Sensors alle 8 Bit für die Digitalisierung der Signalspannung von 0 bis 10 V genutzt werden, würde der Analogbereich mit $2^8 = 256$ unterschiedlichen Werten dargestellt werden. Die Stufung beträgt dann:

$$\frac{10\,\text{V}}{256} = 0{,}0390625\,\text{V} = 39{,}0625\,\text{mV}$$

Bei einem Signalstrom von 20 mA ergibt sich:

$$\frac{20\,\text{mA}}{256} = 0{,}078125\,\text{mA}$$

Stehen jedoch durch das Vorzeichenbit nur 7 Bit für die Digitalisierung des Wertes zur Verfügung, beträgt die Stufung:

$$\frac{10\,\text{V}}{216} = 0{,}0463\,\text{V} = 46{,}30\,\text{mV} \quad \text{bzw.}$$
$$\frac{20\,\text{mA}}{216} = 0{,}0926\,\text{mA}$$

Für das Vorzeichen (VZ) gilt: „0“ steht für ein positives, „1“ für ein negatives Vorzeichen.

Die rechte Spalte in Tab. 4.31 gibt den Abstand der Digitalwerte an, mit dem die Analogwerte dargestellt werden können, bezogen auf einen Abstand von eins zwischen den Digitalwerten der 15-Bit-Darstellung. Beträgt die Auflösung einer Baugruppe weniger als 15 Bit, wird der Analogwert durch den Ladebefehl linksbündig in die Bits 0 bis 15 des Akkumulators eingetragen. Die nicht besetzten niederwertigen Stellen werden mit „0“ beschrieben. Hieraus ergibt sich, dass der sich ändernde Analogwert bei einer 12-Bit-Auflösung mit Sprüngen von 8 im Digitalwert dargestellt wird. Unabhängig von der Wortlänge ist immer das rechts stehende Binärzeichen das niedrigstwertige (Least Significant Bit – LSB), links steht das höchstwertige Binärzeichen (Most Significant Bit – MSB).

In den Analogeingabe- und -ausgabebaugruppen der S7-Steuerungen werden für die Digitalisierung der Werte des Nennbereichs in einer 16-Bit-Darstellung nur der dezimale Wertebereich von −27.648 bis 27.648 genutzt. Die weiteren Bitkombinationen stehen für den Übersteuerungsbereich, den Untersteuerungsbereich, den Überlauf und den Unterlauf zur Verfügung. Tab. 4.32 veranschaulicht dies beispielhaft für Messbereiche der möglichen Messarten.

Tab. 4.33 zeigt die Bitfolge für ein Eingangsdatenwort (16-Bit = 15 Bit Datenwert + Vorzeichenbit) für ein Stromsignal mit einem Wertebereich von 1 … 5 V. Die Bitfolge (Dualzahldarstellung) der negativen Dezimalwerte wird mittels der Zweierkomplement-Methode gebildet.

Tab. 4.31 Bitmuster zur Darstellung der Auflösung. (Auszug aus Siemens: Automatisierungssystem S7-300 – Baugruppendaten /14/)

Auflösung	Zahlendarstellung von Analogwerten																
Bitnummer	15	14	13	12	11	10	9	8	7	6	5	4	3	2	1	0	
Wertigkeit	VZ	2^{14}	2^{13}	2^{12}	2^{11}	2^{10}	2^9	2^8	2^7	2^6	2^5	2^4	2^3	2^2	2^1	2^0	
15-Bit-Darstellung	0/1	0/1	0/1	0/1	0/1	0/1	0/1	0/1	0/1	0/1	0/1	0/1	0/1	0/1	0/1	0/1	1
12-Bit-Darstellung	0/1	0/1	0/1	0/1	0/1	0/1	0/1	0/1	0/1	0/1	0/1	0/1	0/1	0	0	0	8
8-Bit-Darstellung	0/1	0/1	0/1	0/1	0/1	0/1	0/1	0/1	0/1	0	0	0	0	0	0	0	128

Tab. 4.32 Messbereiche möglicher Messarten für die 16-Bit-Darstellung. (Auszug aus Siemens: Automatisierungssystem S7-300 – Baugruppendaten [14])

	Spannungs-signal	Stromsignal	Digitalwert	Spannungs-signal	Stromsignal	Widerstands-signal	Digitalwert	Temperatur-signal	Digitalwert
Bereich	±2,5 V	±10 mA		1 … 5 V	0 … 20 mA	0 … 300 Ω		PT100 850 °C	
Überlauf	≥ 2,9398	≥ 11,759	32.767	≥ 5,7037	≥ 23,516	≥ 352,778	32.767	≥ 1000,1	32.767
Über-steuerungs-bereich	2,9397	11,7589	32.511	5,7036	23,515	352,767	32.511	1000,0	10.000
	…	…	…	…	…	…	…	…	…
	2,5001	10,0004	27.649	5,0001	20,0005	300,011	27.649	850,1	8501
Nennbereich	**2,500**	**10,00**	**27.648**	**5,00**	**20,00**	300,000	**27.648**	**850,0**	**8500**
	1,875	7,5	20.736	4,00	16,00	225,000	20.736		
	…	…	…	…	…	…	…	…	…
	−1,875	−7,5	−20.736						
	−2,500	**−10,00**	**−27.648**	**1,00**	**0,00**	**0,000**	**0**	**−200**	**−2000**
Unter-steuerungs-bereich	−2,5001	−10,0004	−27.649	0,9999	−0,0007	Physikalisch nicht möglich	−1	−200,1	−2001
	…	…	…	…	…		…	…	…
	−2,93398	−11,759	−32.512	0,2963	−3,5185		−4864	−243,0	−2430
Unterlauf	≤ −2,935	≤ −11,76	−32.768	≤ 0,2962	≤ −3,5193		−32.768	≤ −243,1	−32.768

Tab. 4.33 Bitfolge eines Eingangsdatenworts

		Bitnummer/Wertigkeit															
		15	14	13	12	11	10	9	8	7	6	5	4	3	2	1	0
U_E in V	Dezimaler Wert	VZ	2^{14}	2^{13}	2^{12}	2^{11}	2^{10}	2^9	2^8	2^7	2^6	2^5	2^4	2^3	2^2	2^1	2^0
≥ 5,7037	32.767	0	1	1	1	1	1	1	1	1	1	1	1	1	1	1	1
5,7036	32.511	0	1	1	1	1	1	1	0	1	1	1	1	1	1	1	1
5,0001	27.649	0	1	1	0	1	1	0	1	0	0	0	0	0	0	0	1
5,00	27.648	0	1	1	0	1	1	0	1	0	0	0	0	0	0	0	0
4,00	20.736	0	1	0	1	0	0	0	1	0	0	0	0	0	0	0	0
1,00	0	0	0	0	0	0	0	0	0	0	0	0	0	0	0	0	0
0,9999	−1	1	1	1	1	1	1	1	1	1	1	1	1	1	1	1	1
0,2963	−4864	1	1	1	0	1	1	0	1	0	0	0	0	0	0	0	0
≤ 0,2962	−32.768	1	0	0	0	0	0	0	0	0	0	0	0	0	0	0	0

Bei dieser Darstellungsart wird das höchstwertige Bit stets als Vorzeichenbit genutzt, wobei der Wert „0“ eine positive Zahl und der Wert „1“ eine negative Zahl kennzeichnet. Steht z. B. 1 Byte für die Darstellung zur Verfügung, wird das siebente Bit als Vorzeichenbit genutzt und Bit 0 bis Bit 6 für den Wert der Zahl. Die höchste positive Zahl ist somit $0111\,1111_2 = +127_{10}$. Hierbei geben die Indizes das Zahlensystem an. Die höchste negative Zahl ist die $1000\,0000_2 = -128_{10}$. Die Bildung des Zweierkomplements erfolgt, indem das Einerkomplement der positiven Zahl ermittelt und anschließend mit der Zahl 1 addiert wird. Dies bedeutet beispielsweise für die dezimale Zahl −49 in einer 8-Bit-Darstellung:

$$\begin{array}{rr}
\text{Zahl } +49: & 0011\,0001 \\
\text{Einerkomplement:} & 1100\,1110 \\
\text{Addieren mit } +1: & +1 \\
\hline
\text{Zweierkomplement } (= -49): & 1100\,1111
\end{array}$$

Zur Überprüfung kann zu der Zahl +49 die Zahl −49 hinzuaddiert werden und es muss Null ergeben:

$$\begin{array}{rr}
+49: & 0011\,0001 \\
+(-49): & 1100\,1111 \\
\hline
0: & (1)\,0000\,0000
\end{array}$$

Da für die Zahlendarstellung nur 8 Bit genutzt werden, ist die „1“ im neunten Bit als Überlauf zu betrachten und hat keine Bedeutung.

Beispiel zur Digitalisierung analoger Werte

Ein analoger Temperatursensor mit einem Messbereich von 0 bis 100 °C und einer Signalspannung von 0 bis 10 V misst eine Temperatur von 52 °C. Zur Verfügung steht eine Baugruppe mit einer 8-Bit-Auflösung. Der Nennbereich des Digitalwerts für die Signalspannung liegt zwischen 0 und 27.648.

Infolge der 8-Bit-Auflösung der verwendeten Baugruppe kann für die Temperatur 52 °C kein exakter Digitalwert zugeordnet werden. Die Analog-Digital-Umsetzung ergibt für den gemessenen Temperaturwert den Zahlenwert:

$$\text{dig\_Ana} = \frac{\text{Dig\_wert}}{\text{Mess\_ber}} \cdot T = \frac{27.648}{100\,°\text{C}} \cdot 52\,°\text{C} = 14.376{,}96$$

Dieser Wert ist infolge der Auflösung der Baugruppe nicht darstellbar, möglich sind nur die folgenden Sprünge im digitalen Raster (siehe auch Tab. 4.34):

14.208 – 14.336 – 14.464 usw.

Für Vergleichszwecke kann hier die codierte Ganzzahl (INT) 0011100000000000 (entsprechend 14.336) verwendet werden.

Tab. 4.34 Codierung der Analogwerte des Beispiels

Bit-nummer	15	14	13	12	11	10	9	8	7	6	5	4	3	2	1	0
Wertig-keit	VZ	2^{14}	2^{13}	2^{12}	2^{11}	2^{10}	2^9	2^8	2^7	2^6	2^5	2^4	2^3	2^2	2^1	2^0
14.208	0	0	1	1	0	1	1	1	1	0	0	0	0	0	0	0
14.336	0	0	1	1	1	0	0	0	0	0	0	0	0	0	0	0
14.464	0	0	1	1	1	0	0	0	1	0	0	0	0	0	0	0

Allgemeines zum Datenaustausch bei Digitalfunktionen

Voraussetzung für die Verwendung von Digitalfunktionen (Vergleichen, Arithmetische Funktionen, Schiebefunktionen) sind das **Laden** (**L**) und das **Transferieren** (**T**) der Digitalwerte. Die Ladefunktion dient zum Füllen von Akkumulatoren (Rechenregistern), um anschließend die Werte digital zu verarbeiten, z. B. Vergleichen oder Rechnen. Die Transferfunktion überträgt die Ergebnisse aus dem Akkumulator in die Speicherbereiche der CPU, etwa in den Merkerbereich (siehe auch Abschn. 4.2.3.5). Ladefunktionen werden auch benötigt, um Anfangswerte für Zeit- oder Zählfunktionen vorzugeben oder die aktuellen Zeit- und Zählwerte zu verarbeiten. Die Ladefunktion besteht aus der Operation (Laden) und einem Operanden. Ein Digitaloperand kann ein Byte, ein Wort oder Doppelwort sein. Ein Byte kann als Merkerbyte (MB), als Eingangsbyte (EB), als Ausgangsbyte (AB) oder beim Laden aus dem Peripheriebereich als Peripheriebyte (PEB) geladen werden. Gleiches gilt für die anderen Längen der Digitaloperanden (Wort, Doppelwort).

Greift das Anwenderprogramm direkt auf die Eingabebaugruppen zu, so erfolgt dies in der Regel über das Peripherieeingangswort (PEW). Das PEW ist ein Leseregister des Signalspeichers, in dem der Betrag der am Analogeingang angelegten Spannung oder Stromstärke abgelegt wird, andere Bereiche sind das Peripherieeingangsbyte (PEB) und das Peripherieeingangsdoppelwort (PED). Mit der Operation Lade (L) wird der Operand, z. B. PEW 272 in das Verknüpfungsregister geladen. Das Peripherieausgangswort (PAW) ist ein Bereich, in dem der am Analogausgang auszugebende Betrag der Spannung oder Stromstärke abgelegt ist. Durch das PAW werden in der Regel die Ausgabebaugruppen angesprochen. Daneben gibt es noch das Peripherieausgangsbyte (PAB) und das Peripherieausgangsdoppelwort (PAD).

Die Transferfunktion besteht aus der Transferoperation und einem Digitaloperanden. Der Digitaloperand kann ebenfalls byte-, wort- oder doppelwortbreit sein. Transferiert wird zu den Ein- und Ausgängen, zur Peripherie und zu den Merkern. Nachfolgend ist ein Beispiel für das Programmieren mit analogen Signalen aufgeführt. Sind die Werte im Ausgangsbyte AB1 und im Merkerwort MW10 gleich, so wird der Merker M1.0 auf Signal „1" gesetzt. Das bewirkt die Ausführung der Funktion FC100, hier als Blinktaktgeber angegeben.

Beispiel: Laden und Transferieren

```
Baustein: OB1    Hauptprogramm

Netzwerk: 1       Analogwertverarbeitung

   L      15          // Zahl 15 laden
   T      AB    1     // Transferieren nach Ausgangsbyte 1
   L      EB    0     // Laden Eingangsbyte 0
   T      MW    10    // Transferieren nach Merkerwort 10
   L      AB    1
   L      MW    10
   ==I                // Gleichheit von AB1 und MW10 prüfen
   =      M     1.0   // Bit zum Aufrufen des Blinktaktgebers

Netzwerk: 2       Aufruf und Parametrierung des Blinktaktgebers

                 FC100
   M1.0     --EN
   S5T#500MS --T_Zeit        BL_TA-- A0.0
   T1       --Z_Glied          ENO--
```

Verarbeitung analoger Weginformationen

Induktive Analogaufnehmer erfassen die Position von metallischen Objekten innerhalb des gesamten Arbeitsbereiches und geben den Messwert annähernd proportional zum Abstand in Form eines Strom- oder Spannungssignals aus. Sie haben eine Abweichung in der Linearität von etwa $\pm 2\,\%$ bezogen auf den Endwert. Wichtiger als eine vollständige Linearität ist eine gute Reproduzierbarkeit der Messwerte. Sie liegt in der Größenordnung von 2 Promille vom Endwert. Auf den jeweiligen Arbeitsbereich umgerechnet erhält man eine Wiederholgenauigkeit von ca. 5 bis 14 µm. Technisch interessante Anwendungen ergeben sich bei der Steuerung einer Roboterhand, der Lageprüfung von Bauteilen und zur Ermittlung von Geometriedaten.

Für einen induktiven Sensor gelten die nachfolgenden Daten (Tab. 4.35), die bei der Verarbeitung des Sensorsignals als Messwert im Anwenderprogramm zu berücksichtigen sind. Ferner muss der Zusammenhang zwischen dem analogen Sensorsignal (s) und dem digitalisierten Analogwert bekannt sein, er ist den Handbüchern des Steuerungsherstellers (hier Siemens) zu entnehmen.

Für die Lagemessung ergibt sich aufgrund der Analog-Digital-Umsetzung der digitalisierte Analogwert (dig_Ana) aus nachfolgender Formel:

$$\text{dig\_Ana} = \frac{\text{Dig\_wert}}{\text{Mess\_ber}} \cdot s = \frac{27.648}{8} \cdot s$$

Tab. 4.35 Sensordaten

Betriebsspannung	Signalausgang		Messbereich
	Spannung	Strom	
15–30 VDC	0–10 V	0–20 mA	3–8 mm

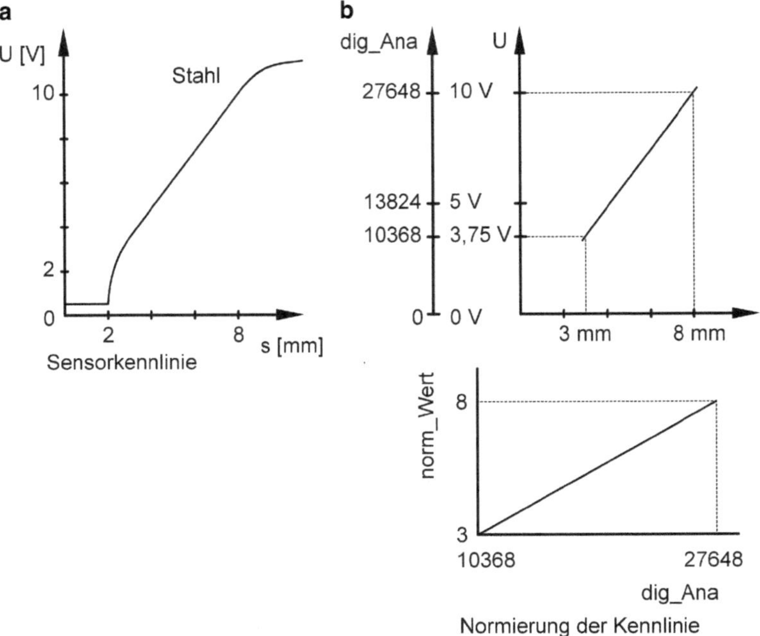

Abb. 4.74 Sensorkennlinie

Der Messbereich des Signalausgangs des Sensors (0 … 10 V) wird für die Zuweisung des digitalen Wertes berücksichtigt, was Abb. 4.74 zu entnehmen ist. Die Werte unterhalb 3 mm (= digitaler Wert 10.368) müssen durch den Anwenderprogrammierer softwareseitig als nicht aussagefähig verarbeitet werden.

Möchte man nicht die digitalisierten Analogwerte verarbeiten, sondern die ursprünglichen Messwerte (norm_Wert), so ergeben sich diese aus:

$$\text{norm\_Wert}(s) = \frac{\text{Mess\_ber}}{\text{Dig\_wert}} \cdot \text{dig\_Ana}$$

Beispiel: Lageprüfung eines Bauteils

Zwei analog arbeitende induktive Wegsensoren werden zur Lageprüfung eines Bauteils vor der Montage verwendet (siehe Abb. 4.75). Die Lage des Bauteils ist hinreichend genau, wenn es sich innerhalb einer Toleranzzone von 5 mm ± 75 µm befindet. Die Messwerte werden von einer SPS verarbeitet. Die richtige Lage des Bauteils wird durch eine Signalleuchte (P1) angezeigt; eine fehlerhafte Lage soll zu einem Auswurf des Teils führen.

Der Zusammenhang zwischen den Spannungs- bzw. Stromwerten ist den einschlägigen Tabellen in den Siemens-Handbüchern zu entnehmen. Bei Umrechnungen ist stets der Maximalwert bzw. der Minimalwert des jeweiligen Nennbereichs zu berücksichtigen. Bei der Lageprüfung handelt es sich um eine Abstandmessung mit positiven

Abb. 4.75 Lageskizze

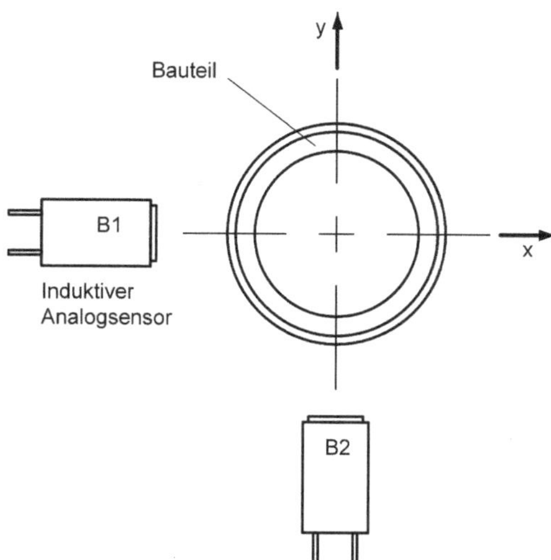

Zahlenwerten. Dem größten Wert des Messbereichs (8 mm) entspricht der Spannungswert 10 V, dem kleinsten Wert des Messbereiches (3 mm) entspricht eine Spannung von 3,75 V. Die zugehörigen Digitalwerte sind der Sensorkennlinie (siehe Abb. 4.74) zu entnehmen. Dem Abstand 5 mm entspricht die Spannung 6,25 V. Der zugehörige digitalisierte Analogwert (dig_Ana) errechnet sich aus:

$$\text{dig\_Ana} = \frac{\text{Dig\_wert}}{\text{Mess\_ber}} \cdot \text{norm\_Wert}$$

$$\text{dig\_Ana} = \frac{27.648}{10\,\text{V}} \cdot 6{,}25\,\text{V} = 17.280$$

Steht eine Analogeingabebaugruppe mit 8-Bit-Darstellung + VZ zu Verfügung, so wird der Analogwert mit Sprüngen von 128 im digitalen Raster dargestellt: 17.152, 17.280, 17.408 usw.

Da im vorliegenden Beispiel eine Toleranzzone von ±75 µm eingeräumt wurde, ergeben sich die in der Tabelle angegebenen Grenzwerte zur Lagebestimmung der Teile. Die Digitalwerte entsprechen dem Raster einer 8-Bit-Auflösung der analogen Baugruppe (rechnerisch ergibt sich für den Grenzwert 5,075 mm ein Digitalwert von 17.539).

Grenzwerte zur Lagebestimmung

Grenzwert	Abstand	Analogsignal	Digitalwert
Max_Wert	5,075 mm	6,34375 V	17.536
Min_Wert	4,925 mm	6,15625 V	17.024

Die Überprüfung zur korrekten Lage des Bauteils muss entsprechend dem Struktogramm in Abb. 4.76 erfolgen. Als SPS-Programm umgesetzt ist das im Funktionsbaustein

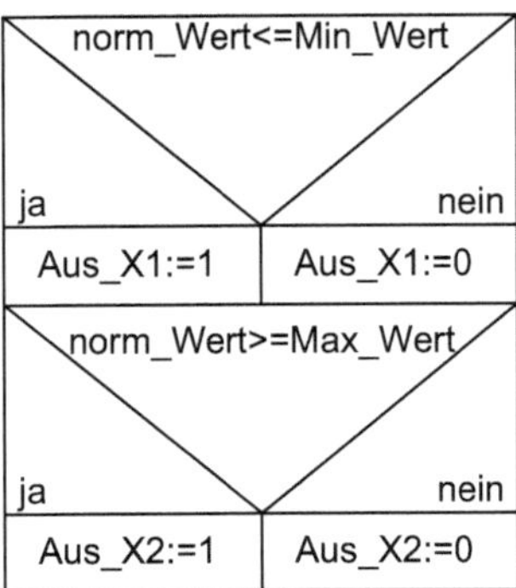

Abb. 4.76 Struktogramm zur Lageprüfung

FB 250 (siehe Abb. 4.78). Die Ausführung der entsprechenden Befehle wird in der Funktion FC 1 veranlasst. Wie die Sensoren und Aktoren an der SPS angeschlossen sind, ist der Abb. 4.77 zu entnehmen.

Programmerläuterung (siehe Abb. 4.78)

FB250: Der in den Peripherieeingangsworten (PEW272 bzw. 274) abgelegte Betrag der Spannung der analogen Induktivgeber B1 und B2 wird durch die Analogbaugruppe in einen Digitalwert zur weiteren Verarbeitung umgewandelt und durch das in eine SCL-Quelle geschriebene Anwenderprogramm des FB 250 normiert. Der Funktionsbaustein

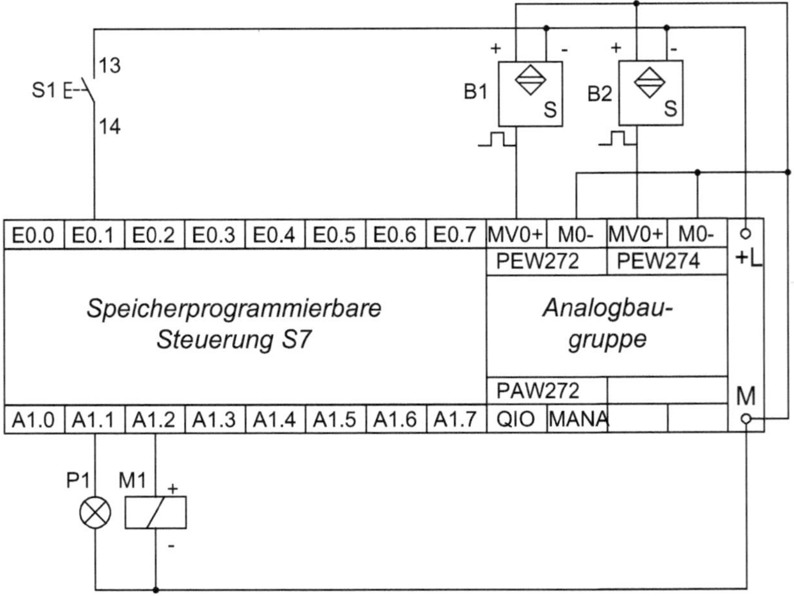

Abb. 4.77 Schaltplan zur Lageprüfung von Bauteilen

```
FUNCTION_BLOCK     FB250

VAR_INPUT
    Max_Wert,  Min_Wert,  Mess_Ber,  Dig_Wert  : REAL;
   dig_Ana  : INT;
END_VAR

VAR_OUTPUT
    norm_Wert  : REAL;
   AUS_X1,  AUS_X2  : BOOL;
END_VAR

BEGIN
norm_Wert  := (dig_Ana  *  (Mess_Ber  /  Dig_Wert));
IF  norm_Wert  <=  Min_Wert  THEN  AUS_X1  := 1;  ELSE  AUS_X1  := 0;  END_IF  ;
IF  norm_Wert  >=  Max_Wert  THEN  AUS_X2  := 1;  ELSE  AUS_X2  := 0;  END_IF  ;
    END_FUNCTION_BLOCK
```

Baustein: OB1 Aufruf der Funktion und Parametrierung des Funktionsbausteins

Netzwerk: 1 Verarbeitung der Messwerte des Sensors B1 (X_Achse)

```
CALL  FB  250 , DB250
 Max_Wert :=5.075000e+000
 Min_Wert :=4.925000e+000
 Mess_Ber :=8.000000e+000
 Dig_Wert :=2.764800e+000
 dig_Ana  :="AnaS_B1"
 norm_Wert:=MD20
 AUS_X1   :=M10.1
 AUS_X2   :=M10.2
```

Netzwerk: 2 Verarbeitung der Messwerte des Sensors B2 (Y_Achse)

```
CALL  FB  250 , DB251
 Max_Wert :=5.075000e+000
 Min_Wert :=4.925000e+000
 Mess_Ber :=8.000000e+000
 Dig_Wert :=2.764800e+000
 dig_Ana  :="AnaS_B2"
 norm_Wert:=MD40
 AUS_X1   :=M12.1
 AUS_X2   :=M12.2
```

Netzwerk: 3 Auswertung der Messergebnisse

```
CALL  FC  1
```

Baustein: FC1 Lageprüfung für ein Bauteil

Netzwerk: 1 Richtige Lage des Bauteils für die Montage

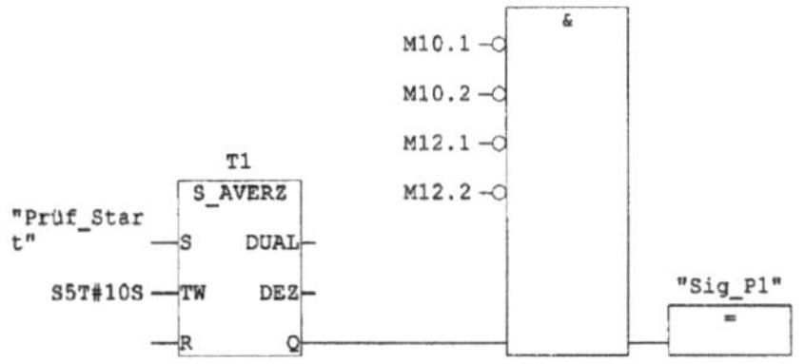

Netzwerk: 2 Fehlerhafte Lage - Auswurf

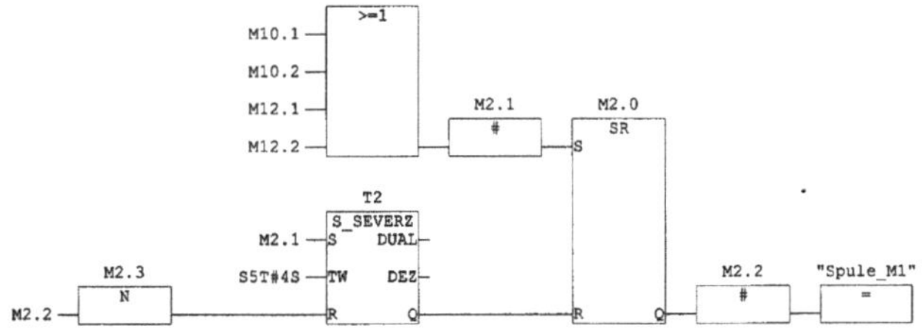

Abb. 4.78 SPS-Programm zur Lagebestimmung

Abb. 4.79 Programmstruktur

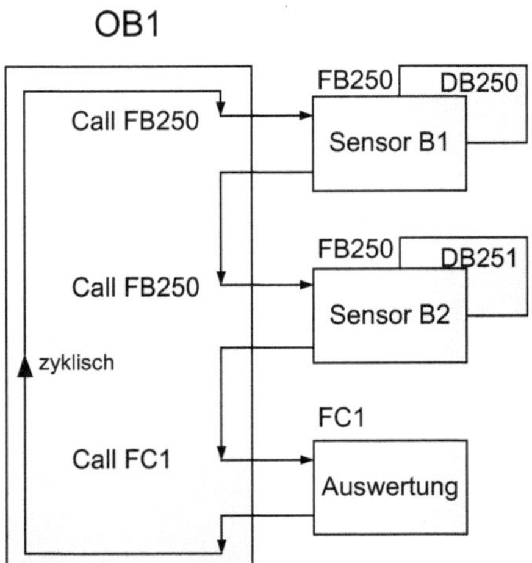

wird im OB1 in den Netzwerken 1 und 2 aufgerufen und mit den notwendigen Aktualwerten bzw. Aktualparametern versorgt. Werden die definierten Grenzwerte nicht über- oder unterschritten, ist die Lage für den folgenden Fügevorgang richtig. Meldet ein Analoggeber eine Abweichung von der vorgegebenen Toleranzzone, wird dieses Signal einem Merker (Formalparameter AUS_X1 oder AUS_X2) zugewiesen. Die Signale der Merker werden in der Funktion FC1 ausgewertet.

FC1: Haben alle Merker den Signalzustand „0", ist die Lage des Bauteils für den Fügevorgang richtig. Wenn der Taster („Prüf_Start") betätigt wurde, meldet eine Signalleuchte 10 s optisch: „Richtige Lage". Der Fügevorgang kann ausgelöst werden. Ist die Lage des Bauteils in einer Achse fehlerhaft, dann erfolgt die Ansteuerung der Spule M1 am Magnetventil für die Auswurfdüse. Durch den Luftstrom wird das geprüfte Teil ausgeworfen. Die Düse schließt nach 4 s automatisch.

Die Programmstruktur entsprechend Abb. 4.79 ist die eines strukturierten Anwenderprogramms, da das Unterprogramm zur Lageprüfung des Bauteils (FB250) mehrfach aufgerufen wird. Grundsätzlich müssen solche Unterprogramme parametrierbar sein. Der vorliegende Funktionsbaustein wird zweimal im Hauptprogramm (OB1) aufgerufen und mit verschiedenen Aktualparametern (PEW272 bzw. PEW274) versehen.

4.4.3 Vorgehen bei der Auswahl einer SPS

Für die Auswahl einer SPS ist entscheidend:

- welche Funktionen im Prozess zu überwachen und zu stellen sind,
- wie diese Informationen zur Verfügung stehen bzw. bereitgestellt werden müssen (binär, analog, digital),

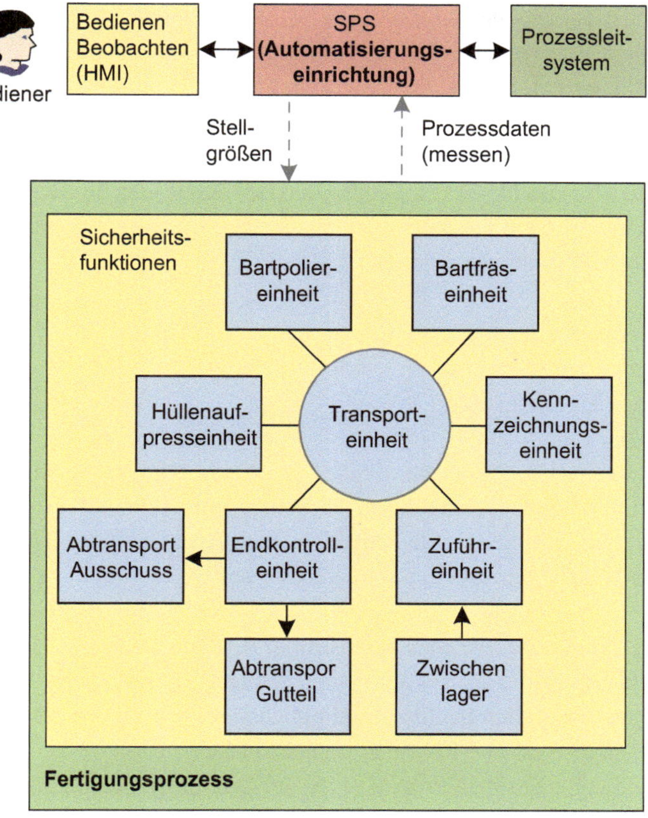

Abb. 4.80 Funktionsstruktur aus Sicht der Steuerung

- welche Verarbeitungsgeschwindigkeiten erforderlich sind, so dass die Zykluszeit einen Echtzeitbetrieb ermöglicht,
- wie umfangreich die Anweisungen bzw. Programme sind,
- welche Schnittstellen zu anderen Systemen zur Verfügung stehen müssen (Ethernet, WLAN etc.) und
- welche Sicherheitsfunktionen zu realisieren sind.

Die Auswahl einer SPS soll anhand der Lernanlage erfolgen. Hierfür wird in Abb. 4.80 die Anlage in ihre Funktionen sowohl aus Sicht der automatisierten Fertigung als auch der Einbindung der Anlage in die Unternehmensstruktur entsprechend der Automatisierungspyramide (siehe Abschn. 1.2) gegliedert.

Aus den übergeordneten Ebenen der Automatisierungspyramide (Prozessleitsystem) erhält die SPS die Information welcher Schlüsseltyp in welcher Stückzahl zu fertigen ist. Auf die Daten, die die SPS dem Fertigungsprozess zur Verfügung stellen muss, hat dies folgende Auswirkungen:

- Auswahl des entsprechenden Rohlings,
- Bereitstellung des richtigen Laserprogramms (Schlüsselnummer),
- Bereitstellung des richtigen NC-Programms (Bart fräsen) und
- Bereitstellung der richtigen Vergleichswerte für die Endkontrolle.

Des Weiteren muss die SPS die Stückzahl der gefertigten Gutteile mit der Sollstückzahl vergleichen und den Gesamtablauf entsprechend steuern. Für die Produktionsleitung können solche Informationen wie:

- Anzahl der Ausschussteile,
- Auslastung der Anlage,
- gefertigte Stückzahlen etc.

von Interesse sein. Um Aussagen darüber zu treffen, müssen gleichfalls Werte aus dem Prozess ermittelt und zur Rückgabe an das Prozessleitsystem aufbereitet werden.

Informationen, die auf dem Bedientableau dem Anlagenbediener mitzuteilen oder von dem Anlagenbediener einzugeben sind, können sein:

- in welcher Stückzahl, welcher Schlüsseltyp (Code) zu fertigen ist – manuelle Bedienung (falls nicht durch Prozessleitsystem erfolgt),
- Information: nachfüllen Schlüsselrohlingbehälter,
- Information, falls falsche Rohlinge zum Nachfüllen geholt,
- Fehlermeldungen aus dem Prozess (z. B. am Greifer xyz kein Schlüssel gespannt),
- Ausschussquote → Aufforderung zur Fertigungskontrolle bei zu hoher Ausschussquote,
- Fertigungsfortschritt (Anzahl gefertigte Schlüssel),
- Wartungsinformationen (z. B. Standzeit Fräser).

In modernen automatisierten Fertigungsanlagen wird immer mehr Wert auf Wartungs- und Instandhaltungsinformationen gelegt, um einem unerwarteten Anlagenausfall vorzubeugen. Neben den oben aufgeführten Aufgaben der SPS, die vorrangig die Kommunikation betreffen, ist es die Hauptaufgabe, das automatische Ablaufen der Fertigung zu realisieren. Für die Lernanlage soll sich nur auf den Fertigungsprozess konzentriert werden. Hierbei muss beachtet werden, welche Prozesse zu steuern und zu überwachen sind. Anhand der Funktionsstruktur Abb. 4.81 wird dies folgend für die einzelnen Einheiten vorgestellt.

Zwischenlager 1 (Abb. 4.82) Mit Hilfe einer Reflexlichtschranke (Sensor, siehe auch Abschn. 2.2.3.2) wird der Füllstand im Trichterspeicher überwacht. Sollte der Füllstand zu niedrig sein, wertet die SPS diese Information über ein Signal aus und steuert den Signalausgang der Signallampe so an, dass diese leuchtet. Damit wird dem Angestellten signalisiert, welcher Trichter leer ist. Ein Angestellter muss eine Packung Rohlinge holen.

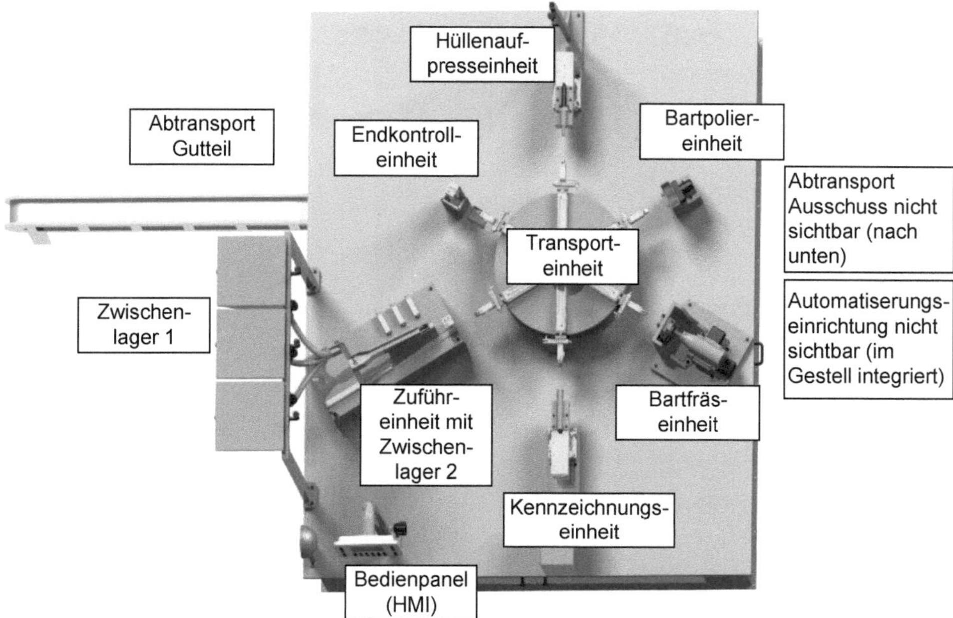

Abb. 4.81 Konzept der Lernanlage

Mit Hilfe des Barcode Scanners (siehe auch Abb. 2.100 Abschn. 2.2.8) wird der Code der Verpackung gelesen. Die SPS vergleicht diesen mit den in der SPS hinterlegten Codes und steuert den dazugehörigen Magnetöffner für den Trichterdeckel an. Somit ist ein versehentliches Verwechseln der Rohlinge ausgeschlossen. Nach dem Füllvorgang muss der Angestellte den Deckel von Hand schließen. Für die Hardware der SPS sind folgende Anschlüsse notwendig:

- drei digitale (binäre) Eingänge (Reflexlichtschranken),
- sechs digitale (binäre) Ausgänge (Signallampen, Magnetöffner),
- ein Eingang für Barcodescanner.

Zwischenlager 2 (Abb. 4.82) Während der Schlüsselproduktion werden aus dem Schlüsselspeicher (Zwischenlager 2) ständig Rohlinge entnommen. Auch der Füllstand dieses Speichers muss überwacht werden. Ein oberer Sensor gibt das Signal, dass der Speicher voll ist, der untere Sensor zeigt an, dass der Speicher fast leer ist und nachgefüllt werden muss. Hier können die in Abschn. 2.2.2.2 beschriebenen kapazitiven Sensoren zum Einsatz kommen. Ist ein Speicher leer, muss die Steuerung dafür sorgen, dass der entsprechende Magnetöffner und Vibrationsmotor angesteuert werden. Die Schlüssel fallen aus dem Trichterspeicher und werden über die Rutsche mittels Schikanen positioniert und dem entsprechenden Zwischenlager 2 zugeführt. Ist der Speicher so weit gefüllt, dass der

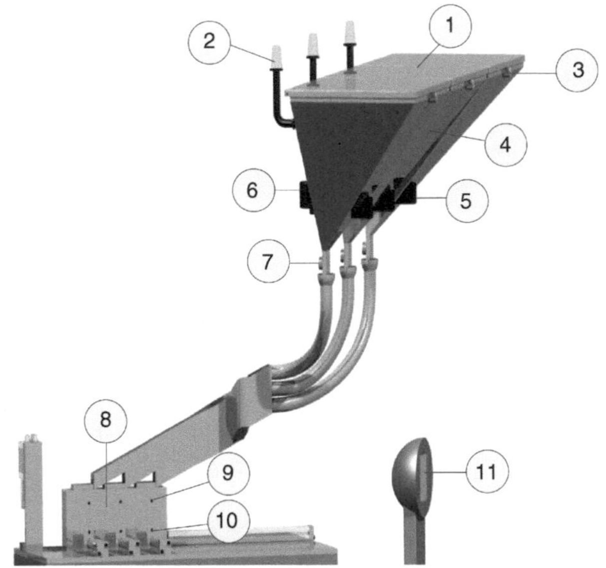

Abb. 4.82 Zwischenlager 1 und Zwischenlager 2: *1* Zwischenlager 1, *2* Signallampen, *3* Magnetöffner für Trichterdeckel, *4* Trichterspeicher, *5* Reflexionslichtschranke für Füllstandsüberwachung, *6* Vibrationsmotor, *7* Magnetöffner für Schlüsselbereitstellung, *8* Zwischenlager 2, *9* kapazitiver Sensor oben, *10* kapazitiver Sensor unten, *11* Barcode Scanner

obere Sensor wieder anspricht, wird dieser Vorgang beendet. Bis hierher sind die Schlüssel so positioniert, dass der Rohling mit dem Kopf nach vorn liegt. Jedoch ist nicht sicher, wo sich die Seite befindet, an der der Bart gefertigt werden soll. Erforderliche Anschlüsse für diesen Bereich sind:

- sechs digitale (binäre) Eingänge (obere und untere Sensoren),
- sechs digitale (binäre) Ausgänge (Magnetöffner, Vibrationsmotor).

Zuführeinheit (Abb. 4.83) Je nach dem welcher Schlüsseltyp hergestellt werden soll, muss der entsprechende Rohling der Fertigungsanlage zugeführt, d. h. der jeweilige Kurzhubzylinder angesteuert werden. Gestartet wird der Prozess parallel mit den anderen Einheiten (z. B. Fräsen eines Schlüssels etc.). Hat der Zylinder die Endlagenposition erreicht, wird der Kurzhubzylinder abgeschaltet. Erkennt ein kapazitiver Sensor einen Schlüsselrohling an der Anschlagschiene, erfolgt das Einschalten des Langhubzylinders. Dieser befördert den Rohling zur Übergabestelle. Ein Endlagensensor schaltet den Langhubzylinder wieder ab. Die in die Anlage eingebauten Zylinder sind doppelt wirkende Zylinder und können jeweils über ein 5/2-Wegeventil betrieben werden. Sind diese beidseitig durch Elektromagnete angesteuert, benötigt man hierfür zwei digitale Ausgänge. Um die Endlagenposition des Zylinders zu erkennen, sind an diesen Näherungssensoren mit Reed-Kontakt angebracht. Diese können feinjustiert werden, wodurch ein sicherer Betrieb der Anlage realisiert werden kann. Gleichzeitig muss in der Steuerung noch berücksichtigt werden, wie die Anlage reagieren soll, falls kein Schlüssel an der Anlageschiene erkannt wurde und die Endposition erreicht ist, z. B. an definierter Stelle Anhalten der Anlage und Fehlermeldung. In dieser Einheit benötigte Anschlüsse sind:

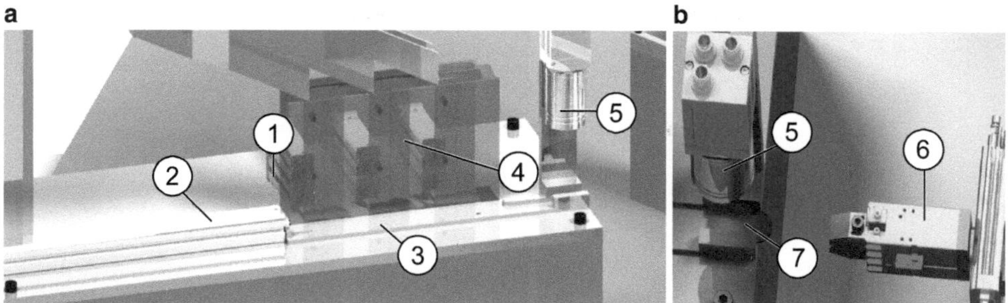

Abb. 4.83 Zuführeinheit (**a**) und Übergabestelle (**b**): *1* Kurzhubzylinder, *2* Langhubzylinder, *3* Anschlagsschiene mit kapazitivem Sensor, *4* Zwischenlager 2, *5* Kamera, *6* Greifereinheit, *7* Schlüsselrohling auf kapazitivem Sensor

- elf digitale Eingänge (zwei je Zylinder und kapazitive Sensoren),
- acht digitale Ausgänge (zwei je Zylinder).

Oberhalb der Übergabestelle befindet sich eine Kamera. Diese wird gestartet, wenn der Langhubzylinder seine Endposition erreicht hat und ein Rohling durch einen kapazitiven Sensor an der Übergabestelle erkannt wurde. Die Kamera kontrolliert ob der richtige Rohling an der Übergabestelle liegt und ob die Rohlingsseite oben liegt, auf die der Code gelasert werden soll. In diesem Fall fährt die Greifereinheit von der Transporteinheit aus, greift den Rohling und fährt wieder ein. Die Greifereinheit ist ein Hubzylinder mit Drehmodul und Kleinteilegreifer und an jeder Station vorhanden, also sechsmal. Ist der Rohling nicht in der richtigen Lage, muss der Greifer vor dem Greifen des Rohlings um 180° gedreht werden. In späteren Prozessen ist zusätzlich eine Greiferrotation um 90° notwendig. Daher muss ein Beenden der Drehung auch an dieser Position möglich sein. Es sind somit drei Sensoren für die Erfassung der Drehpositionen erforderlich. Für die beschriebenen Vorgänge müssen ausgewertet werden: Kamerasignal (Position Schlüssel), Endlagen des Zylinders (6 mal 2), Drehposition des Greifers (6 mal 3) und drei Positionen wie weit der Greifer geschlossen ist (6 mal 3). Die dritte Position des Greifers ist wichtig, wenn der Schlüssel später eine Kappe hat. Die Signale für Zylinder und Greifer müssen für jede Station der Transporteinheit ausgewertet werden. Daraus ergibt sich folgende Gesamtzahl der Ein- und Ausgänge:

- 51 digitale Eingänge (48 Zylinder, Dreheinheit und Greifer, Kamerasignale (2), Sensor Rohling Übergabestation)
- 43 digitale Ausgänge (42 Zylinder, Dreheinheit und Greifer, Kamera).

Transporteinheit (Abb. 4.84) Die Transporteinheit dient dazu, den Schlüsselrohling von einer Station zur nächsten zu transportieren. Sie ist ein Drehteller, auf dem sich die oben beschriebenen Greifereinheiten befinden. Sind alle Fertigungsprozesse beendet, wird der Rundschalttisch um 60° weitergetaktet. Es ist ein Ausgang zur Ansteuerung des Motors

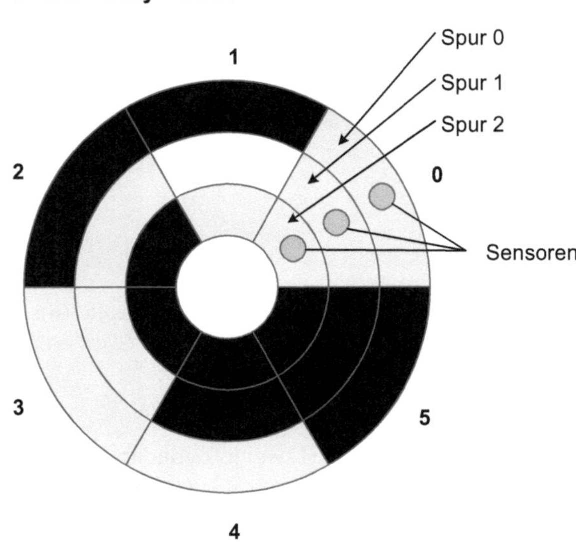

Abb. 4.84 Positionserfassung mittels Gray-Code

notwendig. Die Drehung um 60° kann zusätzlich über ein Eingangssignal überwacht werden und wieder zum Abschalten des Motors führen. Da die Greifereinheiten nicht an jeder Bearbeitungsstation die gleichen Aufgaben ausführen, ist eine eindeutige Zuordnung Tischposition zu Fertigungseinheit erforderlich. Hierfür wird ein Gray-Code-Leser eingesetzt, der der Steuerung des Tisches die Position über drei Eingänge (= Signale von optischen Sensoren) entsprechend Abb. 4.84 liefert. Die Transporteinheit benötigt hierfür:

- vier digitale Eingänge
- einen digitalen Ausgang.

Kennzeichnungseinheit (Abb. 4.85) Die Kennzeichnungseinheit übernimmt mit einem Greifer den Rohling von einer Greifereinheit. Danach dreht sich die Kennzeichnungseinheit um 180° und eine Lineareinheit fährt den Rohling in die Laserstation. Zwei Sensoren überwachen, dass die Laserstation nach außen geschlossen ist, so dass kein Streulicht austritt. Abzufragende Sensoren sind weiterhin: 0° gedreht, 180° gedreht, Zylinder eingefahren, Zylinder ausgefahren, Greifer geöffnet, Greifer geschlossen und Lasern beendet. Befehle, die die Steuerung an den Prozess geben muss, sind: Start 0° drehen, Start 180° drehen, Zylinder ausfahren, Zylinder einfahren, Greifer öffnen, Greifer schließen und Lasern starten. Erforderliche Ein- und Ausgänge sind:

- neun digitale Eingänge,
- sieben digitale Ausgänge.

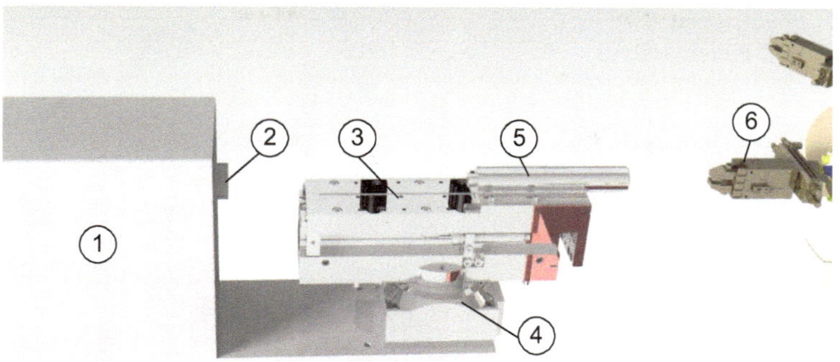

Abb. 4.85 Kennzeichnungseinheit: *1* Laser, *2* Abdichtmuffe mit Sensorüberwachung, *3* Linearmodul, *4* Rundschalttisch, *5* Rohlingsaufnahme, *6* Greifereinheit der Transporteinheit

Bartfräseinheit (Abb. 4.86) Im Fräszentrum erhält der Schlüssel sein Profil. Die Fräsmaschine, die zum Einsatz kommt, ist eine spezielle CNC-gesteuerte Kleinteilmaschine für das Fräsen von Schlüsseln. Von der Greifereinheit muss der Rohling an die Spanneinheit übergeben werden und sicher gespannt sein, bevor der Fräsvorgang starten kann. Während des Fräsprozesses ist Druckluft zum Spanabtransport einzuschalten. Die erforderlichen Informationen an die Steuerung sind: Rohling gespannt, Rohling wieder frei und Fräsen beendet. Prozesse, die durch die Steuerung gestartet werden müssen sind: Spannen, Entspannen, Start Fräsen und Druckluft ein. Dafür notwendig sind:

- drei digitale Eingänge,
- vier digitale Ausgänge.

Bartpoliereinheit (Abb. 4.87) An der Bartpoliereinheit wird der Grat entfernt, der beim Fräsen entstanden ist. Dabei fährt die Greifereinheit den Rohling zwischen die sich bereits

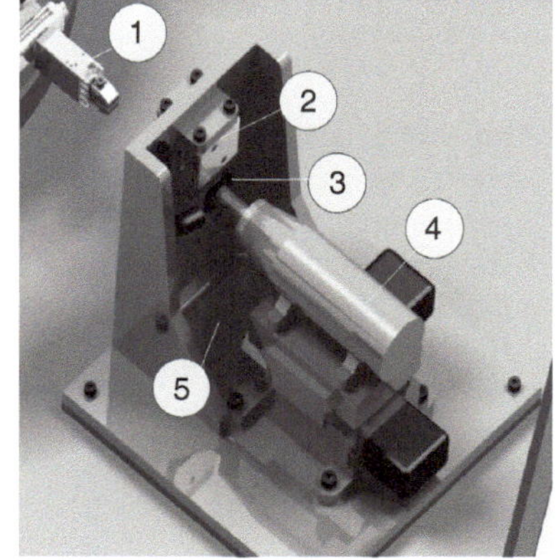

Abb. 4.86 Aufbau Bartfräseinheit: *1* Greifereinheit der Transporteinheit, *2* Spannzylinder mit Spannmatrize, *3* Profilfräser, *4* Fräsmaschine, *5* Spänetrichter

Abb. 4.87 Poliereinheit: *1* Greifereinheit, *2* Polierwalze

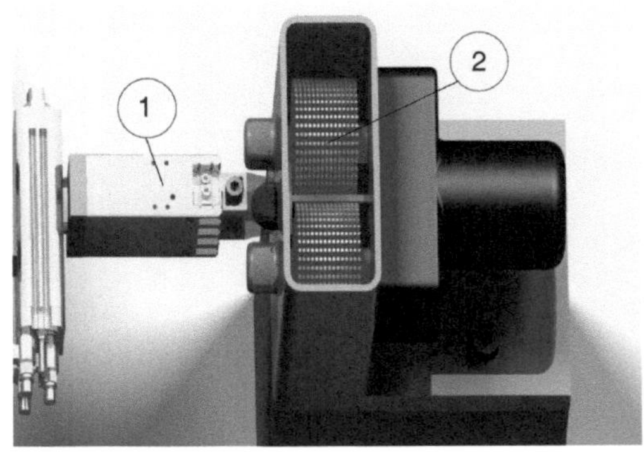

drehenden Polierwalzen. Es muss nur der Antrieb der Polierwalzen gestartet werden. Die Dauer des Polierens ist zeitgesteuert. Dafür erforderlich ist:

- ein digitaler Ausgang.

Hüllenaufpresseinheit (Abb. 4.88) Für das Aufpressen der Kunststoffhülle muss der Schlüssel an eine Klemmeinheit übergeben werden, die den Schlüssel während des Hülleaufpressens spannt. Danach dreht sich die Einheit um 180° und wird anschließend linear verfahren, so dass der Schlüssel in die Hülle geführt wird. Anschließend fährt die Lineareinheit wieder zurück und die Dreheinheit bewegt sich zur Übergabestelle. Der Greifer der Greifereinheit darf nun nicht mehr so weit geschlossen werden, da der Schlüssel an der Hülle gespannt wird. An dieser Station ist weiterhin der Füllstand des Hüllenspeichers über eine Lichtschranke zu überwachen. Eine Signallampe zeigt an, wann der Speicher aufgefüllt werden muss. Für das Auffüllen ist der Bediener zuständig. Die erforderlichen Eingänge sind: 0° gedreht, 180° gedreht, Zylinder eingefahren, Schlüssel geklemmt, Klemmung offen, Lichtschranke am Speicher. Die Ausgänge sind: 0° drehen, 180° drehen, Zylinder einfahren, Zylinder ausfahren, Schlüssel klemmen, Klemmung lösen und Signallampe. Notwendige Schnittstellen für diese Einheit sind:

Abb. 4.88 Hüllenaufpresseinheit: *1* Greifereinheit, *2* Rohlingsaufnahme mit Klemmeinrichtung, *3* Linearmodul, *4* Rundschalttisch, *5* Hüllenspeicher mit Füllstandssensor

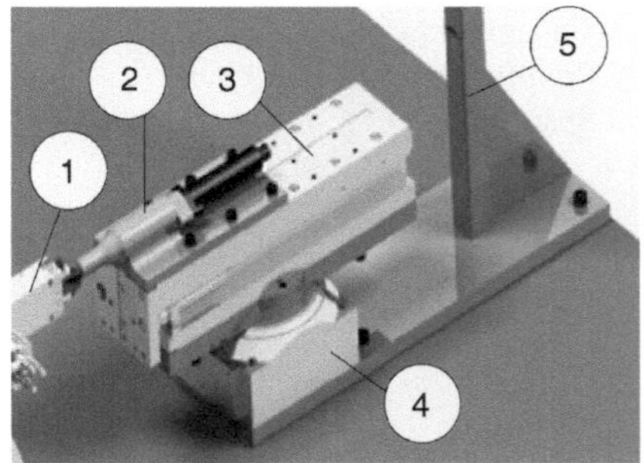

- sechs digitale Eingänge,
- sieben digitale Ausgänge.

Endkontrolleinheit und Abtransporteinheiten In der Endkontrolleinheit wird der fertige Schlüssel über eine Kamera einer Qualitätskontrolle unterzogen. Hierfür fährt die Greifereinheit in die vordere Position. Der Schlüssel wird durch Drehen der Greifereinheit (0° und 180°) von beiden Seiten begutachtet. Die Kamera liefert an die Steuerung die Informationen, ob der Schlüssel in Ordnung oder nicht in Ordnung ist. Ist der Schlüssel in Ordnung, dreht die Greifereinheit den Greifer in die 90°-Position und lässt den Schlüssel auf das Förderband fallen. Sollte der Schlüssel nicht in Ordnung sein, wird die Greifereinheit wieder zurück gefahren, so dass beim Drehen in 90°-Position und Öffnen des Greifers der Schlüssel in eine Ausschusskiste fällt. Zusätzlich zu den bereits aufgeführten Ein- und Ausgängen benötigt diese Station noch die Eingänge: Schlüssel in Ordnung, Schlüssel nicht in Ordnung, Förderband läuft und die Ausgänge: Start Kamera und Förderband an. In Summe sind das:

- drei digitale Eingänge,
- zwei digitale Ausgänge.

Für die Gesamtanlage benötigt man noch einen Schalter zum Ein- und einen Schalter zum Ausschalten sowie einen NOT-Aus-Schalter. Häufig wird nach dem Entriegeln des NOT-Aus-Schalters mit einem Resettaster die Anlage wieder in die Grundstellung gebracht.

Bei der Projektierung ist zu berücksichtigen, welche Bauelemente sich auf der Transporteinheit befinden und somit über eine Drehdurchführung mit Druckluft und Strom versorgt werden müssen und welche an den feststehenden Einheiten installiert sind. Tab. 4.36 zeigt eine Übersicht der in der Anlage integrierten Bauelemente.

Anhand der Ein- und Ausgänge kann jetzt eine Hardwarestruktur der Steuerung konfiguriert werden. Für den Anschluss der Ventile werden Ventilinseln (siehe Abb. 4.89) angeboten, die über Bussysteme wie Ethernet (Profinet) oder ASI-Bus (Aktor-Sensor-Interface) angeschlossen werden können. Ein Bussystem ist ein Leitungssystem über das mehrere Komponenten (Slaves) angeschlossen werden können. Für diese Anlage wurde sich für eine Siemens Kleinsteuerung (CPU) S7 1200 vom Typ 1241 C entschieden. Die Kommunikation mit den digitalen Ein- und Ausgängen soll über einen ASI-Bus erfolgen, da die Baugruppen recht weit verteilt sind. Dafür wird als ASI-Master eine Kommunikationsbaugruppe (CP 1243-2) genutzt. An diese können bis zu 62 Slaves (Teilnehmer) mit jeweils maximal acht digitalen Ein- (DI) und acht digitalen Ausgängen (DO) angeschlossen werden. So könnten insgesamt 496 DI und 496 DO angesteuert werden. Der Master sorgt für den Datenaustausch mit den Slaves und der Steuerung. Für die Montage der Ventile werden Ventilinseln an den ASI-Bus angeschlossen. Es wurden Ventilinseln der Firma Festo gewählt, wo jeweils bis zu acht DI und acht DO enthalten sind. Für die Transporteinheit benötigt man fünf Ventilinseln und zusätzlich zwei Slaves mit je acht digitalen

Tab. 4.36 Zusammenfassung Bauelemente, Sensoren und Aktoren

Transporteinheit – Tisch								
Anzahl	Bauteil	DI	ΣDI	D0	ΣD0	Anzahl	Ventilart	Bemerkung
6	Zylinder	2	12	2	12	6	5/2-Wegeventil	
6	Greifer	3	18	2	12	6	5/2-Wege-Druckerhal-tungsventil	
6	Drehmodul	3	18	3	18	6	5/2-Wege-Druckerhal-tungsventil	
1	Graycodeleser	3	3					
Gesamt Tisch			51		42	18		
Feststehende Einheit								
Zwischenlager 1								
3	Magnetöffner			1	3			
3	Signallampe			1	3			
3	Lichtschranke	1	3					
1	Barcodescanner							Über Profinet
Zwischenlager 2								
3	Motor			1	3			
3	Magnetöffner			1	3			
3	Sensor unten	1	3					
3	Sensor oben	1	3					
Zuführeinheit								
4	Zylinder	2	8	2	8	4	5/2-Wegeventil	
4	Sensor	1	4					
1	Kamera	2	2	1	1			
Kennzeichnungseinheit								
1	Zylinder	2	2	2	2	1	5/2-Wegeventil	
1	Drehmodul	2	2	2	2	1	5/2-Wegeventil	
1	Greifer	2	2	2	2	1	5/2-Wegeventil	
2	Lasersensor	2	2					
1	Laser Start			1	1			
1	Laser Ende	1	1					
Bartfräseinheit								
1	Spannzylinder	2	2	2	2	1	5/2-Wegeventil	
1	Fräsen	1	1	1	1			
1	Druckluft			1	1	1	2/2-Wegeventil	
Bartpoliereinheit								
1	Polieren			1	1			

Tab. 4.36 (Fortsetzung)

Feststehende Einheit								
Anzahl	Bauteil	DI	ΣDI	D0	ΣD0	Anzahl	Ventilart	Bemerkung
Hüllenaufpresseinheit								
1	Zylinder	1	1	2	2	1	5/2-Wegeventil	
1	Drehmodul	2	2	2	2	1	5/2-Wegeventil	
1	Klemmzylinder	2	2	2	2	1	5/2-Wegeventil	
1	Lichtschranke	1	1					
1	Signallampe			1	1			
Endkontrolleinheit und Abtransporteinheiten								
1	Kamera	2	2	1	1			
1	Förderband	1	1	1	1			
Gesamtanlage								
1	Drehtisch	1	1	1	1			
1	NOT-Aus	1	1					
1	Start Anlage	1	1					
1	Aus Anlage	1	1					
1	Resettaster	1	1					
Gesamt feststehende Einheit			49 DI		43 DO	11		

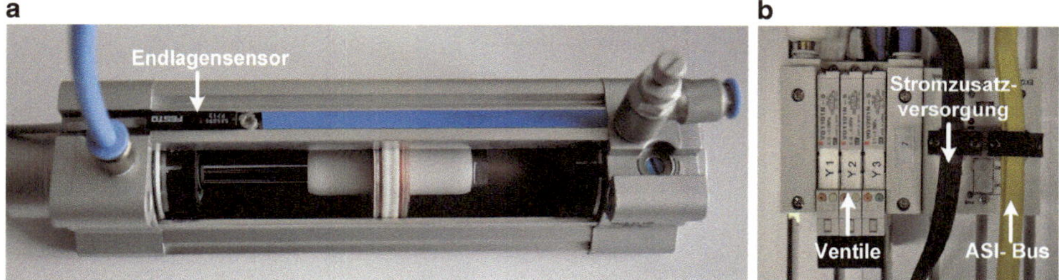

Abb. 4.89 Zylinder mit Endlagensensor der Firma Festo AG (**a**), Ventilinsel (**b**)

Eingängen und einen Slave mit acht digitalen Ausgängen. Die feststehenden Baugruppen benötigen drei Ventilinseln, die wiederum an den ASI-Bus angeschlossen werden können.

Verwendet man die an der CPU fest integrierten Ein- und Ausgänge, so wären wahlweise noch ein Ein- und ein Ausgabemodul mit je 16 Anschlüssen erforderlich oder je zwei ASI-Slaves für Ein- und Ausgänge mit acht Anschlüssen. Bei den Ausgängen ist zu berücksichtigen, ob der treibende Strom über den zulässigen Grenzen liegt. Ist das der Fall, müssen Leistungsschaltgeräte zwischengeschaltet werden.

Die an der CPU vorhandene Ethernetschnittstelle wird für den Anschluss des Barcode-Scanners verwendet. Gleichzeitig wäre hierüber die Verbindung zur übergeordneten Pro-

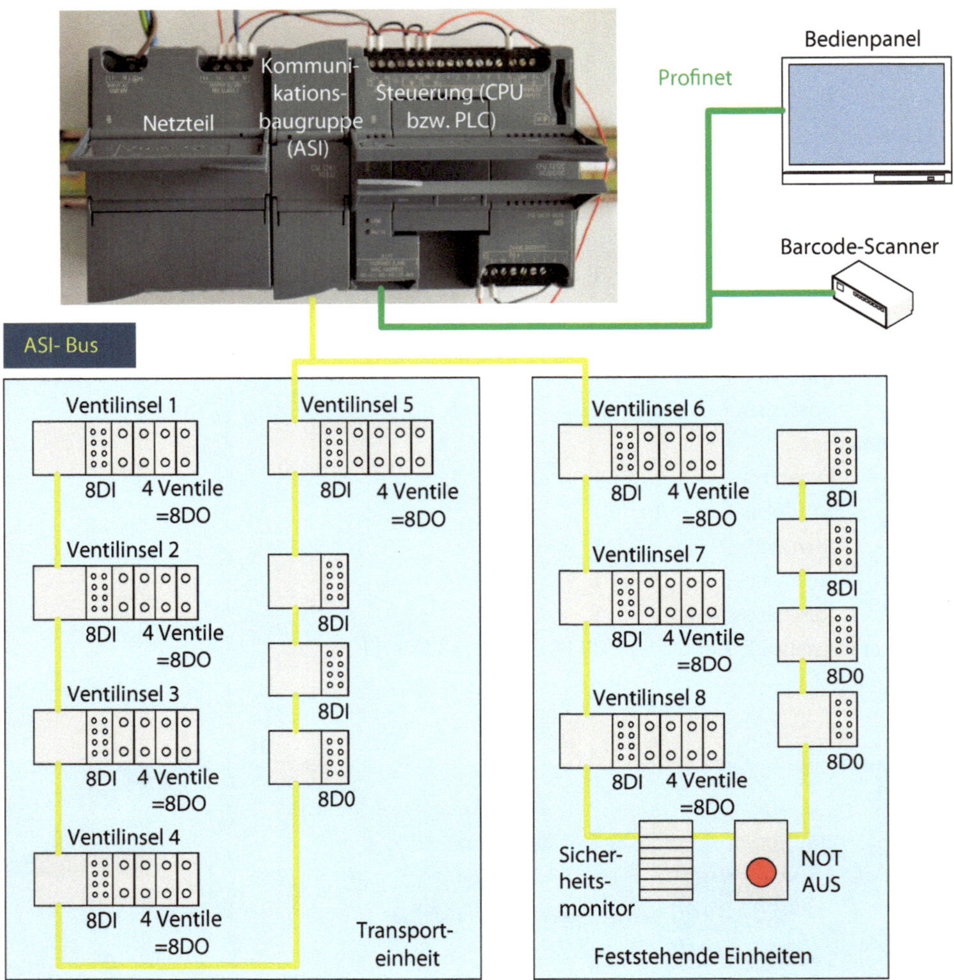

Abb. 4.90 Hardwarekonzept

zessleitebene realisierbar. Als Bedientableau kann ein Panel eingesetzt werden. Abb. 4.90 zeigt das vollständige Hardwarekonzept der SPS.

Bei der Betrachtung der Ein- und Ausgänge wurde bereits ein NOT-Aus-Schalter berücksichtigt. Dieser kann durch einen sicheren Slave an den ASI-Bus angeschlossen werden. Integriert werden muss zusätzlich ein Sicherheitsmonitor, dem mitgeteilt wird, welche Ausgangsslaves sichere Slaves sein müssen und bei einem NOT-Aus oder einer anderen Störung abzuschalten sind.

Gleichfalls ist es erforderlich, auch im Softwareprogramm fehlerhafte Eingänge, Störungen und Notsituationen auszuwerten.

4.4.4 Einrichten einer SPS – Erstellen eines Projektes

Der Erstellung der Hardwarekonfiguration folgt die Softwareentwicklung. Hierfür muss die Steuerung an ein Programmiergerät angeschlossen werden, welches über die entsprechende Programmiersoftware verfügt. Die Ausführungen beziehen sich auf eine Projektierung mit Hilfe des TIA-Portals der Firma Siemens AG. Gestartet wird mit einem neuen Projekt. Zuerst muss die Hardwarekonfiguration erstellt werden. Entsprechend Abb. 4.90 sind alle angeschlossenen Geräte aufzuführen. Handelt es sich um eine Hardwarekomponente des Steuerungsherstellers, so kann aus dem Hardwarekatalog die entsprechende Komponente angewählt und in die Gerätesicht übertragen werden. Dabei erfolgt gleichzeitig die Zuordnung der einzelnen Adressen, über die später im Anwenderprogramm auf die Baugruppen zugegriffen werden kann. Von Zeit zu Zeit ist der Hardwarekatalog zu aktualisieren. Sollen firmenfremde Komponenten integriert werden, so muss die Gerätebeschreibungssoftware vom Hersteller geladen werden. Die Adressierung erfolgt in diesem Fall nicht automatisch und muss vom Programmierer ausgeführt werden. Abb. 4.91 zeigt die Gerätesicht der Gerätekonfigurationsseite des TIA-Portals.

In der Netzsicht können entsprechend Abb. 4.92 alle über Bussysteme angeschlossenen Komponenten eingefügt und dargestellt werden. Durch Anwahl einer Komponente und einen Wechsel in die Gerätesicht sind deren Eigenschaften einsehbar (siehe Abb. 4.93).

Sind alle Hardwarekomponenten eingefügt und adressiert, kann die Programmierung des Anwenderprogramms erfolgen.

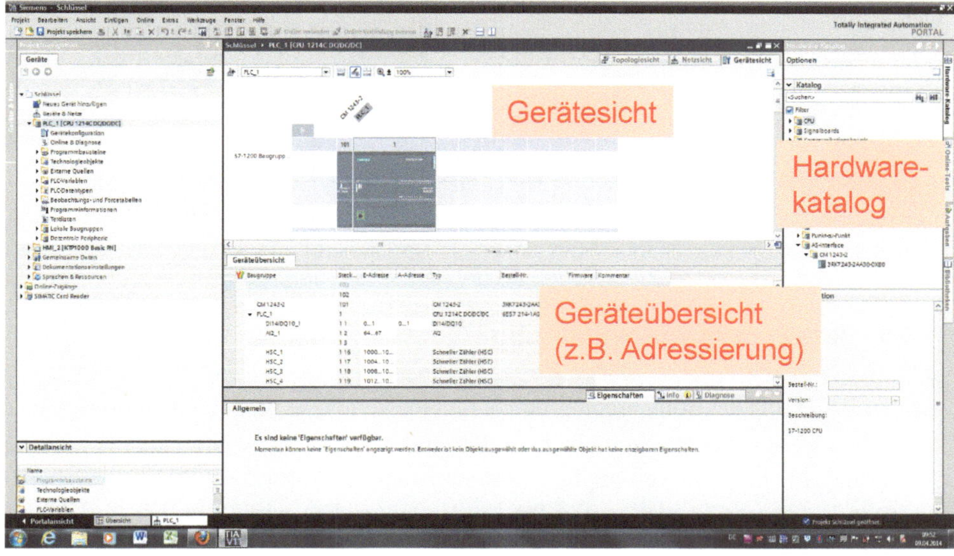

Abb. 4.91 Gerätekonfigurationsoberfläche TIA-Portal – Gerätesicht

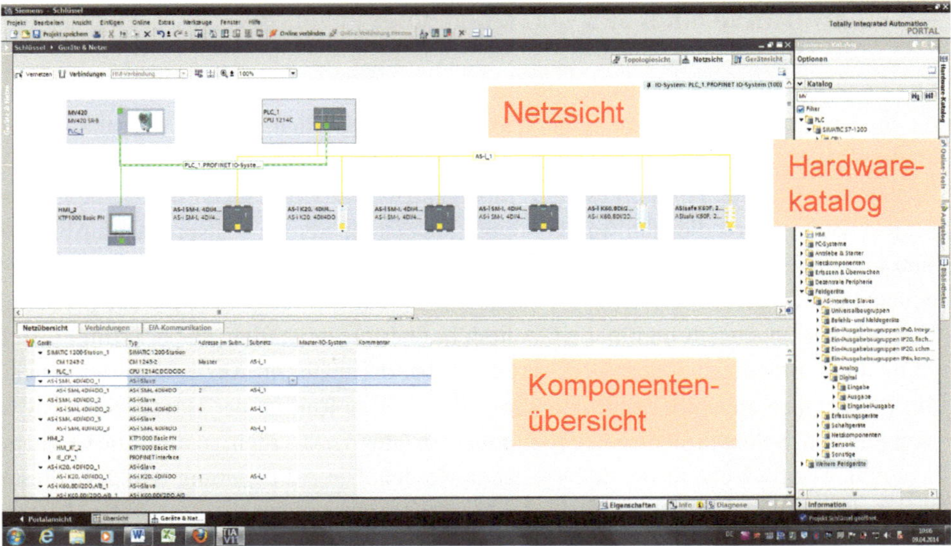

Abb. 4.92 Gerätekonfigurationsoberfläche TIA-Portal – Netzsicht

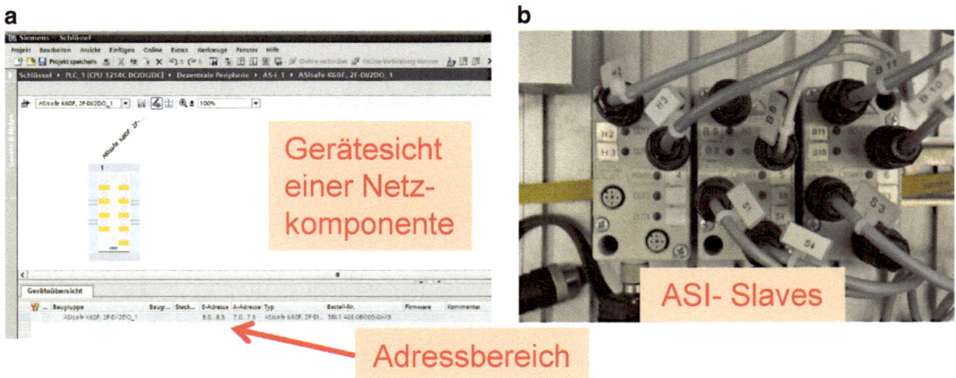

Abb. 4.93 Gerätesicht eines ASI-Slaves (**a**) – drei ASI-Slaves (**b**)

4.4.5 Anwenderprogrammierung

Bei der Erstellung des Softwareprogramms für eine komplexe Einheit gibt es unterschiedliche Herangehensweisen. Zum einen die Bottom-Up-Variante, bei der von der kleinsten Anweisung bis hin zum verknüpften Gesamtsystem die Software in kleinen Einheiten, die dann in höheren Ebenen verbunden werden, entwickelt wird. Zum anderen die hier verwendete Variante der Top-Down-Strategie, bei der ausgehend von dem komplexen Gesamtsystem schrittweise bis zur kleinsten Anweisung die Struktur erarbeitet wird. Dabei ist es sinnvoll, einzelne Anweisungen zu Programmeinheiten, in der SPS-Programmierung Bausteine genannt, zusammenzufassen. Gleichfalls ist zu überlegen, Bausteine so zu entwerfen, dass sie mehrfach verwendet werden können. Zum Beispiel sind in die Schlüsselfertigungsanlage mehrere Zylinder eingebaut, deren Ansteuerung durch einen Baustein erfolgt. Die jeweiligen Aufrufe unterscheiden sich nur in den Ein- und Ausgabeparametern. In der Entwurfsphase ist weiterhin zu beachten, wie die Sicherheitsanforderungen einzubinden sind und ob unterschiedliche Betriebsarten (z. B. Hand- und Automatikbetrieb) erforderlich sein können. Der Gesamtablauf (Abb. 4.95) und drei weitere Prozesse werden mittels Programmablaufplan vorgestellt. Beispielhaft erfolgt die Ausprogrammierung eines Bausteins.

Die Schlüsselfertigungsanlage wird durch einen Schalter in Betrieb genommen. Danach erfolgt eine Abfrage des momentanen Auftrags, der den Schlüsselcode und die zu fertigende Anzahl enthält. Dieser Auftrag kann zum einen von der Prozessleitebene oder durch den Bediener über das Display eingegeben werden. Die Abfrage des nächsten Auftrags soll für das Beispielprogramm erst erfolgen wenn alle Schlüssel des vorherigen gefertigt sind. Das führt zwar zu Leerläufen in der Fertigung, hält aber die Komplexität der Programmierung des Gesamtsystems in Grenzen. In der Praxis ist ein Start mit dem nächsten Auftrag sinnvoll, wenn der Rohling für den letzten Schlüssel zugeführt wurde. Da jeweils sechs Stationen zu durchlaufen sind, kann mit dem nächsten Auftrag schon gestartet werden wenn der letzte Schlüssel noch nicht fertig ist. Im Ablaufplan wäre hierbei zu berücksichtigen, dass eventuell ein oder mehrere weitere Schlüssel des Vorgängerauftrages zu fertigen sind, falls die Qualitätskontrolle Schlüssel als Ausschuss einordnet. Dafür müssten mehrere Zähler aktiviert werden. Liegt kein Auftrag vor, wird das dem Bediener über das Display (Panel) mitgeteilt. Während der Fertigung wandern die Greiferstationen der Transporteinheit an den Fertigungsstationen vorbei. Je nach Fertigungsstation müssen die Greifereinheiten unterschiedliche Prozesse ausführen. Es muss jeweils bekannt sein, welche Greifereinheit der jeweiligen Fertigungsstation gegenübersteht (siehe Abb. 4.94). Daher werden den Gray-Codenummern (eine Nummer ist jeweils direkt einer Greifereinheit zugeordnet) Datenbausteine zugewiesen, die den jeweiligen Auftrag für den Rohling, der gerade eingespannt ist, enthält. Die Datenbausteine können an den einzelnen Stationen für den Fertigungsprozess ausgelesen werden. Befindet sich die Transporteinheit auf Position null (Code 000), wird dem ersten Greifer ein Rohling übergeben und dessen Auftragsdaten sind in den Datenbaustein DB100 zu laden. Steht die Transporteinheit beispielsweise an Position fünf (Code 111), so muss der Rohling in Greifer eins gekennzeichnet, der Rohling in Greifer zwei gefräst, der Rohling in Greifer drei poliert, auf den Schlüssel in Greifer vier die Hülle gepresst, der Schlüssel in Greifer fünf der Qualitätskontrolle unterzogen werden und an den Greifer sechs wird ein neuer Rohling übergeben. Verlässt der Schlüssel die Qualitätskontrolle als in Ordnung, kann der Auftrag um eins reduziert werden. Der gesetzte Zähler muss somit in diesem Unterprogramm zurückgezählt werden.

In dem Datenbaustein ist ein weiterer Parameter vorzusehen, der angibt, ob an dem Greifer ein Rohling gespannt ist. Muss für den Auftrag kein Rohling mehr zugeführt werden oder wurde ein Rohling an einer Station nicht richtig gegriffen, weist dieser Parameter darauf hin, dass die folgenden Bearbeitungsschritte an dieser Greifereinheit nicht

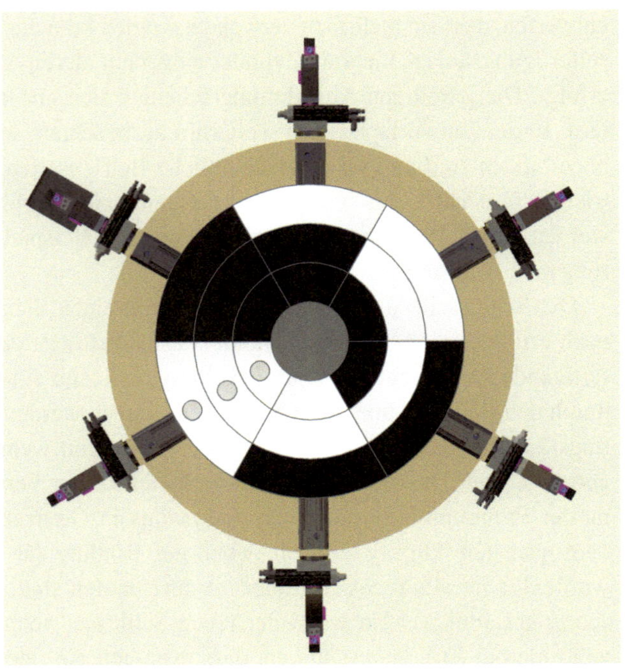

Abb. 4.94 Transporteinheit in Position null

ausgeführt werden müssen. Dieser Parameter ist ebenfalls in dem Unterprogramm Qualitätskontrolle (Programm für End-Kontrolleinheit) zurückzusetzen. Ist für die Beendigung des Auftrags kein weiterer Rohling einzuschleusen (Zähler ≤ 5), so wird bis zur Beendigung des Auftrags kein Datenbaustein mehr beschrieben und die noch in der Anlage befindlichen Schlüssel werden zu Ende bearbeitet. Durch den Zähler a wird kontrolliert, ob alle restlichen Schlüssel die Qualitätskontrolle bestehen. Ist das nicht der Fall, erhält der Bediener eine Meldung und muss manuell die noch erforderlichen Anzahl Schlüssel in Auftrag geben. Sind alle Fertigungsprozesse beendet, kann der Tisch um eine Position weitergedreht werden. Der allgemeine Ablaufplan für die beschriebenen Prozesse ist in Abb. 4.95 enthalten. Die Abfrage vor Schritt sechs bzw. sieben in diesem Plan nach dem Vorhandensein des Rohlings muss so gestaltet werden, dass das für den Auftrag wichtige Zwischenlager abgefragt wird. Aus den Auftragsdaten ist hierfür die Rohlingsart zu entnehmen. Ist das entsprechende Rohlingszwischenlager leer, muss es erst wieder gefüllt werden bevor der Prozess weiterlaufen kann. In der Regel sollten die Zwischenlager ausreichend gefüllt sein, da diese ständig unabhängig von dem abgebildeten Gesamtablaufplan überwacht werden.

Im Gesamtprogramm ist sicherzustellen, dass aus jedem Programmschritt auf den NOT-Aus-Schalter und den Stopptaster reagiert werden kann. Auch müssten Bedingungen, die für den Betrieb zwingend erforderlich sind (z. B. Druckluft), abgeprüft werden. Die Ablaufketten sind in diesen Fällen (Stopp, fehlende Versorgung etc.) in ihre Grundstellung zu überführen. Umsetzbar ist das durch Erzeugung einer Rücksetzbedingung.

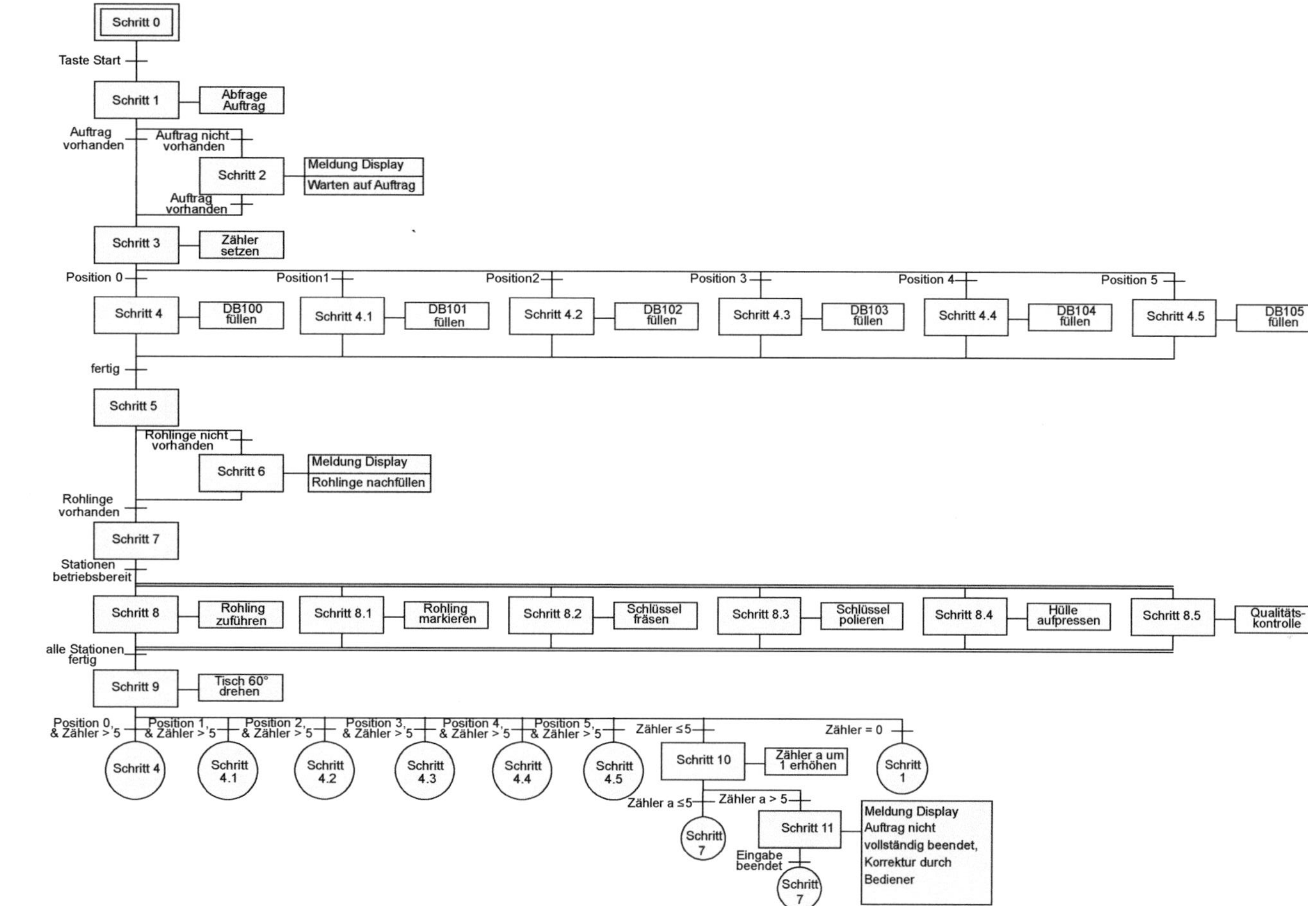

Abb. 4.95 Gesamtablaufplan

Beim Einschalten der Anlage kann durch Anweisungen im Organisationsbaustein OB 100 der Grundzustand sichergestellt werden. Dieser Organisationsbaustein wird einmalig beim Einschalten der Steuerung aufgerufen.

Im Folgenden wird der Ablauf der Zubringereinheit ausgearbeitet. Der Programmteil besteht aus zwei Hauptteilen: zum einen die Bereitstellung des Rohlings an der Übergabestelle und zum anderen das Abholen durch den Greifer. Der Ablauf wurde in Abschn. 4.4.2 beschrieben und soll hier als Ablaufpläne (Abb. 4.96 und 4.97) vorgestellt werden.

Zu beachten ist wieder, dass in Abhängigkeit von der Tischposition die richtige Greifereinheit auf dem Tisch angesprochen wird, um den Rohling abzuholen. In der Tischposition null ist die Greifereinheit eins anzusprechen, in der Tischposition eins die Greifereinheit zwei usw. Gleiches gilt für alle anderen Stationen. Dabei wird davon ausgegangen, dass sich die Gray-Codescheibe mit dem Tisch an den Sensoren vorbeidreht. Alle in den Programmabläufen aufgeführten Befehle mit der Bemerkung FB10 können durch ein und denselben Funktionsbaustein umgesetzt werden. Dieser wird später genauer betrachtet.

Der in Abb. 4.96 dargestellte Ablaufplan ruft in Schritt 6 *Start Greifer an Zubringerstation* den Ablaufplan *Greifen des Rohlings vom Zubringer* entsprechend Abb. 4.97 auf. Dieser Schritt 6 wird erst verlassen, wenn der Ablaufplan zum Greifen des Rohlings vollständig durchlaufen wurde und ein „Fertigsignal“ übergibt.

Es ist sinnvoll, alle Prozesse analog den beispielhaft aufgeführten Ablaufplänen zu beschreiben. Das vereinfacht die spätere Programmierung. An dieser Stelle soll darauf verzichtet werden.

Das Gesamtsystem enthält mehrere Routinen, die immer wieder ausgeführt werden müssen. Dazu zählen z. B.:

- Schreiben der Datenbausteine,
- Lesen der Datenbausteine,
- Ansteuerung der Zylinder, der Greifer sowie die
- Füllstandskontrolle.

Für diese Routinen kann jeweils ein Baustein programmiert werden, der analog dem im folgenden erläuterten Funktionsbaustein FB10 unterschiedlich parametriert und aufgerufen wird.

Anhand des bereits erwähnten Bausteins FB10, der die Ansteuerung aller Zylinder und Greifer umsetzt, werden ausgehend von dem Ablaufplan die Programmierung in Funktionsbausteinsprache und der parametrierte Aufruf vorgestellt.

Als Zylinder sind doppelt wirkende Zylinder laut Abb. 4.98 ausgewählt, die nach Erreichen einer Endstellung und Beendigung der Ventilansteuerung ihre Position behalten bis die gegenüberliegende Seite mit Luft beaufschlagt wird. Gleiches gilt für die Ventile. Sie behalten auch nach dem Abschalten des Magneten ihre Position bis die andere Ventilstellung angesteuert wird. Das an den Greifern und Drehmodulen eingesetzte 5/2-Wege-Druckerhaltungsventil sorgt dafür, dass die Aktoren auch in einer Zwischenstellung ihre Position halten können. Die pneumatischen Zylinder, Greifer und Dreheinheiten sind

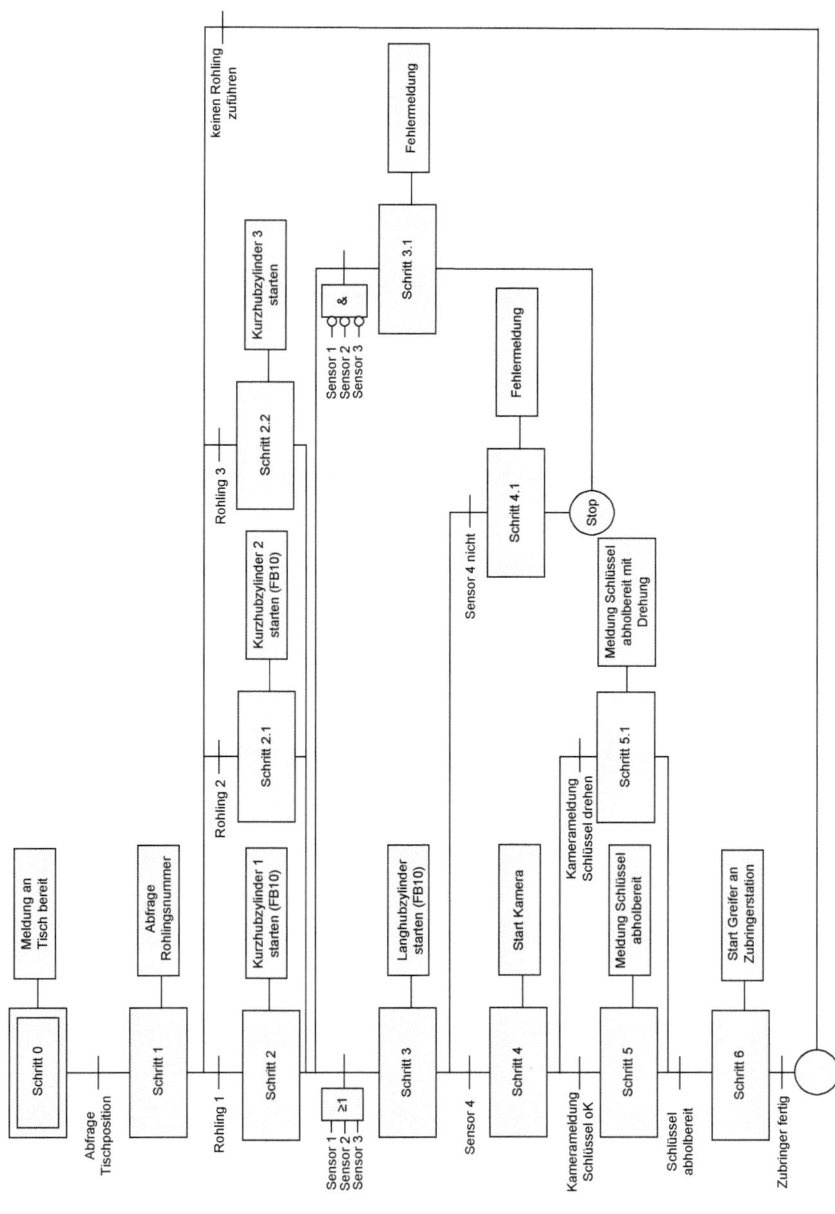

Abb. 4.96 Ablaufplan Bereitstellung des Rohlings

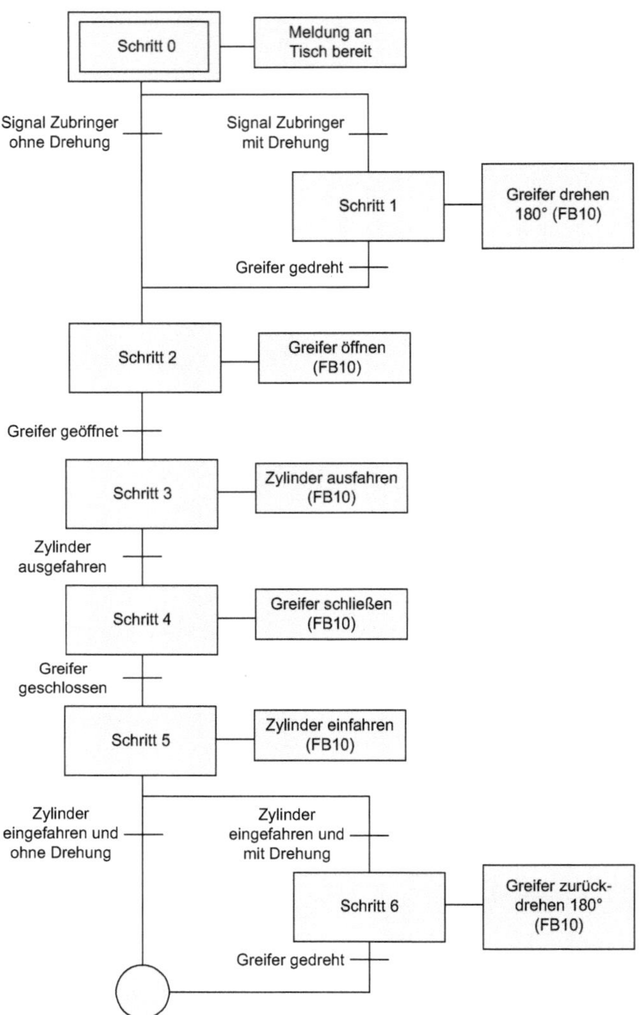

Abb. 4.97 Ablaufplan Greifen des Rohlings vom Zubringer

die Aktoren, die bei der Betätigung des NOT-Aus-Schalters abgeschaltet werden müssen. Somit ist eine Strategie erforderlich, wie und welche Grundstellung an den Aktoren nach der Entriegelung des NOT-Aus-Schalters und dem Neustart durch den Resettaster erreicht werden soll. Eine sinnvolle Möglichkeit ist alle Greifer zu öffnen und alle Zylinder in die eingefahrene Stellung zu bringen. Daher muss nach dem Neustart ein Programmbaustein aufgerufen werden, der das realisiert. Wurde die gesamte Steuerung in STOP oder Halt versetzt, können hierfür Organisationsbausteine zur Verfügung stehen, die nur nach einem Anlauf der Steuerung aufgerufen werden und im weiteren zyklischen Arbeiten der SPS nicht mehr z. B. OB101 für STEP 7. Ist das nicht möglich, muss der Programmierer für das Erreichen der Grundstellung über das Anwenderprogramm sorgen.

Abb. 4.98 Aktorbeispiel doppelt wirkender Zylinder

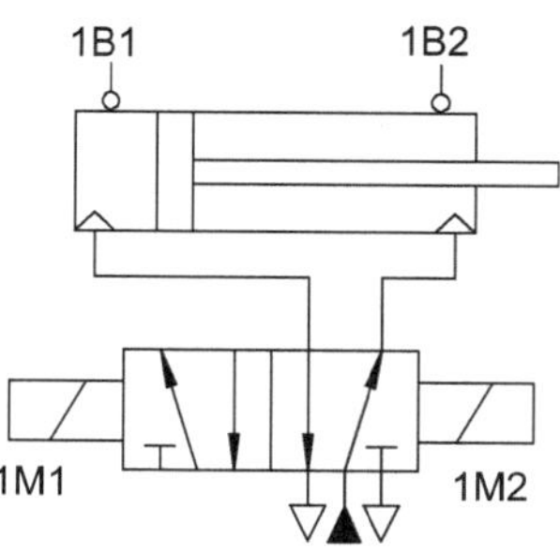

In Abb. 4.99 ist die Ablaufkette für die Ansteuerung der Aktoren (FB10) dargestellt. Die Grundstellung Schritt 1 ist die Stellung, die bei einer Störung oder dem Betätigen des NOT-Aus-Schalters erreicht wird. Beim ersten Aufruf des Funktionsbausteins wird gleichfalls dieser Schritt aktiviert. Befindet sich der Aktor in einer definierten Stellung (Endlage) und wurde nach einer Fehlermeldung die Bestätigungstaste gedrückt oder durch Starten der Anlage der Richtimpuls ausgelöst, wird dieser Schritt sofort verlassen. Gleiches gilt für das Betätigen des Resets. Zum besseren Verständnis wird von der Ansteuerung eines Zylinders (siehe Abb. 4.98) ausgegangen.

Die Grundstellung des Zylinders ist der eingefahrene Zustand. Nach dem Start der Anlage befindet sich der Zylinder in diesem Zustand (1B1 = 1) und der Richtimpuls wurde ausgelöst. Die Ablaufkette springt in Schritt 2. Dieser wird verlassen, wenn die Sensoren untypische Signale geben (1B1 = 0 oder 1B2 = 1, Schritt 1 wird wieder erreicht) oder wenn ein Signal zum Ausfahren des Zylinders (1M1_IN = 1 und 1M2_IN = 0, Schritt 3 wird erreicht) gegeben wird. Schritt 3 bewirkt ein Ansteuern des Magneten 1M1 so dass das Ventil die andere Schaltstellung erhält und der Zylinder ausfährt. Mit Erreichen des Endschalters (1B2 = 1 und 1B1 = 0) wechselt die Ablaufkette in den nächsten Schritt. Der weitere Verlauf ist Abb. 4.99 zu entnehmen.

Tab. 4.37 führt die benötigten Variablen auf, die im Deklarationsteil zu vereinbaren sind. Nicht berücksichtigt sind die statischen Variablen. Das wären zum einen die Schritte und zum anderen die Zeitfunktion. In Anlage 1 ist der vollständige Funktionsbaustein, programmiert in Funktionsbausteinsprache, enthalten.

Auftretende Fehler beim Betrieb der Anlage, wie z. B. dass ein Zylinder nicht in der vorgegebenen Zeit ausfährt, wird durch den Sprung zu Schritt 1 umgesetzt, der eine Störmeldung ausgibt und den Prozess anhält. Der Angestellte kann die Anlage überprüfen und durch Betätigen des Quittiertasters (QUISTOE) den Prozess fortsetzen. Sollten für das Bewegen der Greifer oder Zylinder andere Zeitgrenzen erforderlich sein, kann auch der Zeitwert als Eingangsparameter an den Funktionsbaustein übergeben werden. In dem Programmierbeispiel wird von einer festen Zeit T1 ausgegangen.

Abb. 4.100 zeigt auszugsweise den Aufruf des Bausteins FB10 aus der Ablaufkette *Greifen des Rohlings vom Zubringer* (siehe Abb. 4.97). Im Schritt drei soll die Ansteuerung des Zylinders zum Ausfahren erfolgen. Aus der Gerätesicht der Netzkomponente (siehe Abb. 4.93) können die Adressen für die Aktoren, Sensoren und Taster entnommen

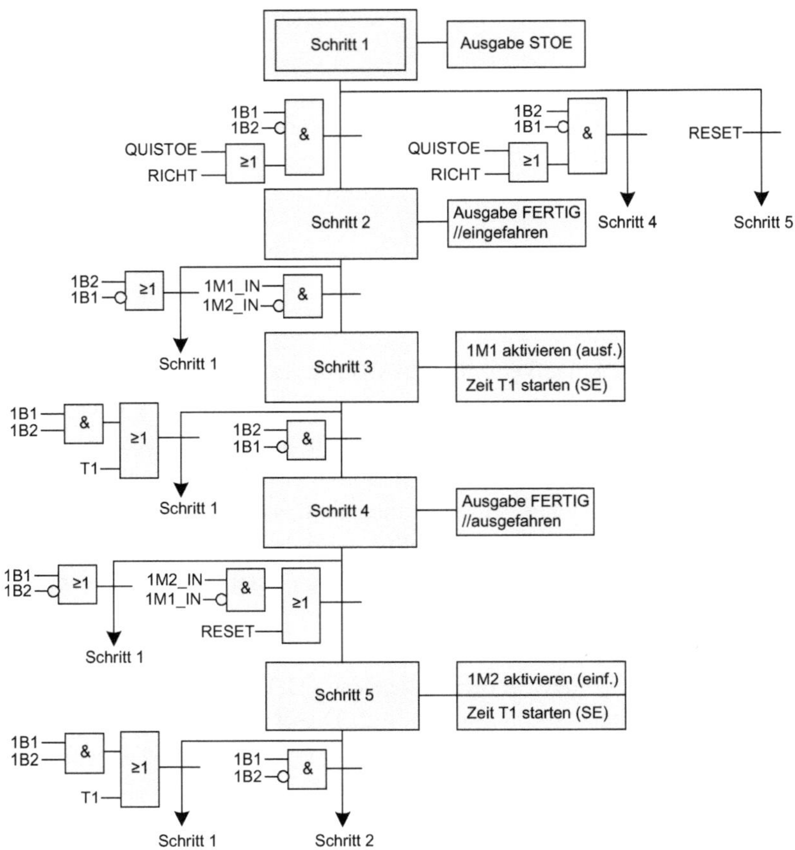

Abb. 4.99 Ablaufkette für die Ansteuerung der Aktoren

werden. Zum Ausfahren des Zylinders muss der Magnet am Ausgang A1.1 aktiv geschaltet werden. Die Endlagensensoren sind mit dem Eingang E1.1 (eingefahren) bzw. E1.2 (ausgefahren), die Quittiertaste mit dem Eingang E1.3 und die Resettaste mit dem Eingang E1.4 verdrahtet. Befindet sich der Zylinder im eingefahrenen Zustand, steht die Ablaufkette aus Abb. 4.99 am Schritt 2 und springt mit dem Bausteinaufruf auf Schritt 3 und aktiviert Ausgang A1.1. Nach Erreichen der Endlage wird auf Schritt 4 weitergeschaltet und der Ausgang „FERTIG" auf Signal „1" gesetzt. Das bewirkt im aufrufenden Programm ein Weiterschalten in den nächsten Schritt. Das parallele Aktivieren des Zeitglieds T1 in Schritt 3 sorgt für die zeitliche Überwachung des Ausfahrens. Sollte die vorgegebene Zeit von 5 s verstrichen sein und die Endlage nicht erreicht, springt die Schrittkette in Schritt 1 und gibt eine Störmeldung aus. Gleiches passiert wenn beide Endlagensensoren ein Signal „1" besitzen. Das Störsignal wird an das aufrufende Programm weitergegeben und kann für erforderliche Maßnahmen, wie z. B. eine Anzeige im Display oder Anhalten des Ablaufs genutzt werden.

Tab. 4.37 Zuordnungstabelle Ein- und Ausgänge

Eingangsvariable	Symbol	Datentyp	Logische Zuordnung
Signal Zylinder ausfahren	1M1_IN	BOOL	Zylinder ausfahren 1M1_IN = 1
Signal Zylinder einfahren	1M2_IN	BOOL	Zylinder einfahren 1M2_IN = 1
Sensor Zylinder eingefahren	1B1	BOOL	Eingefahren 1B1 = 1
Sensor Zylinder ausgefahren	1B2	BOOL	Ausgefahren 1B2 = 1
Quittierung Störung	QUISTOE	BOOL	Taste betätigt QUISTOE = 1
Reset	RESET	BOOL	Taste betätigt RESET = 1
Richtimpuls	RICHT	BOOL	Richtimpuls aktiv RICHT = 1
Ausgangsvariable			
Magnetventil Zylinder ausfahren	1M1	BOOL	Ausfahren 1M1 = 1
Magnetventil Zylinder einfahren	1M2	BOOL	Einfahren 1M2 = 1
Ein- bzw. Ausfahren fertig	FERTIG	BOOL	Prozess beendet FERTIG = 1
Störungsanzeige	STOE	BOOL	Störung STOE = 1

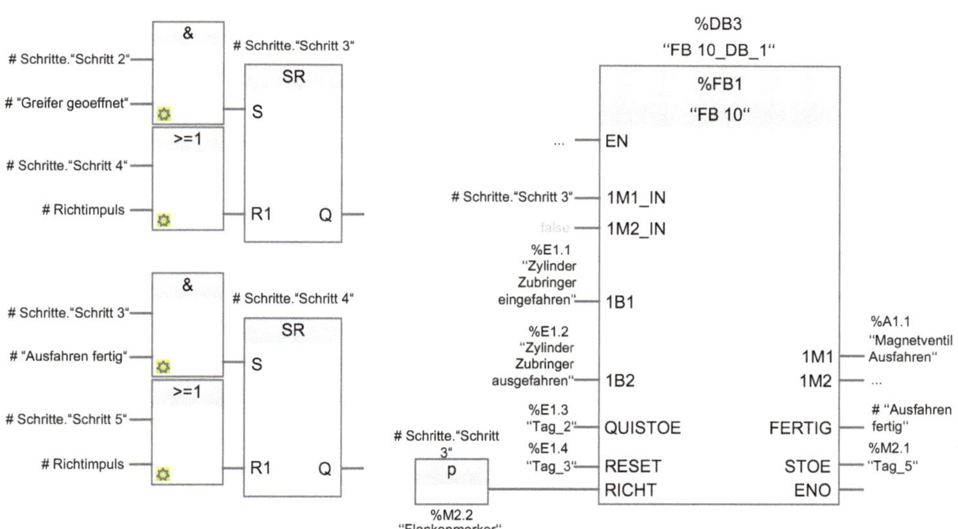

Abb. 4.100 Aufruf des Funktionsbausteins FB10

Neben der Realisierung des funktionalen Ablaufs sind Anlagen so auszuführen, dass die Gefährdung von Mensch und Anlage auf ein Minimum reduziert wird. Im Programm wurde schon auf einzelne Aspekte hingewiesen. Aufgrund dieser Bedeutung erfolgt im nächsten Kapitel eine kleine Einführung in diese Thematik.

Übungsaufgabe 30

Steht für die Programmierung der Ablaufkette in der Speicherprogrammierbaren Steuerung nicht eine Programmiersprache in Form einer Ablaufkette, wie beispielsweise S7-Graph zur Verfügung, dann erfolgt die Implementierung über die Programmierung der einzelnen Schritte mit Hilfe der SR-Funktion. Gleichfalls müssen die Zeitfunktionen und die Ansteuerung der Ausgänge einzeln programmiert werden. Aufgabe ist es, dies für die Ablaufkette der Teileselektion von Übungsaufgabe 24 in der Programmiersprache Funktionsplan (FUP) auszuführen.

Übungsaufgabe 31

Gegeben sind drei Sensoren (Farbsensor, kapazitiver Sensor und induktiver Sensor), die bei vier verschiedenen Proben (rotes Teil Plaste, rotes Teil elektrisch leitfähig, blaues Teil Plaste, blaues Teil elektrisch leitfähig) unterschiedliche Signalzustände annehmen (siehe folgende Abbildung). Alle drei Sensoren werden gleichzeitig durch das Teil überdeckt (siehe darauffolgendeAbbildung). Die Kombinationen der Schaltzustände der einzelnen Sensoren geben Rückschlüsse auf das Material der Proben. Der Farbsensor ist dabei so eingestellt, dass er auf rotes Material reagiert.

Erarbeiten Sie mittels der Boolschen Operationen Funktionspläne, die dazu führen, dass beim Einlegen des jeweiligen Materials die entsprechende Anzeige leuchtet. Nutzen Sie zur Lösung die unten aufgeführte Anschlusstabelle.

Anmerkung: Die Abbildung zeigt eine virtuelle Anlage, bei der über die Tasten „Teil einlegen“ und „Teil entfernen“ ein Teil zugeführt und wieder entfernt wird. Für die Lösung Ihrer Aufgabe hat dies keine Bedeutung.

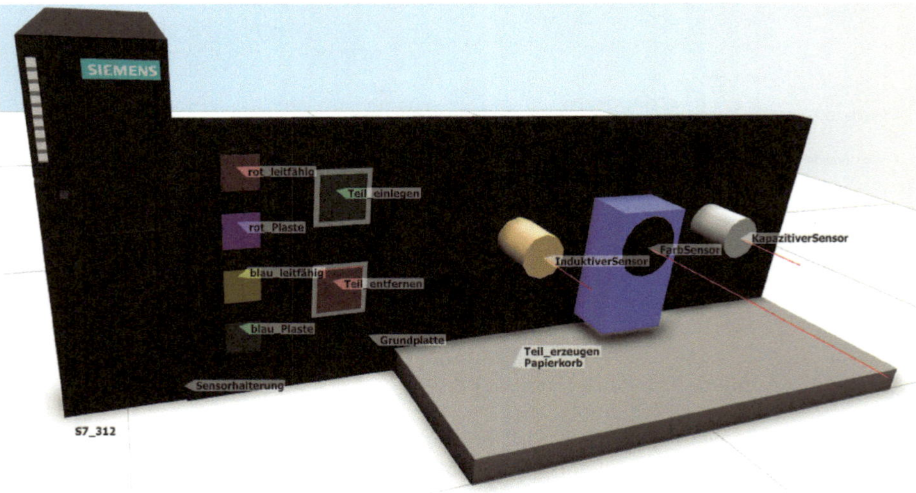

Anlage Materialerkennung

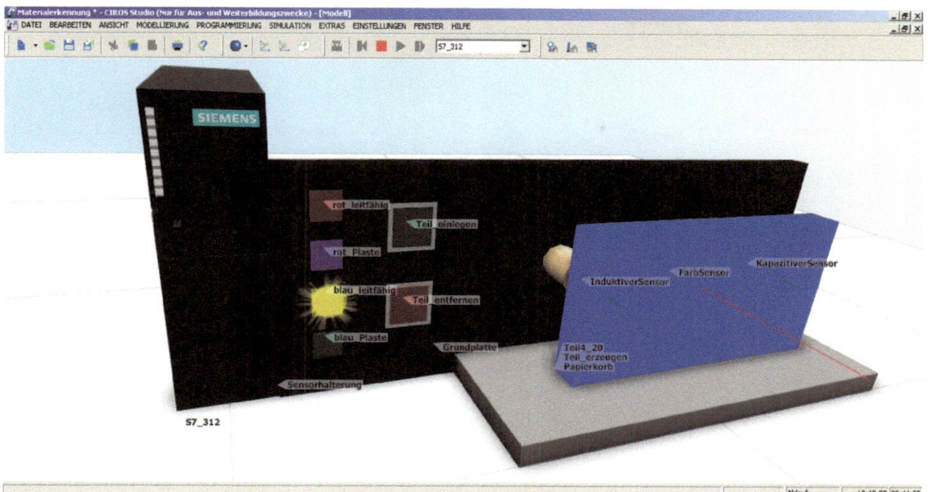

Anlage Materialerkennung mit Teil – programmiert

Anschlusstabelle:

Sensoren		Materialproben sowie Anzeige			
		rot leitfähig	**rot Plaste**	**blau leitfähig**	**blau Plaste**
Bezeichnung	Adressen	A0.0	A0.1	A0.2	A0.3
Induktiv	E0.0				
Farbsensor	E0.1				
Kapazitiv	E0.2				

Übungsaufgabe 32

Für das Transportsystem in folgender Abbildung ist die Schrittkette zu erstellen und anschließend mittels Funktionsplänen zu programmieren. Es soll ein Werkstück auf der Bandanlage zur Ablagestelle (Lichtschranke B6) transportiert werden. Dabei befindet sich immer nur ein Werkstück auf der Anlage. Die verwendeten Lichtschranken sind „Schließer", das heißt, bei vorhandenem Werkstück liefern die Sensoren ein Signal „1", sonst „0".

Anmerkung: Die Abbildung zeigt einen virtuellen Versuchsstand, bei dem über die Taste „Richtimpuls" (rot) der Richtimpuls ausgelöst wird, der die Anlage in die Grundstellung bringt und über die Taste „Teil erzeugen" (blau) ein Teil zugeführt wird. Für die Lösung Ihrer Aufgabe müssen Sie nur die rote Taste berücksichtigen.

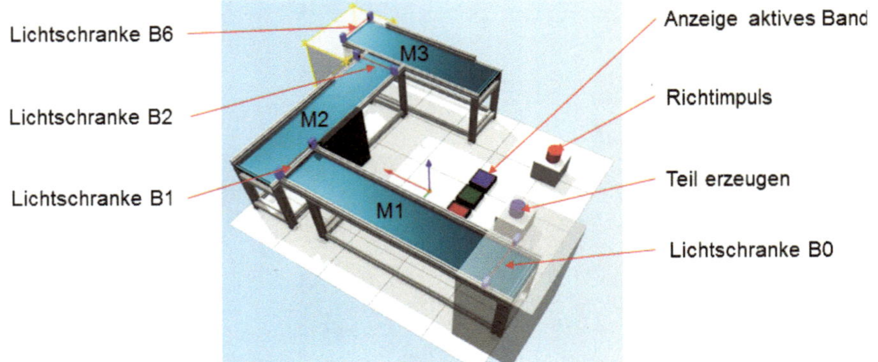

Versuchsstand Transportsystem

Programmablauf:

Über den roten Knopfschalter **S1** soll die Bandanlage eingeschaltet werden. Mit dem aus **S1** abgeleiteten Richtimpuls **M1.0** werden alle Schritte zurückgesetzt und nur der erst Schritt (Warten **M1.1**) gesetzt. An der Beladestelle werden Werkstücke über den blauen Knopftaster auf Band 1 **(M1)** abgelegt, was durch die Lichtschranke **B0** registriert wird. Durch das Unterbrechen wird das Band 1 (**M1**) angestellt. Erreicht das Werkstück die Lichtschranke **B1,** wird das Band 2 (**M2**) angeschaltete. Wird die Lichtschranke **B2** unterbrochen wird das Band 3 (**M3**) eingeschaltet und das Band 1 (**M1**) ausgeschaltet. Bei der Unterbrechung **B6** wird das Band 2 (**M2**) abgeschaltet und die Zeit **T1** mit 4s startet. Nach Ablauf der Zeit **T1** soll das Band 3 (**M3**) abgeschaltet und der Papierkorb (**P1**) angesteuert werden, damit das vorhandene Werkstück am Ende des Bandes entfernt wird. Weiterhin soll die Schrittkette wieder auf **M1.1** (Warten) gesetzt werden. Das Laufen der Bänder soll durch die jeweilige LED (siehe Zuordnungsliste) angezeigt werden.

Erarbeiten Sie anhand des beschriebenen Ablaufs die Schrittkette und leiten Sie daraus die Funktionspläne für die Programmierung ab. Es sind die Adressen in der untenstehenden Tabelle zu nutzen. Beachten Sie hierbei, dass der Initialschritt durch den Richtimpuls gesetzt wird, jeder Schritt durch den vorhergehenden Merker und die Weiterschaltbedingung zu setzen und durch den Richtimpuls (ausgenommen der Initialschritt) und den nachfolgenden Schrittmerker zurückzusetzen ist. Nutzen Sie die Funktion „dominates Rücksetzen".

Zuordnungsliste

Eingänge	**Adresse**	**Bezeichnung**
Knopfschalter rot	E0.0	S1
Lichtschranke B0	E1.0	B0
Lichtschranke B1	E1.1	B1

Lichtschranke B2	E1.2	B2
Lichtschranke B6	E1.6	B6
Knopftaster blau	Teil einlegen	
Ausgänge	**Adresse**	**Bezeichnung**
Fließband 1 An/Aus	A0.1	M1
Fließband 2 An/Aus	A0.2	M2
Fließband 3 An/Aus	A0.6	M3
Papierkorb Werkstück	A1.0	P1
LED rot – Förderband 1 an	A3.5	LR
LED grün – Förderband 2 an	A3.6	LG
LED blau – Förderband 3 an	A3.7	LB

Übungsaufgabe 33

Für die Sortieranlage in der folgenden Abbildung ist die Schrittkette zu erstellen und anschließend mittels Funktionsplänen zu programmieren. Es sollen Werkstücke mit unterschiedlichen Eigenschaften auf der Bandanlage zu den Abladestellen transportiert werden. Dabei befindet sich immer nur ein Werkstück auf der Anlage.

Anmerkung: Die Abbildung zeigt eine virtuelle Anlage, bei der über die Tasten „Kunststoffteil", „Metallteil kurz" und „Metallteil lang" das entsprechende Teil auf das Band an der Beladestation gelegt werden kann. Für die Lösung Ihrer Aufgabe hat dies keine Bedeutung. Gleichfalls sind die Laufkontrollen bei der Programmierung nicht zu berücksichtigen.

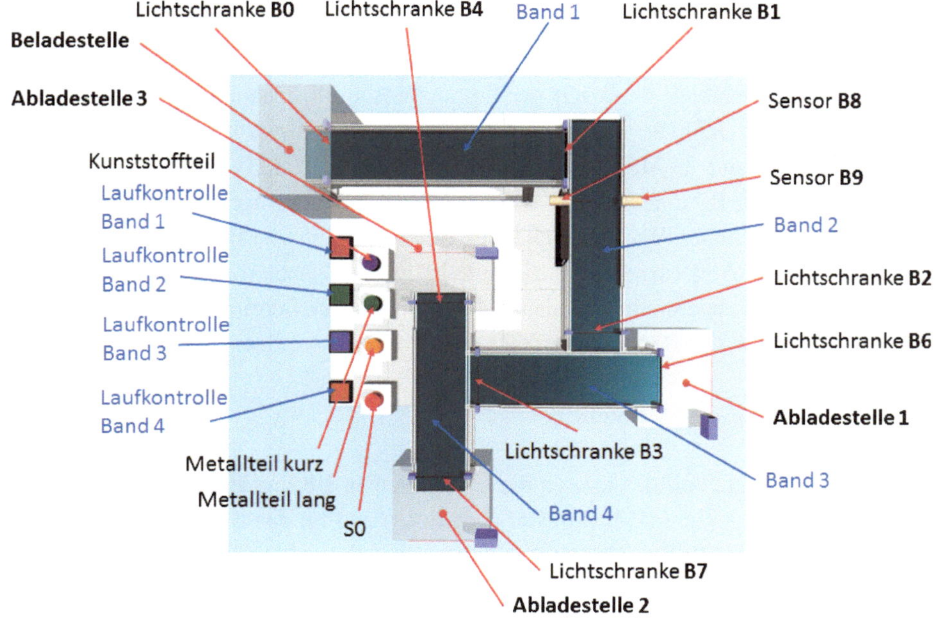

Versuchsstand Sortieranlage

Programmablauf:

Beim Drücken des blauen, grünen oder orangen Knopftasters wird automatisch ein Werkstück auf dem Band abgelegt. Über den roten Knopfschalter **S0** soll die Bandanlage eingeschaltet werden. Mit dem aus **S0** abgeleiteten Richtimpuls **M1.0** werden alle Schritte zurückgesetzt und nur der erste Schritt (Warten **M1.1**) gesetzt. Wird durch das Drücken eines Knopftasters ein Werkstück auf Band 1 abgelegt, wird das durch die Lichtschranke **B0** erkannt. Durch das Unterbrechen wird das Band 1 (**M1**) angestellt. Erreicht das Werkstück Lichtschranke **B1** wird das Band 2 (**M2**) dazu geschaltete.

Die verwendeten Lichtschranken sind „Schließer", das heißt, bei vorhandenem Werkstück liefern die Sensoren eine 1, sonst eine 0. Weiterhin ist zu beachten, dass der Rücklauf der Bänder ausschließlich zum Einstellen der Bewegungsrichtungen benötigt wird. Das Einschalten der Bänder muss dennoch erfolgen.

Kunststoffteil – Abladestelle 1:

Das Kunststoffteil löst weder bei **B8** noch bei **B9** eine Reaktion aus. Erreicht das Werkstück Lichtschranke **B2**, dann wird Band 3 (**M3**) hinzugeschaltet und Band 1 (**M1**) ausgeschaltet. Wird die Lichtschranke **B6** unterbrochen, wird das Band 2 (**M2**) ausgeschaltet. Bei der Unterbrechung von **B6** startet die Zeit **T1** mit 2s. Nach Ablauf der Zeit **T1** soll das Band 3 (**M3**) abgeschaltet werden. Weiterhin wird die Schrittkette auf **M1.1** (Warten) gesetzt.

Metallteil kurz – Abladestelle 2:

Das kurze Metallteil detektiert der Distanzsensor **B8**. Dadurch wird für das Band 3 der Rücklauf (**R3**) (im Bild nach links) angesteuert. Unterbricht das Werkstück **B2**, dann wird Band 3 (**M3**) hinzugeschaltet und Band 1 (**M1**) ausgeschaltet. Wird die Lichtschranke **B3** unterbrochen wird das Band 4 (**M4**) eingeschaltet und das Band 2 (**M2**) ausgeschaltet. Wiederrum bei der Unterbrechung von **B7** wird das Band 3 (**M3**) abgeschaltet. Außerdem startet die Zeit **T1** mit 2s. Nach Ablauf der Zeit **T1** soll das Band 4 (**M4**) abgeschaltet werden. Weiterhin wird die Schrittkette auf **M1.1** (Warten) zurückgesetzt. Der Bandrücklauf (**R3**) muss beendet werden.

Metallteil lang – Abladestelle 3:

Das lange Metallteil detektieren die Distanzsensor **B8** und **B9**. Dadurch wird für das Band 3 der Rücklauf (**R3**) (im Bild nach links) und für das Band 4 der Rücklauf (**R4**) angesteuert (im Bild nach oben). Unterbricht das Werkstück **B2**, dann wird Band 3 (**M3**) dazu geschaltet und Band 1 (**M1**) ausgeschaltet. Wird die Lichtschranke **B3** unterbrochen wird das Band 4 (**M4**) eingeschaltet und das Band 2 (**M2**) ausgeschaltet. Wiederrum bei der Unterbrechung von **B4** wird das Band 3 (**M3**) abgeschaltet. Außerdem startet die Zeit **T1** mit 2s. Nach Ablauf der Zeit **T1** soll das Band 4 (**M4**) abgeschaltet werden. Weiterhin wird wieder auf **M1.1** (Warten) zurückgesetzt. Der Bandrücklauf (**R3, R4**) muss beendet werden.

Der Löschvorgang der Bauteile an den Abladestellen erfolgt automatisch.

Erarbeiten Sie anhand des beschriebenen Ablaufs die Schrittkette und leiten Sie daraus die Funktionspläne für die Programmierung ab. Es sind die Adressen in der untenstehenden Tabelle zu nutzen.

Zuordnungsliste

Eingänge	**Adresse**	**Bezeichnung**
Knopfschalter rot	E0.0	S0
Lichtschranke B0	E1.0	B0
Lichtschranke B1	E1.1	B1
Lichtschranke B2	E1.2	B2
Lichtschranke B3	E1.3	B3
Lichtschranke B4	E1.4	B4
Lichtschranke B6	E1.6	B6
Lichtschranke B7	E1.7	B7
Induktiver Sensor rechts	E2.0	B8
Induktiver Sensor links	E2.1	B9
Knopftaster grün	Metallteil kurz abgelegt	
Knopftaster orange	Metallteil lang abgelegt	
Knopftaster blau	Kunststoffteil abgelegt	
Ausgänge	**Adresse**	**Bezeichnung**
Fließband 1 An/Aus	A0.1	M1
Fließband 2 An/Aus	A0.2	M2
Fließband 3 An/Aus	A0.6	M3
Fließband 3 Rücklauf an	A0.7	R3
Fließband 4 An/Aus	A1.1	M4
Fließband 4 Rücklauf an	A1.2	R4

Zur Selbstkontrolle

1. Nennen Sie die Grundbestandteile der Hardware für eine SPS.
2. Erläutern Sie die grundlegende Arbeitsweise einer SPS.
3. Was verstehen Sie unter Echtzeitbetrieb?
4. Nennen Sie grundlegende Kriterien für die Auswahl einer Steuerung.
5. Erstellen Sie den Ablaufplan für den Betrieb der Kennzeichnungseinheit.

4.5 Maschinensicherheit

Unter dem Begriff Sicherheit wird bei automatisierten Einrichtungen zwischen der funktionalen Sicherheit (Safety) und der sogenannten Angriffssicherheit (Security) unterschieden.

Um einen Informationsaustausch zwischen den einzelnen Hierarchiestufen der Automatisierungspyramide zu ermöglichen, ist eine vertikale Vernetzung erforderlich. Für die Anlage würde das bedeuten, diese an ein lokales Netz anzubinden und somit eine Verbindung zum Internet zu erhalten. Häufig nutzen Maschinen- und Anlagenhersteller das Internet zur Ferndiagnose bzw. -wartung, um bei räumlicher Trennung auf die Steuerung zuzugreifen. So können dem Kunden Wartungshinweise vermittelt oder bei Anlagenproblemen eine Fehlerdiagnose vorgenommen werden. Mit dieser Verbindung ist die Anlage allen Gefahren, die ein Internetzugang bietet, ausgesetzt. Die Vorkehrungen in diesem Bereich werden unter dem Begriff Angriffssicherheit (Security) zusammengefasst. Auf diese soll hier nicht weiter eingegangen werden.

Grundlage für die funktionale Sicherheit ist die sogenannte Maschinenrichtlinie (Richtlinie 2006/42/EG des europäischen Parlaments und des Rates vom 17. Mai 2006 über Maschinen und zur Änderung der Richtlinie 95/16/EG (Neufassung), [14]). Es ist eine Richtlinie der Europäischen Union, die durch Gesetzgebungen und Normen innerhalb der Mitgliedsländer umgesetzt werden muss. Ziel dieser Richtlinie ist es, *den freien Verkehr von Maschinen innerhalb des Binnenmarktes zu ermöglichen und zugleich ein hohes Maß an Sicherheit und Gesundheitsschutz zu gewährleisten*. Wird die Richtlinie eingehalten ist eine Konformitätserklärung der Bedienungsanleitung beizufügen. Diese sichert unter anderem ab, dass die Maschine grundlegende Sicherheits- und Gesundheitsschutzanforderungen erfüllt und sie erhält das CE-Kennzeichen. Im Rahmen der Maschinenrichtlinie wird unter einer Maschine eine *Gesamtheit von miteinander verbundenen Teilen oder Vorrichtungen* verstanden, von denen *mindestens eines beweglich* ist. In diesem Sinne ist die Schlüsselfertigungsanlage auch eine Maschine und muss den Vorschriften aus der Maschinenrichtlinie entsprechen.

Um einheitliche Anforderungen und Ziele innerhalb der Europäischen Union zu erreichen, wurden diese in EG-Normen festgeschrieben und lösen nationale Normen ab. Diese unterteilen sich entsprechend Abb. 4.101 in drei Hierarchiestufen. Die Normen enthalten nicht nur Vorkehrungen zur Maschinensicherheit von automatisierten Maschinen, sondern generelle Anweisungen wie Maschinen zu gestalten und auszurüsten sind, um Mensch, Maschine und Umwelt zu schützen. Die A-Normen beinhaltet für alle Maschinen gültige Gestaltungsanforderungen und leisten Hilfestellung bei der Erarbeitung von B- und C-Normen. Die B-Normen unterteilen sich in B1-Normen, die allgemeine Sicherheitsaspekte für einzelne Maschinenarten, wie z. B. einzuhaltende Sicherheitsabstände beschreiben und in die B2-Normen, welche vorgeben, wie spezielle Sicherheitseinrichtungen auszuführen sind. Die C-Normen sind Fachnormen, die für einzelne Maschinenarten genaue Anweisungen für Sicherheitsmaßnahmen enthalten. Die in diesen Normen genannten An-

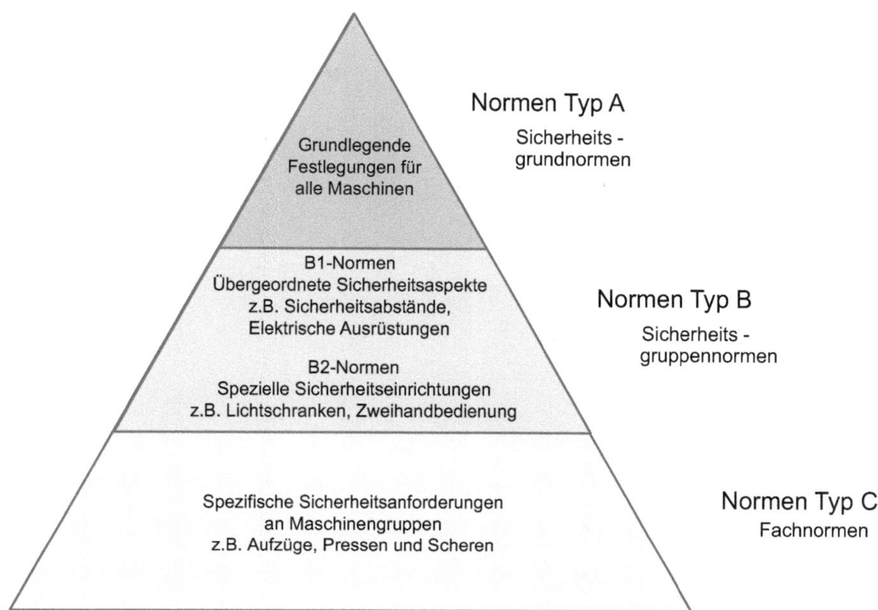

Abb. 4.101 Hierarchische Einteilung von Normen zur Sicherheit von Maschinen

forderungen können unter Umständen von denen in den Normen Typ A oder Typ B abweichen. In diesem Fall gelten die Vorschriften der C-Norm.

Bereits diese Ausführungen zeigen auf, dass ein umfangreiches Normenwerk existiert, welches bei der Sicherheitsbeurteilung von Maschinen berücksichtigt werden muss. Daher werden hier nur punktuell einige Aspekte betrachtet.

Um die von einer Maschine ausgehenden Gefahren abzuschätzen, ist eine Risikobeurteilung entsprechend Abb. 4.102 vorzunehmen.

Die Risikobeurteilung beinhaltet das Festlegen von Grenzen, eine Identifizierung von Gefahren, die Risikoeinschätzung für diese Gefahren sowie die Risikobewertung. Bei der Festlegung der Grenzen sollten alle Lebensphasen einer Maschine, wie beispielsweise Transport, Montage, Installation, Inbetriebnahme, Einrichten, Betrieb, Reinigung und Wartung einbezogen werden, wobei jede dieser Phasen einzeln zu betrachten ist. Die folgende Aufzählung zeigt eine gekürzte Übersicht der in der Norm enthaltenen Unterteilung der Grenzen.

- Verwendungsgrenzen
  Hier wird festgelegt wie der bestimmungsgemäße Einsatz der Maschine zu erfolgen hat und welche vorhersehbaren Fehlanwendungen auftreten können. Dabei sind die unterschiedlichen Betriebsarten, die Eingriffsmöglichkeiten der Bediener sowie deren spezifischen Eigenschaften wie: physische Fähigkeiten, Ausbildungsniveau, Alter etc. zu berücksichtigen. Auch ist die mögliche Gefährdung weiterer Personen zu beachten.

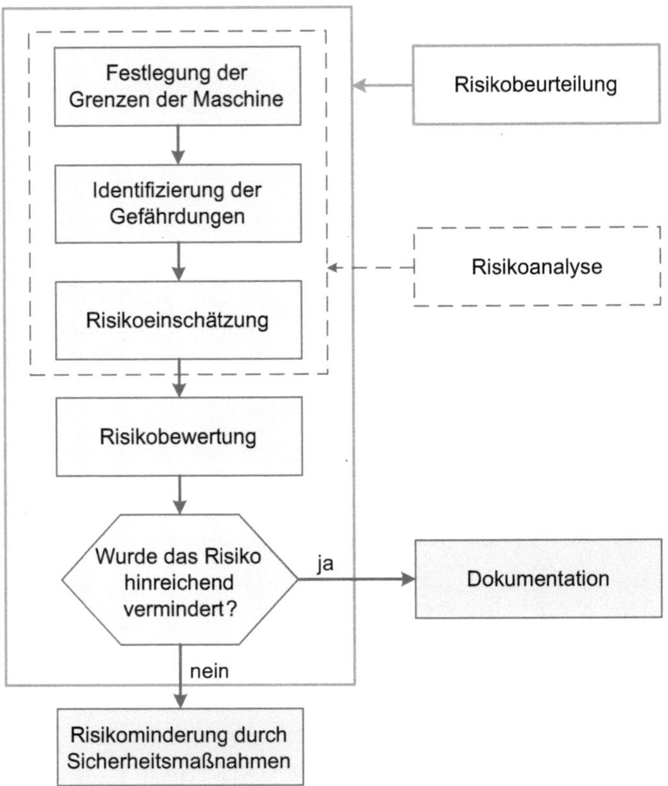

Abb. 4.102 Risikobeurteilung nach DIN EN ISO 12100:2011-03 [1]

- Räumliche Grenzen
  Diese umfassen den Bewegungsraum der Maschine, den Platzbedarf von Personen während Betrieb und Instandhaltung sowie die Schnittstellen „Mensch/Maschine“ und „Maschine/Energieversorgung“.
- Zeitliche Grenzen
  Diese Grenzen legen die Lebensdauer der Maschinen sowie einzelner Teile bei der bestimmungsgemäßen Verwendung sowie empfohlene Wartungsintervalle fest.
- Weitere Grenzen
  Diese schließen beispielsweise die Eigenschaften des zu verarbeitenden Materials, Sauberhaltung und empfohlene Umgebungsbedingungen wie Temperatur, Feuchtigkeit oder Sonneneinstrahlung ein.

Im zweiten Schritt der Risikobeurteilung werden systematisch vorhersehbare Gefährdungen, Gefährdungssituationen und Gefährdungsereignisse während der gesamten Lebensdauer der Maschine herausgearbeitet. Falls eine Typ C-Norm für die Maschine vorhanden ist, kann sich der Hersteller nach den darin aufgeführten Gefährdungen richten.

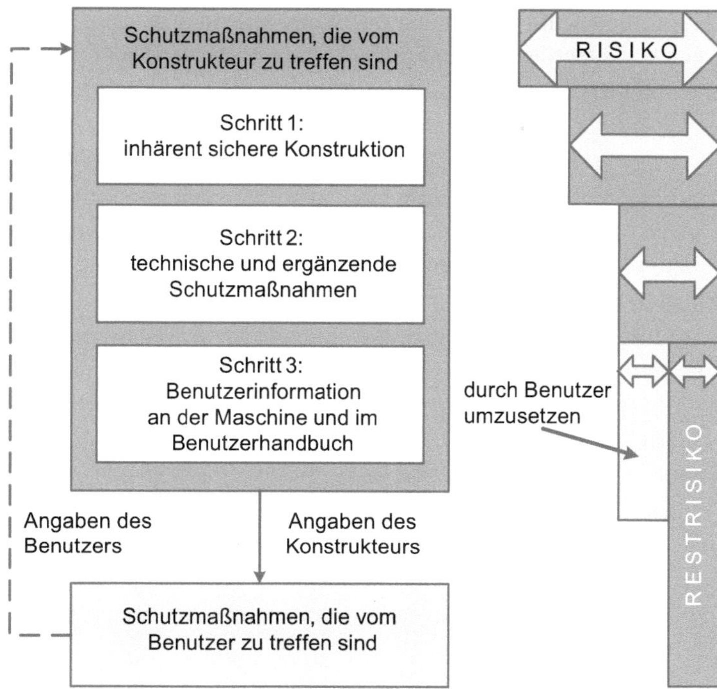

Abb. 4.103 Drei-Stufen-Maßnahmen zur Risikominimierung nach DIN EN ISO 12100:2011-03 [1]

Eine Aufzählung von möglichen Gefährdungen für alle Maschinen ist in der DIN EN ISO 12100:2011-03 [1] enthalten.

Bei der Risikoeinschätzung soll das größte Risiko ermittelt werden, das aus jeder Gefahrensituation hervorgeht. Grundlegende Kriterien sind das mögliche Schadensausmaß (z. B. Schwere der Verletzung, Personenzahl) und die Eintrittswahrscheinlichkeit (z. B. Wahrscheinlichkeit des Gefährdungsereignisses, Möglichkeit der Vermeidung). Eine umfangreiche Sammlung an Instrumenten zur Einschätzung des Risikos, wie beispielsweise die Risikomatrix oder der Risikograf, sind in der DIN ISO/TR 14121-2:2013-02 [4] festgehalten.

Nach erfolgreicher Risikoeinschätzung muss mithilfe der Risikobewertung abgewogen werden, welche Gefahren und Risiken akzeptabel sind und welche reduziert werden müssen. Ergibt sich aus der Bewertung, dass weitere Schutzmaßnahmen vorzusehen sind, ist mit einer erneuten Risikobeurteilung deren Wirksamkeit nachzuweisen. Bei einem vertretbaren verbleibenden Risiko folgt eine Dokumentation. Diese beinhaltet die Beschreibung des bestimmungsgemäßen Gebrauchs der Maschine, der Schutzmaßnahmen zur Vermeidung von Gefahren und des Restrisikos. Es empfiehlt sich auch die Risiken aufzuführen für die keine Schutzmaßnahmen erfolgen. Sind weitere risikomindernde Aktivitäten notwendig, gibt die Richtlinie entsprechend Abb. 4.103 vor, das Risiko zuerst konstruktiv, danach technisch und schließlich beschreibend zu senken. Sie sieht auch vor, dass der Benutzer erkannte Gefährdungen dem Hersteller zur Verbesserung mitteilt.

Es ist zu empfehlen bei einer Neukonstruktion für die Risikobeurteilung einen Experten hinzuzuziehen oder zumindest hierfür zur Verfügung stehende Softwareprogramme zu nutzen. Anhand der Schlüsselfertigungsanlage soll das allgemeine Vorgehen an einem Beispiel aufgezeigt werden, wobei hinsichtlich der Lebensphasen der Anlage nur die Fertigung der Schlüssel betrachtet wird. Für eine umfassende Gefährdungsanalyse müssten noch die weiteren Lebensphasen berücksichtigt werden.

Die Schlüsselfertigungsanlage enthält pneumatische und mechanische Bauteile, die elektrisch mit Hilfe einer SPS angesteuert werden. Daher ist die Maschinenrichtlinie anzuwenden. Es sind Schutzmaßnahmen sowohl für die Anlage als auch für die Steuerung erforderlich. Folgende Grenzen können sich während des Betriebs ergeben:

- nur geschultes Personal bedient die Anlage,
- in Anlagennähe können nur Betriebsangehörige kommen,
- Bewegung der Zylinder und Greifer erfolgt innerhalb des Grundgestells,
- Förderband zum Schlüsselabtransport befindet sich zum Teil außerhalb des Gestells,
- während des Betriebs muss Bediener nur Bedientableau bedienen und Rohlinge nachfüllen,
- bei Störungen müssen alle Stationen zugänglich sein.

Daraus lassen sich beispielsweise folgende Gefährdungen ableiten:

- bei Störungen Aufenthalt des Bedieners innerhalb der Anlage,
- durch die Bewegung der Zylinder und Greifer kann es z. B. zu Quetschungen kommen,
- berühren elektrischer Baugruppen,
- wegschleudern der Schlüssel,
- Bauteilstörung, wie: Ventilausfall, Drahtbruch etc.,
- Ausfall der Energieversorgung und der Druckluft.

Einige Gefährdungen können bereits durch das Anbringen einer Umhausung minimiert werden. Diese ist mit einer Schutztür zu versehen, um die Zugänglichkeit bei Störungen zu ermöglichen und einen unbemerkten Zutritt nicht zuzulassen. Welche Anforderungen diese Schutztür zu erfüllen hat, ergibt sich aus der Gefährdungsbeurteilung. Die Signale zur Absicherung des Zugangs sind in die Programmierung der Steuerung z. B. für Maßnahmen zum Abschalten und Wiederanlauf einzubeziehen. Für die Umsetzung von sicherheitsbezogenen Steuerungsteilen existieren weitere Normen (DIN EN ISO 13849-1:2008-12 [2] und DIN EN 62061:2005-10 [9]). Welche der Normen zur Anwendung kommt, bestimmt der Steuerungsaufbau. Für viele sind beide einsetzbar. Sie beschreiben das Vorgehen zur Umsetzung von Sicherheitsfunktionen. Beide Normen führen zur Ermittlung eines Sicherheitslevels (siehe Abb. 4.104), welches entsprechend Tab. 4.38 die Wahrscheinlichkeit eines gefahrbringenden Ausfalls pro Stunde der jeweiligen Sicherheitsfunktion angibt.

Tab. 4.38 SIL- und PL-Zuordnung

Sicherheits-Integritäts-Level SIL DIN EN 62061 [9]	Wahrscheinlichkeit eines gefahrbringenden Ausfalls pro Stunde (PFH)	Performance Level PL DIN EN ISO 13849 [2]
–	$10^{-5} \leq \mathrm{PFH} < 10^{-4}$	a
1	$3 \cdot 10^{-6} \leq \mathrm{PFH} < 3 \cdot 10^{-5}$	b
1	$10^{-6} \leq \mathrm{PFH} < 3 \cdot 10^{-6}$	c
2	$10^{-7} \leq \mathrm{PFH} < 10^{-6}$	d
3	$10^{-8} \leq \mathrm{PFH} < 10^{-7}$	e

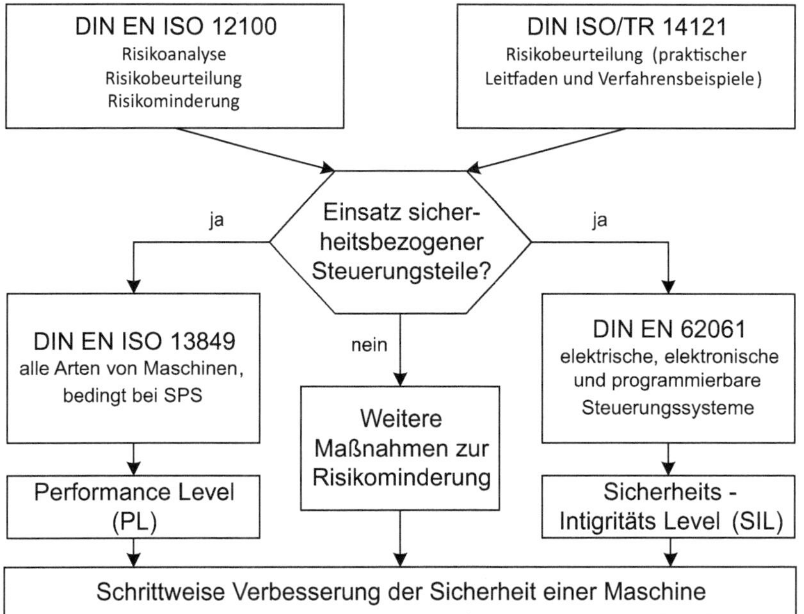

Abb. 4.104 Anwendung der Normen

Die eingesetzten Bauteile in der Wirkkette dürfen in Summe diesen Wert nicht überschreiten. Für nichtelektrische Systeme ist die DIN EN 62061:2005-10 [9] nicht einsetzbar und für Speicherprogrammierbare Steuerungen ist die DIN EN ISO 13849-1:2008-12 [2] nur bedingt geeignet. Für viele elektrische Bauelemente werden sowohl der Performance Level (PL) als auch der Sicherheits-Integritäts-Level (SIL) angegeben. Für die Beurteilung der Sicherheitstür wird die DIN EN 62061:2005-10 angewandt. Zuerst erfolgt anhand Tab. 4.39 die Bestimmung des erforderlichen SIL.

Wird davon ausgegangen, dass täglich eine Störung im Arbeitsablauf auftreten kann und der Bediener zu deren Beseitigung den Arbeitsraum betreten muss, ergibt sich eine Häufigkeit von $F = 4$. Im Regelfall sollte er zuvor die Anlage abschalten, wird das

Tab. 4.39 SIL-Zuordnung für Schutztür

Häufigkeit und/ oder Aufenthaltsdauer F	
≤1Stunde	5
>1Stunde bis ≤1Tag	5
>1Tag bis ≤2Wochen	4
>2Wochen bis ≤1 Jahr	3
>1Jahr	2

Eintrittswahrscheinlichkeit des Gefährdungsereignisses W	
häufig	5
wahrscheinlich	4
möglich	3
selten	2
vernachlässigbar	1

Möglichkeit zur Vermeidung P	
unmöglich	5
möglich	3
wahrscheinlich	1

Auswirkung	Schadens-ausmaß	Klasse K = F + W + P				
	S	3–4	5–7	8–10	11–13	14–15
Tod, Verlust von Auge oder Arm	4	SIL 2	SIL 2	SIL 2	SIL 3	SIL 3
Permanent, Verlust von Fingern	3			SIL 1	SIL 2	SIL 3
Reversibel, medizinische Behandlung	2				SIL 1	SIL 2
Reversibel, erste Hilfe	1					SIL 1

vergessen, so ist das Eintreten einer Gefährdung möglich ($W=3$). Es ist aber sehr wahrscheinlich, dass der Bediener seinen Fehler bemerkt und nicht zwischen sich bewegende Teile greift. Somit ist eine Vermeidung der Gefahr wahrscheinlich ($P=1$). Es ergibt sich die Klasse $K=8$–10. Es können permanente Schäden auftreten, wodurch das Schadensmaß mit $S=3$ eingestuft wird. Folglich ist die Schutztürüberwachung mit dem SIL 1 auszurüsten. Bei der Ermittlung des vorhandenen SIL muss die Informationskette zum Reagieren auf das Öffnen der Schutztür berücksichtigt werden. Vereinfacht wäre der Aufbau entsprechend Abb. 4.105.

Durch Addition der einzelnen Ausfallwahrscheinlichkeiten ergibt sich die Gesamtausfallwahrscheinlichkeit von $\text{PFH} = 1{,}191 \cdot 10^{-7}$. Entsprechend der Tab. 4.38 liegt eine SIL 2 vor und der Aufbau der Schutztür wäre überdimensioniert. Es könnten Bauteile mit einer geringeren Ausfallwahrscheinlichkeit eingesetzt werden. Der Schalter der Schutztür bedeutet für das Gesamtkonzept unserer Anlage einen weiteren Eingang in der Steuerung. Für die Planung und den Bau von Schutzgittern und Schutztüren existiert eine weitere Norm, die ISO 14119 [3]. Sie legt Leitlinien für die Gestaltung und Auswahl von Verriegelungseinrichtungen in Verbindung mit trennenden Schutzeinrichtungen fest.

In der Maschinenrichtlinie werden grundlegende Sicherheitsanforderungen an eine Steuerung beschrieben, die beim Bau einer Maschine beachtet werden müssen, um die

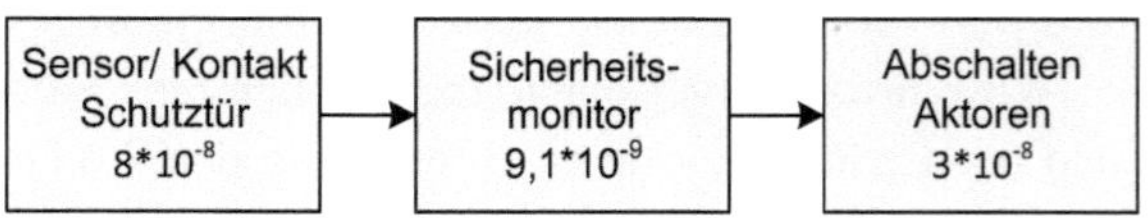

Abb. 4.105 Sicherheitsarchitektur der Schutztür

Sicherheit zu garantieren. Abschließend soll hierauf eingegangen werden. Steuerungen sollten so ausgelegt sein, dass:

- sie den zu erwartenden Betriebsbeanspruchungen und Fremdeinflüssen standhalten,
- vorhersehbare Bedienungsfehler nicht zu Gefährdungssituationen führen,
- ein Defekt der Hardware oder der Software der Steuerung nicht zu Gefährdungssituationen führt und
- Fehler in der Logik des Steuerkreises nicht zu Gefährdungssituationen führen.

Die Durchführung einer Gefährdungsanalyse führt zwingend zur Berücksichtigung der ersten zwei Anforderungen. Ein Defekt in der Hard- und Software muss stets bei dem Hardwareaufbau und im Softwareprogramm berücksichtigt werden. In unserer Schlüsselfertigungsanlage wird das beispielsweise durch den Sicherheitsmonitor realisiert, der regelmäßig Diagnosedaten versendet und auswertet. In der Ablaufkette zur Ansteuerung der Aktoren (Abb. 4.99) führen nicht mögliche Eingangssignale (z. B. beide Endstellungen geben gleichzeitig ein „1"-Signal) zu einer Störmeldung und dem Stopp der Anlage. Ob ein Fehler in der Logik des Steuerkreises zu Gefährdungssituationen führt, kann nur mit einer Erprobung des Steuerkreises (für die Schlüsselfertigungsanlage des Programms) für alle möglichen Situationen überprüft werden.

Die Richtlinie enthält weiterhin Angaben zum Ingang- und Stillsetzen einer Maschine. Das Ingangsetzen einer Maschine darf nur geschehen wenn eine hierfür vorgesehen Befehlseinrichtung absichtlich betätigt wurden ist. Eine Ausnahme bildet der Automatikbetrieb. Die Schlüsselfertigungsanlage muss nach einer Störsituation bewusst wieder eingeschaltet werden. Steht sie aber, da kein Auftrag vorliegt, kann sie mit Übermittlung eines Auftrags eigenständig starten. An jeder Maschine muss sich eine Befehlseinrichtung befinden, welche ein sicheres Stillsetzen auslöst und alle gefährlichen Funktionen ausschaltet. Nachdem die Maschine stillsteht, muss die Energieversorgung der Aktoren unterbrochen werden. In einigen Fällen kann es erforderlich sein nach einem Ausschalten der Maschine Aktoren zum z. B. Abbremsen weiterhin mit Strom zu versorgen, um ein sicheres Stillsetzen zu ermöglichen. Bei dem Stillsetzen aus einer Notsituation heraus wird zwischen NOT-Aus und NOT-Halt unterschieden:

- NOT-Aus (Ausschalten im Notfall): Es wird mithilfe von Lasttrennschaltern die Energieversorgung unterbrochen, um einen spannungsfreien Zustand zu erreichen falls die Gefahr vor elektrischem Schlag besteht. Es muss ein Schutz vor selbstständigem Wiederanlauf der Maschine nach Einschalten der Energieversorgung vorhanden sein, und
- NOT-Halt (Stillsetzen im Notfall): Es wird ein Prozessablauf oder eine Bewegung angehalten, wenn von ihnen eine Gefahr ausgeht. Die Ausrüstung einer Maschine mit NOT-Halt Befehlsgeräten gilt nicht als risikomindernde Maßnahme.

Für die Schlüsselfertigungsanlage wurde sich für ein NOT-Aus entschieden, um z. B. die Gefährdung durch einen Stromschlag zu minimieren. Der Stopp-Schalter arbeitet als NOT-Halt.

Übungsaufgabe 34

In folgender Abbildung, eine Übersicht der Siemens AG, sind mögliche Gefährdungen bei dem Betrieb einer Anlage aufgeführt. Erstellen Sie eine Übersicht denkbarer Gefährdungen, die bei dem Betrieb der Drahtfertigungsanlage (siehe darauffolgende Abbildung und Übungsaufgabe 3) auftreten können.

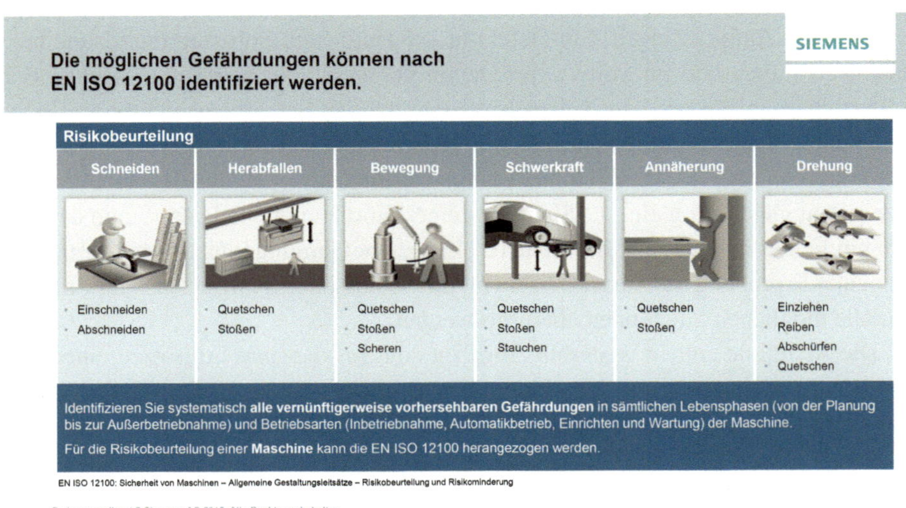

Mögliche Gefährdungen

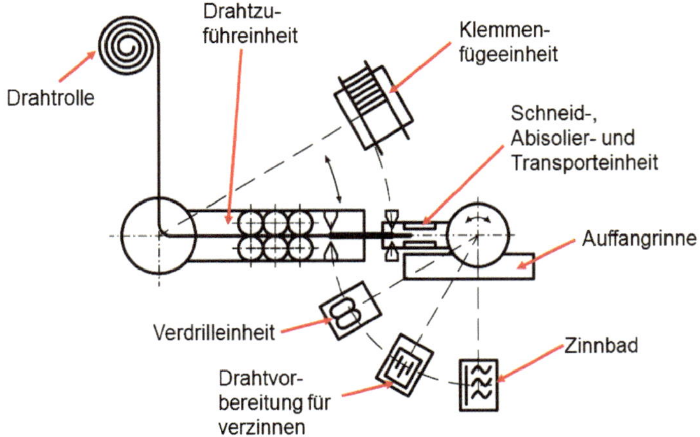

Schema Drahtfertigungsanlage

Übungsaufgabe 35

Die in der vorhergehenden Übungsaufgabe 34 aufgeführten Gefährdungen können durch die Abschirmung des Fertigungsbereiches mittels einer Schutzumhausung mit Tür verhindert werden. Bestimmen Sie für die Türverriegelung das erforderliche Sicherheits-Integritäts-Level SIL für die größte Gefährdung während des Betriebs. Gehen Sie dabei davon aus, dass beispielsweise auf einer Messe auch nicht eingewiesenes Personal an die Maschine tritt und die Funktionsweise genau erkunden möchte.

Übungsaufgabe 36

In einer Handlingmaschine wird das Sicherheitsabschalten an einer translatorischen Achse beim Verlassen des Arbeitsraums durch einen Endschalter hervorgerufen, der über den Sicherheitsmonitor das Abschalten des Motors bewirkt. Die Wahrscheinlichkeit eines gefahrbringenden Ausfalls pro Stunde beträgt für den Sicherheitsmonitor $PFH_S = 9{,}1 \cdot 10^{-9}$ und für den Motor $PFH_M = 3 \cdot 10^{-7}$. Welche Wahrscheinlichkeit eines gefahrbringenden Ausfalls pro Stunde darf der Endschalter haben, wenn ein Sicherheits-Integritäts-Level von 2 (SIL 2) erreicht werden muss? Der mögliche Ausfall weiterer Systemelemente (z. B. die Datenübertragung) soll nicht berücksichtigt werden.

Zur Selbstkontrolle

1. Was verstehen Sie unter dem Begriff funktionale Sicherheit?
2. Beschreiben Sie das generelle Vorgehen für eine Risikobeurteilung. Führen Sie diese für eine „Maschine“ in Ihrem Umfeld durch.

Literatur und Normen

Verwendete Literatur

1. DIN EN ISO 12100, Sicherheit von Maschinen – Allgemeine Gestaltungsleitsätze – Risikobeurteilung und Risikominderung
2. DIN EN ISO 13849, Sicherheit von Maschinen – Sicherheitsbezogene Teile von Steuerungen
3. DIN EN ISO 14119, Sicherheit von Maschinen – Verriegelungseinrichtungen in Verbindung mit trennenden Schutzeinrichtungen – Leitsätze für Gestaltung und Auswahl
4. DIN ISO/TR 14121, Sicherheit von Maschinen – Risikobeurteilung
5. DIN 19226, Regelungstechnik und Steuerungstechnik; Begriffe und Benennungen (zurückgezogen)
6. DIN IEC 60050-351:2014-09, Internationales Elektrotechnisches Wörterbuch – Teil 351: Leittechnik
7. DIN EN 60848, GRAFCET – Spezifikationssprache für Funktionspläne der Ablaufsteuerung
8. DIN EN 61131, Speicherprogrammierbare Steuerungen
9. DIN EN 62061, Sicherheit von Maschinen – Funktionale Sicherheit sicherheitsbezogener elektrischer, elektronischer und programmierbarer elektronischer Steuerungssysteme

10. DIN 66001, Informationsverarbeitung; Sinnbilder und ihre Anwendung
11. DIN 66261, Informationsverarbeitung; Sinnbilder für Struktogramme nach Nassi-Shneiderman
12. DIN 66303, Informationstechnik – 8-Bit-Code
13. ISO 1219, Fluidtechnik – Graphische Symbole und Schaltpläne
14. Richtlinie 2006/42/EG des europäischen Parlaments und des Rates vom 17. Mai 2006 über Maschinen und zur Änderung der Richtlinie 95/16/EG (Neufassung) – Maschinenrichtlinie
15. Automatisierungssystem S7-300 Baugruppendaten, Siemens AG

Weiterführende Literatur

Berger, H.: Automatisieren mit SIMATIC S7 – 300 im TIA Portal. Publicis Publishing Verlag, Erlangen (2012)

Europäische Kommission Unternehmen und Industrie, Leitfaden für die Anwendung der Maschinenrichtlinie 2006/42/EG – 2. Auflage Juni 2010

VDI 2854, Sicherheitstechnische Anforderungen an automatisierte Fertigungssysteme

Wellenreuther, G., Zastrow, D.: Automatisieren mit SPS: Theorie und Praxis, 5. Aufl. Springer Fachmedien GmbH, Wiesbaden (2011)

5 Funktionsbaustein zur Ansteuerung von Aktoren

B. Heinrich et al., *Grundlagen Automatisierung*, https://doi.org/10.1007/978-3-658-27323-1_5

1 2 3 4

A

FB10

FB10 Eigenschaften			
Allgemein			
Name	FB10	Nummer	1
Typ	FB	Sprache	FUP
Information			
Titel	Ansteuerung von Aktoren	Autor	
Kommentar	Kommentar	Familie	
Version	0.1	Anwenderdefinierte ID	

B

Name	Datentyp	Offset	Defaultwert	Remanenz	Erreichbar aus HMI	Sichtbar in HMI	Kommentar
▼ Input							
1M1_IN	Bool		false	Nicht remanent	True	True	
1M2_IN	Bool		false	Nicht remanent	True	True	
1B1	Bool		false	Nicht remanent	True	True	
1B2	Bool		false	Nicht remanent	True	True	
QUISTOE	Bool		false	Nicht remanent	True	True	
RESET	Bool		false	Nicht remanent	True	True	
RICHT	Bool		false	Nicht remanent	True	True	
▼ Output							
1M1	Bool		false	Nicht remanent	True	True	
1M2	Bool		false	Nicht remanent	True	True	
FERTIG	Bool		false	Nicht remanent	True	True	
STOE	Bool		false	Nicht remanent	True	True	
InOut							
▼ Static							
▼ Schrittkette	Struct			Nicht remanent	True	True	
Schritt 1	Bool		false	Nicht remanent	True	True	
Schritt 2	Bool		false	Nicht remanent	True	True	
Schritt 3	Bool		false	Nicht remanent	True	True	

C D E F

Owner	Project name Schlüssel		Date 29.05.2014
Operator	Project Path D:\Praktikum\Schlüssel		
	Location		
Designed By	Description 1st		
Checked By	Description 2nd	Language de-DE	
Approved By	1st View	Version	Sheet 1 - 1

1 2 3 4

A

Name	Datentyp	Offset	Defaultwert	Remanenz	Erreichbar aus HMI	Sichtbar in HMI	Kommentar
Schritt 4	Bool		false	Nicht remanent	True	True	
Schritt 5	Bool		false	Nicht remanent	True	True	
T1	Bool		false	Nicht remanent	True	True	
Temp							

B

Netzwerk 1: Störstellung

C

D

E

F

Owner	Project name Schlüssel		Date 29.05.2014
	Project Path D:\Praktikum\Schlüssel		
Operator	Location		
Designed By	Description 1st		
Checked By	Description 2nd	Language de-DE	
Approved By	1st View	Version	Sheet 1 - 2

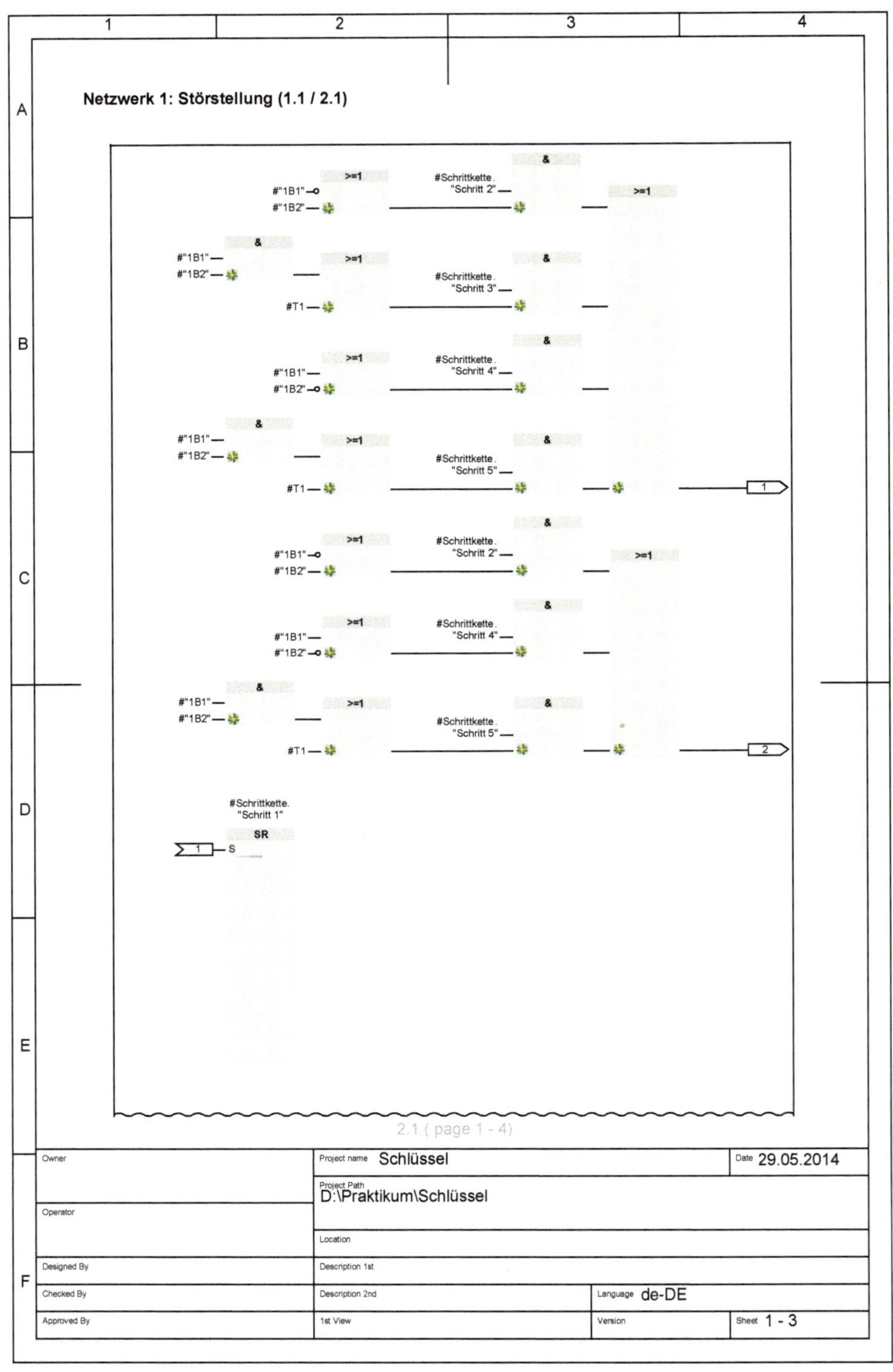

1
2
3
4
A
B
C
D
E
F
Netzwerk 1: Störstellung (1.1 / 2.1)
>=1
&
#"1B1"
#"1B2"
#Schrittkette.
"Schritt 2"
#Schrittkette.
"Schritt 3"
#Schrittkette.
"Schritt 4"
#Schrittkette.
"Schritt 5"
#T1
#Schrittkette.
"Schritt 1"
SR
S
2.1 (page 1 - 4)
Owner
Project name Schlüssel
Date 29.05.2014
Project Path D:\Praktikum\Schlüssel
Operator
Location
Designed By
Description 1st
Checked By
Description 2nd
Language de-DE
Approved By
1st View
Version
Sheet 1 - 3

1
2
3
4
A
B
C
D
E
F
Netzwerk 1: Störstellung (2.1 / 2.1)
1.1 (page 1 - 3)
#STOE
=
2
R1
Q
Owner
Project name Schlüssel
Date 29.05.2014
Project Path
D:\Praktikum\Schlüssel
Operator
Location
Designed By
Description 1st
Checked By
Description 2nd
Language de-DE
Approved By
1st View
Version
Sheet 1 - 4

Symbol	Adresse	Typ	Kommentar
#Schrittkette."Schritt 2"		Bool	
#"1B1"		Bool	
#"1B2"		Bool	
#Schrittkette."Schritt 3"		Bool	
#Schrittkette."Schritt 4"		Bool	
#Schrittkette."Schritt 5"		Bool	
#STOE		Bool	
#Schrittkette."Schritt 1"		Bool	
#T1		Bool	

Netzwerk 2: Eingefahren

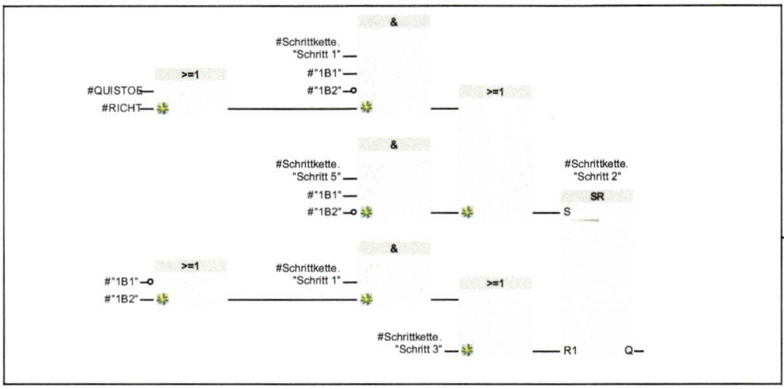

Symbol	Adresse	Typ	Kommentar
#Schrittkette."Schritt 2"		Bool	
#"1B1"		Bool	
#"1B2"		Bool	
#Schrittkette."Schritt 3"		Bool	
#Schrittkette."Schritt 5"		Bool	
#Schrittkette."Schritt 1"		Bool	
#QUISTOE		Bool	
#RICHT		Bool	

Owner	Project name Schlüssel	Date 29.05.2014
Operator	Project Path D:\Praktikum\Schlüssel	
	Location	
Designed By	Description 1st	
Checked By	Description 2nd	Language de-DE
Approved By	1st View	Version / Sheet 1 - 5

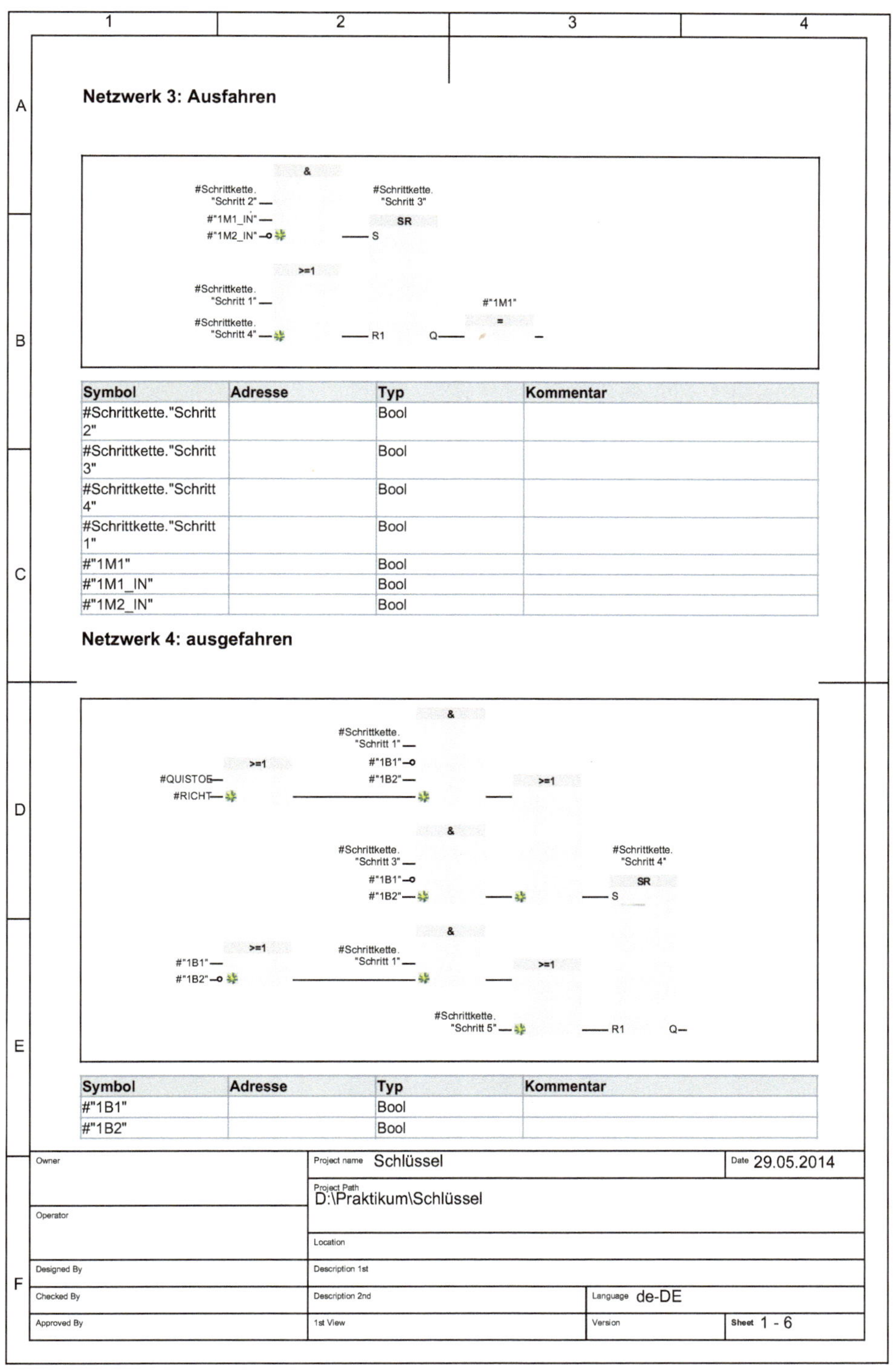

Netzwerk 3: Ausfahren

Symbol	Adresse	Typ	Kommentar
#Schrittkette."Schritt 2"		Bool	
#Schrittkette."Schritt 3"		Bool	
#Schrittkette."Schritt 4"		Bool	
#Schrittkette."Schritt 1"		Bool	
#"1M1"		Bool	
#"1M1_IN"		Bool	
#"1M2_IN"		Bool	

Netzwerk 4: ausgefahren

Symbol	Adresse	Typ	Kommentar
#"1B1"		Bool	
#"1B2"		Bool	

Owner	Project name Schlüssel		Date 29.05.2014
	Project Path D:\Praktikum\Schlüssel		
Operator	Location		
Designed By	Description 1st		
Checked By	Description 2nd	Language de-DE	
Approved By	1st View	Version	Sheet 1 - 6

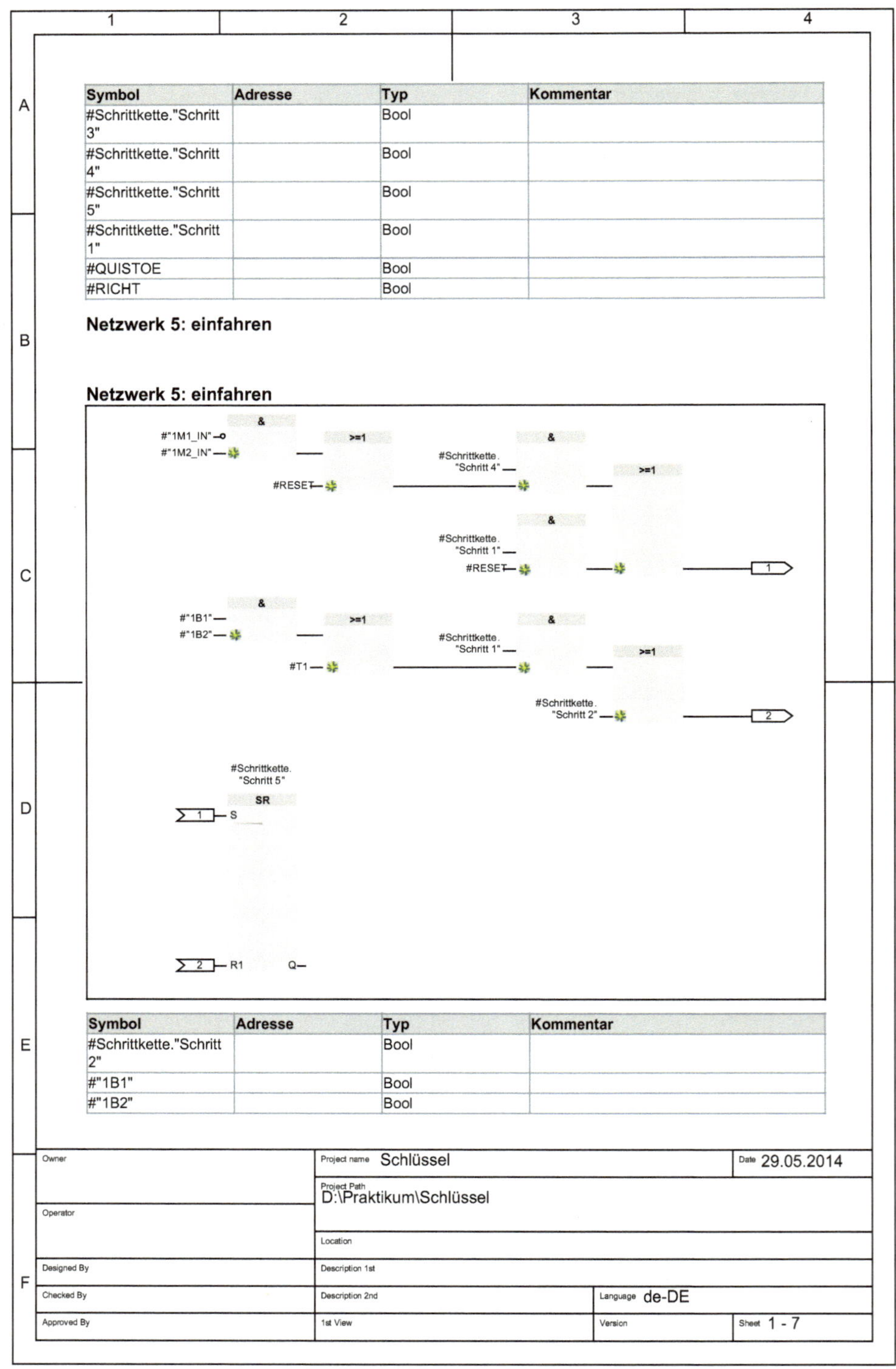

Symbol	Adresse	Typ	Kommentar
#Schrittkette."Schritt 3"		Bool	
#Schrittkette."Schritt 4"		Bool	
#Schrittkette."Schritt 5"		Bool	
#Schrittkette."Schritt 1"		Bool	
#QUISTOE		Bool	
#RICHT		Bool	

Netzwerk 5: einfahren

Netzwerk 5: einfahren

Symbol	Adresse	Typ	Kommentar
#Schrittkette."Schritt 2"		Bool	
#"1B1"		Bool	
#"1B2"		Bool	

Owner	Project name Schlüssel	Date 29.05.2014
Operator	Project Path D:\Praktikum\Schlüssel	
	Location	
Designed By	Description 1st	
Checked By	Description 2nd	Language de-DE
Approved By	1st View	Version / Sheet 1 - 7

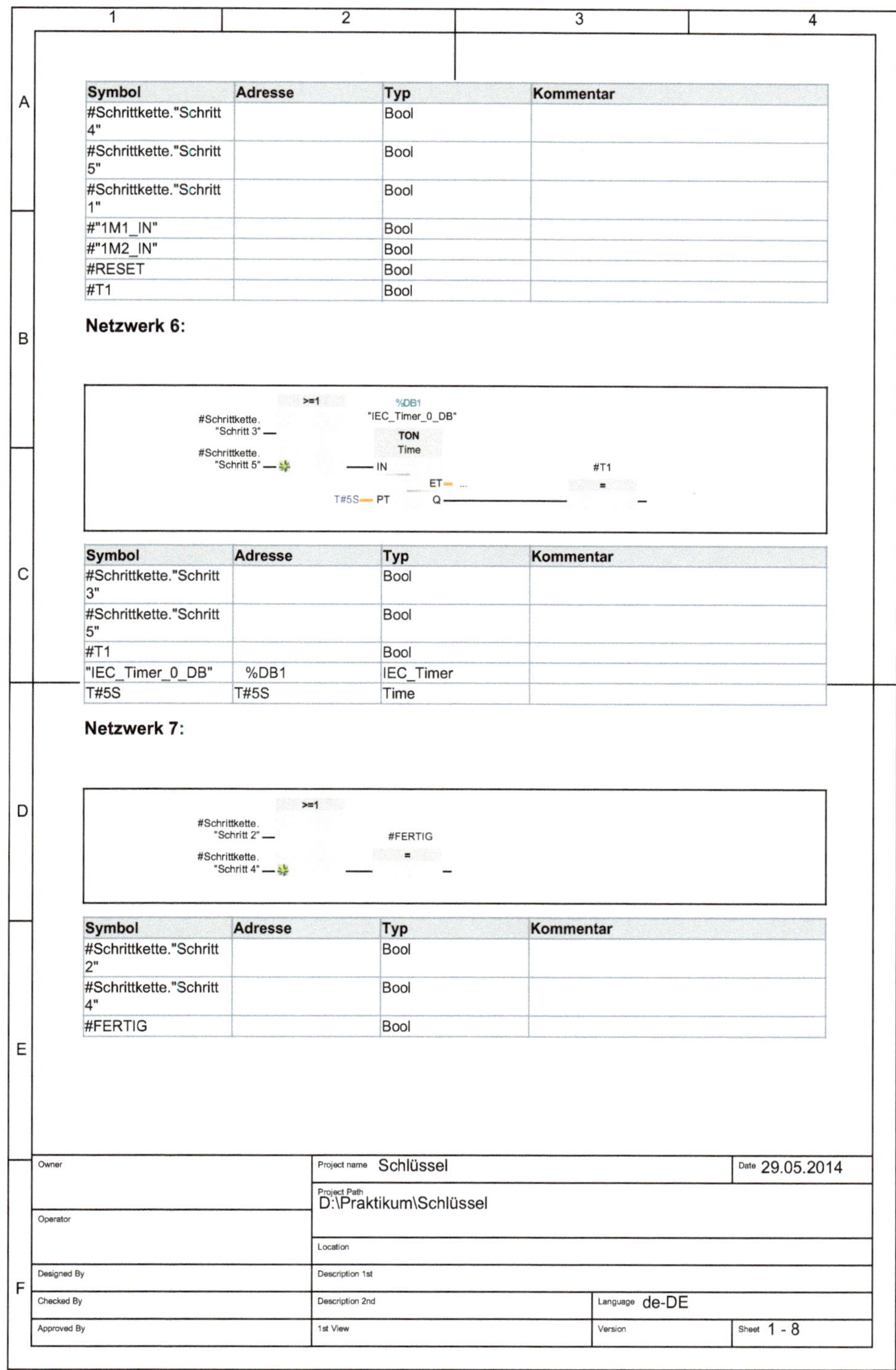

Symbol	Adresse	Typ	Kommentar
#Schrittkette."Schritt 4"		Bool	
#Schrittkette."Schritt 5"		Bool	
#Schrittkette."Schritt 1"		Bool	
#"1M1_IN"		Bool	
#"1M2_IN"		Bool	
#RESET		Bool	
#T1		Bool	

Netzwerk 6:

Symbol	Adresse	Typ	Kommentar
#Schrittkette."Schritt 3"		Bool	
#Schrittkette."Schritt 5"		Bool	
#T1		Bool	
"IEC_Timer_0_DB"	%DB1	IEC_Timer	
T#5S	T#5S	Time	

Netzwerk 7:

Symbol	Adresse	Typ	Kommentar
#Schrittkette."Schritt 2"		Bool	
#Schrittkette."Schritt 4"		Bool	
#FERTIG		Bool	

Owner	Project name Schlüssel		Date 29.05.2014
	Project Path D:\Praktikum\Schlüssel		
Operator	Location		
Designed By	Description 1st		
Checked By	Description 2nd	Language de-DE	
Approved By	1st View	Version	Sheet 1 - 8

6 Lösungen zu den Übungsaufgaben

6.1 Lösungsvorschläge zu Übungsaufgabe 1

Automatisierungssystem	Regelung/Steuerung
Ampelanlage	Steuerung
Tempomat Auto	Regelung
Toilettenspülung	Regelung
Personenaufzug	Steuerung
Zeitschaltuhr für z. B. Abendbeleuchtung	Steuerung
Kaffeevollautomat	Steuerung

6.2 Lösung zu Übungsaufgabe 2

Für die Herstellung des Drahtes mit Klemme und verzinntem Ende sind mehrere Arbeitsschrittabfolgen denkbar.

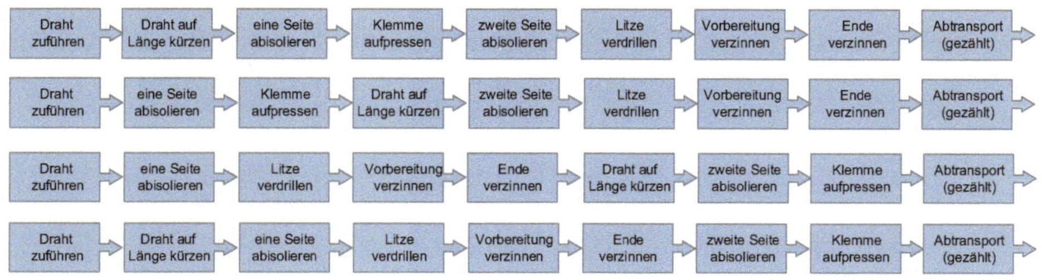

Wenn Sie die Arbeitsfolgen genau betrachten, unterscheiden sich diese darin wann der Draht auf Länge geschnitten und welche Seite zuerst gefertigt wird. Zwischen den Fertigungsschritten sind zusätzlich Transportschritte von einer Fertigungsstation zur nächsten notwendig.

B. Heinrich et al., *Grundlagen Automatisierung*, https://doi.org/10.1007/978-3-658-27323-1_6

6.3 Lösung zu Übungsaufgabe 3

Die folgende Abbildung zeigt Ihnen den schematischen Aufbau einer möglichen Fertigungsanlage. Den Fertigungsablauf kann man sich wie folgt vorstellen:

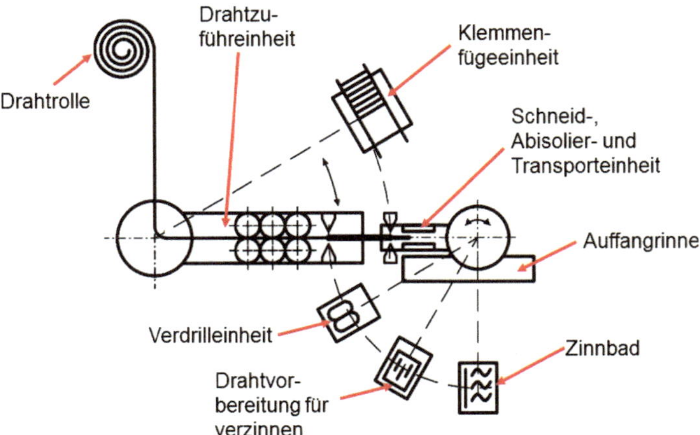

Schema der Fertigungsanlage

Um den Draht gut gespannt und unverdrillt in die erste Station zu führen, wird er entsprechend über ein Rollensystem geleitet. Gleichfalls von einer Rolle erfolgt die Zuführung der Klemmen zur Klemmenfügeeinheit.

Durch die Schneid-, Abisolier- und Transporteinheit wird der Draht zuerst abisoliert, danach schwenkt die Drahtzuführeinheit entgegen dem Uhrzeigersinn zur Klemmenfügeeinheit, die die Klemme aufpresst. Anschließend schwenkt diese zurück, der Draht wird auf Länge geschnitten, an die Schneid-, Abisolier- und Transporteinheit übergeben und an der zweiten Seite abisoliert. Nun erfolgt der Transport des gelängten Drahtes mit Hilfe der Schneid-, Abisolier- und Transporteinheit zur Verdrilleinheit, Drahtvorbereitungseinheit (für Verzinnen) und zum Zinnbad. Sind diese Prozessschritte absolviert, schwenkt die Einheit wieder zurück bis zur Drahtzuführeinheit, lässt den fertigen Draht in die Auffangrinne fallen und beginnt die Bearbeitung des nächsten Drahtes. Sind zwanzig Stück gefertigt, kippt die Auffangrinne nach vorn, lässt die bearbeiteten Drähte in ein weiteres Behältnis fallen und die Teile können dort entnommen werden.

6.4 Lösung zu Übungsaufgabe 4

Mit Hilfe eines Vibrationsförderers (ähnlich folgender Abbildung) müssen die Teile eindeutig positioniert einer Anlage zugeführt werden. Besondere Schwierigkeiten sind hierbei beispielsweise:

- die Feder darf an keiner Stelle verklemmen (ist aufgrund der Spirale schnell möglich)
- die hintere Kappe (Drücker) ist durch ihre äußere Axialsymmetrie schwer in der Position (ob die Öffnung links oder rechts ist) zu erkennen

Die Abfolge unter Beachtung aller notwendigen Funktionen könnte wie folgt erfolgen:

An der Übergabestelle vom Fördersystem muss das Kugelschreibergehäuse entnommen und der Montagestation definiert zugeführt werden. Anschließend sind in der Reihenfolge schwarzes Teil, kleines weißes Teil, Mine und Feder die Teile von links zu fügen. Hierbei ist ebenfalls die richtige Orientierung und Positionierung jedes Teils zu beachten. Des Weiteren müssen die Teile eventuell gegriffen werden, wobei es hierbei wichtig ist, dass die Teile an den Übergabestellen an den Flächen aufgenommen werden können, die es möglich machen, das Teil richtig orientiert zu fügen. An dem kleinen weißen Teil müsste hier beispielsweise an dem größeren Durchmesser gegriffen werden. Denkbar ist, dass für alle Teile ein und derselbe Greifer benutzt wird, wobei hierfür alle notwendigen Greifpositionen zu programmieren sind. Alternativ zum Fügen mit Greifer wäre ein definiertes Rutschen der Teile in das Kugelschreibergehäuse vorstellbar. Als nächstes ist die vordere Kappe (im Bild links) zuzuführen und auf das Gehäuse zu schrauben. Hierfür ist das Gehäuse zu fixieren und die Kappe aufzuschrauben. Dabei ist zu beachten, dass die Kappe geklemmt werden muss, um ein Moment zu übertragen und dass das Aufschrauben eine Überlagerung einer translatorischen und rotatorischen Bewegung ist. Diese Bewegungen sind aufeinander abgestimmt zuzulassen. Auch besteht hier das Problem, dass die Teile so gefügt wurden, dass entweder die „Schreibposition" (Mine draußen) oder die Position Mine innen entstanden ist. Das führt zu unterschiedlichem Verhalten beim Schrauben. Erst nach Befestigung dieser Kappe sind die inneren Teile so fixiert, dass die hintere Kappe (Drücker, im Bild rechts) aufgeschraubt werden kann. Auch hier sind die gleichen Forderungen wie für das Fügen der vorderen Kappe zu erfüllen.

Diese Ausführungen zeigen, dass für die automatisierte Montage eines so einfachen Produktes viele Funktionen erforderlich sind, wofür eine Vielzahl von Antrieben und Sensoren benötigt werden. Das würde für die Entwicklung, Konstruktion und Fertigung sowie den Betrieb der Montageanlage beträchtliche Kosten verursachen, die mit den Personalkosten für eine manuelle Montage zu vergleichen sind. Aus diesem Grund erfolgen viele Montageverfahren nach wie vor noch manuell, wenn die Fähigkeiten und Fertigkeiten des Menschen nur mit sehr hohem Aufwand durch eine Automatisierungslösung zu ersetzen sind.

Beispiel Vibrationsförderer

6.5 Lösung zu Übungsaufgabe 5

Die Lichtblitze sind die **Signale**. Der **Signalparameter** ist dabei die Lichtstärke (oder – wenn man das Licht als elektromagnetische Welle auffasst – die Größe der aktuellen Amplitude). Sie hat hier nur zwei Werte: „Licht aus" mit der Lichtstärke 0 und „Licht an" mit der eingestellten Lichtstärke der sendenden Morselampe. Die übermittelten **Daten** sind die Folgen von Pausen, kurzen Leuchtdauern und langen Leuchtdauern. Durch den Morse**code** werden bestimmten Abfolgen von langen und kurzen Leuchtdauern **Zeichen** zugeordnet. Bekanntes Beispiel ist dabei die Zeichenfolge kurz-kurz-kurz-lang-lang-lang-kurz-kurz-kurz, die ein Code für die Buchstaben SOS sind. Aus dieser Buchstabenfolge wird eine **Information**, wenn man aus dem Situationszusammenhang weiß, dass diese Kombination international für einen Notruf verwendet wird. Durch diese Signale wird also die Information übermittelt (man sagt auch: eine **Nachricht** versandt), dass es auf dem Senderschiff einen Notfall gibt.

6.6 Lösung zu Übungsaufgabe 6

Der **Messwert**, der abgelesen wird ist 26 °C. Bei einem Flüssigkeitsthermometer beruht das **Messprinzip** auf der Ausdehnung von Flüssigkeiten bei Temperaturerhöhung. Da die Ausdehnung kontinuierlich erfolgt, handelt es sich hier um eine analoge **Messmethode**. Das **Messverfahren** ist die Beobachtung der Längenänderung der Flüssigkeitssäule in einem dünnen Röhrchen. Das Gerät ist durch den Hersteller mit einer Skala versehen wurde, auf der die Temperaturwerte aufgebracht sind. Er hat das Thermometer **kalibriert**, sodass diese Kombination aus flüssigkeitsgefülltem Röhrchen und Skala mit einer gewissen **Genauigkeit** als Messgerät genutzt werden kann. Die Temperatur**messung** besteht nun in der optischen Ablesung des Füllstandes und der Beschreibung dieses Füllstandes nicht in Längeneinheiten sondern durch einen Wert auf der angebrachten Temperaturskala.

6.7 Lösung zu Übungsausgabe 7

a) Für den Widerstand R gilt das ohmsche Gesetz. Also gilt

$$R = \frac{U}{I} = \frac{2{,}8\,\mathrm{V}}{1\,\mathrm{mA}} = 2{,}8\,\mathrm{k\Omega}$$

b) Die Messunsicherheit des Voltmeters beträgt 2 % vom Messbereich. Also gilt

$$\Delta U = 0{,}02 \cdot 5\,\mathrm{V} = 0{,}1\,\mathrm{V}$$

Damit gilt für die Unsicherheit ΔR des Widerstandes

$$\Delta R = \frac{\Delta U}{I} = \frac{0{,}1\,\mathrm{V}}{1\,\mathrm{mA}} = 0{,}1\,\mathrm{k\Omega}$$

Die relative Unsicherheit ΔU_r beträgt dann

$$\Delta U_\mathrm{r} = \frac{\Delta R}{R} = \frac{0{,}1\,\mathrm{k\Omega}}{2{,}8\,\mathrm{k\Omega}} \approx 3{,}6\,\%$$

Damit gilt für den Widerstandswert

$$R = (2{,}8 \pm 0{,}1)\,\mathrm{k\Omega} = 2{,}8\,\mathrm{k\Omega} \pm 3{,}6\,\%$$

6.8 Lösung zu Übungsaufgabe 8

1. Als Standardzahl würde man diese Größe ohne Zehnerpotenzen und Vorsätze schreiben, also $c = 300.000.000\,\frac{\mathrm{m}}{\mathrm{s}}$. Zwei Bemerkungen dazu:
   - wenn man keine Vorsätze verwendet, muss die Angabe in $\frac{\mathrm{m}}{\mathrm{s}}$ gemacht werden, die gegebene Zahl also mit 1000 multipliziert werden, um von Kilometern in Meter umzurechnen.
   - Diese Angabe suggeriert eine große Genauigkeit, die hier sogar falsch ist, denn der Normwert der Lichtgeschwindigkeit beträgt laut Festlegung in der 17. Generalkonferenz für Maß und Gewicht von 1983 genau $299.792.458\,\frac{\mathrm{m}}{\mathrm{s}}$.

2. In der mathematischen Notation lautet die Zahl $c = 3{,}00 \cdot 10^8\,\frac{\text{m}}{\text{s}}$. Eine Ziffer steht vor dem Komma, die Nachkommastellen sind genauigkeitsbezogen anzupassen. Dann folgt die Zehnerpotenz, dann die Einheit. In vielen Taschenrechnern wird diese Art der Darstellung erreicht, wenn der wissenschaftliche Modus (oft auch als SCI-Mode bezeichnet) eingestellt wird.
3. In der physikalischen Schreibweise werden oft zweckbezogene Einheiten und Vorsätze benutzt. So findet man die Lichtgeschwindigkeit dort oft in der Form $c = 3 \cdot 10^5\,\frac{\text{km}}{\text{s}}$.
4. Die technische Schreibweise trägt der Tatsache Rechnung, dass oft nur in einem Größenbereich gerechnet wird. In der Bautechnik z. B. meist in Zentimetern, im Maschinenbau meist in Millimetern (dadurch spart man sich u. a. Einheiten in Zeichnungen). Unterstützt wird diese Darstellung in Taschenrechnern durch den Ingenieurmodus (oft auch als ENG-Mode bezeichnet). Die Lichtgeschwindigkeit aus der Aufgabenstellung lautet hier $c = 300 \cdot 10^3\,\frac{\text{km}}{\text{s}}$.

6.9 Lösung zu Übungsaufgabe 9

Zunächst berechnen wir R_N aus dem Widerstandswert bei Raumtemperatur. Es gilt dann

$$10{,}2 \cdot \text{k}\Omega = R_\text{N} \cdot \text{e}^{B\left(\frac{1}{T_\text{N}} - \frac{1}{T_\text{N}}\right)} = R_\text{N} \cdot \text{e}^0 = R_\text{N}$$

Damit lautet die Funktionsgleichung für diesen Widerstand

$$R\,(T) = 10{,}2 \cdot \text{k}\Omega \cdot \text{e}^{4200\text{K}\cdot\left(\frac{1}{T} - \frac{1}{293\text{K}}\right)}$$

Ein Tabellenkalkulationsprogramm liefert die Widerstandswerte

Temperatur in °C	Widerstand in kΩ
10	16,93
20	10,20
30	6,36
40	4,08
50	2,69
60	1,82
70	1,26
80	0,89

Es liefert auch die Kennlinie laut folgender Abbildung.

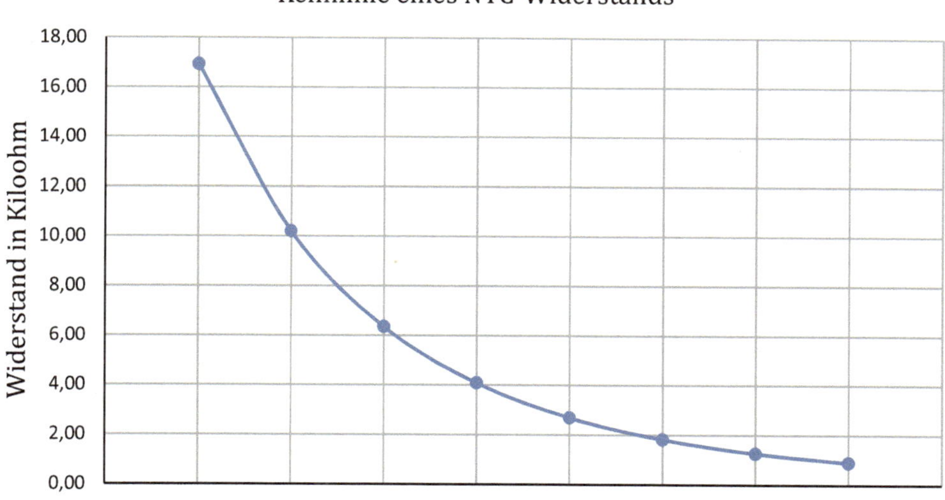

Kennlinie eines NTC-Widerstandes

Die Kennlinie ist nicht linear. Eine Aufgabe der Sensorik ist daher, dass eine Auswerteelektronik nachgeschaltet werden muss, die diese Kennlinie linearisiert. Eine andere Möglichkeit wären z. B. linearisierende Schaltungen.

6.10 Lösung zu Übungsaufgabe 10

a) Eine Schwingung benötigt bei einer Frequenz von $f = 100\,\text{kHz} = 1 \cdot 10^5 \frac{\text{Schwingungen}}{\text{s}}$ also 10^{-5} s. Der Burst dauert $t_s = 500\,\mu\text{s} = 5 \cdot 10^{-4}$ s. Also „passen" in diesen Burst 50 Schwingungen.

b) Die Wellenlänge λ berechnet sich aus der Frequenz f und der Schallgeschwindigkeit c nach

$$\lambda = \frac{c}{f} = \frac{343\,\frac{\text{m}}{\text{s}}}{10^5\,\text{s}^{-1}} = 343 \cdot 10^{-5}\text{m} = 3{,}43\,\text{mm}$$

c) Diese Entfernung s_b nennt man Blindzone. Sie berechnet sich aus der Formel

$$s_b = 2{,}5 \cdot t_s \cdot 343\,\frac{\text{m}}{\text{s}}$$

Mit dem berechneten Wert erhält man also

$$s_b = 2{,}5 \cdot 5 \cdot 10^{-4}\,\text{s} \cdot 343\,\frac{\text{m}}{\text{s}} = 0{,}429\,\text{m}$$

Die Blindzone beträgt also ca. 45 cm.

Industrielle Sensoren passen noch die Schallgeschwindigkeit an die aktuelle Lufttemperatur an. Die Abhängigkeit vom Luftdruck und von der Luftfeuchtigkeit kann vernachlässigt werden.

d) Die reine (maximale) Laufzeit t_{max} berechnet sich aus

$$t_{max} = 2 \cdot \frac{\text{Abstand}}{343\,\frac{m}{s}} = \frac{2 \cdot 3}{343}\,s = 0{,}0175\,s$$

Aus Sicherheitsgründen wird man 20 ms annehmen, also mit einer Wiederholfrequenz f_w von

$$f_w = \frac{1}{0{,}02}\,s = 50\,Hz$$

arbeiten.

6.11 Lösung zu Übungsaufgabe 11

Nach Gl. 2.3 gilt

$$\tan\frac{\alpha}{2} = \frac{d - \text{Linsendurchmesser}}{2 \cdot l} = \frac{200\,mm - 20\,mm}{2 \cdot 1500\,mm} = 0{,}06$$
$$\Rightarrow \frac{\alpha}{2} = 3{,}43^\circ \Rightarrow \alpha = 6{,}9^\circ$$

Also bietet es sich an, einen Sensor mit dem Öffnungswinkel 7° auszuwählen.

6.12 Lösung zu Übungsaufgabe 12

a) Eingetragen in die Tabelle erhält man

ISBN-Nummer	Gewichtung	Produkte
9	1	9
7	3	21
8	1	8
3	3	9
6	1	6
5	3	15
8	1	8
1	3	3
6	1	6
9	3	27
9	1	9
2	3	6
	Summe der Produkte	127
	Berechnung des Restes	130 − 127 = 3

Die berechnete Prüfziffer ist also 3 und nicht 8. Es handelt sich wahrscheinlich um einen Einlesefehler. Bei einem unsauberen Scan können 8 und 3 leicht verwechselt werden. Die Software muss dafür sorgen, dass in einem solchen Fall noch einmal eingelesen wird. Sie erleben das täglich an den Scannern einer Kasse eines Supermarktes. Oft müssen Waren mehrmals über die Scannerfläche gezogen werden.

b) Eingetragen in die Tabelle erhält man

ISBN-Nummer	Gewichtung	Produkte
9	1	9
7	3	21
8	1	8
3	3	9
6	1	6
5	3	15
8	1	8
1	3	3
1	1	1
5	3	15
7	1	7
2	3	6
	Summe der Produkte	108
	Berechnung des Restes	$110 - 108 = 2$

Die berechnete und die eingescannte Ziffer stimmen überein.

6.13 Lösung zu Übungsaufgabe 13

Teilaufgabe a)

Funktionsgruppen eines elementaren Regelungssystems nach Abb. 3.3	Ggf. Formelzeichen in Abb. 3.3	Größen und Komponenten in Abb. 3.4
Zielgröße	c	ϑ_w = Führungsgröße für die Temperatur
Regelgröße	x	ϑ = Temperatur
Stellgröße	y	p_s
Regeleinrichtung		R
Regelstrecke		Ventil, Brenner, Ofen mit dem Glühgut
Messglied		Th

Teilaufgabe b)

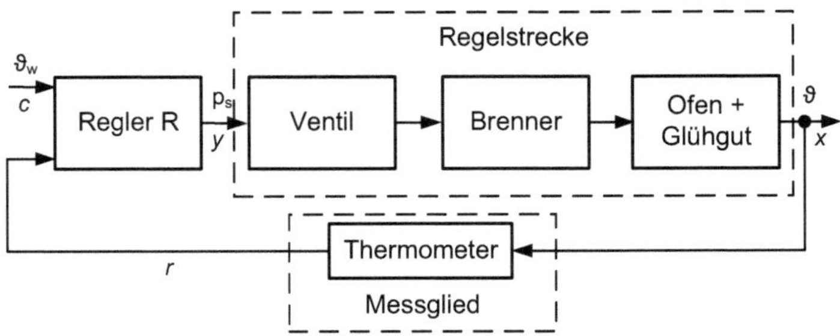

Wirkungsplan für die Temperaturregelung des Ofens

6.14 Lösung zu Übungsaufgabe 14

Teilaufgabe a)

Funktionsgruppen eines elementaren Regelungssystems nach Abb. 3.3	Ggf. Formelzeichen in Abb. 3.3	Größen und Komponenten in der Abbildung oben
Zielgröße	c	h_w = Führungsgröße für den Füllstand
Regelgröße	x	h = Füllstand
Stellgröße	y	y = Stellgröße für das Ventil
Störgröße	z	q_{zu} = unbekannter veränderlicher Zustrom
Regeleinrichtung		Führungsgrößenbildner und Regler Regler = Vergleichsstelle und Regelglied
Regelstrecke		Behälter und Ventil
Messglied		Füllstandsensor

Teilaufgabe b)

$q_{zu} > 0 \Rightarrow$ h wird größer $\Rightarrow$ Vorzeichen der Wirkung: +

$q_{ab} > 0 \Rightarrow$ h wird kleiner $\Rightarrow$ Vorzeichen der Wirkung: –

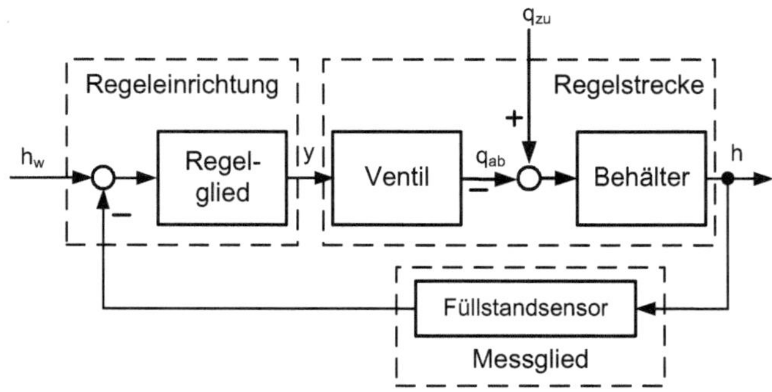

Wirkungsplan für die Füllstandregelung

6.15 Lösung zu Übungsaufgabe 15

Teilaufgabe a)

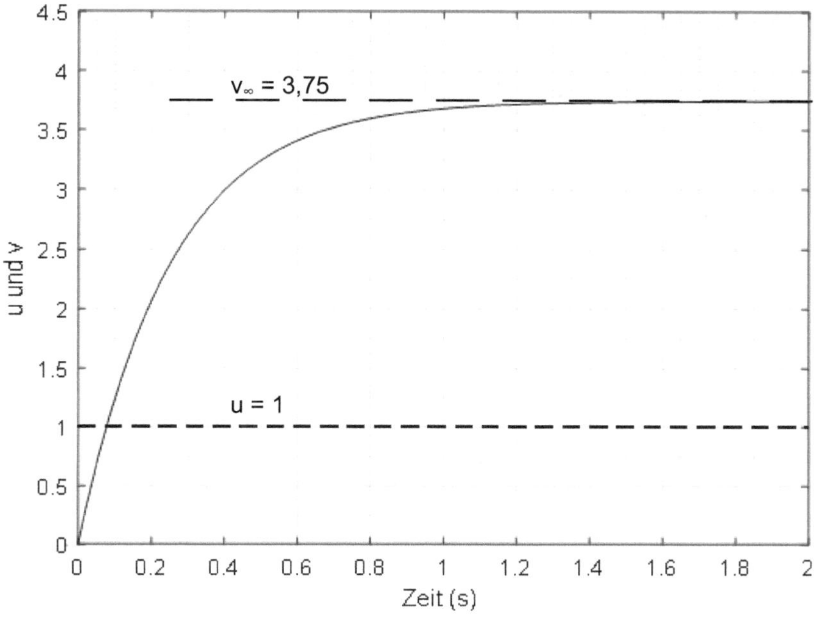

Sprungantwort mit Endwert v_∞ der Ausgangsgröße

abgelesen: $v_\infty = 3{,}75$

Teilaufgabe b)
Es sind keine Schwingungen erkennbar $\Rightarrow$ aperiodisches Verhalten

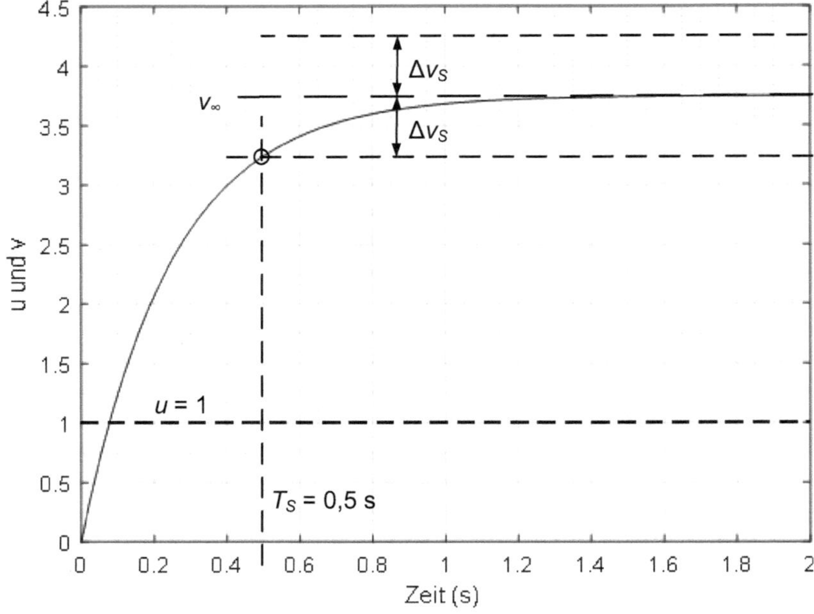

Sprungantwort mit Einschwingzeit T_S in den Toleranzbereich $\Delta v_S = 0{,}5$

abgelesen: $T_S = 0{,}5\ \mathrm{s}$

6.16 Lösung zu Übungsaufgabe 16

Teilaufgabe a)

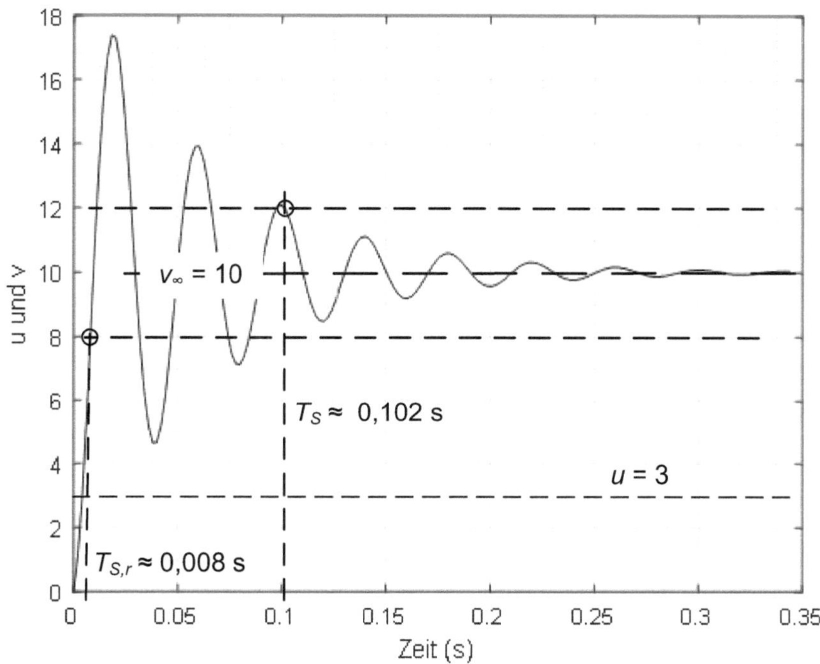

Sprungantwort mit Endwert v_∞ der Ausgangsgröße

abgelesen: $v_\infty = 10$

Teilaufgabe b)

Periodisches Verhalten.

Abgelesen für einen Toleranzbereich zwischen 8 und 12: Einschwingzeit $T_S \approx 0{,}102\,\mathrm{s}$ und Anschwingzeit $T_{S,r} \approx 0{,}008\,\mathrm{s}$

6.17 Lösung zu Übungsaufgabe 17

Teilaufgabe a)

Zeitbereich	$\ddot{v}$	$\dot{v}$	v	$\dot{u}$	u
Bildbereich	$s^2 \cdot V$	$s \cdot V$	V	$s \cdot U$	U

Die Transformation ergibt: $m \cdot v \cdot s^2 = c \cdot (u - v) + d \cdot (u \cdot s - v \cdot s)$.

Teilaufgabe b)

Die Eingangs- und Ausgangsgröße werden getrennt: $m \cdot V \cdot s^2 + d \cdot V \cdot s + c \cdot V = d \cdot U \cdot s + c \cdot U$

U und V ausgeklammert: $\left(m \cdot s^2 + d \cdot s + c\right) \cdot V = (d \cdot s + c) \cdot U$

Die Übertragungsfunktion $G(s)$ lautet damit:

$$G = \frac{V}{U} = \frac{d \cdot s + c}{m \cdot s^2 + d \cdot s + c}$$

Teilaufgabe c)

Die Übertragungsfunktion ist von zweiter Ordnung.

Die höchste Ableitung in der Differenzialgleichung ist von zweiter Ordnung. Das entspricht der höchsten Potenz von s in der Übertragungsfunktion.

Teilaufgabe d)

Für $d = 0$ lautet die Übertragungsfunktion:

$$G = \frac{V}{U} = \frac{c}{m \cdot s^2 + c} = \frac{1}{\frac{m}{c} \cdot s^2 + 1}$$

Es handelt sich dabei um eine Übertragungsfunktion vom Typ PT_2 mit einer Dämpfung von $D = 0$ und einer Verstärkung von $K = 1$.

Die allgemeine Übertragungsfunktion eines PT2-Gliedes lautet:

$$G_{\mathrm{PT2}} = \frac{K}{\frac{1}{\omega_0^2} \cdot s^2 + \frac{2D}{\omega_0} \cdot s + 1}$$

Für $D = 0$ und $K = 1$ wird daraus:

$$G_{\mathrm{PT2},D=0} = \frac{1}{\frac{1}{\omega_0^2} \cdot s^2 + 1}$$

6.18 Lösung zu Übungsaufgabe 18

Zeitbereich	$\ddot{v}$	$\dot{v}$	v	$\dot{u}$	u	$\int u\mathrm{d}t$
Bildbereich	$s^2 \cdot V$	$s \cdot V$	V	$s \cdot U$	U	$\frac{1}{s} \cdot U$

Lösungen

Regelkreisglied	Differenzialgleichung im Zeitbereich	Differenzialgleichung im Bildbereich	Übertragungsfunktion $G = \frac{V}{U}$
P	$v = K_\mathrm{p} \cdot u$	$V = K_\mathrm{p} \cdot U$	$G = K_\mathrm{P}$
I	$v = K_\mathrm{I} \int u\mathrm{d}t$	$V = K_\mathrm{I} \cdot \frac{1}{s} \cdot U$	$G = \frac{K_\mathrm{I}}{s}$
D	$v = K_\mathrm{D} \frac{\mathrm{d}u}{\mathrm{d}t}$	$V = K_\mathrm{D} \cdot s \cdot U$	$G = K_\mathrm{D} \cdot s$
PID	$v = K_\mathrm{p} \cdot u + K_\mathrm{I} \int u\mathrm{d}t + K_\mathrm{D} \frac{\mathrm{d}u}{\mathrm{d}t}$	$V = K_\mathrm{p} \cdot U + K_\mathrm{I} \cdot \frac{1}{s} \cdot U + K_\mathrm{D} \cdot s \cdot U$	$G = K_\mathrm{p} + K_\mathrm{I} \cdot \frac{1}{s} + K_\mathrm{D} \cdot s$
PT$_1$	$T_1 \frac{\mathrm{d}v}{\mathrm{d}t} + v = K_\mathrm{p} \cdot u$	$T_1 \cdot s \cdot V + V = K_\mathrm{p} \cdot U$	$G = \frac{K_\mathrm{p}}{T_1 \cdot s + 1}$
PT$_2$	$\frac{1}{\omega_0^2} \frac{d^2 v}{\mathrm{d}t^2} + \frac{2D}{\omega_0} \frac{\mathrm{d}v}{\mathrm{d}t} + v = K_\mathrm{p} \cdot u$	$\frac{1}{\omega_0^2} \cdot s^2 \cdot V + \frac{2D_1}{\omega_0} \cdot s \cdot V + V = K_\mathrm{p} \cdot U$	$G = \frac{K_\mathrm{p}}{\frac{1}{\omega_0^2} \cdot s^2 + \frac{2D_1}{\omega_0} \cdot s + 1}$

6.19 Lösung zu Übungsaufgabe 19

Differenzialgleichung in den Bildbereich transformiert:

$$s^3 \cdot V + 4{,}68 \cdot s^2 \cdot V - 2{,}5 \cdot s^2 \cdot U + 16{,}45 \cdot s \cdot V - 20 \cdot s \cdot U + 64 \cdot V - 96 \cdot U = 0$$

U und V ausgeklammert ergibt:

$$s^3 \cdot V + 4{,}68 \cdot s^2 \cdot V + 16{,}45 \cdot s \cdot V + 64 \cdot V = 2{,}5 \cdot s^2 \cdot U + 20 \cdot s \cdot U + 96 \cdot U$$

Die Übertragungsfunktion $G(s)$ lautet:

$$G = \frac{V}{U} = \frac{2{,}5 \cdot s^2 + 20 \cdot s + 96}{s^3 + 4{,}68 \cdot s^2 + 16{,}45 \cdot s + 64}$$

6.20 Lösung zu Übungsaufgabe 20

Teilaufgabe a)

Bezeichnung nach DIN IEC 60050-351	Formelzeichen	Größen aus der Aufgabenbeschreibung
Zielgröße	c	h^{soll} = Sollwert für den Füllstand
Stellgröße	y	y = Stellgröße für das Ventil
Regelgröße	x	h = Istwert des Füllstandes
Aufgabengröße	q	V = Istwert des Volumens im Behälter
Rückführgröße	r	h = Messgröße des Füllstandes (Regelgröße und Rückführgröße werden hier nicht unterschieden)

Teilaufgabe b)

Identifizieren Sie die Teilsysteme des Regelungssystems entsprechend Abb. 3.3 und deren jeweilige Eingangs- und Ausgangsgrößen. Berücksichtigen Sie, dass manche Teilsysteme aus mehreren Komponenten zusammengesetzt sein können. Ergänzen Sie die zweite Spalte der folgenden Tabelle.

Teilsysteme nach Abb. 3.3	Teilsysteme in dieser Aufgabe
Regeleinrichtung	1. Vergleichsstelle Eingangsgröße(n): h^{soll}, h Ausgangsgröße(n): e = Regelabweichung 2. Regelglied = P-Regler Eingangsgröße(n): e Ausgangsgröße(n): y
Regelstrecke	1. Ventil Eingangsgröße(n): y = Stellgröße Ausgangsgröße(n): q = Volumenstrom 2. Behälter Eingangsgröße(n): q Ausgangsgröße(n): h = Füllstand
Messglied	Füllstandsensor Eingangsgröße(n): h = Füllstand Ausgangsgröße(n): h = Füllstand (Messwert)
Bildung der Aufgabengröße	Volumen Eingangsgröße(n): h Ausgangsgröße(n): Volumen $V = A \cdot h$ (Formel gilt für einen Behälter mit geraden Wänden)

Teilaufgabe c)

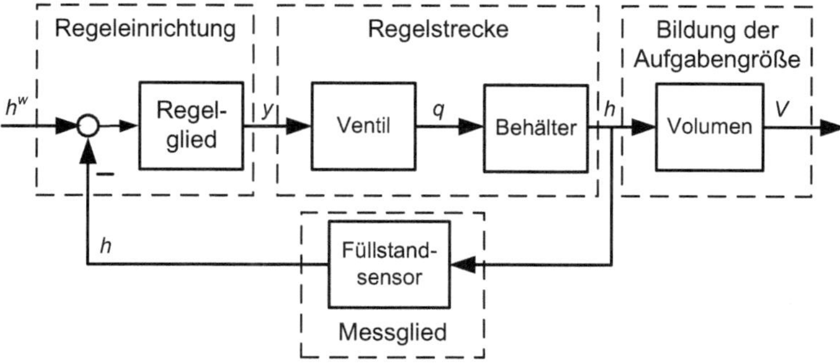

Blockschaltbild des Regelsystems mit den Teilsystemen aus der Teilaufgabe b)

6.21 Lösung zu Übungsaufgabe 21

Teilaufgabe a)

Dieser PID-Regler besteht aus der Parallelschaltung der drei Elemente P, I und D. Die Übertragungsfunktion G_R entsteht durch Addition der Übertragungsfunktionen der drei Elemente.

$$G_R = K_\mathrm{p} + \frac{K_\mathrm{I}}{s} + K_\mathrm{D} \cdot s = \frac{K_\mathrm{p} \cdot s^2 + K_\mathrm{p} \cdot s + K_\mathrm{I}}{s}$$

Teilaufgabe b)

Die Übertragungsfunktion G_0 des offenen Regelkreises ist:

$$G_0 = G_R \cdot G_S. = \frac{K_\mathrm{p} \cdot s^2 + K_\mathrm{p} \cdot s + K_\mathrm{I}}{s} \cdot \frac{1}{a_3 \cdot s^3 + a_2 \cdot s^2 + a_1 \cdot s}$$

$$G_0 = \frac{K_\mathrm{p} \cdot s^2 + K_\mathrm{p} \cdot s + K_\mathrm{I}}{a_3 \cdot s^4 + a_2 \cdot s^3 + a_1 \cdot s^2}$$

6.22 Lösung zu Übungsaufgabe 22

Teilaufgabe a)
Die Übertragungsfunktion G_F des geschlossenen Regelkreises für das Führungsverhalten lautet:

$$G_F = \frac{X}{W} = \frac{G_0}{1 + G_0}$$

$$G_F = \frac{K_D \cdot s^2 + K_D \cdot s + K_I}{a_3 \cdot s^4 + a_2 \cdot s^3 + a_1 \cdot s^2 + K_D \cdot s^2 + K_P \cdot s + K_I}$$

Teilaufgabe b)
Die Übertragungsfunktion G_Z des geschlossenen Regelkreises für das Störverhalten lautet:

$$G_Z = \frac{X}{Z} = \frac{G_{SZ}}{1 + G_0}$$

$$G_F = \frac{b_1 \cdot s^2 + b_0 \cdot s}{a_3 \cdot s^4 + a_2 \cdot s^3 + (a_1 \cdot s^2 + K_D \cdot s^2) + K_P \cdot s + K_I}$$

6.23 Lösung zu Übungsaufgabe 23

Funktionstabelle:

B3	B2	B1	K1	K2	K3
0	0	0	0	0	0
0	0	1	1	0	0
0	1	0	1	0	0
0	1	1	1	1	0
1	0	0	1	0	0
1	0	1	1	1	0
1	1	0	1	1	0
1	1	1	1	1	1

K1: über Disjunktive Normalform
Vollständig Schaltfunktion für K1:

$$\begin{aligned} \mathrm{K1} = {} & \mathrm{B1} \wedge \overline{\mathrm{B2}} \wedge \overline{\mathrm{B3}} \vee \overline{\mathrm{B1}} \wedge \mathrm{B2} \wedge \overline{\mathrm{B3}} \vee \mathrm{B1} \wedge \mathrm{B2} \wedge \overline{\mathrm{B3}} \vee \overline{\mathrm{B1}} \wedge \overline{\mathrm{B2}} \wedge \mathrm{B3} \\ & \vee \mathrm{B1} \wedge \overline{\mathrm{B2}} \wedge \mathrm{B3} \vee \overline{\mathrm{B1}} \wedge \mathrm{B2} \wedge \mathrm{B3} \vee \mathrm{B1} \wedge \mathrm{B2} \wedge \mathrm{B3} \end{aligned}$$

Karnaugh-Veitch-Diagramm für K1:

	B1	B1	$\overline{B1}$	$\overline{B1}$
B2	1	1	1	1
$\overline{B2}$	1	1	1	
	$\overline{B3}$	B3	B3	$\overline{B3}$

Vereinfachte Schaltfunktion für K1:

$$K1 = B1 \vee B2 \vee B3$$

K2: über Disjunktive Normalform
Vollständig Schaltfunktion für K2:

$$K2 = B1 \wedge B2 \wedge \overline{B3} \vee B1 \wedge \overline{B2} \wedge B3 \vee \overline{B1} \wedge B2 \wedge B3 \vee B1 \wedge B2 \wedge B3$$

Karnaugh-Veitch-Diagramm für K2:

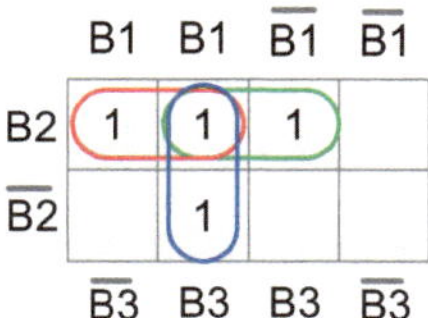

	B1	B1	$\overline{B1}$	$\overline{B1}$
B2	1	1	1	
$\overline{B2}$		1		
	$\overline{B3}$	B3	B3	$\overline{B3}$

Vereinfachte Schaltfunktion für K2:

$$K2 = B1 \wedge B2 \vee B2 \wedge B3 \vee B1 \wedge B3$$

K3: über Disjunktive Normalform
Vollständig Schaltfunktion für K3:

$$K1 = B1 \wedge B2 \wedge B3$$

Karnaugh-Veitch-Diagramm für K3:

	B1	B1	$\overline{B1}$	$\overline{B1}$
B2		1		
$\overline{B2}$				
	$\overline{B3}$	B3	B3	$\overline{B3}$

Vereinfachte Schaltfunktion für K3:

$$K1 = B1 \wedge B2 \wedge B3$$

6.24 Lösung zu Übungsaufgabe 24

Durch Einschalten der Anlage über S0 wird die Schrittkette in die Grundstellung (Initialschritt ist aktiv (gesetzt), alle anderen Schritte sind inaktiv (zurückgesetzt)) gebracht. Gleiches muss beispielsweise auch erfolgen, wenn nach einer Sicherheitsabschaltung das Betätigen des Reset-Tasters die Anlage wieder in die Grundposition bringen soll. Eine mögliche Ablaufkette zeigt folgende Abbildung.

Ablaufkette/Schrittkette Bandanlage

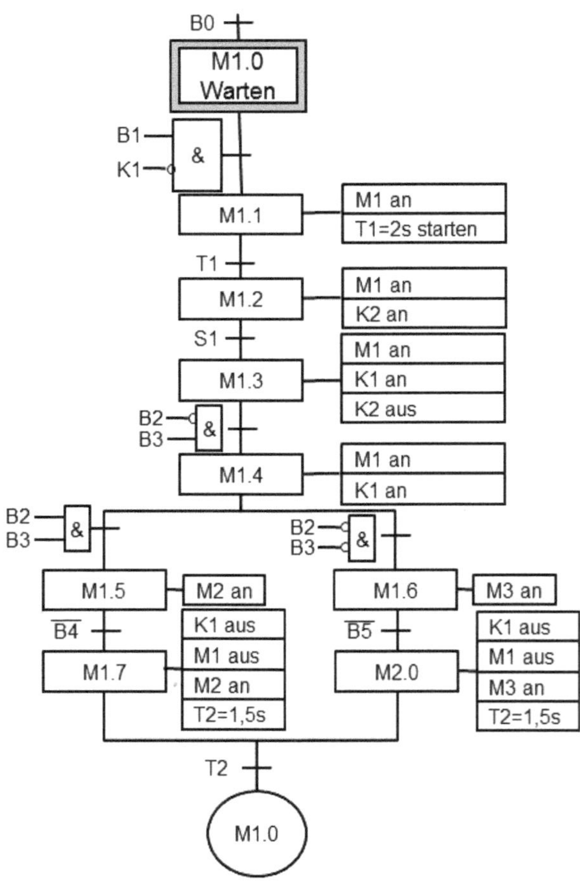

6.25 Lösung zu Übungsaufgabe 25

Bitfolge: 0 0 0 1 1 1 1 0

6.26 Lösung zu Übungsaufgabe 26

Hexadezimal: 1 E

6.27 Lösung zu Übungsaufgabe 27

Bitfolge: 0 0 1 1 0 0 0 0

6.28 Lösung zu Übungsaufgabe 28

Hexadezimal: 64 65 6D 6F 32

6.29 Lösung zu Übungsaufgabe 29

a) S1 und S2 sind Schließer

S1
&
H1
S2

b) S1 und S2 sind Öffner

S1
&
H1
S2

6.30 Lösung zu Übungsaufgabe 30

Richtimpuls

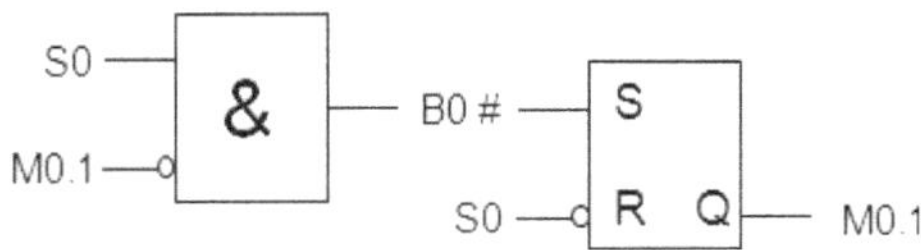

In einer realen Steuerung wird der Richtimpuls durch Befehle aus dem Betriebsartenteil, wie z. B. durch das Einschalten der Anlage oder ein Resetbefehl nach einer Sicherheitsabschaltung ausgelöst.

Schritt 0

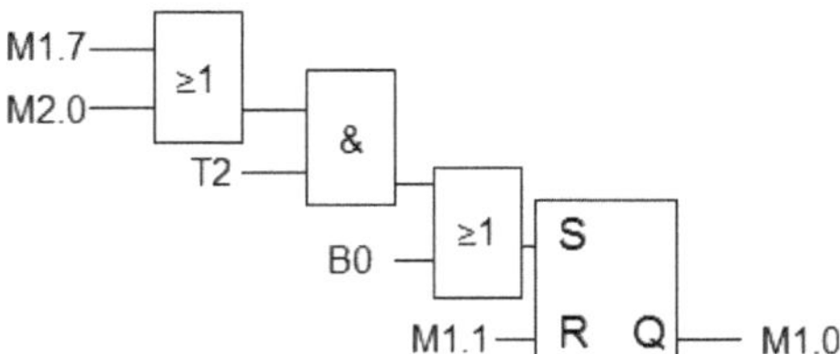

Schritt 1

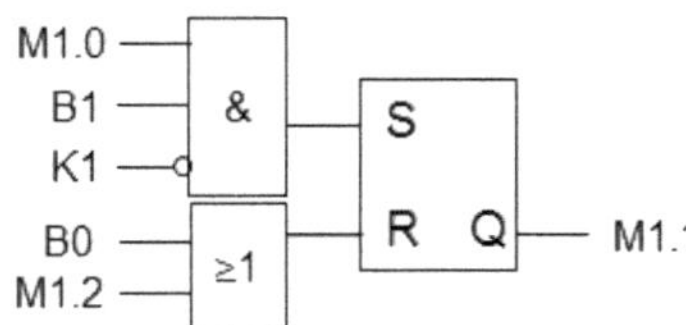

Schritt 2

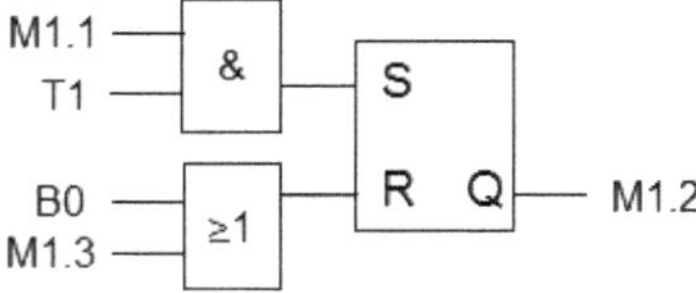

Schritt 3

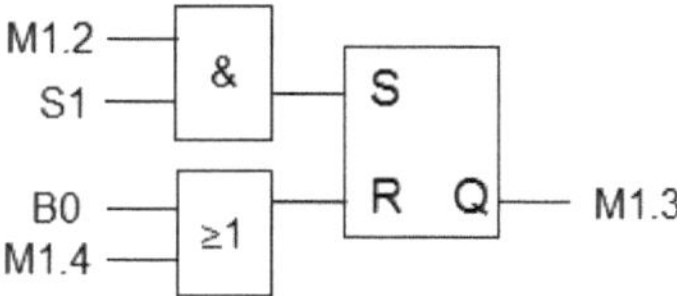

Schritt 4

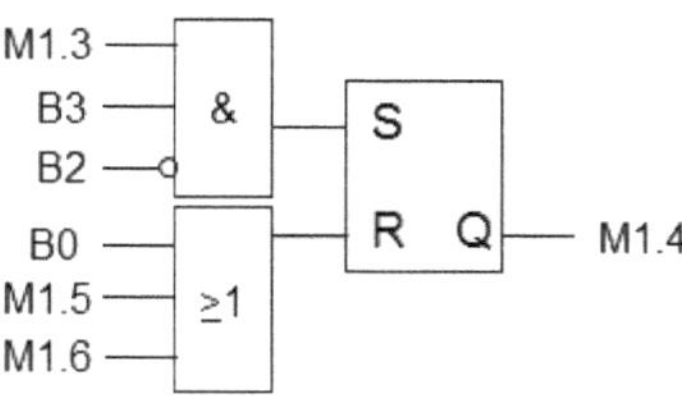

Schritt 5

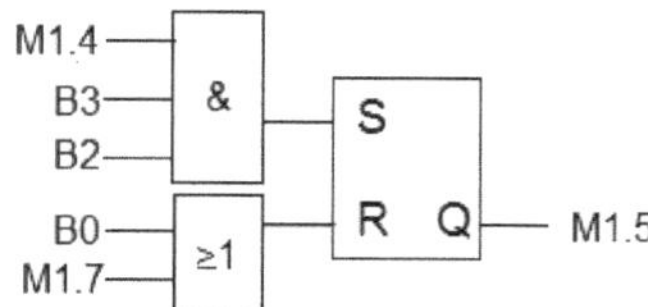

Schritt 6

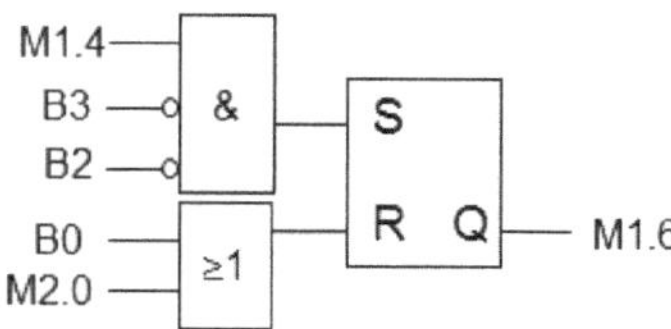

Schritt 7

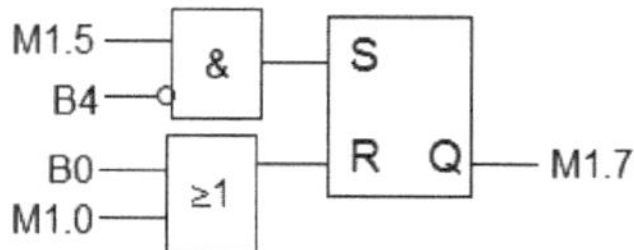

Schritt 8

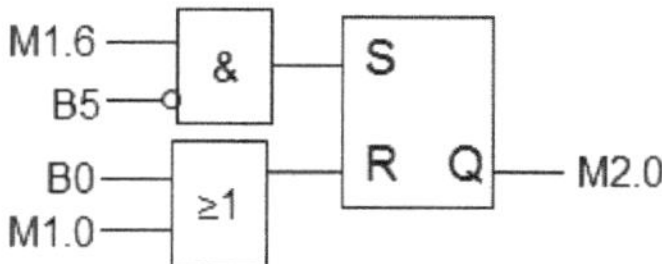

Ansteuerung der Ausgänge

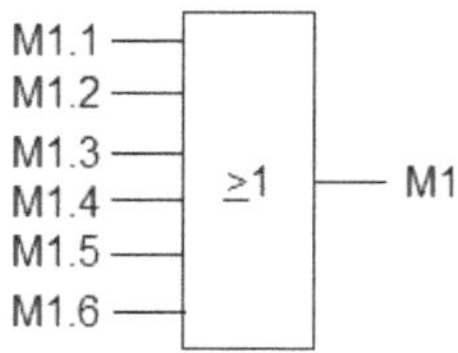

M1.2 — & — K2

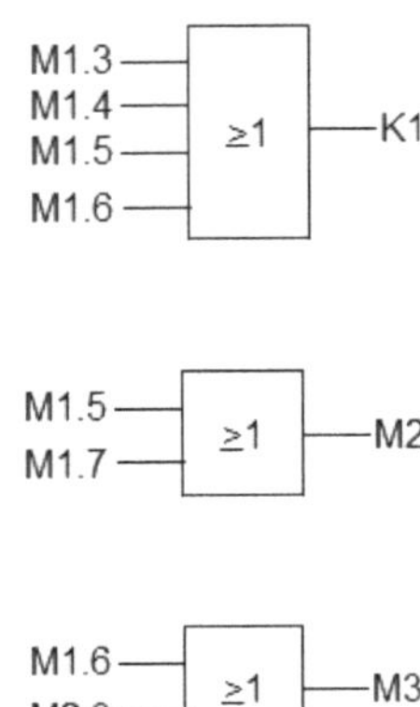

Zeitfunktionen (Einschaltverzögerung)

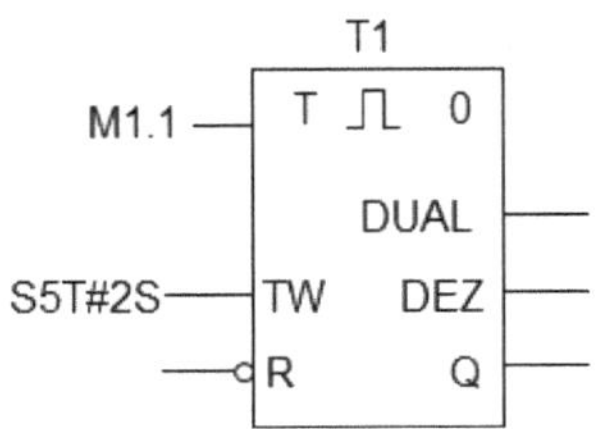

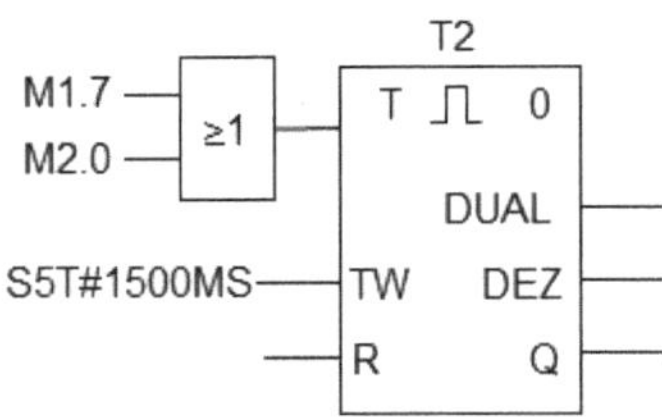

6.31 Lösung zu Übungsaufgabe 31

Sensoren		Materialproben sowie Anzeige			
		rot leitfähig	**rot Plaste**	**blau leitfähig**	**blau Plaste**
Bezeichnung	Adressen	A0.0	A0.1	A0.2	A0.3
Induktiv	E0.0	1	0	1	0
Farbsensor	E0.1	1	1	0	0
Kapazitiv	E0.2	1	1	1	1

Die Funktionspläne müssen wie folgt lauten:

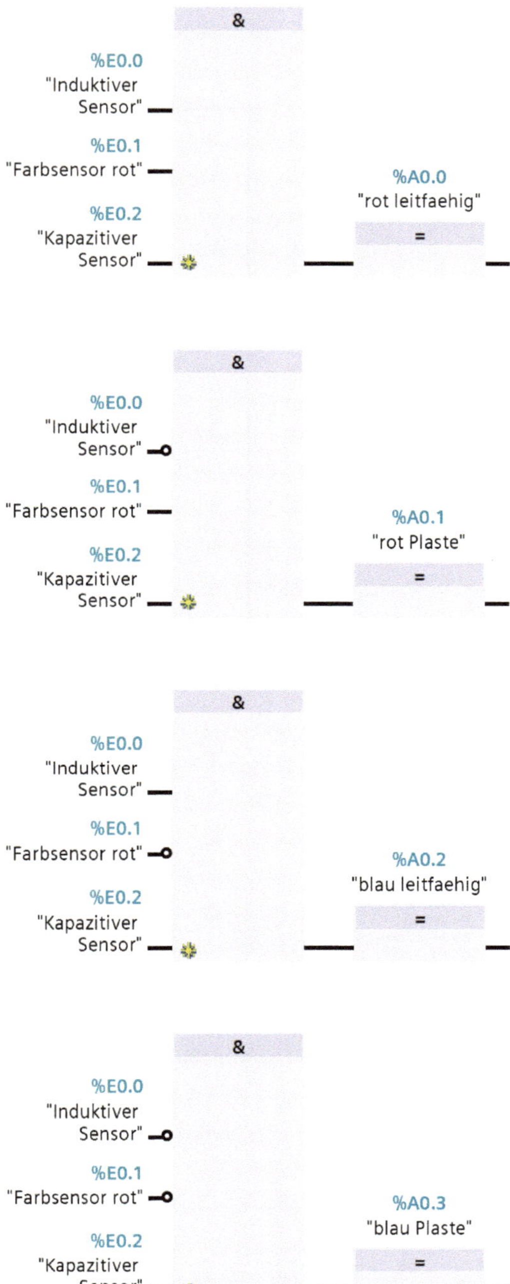

6.32 Lösung zu Übungsaufgabe 32

Schrittkette:

Ablaufkette/Schrittkette Transportband

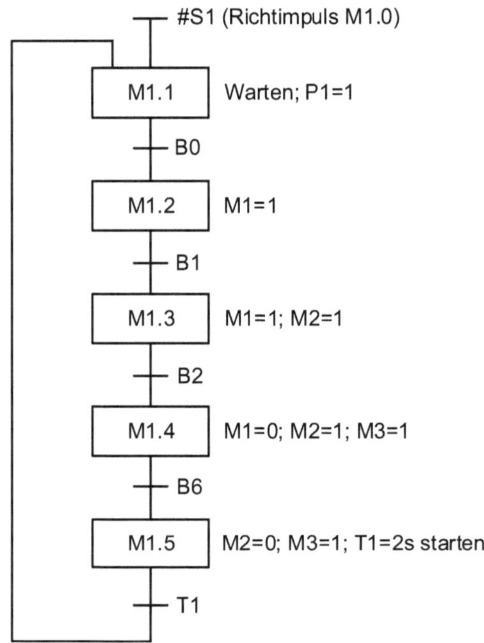

Programmierung:
Organisationsbaustein OB1

OB1 - <offline>

"Cycle Execution"
Name: **Familie:**
Autor: **Version:** 0.1
Bausteinversion: 2
Zeitstempel Code: 06.03.2018 15:09:41
Interface: 15.02.1996 16:51:12
Längen (Baustein / Code / Daten): 00130 00018 00022

Name	Datentyp	Adresse	Kommentar
TEMP		0.0	
OB1_EV_CLASS	Byte	0.0	Bits 0-3 = 1 (Coming event), Bits 4-7 = 1 (Event class 1)
OB1_SCAN_1	Byte	1.0	1 (Cold restart scan 1 of OB 1), 3 (Scan 2-n of OB 1)
OB1_PRIORITY	Byte	2.0	Priority of OB Execution
OB1_OB_NUMBR	Byte	3.0	1 (Organization block 1, OB1)
OB1_RESERVED_1	Byte	4.0	Reserved for system
OB1_RESERVED_2	Byte	5.0	Reserved for system
OB1_PREV_CYCLE	Int	6.0	Cycle time of previous OB1 scan (milliseconds)
OB1_MIN_CYCLE	Int	8.0	Minimum cycle time of OB1 (milliseconds)
OB1_MAX_CYCLE	Int	10.0	Maximum cycle time of OB1 (milliseconds)
OB1_DATE_TIME	Date_And_Time	12.0	Date and time OB1 started

Baustein: OB1 "Main Program Sweep (Cycle)"

Netzwerk: 1

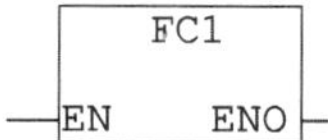

FC1 - <offline>

""

Name: **Familie:**
Autor: **Version:** 0.1
Bausteinversion: 2
Zeitstempel Code: 06.03.2018 15:07:44
Interface: 06.03.2018 14:47:34
Längen (Baustein / Code / Daten): 00284 00166 00000

Name	Datentyp	Adresse	Kommentar
IN		0.0	
OUT		0.0	
IN_OUT		0.0	
TEMP		0.0	
RETURN		0.0	
RET_VAL		0.0	

Baustein: FC1

Netzwerk: 1 Richtimpuls

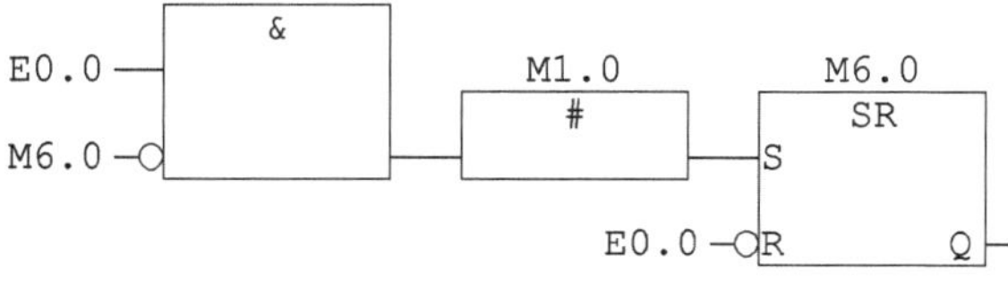

Netzwerk: 2 Schritt 1 Warten und Papierkorb

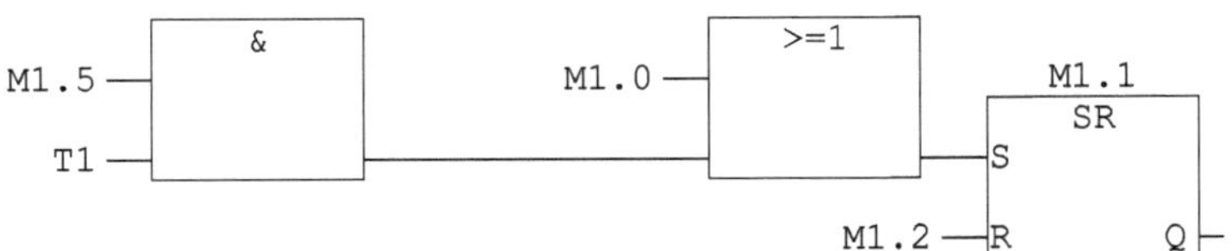

Netzwerk: 3 Schritt 2 Band 1

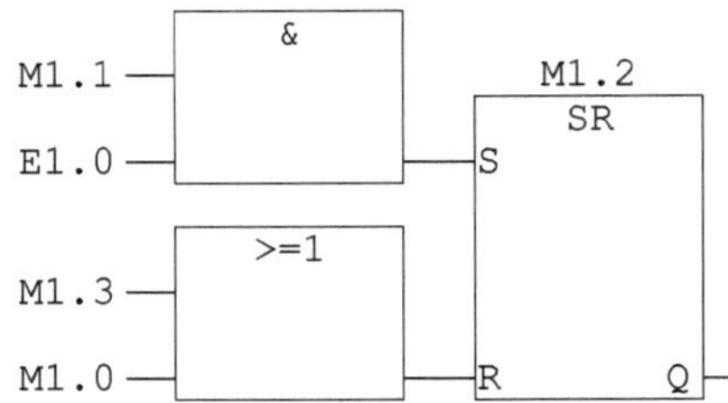

Netzwerk: 4 Schritt 3 Band 1 und 2

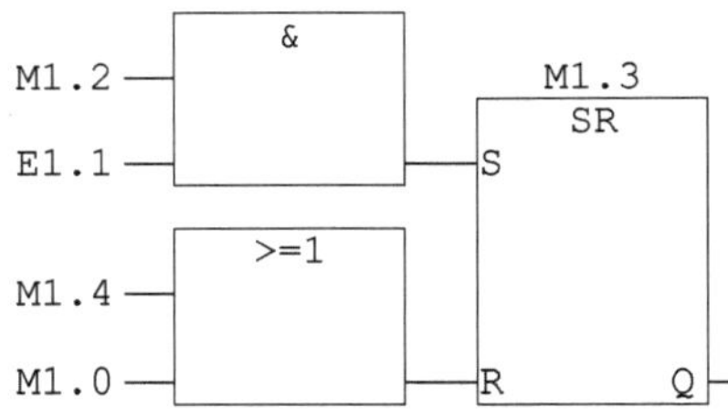

Netzwerk: 5 Schritt 4 Band 2 und 3

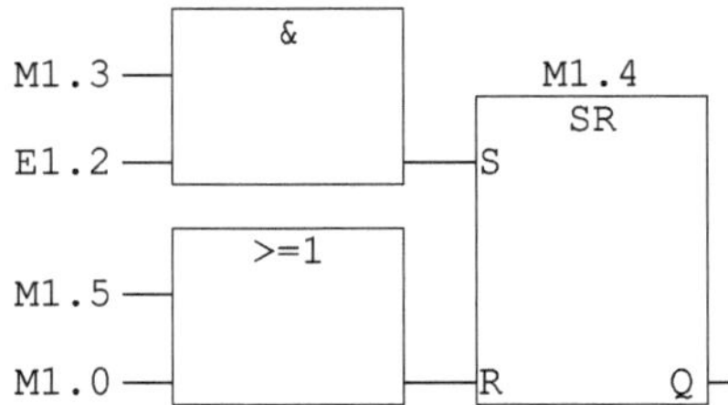

Netzwerk: 6 Schritt 5 Band 3

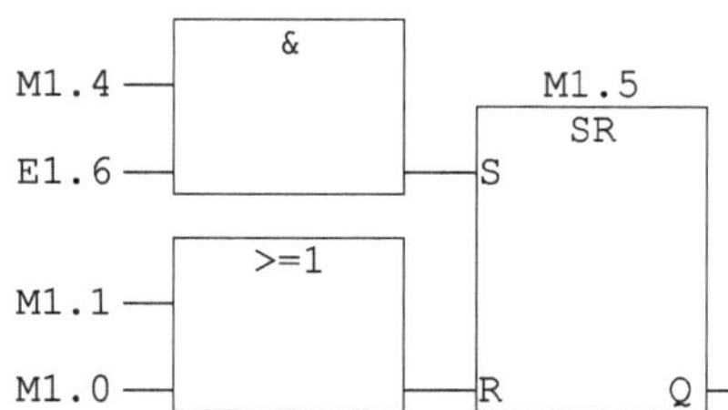

Netzwerk: 7 Ansteuerung Band 1

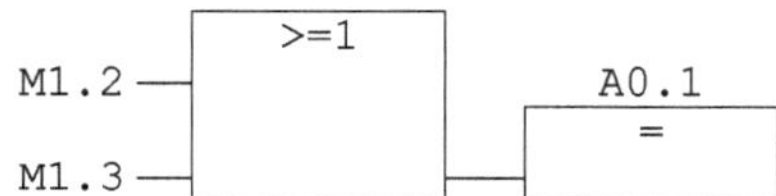

Netzwerk: 8 Ansteuerung Band 2

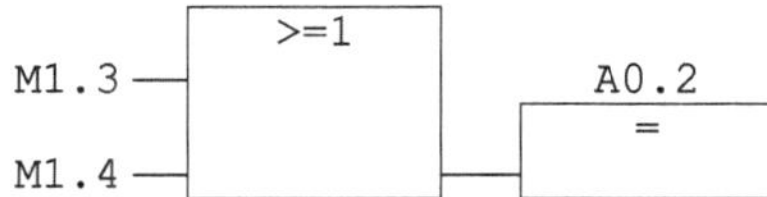

Netzwerk: 9 Ansteuerung Band 3

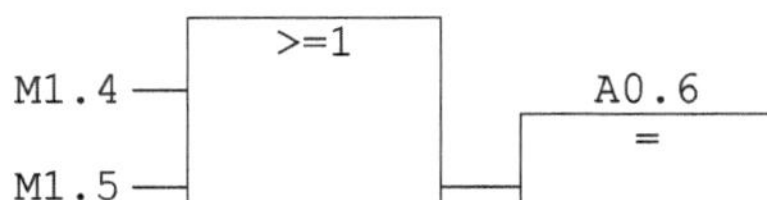

Netzwerk: 10 LED Band 1

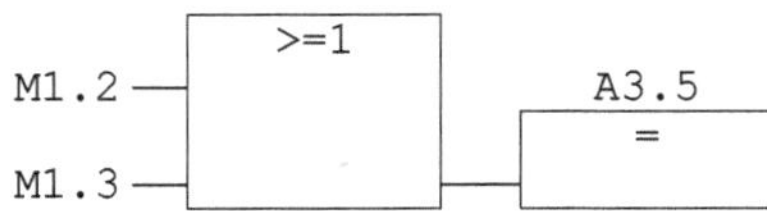

Netzwerk: 11 LED Band 2

```
         +--------+
         |  >=1   |
M1.3 ----|        |        A3.6
         |        |      +------+
         |        |      |  =   |
M1.4 ----|        |------|      |
         +--------+      +------+
```

Netzwerk: 12 LED Band 3

```
         +--------+
         |  >=1   |
M1.4 ----|        |        A3.7
         |        |      +------+
         |        |      |  =   |
M1.5 ----|        |------|      |
         +--------+      +------+
```

Netzwerk: 13 Papierkorb

```
                           A1.0
         +--------+      +------+
         |   &    |      |  =   |
M1.1 ----|        |------|      |
         +--------+      +------+
```

Netzwerk: 14 Zeitfunktion

```
              T1
         +----------+
         | S_EVERZ  |
M1.5 ----|S     DUAL|----
         |          |
S5T#4S --|TW     DEZ|----
         |          |
     ----|R        Q|----
         +----------+
```

6.33 Lösung zu Übungsaufgabe 33

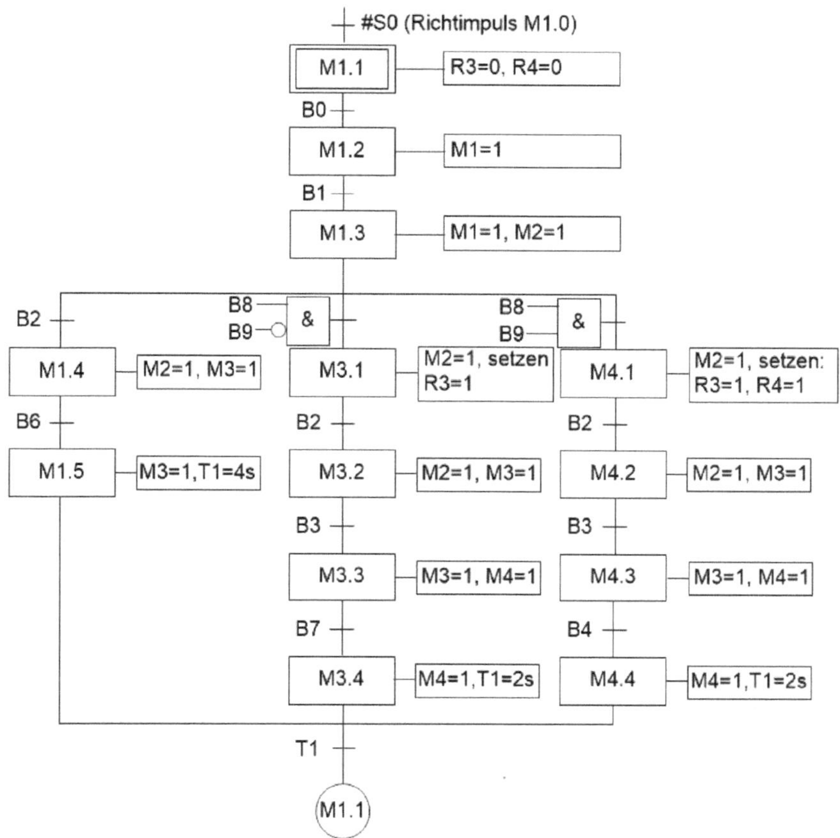

Ablaufkette/Schrittkette Sortieranlage

Programmierung:
Organisationsbaustein 1 (OB1):

OB1 - <offline>
"Cycle Execution"

Name:	**Familie:**
Autor:	**Version:** 0.1
	Bausteinversion: 2
Zeitstempel Code:	09.03.2018 10:20:52
Interface:	15.02.1996 16:51:12

Längen (Baustein / Code / Daten): 00174 00018 00022

Name	Datentyp	Adresse	Kommentar
TEMP		0.0	
OB1_EV_CLASS	Byte	0.0	Bits 0-3 = 1 (Coming event), Bits 4-7 = 1 (Event class 1)
OB1_SCAN_1	Byte	1.0	1 (Cold restart scan 1 of OB 1), 3 (Scan 2-n of OB 1)
OB1_PRIORITY	Byte	2.0	Priority of OB Execution
OB1_OB_NUMBR	Byte	3.0	1 (Organization block 1, OB1)
OB1_RESERVED_1	Byte	4.0	Reserved for system
OB1_RESERVED_2	Byte	5.0	Reserved for system
OB1_PREV_CYCLE	Int	6.0	Cycle time of previous OB1 scan (milliseconds)
OB1_MIN_CYCLE	Int	8.0	Minimum cycle time of OB1 (milliseconds)
OB1_MAX_CYCLE	Int	10.0	Maximum cycle time of OB1 (milliseconds)
OB1_DATE_TIME	Date_And_Time	12.0	Date and time OB1 started

Baustein: OB1 "Main Program Sweep (Cycle)"

Netzwerk: 1 Programm

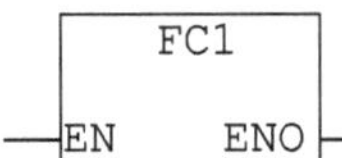

FC1 - <offline>

""

Name: **Familie:**
Autor: **Version:** 0.1
Bausteinversion: 2
Zeitstempel Code: 13.03.2018 15:44:39
Interface: 09.03.2018 10:18:31
Längen (Baustein / Code / Daten): 00512 00380 00000

Name	Datentyp	Adresse	Kommentar
IN		0.0	
OUT		0.0	
IN_OUT		0.0	
TEMP		0.0	
RETURN		0.0	
RET_VAL		0.0	

Baustein: FC1 Sortieranlage

Netzwerk: 1 Richtimpuls

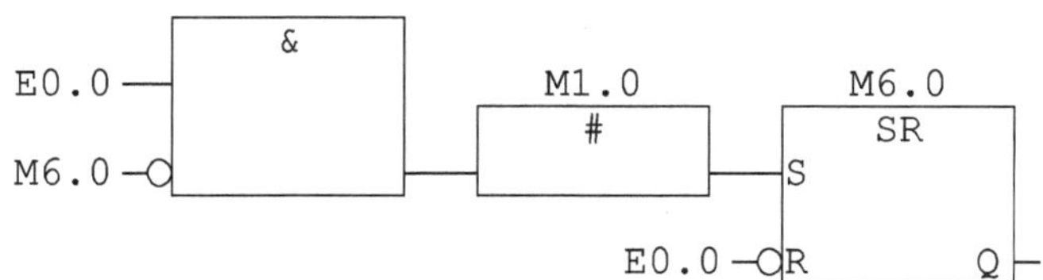

Netzwerk: 2 Warten

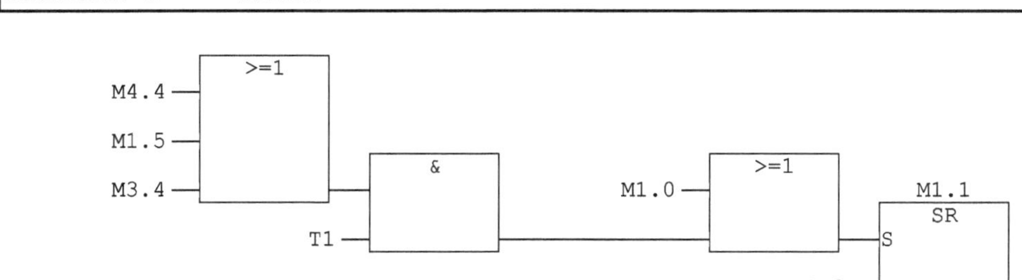

Netzwerk: 3 Band 1

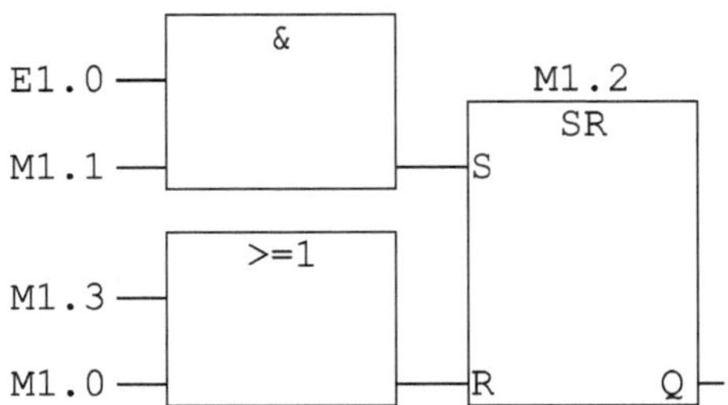

Netzwerk: 4 Band 1 und Band 2

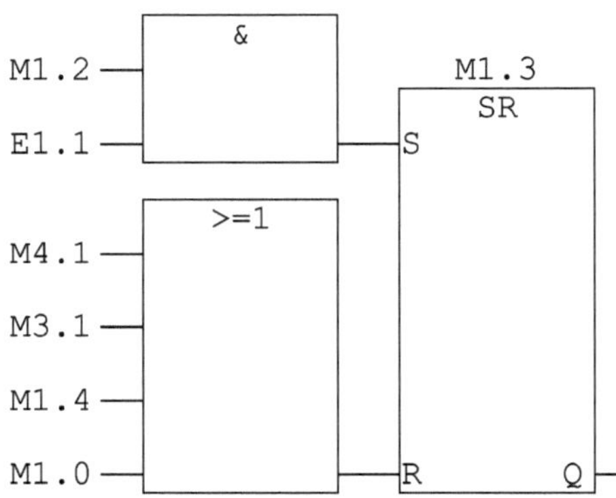

Netzwerk: 5 Band 2 und 3 Kunststoff rechts

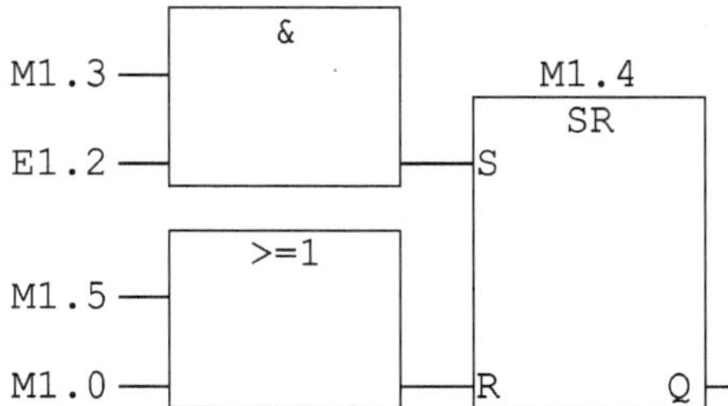

Netzwerk: 6 Band 3 rechts Kunststoff

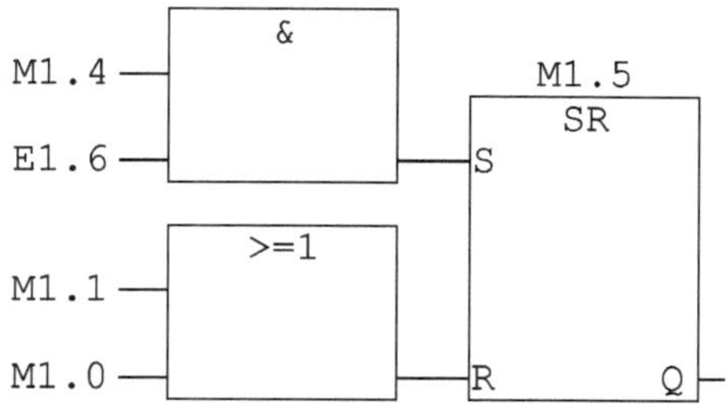

Netzwerk: 7 Detektierung Metallteil Band 2 rechts

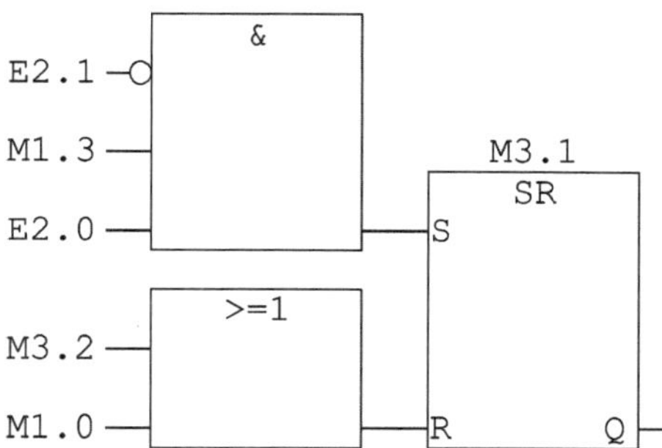

Netzwerk: 8 Band 2 rechts Band 3 links

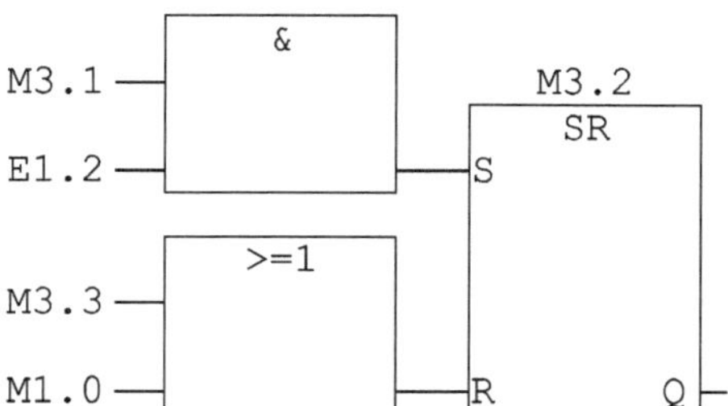

Netzwerk: 9 band 3 links Band 4 links

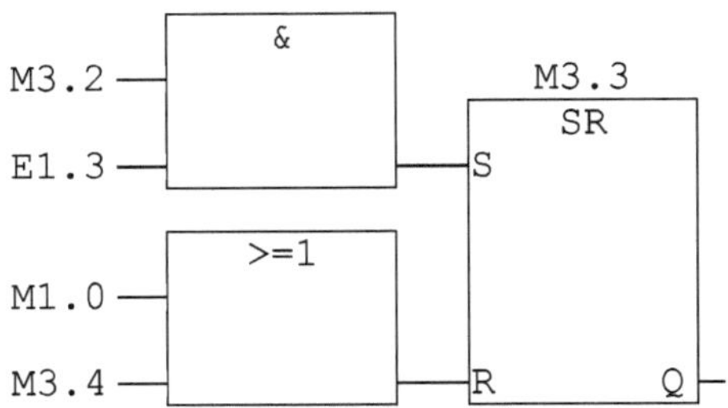

Netzwerk: 10 Band 4 links

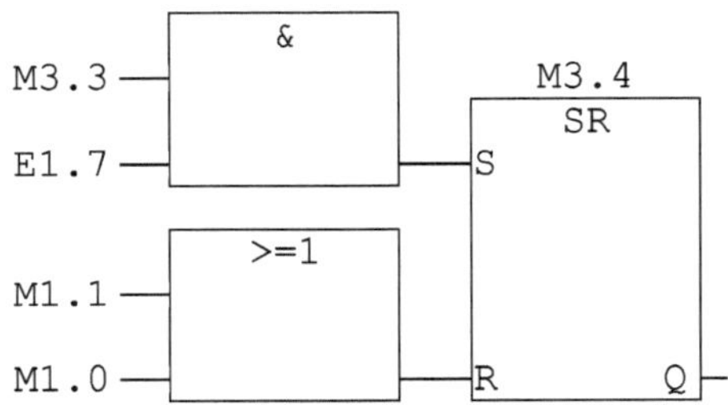

Netzwerk: 11 Dektektierung Metall lang Band 2

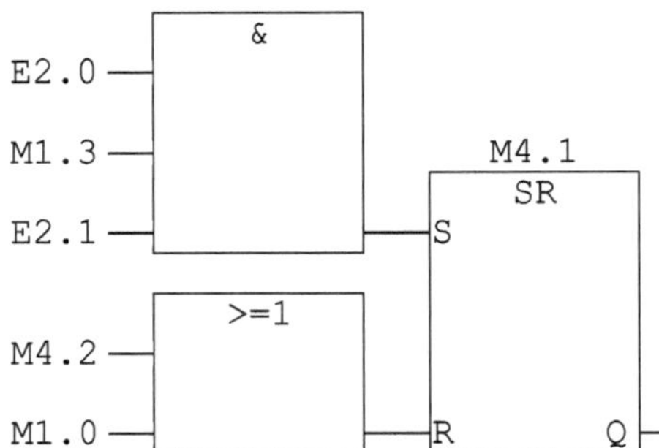

Netzwerk: 12 Band 2 rechts, Band 3 links

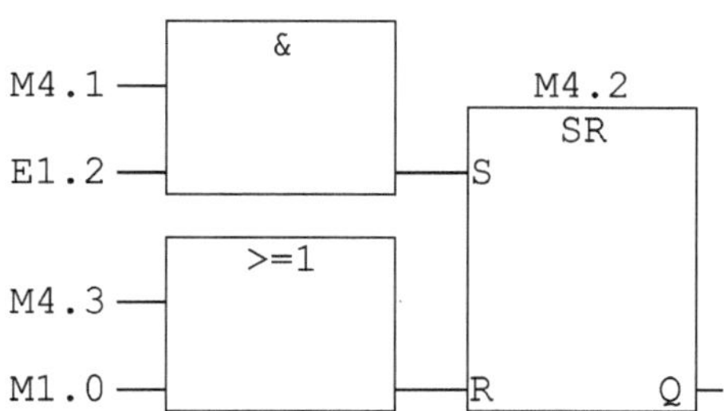

Netzwerk: 13 Band 3 links Band 4 rechts

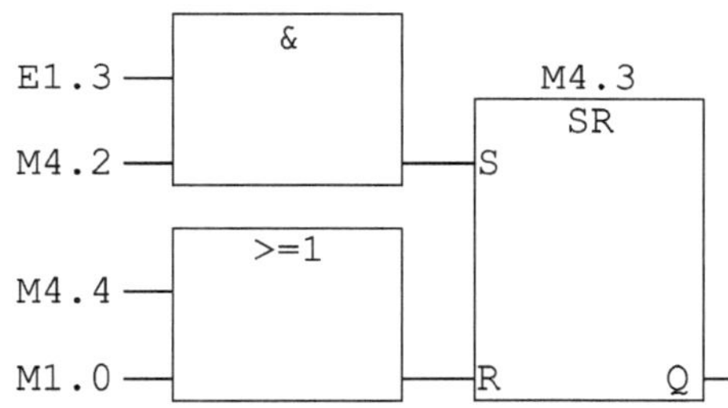

Netzwerk: 14 band 4 rechts

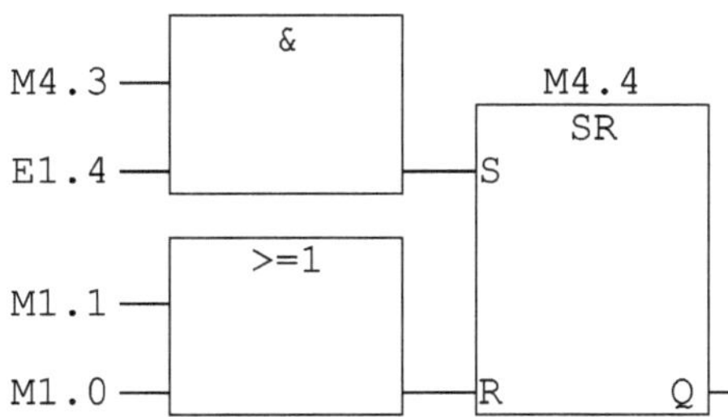

Netzwerk: 15 Ansteuerung Band 1

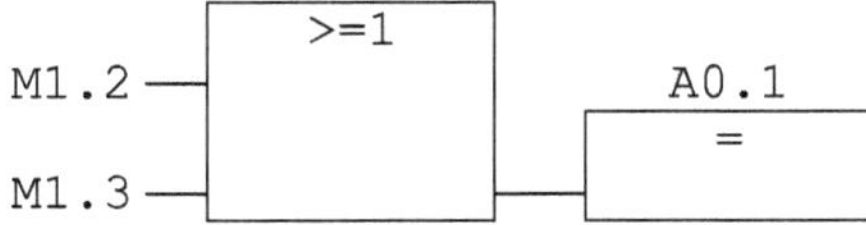

Netzwerk: 16 Ansteuerung Band 2

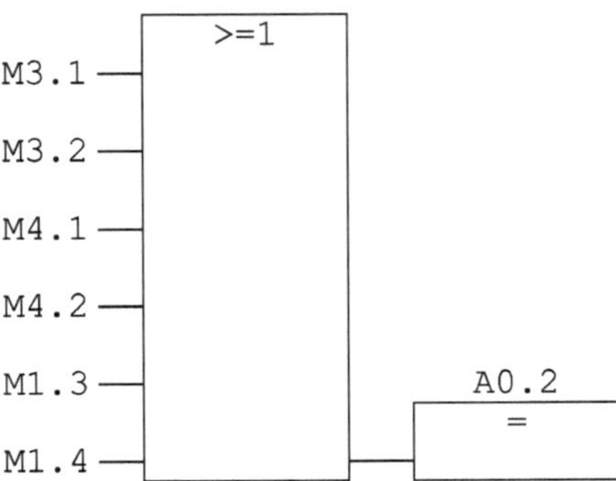

Netzwerk: 17 Ansteuerung Band 3 an

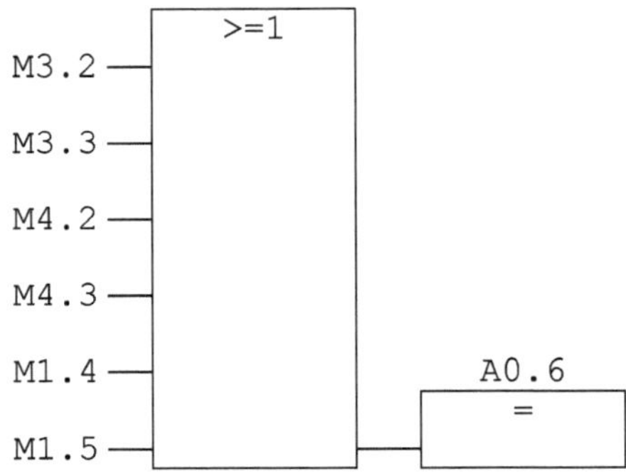

Netzwerk: 18 Ansteuerung Band 3 Rücklauf an

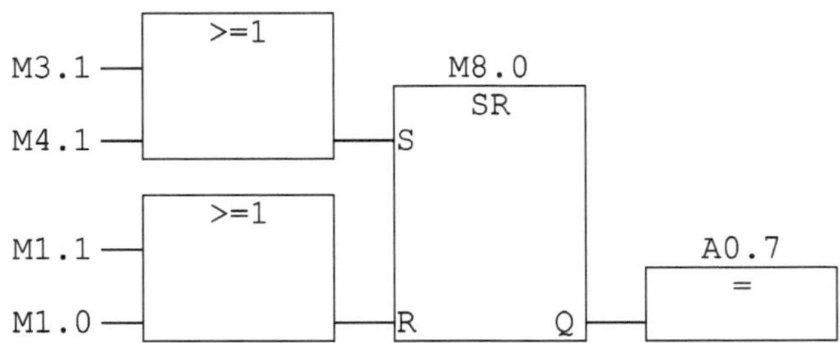

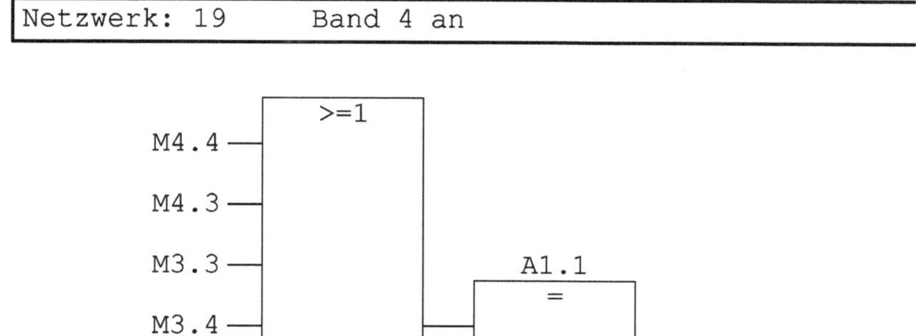

Netzwerk: 20 Band 4 Rücklauf an

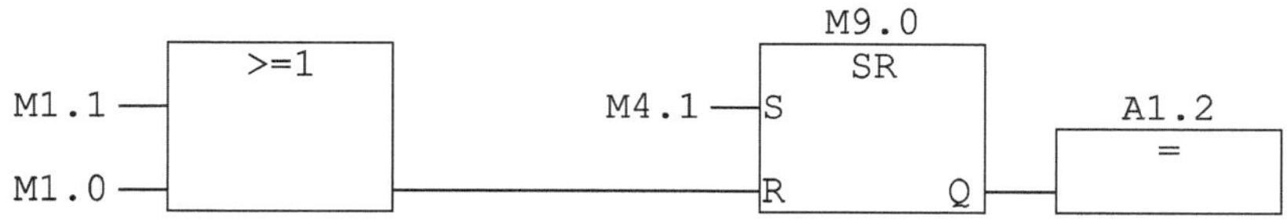

Netzwerk: 21 Restlaufzeit

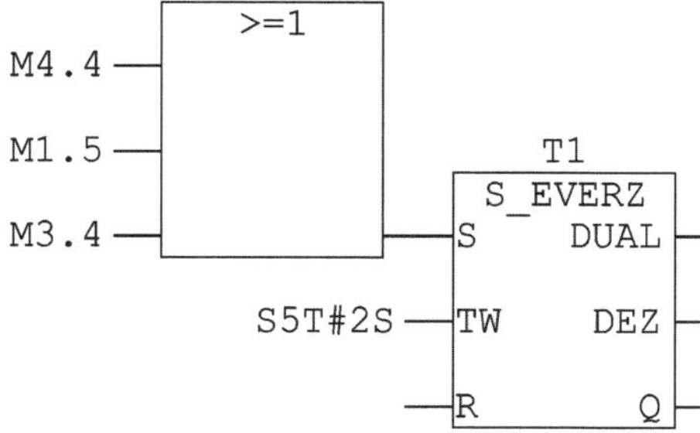

6.34 Lösung zu Übungsaufgabe 34

Die größten Gefahren sind folgende:

- Quetschungen an den Rollen,
- Quetschungen an Klemmeinheit sowie Schneid-, Abisolier- und Transporteinheit,
- Einziehen von Kleidungsstücken und damit der Person durch Verdrilleinheit,
- Schlag/Stoßen durch Transporteinheiten (Drahtzuführeinheit sowie Schneid-, Abisolier- und Transporteinheit),
- Verbrühen durch heißes Zinnbad

6.35 Lösung zu Übungsaufgabe 35

Als größte Gefahr wird das Einziehen der Person in den Arbeitsraum betrachtet, da das im ungünstigsten Fall auch zum Tod führen könnte.

Für die Bestimmung des Sicherheits-Integritäts-Levels (SIL) ist das Vorgehen entsprechend folgender Abbildung anzuwenden. Da ein Besucher sich nur kurzzeitig an der Maschine aufhalten wird, ist für die Häufigkeit eine Zeit von kleiner einer Stunde angenommen (F=5). Auf einer Messe ist mit hoher Wahrscheinlichkeit davon auszugehen, dass die Maschine für die/den Besucher(in) neu ist. Zeigt sie/er sehr großes Interesse für die Wirkungsweise, dann muss von einem möglichen Eintreten der Wahrscheinlichkeit ausgegangen werden. Die Person wird versuchen, mit den Augen oder auch Händen so nah wie möglich an die Maschinenteile zu kommen (W=3). Die Betreuungsperson wird zwar bestrebt sein, die Gäste davon abzuhalten, bei starkem Andrang ist es aber nicht immer möglich (P=3). Da, wie schon erwähnt, die Gefährdung im ungünstigsten Fall zum Tod führen kann, muss mit einem Schadensausmaß S=4 gerechnet werden. Die Sicherheitseinrichtung, d. h. die Türen an der Umhausung werden daher mit einem Sicherheits-Integritäts-Level (SIL) von drei (SIL=3) auszuführen sein. Das heißt, die Wahrscheinlichkeit eines gefahrbringenden Ausfalls pro Stunde (PFH) für die Sicherheitseinrichtung darf in einem Bereich von $10^{-8} \leq \text{PFH} < 10^{-7}$ liegen.

Häufigkeit und/ oder Aufenthaltsdauer F		Eintrittswahrscheinlichkeit des Gefährdungsereignisses W		Möglichkeit zur Vermeidung P	
≤1Stunde	5	häufig	5		
>1Stunde bis ≤1Tag	5	wahrscheinlich	4		
>1Tag bis ≤2Wochen	4	möglich	3	unmöglich	5
>2Wochen bis ≤1 Jahr	3	selten	2	möglich	3
<1Jahr	2	vernachlässigbar	1	wahrscheinlich	1

Auswirkung	Schadens-ausmaß S	Klasse K = F + W + P				
		3-4	5-7	8-10	11-13	14-15
Tod, Verlust von Auge oder Arm	4	SIL 2	SIL 2	SIL 2	SIL 3	SIL 3
Permanent, Verlust von Fingern	3			SIL 1	SIL 2	SIL 3
Reversibel, medizinische Behandlung	2				SIL 1	SIL 2
Reversibel, erste Hilfe	1					SIL 1

Ermittlung SIL

6.36 Lösung zu Übungsaufgabe 36

Für einen SIL 2 muss die Gesamtwahrscheinlichkeit eines gefahrbringenden Ausfalls pro Stunde in dem Bereich: $10^{-7} < PFH < 10^{-6}$ liegen. Daher kann die günstigere Grenze von 10^{-6} genommen und mit den bekannten Wahrscheinlichkeiten verrechnet werden:

$$10^{-6} - 9{,}1 \cdot 10^{-9} - 3 \cdot 10^{-7} = 6{,}909 \cdot 10^{-7}.$$

Der Endschalter darf höchstens die Wahrscheinlichkeit eines gefahrbringenden Ausfalls pro Stunde von $6{,}908 \cdot 10^{-7}$ besitzen. Die Grenze von 10^{-7} kann mit dieser Konstellation nicht erreicht werden.

Glossar

Ablaufsteuerung (sequential control) Steuerung mit schrittweisem Ablauf, bei der der Übergang von einem Schritt auf den folgenden programmgemäß entsprechend den vorgegebenen Übergangsbedingungen erfolgt

absichern (safeguard)

Abtastregelung (sampling control)

Abtastsignal (sampled signal)

Abtaststörung (aliasing)

Abweichung (deviation)

Additionsstelle (summing point)

alarmieren (alarm)

Algorithmus (algorithm) Ist eine vollständig bestimmte endliche Folge von Anweisungen, nach denen die Werte der Ausgangsgrößen aus den Werten der Eingangsgrößen berechnet werden können.

Amplitudengang (gain response)

Amplitudenquantisierung (amplitude quantization) Bei der digitalen Regelung wird der Wertebereich von Größen auf eine endliche Anzahl von Zahlenwerten abgebildet. Dadurch entsteht eine Stufung, die als Amplitudenquantisierung bezeichnet wird. Zwischenwerte werden nicht erfasst.

Amplitudenreserve (gain margin) Die *Amplitudenreserve* A_R ist der Abstand der Kurve für das Amplitudenverhältnis des offenen Regelkreises G_0 zur Linie 0 dB bei der Frequenz, an der der Phasenwinkel $-180°$ beträgt. Die Amplitudenreserve gibt Auskunft darüber, wie weit die Verstärkung erhöht werden kann, bis die Stabilitätsgrenze erreicht wird.

Amplitudenverhältnis (gain) Verhältnis der Beträge der Ausgangs- und Eingangsgröße

analog (analog)

Analog-digital-Umsetzer (analog-to-digital converter) Umsetzer, der ein analoges Eingangssignal in ein digitales Ausgangssignal umsetzt

Anregelzeit (control rise time) Zeitdauer, bis die Regelgröße das erste Mal in den Toleranzbereich eintritt (Führungsverhalten) bzw. Zeitdauer, zwischen dem Verlassen des Toleranzbereichs und dem ersten Wiedereintritt in den Toleranzbereich (Störverhalten)

B. Heinrich et al., *Grundlagen Automatisierung*, https://doi.org/10.1007/978-3-658-27323-1

Anschwingzeit (step response time) Zeitdauer bis die Ausgangsgröße zum ersten Mal in den Toleranzbereich eintritt

Anstiegsantwort (ramp response) Reaktion eines Regelkreisgliedes auf eine linear ansteigende Eingangsgröße

Anstiegsfunktion (ramp function) Funktion mit rampenförmigem Zeitverlauf

anzeigen (indicate) Größen oder Zustände visuell, akustisch oder auf andere Weise darstellen

Arbeitspunkt (operating point)

archivieren (archive)

asymptotisch (asymptotic) Die Annäherung einer Zeitfunktion an ihren Endwert erfolgt asymptotisch, wenn die Annäherung ohne Überschwingen erfolgt und theoretisch unendlich lange Zeit beansprucht.

Asymptotische Stabilität (asymptotic stability) Im Fall von asymptotischer Stabilität strebt die Regelgröße nach einer begrenzten Sollwertänderung oder Störung asymptotischen gegen einen Endwert. Ein lineares Übertragungsglied ist asymptotisch stabil, wenn alle Nullstellen der charakteristischen Gleichung negative Realteile besitzen.

Asynchrone Steuerung (non-clocked control) ohne Taktsignal arbeitende Steuerung, bei denen Änderungen der Ausgangsgrößen nur durch Änderungen der Eingangsgrößen ausgelöst werden

Aufgabenbereich (range of the final controlled variable)

Aufgabengröße (final controlled variable)

aufzeichnen/registrieren (record) den Verlauf variabler Größen zum Weiterverarbeiten oder zum Dokumentieren speichern

Ausgangsgleichung (output equation)

Ausgangsgröße (output variable) zeitlich veränderliche Größe am Ausgang eines Übertragungsgliedes

Ausgleichszeit (equivalent time constant) Zeitdauer zwischen den Schnittpunkten der Wendetangente mit den horizontalen Linien durch den Anfangswert und den Endwert einer zeitlich veränderlichen Größe

Ausregelzeit (control setting time) Zeitdauer, bis die Regelgröße den Toleranzbereich nicht mehr verlässt (Führungsverhalten) bzw. Zeitdauer, zwischen dem Verlassen des Toleranzbereichs und dem Zeitpunkt, ab dem die Regelgröße den Toleranzbereich nicht mehr verlässt (Störverhalten)

auswerten (evaluate) Kenngrößen eines Prozesses aus gemessenen oder aufgezeichneten variablen Größen ermitteln

Automat (automaton)

automatisch (automatic) siehe auch selbsttätig

automatisieren (automate)

Automatisierungsgrad (degree of automation)

Bandbreite (bandwidth) Die Bandbreite ist diejenige Frequenz, bis zu der der Amplitudengang oberhalb der Linie -3 dB verläuft, siehe Abb. 3.64.

bedienen/betreiben (Daten eingeben) (operate) Anweisungen an einen Prozess oder ein System über Schnittstellen eingeben

Begrenzung (limitation)

Beharrungszustand (steady state) derjenige beliebig lange aufrechtzuerhaltende Zustand, der sich bei zeitlicher Konstanz der Eingangssignale nach Ablauf aller Einschwingvorgänge ergibt

benachrichtigen (alert)

beobachten (observe)

Beschreibungsfunktion (describing function)

binär (binary)

Block im Wirkungsplan (functional block)

Bodediagramm (Bode chart) Grafische Darstellung des Betrags des Frequenzgangs $|G(j\omega)|$ und des Phasenwinkels $\varphi(j\omega)$ in zwei Diagrammen über der Frequenz

cyber-physische Systeme (CPS) (cyber physical systems) umfassen eingebettete Systeme, Produktions-, Logistik-, Engineering-, Koordinations- und Managementprozesse sowie Internetdienste, die mittels Sensoren unmittelbar physikalische Daten erfassen und mittels Aktoren auf physikalische Vorgänge einwirken, mittels digitaler Netze untereinander verbunden sind, weltweit verfügbare Daten und Dienste nutzen und über multimodale Mensch-Maschine-Schnittstellen verfügen (Abschlussbericht des Arbeitskreises Industrie 4.0 vom April 2013, S. 84–87)

D-Glied (D element) Differenzierglied

Dämpfung (damping) gibt an, ob und wie schnell Schwingungen abklingen

Dämpfungsgrad (damping ratio) siehe Dämpfung

Daten (data) Daten sind in der Informationstechnik eine wieder interpretierbare Darstellung von Informationen in formalistischer Art, geeignet zur Kommunikation, Interpretation und Verarbeitung. Ihr Inhalt wird meist in Zeichen kodiert, deren Aufbau strengen Regeln (der sog. Syntax) folgt. (ISO/IEC 2382-1 (1993))

Daten ausgeben (output data) ist ein Vorgang, bei dem analoge oder digitale Daten angezeigt, ausgedruckt oder an den Prozess ausgegeben werden.

Daten eingeben (input data) ist ein Vorgang, bei dem analoge oder digitale Daten zur Weiterverarbeitung in das technische System eingegeben werden.

Daten erfassen (collect data) ist ein Vorgang, bei dem durch Messen oder Zählen und etwaige Signalumformungen analoge oder digitale Daten gewonnen werden. Prüfung (Plausibilitätskontrolle) und Aufbereitung (z. B. Filterung) der erfassten Signale können Bestandteile der Datenerfassung sein (DIN 19222).

Daten übertragen (transfer data) ist ein Vorgang, durch den Daten zwischen voneinander getrennten Einrichtungen transportiert werden.

Daten verarbeiten bzw. die Prozessdatenverarbeitung (processing data) ist ein Vorgang, bei dem analoge oder digitale Daten mit Hilfe eines Programmes in andere Daten umgeformt, übertragen oder auch gespeichert werden. Das Abarbeiten von Regelungs- oder Steueralgorithmen ist ein besonderer Fall der Prozessdatenverarbeitung.

Differenzierbeiwert (derivation action coefficient) Faktor für die Gewichtung des differenzierenden Anteils

Differenzierglied (derivate element) Übertragungsglied mit differenzierendem Verhalten

Differenzierzeit (derivation action time)

digital (digital)

Dreipunktglied (three-position element)

Echtzeitfähigkeit (real-time capability) Fähigkeit eines Prozessrechensystems, die Rechenprozesse ständig derart ablaufbereit zu halten, dass sie innerhalb eines vorgegebenen Zeitintervalls auf Ereignisse im Ablauf eines technischen Prozesses reagieren können.

Eichen (standardize) Vom Gesetzgeber vorgeschriebene Prüfung (durch festgelegte Behörden) bestimmter Messgeräte auf Einhaltung von Vorschriften nach dem Eichgesetz. (EichG)

Eingangsgröße (input variable) zeitlich veränderliche Größe am Eingang eines Übertragungsgliedes.

Eingreifen (intervene) einen automatischen Ablauf durch Bedienereingabe oder eine vorrangige technische Einheit zu einem nicht vorgesehenen Zeitpunkt verändern.

Einheitsanstiegsantwort (unit-ramp response)

Einheitsanstiegsfunktion (unit time ramp)

Einheitsimpuls (unit impulse) Impulsfunktion mit $K_\delta = 1$

Einheitsimpulsantwort (unit impulse response)

Einheitssprungantwort (unit-step response)

Einheitssprungfunktion (Heaviside function)

Einschwingzeit (setting time)

Entkopplung (decoupling)

Fertigung (production) schließt alle Verfahren ein, die die Erzeugung von Sachgütern und Energie bewirken (DIN 8580)

Festwertregelung (fixed set-point control) Regelung, bei der die Führungsgröße konstant ist

Folgeregelung (follow-up control) Regelung, bei der die Führungsgröße in Abhängigkeit von anderen veränderlichen Größen verläuft

Frequenzgang (frequency response) beschreibt das Verhalten von Regelkreisgliedern in Abhängigkeit von der Frequenz

Frequenzkennlinie (frequency response characteristic)

Führungsbereich (range of the reference variable)

Führungsgröße und Führungsgrößenbildner (reference variable, reference variable generating element) Der Führungsgrößenbildner bildet aus dem *Zielwert c* eine *Führungsgröße w* , bei der z. B. Grenzwerte der Zustandsgrößen des Regelungssystems eingehalten werden. Die *Führungsgröße w* ist der Sollwert für die *Regelgröße x*. (DIN IEC 60050)

Führungsgrößenaufschaltung (reference-variable feedforward)

Führungsverhalten (reference-variable response) Das Führungsverhalten eines Regelkreises beschreibt das Verhalten der Regelgröße x in Bezug auf die Führungsgröße y. Störgrößen werden dabei nicht berücksichtigt.

Größe (variable)

Hysterese (hysteresis)

I-Glied (I element) Übertragungsglied mit integrierendem Verhalten

Impulsantwort (impulse response) Ausgangsgröße eines Übertragungsgliedes wenn die Eingangsgröße eine Impulsfunktion ist

Impulsfunktion (impulse function)

Information (information) Information gewinnt man aus Daten, indem sie in einem Bedeutungszusammenhang interpretiert werden (der sog. Semantik).

Informationsparameter (information parameter)

Instabilität (instability) Instabilität liegt dann vor, wenn die Regelgröße nach einer begrenzten Sollwertänderung oder Störung über alle Grenzen anwächst. Ein lineares Übertragungsglied ist instabil, wenn mindestens eine Nullstelle der charakteristischen Gl. 3.76 einen positiven Realteil besitzt oder wenn mindestens eine doppelte Nullstelle einen Realteil gleich null besitzt.

Integrierbeiwert (integral action coefficient) Faktor für die Gewichtung des integrierenden Anteils

Integrierglied (integral element) siehe I-Glied

Integrierzeit (integral action time)

Istwert (actual value)

Justieren (adjust) Einstellen oder Abgleichen eines Messgerätes, um systematische Messabweichungen zu beseitigen. Erfordert Eingriff, der das Messgerät bleibend verändert. (DIN 1319)

Kalibrieren (calibrate) Ermitteln des Zusammenhangs zwischen Messwert und dem wahren Wert der Messgröße. Erfordert keinen Eingriff, der das Messgerät verändert. (DIN 1319)

Kaskadenregelung (cascade control) Regelkreisstruktur, bei der mehrere Regelkreise ineinander verschachtelt sind

Kennlinie (characteristic curve) Kurve, die den Zusammenhang zwischen zwei Größen grafisch darstellt

konfigurieren (configure)

Kreisstruktur (loop structure) Regelkreisstruktur, bei der eine Rückführung einer Größe erfolgt

Leiten (control) alle zweckmäßigen Maßnahmen an oder in einem Prozess, um vorgegebene Ziele zu erreichen

Leittechnik (control technology)

lineares Übertragungsglied (linear transfer element)

linearisieren (linearize)

Mechanisierung (mechanization) Unterstützung der menschlichen Arbeitskraft durch den Einsatz von Maschinen. Der Arbeitsvorgang wird ganzheitlich vom Menschen geleistet; Maschinen haben lediglich die Aufgabe der Übersetzung (z. B. Drehmoment, Drehzahl oder Kraft) und der Werkzeughaltung (wirtschaftslexikon.gabler.de 09.01.2014)

Mehrgrößenregelung (multivariable control)

melden (notify)

Messbereich (measuring range)

Messen (measure) experimentelle Ermittlung eines oder mehrerer Werte, die sinnvoll einer Größe zugeordnet werden können. (DIN IEC 60050-351:2013-07/DIN IEC 60050 (2006))

Messglied (measuring element) Das Messglied dient der Erfassung der Regelgröße. Es wandelt die Regelgröße in die Rückführgröße um, die in der Regeeinrichtung verarbeitet wird. (DIN IEC 60050)

Messmethode (method of measurement) ist eine spezielle, vom Messprinzip unabhängige Art des Vorgehens bei der Messung. (DIN 1319-1 1-1995)

Messprinzip (measurement priciple) die physikalische Grundlage der Messung. Es erlaübt es, anstelle der Messgröße eine andere Größe zu messen, um aus ihrem Wert eindeutig den der Messgröße zu ermitteln. (DIN 1319-1 1-1995)

Messverfahren (measurement procedure) ist eine praktische Anwendung eines Messprinzips und einer Messmethode (DIN 1319-1 1-1995)

Messwert (value) Kombination aus Zahlenwert und Einheit, die als Ergebnis einer Messung interpretiert werden kann

Modell (model)

Nachstellzeit (reset time) Gewichtungsfaktor für den integrierenden Anteil

Nyquistortskurve (Nyquist plot)

Optimieren (optimize) einen Prozess so gestalten oder auf ihn einwirken, dass unter den gegebenen Beschränkungen das aufgabengemäß gegebene, die Prozesszustände bewertende Gütekriterium einen entweder möglichst großen oder möglichst kleinen Wert innerhalb bestimmter Grenzen annimmt

Ortskurve des Frequenzgangs (frequency response locus)

P-Glied (P element) Proportionalglied

P-T_1-Glied (first-order lag element)

P-T_2-Glied (second-order lag element)

Parallelstruktur (parallel structure)

parametrieren (parameterize)

Performance Level (PL) (Performance Level) diskreter Level, der die Fähigkeit von sicherheitsbezogenen Teilen einer Steuerung spezifiziert, eine Sicherheitsfunktion unter vorhersehbaren Bedingungen auszuführen (Stufen a–e, wobei Stufe e den höchsten Sicherheitslevel angibt) (DIN EN ISO 13849)

Phasengang (phase response) Grafische Darstellung des Phasenwinkels zwischen einer Ausgangs- und einer Eingangsgröße über der Frequenz

Phasenreserve (phase margin) Der Abstand des Phasenwinkels des offenen Regelkreises G_0 bei der Durchtrittsfrequenz vom Wert $-180°$ wird als *Phasenreserve* φ_R bezeichnet.

$\phi_R = 180° - |\phi(\omega_D)|$ Die Phasenreserve ist ein Maß dafür, wie weit der geschlossene Regelkreis von der Stabilitätsgrenze entfernt ist.

Phasenwinkel (phase angle) Winkeldifferenz zwischen einer Ausgangsschwingung und einer Eingangsschwingung

Pole (poles) Pole einer Übertragungsfunktion sind die Nullstellen des Nenners. Die Lage der Pole entscheidet darüber, ob bei einem Regelkreisglied Eigenschwingungen möglich sind. Gibt es konjugiert komplexe Pole, sind Eigenschwingungen möglich. Falls ausschließlich reelle Pole vorhanden sind, ist das nicht der Fall.

Präzision (precision) ist das Ausmaß der Übereinstimmung zwischen den Ergebnissen unabhängiger Messungen

Programm (program) ist eine nach den Regeln der verwendeten Sprache festgelegte syntaktische Einheit aus Anweisungen und Vereinbarungen, welche die zur Lösung einer Aufgabe notwendigen Elemente umfasst (DIN 19226, T5).

Proportionalbeiwert (proportional action coefficient) Faktor für die Gewichtung des proportionalen Anteils

Proportionalglied (proportional element) Übertragungsglied mit proportionalem Verhalten

Protokollieren (log) eine Wertegruppe zu einem Zeitpunkt speichern, der durch den Systemtakt, ein Ereignis oder einen Zustand festgelegt wird

quantisieren (quantize) einen Bereich von Werten, die eine variable Größe annehmen kann, in eine begrenzte Anzahl von benachbarten, nicht notwendigerweise gleichen Intervallen aufteilen, wobei jeder Wert aus einem dieser Intervalle durch einen einzelnen Wert aus diesem Intervall, genannt „quantisierter Wert“, dargestellt wird

Redundanz (redundancy)

Regelbereich (range of the controlled variable)

Regeldifferenz (control difference variable) Differenz der Rückführgröße und der Führungsgröße

Regeleinrichtung (controlling system) Die Regeleinrichtung ist diejenige Funktionseinheit, welche die Regelungsfunktion ausführt. Das heißt, sie soll dafür sorgen, dass die Aufgabengröße den gewünschten Wert oder Verlauf annimmt. Aus der Zielgröße c und der Rückführgröße r bildet die Regeleinrichtung die Stellgröße. (DIN IEC 60050)

Regelfaktor (control factor)

Regelglied (controlling element)

Regelgröße (controlled variable) diejenige Größe, die als Istwert über das Messglied zum Regler rückgeführt wird

Regelkreis (control loop)

Regeln (closed-loop control) ist ein Vorgang, bei dem fortlaufend eine oder mehrere Größen (Regelgröße) erfasst, mit einer oder mehreren anderen Größen (Sollwerte) verglichen und abhängig vom Ergebnis dieses Vergleiches im Sinne einer Angleichung die Sollwerte beeinflusst werden: geschlossener Regelkreis

Regelstrecke bzw. Steuerstrecke (controlled system) Eine Regel- bzw. Steuerstrecke ist nach der DIN IEC 60050-351 eine Funktionseinheit, die entsprechend der Regelungsaufgabe bzw. Steuerungsaufgabe beeinflusst wird. (DIN IEC 60050)

registrieren (record)

Regler (controller) Der Regler umfasst die *Vergleichsstelle* und das *Regelglied*. An der *Vergleichsstelle* wird die *Regeldifferenz* e als Differenz der Rückführgröße r und der Führungsgröße w gebildet. Die Regeldifferenz ist die Eingangsgröße des *Regelgliedes*. Die Reglerausgangsgröße m durchläuft den *Steller* und wird dort zur *Stellgröße* y. (DIN IEC 60050)

Reglerausgangsgröße (controller output variable)

Reihenstruktur (serial structure, chain structure)

Richtigkeit (accuracy) ist das Ausmaß der Übereinstimmung des Mittelwerts von Messwerten mit dem wahren Wert der Messgröße

Rückführungsgröße (feedback variable)

Rückführzweig (feedback path)

Sättigung (saturation)

Schaltdifferenz (differential gap) Differenz der Werte der Eingangsgröße eines schaltenden Reglers, bei denen sich die Ausgangsgröße

Schalttabelle (Funktionstabelle) (switching table) Tabelle aller Wertekombinationen der Eingangsgrößen und der ihnen zugeordneten Werte der Ausgangsgröße einer Schaltfunktion

Schaltwert (switching value)

Schnittstelle (interface)

Schützen/Sichern (safeguard) durch eine Sicherheitsfunktion einen Eingriff durchführen

selbsttätig/automatisch (automatic) einen Prozess oder eine Einrichtung bezeichnend, der oder die unter festgelegten Bedingungen ohne menschliches Eingreifen abläuft oder arbeitet

Sensor (sensor) Ein Sensor ist eine in sich abgeschlossene Komponente in einem technischen System, die an ihrem Eingang durch einen geeigneten Messfühler mit der Messgröße in Verbindung steht und diese in ein elektrisches Signal umformt.

Sensorik (sensor technology) Ist in der Technik ein Teilgebiet der Messtechnik. Es ist die wissenschaftliche Disziplin, die sich mit der Entwicklung und Anwendung von Sensoren zur Erfassung und Messung von Veränderungen in technischen Systemen beschäftigt.

Sicherheits-Integritäts-Level (SIL) (Safety Integrity Level) diskrete Stufe zur Spezifizierung der Sicherheitsintegrität der Sicherheitsfunktionen (DIN EN ISO 13849)

Signal (signal) ist die Darstellung einer Information, eine physikalische Größe, bei der ein oder mehrere Parameter (sog. Informationsparameter) Information über eine oder mehrere variable Größen tragen

Sollwert (desired value)

Speicherprogrammierbare Steuerungen (SPS) (storage-programmable logic control, Programmable Logic Controller (PLC)) rechnergestützte programmierte Steuerung, deren logischer Ablauf über eine Programmiereinrichtung, zum Beispiel ein Bedienfeld, einen Hilfsrechner oder ein tragbares Terminal, veränderbar ist

Sprungantwort (step response) Ausgangsgröße eines Übertragungsgliedes wenn die Eingangsgröße eine Sprungfunktion ist

Sprungfunktion (step function)

Stabilität (stability) Stabilität ist nach der DIN IEC 60050 eine Systemeigenschaft, die besagt, dass die Zustandsgrößen eines Systems bei einer kleinen Störung oder kleinen Anfangsauslenkungen auf Dauer im Bereich der Ruhelage verbleiben.

Stellbereich (range of the manipulated variable)

Stelleinrichtung (final controlling equipment)

Stellen (Informationsnutzung) (manipulate) Masse-, Energie- oder Informationsflüsse mittels eines Stellgliedes verändern oder einstellen

Steller (actuator) Der Steller ist ebenfalls Teil der Regelungseinrichtung und dient dazu, das Stellsignal zu erzeugen. (DIN IEC 60050)

Stellglied (final controlling element)

Stellgröße (manipulated variable) Die Stellgröße y ist die Ausgangsgröße der Steuer- oder Regeleinrichtung und zugleich Eingangsgröße der Strecke. Sie überträgt die steuernde Wirkung der Einrichtung auf die Strecke. Der Wertebereich, innerhalb dessen die Stellgröße einstellbar ist, heißt Stellbereich. (DIN IEC 60050)

Stellzeit (manipulating time)

Steuerglied (controlling element)

Steuerkette (control chain)

Steuern (open-loop control) ist der Vorgang in einem System, bei dem eine oder mehrere Größen als Eingangsgröße andere Größen als Ausgangsgrößen auf Grund der dem System eigentümlichen Gesetzmäßigkeiten beeinflussen (offener Wirkungsablauf).

Steuerstrecke (controlled system)

Störbereich (range of the disturbance variable)

Störgröße (disturbance variable) Störgrößen sind unerwünschte Eingangsgrößen in das Steuerungs- oder Regelungssystem, die unabhängig und meist unvorhersehbar sind. (DIN IEC 60050)

Störgrößenaufschaltung (disturbance feedforward)

Störverhalten (disturbance response) Das Störverhalten eines Regelkreises beschreibt das Verhalten der Regelgröße x in Bezug auf die Störgröße z. Führungsgrößen werden dabei nicht berücksichtigt.

Strecke mit Ausgleich (controlled system with self-regulation) Bei einer Strecke mit Ausgleich strebt die Ausgangsgröße x nach einer Veränderung der Stellgröße y einem neuen konstanten Beharrungswert zu.

Strecke ohne Ausgleich (controlled system without self-regulation) Bei einer Strecke ohne Ausgleich strebt die Ausgangsgröße x nach einer Veränderung der Stellgröße y keinem Beharrungswert zu, sondern verändert sich unbegrenzt.

Struktur (structure)

strukturieren (structure)

Synchrone Steuerung (clocked control) mit Taktsignal arbeitende Steuerung, bei deren Änderungen der Ausgangsgrößen durch Änderungen der Eingangsgrößen ausgelöst werden, aber nur, wenn das Taktsignal diese Änderungen erlaubt.

technische Anlage (plant)

Totzeit (dead time) Zeitdauer bis die Ausgangsgröße zum ersten Mal den Anfangswert verlässt

Totzone (dead zone)

Übergangsverhalten (transient behaviour)

Überschwingweite (overshoot) Maximalwert der Regelgröße für den Fall, dass sie die Führungsgröße zeitweilig übersteigt

Übertragungsfunktion (transfer function) Verhältnis der Laplace-Transformierten einer Ausgangs- und Eingangsfunktion

Übertragungsglied (transfer element) Teil einer Steuerstrecke oder eines Regelkreises mit definiertem statischem und dynamischem Verhalten

überwachen (monitor) ausgewählte variable Größen fortlaufend daraufhin überprüfen, ob sie sich innerhalb normaler Betriebsgrenzen befinden und, wenn angebracht, die Überschreitung von Toleranzgrenzen zu melden

Umsetzer (converter) Funktionseinheit, welche die Darstellung von Information ändert

Vereinfachte Form des Nyquist-Kriteriums (simplified form of the Nyquist criterion) Die vereinfachte Form des Nyquist-Kriteriums gilt für den Fall, dass der offene Regelkreis G_0 stabil ist. In dem Fall ist der geschlossene Regelkreis asymptotisch stabil, wenn der Frequenzgang des offenen Regelkreises $|G_0(j\omega)|$ nur eine Durchtrittsfrequenz besitzt und er bei dieser Durchtrittsfrequenz ω_D einen Phasenwinkel von $> -180°$ hat (Abb. 3.60). Die *Durchtrittsfrequenz* ω_D ist diejenige Frequenz, bei der das Amplitudenverhältnis die Linie $|G| = 0\,dB$ schneidet. $|G\,(j\,\omega_D)| = 0\,dB$

Vergleichsglied (comparing element) Regelkreisglied für den Vergleich zweier Eingangsgrößen

Verknüpfung (sfunktion) (Boolean operation) Schaltfunktion für binäre Schaltgrößen, die auf Operationen der Booleschen Algebra beruht

verriegeln (lock)

Verriegelungssignal (interlock signal) Signal, das die Übertragung eines Signals, das Wirksamwerden eines Elements oder die Ausführung eines Befehls blockiert

Verzögerungsglied (lag element) Regelkreisglied mit einer Übertragungsfunktion der Form 1/N(s), wobei N(s) ein Polynom n.ter Ordnung ist

Verzögerungszeit (time constant) Zeitkonstante eines PT_1-Gliedes

Verzugszeit (equivalent dead time) Zeitdauer zwischen dem Zeitpunkt eines Sprungs und dem Punkt, an dem die Wendetangente die horizontale Linie durch den Anfangswert schneidet

Verzweigungsstelle (branching point)

Vorhaltzeit (rate time) Gewichtungsfaktor für den differenzierenden Anteil

Vorwärtszweig (forward path)

warnen (warn)

wertdiskret (discrete-value)
wertkontinuierlich (continuous-value)
Wirkungsablauf (action)
Wirkungslinie (action line)
Wirkungsplan (functional diagram) Grafische Darstellung von Steuerstrecken und Regelkreisen
Wirkungsrichtung (direction of action)
Wirkungsweg (action path)
zählen (count) die Messgröße „Anzahl der Elemente" einer Menge ermitteln
zeitdiskret (discrete-time)
zeitinvariant (time-invariant)
Zeitkonstante (time constant)
zeitkontinuierlich (continuous-time)
Zeitplanregelung (time-scheduled closed-loop control)
Zeitquantisierung (time quantization) Digitale Regelungen werden fast ausschließlich in Verbindung mit Rechnern, Mikrocontrollern o. ä. eingesetzt. Die Eingangsgrößen werden dabei nur zu bestimmten Zeitpunkten erfasst. Dadurch entsteht eine Stufung der Zeit, die als Zeitquantisierung bezeichnet wird. In den allermeisten Fällen wird mit einer konstanten Abtastzeit T_{ab} (sample time) gearbeitet.
Zeitverhalten (time response)
Zielgröße (command variable) Die Zielgröße ist nach der DIN IEC 60050 eine von der betreffenden Regelung oder Steuerung nicht beeinflusste Größe, die dem Regelkreis oder der Steuerkette von außen vorgegeben wird und der die Aufgabengröße q in vorgegebener Abhängigkeit folgen soll. (DIN IEC 60050)
Zustandsgleichung (state equation)
Zustandsgröße (state variable)
Zweipunktglied (two-position element) Regelkreisglied, dessen Ausgangsgröße zwei Werte annehmen kann
Zykluszeit (cycle time) die in einer Speicherprogrammierten Steuerung benötigte Zeit für einen vollständigen Programmdurchlauf mit Lesen der Eingänge und Schreiben der Ausgänge

Stichwortverzeichnis

W

Z